中国科学技术大学精品教材

“十二五”国家重点出版物出版规划项目

中国科学技术大学

交叉学科基础物理教程

主　编　侯建国　　副主编　程福臻　叶邦角

原子物理学

朱林繁　彭新华　编著

中国科学技术大学出版社

图书在版编目(CIP)数据

原子物理学/朱林繁,彭新华编著.—合肥:中国科学技术大学出版社,2017.1(2020.12 重印)

(中国科学技术大学交叉学科基础物理教程)

中国科学技术大学精品教材

“十二五”国家重点出版物出版规划项目

ISBN 978-7-312-03717-7

Ⅰ.原…　Ⅱ.①朱…②彭…　Ⅲ.原子物理学—高等学校—教材　Ⅳ.O562

中国版本图书馆 CIP 数据核字(2016)第 269663 号

中国科学技术大学出版社出版发行

安徽省合肥市金寨路 96 号,230026

http://press.ustc.edu.cn

https://zgkxjsdxcbs.tmall.com

合肥市宏基印刷有限公司印刷

全国新华书店经销

开本:880 mm×1230 mm　1/16　印张:27　字数:617 千

2017 年 1 月第 1 版　2020 年 12 月第 2 次印刷

定价:86.00 元

序

物理学从17世纪牛顿创立经典力学开始兴起，最初被称为自然哲学，探索的是物质世界普遍而基本的规律，是自然科学的一门基础学科。19世纪末20世纪初，麦克斯韦创立电磁理论，爱因斯坦创立相对论，普朗克、玻尔、海森堡等人创立量子力学，物理学取得了一系列重大进展，在推动其他自然学科发展的同时，也极大地提升了人类利用自然的能力。今天，物理学作为自然科学的基础学科之一，仍然在众多科学与工程领域的突破中、在交叉学科的前沿研究中发挥着重要的作用。

大学的物理课程不仅仅是物理知识的学习与掌握，更是提升学生科学素养的一种基础训练，有助于培养学生的逻辑思维和分析与解决问题的能力，而且这种思维和能力的训练，对学生一生的影响也是潜移默化的。中国科学技术大学始终坚持“基础宽厚实，专业精新活”的教育传统和培养特色，一直以来都把物理和数学作为最重要的通识课程。非物理专业的本科生在一二年级也要学习基础物理课程，注重在这种数理训练过程中培养学生的逻辑思维、批判意识与科学精神，这也是我校通识教育的主要内容。

结合我校的教育教学改革实践，我们组织编写了这套“中国科学技术大学交叉学科基础物理教程”丛书，将其定位为非物理专业的本科生物理教学用书，力求基本理论严谨、语言生动浅显，使老师好教、学生好学。丛书的特点有：从学生见到的问题入手，引导出科学的思维和实验，再获得基本的规律，重在启发学生的兴趣；注意各块知识的纵向贯通和各门课程的横向联系，避免重复和遗漏，同时与前沿研究相结合，显示学科的发展和开放性；注重培养学生提出新问题、建立模型、解决问题、作合理近似的能力；尽量作好数学与物理的配合，物理上必需的数学内容而数学书上难以安排的部分，则在物理书中予以考虑安排等。

这套丛书的编者队伍汇集了中国科学技术大学一批老、中、青骨干教师，其中既有经验丰富的国家级教学名师，也有年富力强的教学骨干，还有活跃在教学一线的青年教师，他们把自己对物理教学的热爱、感悟和心得都融入教材的字里行间。这套丛书从2010年9月立项启动，其间经过编委会多次研讨、广泛征求意见和反复修改完善。在丛书陆续出版之际，我谨向所有参与教材研讨和编写的同志，向所有关心和支持教材编写工作的朋友表示衷心的感谢。

教材是学校实践教育理念、达到教学培养目标的基础，好的教材是保证教学质量的第一环节。我们衷心地希望，这套倾注了编者们的心血和汗水的教材，能得到广大师生的喜爱，并让更多的学生受益。

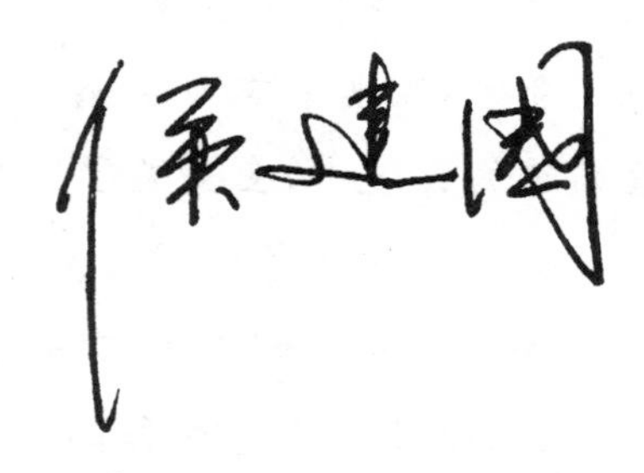

2014年1月于中国科学技术大学

前 言

我们所处的世界是五彩缤纷、纷繁复杂的，而我们人类的寿命和认知能力是有限的。因此，从纷繁复杂的表象中提取最核心的要素和规律，并使之代代传承和积累，是我们人类适应严酷的自然环境、合理改造它并使之适宜人类居住和生存的主要方法和手段。物理学就是这样一门学科，它旨在揭示物质的最基本结构及物质运动的最一般规律。这也就是说，物理学研究的是这个世界的最基本构成要素以及这些要素演化为这个世界所遵循的最一般的规律。从学习和研究的角度来说，就是既要知其然，更要知其所以然。

近代物理的开端始于19世纪末，其标志是X射线（1895）、放射性（1896）和电子（1897）的发现。随后的几十年，是物理学发展的黄金时期。在此期间，诞生了20世纪最重大的发现：相对论和量子力学。相对论和量子力学反过来又极大地促进了物理学各分支学科的发展，例如：原子物理、分子物理、固体物理、原子核物理和粒子物理等。这些分支物理学科中的每一门都涉及物质结构的一个层次，其共同点在于它们都建立在量子力学的基础上，互相之间有一定的内在联系，因此我们把它们的基本内容都包含在本教材中。

原子物理学是研究原子的基本结构及其运动一般规律的学科。原子的尺度在10^{-10} m的量级，涉及的作用力是电磁力。原子物理学的内容主要包括原子的空间结构、原子的能级结构和原子的动力学参数，使用的实验方法主要为谱学方法，包括光谱、电子能谱和离子能谱。虽然原子的能级结构与原子中电子的空间分布(原子的空间结构)紧密相关,但从历史发展脉络上讲,又是泾渭分明的两个层次。原子的空间结构主要指的是各种原子模型,在历史上这是原子物理最早研究的内容。从汤姆孙的西瓜模型到卢瑟福的行星模型,直至量子力学给出了最终的原子空间结构图像。原子的能级结构是原子可能存在的能量状态,它是原子的内在基本特性之一,可由量子力学给出很好的描述,其外在表现就是原子吸收或发射的光谱。原子光谱是原子的指纹,由原子的谱线可以指认原子的种类,由其强度可推测元素的丰度,这也是原子物理用于物质结构分析的物理基础。因此,原子物理的核心内容之一就是给出原子能级结构的规律,当然这是以量子力学为基础的。作为一本本科生教材,本书给出单电子系统和双电子系统的能级结构规律;至于多电子体系,只涉及原子的壳层结构和原子的基态。原子的动力学参数在现实生活中有非常重要的应用,本书只给出了相关的基本概念及部分应用。

分子物理比原子物理要复杂得多,其核心是分子的能级结构规律。虽然分子中的主要相互作用仍是电磁力,但与原子中的单中心问题不同,分子是多中心问题,既有电子的运动,又有原子核的振动和转动,且三者是耦合在一起的。处理分子问题的基础是玻恩-奥本海默近似,其核心是把电子的运动与原子核的运动分开处理。涉及电子运动的能级属于电子态,涉及原子核运动的为振动态和转动态。本书只阐述双原子分子的能级结构规律,包括双原子分子的电子态、振动态和转动态的能级结构规律。

固体是由大量原子或分子形成的宏观系统,原子分子之间的结合方式、空间结构以及电子分布等方面的不同导致了固体中各形各色的宏观性质。然而固体又是一个比分子复杂得多的多粒子体系,因此除了像分子一样引入玻恩-奥本海默近似外,固体物理学中还采用了各种其他近似方法,进而构建出简单的模型,并在实验的基础上不断地改进它。另一方面,固体物理学还起了联系基础理论物理与应用学科之间桥梁的重要作用,对固体的进一步利用和开发不断推动着人类社会的进步,例如半导体和激光技术的产生和发展。当今的凝聚态物理学是固体物理学的进一步拓展,是物理学中最庞大、最重要的分支,包含的内容极其广泛与丰富。本书只介绍晶体(即内部原子结合成有规则排列的固体)的基本理论,利用简单的模型来解释一些基本现象、规律以及应用,包括晶体结合与结构、固体电子论(金属自由电子气理论和能带论)及半导体。

原子核的尺度为10^{-14} m，比原子小了4个数量级。与原子物理中电磁力起支配作用不同，原子核内起主导作用的是强相互作用力，电磁力也起重要作用。除此之外，不像原子，原子核中没有对称中心，这进一步增加了理论描述原子核的复杂性，因此关于原子核的理论大多是唯象理论。了解原子核的结构和一般特性，掌握放射性衰变的基本规律，对核裂变和核聚变、核能的和平利用有一个概括性的认识，是原子核物理的基本要求。了解了相关规律，就不会人云亦云，谈核色变。只有真正掌握了相关知识，才能做到“谣言止于智者”，才不会闹“日本福岛核电站发生核泄漏，民众买碘盐防核”的笑话。

粒子物理是物质结构的更深层次。在过去看来，这些粒子比原子核更小，是基本粒子。但是随着研究的深入，揭示出这些粒子中的很多还有更基本的结构，这就是夸克模型。因此，了解这些粒子间的相互作用，把它们进行分类，并了解相应的对称性和守恒律，进而了解到目前为止最精确的标准模型，是粒子物理的基本内容。

原子物理学并不是美丽的海市蜃楼，虚无缥缈而不可触摸。原子物理的知识已经渗透到了各个领域和我们的日常生活中，已经并还在促进着其他学科的发展，改变并美化着我们的生活。

基于原子物理发展起来的实验方法提供了大量的物质结构分析测试手段，而这些手段往往在其他领域引起了革命性的变化。这中间最著名的例子恐怕就是近代物理学对生命科学的影响了。DNA双螺旋结构的发现，开创了分子生物学的新时代，使得遗传研究深入到了分子层次。而在DNA双螺旋结构的发现过程中，基于原子物理发展起来的X射线晶体衍射技术起了核心作用。也正是实验上漂亮的DNA衍射图片，促成克里克和沃森提出了DNA的双螺旋结构。对DNA双螺旋结构提出做出杰出贡献的四位科学家中，就有三位是从事X射线晶体衍射的物理学家，他们是富兰克林、威尔金斯、克里克。在生命科学领域中应用的典型例子还有基于X射线吸收规律发展起来的X光胸透医学成像和CT、基于核磁共振发展起来的核磁共振成像、基于分子光谱的单分子显微成像等等。类似的分析测试手段还有很多，它们在物理的其他分支学科、材料科学、化学、地球科学、生物、医学、环境科学等领域都有极其广泛的应用，也跟我们的日常生活息息相关。因此，了解和掌握这些分析测试手段的基本原理，无疑对于相关学科的读者是非常有帮助的，这也是本课程的基本目的之一。

原子物理知识的掌握和应用，当然是本教材的主要目的。但是，原子物理的发展留给人们的绝不仅仅只有相关知识，其非常重要的一个方面是教会我们如何去思考、去探索未知的世界，也即科学研究的方法。中国古语说得好："授人以鱼，不如授人以渔。"掌握了科学研究的方法，就拥有了探索未知世界的利器。原子物理恰好是体现科学研究方法的典型案例，不用过多地去雕琢，仅仅适当遵循历史的发展脉络，就可体现出"假说→实验验证→新问题→新理论或新假说→新的实验验证"的基本科学研究方法。而在这一不断循环的、螺旋式上升的认识过程中，近代物理学史上的大物理学家如汤姆孙、卢瑟福、玻尔、德布罗意……也为我们留下了巨大的思想财富。追寻伟人们分析问题、解决问题的思路，无疑是一段非常美妙的旅程，也会潜移默化地影响我们的思维方法。

本教材的内容较为丰富，任课老师可以根据授课的对象，选择性地讲授相关章节。例如，针对化学系，可以略去以后还会学到的分子物理和固体物理的内容；作为补充，讲授一些以后很难有机会接触到的原子核物理的基本概念和图像，无论是作为常识还是提高科学素养都是十分有益的。而对于核技术专业，则可以略去原子核和粒子物理的部分，讲授一些分子光谱和固体物理的知识。另外，为了增加教材的可读性，在正文中我们省略了一些复杂的推导。但是，为了保证教材的完整性，这些推导放入了相应章节的附录中，略过这些附录并不影响本教材的学习和使用。还有，带 * 的章节比较难，可根据授课对象及学时选讲或者不讲。

在本教材的撰写过程中，得到了程福臻教授的大力帮助，与他的多次探讨，使作者受益匪浅。作者特别感谢徐克尊教授和周先意教授多年的支持与帮助。徐克尊教授和清华大学尤力教授还仔细审阅了书稿，并提出了许多中肯的意见和建议。特别感谢中国科大出版社编辑老师的辛勤劳动，本书才能呈现如今的模样。另外，实验室的很多研究生及上过编者课程的一些本科生，包括刘亚伟、徐卫青、康旭、彭裔耕、崔江煜、潘建、梅小寻、赵小利、缪鹏等人帮助作者录入了部分初稿并绘制了部分图表，在此作者表示深深的感谢。

彭新华教授撰写了本教材的第 6 章，其他章节由朱林繁教授完成，全书最后由朱林繁教授统稿。

受限于作者的水平，书中难免会有错误或不当之处，敬请读者指正。

朱林繁　彭新华
2016 年 9 月

目　录

序 …………………………………………………………………… (ⅰ)

前言 ………………………………………………………………… (ⅲ)

第 1 章　原子模型初探 …………………………………………… (1)

1.1　原子论及原子的一般特性 ………………………………… (2)

1.2　电子的发现和汤姆孙的原子模型 ………………………… (4)

1.3　α粒子散射实验和卢瑟福原子模型 ……………………… (7)

1.4　玻尔原子模型 ……………………………………………… (16)

1.5　类氢原子体系 ……………………………………………… (27)

1.6　弗兰克-赫兹实验 ………………………………………… (35)

附录 1-1　卢瑟福散射公式 ……………………………………… (39)

第 2 章　量子力学基础 …………………………………………… (43)

2.1　光的波粒二象性 …………………………………………… (44)

2.2　实物粒子的波粒二象性 …………………………………… (58)

2.3　波函数和薛定谔方程 ……………………………………… (63)

2.4　不确定关系 ………………………………………………… (69)

2.5　算符 ………………………………………………………… (72)

2.6　势阱 ………………………………………………………… (75)

2.7　氢原子的薛定谔方程解 …………………………………… (79)

2.8　量子数的物理解释 ………………………………………… (88)

2.9　中心势近似 ………………………………………………… (92)

2.10　选择定则 ………………………………………………… (96)

附录 2-1　瑞利-金斯公式的推导 ……………………………… (98)

附录 2-2　普朗克公式的推导 …… (99)
附录 2-3　轨道角动量量子数 l 的选择定则 …… (100)
附录 2-4　磁量子数 m 的选择定则 …… (101)

第 3 章　原子的能级结构和光谱 …… (103)
3.1　电子自旋 …… (104)
3.2　泡利不相容原理 …… (110)
3.3　原子的壳层结构和元素周期表 …… (119)
3.4　自旋-轨道相互作用 …… (128)
3.5　单电子原子的能级结构和光谱 …… (135)
3.6　LS 耦合和 jj 耦合 …… (146)
3.7　双电子原子的能级结构和光谱 …… (161)
3.8　X 射线和原子的内壳层能级 …… (166)
附录 3-1　氢原子的精细结构 …… (177)
附录 3-2　多电子的 LS 耦合 …… (181)

第 4 章　外场中的原子 …… (185)
4.1　塞曼效应 …… (186)
*4.2　磁共振技术 …… (195)
*4.3　原子频标 …… (209)
4.4　斯塔克效应 …… (214)
附录 4-1　塞曼效应的偏振特性 …… (218)

第 5 章　双原子分子的能级结构和光谱 …… (221)
5.1　分子的形成和化学键 …… (222)
5.2　双原子分子的能级 …… (227)
5.3　双原子分子的光谱 …… (235)
5.4　拉曼散射 …… (248)
*5.5　双原子分子的电子态 …… (253)

第 6 章　固体物理概述 …… (267)
6.1　固体的分类与结合 …… (268)
6.2　晶体结构学基础 …… (275)
6.3　金属自由电子气模型 …… (291)
6.4　能带理论基础 …… (303)
6.5　半导体 …… (323)

第 7 章　原子核物理概论 ………………………………………………………… (345)
7.1　原子核的基本性质 ……………………………………………………… (346)
7.2　核力和壳层模型 ………………………………………………………… (351)
7.3　原子核衰变 ……………………………………………………………… (355)
7.4　原子核的结合能、核反应和核能 ……………………………………… (361)
7.5　辐射剂量防护简述 ……………………………………………………… (372)
第 8 章　粒子物理简介 ……………………………………………………………… (375)
8.1　粒子间的相互作用 ……………………………………………………… (376)
8.2　粒子的基本性质和分类 ………………………………………………… (378)
8.3　强子的夸克模型 ………………………………………………………… (382)
8.4　守恒律 …………………………………………………………………… (385)
8.5　标准模型简介 …………………………………………………………… (389)
习题 ………………………………………………………………………………… (391)
部分习题参考答案 ………………………………………………………………… (401)
参考文献 …………………………………………………………………………… (407)
附录Ⅰ　元素周期表 ……………………………………………………………… (409)
附录Ⅱ　基本的物理和化学常数 ………………………………………………… (410)
名词索引 …………………………………………………………………………… (412)

第 1 章　原子模型初探

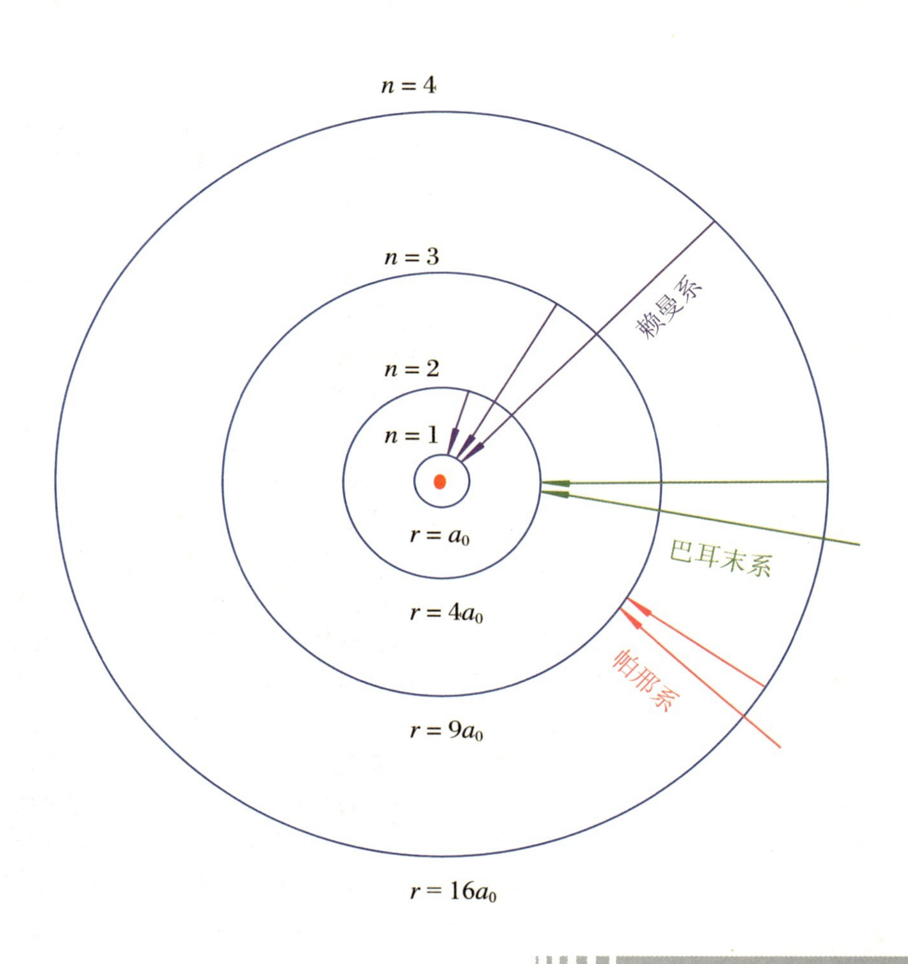

1.1 原子论及原子的一般特性

1.1.1 原子论的发展简史

古代人类了解世界的手段极其有限，基本上是基于对自然现象的观察和思考。所以放在当时的历史背景看，追问世界本源的先贤都是智者，而其对世界本源的描述也只能是在对自然现象观察和思考基础上的、想当然的假设。由于缺乏科学的基础，人们提出了各种各样的假说，当时的历史条件也无法对这些假说进行检验。因此，这些假说主观且缺乏实验验证基础，属于哲学思辨的范畴。尽管如此，在人类自然科学知识基本处于空白的古代，这些假说还是为人类提供了认识世界的切入点。

在我国西周（公元前 1046—前 771）初期，就已经有了关于世界本源的认识和思考，这就是五行说，其记载见于《尚书·洪范》。五行说认为万物都是由金、木、水、火、土五种基本元素组成的，其相生相克主宰着世界的运行。从探索世界的基本构成要素及其运行规律的视角来看，五行说的目的与物理学的研究目标相一致，虽然用现在的眼光看五行说并不科学，但是想想五行说提出的年代是三千年前，我们就应该为祖先的智慧而自豪。在中国古代，类似的思想还有很多。例如，老子（约公元前 571—前 471）在道德经中说“道生一，一生二，二生三，三生万物。万物负阴而抱阳，冲气以为和”。墨翟（约公元前 468—前 376）提出“端，体之无序而最前者也”；“端，无间也”。子思（公元前 483—前 402）说过“语小，天下莫能破焉”。惠施（公元前 390—前 317）认为“至小无内，谓之小一”。这里，老子的“道”、墨子的“端”、子思的“语小”、惠施的“至小”都是指构成世界的最基本单元，而且这一单元不可再分割，与现在关于原子的定义，有较大的相似之处。当然，也有人持相反的、认为物质可以无限分割的观点，例如公孙龙（公元前 320—前 250）就留下了“一尺之棰，日取其半，万世不竭”的千古名言。

差不多同时代的古希腊也提出了类似的观点。“原子（atom）”一词，就来源于希腊文，是不可分割的意思，首先由德谟克利特（约公元前 460—前 370）提出。德谟克利特认为：一切物质都是由分立的原子组成的，原子这种微粒不可再分，这就是原始的“原子论”。与德谟克利特所持观点相反，亚里士多德（约公元前 384—前 322）认为物质是连续的，可以无限分割。

进入19世纪，随着人类实验手段的进步，积累了大量关于化学反应的实验资料，对化学反应的规律性有了深刻的认识。1806年，法国的普鲁斯脱提出了定组成定律，也叫定比定律：一种化合物，不论它是如何制备的，其组成的元素间都有一定的质量比。1807年，英国的道尔顿提出了倍比定律：在化学反应中，每种化合物都有一定不变的组成，各化合物中元素的量都成一定的整数比。在倍比定律的基础上，道尔顿于1808年提出了原子论，其要点是：物质由少数几种原子组成，同种元素的原子都具有相同的质量和性质，不同元素原子的性质和质量各不相同，且原子在一切化学变化中不可再分。由于道尔顿的原子论建立在实验的基础上，已经是科学而不是哲学思辨了。在道尔顿提出原子论以后，随着时间的推移，不断有新的实验证据证实它的科学性，在它的基础上也提出了许多重要的理论规律。例如，1808年盖·吕萨克提出的简比定律、1811年提出的阿伏伽德罗定律、1826年布朗运动实验的解释、1833年法拉第提出的电解定律、1869年门捷列夫的元素周期表等等。到了19世纪末，道尔顿的原子论已经深入人心，成为公认的科学常识了。

1.1.2　原子的经典性质

物质由原子组成，那么单个原子的基本性质是什么？它有多大？质量为多少？这都是需要回答的问题。在19世纪末，根据当时的科学知识，已经可以估算出单个原子的质量和大小。

由于固体很难压缩，可以认为它是由一个个原子密堆积形成的。假设原子是球形，作为一种简单的近似，可以认为原子占据立方体的顶点形成固体，也即邻近原子的球心构成立方体。已知原子的质量数为 A，其密度为 ρ，则单个原子的半径为

$$r = \frac{1}{2}\left(\frac{A}{\rho N_A}\right)^{1/3} \tag{1.1.1}$$

这里 $N_A = 6.022140857(74)\times 10^{23}\,\mathrm{mol}^{-1}$，为阿伏伽德罗常数，括号中数字为误差。根据当时已知的实验数据，人们估算出 Fe、Au、Ag、Cu 的半径分别为 1.56 Å、1.74 Å、1.65 Å、1.45 Å（1 Å = 10^{-10} m）。由此可以看出，所有原子的半径都在 10^{-10} m 的数量级。

类似地，可估算每种元素单个原子的质量：

$$m = \frac{A}{N_A} \tag{1.1.2}$$

现在,原子的质量以原子量 u 为单位,1 u = 1.660539040(20) × 10^{-27} kg。根据元素种类的不同,原子的质量分布范围为 1～300 u。

1.2 电子的发现和汤姆孙的原子模型

图 1.2.1 汤姆孙(J. J. Thomson, 1856—1940),英国

19 世纪的另一重大科学成就是麦克斯韦方程组的建立,电学发展至鼎盛时期。一些科学家出于兴趣开始研究稀薄气体的导电问题。也正是在这一过程中,1858 年德国物理学家普吕克尔发现,正对放电管阴极的管壁发出了绿色的荧光,显然该荧光是由来自于阴极的未知射线引起的,后来人们把从阴极发出的这种射线称为阴极射线。但是,阴极射线是什么,它带不带电,是电磁波还是粒子,人们并不清楚。1879 年克鲁克斯改进了放电装置,发明了阴极射线管,也叫克鲁克斯管,为阴极射线的研究提供了强有力的工具,也因此掀起了研究阴极射线的热潮。也正是在用克鲁克斯管研究阴极射线的过程中,1895 年伦琴发现了 X 射线,1897 年汤姆孙(图 1.2.1)发现了电子,从而揭开了近代物理的序幕。

汤姆孙认为,阴极射线是带电粒子束。为了揭示该粒子的特性,汤姆孙用克鲁克斯管对阴极射线做了详细的研究,其所用装置示意图见图1.2.2,相应的几何尺寸也在图中给出。克鲁克斯管为一真空玻璃管,其中 C 为阴极,A 为阳极,B 为准直孔。从阴极发出的阴极射线经准直孔后,得到很细的一束。当后面的偏转板 D、E 不加电压时,阴极射线会直线前进,达到荧光屏的中间位置,在此处观测到荧光。当偏转板加上如图所示电压时,阴极射线会偏向下,证明它带负电。假设阴极射线所带电荷量为 q,质量为 m,则其在荧光屏上偏离中心的距离 y 为

$$\begin{aligned} y &= y_1 + y_2 \\ &= \frac{1}{2}at_1^2 + at_1t_2 \\ &= \frac{1}{2}\frac{qV}{md}\left(\frac{l}{v}\right)^2 + \frac{qV}{md}\frac{l}{v}\frac{L-l/2}{v} \\ &= \frac{qVlL}{mdv^2} \end{aligned} \tag{1.2.1}$$

这里 y_1 和 y_2 分别为阴极射线粒子在偏转板中的偏转距离和偏转板右端自由漂移区的偏转距离,V 和 d 分别为偏转板所加电压及偏转板之间的距离,l 和 L 分别为偏转板的长度和偏转板中心与荧光屏的间距,如图 1.2.2(b)所示。$a = qV/(md)$ 为加速度,t_1 和 t_2 为阴极射线粒子在偏转板和自由漂移区的运动

时间，v 是阴极射线粒子在水平方向上的速度。

把公式(1.2.1)整理一下，可写为

$$\frac{q}{m}=\frac{dv^2y}{VlL} \tag{1.2.2}$$

公式(1.2.2)右边，y、l、L、V、d 都是可测量的量，只有速度 v 是未知的量(注意历史背景，当时阴极射线粒子是什么都不清楚，单位电荷的概念根本没有，更不可能通过放电电压推测其能量和速度！)。

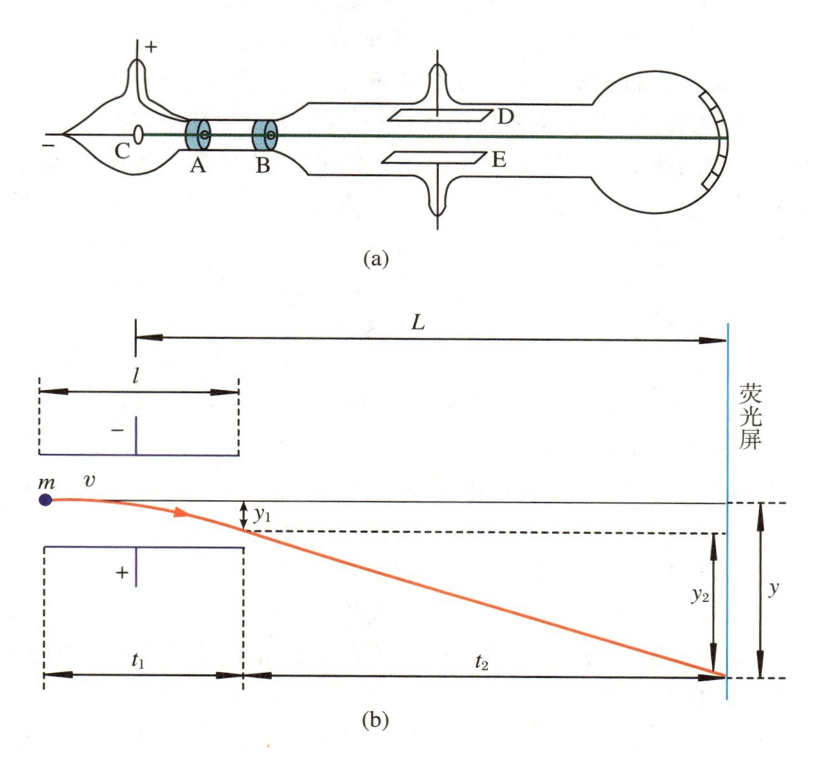

图 1.2.2 汤姆孙发现电子所用克鲁克斯管的示意图(a)及几何尺寸(b)

为了测量阴极射线粒子的速度，在偏转板区域加上垂直于纸面向外的均匀磁场 B。调节磁场的大小，当荧光再次回到荧光屏的中点时，说明磁场的洛伦兹力和电场的库仑力大小相等，方向相反，由此可以测出阴极射线的速度 $v=V/(dB)$，代入可得阴极射线的荷质比为

$$\frac{q}{m}=\frac{yV}{dlLB^2} \tag{1.2.3}$$

公式(1.2.3)的右边都是可测量的量。当时汤姆孙测出的阴极射线的荷质比为 7.6×10^{10} C/kg，虽然与现代的精确值 $1.758820024(11)\times10^{11}$ C/kg 有不小差距，但是已经足以说明问题了。

汤姆孙的实验结果之所以重要，在于与其他类似实验结果的对照。在汤姆孙测定阴极射线的荷质比之前，已经有人测出氢离子的荷质比为 9.6×10^{7} C/kg。阴极射线的荷质比比氢离子的荷质比大了约1000倍！从公式(1.2.3)可以看出，1000倍的荷质比差异最可能是由两种情况造成的：① 阴极射线的电荷量是氢离子的1000倍；② 阴极射线的质量是氢离子的千分之一。其中的第二种解释是极其大胆的，而汤姆孙就是采用了这种解释。之所以说这种解释大胆，是因为当时科学界已经很清楚氢是最小的原子。当时汤姆孙的解释意味着有一种粒子，也即阴极射线这种粒子，它比最小的氢原子还小！这一解释的潜台词就是：原子是可分的！而这突破了当时人们的常识。

汤姆孙是一位严谨的物理学家，为了佐证他关于原子可分的猜测，他做了一系列的实验来证实阴极射线这种粒子是普遍存在的，是各种原子共有的一种粒子。首先，他把阴极射线管充上不同的微量气体，例如二氧化碳、空气、氢气等，发现所测阴极射线的荷质比与所充气体无关。其次，他改变阴极的材料，分别改用铝、铁、铜等做阴极，也发现所测阴极射线的荷质比不变。这些严谨同时也是琐碎的实验(由此可以看出，实验科学家要有极好的耐心和持之以恒的精神！)，为汤姆孙关于原子是由更小的粒子组成的科学论断，提供了强有力的实验支撑。

但是，这里始终有一个漏洞，无法排除这种可能性，也即阴极射线的电荷量是氢离子的1000倍。作为一名严谨的物理学家，汤姆孙始终在思考如何从实验上测量阴极射线所带的电荷量。1899年，汤姆孙用他的学生威尔逊发明的云室，测量出阴极射线所带的电荷量与氢离子所带的电荷量相同，修补了他阴极射线实验的最后一个不足。随后，汤姆孙采用斯通尼的叫法称阴极射线这种粒子为“电子(electron)”，指出原子由电子和带正电荷的部分组成。至于电子电荷的精确测量，则迟至1910年才由密立根完成。

汤姆孙的成功不是偶然的，有其深层次的原因。首先，在关于阴极射线是粒子还是波这一点上，汤姆孙一开始就选对了道路，也即认为阴极射线是粒子。其次，科学的发现脱离不开当时的生产力水平。在汤姆孙的阴极射线实验之前，发现电磁波的赫兹就做过类似的实验，只不过当时的真空技术不过关，无法得出定量的实验结果而已。再者，汤姆孙敢于突破旧观念的束缚。其实，还有别的科学家做过完全相同的实验，而且他们的实验结果远比汤姆孙的实验结果精确。但是由于这些科学家无法接受电子比原子小而与电子的发现失之交臂。还有，汤姆孙严谨的科学精神是其成功的前提。我们可以看出，汤姆孙一步步在不断地深入，用实验从不同的视角来证实他的观点，且不放过任何一点不足，力争完美。汤姆孙这种严谨的科学精神，永远值得我们这些后来者学习。

图 1.2.3　汤姆孙的原子模型

既然呈电中性的原子是可分的，且电子带负电荷，则必定还有带正电荷的部分。那么，电子和带正电的部分是如何组成原子的呢？在汤姆孙发现电子之后，这是摆在当时科学界面前的最大问题。经过深入的思考，汤姆孙提出了他的原子模型——葡萄干面包模型，也叫作西瓜模型，如图1.2.3所示。汤姆孙认为，原子中带正电的部分充满原子的整个区域，就像西瓜中的西瓜瓤一样。

而 Z 个电子则像西瓜子一样，镶嵌在西瓜瓤中，当然电子处于其平衡位置。例如氢原子，电子就处于原子的正中心。汤姆孙经过思考和模拟，还确实找到了不同个数的电子在原子中的平衡位置。

汤姆孙原子模型能够解释原子的大小问题和电中性问题。由于电子很轻，所以占有很小的体积，而原子的大部分质量是带正电荷的部分，因此其体积就大。所有电子的电荷量之和与正电荷部分的电荷量相等，因此总体上呈电中性。由于电子在其平衡位置附近的振动，发出的辐射就构成了原子的辐射谱。由于汤姆孙发现电子而赢得了巨大的声望，其原子模型很快就得到了当时科学界的认可。但是其正确与否，当然仍需实验的检验。

1.3 α粒子散射实验和卢瑟福原子模型

汤姆孙原子模型虽然能够解释原子的电中性、稳定性及部分光谱问题，但是仍有许多问题无法解释，例如原子的光谱线很多，而不是有限的几条(见习题1.1)，且还有连续谱。虽然汤姆孙的原子模型还有这些不足，但是由于汤姆孙的巨大声望，他的“西瓜模型”在当时得到了科学界的广泛认可。然而，物理学是一门实验科学，任何一个理论，或者说假说，都必须接受实验的检验，汤姆孙的原子模型也不例外。1903年，勒纳德发现电子很容易穿透原子，证实原子内部大部分地方是空的，这似乎说明汤姆孙的原子模型有问题。而证实汤姆孙原子模型不正确的严格实验是由卢瑟福完成的。

图1.3.1 卢瑟福(E. Rutherford,1871—1937)，新西兰

卢瑟福(图1.3.1)出生于新西兰，是历史上最伟大的物理学家之一。1894年他进入剑桥大学卡文迪许实验室读研究生，导师就是汤姆孙。卢瑟福的早期工作是关于放射性的研究，在1898年发现α射线和β射线，并因此而荣获1908年诺贝尔化学奖，随后于1909年证实α粒子就是二价的氦离子。从卢瑟福的经历可以看出，他师出汤姆孙门下，了解汤姆孙的原子模型。而α粒子又是他持续研究了十余年的粒子，可以说他是当时世界上最了解α粒子特性的科学家，当然他也十分擅长与α粒子相关的实验技术。因此，用α粒子散射方法检验汤姆孙的原子模型，对于卢瑟福而言是水到渠成、自然而然的事情。

图1.3.2 阳光透过树林

图1.3.2给出了阳光透过树林的一张图片。由于阳光是直线传播的，不妨认为阳光就是太阳发射的、按照直线运动的、极其微小的小球，当这种小球碰到树木时，就被树木遮挡(实际是被树木所吸收)。当小球没有碰到树木时，就透射过来，照射到地面上。因此，根据阳光透过树木在地面上的光影分布，我们就可以了解树木生长在什么位置，哪里树木比较密集，哪里树木比较稀疏，也即树林的空间分布是怎么样的。所谓的散射实验(scattering experiment)，与这一

例子是非常相似的，只不过散射实验中把树木替换成了靶(例如原子，也即原子靶)，把阳光换成了各种探针粒子(例如光子、电子、α粒子、质子等)，把地面换成了探测器(例如荧光屏)。与上述例子不同的是，阳光被树木吸收，而散射实验中探针粒子和靶之间有相互作用，探针粒子和靶作用后有一个角分布。由于散射实验中的探针粒子束很细，所以在远离靶的地方不同散射角的粒子就在空间分散开来，并由探测器所探测。根据散射实验观测到的、被散射粒子的角分布，就可以反推靶的结构信息。卢瑟福的α粒子散射实验就是最典型的散射实验之一。

1.3.1 α粒子散射实验

卢瑟福散射实验是由卢瑟福和他的助手盖革及学生马斯登一起完成的，其实验装置如图1.3.3所示。图中的圆腔为真空腔室，以使α粒子有足够的传输距离(α粒子的穿透性很弱，一张纸就足以挡住α粒子，而它在空气中的射程约为7 cm)。放射源放出的α粒子经由小孔后得到平行性很好且很细的α粒子束，然后α粒子被金箔散射，并被荧光屏探测。金箔的厚度为μm量级。当α粒子打在荧光屏上就会发出持续时间很短的脉冲荧光，由显微镜观测到的脉冲荧光的计数就是打到荧光屏上的α粒子个数。显微镜可以围绕碰撞中心转动，进而测量被散射α粒子的角分布。

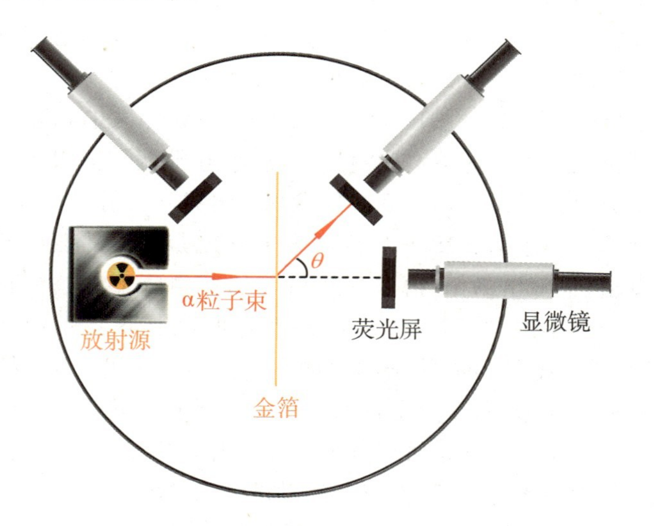

图1.3.3 卢瑟福α粒子散射实验的装置示意图

卢瑟福散射实验的观测结果是：① 绝大多数α粒子经过金属箔的散射后，只有很小角度的偏转，偏转角度小于2°；② 有大约八千分之一的α粒子的散射角度大于90°。从我们的日常知识判断，八千分之一是一个非常小的量，几乎可

以忽略不计了。即使是一般的物理实验,八千分之一也是一个很小的量,可以归结为实验误差了。但是,当卢瑟福拿到这一实验结果时,他觉得这一实验结果极其不可思议:"It was quite the most incredible event that ever happened to me in my life. It was almost as incredible as if you fired a 15-inch shell at a piece of tissue paper and it came back and hit you."卢瑟福觉得不可思议并不是觉得八千分之一太小了,而是觉得 α 粒子散射实验给出的八千分之一太大了!大到了不可思议!

为什么卢瑟福会这样觉得呢?我们从汤姆孙原子模型出发,来分析卢瑟福惊奇的缘由。根据汤姆孙原子模型,原子的所有质量和正电荷均匀分布于整个原子,而电子处于其平衡位置。由于电子的质量很小,如果 α 粒子碰到电子,则电子会被碰飞而 α 粒子的运动几乎没有任何改变。因此,在 α 粒子散射实验中我们完全忽略电子的影响。这样 α 粒子的散射相当于 α 粒子与被去除了电子的正电荷球体的散射,这一正电荷均匀分布球体的大小在 10^{-10} m 的数量级,也即原子的大小。根据经典电动力学,在这一散射过程中,α 粒子的受力情况如图 1.3.4 所示。当 α 粒子从原子的外面通过时,考虑到原子的电中性,α 粒子不受力。在原子内部,在忽略掉电子的情况下,α 粒子的受力正比于它与球心的距离。总的受力情况如下:

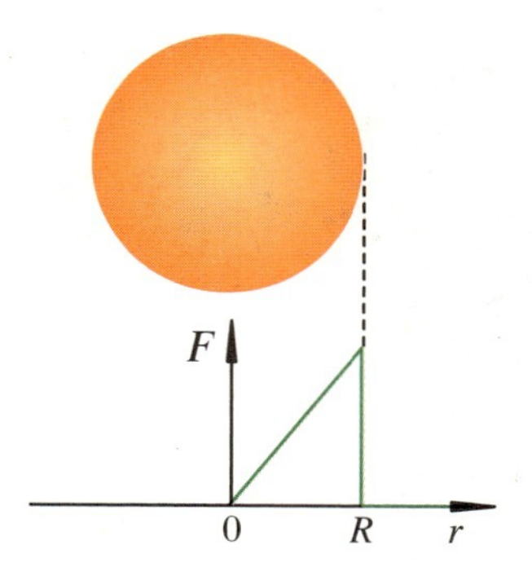

图 1.3.4　基于汤姆孙原子模型,α 粒子在散射过程中的受力情况

$$\begin{cases} F = \dfrac{2Ze^2 r}{4\pi\varepsilon_0 R^3}, & r < R \\ F_{\max} = \dfrac{2Ze^2}{4\pi\varepsilon_0 R^2}, & r = R \\ F = 0, & r > R \end{cases} \tag{1.3.1}$$

这里 r 为 α 粒子与球心间的距离,R 为带正电球体半径,也即原子的半径,Ze 为原子中总的正电荷量。

由于受力越大,α 粒子的偏转角度越大,所以作为一种近似,我们考虑 α 粒子受力最大的情况。也即不妨认为在 α 粒子与正电荷球体的作用过程中,全程受力都是 $F_{\max}$。而作用力程也取极大 $2R$,则 α 粒子与正电荷球体的作用时间 Δt 为 $2R/v$。由于碰撞过程中 α 粒子动量的变化等于冲量,因此有

$$\Delta p_{\max} = F_{\max} \cdot \Delta t = \frac{1}{4\pi\varepsilon_0} \cdot \frac{2Ze^2}{R^2} \cdot \frac{2R}{v} \tag{1.3.2}$$

此时,如图 1.3.5 所示,α 粒子的偏转角度近似为

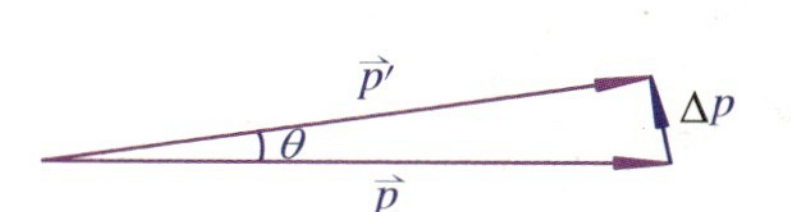

图 1.3.5　α 粒子散射中的动量变化

$$\theta_{\max} \approx \frac{\Delta p_{\max}}{p} = \frac{4Ze^2}{4\pi\varepsilon_0 R m v^2} = \frac{2e^2}{4\pi\varepsilon_0 R} \cdot \frac{Z}{E} \tag{1.3.3}$$

如果把原子大小 $R = 10^{-10}$ m 代入,角度的单位取为弧度,E 以 MeV 为单位(1 eV = 1.6021766208(98) × 10^{-19} J,本教材以后能量基本都以电子伏(eV)为

单位)，Z 以电子电荷为单位，例如金原子，Z 就为 79，则有

$$\theta_{\max}\approx 2.9\times 10^{-5}\frac{Z}{E}(\mathrm{rad})$$

当然公式(1.3.3)的近似只有当偏转角度很小时才成立。实际上，取典型值，$Z=79$，$E=5$ MeV，偏转角度只有 0.026°，因此公式(1.3.3)的成立不成问题。这里，各种条件都已经取了极限，例如作用力程最大、作用时间最长，但是出现大角散射的情况仍然是不可能的！

当然，可能还会有人有疑问，说实验所用的靶为厚度达到 μm 的金属箔，而 1 μm 厚的金属箔，所对应的原子层数约为 1×10^4。如果 α 粒子在经过金属箔的时候，散射 1×10^4 次，乘以每一次的散射角度 0.026°，就有可能超过 90°，也即能够出现大角散射！但是这种情况是不可能发生的。直觉告诉我们，多次散射过程中不可能每次散射都偏转向一个相同的方向。实际上，多次散射是一种随机过程，下一次散射可能向上，也可能向下，各个方向的概率都相同。关于这种随机过程，有严谨的概率和数理统计理论。具体到 α 粒子散射的这种情况，多次散射后 α 粒子的出射角度 θ 服从高斯分布：

$$f(\theta)=\frac{1}{\sqrt{2\pi}\sigma}\exp\left[-\frac{(\theta-\bar{\theta})^2}{2\sigma^2}\right] \tag{1.3.4}$$

由于多次散射的随机性本质，向上和向下的概率相等，可以预期，这里 $\bar{\theta}=0$。而

$$\sigma=\sqrt{\sum_{i=1}^{N}(\theta_i-\bar{\theta})^2}=\sqrt{N\theta_{\max}^2} \tag{1.3.5}$$

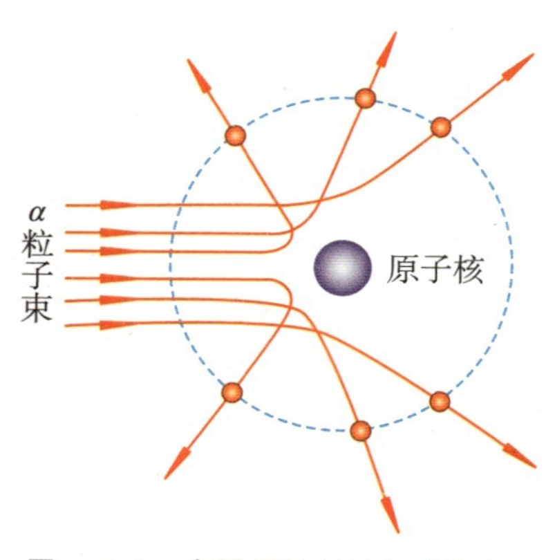

图 1.3.6　卢瑟福散射的物理图像

这里 N 是总的散射次数，也即金箔的原子层数。把公式(1.3.5)代入公式(1.3.4)，并把公式(1.3.4)中的 θ 从 90°积分到 180°，就应该对应 α 粒子散射实验中散射角度大于 90°的概率——1/8000。但是实际上，上述分析给出的结果是散射角度大于 90°的概率小于 10^{-261}，完全可以忽略不计！

至此，我们可以完全理解卢瑟福的惊奇了，原因就在于汤姆孙原子模型。基于汤姆孙原子模型，无论如何都不可能出现大角散射的情况！因此，α 粒子散射实验给出了明确的信息，也即汤姆孙原子模型不正确！那么，问题出在哪里呢？解决问题的思路就在发现问题的过程中。我们看公式(1.3.3)，公式右边除了常数，就是 R、Z、E 三个变量，其中后两者在当时已经了解得很清楚了，那么唯一的问题可能就出在 R 上了，也即汤姆孙关于“原子中的质量和全部正电荷均匀分布在整个原子中”的这一假设出问题了。还是公式(1.3.3)，如果把 R 大幅度减小，例如减小 4 到 5 个数量级(多么大胆的想法!)，也即把原子中的所有正电荷和除了电子外的全部质量都缩小到一个很小的区域，例如 $10^{-14}\sim 10^{-15}$ m，则就可以出现大角度散射，而这正是卢瑟福解释 α 粒子散射实验的理论核心。

卢瑟福根据 α 粒子散射实验提出：原子中的所有正电荷和除了电子外的全

部质量都集中于中心非常小的区域内，这就是原子核(nucleus)。α粒子散射实验就是α粒子和原子核之间的散射，其物理图像如图1.3.6所示。为了描述的方便，我们定义瞄准距离 b 为α粒子运动方向与原子核之间的垂直距离(见本章附录)。当瞄准距离大时，α粒子与原子核之间的库仑斥力较小，所以其偏转角度较小。当瞄准距离减小时，α粒子与原子核之间的库仑斥力较大，其偏转角度就较大。当瞄准距离小到一定程度的时候，就可出现大于90°的大角散射。如果对心碰撞，也即瞄准距离等于零，甚至会出现180°散射。

上述讨论定性解释了α粒子散射实验。但是，作为一名伟大的物理学家，卢瑟福绝不仅仅停留在定性解释上，他要给出实验测出的1/8000的定量解释！α粒子散射实验是1909年完成的，经过两年思考，卢瑟福于1911年推导出了著名的卢瑟福散射公式，定量地解释了实验结果。卢瑟福散射公式给出的理论曲线与实验结果的完美重合，给出了α粒子散射实验的最终解释。卢瑟福也非常高兴地说："我终于知道原子是怎么样的了！"

1.3.2 卢瑟福散射公式

卢瑟福散射公式的推导稍显复杂，感兴趣的读者可以参考附录1-1中的推导，在此我们只给出卢瑟福散射公式的具体形式

$$\frac{\mathrm{d}\sigma}{\mathrm{d}\Omega}=\frac{1}{n_0 Nt}\frac{\mathrm{d}n}{\mathrm{d}\Omega}=\left(\frac{1}{4\pi\varepsilon_0}\right)^2\left(\frac{zZe^2}{4E_0}\right)^2\frac{1}{\sin^4\dfrac{\theta}{2}} \tag{1.3.6}$$

其中 $\mathrm{d}n$ 是探测器测量到的散射粒子计数，$\mathrm{d}\Omega$ 是探测器所张的立体角(其基本概念和计算方法见附录1-1)，$\mathrm{d}n/\mathrm{d}\Omega$ 代表单位立体角内的散射粒子计数，是实验可以测量的量。n_0、N、t 分别是入射的粒子数、单位体积内的靶原子(核)数、靶的厚度。z 和 Z 分别为入射粒子和靶原子核所带的电荷数，E_0 是入射粒子的动能，θ 是散射角度。$\mathrm{d}\sigma/\mathrm{d}\Omega$ 是微分散射截面(differential cross section)，它给出了一个α粒子和一个原子核碰撞，α粒子被散射到 θ 方向单位立体角内的概率。截面的单位是靶(b)，$1\ \mathrm{b}=10^{-24}\ \mathrm{cm}^2$。常用的单位还有毫靶(mb)和兆靶(Mb)，$1\ \mathrm{mb}=10^{-3}\ \mathrm{b}$，$1\ \mathrm{Mb}=10^6\ \mathrm{b}$。

截面是一个抽象的物理量，它仅仅由入射粒子的特性(电荷、动能)、靶粒子的特性(电荷)及二者之间的相互作用决定。也正是因为它抽象，所以其应用范围非常广，由它可以计算各种碰撞条件下的反应事例数，例如针对不同入射束流强度、不同靶厚度等情况下的反应事例数。

卢瑟福推导出以他的名字命名的散射公式后，盖革和马斯登随后做了详细的实验，验证了卢瑟福散射公式。例如，散射α粒子计数对角度的依赖关系为反比于 $\sin^4(\theta/2)$、正比于 $n_0 Nt$ 等。但是，我们可以注意到，在 $\theta\to 0°$ 时，卢瑟福

散射公式给出发散的结果，这说明卢瑟福散射公式对于非常小的散射角度是不适用的。当然，这一现象也很容易理解，小角度散射对应的瞄准距离很大，而瞄准距离很大对应于 α 粒子从原子外面通过。由于原子呈电中性，因此 α 粒子不受力，卢瑟福散射公式当然不适用于小角度情形。

【例 1.3.1】 卢瑟福散射中用的是镭衰变放出的 α 粒子，其动能是 4.78 MeV。靶为金箔，厚度是 1 μm，其密度 ρ 为 $1.93\times10^4\ \mathrm{kg\cdot m^{-3}}$，其核电荷数 Z 为 79，质量数 A 为 197。试计算散射角度大于 90°的 α 粒子占总的入射 α 粒子的百分比。

【解】 由公式(1.3.6)可知，散射角度大于 90°的 α 粒子占总的入射 α 粒子的百分比为

$$\int_{\pi/2}^{\pi}\frac{\mathrm{d}n}{n_0}=\int_{\pi/2}^{\pi}Nt\,\frac{\mathrm{d}\sigma}{\mathrm{d}\Omega}\mathrm{d}\Omega=\int_{\pi/2}^{\pi}Nt\left(\frac{1}{4\pi\varepsilon_0}\right)^2\left(\frac{zZe^2}{4E_0}\right)^2\frac{2\pi\sin\theta\mathrm{d}\theta}{\sin^4\dfrac{\theta}{2}}$$

由于

$$N=\frac{N_{\mathrm{A}}\rho}{A}=5.9\times10^{28}\,个/\mathrm{m}^3$$

这里 N_A 为阿伏伽德罗常数。代入可得

$$\int_{\pi/2}^{\pi}\frac{\mathrm{d}n}{n_0}=1.04\times10^{-4}$$

与 α 粒子散射实验得出的 1/8000 基本吻合，说明了卢瑟福散射公式的正确性。

【例 1.3.2】 已知电子与原子的散射截面在 1 Mb 的数量级，而光子和原子的散射截面在 0.1 b 的数量级。假设相同束流强度的电子和光子入射到同样的靶上，完成电子散射需要 1 min 时间，问完成光子散射实验需要多少时间？

【解】 因为电子散射和光子散射过程中 n_0、N、t 都相同，只有散射截面不同，在测量到的散射粒子数相同的条件下，所需时间反比于截面。因此，光子散射所需时间为

$$1\times10^7\ \mathrm{min}\approx19\ \mathrm{a}$$

即需要 19 年。在这个例子中可以看出，不同的散射过程，其物理作用机制不同，实验难度的差别极大！

【例 1.3.3】已知 α 粒子散射在 60°的微分散射截面为 1 b，靶是厚度为 1 μm的金箔，入射 α 粒子的个数为每秒 10^5 个（这已经是比较强的放射源了！），探测器的立体角为 0.01，如果要保证在 60°测量到的计数为 10^2 个，求所需要的时间。

【解】探测器测量到的计数率为

$$\begin{aligned}\mathrm{d}n &= n_0 N t \frac{\mathrm{d}\sigma}{\mathrm{d}\Omega}\mathrm{d}\Omega' \\ &= 10^5\ \mathrm{s^{-1}} \cdot 5.9\times10^{28}\ \mathrm{m^{-3}} \cdot 10^{-6}\ \mathrm{m} \cdot 10^{-24}\ \mathrm{cm^2} \cdot 0.01 \\ &= 5.9\times10^{-3}\ 个/\mathrm{s}\end{aligned}$$

统计计数达到 100 个所需的时间为

$$t=\frac{100}{5.9\times10^{-3}}=1.7\times10^4\ \mathrm{s}\approx4.7\ \mathrm{h}$$

约需要 4.7 小时。

思考题：在电子和离子发生碰撞时，卢瑟福散射公式是否成立？如果成立，角度适用范围是什么？①

小知识：卢瑟福背散射技术

在卢瑟福散射公式推导过程中，认为靶原子核静止不动，但是实际情况原子核肯定有反冲。考虑到原子核的反冲，α 粒子散射后的动能 E 由散射角度和靶原子核质量 M 决定：

$$E=\left(\frac{m\cos\theta+\sqrt{M^2-m^2\sin^2\theta}}{m+M}\right)^2E_0 \tag{1.3.7}$$

在入射 α 粒子动能固定的情况下，原子核的质量越轻，散射角度越大，则原子核获得的反冲动能越大，对应的散射 α 粒子和入射 α 粒子的能量差越大。因此，固定一个角度，由测量到的散射 α 粒子的动能，就可以检测原子核的种类，也即可以分析材料的构成元素及元素的丰度、厚度等信息。由于在大角散射情况下散射 α 粒子和入射 α 粒子的能量差最大，考虑到实验的灵敏度，用作材料物性分析的 α 粒子散射技术都工作在大角散射的条件下。因为大角散射基本对应 α 粒子的反转方向，所以这一技术被称为卢瑟福背散射技术。美国 1969 年阿波罗登月计划，从月球上采集的月壤的成分分析，采用的就是卢瑟福背散射技术。目前，卢瑟福背散射技术已经成为材料科学中一种常规的分析测试手段，可以测量材料的化学组分、结构及薄膜的厚度等，而且卢瑟福背散射技术是一种无损的分析测试手段。

---

① Bélenger C, Defrance P, Friedlein R, et al. Elastic large-angle scattering of electrons by multiply charged ions [J]. J. Phys. B: At. Mol. Opt. Phys, 1996, 29(19): 4443-4456.

小知识:深度非弹性散射

卢瑟福的散射模型告诉我们,如果靶内部有点状结构,就会出现大角散射。这一基本实验方法后来用在了测量质子的结构上。在用极高能量(几个 GeV)的电子轰击质子时,存在电子的大角散射,表明质子内部有一些半径很小的散射中心,这是夸克模型(见第 8 章)的最重要实验证据之一。

1.3.3 原子核的大小

α 粒子散射实验告诉我们,原子是由电子和原子核组成的。原子核位于原子的中心,集中了原子的绝大部分质量和全部正电荷。那么,原子核到底有多大呢? 实验上又怎么测量它呢?

原子核的大小可以通过 α 粒子散射实验来估计,也即可以认为 α 粒子最接近原子核的距离 r_m 为原子核的大小,这一方法给出的原子核半径是其上限。根据能量守恒和角动量守恒,可以很容易求出 α 粒子和原子核之间最近距离 r'_m 与角度的依赖关系

$$\begin{cases} mv_0 b = mv' r'_m \\ \frac{1}{2}mv_0^2 = \frac{1}{2}mv'^2 + \frac{2Ze^2}{4\pi\varepsilon_0 r'_m} \end{cases} \tag{1.3.8}$$

代入本章附录中公式(1-8)

$$b = \frac{D}{2}\cot\frac{\theta}{2}$$

可得

$$r'_m = \frac{D}{2}\left(1 + \frac{1}{\sin\frac{\theta}{2}}\right) \tag{1.3.9}$$

显然,当散射角度为 180°时,α 粒子和原子核之间的距离最小。根据典型的实验条件,可以给出原子核半径的上限。对于金的原子核,其半径小于 9 fm,1 fm = 10^{-15} m。对于所有原子核,其半径都在 1 fm~10 fm 之间。

我们前面给出了 α 粒子与原子核散射的截面公式,并给出了截面的单位为 b(1 b = 10^{-24} cm^2)。其实之所以给出截面的单位为 b,就是因为 α 粒子与原子核散射的截面大约在这个数量级。我们可以看出,从数量级上看,截面的大小就是原子核半径的平方,这并不是偶然的巧合。实际上,如果入射的 α 粒子落入原子核的半径范围以内,就会被散射,这是一个很直观的图像,在截面的数量级估算中是很有用的。当然这样的估算不会十分精确,因为起作用的是入射粒

子和靶之间的相互作用力程，但是主要的作用力程就是原子核大小的几倍范围。

1.3.4 卢瑟福原子模型

由卢瑟福的 α 粒子散射实验可知，原子是由原子核和核外电子组成的，原子核位于原子中心的一个很小的区域里面，集中了原子的所有正电荷和几乎全部的质量。但是原子的尺度是 10^{-10} m，远比原子核的尺度 10^{-14} m 要大，所以原子中的大部分区域是空的。那么，原子核和电子是如何组成原子的呢？我们知道，太阳集中了太阳系的绝大部分质量，而且太阳系的大小是由围绕太阳旋转的行星的直径决定的，远大于太阳本身。卢瑟福就类比于太阳系，提出了原子的行星模型：原子核位于原子中心，占据了原子的绝大部分质量和全部正电荷，核外电子绕着原子核做圆周运动，电子运动的直径决定了原子的大小。

卢瑟福原子模型的实验基础是 α 粒子散射实验，因此它首先能够解释 α 粒子散射实验。除此之外，它还可以解释原子的电中性及原子的大小。但是原子的行星模型也有它自身难以自圆其说的困难，这就是原子的塌缩问题。

经典电动力学告诉我们，一个做加速运动的带电粒子，必然要向外辐射电磁波。一个广为人知的例子就是同步辐射，在那里是高速运动的电子在磁场的作用下偏转，进而沿着其切向发出电磁辐射，这就是著名的、应用极广的同步辐射光。那么回到量子力学诞生前的 1911 年，按照卢瑟福的原子模型，既然电子绕原子核运动，它必然有一个向心力，同时也有一个向心加速度。既然有向心加速度，它就必然向外辐射电磁波。辐射了电磁波的电子，其能量会降低，因此会不断靠近原子核进而落入原子核内，如图 1.3.7 所示。理论计算给出，当电子从 10^{-10} m 远处到落入原子核内，所需时间只有短短的 10^{-10} s。所以，根据经典电动力学，如果卢瑟福的原子模型是正确的话，原子本身就不可能存在，当然我们所处的世界就更不可能存在，这与我们的常识相违背。这就是原子塌缩问题。

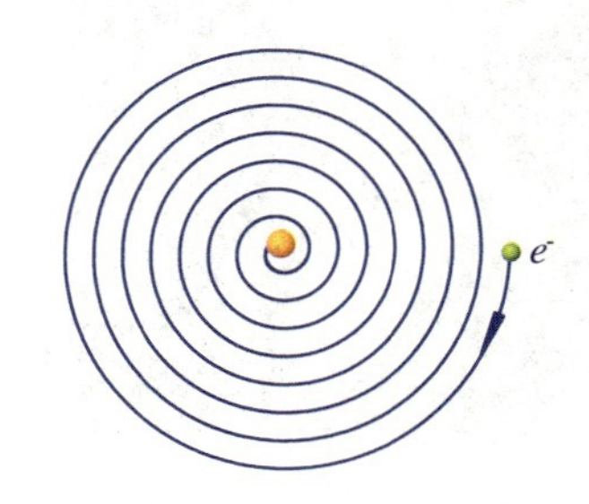

图 1.3.7 卢瑟福原子模型所面临的原子塌缩问题

除了原子塌缩问题外，原子光谱也是一个需要回答的问题。在原子塌缩过程中，由于原子的加速度是连续变化的，所以也只能辐射出连续光谱。这与汤姆孙原子模型相比，又走向了另一个极端，因为汤姆孙原子模型预言原子只会向外发射有限的几条线状谱。无论是原子塌缩问题，还是原子光谱问题，都说明在原子尺度的微观世界里，经典力学遇到了无法克服的困难。

1.4 玻尔原子模型

卢瑟福行星模型提出以后，遇到了原子塌缩的困难。但是 α 粒子散射的实验结果又确凿无疑地揭示出原子核的存在。因此，摆在当时科学界面前的主要问题是原子的结构问题，随后的科学进展主要是玻尔原子模型的提出。

1.4.1 玻尔原子模型提出的历史背景

图 1.4.1 玻尔(Niels Bohr，1885—1962)，丹麦

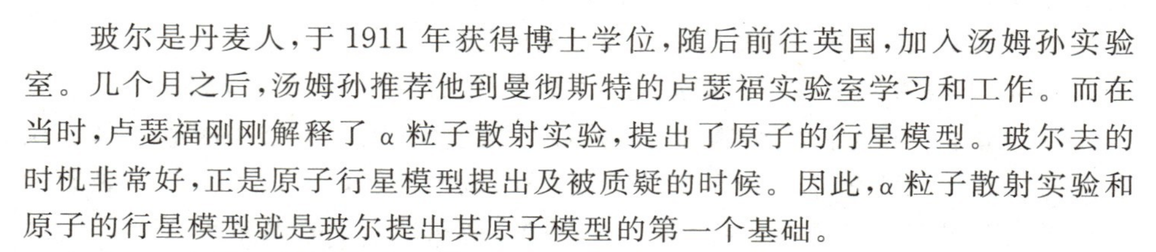

玻尔是丹麦人，于 1911 年获得博士学位，随后前往英国，加入汤姆孙实验室。几个月之后，汤姆孙推荐他到曼彻斯特的卢瑟福实验室学习和工作。而在当时，卢瑟福刚刚解释了 α 粒子散射实验，提出了原子的行星模型。玻尔去的时机非常好，正是原子行星模型提出及被质疑的时候。因此，α 粒子散射实验和原子的行星模型就是玻尔提出其原子模型的第一个基础。

当时的物理学界，理论方面的主要进展在于普朗克提出了黑体辐射理论和爱因斯坦建立了光电方程，这些工作我们将放入第 2 章去论述。但是，在这里我们要指出，无论是黑体辐射理论，还是光电方程，都说明光除了具有《光学》[①]讲的干涉、衍射、偏振等波动性以外，还有量子性，因此爱因斯坦把光称为光子。光子的能量可用光的频率 ν 和普朗克常数 h 表示：

$$E = h\nu \tag{1.4.1}$$

普朗克常数的数值为 $h = 6.626070040(81)\times10^{-34}\ \mathrm{J\cdot s}$。而基于黑体辐射理论和光电方程建立的公式(1.4.1)是玻尔原子模型的第二个基础。

在 19 世纪末，人们已经积累了丰富的光谱学知识。所谓光谱(spectrum)，就是原子发射或吸收的光的强度随波长的变化。原子的光谱，往往呈现出分立的谱线结构。图 1.4.2 给出了早期的原子发射光谱测量装置示意图，图 1.4.3 给出了氢原子在可见光波段的线状光谱。在当时已经知道每种元素都有自己独特的光谱，光谱是元素的指纹。但是即便如此，光谱学知识在当时并不受物理学家的重视。这是因为每一种元素都有成千上万条谱线，元素的光谱过于复杂，以至于当时的物理学家认为，如此复杂的光谱是没有规律可言的(物理学追

---

① 《交叉学科基础物理教程》丛书中的《光学》。

求的是简洁和美)。凡事都有例外,1885年,瑞士一所高中的教师巴耳末(J. J. Balmer,1825—1898)仔细研究了氢原子的光谱,总结出了氢原子在可见光区域的光谱规律,这就是著名的巴耳末公式。巴耳末公式指出,氢原子光谱的波长可用下式表示:

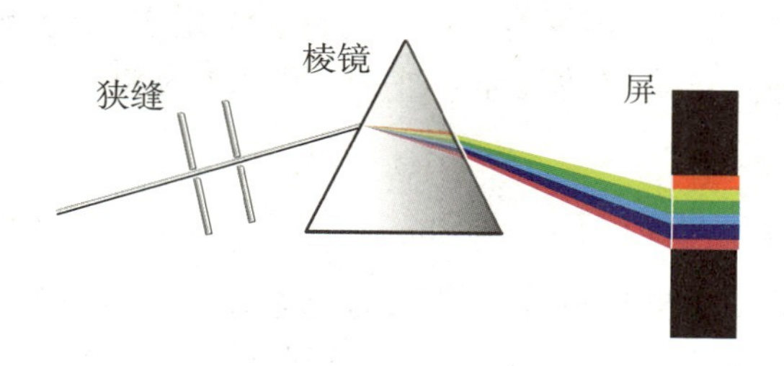

图 1.4.2 原子发射光谱测量装置示意图

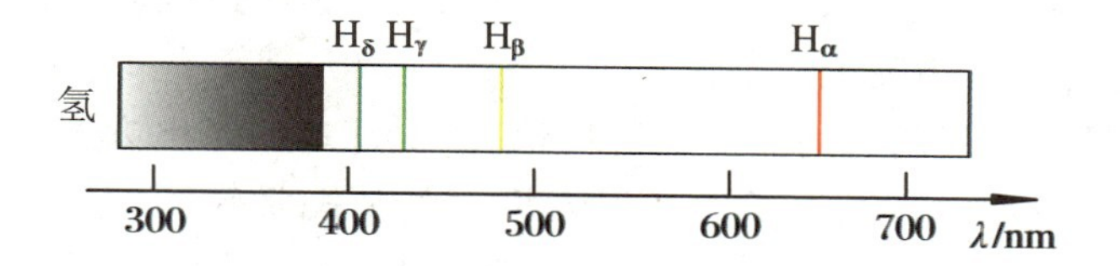

图 1.4.3 氢原子巴耳末系的光谱线

$$\lambda = B\frac{n^2}{n^2-4}, \quad n = 3,4,5,\cdots \tag{1.4.2}$$

式(1.4.2)中 $B=3645.6\ \text{nm}$ 是一个常数。到了1889年,里德伯指出巴耳末系的光谱规律可以表示为

$$\tilde{\nu}_n = \frac{1}{\lambda} = R_{\mathrm{H}}\left(\frac{1}{2^2}-\frac{1}{n^2}\right), \quad n = 3,4,5,\cdots \tag{1.4.3}$$

这里 $\tilde{\nu}_n$ 是波数(wave number),对应波长的倒数,一般以 cm^{-1} 或 m^{-1} 为单位。$R_{\mathrm{H}}=4/B$ 是里德伯常数,其数值为 $1.0967758\times10^7\ \text{m}^{-1}$。巴耳末公式就是玻尔原子模型的第三个基础。

1.4.2 玻尔的氢原子理论

玻尔在卢瑟福的原子行星模型、光的量子特性及光谱实验的基础上,提出了他的原子模型,其理论核心是三条假设:

1. 定态假设

原子中电子绕原子核做圆周运动,只能处于一些分立的稳定轨道(orbital)上,且具有稳定的能量。电子做圆周运动的这种稳定状态叫作定态(stationary state),原子处于定态时通常不产生辐射。

显然，定态假设是为了解决卢瑟福原子行星模型中的原子塌缩问题而提出的。同时，玻尔在定态假设里提出了原子轨道的量子化，而这是以前没有人提及的。

2. 辐射条件

当原子中的电子从一个定态（以整数 n 表示）跳到另一个定态（以整数 m 表示）时，会以电磁波的形式放出或者吸收能量，这一过程称之为跃迁（transition），相应电磁波的能量为

$$h\nu = E_n - E_m \tag{1.4.4}$$

如果原子是从能量较高的定态跃迁到能量较低的定态，就辐射电磁波，这一过程叫作退激发或者光发射过程，相应的光谱称为发射光谱。反之，如果从能量较低的定态跃迁到能量较高的定态，就吸收电磁波，这一过程叫作激发或光吸收过程，相应的光谱称为吸收光谱。

辐射条件显然结合了普朗克的黑体辐射理论、爱因斯坦的光电方程和巴耳末公式。从公式(1.4.4)可知，氢原子的发射光谱就是从能量较高的定态向能量较低的定态跃迁辐射的电磁波，巴耳末系就相当于从 $n=3,4,5,\cdots$ 的定态跃迁到 $m=2$ 的定态辐射的光谱。由于巴耳末系光谱恰好落在了人们最容易感知的可见光波段，而且氢原子的结构最简单，所以其规律性最先被发现。

3. 角动量量子化

原子中电子的轨道角动量（angular momentum）是量子化的，只能取不连续的分立值：

$$L = m_e vr = n\hbar,\quad n = 1,2,3,\cdots \tag{1.4.5}$$

这里 $\hbar = h/2\pi$，也叫作普朗克常数，n 就是轨道角动量量子数。量子数（quantum number）是描述微观体系量子化特征的整数或半整数。

玻尔理论的提出，是划时代的大事，推开了一扇面向量子力学的窗口。根据玻尔理论，可以计算出氢原子的特性：

$$\begin{cases} \dfrac{m_e v^2}{r} = \dfrac{1}{4\pi\varepsilon_0}\dfrac{e^2}{r^2} \\ m_e vr = n\hbar,\quad n = 1,2,3,\cdots \end{cases} \tag{1.4.6}$$

这里分别应用了两个条件：① 经典电动力学给出的向心力等于库仑吸引力；② 玻尔理论中的角动量量子化条件。这个方程的求解是极其容易的，可计算出氢原子中电子运动的速度及其所处的轨道半径：

$$\begin{cases} v_n = \dfrac{e^2}{4\pi\varepsilon_0\hbar}\dfrac{1}{n}, \\ r_n = \dfrac{4\pi\varepsilon_0\hbar^2}{m_e e^2}n^2, \end{cases}\quad n = 1,2,3,\cdots \tag{1.4.7}$$

式(1.4.7)告诉我们，氢原子中电子做圆周运动的半径和速度都是量子化的，除了物理常数外，仅由量子数 n 决定。也正是因为如此，在公式(1.4.7)的半径和速度的右下角加上了量子数 n。

知道了电子运动的速度和半径，它的能量也很容易计算：

$$E_n = T + U = -\frac{2\pi^2 m_e e^4}{(4\pi\varepsilon_0)^2 h^2 n^2}, \quad n = 1,2,3,\cdots \tag{1.4.8}$$

这里 T 和 U 分别指电子的动能和势能。与电子的速度和半径类似，电子的能量也是量子化的，完全由物理常数和量子数 n 决定。

可以看出，玻尔把普朗克的量子化概念推广了。普朗克只是给出了黑体中辐射场的能量是量子化的，而玻尔理论给出原子中电子的轨道角动量、半径、速度、能量等都是量子化的。与普朗克相比，玻尔在量子化的道路上前进了一大步。

从公式(1.4.7)和(1.4.8)可以看出，除了量子数 n，这些公式由许多物理常数组合而成，形式不够简洁。这一情形在原子物理中是常见的。为了简化公式的形式，我们引入一些组合常数：

$$\begin{cases} a_0 \equiv \dfrac{4\pi\varepsilon_0 \hbar^2}{m_e e^2} \approx 0.53\times 10^{-10}\ \text{m} = 0.53\ \text{Å} \\ \alpha = \dfrac{e^2}{4\pi\varepsilon_0 \hbar c} \approx \dfrac{1}{137} \\ Ry = \dfrac{2\pi^2 m_e e^4}{(4\pi\varepsilon_0)^2 h^2} \approx 13.6\ \text{eV} \end{cases} \tag{1.4.9}$$

这里 a_0、α 和 Ry 分别称为玻尔半径、精细结构常数(fine structure constant)和里德伯。有了这些常数，就可以把氢原子中电子的速度、半径和能量分别写为

$$\begin{cases} v_n = \dfrac{\alpha c}{n}, \\ r_n = n^2 a_0, \\ E_n = -\dfrac{1}{2n^2} m_e c^2 \alpha^2 = -\dfrac{1}{n^2} Ry, \end{cases} \quad n = 1,2,3,\cdots \tag{1.4.10}$$

其他一些常用的组合常数有

$$\begin{cases} hc \equiv 1239.8\ \text{eV}\cdot\text{nm} \\ \hbar c \equiv 197.33\ \text{eV}\cdot\text{nm} = 197.33\ \text{MeV}\cdot\text{fm} \\ \dfrac{e^2}{4\pi\varepsilon_0} \equiv 1.44\ \text{eV}\cdot\text{nm} \\ m_e c^2 \equiv 0.511\ \text{MeV} \end{cases} \tag{1.4.11}$$

有了组合常数，可以大大简化原子物理中的推导过程和计算过程，希望读者能够熟悉和掌握。

由公式(1.4.10)可知，氢原子中电子运动的速度在 10^6 m/s、半径在 10^{-10} m、能量在 eV 的数量级，这也是原子中这些物理量的典型值。因此，除了速度以外，原子物理中所涉及的物理量都是很小的，例如氢原子中电子的半径、能量、角动量等等。如果按照国际单位制(SI)来书写这些物理量，是非常不方便的，也没有必要。为此，在原子物理中有一套自己常用的单位，例如能量的单位用 eV，长度的单位用 nm、Å 或者 a_0，角动量的单位用 $\hbar$，速度用光速 c 等。这些需要读者掌握并熟练应用。

氢原子中电子的运动轨道示于图 1.4.4 中。可以看出随着量子数 n 的增加，电子的轨道半径越来越大，相邻两个轨道之间的半径间距为 $(2n+1)a_0$。图中同时画出了氢原子的跃迁过程。

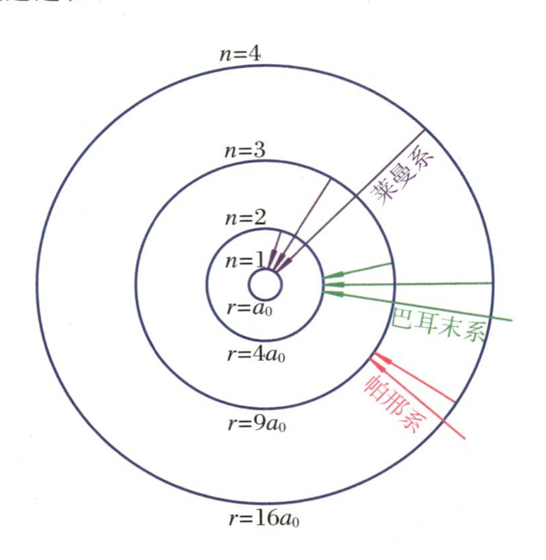

图 1.4.4 氢原子中电子的运动轨道及跃迁

【例 1.4.1】 试计算氢原子 $n=1$ 时电子的运动周期。

【解】 由题意可知

$$T_0=\frac{2\pi a_0}{v_1}=\frac{2\pi a_0}{\alpha c}=1.52\times10^{-16}\ \text{s}=152\ \text{as}$$

这里 $1\ \text{as}=10^{-18}$ s。近年来，激光物理的发展前沿之一就是阿秒激光。目前实验室已经可以制备出脉冲宽度 80 as 的激光。这一领域的科学家的梦想就是产生脉冲足够窄的激光，用以追踪原子中电子的运动。当然，这一说法的科学性还值得商榷。

1.4.3 能级图和光谱

为了直观地表示原子的能量状态，引入了能级图的表示方法。所谓能级图(energy level chart)，是用一条水平线表示原子的一个能量状态，能量低的定态放在图的下方，能量高的定态放在图的上方，两条线的垂直距离表示两个定态之间的能量间隔。为了揭示更清楚的物理信息，往往还把表示能量状态的量子数标注在能级的边上，有时能级的边上还标注有具体的能量数值。图1.4.5给出了氢原子的能级图。能级图是原子分子能量特性的最重要表示方法之一，在随后的章节中还会不断地练习和熟悉。虽然原子能级中定义电子离原子核无穷远处且静止为能量零点，但是实际使用中如果定义基态为能量零点则更方便，因此我们下面提及激发态的能量时都是指相对于基态的能量。

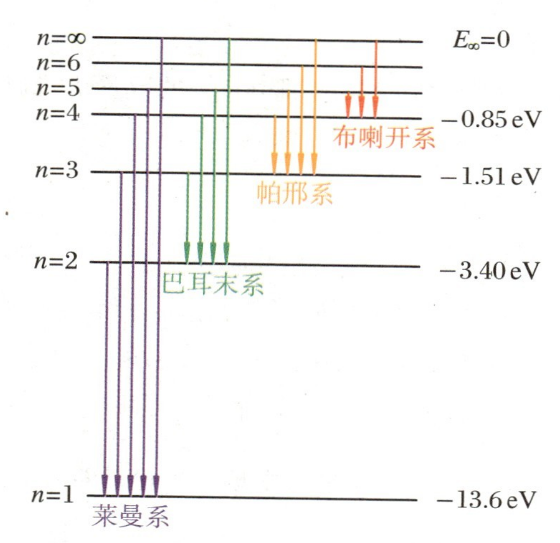

图1.4.5 氢原子的能级图和跃迁

如图1.4.5所示，原子都有一个最低的能级，这一能级被称为原子的基态(ground state)。高于原子基态的能级，统称为原子的激发态(excited state)。图1.4.5同时给出了氢原子相应能级之间的跃迁图。如果氢原子初始时刻所在的状态(简称初态，initial state)为激发态，它会向外发出电磁波而退激发到末态(或者叫作终态，final state)，这就是前面提及的发射光谱。如果原子的初态和末态都是分立能级，则辐射的电磁波的能量是量子化的，其发射光谱由一条条的分立谱线组成，对应于图1.4.3中的亮线。如果原子的初态是连续态，例如高于图1.4.5中E_∞的能量状态，虽然末态是分立能级，但由于初态的能量可以连续变化，其发射光谱为连续谱，也即对应图1.4.3光谱中黑色的连续区域。由于连续光谱所对应初态的能量较高，所以它落在发射光谱的短波区域。

如果原子的初态位于低能态，在外来辐射场的照射下，它有可能吸收辐射而跃迁到高能态，这就是前面提及的吸收谱。需要说明的是，吸收只能在外来辐射场的光子能量与两个能级间的能量差相等时才能发生，否则原子不能吸收外来电磁辐射。原子基态能量的绝对值叫电离能(ionization energy)，相当于把电子从基态拿到无穷远处所需要提供的能量。电离能等于束缚能(binding energy)，束缚能是动能为零的自由电子被束缚到基态时所放出的能量。如果电磁辐射场光子的能量足够高，例如大于电离能的情况，则可以把处于基态的电子激发到无穷远处，使末态电子具有正的能量，这对应于光电离情况，也即大名鼎鼎的光电效应，我们将在第 2 章具体讨论它。

【例 1.4.2】 试证明在室温下原子处于基态。

【证明】 由于原子具有分立的能级结构，根据玻耳兹曼分布，处于能级 n(对应能量为 E_n)的原子数 N_n 为

$$N_n = N_0 \mathrm{e}^{-(E_n - E_0)/(kT)}$$

这里 E_0 和 N_0 分别为原子的基态能量和处于基态的原子数目，k 为玻耳兹曼常数，T 为以开尔文为单位的温度。

对于原子而言，其最低的激发态能量都在 eV 的数量级，例如氢原子第一激发态能量为 10.2 eV。取典型值 1 eV，则有

$$\frac{N_n}{N_0} = \mathrm{e}^{-40}$$

可见，在室温下处于激发态的原子数目远小于处于基态的原子数目，可以忽略不计。因此，认为室温下原子都处于基态是一个很好的近似。

这里有一个常识，能量与温度是有一一对应关系的。对于 1 eV 的能量，用 kT 来衡量，$T = 11600$ K，也即 1 eV 约等价于 1 万度。

对于氢原子，其光谱线所对应的能量可由玻尔理论计算：

$$\tilde{\nu}_{nm} = \frac{E_n - E_m}{hc} = \frac{m_e c^2 \alpha^2}{2hc}\left(\frac{1}{m^2} - \frac{1}{n^2}\right),$$
$$m = 1,2,3,\cdots;\ n = m+1, m+2, m+3,\cdots \tag{1.4.12}$$

与公式(1.4.3)相对比，可知玻尔理论给出的里德伯常数 R^T 为

$$R^T = \frac{m_e c^2 \alpha^2}{2hc} = \frac{2\pi^2 m_e e^4}{(4\pi\varepsilon_0)^2 h^3 c} \tag{1.4.13}$$

代入这些物理常数，可知里德伯常数为 $R^T = 1.0973731568508(65) \times 10^7\ \mathrm{m}^{-1}$。而根据氢原子光谱，实验测出的里德伯常数为 $R_H^E = 1.0967758 \times 10^7\ \mathrm{m}^{-1}$。对比可知，理论预言与实验测量值之间的吻合程度是很高的，精度达到了 5×10^{-4}。至此，玻尔理论的正确性得到了实验的证实。

氢原子的发射光谱可由图1.4.6(a)所示的发射光谱仪测量。发射光谱仪主要由三个部分组成：光源、分光仪和探测器。光源主要是把原子制备到激发态，常用的方法是放电法(放电管)和火焰法(灯)。分光仪器可用《光学》中提到的光栅，它可以把各种不同波长的光在位置空间分开。探测器早期使用的是照相机的胶卷，而现在使用的是各种光电探测器，例如CCD。有了发射光谱仪，就可以测量氢原子的发射光谱，它是与氢原子的能级结构紧密相联的。

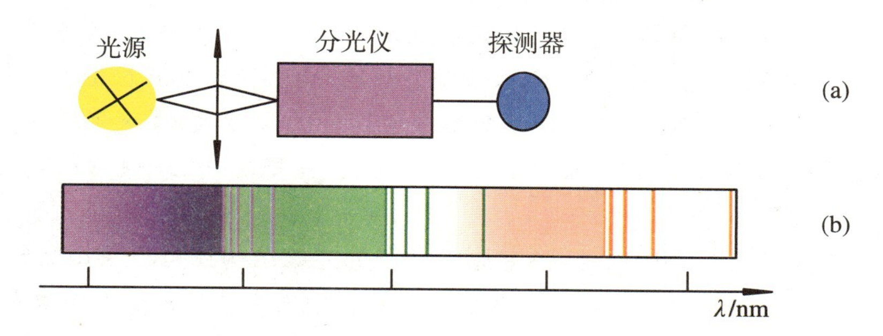

图1.4.6 原子发射光谱仪(a)及原子的发射光谱(b)

由图1.4.5可知，氢原子的能级并不是等间隔的，两相邻能级 $n+1$ 和 n 之间的间隔为

$$\Delta E_{n+1,n} = \frac{1}{2}m_e c^2\alpha^2\left(\frac{1}{n^2}-\frac{1}{(n+1)^2}\right) = \frac{1}{2}m_e c^2\alpha^2\,\frac{2n+1}{n^2\,(n+1)^2}$$

在 n 很大时，$\Delta E_{n+1,n}\approx m_e c^2\alpha^2/n^3$，也即随着量子数 n 的增加，能级间隔越来越小。换句话说，随着能量的增加，能级越来越密，在 E_∞ 处过渡到连续态。也正是由于能级的这一特性，使得氢原子的发射光谱成簇，如图1.4.6(b)所示。由公式(1.4.12)可以很容易计算出从高能态跃迁到 $m=1$ 的莱曼系发射光谱的能量为

$$E_n = \left(\frac{1}{1^2}-\frac{1}{n^2}\right)Ry = \frac{3}{4}Ry,\frac{8}{9}Ry,\frac{15}{16}Ry,\cdots,1Ry,\cdots$$

上式中从 $3/4Ry$ 到 $1Ry$ 对应于分立光谱，如图1.4.5(b)中紫色的线状光谱所示。而 $1Ry$ 到 ∞ 对应图中紫色的区域，为连续光谱。

巴耳末系是从高能态跃迁到 $m=2$ 的发射光谱，其能量为

$$E_n = \left(\frac{1}{2^2}-\frac{1}{n^2}\right)Ry = \frac{5}{36}Ry,\frac{3}{16}Ry,\frac{21}{100}Ry,\cdots,\frac{1}{4}Ry,\cdots$$

与莱曼谱类似，从 $5/36Ry$ 到 $1/4Ry$ 对应的谱线为分立谱，见图1.4.3和图1.4.6(b)中的绿线。图1.4.3中 H_α、H_β 和 H_γ 分别对应 $n=3$、4和5的光谱线。$1/4Ry$ 到 ∞ 对应的是连续谱，见图1.4.6(b)中绿色的部分。

从高能态跃迁到 $m=3$ 的帕邢系发射光谱的能量为

$$E_n = \left(\frac{1}{3^2} - \frac{1}{n^2}\right)Ry = \frac{7}{144}Ry, \frac{16}{255}Ry, \cdots, \frac{1}{9}Ry, \cdots$$

其中 $7/144Ry$ 至 $1/9Ry$ 之间为分立谱，见图 1.4.6(b)中红线的部分。$1/9Ry$ 至 ∞ 为连续谱，见图 1.4.6(b)中红色的部分。其余例如布喇开线系的情形是类似的。考虑到连续光谱的强度很弱，在氢原子光谱中突出的是其分立谱。

由上面的具体数值可知，帕邢系最短波长的分立谱线，其波长也大于巴耳末系的最长波长。而巴耳末系最短波长的分立谱线，其波长也大于莱曼系的最长波长。因此，帕邢系的光谱线集中于红外的区域，巴耳末系的光谱集中于可见光区域，莱曼系的光谱集中于紫外区域，互相之间分得很开，其发射光谱成簇，如图 1.4.6(b)所示。

除了发射光谱以外，研究原子分子的能级结构还可以采用吸收光谱，其装置原理图见图 1.4.7(a)。这里激发光源目前常用同步辐射光或激光，而分光仪器可采用光栅(如果用激光作为激发光源，则不需要分光仪器)。若入射光的能量与某一激发态能量相匹配，则会因吸收而导致探测器探测到的光强衰减。若入射光的能量与原子的激发态能量不相匹配，则不会发生吸收，探测到的光强较大。其所测光谱示于图 1.4.7(b)。

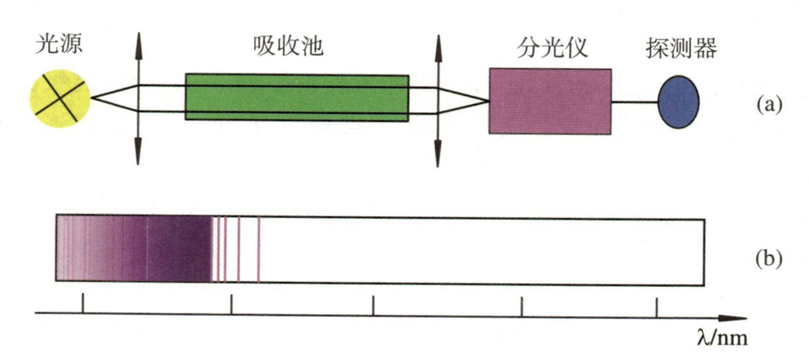

图 1.4.7 原子吸收光谱仪(a)及原子的吸收光谱(b)

【例 1.4.3】 试比较原子发射光谱和吸收光谱的特点。

【解】 由例 1.4.2 可知，室温下原子都处于基态。所以对于吸收光谱而言，其初态是固定的，原子只能吸收光子从基态跃迁到各个激发态。因此，原子的吸收光谱只有一套。对于氢原子而言，吸收谱对应的只有莱曼系，如图 1.4.7(b)所示。

发射光谱则不同。在光源制备时，其初态可处于不同的激发态，从激发态向下退激发，可以跃迁到比它低的所有能态。还有，从高的激发态跃迁到较低的激发态，还会发生所谓的级联过程，也即从较低的激发态再向更低的激发态跃迁。因此，原子的发射光谱成簇，较为复杂，如图 1.4.6(b)所示。

但是，发射光谱中总有一簇光谱与吸收光谱相对应，这是二者之间的联系。

【例1.4.4】 试计算氢原子处于 $n=350$ 能态时电子绕原子核做圆周运动的旋转频率，并计算氢原子从 $n=351$ 跃迁到 $n=350$ 时辐射电磁波的频率。

【解】 氢原子 $n=350$ 时电子绕原子核做圆周运动时的旋转频率为

$$f=\frac{v_{350}}{2\pi r_{350}}=\frac{\alpha c/350}{2\pi\times 350^2\times a_0}=1.53\times 10^8\ \mathrm{Hz}$$

氢原子从 $n=351$ 跃迁到 $n=350$ 时辐射电磁波的频率为

$$\nu=\frac{E_{351}-E_{350}}{h}=\frac{2\times 13.6/350^3 c}{hc}=1.53\times 10^8\ \mathrm{Hz}$$

非常有意思的是，氢原子从 $n=351$ 跃迁到 $n=350$ 时辐射电磁波的频率，与电子绕原子核做圆周运动的旋转频率完全一样。当然这不是巧合，有其内在的规律性，这就是著名的玻尔的对应原理。玻尔的对应原理指出，在大量子数极限情况下，量子规律会过渡到经典规律，例题1.4.4就是一个例子。

实际上，结合对应原理和巴耳末-里德伯公式，可以推出玻尔的量子化条件，见习题1.9。所以有人说，玻尔的角动量量子化条件不是假设，是由对应原理推导出来的。

小知识：臭氧的重要性

我们知道，生命离不开阳光。但是，太阳的辐射近似为黑体辐射，除了有可见光以外，还有紫外、真空紫外和X射线等短波长辐射。这些短波长辐射是有害的，可以引起癌症、白内障和免疫力低下等疾病。我们健康地生活在地球上，显然这些短波长的电磁辐射没有对我们产生什么影响，是什么原因呢？这主要是由于地球大气（主要由 N_2、O_2、CO_2 和 H_2O 等原子分子组成）对这些短波长电磁辐射的吸收，如图1.4.8所示。由图1.4.8可知，光子能量大于12.5 eV的所有电磁辐射会被氮气吸收而不能到达地球表面。氮气透明的6.8～12.5 eV的电磁辐射会被 O_2、CO_2 和 H_2O 等分子吸收，也无法到达地球表面。但是，对于能量4～6.8 eV的电磁辐射，也即所谓的紫外线，我们熟知的大气成分都不吸收它。图1.4.8也告诉我们，臭氧在这一能量范围刚好有一个强的吸收峰。虽然臭氧在地球大气中的含量非常少，但是它能够滤掉有害的紫外线，这也是为什么我们要防止地球上层大气出现臭氧空洞的原因。由于氟利昂能够破坏大气中的臭氧，所以按照《蒙特利尔议定书》，我国已于2010年1月1日起全面禁用氟利昂。

实际上，臭氧也吸收 3～4 eV 范围内的紫外线，但是其吸收截面非常低，在图 1.4.8 中看不出来。也正是因为臭氧在大气层中的含量太少及其吸收 3～4 eV紫外线的截面太低，3～4 eV 的紫外线还是能够透过大气层到达地球表面的。所以从科学的角度来说，所有的防晒产品，只要能够有效滤除 3～4 eV 紫外线就是好产品。

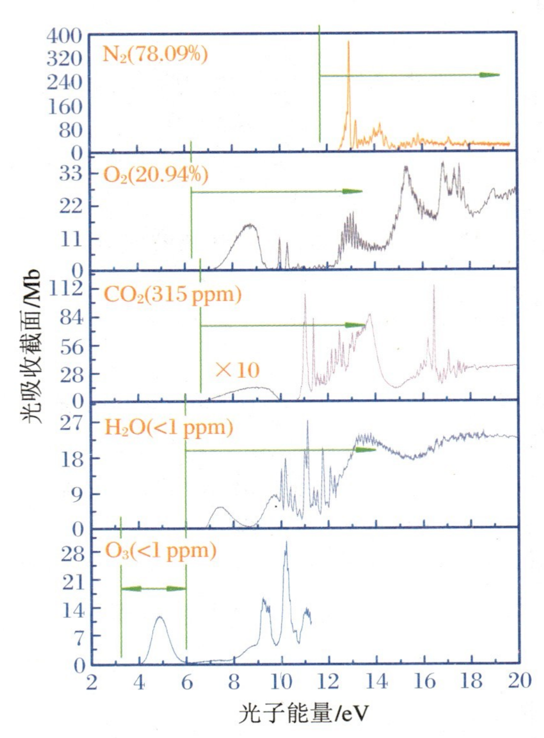

图 1.4.8　大气主要成分的光吸收截面①-⑤

原子发射光谱和吸收光谱目前已经是一种成熟的物质成分分析测试手段，其应用领域十分宽广，这里充分运用了原子光谱是元素指纹的特点。感兴趣的读者可以参阅相关文献⑥。

① 张晓军，凤任飞，钟志萍，等．氮分子价壳层光学振子强度的高分辨偶极(e,e)研究[J]．科学通报，1997，42(7)：698－700．

② 朱林繁，钟志萍，暨青，等．氧分子的价壳层光学振子强度研究[J]．物理学报，1997，46(3)：458－466．

③ Chan W F，Cooper G，Brion C E. The electronic spectrum of carbon dioxide：discrete and continuum photoabsorption oscillator strengths (6－203eV)[J]. Chem. Phys.，1993，178(1－3)：401－413.

④ Chan W F，Cooper G，Brion C E. The electronic spectrum of water in the discrete and continuum regions：absolute optical oscillator strengths for photoabsorption (6－200eV)[J]. Chem. Phys.，1993，178(1－3)：387－400.

⑤ Mason N J，Gingell J M，Davies J A，et al. VUV optical absorption and electron energy－loss spectroscopy of ozone[J]. J. Phys. B：At. Mol. Opt. Phys.，1996，29(14)：3075－3089.

⑥ 张锐，黄碧霞，何友昭．原子光谱分析[M]．合肥：中国科学技术大学出版社，1991．

1.5 类氢原子体系

玻尔理论可以很好地解释实验观测到的氢原子光谱，因此玻尔理论取得了极大的成功。但一个好的理论，不仅应该能够解释已有的实验结果，还应该可以预言新的实验现象。实际上，玻尔理论处理的是两体有心力问题，凡是类似的体系，玻尔理论应该都可以处理，例如类氢离子(He^+、Li^{2+}、Be^{3+}、…)。历史上，在解释完氢原子的光谱以后，玻尔首先就把他的理论应用到了类氢离子体系上，并预言了 He^+ 的光谱。在不久之后，其理论预言被实验所证实，显示了玻尔理论的强大。

1.5.1 类氢离子光谱

类氢离子指的是 He^+、Li^{2+}、Be^{3+}、…，它们都是由一个原子核加上一个核外电子组成的两体系统。与氢原子不同的是，其原子核所带的电荷为 Ze。应用玻尔理论，可以计算类氢离子的特性：

$$\begin{cases} \dfrac{m_e v^2}{r} = \dfrac{1}{4\pi\varepsilon_0}\dfrac{Ze^2}{r^2} \\ m_e vr = n\hbar, \quad n = 1,2,3,\cdots \end{cases} \tag{1.5.1}$$

可解得

$$\begin{cases} E_n = -\dfrac{Z^2}{n^2}Ry, \\ r_n = \dfrac{n^2}{Z}a_0, \end{cases} \quad n = 1,2,3,\cdots \tag{1.5.2}$$

可以看出，与氢原子相比，类氢离子的能量降低到原来的 Z^2 倍，而其半径则缩小到原来的 $1/Z$。

当类氢离子从能级 n 跃迁到能级 m 时，辐射出来的电磁波的波数为

$$\tilde{\nu}_{nm} = \frac{E_n - E_m}{hc} = Z^2\frac{m_e c^2\alpha^2}{2hc}\left(\frac{1}{m^2} - \frac{1}{n^2}\right),$$
$$m = 1,2,3,\cdots;n = m+1,m+2,m+3,\cdots \tag{1.5.3}$$

具体到 He^+，特别是 $m=4$ 时，有

$$\tilde{\nu}_{n4} = \frac{E_n - E_4}{hc} = 4R^T\left(\frac{1}{4^2} - \frac{1}{n^2}\right), \qquad n = 5,6,7,\cdots$$

$$= R^T\left(\frac{1}{2^2} - \frac{1}{(n/2)^2}\right), \qquad n/2 = 2.5,3,3.5,4,4.5,\cdots \tag{1.5.4}$$

这就是著名的皮克林线系，它首先由玻尔预言给出，随后由专门设计的实验所证实。皮克林线系对应的光谱图如图 1.5.1 所示，图中同时给出了氢的巴耳末线系。由图 1.5.1 可知，皮克林线系中有一套谱线与氢的巴耳末线系几乎重合，略有蓝移。这很容易理解，由公式(1.5.4)可知，当 $n/2=3,4,5,\cdots$时，公式(1.5.4)给出的结果与巴耳末公式(1.4.3)完全相同，因此皮克林线系的这一组谱线与巴耳末系几乎重合。而氢原子巴耳末系两条谱线之间，皮克林线系又多了一条谱线，它们对应 $n/2=3.5,4.5,5.5,\cdots$的成分，这是源于 He^+ 的原子核带有两个单位的正电荷。需要注意的是，虽然皮克林线系与巴耳末线系一样落在了可见光区，但是其低能级对应的是 $m=4$，而氢原子的巴耳末线系低能级对应的是 $m=2$。

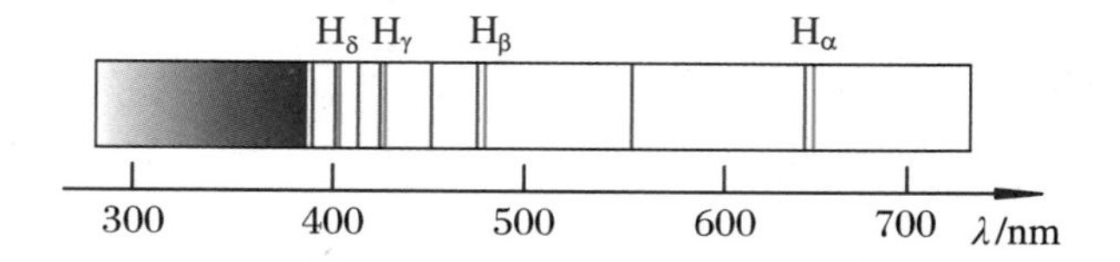

图 1.5.1 He^+ 的皮克林线系(以蓝线表示)光谱图；为了对照，同时给出了 H 的巴耳末线系，以红线表示

类似的情形还有很多，这里只给出 Li^{2+} 和 Be^{3+}，其发射光谱可由下述公式描述：

$$Li^{2+}: \quad \tilde{\nu} = 9R^T\left(\frac{1}{m^2} - \frac{1}{n^2}\right)$$

$$Be^{3+}: \quad \tilde{\nu} = 16R^T\left(\frac{1}{m^2} - \frac{1}{n^2}\right), \qquad m = 1,2,3,\cdots; n = m+1, m+2, m+3,\cdots$$

【例 1.5.1】 例 1.5.1 图是拍摄的某一类氢离子的光谱图。为了对照，图中同时给出了氢原子的巴耳末线系，以红线表示。请说明这是哪一种离子的光谱图。

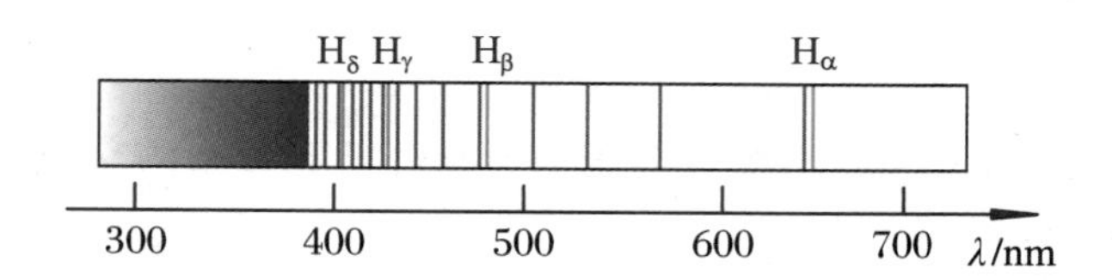

例 1.5.1 图 某一类氢离子的光谱图(以蓝线表示)，红线代表氢原子的巴耳末线系

【解】根据公式(1.5.4)，与 H_α 几乎重合的一条谱线对应的高能级量子数为 n，有 $n/Z=3$。与 H_β 几乎重合的一条谱线对应的高能级量子数为 $n'=n+4$，有 $(n+4)/Z=4$。可知，$Z=4$。也即这张谱图对应的是 Be^{3+} 的光谱图。

1.5.2 原子核质量的影响

根据实验测得的光谱，可得出氢原子的里德伯常数为 $R_H^E=1.0967758\times10^7\ m^{-1}$，而 He^+ 离子的里德伯常数为 $R_{He}^E=1.0972237\times10^7\ m^{-1}$，与公式(1.4.13)给出的理论值 $R^T=1.0973731568508\times10^7\ m^{-1}$ 稍有差别。由公式(1.4.13)可知，里德伯常数仅由基本物理常数决定，因此它应该是独立于原子种类的一个常数，而这与实验观测结果相矛盾。导致这一现象的原因是什么呢？

在前面的推导过程中，我们都采用了一个近似，也即在电子绕原子核做圆周运动时，认为原子核是静止不动的。这种假设对应于原子核质量是无限大的情形。实际情况显然并非如此，虽然原子核的质量远大于电子的质量，但并不是无穷大。真实的物理图像是电子和原子核共同绕着它们的质心在做圆周运动，如图1.5.2所示。对于这种情况，由玻尔理论给出的相应公式中，电子质量 m_e 要用折合质量 μ 代替：

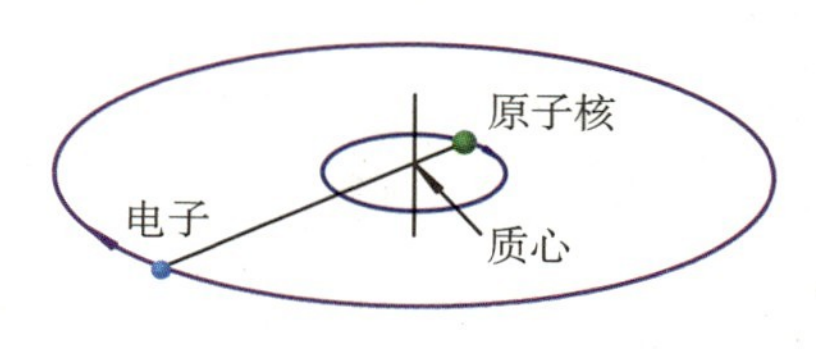

图1.5.2 类氢系统中电子和原子核绕着它们的质心做圆周运动

$$\mu=\frac{m_eM}{m_e+M} \tag{1.5.5}$$

这里 M 为原子核的质量。相应地，对于原子A，它的里德伯常数要由公式(1.4.13)调整为

$$R_A^T=R^T\frac{1}{1+m_e/M} \tag{1.5.6}$$

由于原子核的质量远大于电子的质量，所以原子的里德伯常数是相当接近理论值的。由公式(1.5.6)可以看出，原子核的质量越大，其里德伯常数越接近于理论值。这也是氢原子的里德伯常数较 He^+ 离子的里德伯常数偏离理论值的原因。

【例1.5.2】考虑原子核质量的影响，试计算氢原子和 He^+ 离子的里德伯常数。

【解】 由公式(1.5.6),可计算出

$$R_{\mathrm{H}}^{T}=\frac{R^{T}}{1+1/1836}=1.0967758\times10^{7}\ \mathrm{m}^{-1}$$

$$R_{\mathrm{He}^{+}}^{T}=\frac{R^{T}}{1+1/(4\times1836)}=1.0972237\times10^{7}\ \mathrm{m}^{-1}$$

显然,考虑到原子核质量的影响,计算出的氢和 He^{+} 离子的里德伯常数与实验值精确符合。

小知识:氘的发现

1932 年,尤里(H. C. Urey)把 4 L 液氢在 14 K 低温和 53 mmHg 压强下蒸发(不同质量的元素蒸发速度不同),获得了浓缩的氢氘混合物。然后他把这些氢氘混合物通入放电管,拍摄了它们的光谱,如图 1.5.3 所示。

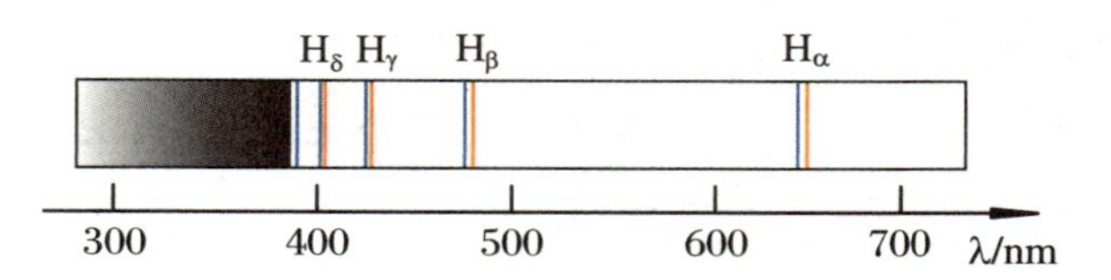

图 1.5.3　氢、氘混合物的巴耳末线系光谱

他发现原先氢的巴耳末线系的每一条谱线都分裂成了两条谱线,这首先证明样品的原子核带一个单位的正电荷,否则会出现类似于类氢离子的复杂光谱。尤里测量了所有这些双线的间距,列于表 1.5.1 中。

表 1.5.1　氢、氘的巴耳末系谱线的波长

λ_1(Å)	λ_2(Å)	$\Delta\lambda$(实验值)	$\Delta\lambda$(理论值)
6562.790	6561.000	1.79	1.785
1215.664	1215.334	0.330	0.331
1025.718	1025.439	0.279	0.279
972.533	972.269	0.264	0.265

根据公式(1.5.6),可计算出氘的里德伯常数为

$$R_{\mathrm{D}}^{T}=\frac{R^{T}}{1+1/(2\times1836)}=1.0970743\times10^{7}\ \mathrm{m}^{-1}$$

而氢的里德伯常数已在例 1.5.2 中列出。氢和氘的巴耳末系的波长差为

$$\delta\lambda=\lambda_{\mathrm{H}}-\lambda_{\mathrm{D}}=\lambda_{\mathrm{H}}\left(1-\frac{\lambda_{\mathrm{D}}}{\lambda_{\mathrm{H}}}\right)=\lambda_{\mathrm{H}}\left(1-\frac{\tilde{\nu}_{\mathrm{H}}}{\tilde{\nu}_{\mathrm{D}}}\right)=\lambda_{\mathrm{H}}\left(1-\frac{R_{\mathrm{H}}}{R_{\mathrm{D}}}\right)$$

代入氢和氘的里德伯常数,算出的氢和氘的波长差也列于表 1.5.1 中。由表中可看出实验结果与玻尔理论的预期符合很好,证实了氢的同位素氘的存在。尤里也因为氘的发现而荣获了 1934 年的诺贝尔化学奖。关于氘的应用,我们将在第 7 章中加以论述。

1.5.3 里德伯原子

一般来说,玻尔理论只适用于两体系统。对于多体系统的多电子原子(例如氦是由两个电子和一个原子核组成的三体系统)而言,玻尔理论是不适用的,例如玻尔理论无法处理氦原子的能级结构问题。但是,如果多电子原子中一个电子远离原子核,而其余 $Z-1$ 个电子仍在原子核周围运动时(这 $Z-1$ 个电子和原子核构成的系统叫作原子实(atomic kernel)),这一体系仍可以用玻尔理论处理。这是由于外面电子与原子实的距离足够远,可以把原子实当成带一个单位正电荷的点粒子处理。这一近似对应于一个电子处于量子数 n 很大的状态,相应的原子叫作里德伯原子(Rydberg atom)。Li 的里德伯原子的结构示于图 1.5.4 中。

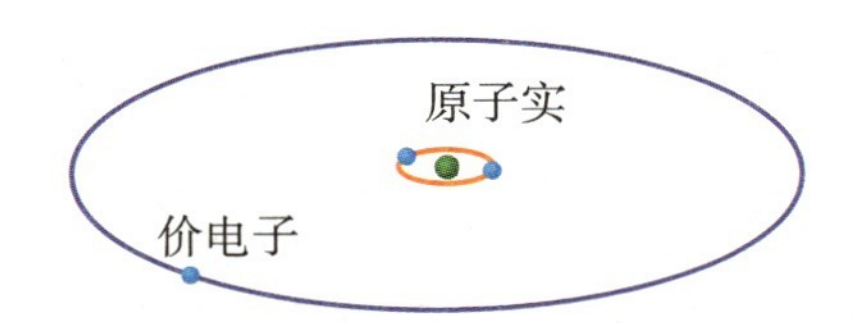

图 1.5.4 Li 的里德伯原子结构示意图;最外面的价电子处于很高的激发态,从而形成里德伯原子

里德伯原子完全可以由玻尔理论处理,其能量和半径的公式与氢原子的公式(1.4.7)和(1.4.8)完全相同。而由于电子所处的量子数 n 很大,里德伯原子又具有一系列奇特的性质:

1. 尺度很大

里德伯原子的半径 $r_n = n^2 a_0$。由于 n 很大,所以里德伯原子的尺度很大。例如 $n=100$ 的里德伯原子的大小可达微米量级,都可以比拟细胞的大小了。

2. 电离能很小

里德伯原子的电离能 $E_I = 13.6/n^2$ eV。当 $n=100$ 时,$E_I = 1.36\times10^{-3}$ eV $=1.36$ meV。可见里德伯原子的电离能很小。我们知道,室温下粒子的动能 $kT\approx 25$ meV,远大于里德伯原子的电离能。在室温下,其他原子分子的碰撞就足以把里德伯原子电离掉。所以里德伯原子是非常脆弱的原子体系,很容易受到干扰,只能存在于高真空条件下。

除了电离能很小外,里德伯原子的能级间隔也很小。我们知道,相邻两个能量状态 $n+1$ 和 n 之间的能量间隔在 n 很大时为 $\Delta E = 27.2/n^3$ eV。当 $n=100$ 时,$\Delta E = 2.72\times10^{-5}$ eV。也正是因为其极小的能量间隔,实验上测量里德伯原子的能级结构也是很困难的,需要分辨率非常高的光谱技术,例如单色性非常好的激光光谱技术。也正是基于现代激光光谱技术和微波技术的巨大进步,里德伯原子才受到了关注,兴起了研究它的热潮。

3. 寿命很长

处于激发态的普通原子分子，其寿命一般在 10^{-8} s 的数量级。但是理论计算表明，在没有碰撞时，孤立的里德伯原子的寿命正比于 n^5。因此，其寿命可达 ms 甚至 s 量级，远大于一般原子分子激发态的寿命。

4. 易受外场的影响

我们将在第 4 章中看到，原子在外加电磁场中能级会发生分裂，而且分裂情况除了与外场有关外，还和电子感受到的原子内部电磁场有关。对于里德伯原子，其感受到的原子实的库仑场为 $E = -\frac{e}{4\pi\varepsilon_0 r^2} \propto \frac{1}{n^4}$。当 $n = 100$ 时，原子内部的电场强度只有 50 V/cm，这是一个非常小的电场强度。与常规理论中把外场当成弱场进而采用微扰论处理不同，里德伯原子所感受的外场往往是强场，理论上反而可以把原子内部的场当成微扰来处理，这是一种全新的视角。磁场也对里德伯原子有十分重要的影响，在此不做进一步的说明。

1.5.4 奇特原子

与里德伯原子把一个电子激发到远离原子实进而当成两体系统处理不同，奇特原子走向了另外一个极端。所谓奇特原子，是指这样一类原子，它的一个电子被一个带负电的基本粒子（例如 μ^-、π^-、K^-、$\bar{p}$、Σ^- 等，它们的具体性质请参阅第 8 章）所取代。由于这些基本粒子很重，它往往离原子核十分近，近到可以认为它和原子核构成一个两体系统。而对原子中其他所有电子而言，原子核和基本粒子组成的奇特原子就是它们的原子实。奇特原子的结构示意图见图 1.5.5。奇特原子的理论首先由费米于 1940 年提出，我国物理学家张文裕在 1947 年首次观测到了 μ^- 子形成的 μ 原子。

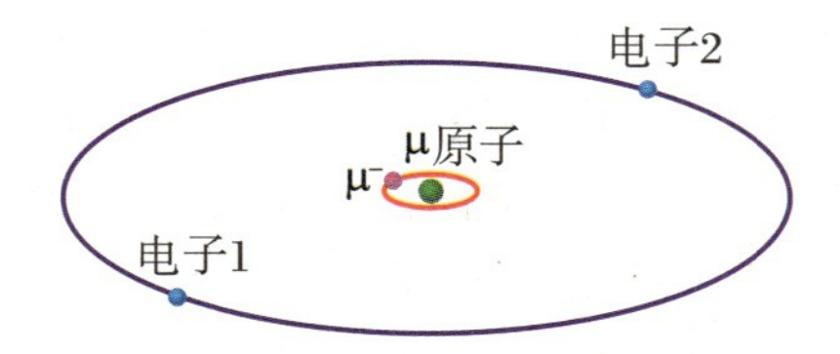

图 1.5.5 Li 的 μ 原子结构示意图

由于奇特原子是由原子核和基本粒子组成的两体系统，它当然可以由玻尔理论描述。但是，玻尔理论给出的相应公式要做一些调整：

$$\begin{cases} \dfrac{\mu v^2}{r} = \dfrac{1}{4\pi\varepsilon_0}\dfrac{Ze^2}{r^2} \\ \mu v r = n\hbar, \quad n = 1,2,3\cdots \end{cases} \tag{1.5.7}$$

这里 μ 是体系的折合质量：

$$\mu=\frac{mM}{m+M}$$

m 和 M 分别为基本粒子和原子核的质量。

很容易计算出奇特原子的物理性质：

$$\begin{cases}E_n=-\dfrac{\mu}{m_e}\dfrac{Z^2}{n^2}Ry\\ r_n=\dfrac{m_e}{\mu}\dfrac{n^2}{Z}a_0\end{cases}\tag{1.5.8}$$

对于常见的带负电的基本粒子构成的奇特氢原子，其基态特性列于表 1.5.2 中。

表 1.5.2 部分奇特氢原子的物理特性

原子种类	粒子质量/m_e	折合质量/m_e	基态能量/Ry	基态半径/a_0
氢	1	1	−1	1
氢 μ 原子 μ^-p	207	186	−186	5.4×10^{-3}
氢 π 原子 π^-p	273	238	−238	4.2×10^{-3}
氢 K 原子 K$^-$p	966	633	−633	1.6×10^{-3}
质子素 $\bar{p}$p	1836	918	−918	1.1×10^{-3}

由表 1.5.2 可以看出，奇特氢原子的半径很小，是氢原子相应半径的几百分之一。因此，图 1.5.5 给出的物理图像是相当精确的，可以把奇特原子当成两体系统处理。奇特氢原子的能量相当低，是氢原子相应能量的几百倍。如果把质子换成其他的原子核，由于奇特原子的半径反比于核电荷数 Z，能量正比于 Z^2，则会导致半径进一步缩小，能量进一步降低。

需要说明的是，奇特原子中带负电的粒子离原子核的距离十分近，在玻尔理论中忽略的一些对其能量有微小影响的物理效应，就会凸显出来，例如原子核的磁矩和电四极矩、带负电粒子的自旋-轨道相互作用等，这些物理效应我们在后面的章节中还会接触到，在此不做进一步的说明。此外，正是由于这些物理效应对能级有重要影响，因此可以通过奇特原子的光谱，反推原子核的物理性质，如其磁矩、电四极矩等。

【例 1.5.3】 氦原子中的一个电子被 μ^- 子取代，形成氦的 μ 原子。试求氦的 μ 原子的能级结构，并说明其化学性质类似于哪种化学元素。

【解】 氦的 μ 原子中，原子核和 μ^- 子组成一个类氢系统的奇特原子，其能级结构可由式(1.5.8)给出：

$$E_{n_1}=-\frac{\mu}{m_e}\frac{Z^2}{n_1^2}Ry=-\frac{4\times201.3\times13.6}{n_1^2}\ \mathrm{eV}=-\frac{10950.7}{n_1^2}\ \mathrm{eV},\quad n_1=1,2,3,\cdots$$

由于氦 μ 原子中的电子远离上述奇特原子，考虑到 μ^- 子对原子核电荷的屏蔽，上述奇特原子可以当成一个带有一个单位正电荷的点粒子，与外面的电子组成另一个类氢系统，其能级结构为

$$E_{n_2} = -\frac{13.6}{n_2^2}\ \text{eV}, \quad n_2 = 1,2,3,\cdots$$

因此，整个体系的能量为

$$E = E_{n_1} + E_{n_2} = -\left(\frac{10950.7}{n_1^2} + \frac{13.6}{n_2^2}\right)\ \text{eV}, \quad n_1 = 1,2,3,\cdots; n_2 = 1,2,3,\cdots$$

可以看出，上述体系的能量主要由原子核和 μ^- 子组成的奇特原子决定。

由于氦的 μ 原子中奇特原子的尺寸很小，所以其结构就是一个电子绕奇特原子做圆周运动。因此其化学性质类似于氢，容易呈现 +1 价。

1.5.5 其他类氢系统

如果两个粒子，只要它是由有心力组成的两体系统，就是类氢系统，这样的例子还有很多。

1. 反氢原子

由反质子和正电子组成的原子就是反氢原子，它是最简单的反物质。我们现在建立的物理规律，在反物质的世界中是否相同，是一个重大的课题。物理学家相信，正、反粒子的电磁相互作用性质完全一样，因此反氢原子与氢原子应具有完全相同的物理性质，例如完全相同的能级结构和光谱。但是，这一理论的正确与否，还有待实验的验证。反氢原子的实验是物理学中最有可能开展的、探测反物质世界物理规律的实验，因此极受重视。为此物理学家进行了极其艰苦的探索和长期的努力。虽然如此，由于产生反氢原子是极其困难的，而产生之后再约束住它也是极其不容易的，所以反氢原子的光谱实验到目前为止还没有实现。目前这一领域的主要进展在于产生较多的反氢原子，并把它们存储起来。这方面的研究欧洲处于领先地位。[①]

反物质是一个意义十分重大的课题，这源于在我们的认知范围内，都是由正物质组成的世界。根据大爆炸理论，在早期宇宙中，正反粒子应该是等量的。那么，是什么样的物理机制导致宇宙演化为今天这个样子？反物质到哪里去了？这些都是未解之谜，也是物理学有待回答的问题。

---

① Amole C, Ashkezari M D, Baquero-Ruiz M, et al. Resonant quantum transitions in trapped antihydrogen atoms[J]. Nature, 2012, 483: 439-443.

2. 电子偶素

当氢原子中的质子被正电子所取代，由 e^+e^- 组成的两体系统就是电子偶素。电子偶素中两粒子之间的相互作用仍是电磁相互作用，但是与氢原子相比，体系的折合质量为 $m_e/2$。由公式(1.5.8)很容易求出电子偶素的能量和正、负电子间距分别为

$$\begin{cases} E_n = -\dfrac{1}{2n^2}Ry, \\ D_n = 2n^2 a_0, \end{cases} \quad n = 1,2,3,\cdots$$

也即在相同 n 下体系的能量为氢原子能量的一半，正、负电子间距为氢原子半径的两倍。

类似的粒子素还有：μ 子素(μ^+e^-)、π 介子素(π^+e^-)等，在此不做一一说明。

1.6 弗兰克-赫兹实验

玻尔理论的正确性已由光谱实验所证实，但是，有没有一种独立于光谱的实验技术，提供原子内部能量量子化的独立检验呢？答案是肯定的，这就是1914年的弗兰克-赫兹实验。弗兰克和赫兹(图1.6.1)也因为这一工作而荣获1925年的诺贝尔物理学奖。

图1.6.1 弗兰克(J. Franck, 1882—1964)和赫兹(G. L. Hertz, 1887—1975)，德国

1.6.1 弗兰克-赫兹实验

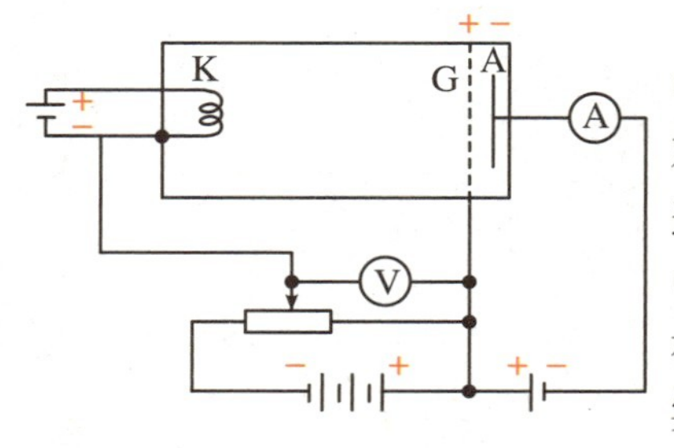

图 1.6.2 弗兰克-赫兹实验装置原理图

弗兰克和赫兹所用实验装置的原理图见图 1.6.2。图中 K 为阴极，当通上电流后，K 的温度升高到 2500 K，电子就会从金属表面发射出来。G 为栅极，相对于阴极 K 加正电压。从阴极 K 发射的电子就在 KG 之间电场的作用下做加速运动。阳极 A 相对于栅极加了 −0.5 V 的电压，用于排斥来自于低能电子(<0.5 eV)的本底，提高实验的信噪比。实验中真空玻璃管内放有少量的汞，在适度加热下可获得较高的饱和蒸气压，因此玻璃管中充满了汞原子的蒸气。实验中通过调节阴极 K 和栅极 G 之间的电压 V，达到改变电子最终能量的目的。实验观测的是阳极 A 的电流随 V 的变化曲线，实验结果示于图 1.6.3。

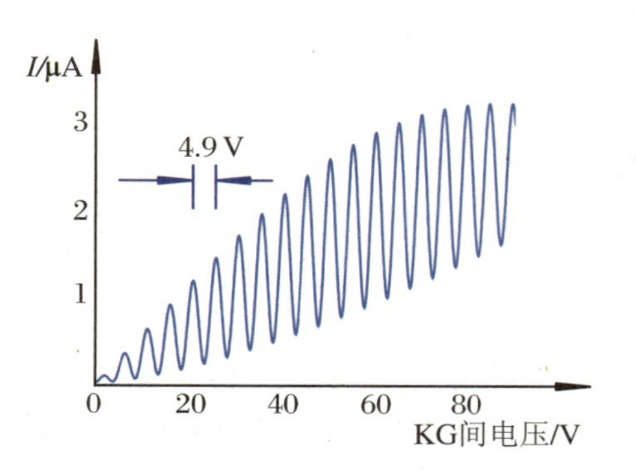

图 1.6.3 弗兰克-赫兹实验的观测结果

弗兰克-赫兹实验的结果揭示，总体上电流强度随栅极电压的增加而增加，大约正比于 $V^{3/2}$，这是经典的发射电流对电压的依赖关系。除此之外，还观测到了清晰的振荡结构，而这明显异于经典的预测。实验结果显示，振荡结构之间的间隔是 4.9 V，如图 1.6.3 所示。造成这一实验现象的原因在于电子与汞原子的散射。

由于电子的质量远小于汞原子的质量，在电子与原子散射过程中可以认为汞原子不动。如果汞原子的能量是量子化的(类似于氢)，设其基态与第一激发态之间的能量差为 E_1。在散射过程中，电子要么传递给汞原子 E_1 的能量，要么就不传递能量给汞原子。在刚开始 V 比较小时(<4.9 V)，电子的能量还不足以激发汞原子，因此电子可以通过汞蒸气而被阳极 A 接收，电流随电压的增加而增加。当电压 V 达到 4.9 V(也即电子能量达到 4.9eV)时，电子可以与汞原子发生非弹性散射，使汞原子从基态激发到第一激发态。电子由于碰撞而损失了其能量，它的剩余动能不足以克服 G 和 A 之间 −0.5 V 的势垒，导致电子无法达到阳极 A，从而引起电流的下降。如果电压 V 接着增加，电子碰撞一次损失能量后会被再加速，电子又可以克服势垒而到达阳极，电流会接着增加。当

V 达到 9.8 V 时，电子在玻璃管中间与汞原子发生一次非弹性碰撞损失 4.9 eV 动能，在 G 附近再与汞原子非弹性碰撞一次损失 4.9 eV 动能。两次碰撞耗尽了电子的动能，它就不足以克服 -0.5 V 的势垒而被阳极接收了，这就再次引起电流的下降。其余的峰结构也是类似的原因造成的，源于多次非弹性散射的结果。图中的峰谷不够锐利，是源于仪器的能量分辨率不够高。

弗兰克-赫兹实验清晰地揭示出了汞原子的能量也是量子化的，其第一激发态的能量是 4.9 eV。这是独立于光谱实验、证实原子能量量子化的另一实验证据，同时弗兰克和赫兹也开创了电子碰撞谱学这一新领域。他们因此荣获了 1925 年的诺贝尔物理学奖。

弗兰克-赫兹实验的缺点在于它只能测量原子的第一激发态，这是由于他们实验装置的限制，电子的能量无法突破 4.9 eV，一旦超过 4.9 eV 就会发生非弹性碰撞而把能量传递给汞原子。虽然 1920 年弗兰克改进了实验装置，使之能够测量原子更高的激发态，但是其能量分辨率始终不是太高。现代的电子碰撞实验已经大幅度提高了其分辨率，典型代表就是电子能量损失谱仪。

1.6.2 电子能量损失谱仪

电子能量损失谱仪是在弗兰克-赫兹实验的基础上发展起来的，它的结构比起弗兰克-赫兹实验所用实验装置复杂了许多，其能量分辨率也得到了大幅度的提高。图 1.6.4 是中国科学技术大学自己研制的一台高分辨电子能量损失谱仪，它是由电子枪（产生一定能量的电子束）、单色器（减少电子束的能量分散，提高能量分辨率）、作用室（通入待测原子分子气体或蒸气与电子发生作用）和分析器（测量散射电子能量）以及一系列高低压供电系统、位置灵敏探测器、计算机在线数据获取和控制电子学系统、磁屏蔽系统及真空系统组成。电子枪

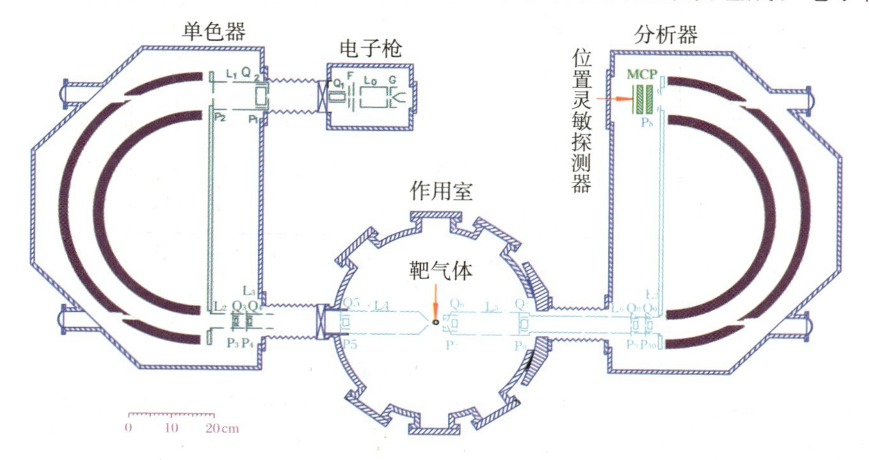

图 1.6.4 中国科学技术大学的电子能量损失谱仪结构示意图

产生一定能量(1～5 keV 可调)的电子束,灯丝热发射的电子能量服从玻耳兹曼分布。因此在加热温度为 2000 K 时发射电子束的能量分散约为 0.5 eV(见习题 1.24),比较大。该装置用单色器使电子束能量分散进一步减小到 50 meV。其基本原理是采用两个半球,外球加负电压,内球加正电压,这样由小孔限制的、相当于从一个点垂直入射的电子束就在内外球之间发生偏转。显然,入射电子束中能量较大的电子不容易偏转,在半球出口处落在靠近外球的一侧。相反地,入射电子束中能量较小的电子容易偏转,在半球出口处落在靠近内球的一侧。由简单的电磁学知识推导可以得出,电子在出口处距球心的距离与其进入半球的能量是线性关系。如果我们在半球的出口处放置一个小孔,这样就相当于从入射电子束中挑出了能量分散很小的一部分电子束(借用光学的术语,单一波长的光叫单色光,所以这一能量分析仪器叫单色器,相当于获得单一能量的电子束),这就是单色器的基本工作原理,也是达到高分辨率的关键。单色器出来的电子经电子透镜传输到作用室与原子分子碰撞,电子传递能量给原子分子。分析器与单色器相同,沿中心轨道运动电子的通过能一样,工作完全对称。与单色器类似,进入分析器的电子束,根据其能量的不同在分析器出口位置线性散开。由散射电子在分析器出口处的位置就可以测量散射电子的能量。散射电子在分析器出口处的位置是由基于微通道板的位置灵敏探测器测量的。入射电子和散射电子的能量差,就等于原子分子的激发能,采用这种方法就可以研究原子分子的激发态能级结构和动力学了。

用中国科学技术大学的电子能量损失谱仪测量的汞原子的能量损失谱见图 1.6.5。[①] 与当时的弗兰克-赫兹实验相比,分辨率已经得到了大幅度的提高。

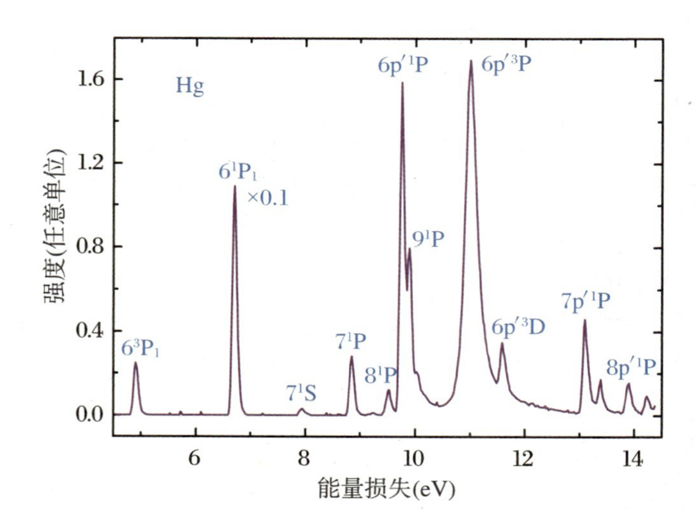

图 1.6.5 汞原子的电子能量损失谱

① Feng R F, Ji Q, Zhu L F, et al. Electron-impact studies for dipole oscillator strengths and elastic electron-scattering differential cross sections of mercury vapour[J]. J. Phys. B: At. Mol. Opt. Phys., 2000, 33(7): 1357-1367.

从图 1.6.5 可以看出，汞原子有非常复杂的能级结构。图中的能级标识方法我们将在第 3 章给出，汞原子能级图的规律性，我们也将在第 3 章给出。弗兰克-赫兹实验测量出的 4.9 eV 就对应汞原子 6^3P_1 的激发能。

电子能量损失谱仪在原子分子物理、凝聚态物理、表面科学等领域都有十分重要的应用，是一种常见的分析测试技术。

附录 1-1 卢瑟福散射公式

α 粒子与原子核散射的原理图如图 1-1 所示。这里瞄准距离(又叫碰撞参数)为 b，v_0 为入射 α 粒子的速率，F 和 r 分别为 α 粒子和原子核之间的斥力和距离，z 和 Z 分别为 α 粒子和原子核所带的电荷数，其他符号定义如图 1-1 所示。由于实验中用的靶较重，例如金，其原子核质量远大于 α 粒子的质量，因此可以认为在散射过程中靶的原子核不动。由于 α 粒子与原子核的散射是弹性散射，原子核静止不动，则散射后 α 粒子在无穷远处的速率仍为 v_0。因此，散射后无穷远处 α 粒子在垂直方向的速度为

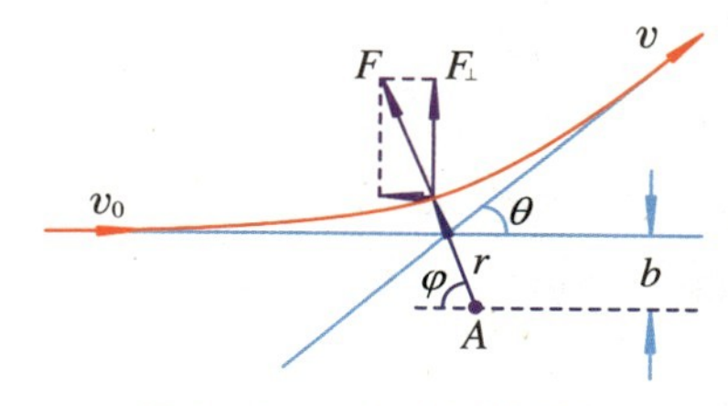

图 1-1 α 粒子与原子核散射的原理图

$$v_{\perp} = v_0 \sin\theta \tag{1-1}$$

在散射过程中，α 粒子在垂直方向上所受的力与 α 粒子和原子核之间的距离有关，可写为

$$F_{\perp} = F\sin\varphi = \frac{1}{4\pi\varepsilon_0}\frac{zZe^2}{r^2}\sin\varphi \tag{1-2}$$

由于动量的变化等于冲量，可以得出公式：

$$\mathrm{d}v_{\perp} = \frac{F_{\perp}}{m}\mathrm{d}t = \frac{zZe^2}{4\pi\varepsilon_0 m}\frac{\sin\varphi}{r^2}\mathrm{d}t \tag{1-3}$$

再考虑到库仑力是有心力，所以 α 粒子散射过程中角动量守恒，因此有

$$L = mr^2\frac{\mathrm{d}\varphi}{\mathrm{d}t} = mv_0 b \tag{1-4}$$

这里 L 是一个常量，可由入射时 α 粒子的动量和瞄准距离给出。整理公式(1-4)可得

$$\frac{1}{r^2} = \frac{1}{v_0 b}\frac{\mathrm{d}\varphi}{\mathrm{d}t} \tag{1-5}$$

把公式(1－5)代入公式(1－3),可得

$$\mathrm{d}v_{\perp} = \frac{zZe^2}{4\pi\varepsilon_0 m v_0 b}\sin\varphi\mathrm{d}\varphi \tag{1－6}$$

在入射的时候,α粒子在垂直方向的速度为零。且考虑无穷远处的渐进形式,可知入射时 $\varphi=0$,而散射到无穷远处 $\varphi=\pi-\theta$。积分公式(1－6),可得

$$v_0\sin\theta = v_{\perp\infty} - 0 = \int_0^{\pi-\theta}\frac{zZe^2}{4\pi\varepsilon_0 m v_0 b}\sin\varphi\mathrm{d}\varphi = \frac{zZe^2}{4\pi\varepsilon_0 m v_0 b}(1+\cos\theta) \tag{1－7}$$

经整理可得

$$\cot\frac{\theta}{2} = \frac{2b}{D} \tag{1－8}$$

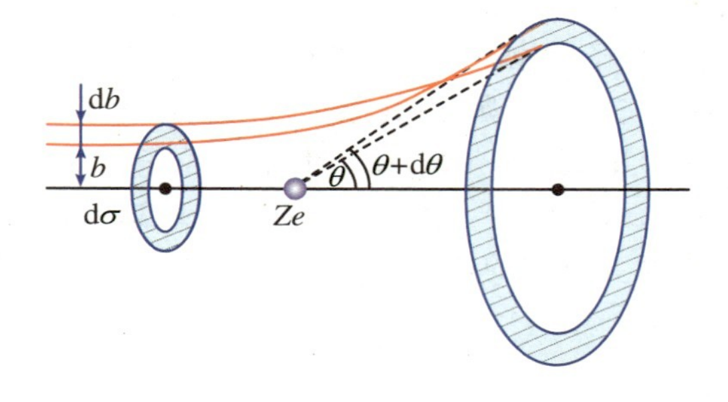

图 1－2　瞄准距离与散射角的关系

这里为了形式上的简洁,取常数

$$D = \left(\frac{1}{4\pi\varepsilon_0}\right)\left[\frac{zZe^2}{\frac{1}{2}mv_0^2}\right] = \left(\frac{1}{4\pi\varepsilon_0}\right)\left(\frac{zZe^2}{E_0}\right),$$

E_0 为入射α粒子的动能。

至此,我们给出了散射角度和瞄准距离之间的关系。但是,瞄准距离是一个人为引入的、不可测量的量,无法与实验测量对应起来。因此,要想方设法消除 b。我们考虑实际的实验安排,如图 1－2 所示。在测量过程中,测量到的α粒子的数目除了与探测器的面积元大小有关外,还与探测器距碰撞点的远近有关。换句话说,探测器测量到的α粒子数正比于探测器面积元对碰撞点的两维张角。很容易理解,这个张角越大,测量到的α粒子数就越多。为此,引入立体角 $\mathrm{d}\Omega$ 的概念:

$$\mathrm{d}\Omega = \frac{\mathrm{d}S}{r^2} \tag{1－9}$$

这里 $\mathrm{d}S$ 是探测器正对碰撞点(也即 $\mathrm{d}\vec{S}$ 的法线与 $\vec{r}$ 的方向相同,否则若 $\mathrm{d}\vec{S}$ 与 $\vec{r}$ 之间有一夹角 γ,则公式(1－9)应有一个 $\cos\gamma$ 的因子)的面积元,r 是探测器与碰撞点之间的距离。为了给出立体角的具体形式,我们考虑如图1－2的 α 粒子散射,并假设入射 α 粒子落在这样一个圆环内,它由瞄准距离为 $b\sim b+\mathrm{d}b$ 的圆组成。对于瞄准距离为 b 的 α 粒子,其散射角度为 $\theta+\mathrm{d}\theta$,而瞄准距离为 $b+\mathrm{d}b$ 的 α 粒子,其散射角度为 θ。只要 α 粒子落入如图1－2所示的圆环中,其散射角度一定落入 $\theta\sim\theta+\mathrm{d}\theta$ 内。因此对应散射到 θ 方向的立体角为

$$\mathrm{d}\Omega=\frac{\mathrm{d}S}{r^2}=\frac{2\pi r\sin\theta\cdot r\mathrm{d}\theta}{r^2}=2\pi\sin\theta\mathrm{d}\theta \tag{1－10}$$

通常立体角的大小可以写为 $\mathrm{d}\Omega=\sin\theta\mathrm{d}\theta\mathrm{d}\varphi$,而对 α 粒子散射这种特殊情况,关于方位角是旋转对称的,因此公式(1－10)中直接代入了 $\mathrm{d}\varphi$ 积分出的 2π。

由图1－2可知,对于一个 α 粒子和一个原子核散射,只要 α 粒子落入 $b\sim b+\mathrm{d}b$ 的圆环内,其散射方向一定是 $\theta\sim\theta+\mathrm{d}\theta$。换句话说,α 粒子散射到 θ 方向的概率就由 $b\sim b+\mathrm{d}b$ 的圆环面积 $\mathrm{d}\sigma$ 决定。而由公式(1－8),经整理可得

$$\mathrm{d}\sigma=2\pi b\,|\,\mathrm{d}b\,|=\frac{\pi D^2}{4}\frac{\cos\dfrac{\theta}{2}}{\sin^3\dfrac{\theta}{2}}\mathrm{d}\theta \tag{1－11}$$

把公式(1－10)代入,可得

$$\frac{\mathrm{d}\sigma}{\mathrm{d}\Omega}=\frac{D^2}{16}\frac{1}{\sin^4\dfrac{\theta}{2}}=\left(\frac{1}{4\pi\varepsilon_0}\right)^2\left(\frac{zZe^2}{4E_0}\right)^2\frac{1}{\sin^4\dfrac{\theta}{2}} \tag{1－12}$$

公式(1－12)就是著名的卢瑟福散射公式,它给出了一个 α 粒子和一个原子核碰撞,α 粒子被散射到 θ 方向单位立体角内的概率。这个概率显然具有面积的量纲,所以 $\mathrm{d}\sigma/\mathrm{d}\Omega$ 被称为微分散射截面。截面的单位是靶,$1\ \mathrm{b}=10^{-24}\ \mathrm{cm}^2$。常用的单位还有毫靶和兆靶,$1\ \mathrm{mb}=10^{-3}\ \mathrm{b}$,$1\ \mathrm{Mb}=10^6\ \mathrm{b}$。

我们得出了一个 α 粒子和一个原子核散射的概率公式(1－12),那么,这个量怎么跟实验值联系起来呢?我们知道,实际散射情况如图1－3所示,入射的 α 粒子数目有 n_0 个,其束流横截面积为 S_0(S_0 的尺度远小于碰撞点到探测器的距离,但远大于原子的尺寸),而在 S_0 的面积内,靶原子核的个数为 NS_0t,其中 N 为单位体积内靶原子核的数目,t 为靶的厚度。在这种情况下,探测器单位立体角内探测到的 α 粒子个数为

$$\frac{\mathrm{d}n}{\mathrm{d}\Omega}=\frac{\mathrm{d}\sigma/S_0}{\mathrm{d}\Omega}\cdot n_0\cdot NS_0t=n_0Nt\frac{\mathrm{d}\sigma}{\mathrm{d}\Omega} \tag{1－13}$$

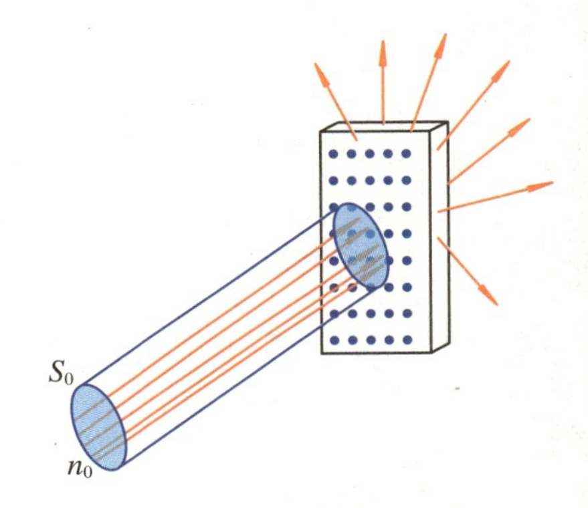

图1－3 实际散射情况示意图

这里 $\mathrm{d}\sigma/S_0$ 代表 S_0 内入射一个 α 粒子且跟 S_0 内一个原子核散射，刚好落入 $\mathrm{d}\sigma$ 内的概率。因此总的概率既要乘以 S_0 内入射的 α 粒子数目 n_0，也要乘以 S_0 内的靶原子核数目 NS_0t。当然，落入 $\mathrm{d}\sigma$ 内且被散射到 θ 方向的 α 粒子对应的立体角是 $\mathrm{d}\Omega$。

α 粒子散射的积分截面是把微分散射截面对所有立体角积分：

$$\sigma = \int \frac{\mathrm{d}\sigma}{\mathrm{d}\Omega}\mathrm{d}\Omega \tag{1-14}$$

积分截面对应一个 α 粒子入射与一个原子核散射的总概率。

第 2 章　量子力学基础

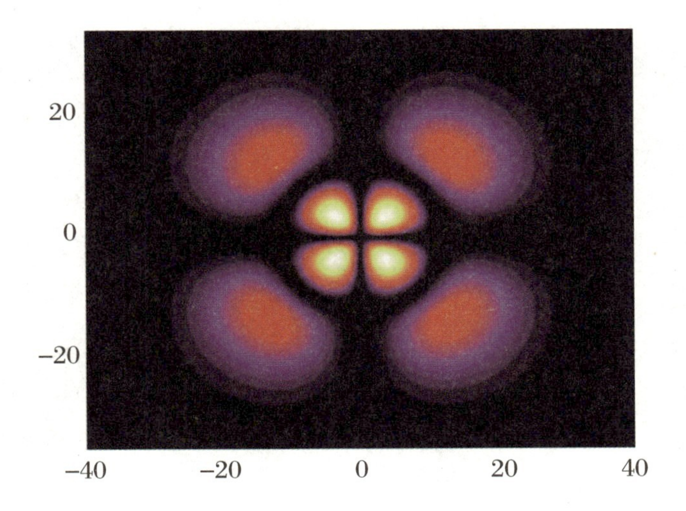

玻尔于1913年提出的氢原子理论，重现了当时类氢系统的实验观测光谱，极大地促进了人们对于原子结构的认识。但是，当把玻尔理论推广到只有两个电子的氦原子时，却遇到了无法克服的困难。此外，玻尔理论也无法解释光谱线的强度、宽度等问题，玻尔关于定态的假设也过于牵强，所有这些，都说明玻尔理论还很不完善，需要进一步的发展。而这一新的理论就是量子力学，接过这一接力棒的是一个星光熠熠的群体，他们是：德布罗意、海森伯、薛定谔、玻恩、泡利、狄拉克……

2.1 光的波粒二象性

在《光学》中已经阐明，光具有干涉、衍射、偏振等现象。所有这些实验事实，都说明光是一种电磁波，其相干叠加性也即波动性毋庸置疑。但是，与现实生活中人们观察到的机械波不同，没有任何一个实验观察到光在三维空间中的真实波动。回到19世纪末，人们在观测光与物质的相互作用时，发现了光的另外一种性质，这就是光的粒子性。

2.1.1 黑体辐射

现实世界中，任何有温度的物体都会向外辐射电磁波，这种辐射叫热辐射或温度辐射。利用动物的体温比周围环境温度高导致动物的热辐射较环境强的特点，人们制造出了夜视仪和红外照相机，它们已经广泛用于军事和夜间摄影。

19世纪末，人们对热现象已经有了非常深刻的认识，意识到热辐射的功率不仅与温度有关，还与辐射电磁波的波长有关。为了认识热辐射的本质，人们测量了热辐射的单色辐射本领 $r(\lambda,T)$。所谓单色辐射本领，是指在温度 T 下，单位面积上单位波长范围内辐射的功率 $\mathrm{d}w(\lambda,T)$：

$$r(\lambda,T)=\frac{\mathrm{d}w(\lambda,T)}{\mathrm{d}s\mathrm{d}\lambda} \tag{2.1.1}$$

其单位是 $\mathrm{W\cdot m^{-3}}$。

研究实际物体的热辐射是一个复杂的问题。这是因为实际物体本身也处于辐射场中，它一方面向外发出热辐射，另一方面也从辐射场中吸收能量，而每一个具体物体的吸收特性和辐射特性并不相同。为此，人们定义了物体的单色

吸收系数 $\alpha(\lambda,T)$，即在温度 T 下单位面积上吸收单位波长范围内的功率 $\mathrm{d}w'(\lambda,T)$ 占相应辐射场功率 $\mathrm{d}w^r(\lambda,T)$ 的比率：

$$\alpha(\lambda,T)=\frac{\mathrm{d}w'(\lambda,T)}{\mathrm{d}w^r(\lambda,T)} \tag{2.1.2}$$

单色吸收系数代表辐射到物体表面光能量中被吸收的比例。吸收系数永远小于或等于1，这是因为照射物体的电磁能量中总有反射和透射部分。由于反射和透射的这部分电磁辐射并不改变物体的特性，因此我们只关心吸收系数。

1859年，基尔霍夫仔细研究了物体与辐射场的相互作用，提出了著名的基尔霍夫定律：物体的单色辐射本领与单色吸收系数的比值，与物体的具体性质无关，对所有物体而言，它只是波长和温度的普适函数。

为了理解基尔霍夫定律，我们可以做一个假想实验。图2.1.1是一个温度为 T 的真空腔，其内的物体 A_1、A_2、A_3、…互不接触，也与真空腔不接触，因而每一个物体与其他物体和环境之间无热传导。由于是真空，也不存在对流交换能量。因此，上述物体只能通过热辐射和吸收交换能量。可以想象，即使初始状态各个物体的温度不同，但经过一段时间后，所有物体包括真空腔一定会达到热平衡，此时它们具有相同的温度。虽然对于不同的物体，它们的单色辐射本领和单色吸收系数都不一定相同，也即

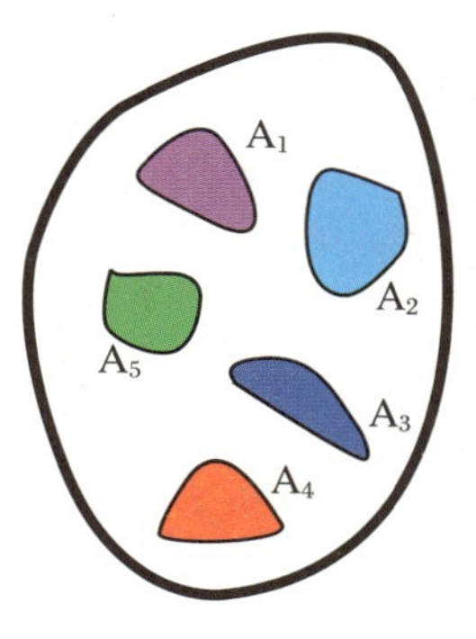

图2.1.1 基尔霍夫的假想实验示意图

$$\begin{cases} r_{A_1}(\lambda,T)\neq r_{A_2}(\lambda,T)\neq r_{A_3}(\lambda,T)\neq\cdots \\ \alpha_{A_1}(\lambda,T)\neq \alpha_{A_2}(\lambda,T)\neq \alpha_{A_3}(\lambda,T)\neq\cdots \end{cases} \tag{2.1.3}$$

但是由于它们都处于温度为 T 的热平衡状态，每一个物体必定在单位时间内辐射的能量等于其吸收的能量。由于热平衡状态下的辐射场是均匀、恒定和各向同性的①，因此有

$$\frac{r_{A_1}(\lambda,T)}{\alpha_{A_1}(\lambda,T)}=\frac{r_{A_2}(\lambda,T)}{\alpha_{A_2}(\lambda,T)}=\frac{r_{A_3}(\lambda,T)}{\alpha_{A_3}(\lambda,T)}=\cdots=r_0(\lambda,T) \tag{2.1.4}$$

这里 $r_0(\lambda,T)$ 就是基尔霍夫定律中的普适函数。

众所周知，普适的规律肯定是极其重要的，它反映的是物质的最基本的运动规律，是物理的本质。到目前为止，我们只知道有这么一个普适函数，它反映了热辐射的最基本规律，但是，其具体形式是什么，并不清楚。因此，实验上精确测量 $r_0(\lambda,T)$，并从理论上给出它的严格的、精确的形式，就是19世纪下半叶物理学的前沿问题之一。

$r_0(\lambda,T)$ 的直接实验测量是极其不容易的，这是因为它既要精确测定物体的单色辐射本领，又要精确测量其单色吸收系数。为了简化实验，也是为了提

---

① 汪志诚. 热力学·统计物理[M]. 2版. 北京：高等教育出版社，1993.

高实验数据的精度，人们想出了一个巧妙的方法，这就是测量这样一个物体，它的单色吸收系数对所有波长都为1，只用测量单色辐射本领就可得到$r_0(\lambda,T)$。这一物体就叫作绝对黑体，简称黑体。处于热平衡时，黑体具有最大的吸收比，因此它也就有最大的单色辐射本领。

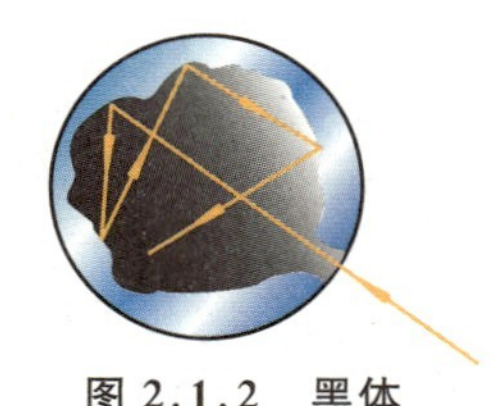
图 2.1.2 黑体

理想的黑体是不存在的，但我们可以无限逼近它。例如，可以制作一个闭合的空腔，在空腔表面开一个小孔，小孔表面就可以模拟黑体的表面，如图2.1.2所示。当电磁辐射照射到小孔时就进入空腔，在空腔内发生多次反射，而从小孔再次射出的概率几乎为零。即使电磁辐射每一次与空腔内壁相互作用时被吸收的概率不高，但多次相互作用也使得电磁辐射被吸收的概率无限逼近于1。因此，上述小孔对各种波长的电磁辐射的吸收系数都为1，其单色辐射本领就是基尔霍夫定律中的普适函数，通过测量黑体的单色辐射本领就可以获得$r_0(\lambda,T)$。因此，$r_0(\lambda,T)$也叫黑体辐射。

【例 2.1.1】 假设电磁辐射每次与器壁相互作用被吸收的概率为0.1，试问要多少次反射才会使得电磁辐射被吸收的概率达到99.99%？

【解】 依题意，电磁辐射每次与器壁相互作用存活下来的概率为0.9，因此经过n次相互作用存活的概率为0.01%，可列出方程：

$$1-99.99\%=0.9^n$$

求解可得

$$n=\frac{-4}{\lg 0.9}=87.4\approx 88(\text{次})$$

黑体辐射测量所用装置如图2.1.3所示。空腔由加热丝加热至特定温度T，从小孔出来的辐射经透镜和平行光管变为平行光，经棱镜分光后由透镜聚焦至探测器。探测器热电偶可绕棱镜转动，进而测量不同波长的光的强度。画出在特定温度T下光强随波长λ的变化，就从实验上测量了黑体辐射$r_0(\lambda,T)$。图2.1.4给出了实验测出的在不同温度下的黑体辐射。从图中可以看出，黑体辐射随温度T上升而急剧增加，其每一条曲线都有一个极大值，其极大值位置随温度增加而向短波方向移动。

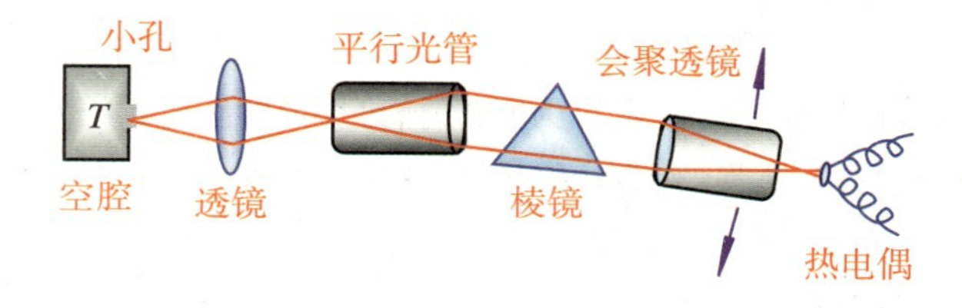

图 2.1.3 黑体辐射测量装置示意图

1879年，斯特藩首先从实验上总结出如下规律：

$$r_0(T)=\int_0^{\infty} r_0(\lambda,T)\mathrm{d}\lambda=\sigma T^4 \tag{2.1.5}$$

其中 $r_0(T)$ 为绝对黑体的总辐射本领，相应于图 2.1.4 中每一条曲线下的面积。1884 年，玻耳兹曼从热力学原理出发①，推导出了上述公式，所以公式(2.1.5)被称为斯特藩-玻耳兹曼定律，其中 $\sigma = 5.670\times10^{-8}\ \mathrm{W\cdot m^{-2}\cdot K^{-4}}$ 被称为斯特藩-玻耳兹曼常数。

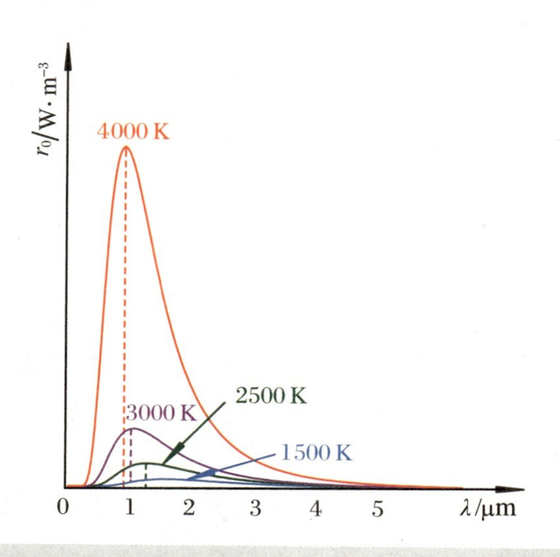

图 2.1.4 不同温度下的黑体辐射谱

【例 2.1.2】太阳半径为 7×10^8 m，日地之间的平均距离为 1.5×10^{11} m，试计算地球表面每平方厘米每秒接收的辐射能。若实验测得值为 1.94 $\mathrm{cal\cdot cm^{-2}\cdot min^{-1}}$，计算太阳的温度。

【解】太阳总的辐射功率为

$$P = 4\pi\times(7\times10^8)^2\times(5.670\times10^{-8})\times T^4 = 3.5\times10^{11}\times T^4(\mathrm{W})$$

以太阳中心作为球心，以日地距离为半径做一个球，则地球就位于这一球体的球面上。地球每平方厘米每秒接收的辐射能，就为这一球体表面每平方厘米每秒接收的辐射能：

$$E = \frac{3.5\times10^{11}\times T^4}{4\pi\times(1.5\times10^{11})^2}\times10^{-4}\ \mathrm{J} = 1.24\times10^{-16}\times T^4\ \mathrm{J}$$

根据实验值，可计算出

$$T\approx5750\ \mathrm{K}$$

1893 年，维恩利用热力学原理，得出了黑体单色辐射本领公式：

$$r_0(\lambda, T) = \frac{c^5}{\lambda^5}f\left(\frac{c}{\lambda T}\right) \tag{2.1.6}$$

① 汪志诚.热力学·统计物理[M].2版.北京:高等教育出版社,1993.

这里 c 为光速。遗憾的是，当时维恩无法确定函数 f 的具体形式。维恩在进一步对黑体的发射和吸收过程做了一些特殊假设后得出

$$r_0(\lambda,T)=C_1\lambda^{-5}\mathrm{e}^{-\frac{C_2}{\lambda T}} \tag{2.1.7}$$

式(2.1.7)被称为维恩公式，其中 C_1 和 C_2 为常数。从维恩公式可以看出，对于任一给定的温度 T，$r_0(\lambda,T)$ 都有一个极大值，其极大值对应的光谱波长为 λ_m。由 $\dfrac{\mathrm{d}r_0(\lambda,T)}{\mathrm{d}\lambda}=0$，可推出

$$T\lambda_m=b \tag{2.1.8}$$

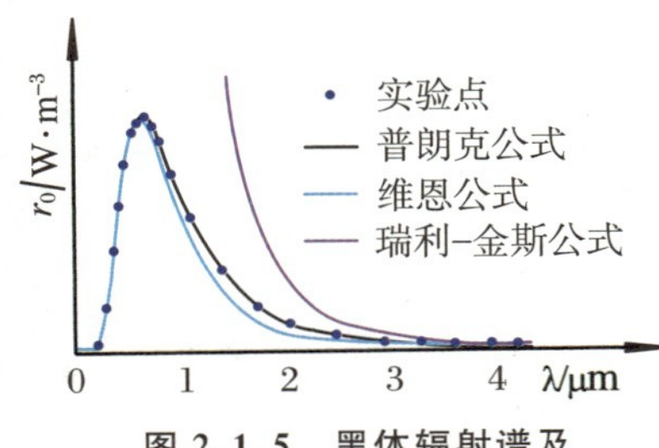

图 2.1.5　黑体辐射谱及其理论解释

其中 $b=2.8978\times10^{-3}$ m·K 是一个常量。公式(2.1.8)称为维恩位移定律，它指明当温度 T 上升时，黑体单色辐射本领的极大值向短波方向移动，与实验相符。但是与实验测得的 $r_0(\lambda,T)$ 相比较，维恩公式给出的结果与实验结果在短波区域吻合得很好，但是在长波区域，其给出的结果要普遍低于实验结果，如图 2.1.5 所示。

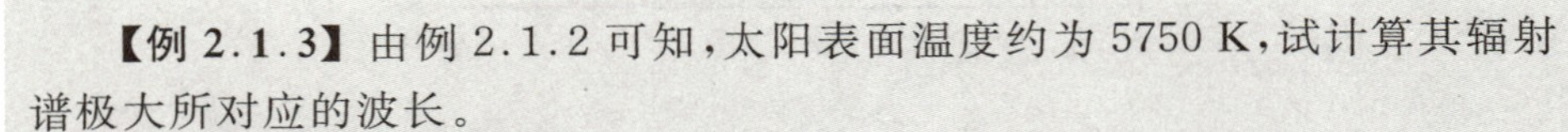

【例 2.1.3】 由例 2.1.2 可知，太阳表面温度约为 5750 K，试计算其辐射谱极大所对应的波长。

【解】 根据维恩位移定律：

$$\lambda_m=\frac{b}{T}=\frac{2.8978\times10^{-3}\ \mathrm{m\cdot K}}{5750\ \mathrm{K}}\approx5040\ \text{Å}$$

该波长对应于可见光的绿光。

1900 年，瑞利-金斯假设黑体空腔中的电磁波是驻波，而每一个驻波模式相应于一个自由度，再结合能量均分定律，推导出了黑体辐射应遵循的规律(详细推导见附录 2-1)，这就是著名的瑞利-金斯公式：

$$r_0(\lambda,T)=\frac{2\pi c}{\lambda^4}kT \tag{2.1.9}$$

瑞利-金斯公式给出的结果与实验结果在长波区域符合得很好，见图 2.1.5。但是，在 $\lambda\to0$ 时，瑞利-金斯公式给出 $r_0(\lambda,T)\to\infty$，是发散的，而这显然是错误的。由于瑞利-金斯公式是由经典电磁理论和经典统计物理严格推导出来的，经典理论与实验结果在短波端的这一严重分歧，在当时是出人意料、无法理解的，所以被称为“紫外灾难”，这也是开尔文勋爵宣称的 19 世纪末 20 世纪初笼罩在物理学领域的“两朵乌云”之一。

图 2.1.6　普朗克(Max Planck，1858—1947)，德国

1900 年 10 月 19 日，德国物理学家普朗克(图 2.1.6)在一次物理学会议上公布了一个公式，这一公式无论在短波区域，还是在长波区域，都与实验结果吻合得非常好。当然，这不意外，因为这个公式就是普朗克根据实验数据“猜”出来的，并没有理论依据。就在普朗克公布其公式的当天，另一位物理学家鲁本

斯将普朗克公式给出的结果与他自己的最新实验数据进行了对比，发现二者精确符合，见图 2.1.5。第二天，鲁本斯把这一喜讯告诉了普朗克，从而促使普朗克下决心寻找其公式背后潜藏的物理本质，给出一个理论上的解释。

普朗克经过思考，于 1900 年 12 月 14 日在德国物理学会会议上对普朗克公式给出了一个解释(详见附录 2-2)，所以 1900 年 12 月 14 日被认为是“量子理论诞生日”。这一解释基于以下假设：黑体空腔中谐振子的能量不能任意取值，而只能取一系列不连续的、分离的值，这些值是某一最小能量单元 ε_0 的整数倍，即

$$\varepsilon = 0, \varepsilon_0, 2\varepsilon_0, 3\varepsilon_0, 4\varepsilon_0, \cdots \tag{2.1.10}$$

而

$$\varepsilon_0 = h\nu \tag{2.1.11}$$

其中 ν 为谐振子的频率。

按照上述假设计算出的谐振子的平均能量不是经典统计物理给出的 kT，而是 $h\nu/(e^{h\nu/kT}-1)$，从而由上述假设可以推导出著名的普朗克公式：

$$r_0(\lambda, T) = \frac{2\pi hc^2}{\lambda^5}\frac{1}{e^{hc/(\lambda kT)}-1} \tag{2.1.12}$$

这里 h 就是著名的普朗克常数。

普朗克关于谐振子能量不连续(也叫量子化)的概念，突破了经典物理能量连续变化的常识，是人类对世界本质认识的一大突破，也很好地解决了黑体辐射的“紫外灾难”。但是，他的这一观点被人们广泛接受，还经历了一段不短的时间。

请读者自己动手证明：在 $\lambda\to 0$ 时，普朗克公式退化为维恩公式；在 $\lambda\to\infty$ 时，普朗克公式退化为瑞利-金斯公式。

小知识：宇宙背景辐射

在宇宙诞生的最初几天里，宇宙处于完全的热平衡态，并伴随有光子的不断吸收和发射，从而产生了一个黑体辐射的频谱。随着宇宙的膨胀，光子的能量因红移而降低，从而使光子落入了电磁波谱的微波频段。微波背景辐射可在宇宙中的任何一点被观测到，并且在各个方向上都具有几乎相同的能量密度。1964 年，阿诺•彭齐亚斯和罗伯特•威尔逊在使用贝尔实验室的一台微波接收器进行诊断性测量时，意外地发现了宇宙微波背景辐射的存在，并且观测到微波背景辐射是各向同性的，对应的黑体辐射温度约为 3 K。这一实验为大爆炸假说提供了有力的实验证据。彭齐亚斯和威尔逊为此荣获 1978 年的诺贝尔物理学奖。

2.1.2 光电效应

1887年，发现电磁波的赫兹在实验中观测到，当存在紫外光照射的情况下，两电极间的放电现象更容易发生，这就是光电效应（photoelectric effect）的发现。1902年，曾经作为赫兹助手的勒纳德，经过进一步的实验研究，认识到光电效应是因为紫外线使电子从金属表面逸出，且发现发射的电子数目与入射光强度成正比，光电子的动能与入射光强无关，随入射光波长的变短而增大。最精密的光电效应实验，是爱因斯坦光电理论提出很多年后，由密立根完成的。

光电效应在现实生活中有很重要的应用，例如在单光子探测方面，人们根据光电效应发明了光电倍增管，而微型化的光电倍增管阵列，也即微通道板，已经是现代科学技术中广泛应用的粒子探测器，它也是夜视仪中的关键器件。而广义上的光电效应，例如光电二极管和光电记录器件，已经在自动控制（例如自动门）、图像记录（如CCD及在此基础上的数码相机）等领域中获得了广泛应用，其中图像记录用CCD的发明者博伊尔和史密斯还荣获了2009年的诺贝尔物理学奖。

实验上观测光电效应所用的实验装置见图2.1.7。这里K为阴极，C为阳极，K和C之间的电压可由滑线变阻器调节，其电流由电流表A测量，而紫外光可经石英窗口照射阴极K。在这一实验中，可测量的物理量有电压 V、电流 I、紫外光的光强 Φ 和频率 ν，相应的结果示于图2.1.8中。图2.1.8(a)给出了实验光强和频率不变情况下的光电流随电压的变化关系。可以看出，当电压大于一定数值后，光电流达到饱和值 I_m，不随电压的增加而增加，说明从阴极逸出的光电子全部达到了阳极C。除此之外，还发现存在一个截止电压 V_g，也即当阴极和阳极间的反向电压达到 V_g 时，光电子的动能不足以克服反向电压导致的势垒，被反弹回来，而达不到阳极C。这说明光电子存在一个最大的动能。至于说光电流随电压的上升段，很好理解，这是因为光电子的发射有一个角分布，随着电场的增加，光电子的收集角度也在增加，直至所有角度发射的光电子都被收集，从而达到饱和。进一步的实验是固定频率改变光强和固定光强改变

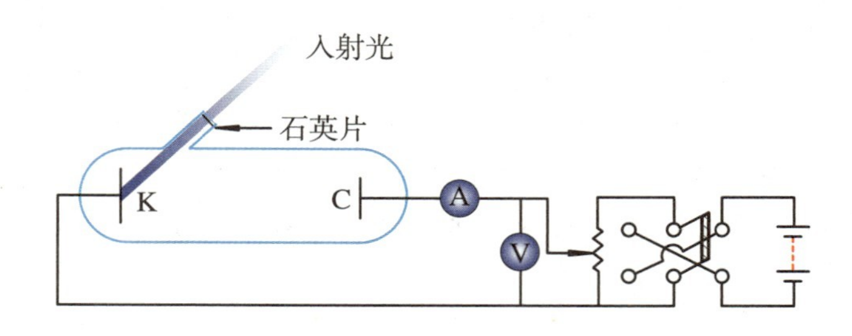

图2.1.7 光电效应测量装置示意图

频率，分别示于图 2.1.8(b)和 2.1.8(c)中。由图 2.1.8(b)和(c)可知，截止电压与光强无关，只由入射光的频率决定，且光的频率越高，截止电压越大，即 $V_{g1}>V_{g2}>V_{g3}$。至于说饱和光电流，完全由光强决定，与频率无关。

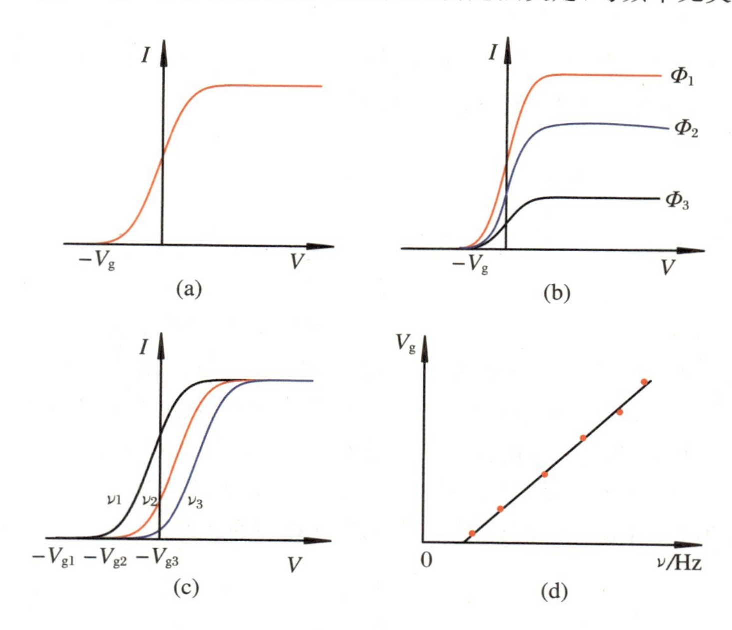

图 2.1.8　光电效应的实验结果

(a) 入射光频率和光强固定；

(b) 入射光频率固定，改变光强；

(c) 光强固定，改变频率 $\nu_1>\nu_2>\nu_3$；

(d) 截止电压对频率的依赖关系

思考题：找出一个简单的方法，能够调节光的强度而不改变光的频率。

根据经典电磁理论，当光照射阴极时，光波的电场矢量 $\vec{E}$ 迫使阴极材料中的电子做受迫振动，并累积能量。当电子获得了一定能量后，可挣脱材料的束缚而逸出。光强正比于 $|\vec{E}|^2$，因此电子的动能应该随光强的增大而增加。相应地，截止电压应随光强的增大而增加，这一经典理论的预言与图 2.1.8(b)的实验结果相矛盾。除此之外，根据经典电动力学，电子做受迫振动到累积到足够的能量，这需要时间(1 秒甚至几十分钟)，但实验中光电流和光照之间在测量的精度范围内($<10^{-9}$ s)无延时，这也无法解释。因此，在解释光电效应时，经典理论遇到了无法克服的困难。

1905 年，爱因斯坦(图 2.1.9)受普朗克谐振子能量量子化的启发，提出了“光量子”(后称为光子，photon)的概念。在光与物质的相互作用过程中，光能量集中在一些叫作光子的粒子上，光子所携带的能量为

$$E = h\nu \tag{2.1.13}$$

其中 h 为普朗克常数，ν 为光的频率。考虑到能量守恒，在光电效应中，应有

$$h\nu = \frac{1}{2}mv^2 + W \tag{2.1.14}$$

图 2.1.9　爱因斯坦(Albert Einstein，1879 - 1955)

这就是著名的爱因斯坦光电方程。$\frac{1}{2}mv^2$ 是光电子的动能，W 为材料的脱出功，它完全由材料的性质决定。脱出功其实也就是材料中电子的束缚能，或叫作电离能。氢原子的束缚能是 13.6 eV。

根据爱因斯坦光电方程，可以对光电效应实验给出完美的解释：① 材料脱出功为常数，因此电子的动能完全由频率决定：

$$\frac{1}{2}mv^2 = h\nu - W = eV_g \tag{2.1.15}$$

由此解释了图 2.1.8(a)中截止电压的存在。由于电子的动能永远为正值，当 $h\nu < W$ 时，无论光强多大，都不会有光电流产生。② 光的强度由光子的数目决定。因此，光强越大，入射的光子数目越多，出来的光电子数目也越多，饱和电流也越大。但只要光子频率不变，光电子动能就不会变化，截止电压也不变。这也就解释了图 2.1.8(b)的实验结果。③ 当光子频率发生变化时，只要光强不变，则光子数目也不变，饱和电流也不会变化，此时只有随频率而变化的截止电压，这就解释了图 2.1.8(c)的实验结果。④ 电子吸收一个光子后，马上就会有光电子的发射，因此也无时间延迟。⑤ 根据光电方程，有

$$V_g = \frac{h}{e}\nu - \frac{W}{e} \tag{2.1.16}$$

其中 W/e 为常数。因此，实验上只要测出了 V_g 对 ν 的依赖关系，就可以确定普朗克常数和电子电荷的比值。这也提供了一个独立于黑体辐射方法测定普朗克常数的实验方法。可由完全不同的实验方法确定一个常数，也正说明了普朗克常数的普适性。

1914 年，密立根测出了 V_g 对 ν 依赖关系的实验曲线，如图 2.1.8(d)所示，它是一条斜线，其斜率就是 h/e。当时密立根测出的斜率为 3.9×10^{-15} V·s，根据其油滴实验所测的电子电荷值，密立根得到的 h 值为 6.2×10^{-34} J·s，现在精确确定的 h 为 $6.626070040(81)\times10^{-34}$ J·s。

爱因斯坦解释光电效应的核心是把光当作粒子，光子的能量已由式(2.1.13)给出。光子既然有能量，它以光速运动，也必然有动量，其动量值为

$$p = \frac{h\nu}{c} \tag{2.1.17}$$

光子具有动量的事实已由光压实验证实。

思考题：在紫外光的持续照射下，真空中绝缘隔离的金属球会不会持续地发射光电子？

光电效应的发现还提供了一种物质分析测试的新手段，这就是光电子能谱，其理论依据就是爱因斯坦的光电方程。材料的电离能就像人类的指纹一

样，每一种材料都有其独具的电离能，不同于其他任何材料。因此，只要用单色光入射，测出光电子的动能，就可确定其电离能。通过对照标准数据库，就可确定材料的种类。近年来，随着同步辐射光源和光子、电子能量分析器的快速进步，光电子能谱已经成为人类探索材料物理化学性质的强有力的实验工具。塞格班也因发展了光电子能谱技术而荣获了1981年的诺贝尔物理学奖。

2.1.3 康普顿效应

图2.1.10 康普顿(A. H. Compton，1892—1962)，美国

1912年，人们已经证实X射线是一种电磁波，对其波动性已经没有疑问(关于X射线的产生及其特性的详细介绍见第3章)。1923年，康普顿(图2.1.10)在研究X射线与物质的散射时，发现了X射线粒子性的一面，这就是著名的康普顿效应。康普顿散射实验告诉我们，完全可以把X射线当成具有一定能量和动量的经典粒子，为光的粒子性提供了强有力的实验支持。需要说明的是，当时在康普顿实验室读研究生的我国物理学家吴有训，在康普顿散射实验工作中做出了极大的贡献。吴有训先生漂亮的实验结果，是康普顿效应很快被广泛接受的重要推动力。

康普顿散射实验所用装置如图2.1.11所示。从X光管出来的X射线，经过光阑 D_1、D_2 准直后，入射到散射物质上。散射到 θ 角的X射线，经由晶体分析器按不同波长在空间散开，通过测量其空间分布就可确定X光的波长。晶体和探测器可以围绕散射物质转动，因此可以分析不同散射角下X射线的波长分布，具体测量结果示于图2.1.12中。

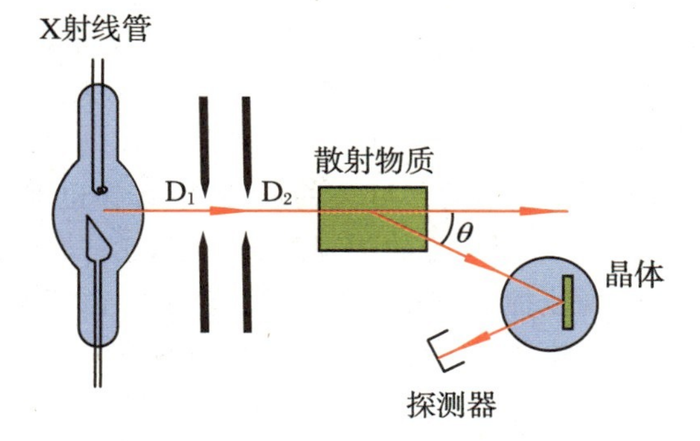

图2.1.11 康普顿散射的实验装置示意图

康普顿散射的实验结果总结如下：① 在X光的散射谱中，除了有波长不变的成分 λ_0 外，还有波长变长的成分 λ'，二者的波长差 $\Delta\lambda$ 只与散射角度 θ 有关；② $\Delta\lambda$ 与入射X光的波长无关；③ $\Delta\lambda$ 与散射物的种类无关。

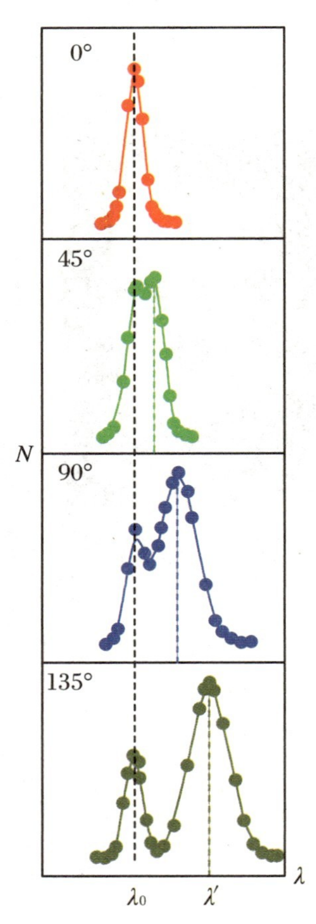

图 2.1.12 康普顿散射的实验结果

康普顿散射的实验结果从经典物理的角度来看，是无法理解的，这给当时的康普顿带来了极大困惑。经典电动力学认为，在 X 光散射过程中，靶中的电子在外来电磁场的作用下做受迫振动，其振动频率和入射 X 光相同。受迫振动的电子又向外辐射电磁波，但是辐射电磁波的频率应该与入射 X 光相同，因此无法解释波长变长的成分。另外，由于散射光的波长与靶材料无关，也不可能是靶吸收 X 光后再发出的荧光。经典理论在解释康普顿散射过程中遇到的困难，在康普顿引入了光的粒子性后就迎刃而解了。

康普顿为了解释他的实验结果，把入射的 X 光完全当成一个经典的粒子来看，认为它具有特定的能量 $h\nu_0$ 和动量 $h\nu_0/c$。除此之外，他还认为X 光的散射是入射光子与靶材料中电子之间的散射，并假设电子在碰撞前是自由且静止不动的。在这一散射过程中，能量、动量守恒，具体的散射图像如图 2.1.13 所示。根据康普顿提出的物理图像，我们很容易列出散射过程中的能、动量守恒方程：

$$\begin{cases} h\nu_0 + m_e c^2 = h\nu' + \dfrac{m_e c^2}{\sqrt{1 - v^2/c^2}} \\ \dfrac{h}{\lambda_0} = \dfrac{h}{\lambda'}\cos\theta + \dfrac{m_e v}{\sqrt{1 - v^2/c^2}}\cos\varphi \\ 0 = \dfrac{h}{\lambda'}\sin\theta - \dfrac{m_e v}{\sqrt{1 - v^2/c^2}}\sin\varphi \end{cases} \tag{2.1.18}$$

在这一方程中，采用了相对论的形式。这里 $h\nu'$、m_e、v 和 φ 分别为散射光子的能量、电子的静止质量、反冲速度和反冲角度。上述方程组的求解是极其简单的，很容易可以推出

$$\Delta\lambda = \lambda' - \lambda_0 = \frac{h}{m_e c}(1 - \cos\theta) \tag{2.1.19}$$

公式(2.1.19)的右边除了物理常数以外，只有角度一个变量，这与实验观测到的波长差只与角度有关、而与入射 X 射线波长及散射物无关的现象相符。因此康普顿的散射理论非常完美地解释了实验，而且定量计算结果与实验观测值也吻合得非常好，康普顿散射理论取得了巨大的成功，康普顿也因此荣获 1927 年的诺贝尔物理学奖。康普顿散射理论的物理意义在于，它非常直观地证实了光的粒子性，而且证明在微观碰撞过程中能量守恒、动量守恒依然成立。需要指出的是，德拜在差不多同时独立于康普顿提出了相同的理论。

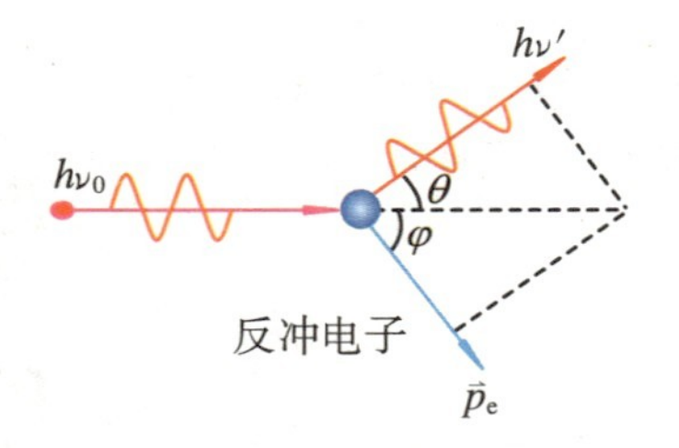

图 2.1.13 康普顿散射的原理示意图

思考题：为什么康普顿散射过程中会出现波长不变的成分？它是入射 X 光与什么散射的结果？试通过简单计算回答。

现在回过头来考察康普顿在公式推导前所做的假设：碰撞前电子是自由且静止的。实际上，电子在靶材料中是束缚的，并不自由，且它始终在运动，不可能静止。例如由氢原子可知，其束缚能是 13.6 eV。但是康普顿所做假设是合

理的，否则也不可能完美解释实验结果。这是因为，X 射线的能量很高，在 keV 量级，比靶材料中电子的束缚能（eV 量级）大了三个数量级，因此假设靶材料中电子是自由和静止的是一个很好的近似。

当然，既然靶材料中电子是运动的，其运动特性必然在康普顿散射中体现出来。实际上，在康普顿效应发现后，人们很快就认识到，康普顿散射中波长变长成分的峰比较弥散，散射峰变宽的原因就在于靶材料中电子的动量分布，这就是著名的康普顿轮廓。反过来，由实验测得的康普顿轮廓可以反推靶材料的结构信息，所以康普顿散射技术目前已成为了一种常规的材料分析测试手段。

由 1.6 节的弗兰克-赫兹实验，我们知道电子在与原子碰撞时会传递能量给靶原子，把靶原子从基态激发至激发态。由于原子的能级是量子化的，所以会看到一系列的分立峰结构（见图 1.6.5）。我们可以设想，因为 X 射线也是一种粒子，与电子类似，它与原子分子碰撞也肯定能把原子从基态激发至激发态，也肯定有分立峰结构。X 射线碰撞激发与康普顿效应并不相同，因为 X 射线碰撞激发过程中靶的末态仍为中性原子，而康普顿效应的靶末态对应于电离态。康普顿当时没有测量到 X 射线碰撞激发这一现象，只不过是因为在当时受到实验技术的限制：能量分辨率不够高，散射截面也太小（见例 1.3.2）。最近，著者与合作者一起，完成了这一工作[①②]。我们利用国际上最先进的同步辐射之一——SPring-8，在极高的能量分辨条件下，测量了氦原子的 X 射线散射谱（其装置图见图 2.1.14），并与中国科学技术大学的电子能量损失谱仪测量的能量损失谱做了对照，二者一起示于图 2.1.15。从图 2.1.15 可以看出，两种完全不同的实

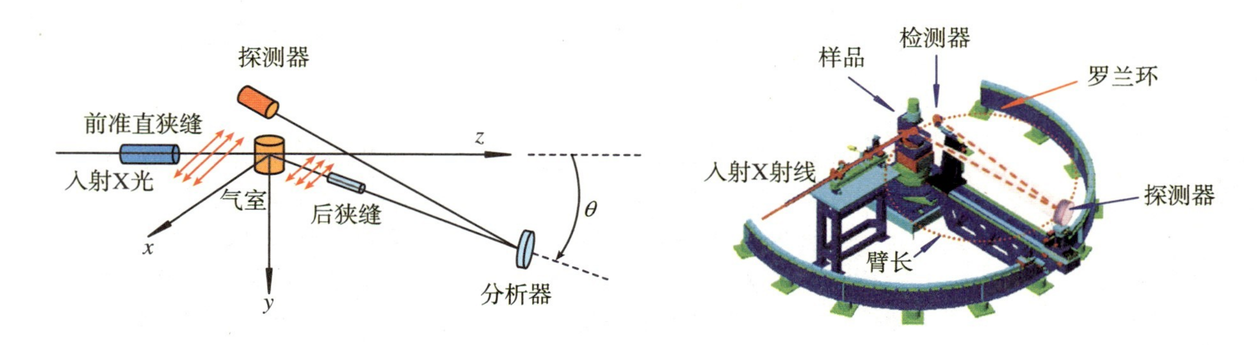

图 2.1.14 非弹性 X 射线散射的实验原理及装置示意图

① Zhu L F, Wang L S, Xie B P, et al. Inelastic x-ray scattering study on single excitations of helium [J]. J. Phys. B: At. Mol. Opt. Phys., 2011, 44(2): 025203.

② Xie B P, Zhu L F, Yang K, et al. Inelastic x-ray scattering study of the state-resolved differential cross section of Compton excitations in helium atoms[J]. Phys. Rev. A 2010, 82(3): 032501.

验技术给出了相同的谱图，也即观测到了完全相同的跃迁，而且跃迁的相对强度也完美地一致。这也是光具有粒子性的另一证据。当然，这一技术的潜在应用在于探测原子激发态的结构信息。

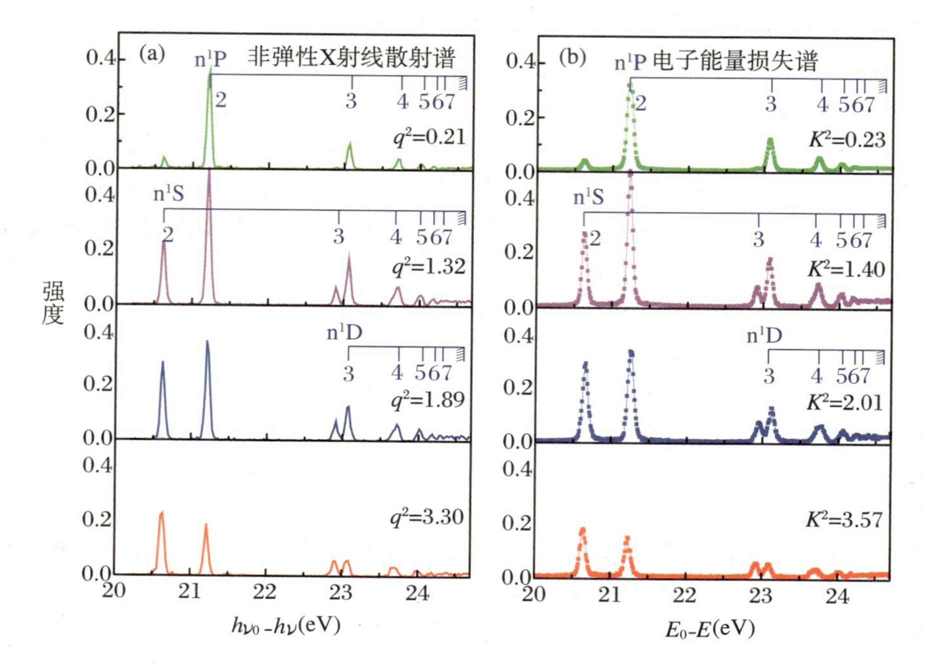

图 2.1.15 氦原子的非弹性 X 射线散射谱(a)和电子能量损失谱(b)

X 射线散射的实验条件为：入射 X 光能量 10 keV，能量分辨 70 meV。电子散射的实验条件为：入射电子能量 2.5 keV，能量分辨 80 meV。图中 q^2 和 K^2 分别指两种散射实验中的动量转移平方，都是取的原子单位。$h\nu_0$ 和 $h\nu$ 分别指入射 X 射线和散射 X 射线的能量，二者之差为氦原子的激发能。E_0 和 E 分别指入射电子和散射电子的能量

2.1.4 光的波粒二象性——单光子的双缝干涉实验

光的干涉、衍射和偏振实验揭示了光的波动性，而黑体辐射、光电效应、康普顿效应则揭示了光的粒子性。综合考虑这些实验，我们不得不承认，光既有波动性的一面，也有粒子性的一面。因此，光同时具有波动和粒子的双重性质，这称为光的波粒二象性(wave-particle duality)。波粒二象性是同一客观物质——光在不同场合下表现出来的两种性质，这两种性质同样真实。光在空间传播时，主要表现出波动性；而光与物质相互作用时，又表现出粒子性。

根据爱因斯坦的光量子理论，频率为 ν 的光子具有的能量 E 和动量 p 分别为

$$\begin{cases} E = h\nu \\ p = \dfrac{h\nu}{c} = \dfrac{h}{\lambda} \end{cases} \tag{2.1.20}$$

式(2.1.20)中等号左边表示的是光的粒子性,用粒子的能量 E 和动量 p 描述。等号右边表示的是光的波动性,用波的频率 ν 和波长 λ 表示。光的波动性和粒子性通过普朗克常数联系起来。

光的波粒二象性是以前经典物理所没有的,是物理发展到一定阶段所揭示出来的新的物理规律。那么,人们自然要问,光的波动性和粒子性,哪一个更基本?为了回答这一问题,让我们来做一个双缝干涉的实验,其装置示意图见图2.1.16。如果我们把光子当作经典粒子,会发生什么呢?如果挡住狭缝 b,只开狭缝 a,可以得到光子通过狭缝 a 的衍射图像 1。类似地,挡住狭缝 a,只开狭缝 b,可以得到光子通过狭缝 b 的衍射图像 2。我们可以设想,当光子通过狭缝 a 的时候,狭缝 b 是开着还是关着,对它没有任何影响。同理,狭缝 a 的开关与否,应该对光子通过狭缝 b 没有任何影响。因此,两个狭缝同时打开,我们预期可以观测到的曲线应是曲线 1 和曲线 2 的和,如曲线 3 所示。但是实际情况是,如果同时开着狭缝 a 和 b,我们必然得到典型的双缝干涉图样 4。上述分析预期和实际观测结果的不符,揭示出光子不是传统意义上的经典粒子。

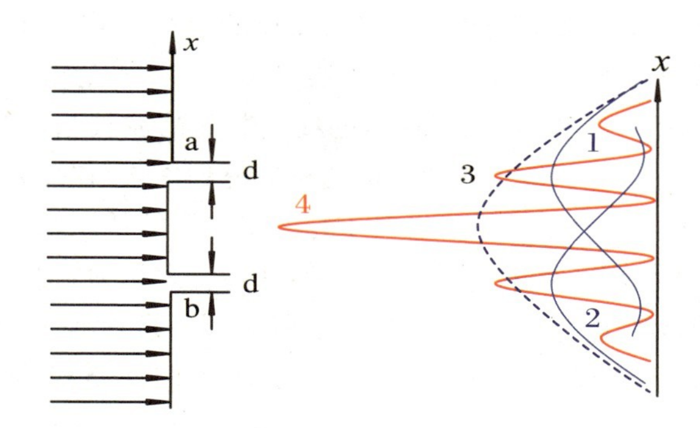

图 2.1.16 双缝干涉实验示意图

那么,是不是光子之间的集体效应导致的干涉条纹呢?我们对上述实验做一改进,也即用很弱的光源,弱到光子是一个一个过来的,例如平均每秒钟来一个光子。考虑光子以光速运动,我们可以肯定,当一个光子通过狭缝的时候,不会有别的光子干扰。这样是否会出现上述曲线 3 的图样呢?历史上确实有人做了这一实验,实验结果显示,只要曝光的时间足够长,我们将看到与短时间大量光子通过时完全相同的、完美的干涉条纹 4。这与把光子当成经典粒子的预期完全不符,好像光子在通过狭缝 a 时知道狭缝 b 是开着的一样!因为经典意义上产生干涉条纹的条件必须是同时通过狭缝 a 和狭缝 b 的波的相干叠加。这一实验一方面说明单光子也具有波动性,另一方面也说明光波与经典波完全不同。一次通过大量光子,或者是一次通过一个光子,但累积有大量光子通过,都会表现出典型的波动图像。

上述这些实验告诉我们,无论是波动性,还是粒子性,都是光子本身的内禀属性,只不过有的实验光表现出它粒子性的一面,有的实验它表现出其波动性的一面。光的波动性和粒子性,就像一元硬币的两面,有时我们看到它数字的一面，有时我们看到它菊花的一面。但是，当我们看到它菊花的一面时，并不意味着它数字的一面不存在，只不过它隐藏在我们的视线之外而已。当我们描述硬币时，只有而且必须同时描绘其数字的一面和菊花的一面，才能给出硬币一个完整的、符合其真实情况的描述。对光子也一样，只有而且必须同时描述它的波动性和粒子性，才能反映出光子的真实而完整的特性。只不过由于我们过去的习惯性思维，或者说我们语言描述手段的匮乏，使得共存的、光的波粒两种特性让初学者难以理解和接受而已。因此，我们说光既具有波动性，也具有粒子性，也即光具有波粒二象性。

2.2 实物粒子的波粒二象性

回顾一下人类对光的认识历史是非常有意思的。在人类观测手段比较落后、可见光的波长远小于人类观测仪器(例如人眼)的尺寸时，光的微粒说占有统治地位。随着人类实验技术的进步，观测仪器的线度与光的波长相当时，干涉、衍射、偏振等实验终于确立了光的波动学说。而随着研究的深入，在探索光与物质的相互作用时，又发现光具有粒子性。所以对于光及其本质的认识跟我们的观测手段紧密相关。那么，我们现在再来考察实物粒子，在传统上认为它们是粒子，例如电子、质子、α 粒子、原子、分子等。无论是汤姆孙(J. J. Thomson)发现电子的实验，还是卢瑟福的 α 粒子散射实验，这些粒子表现出的性质都是经典粒子所具有的性质。但是我们可以与光类比一下，有没有这样一种可能性，正是我们能够分辨的空间尺度与这些粒子的波长相比太大了，所以我们没有观测到它们的波动性呢？答案是肯定的，粒子的波动性是由德布罗意首先提出的，并经由戴维森-革末和汤姆孙(G. P. Thomson)的衍射实验所证实。也正是在对粒子和光的波粒二象性理解的基础上，诞生了 20 世纪最伟大的理论之一——量子力学。

图 2.2.1 德布罗意(Louis de Broglie，1892—1987)，法国

2.2.1 德布罗意波

法国物理学家路易斯·德布罗意(图 2.2.1)出身于贵族家庭，大学学习的是历史。后来他受到哥哥(莫里斯·德布罗意，研究 X 射线的专家)的影响，对物理学产生了浓厚的兴趣。莫里斯是 1911 年第一届索尔维会议的秘书，负责整理文件。而这次会议的主题是辐射和量子论。德布罗意也阅读了这些会议文件，

并很受启发。在深入思考人类认识光的本质的历史后，类比光的波粒二象性，德布罗意于1923年提出实物粒子除了具有人们熟知的粒子性以外，也具有波动性，即实物粒子也具有波粒二象性。[①]

与对光的描述类似，德布罗意提出具有动量 p 和能量 E 的粒子的波长和频率为

$$\begin{cases} \lambda = \dfrac{h}{p} = \dfrac{h}{mv}\sqrt{1-\beta^2} \\ \nu = \dfrac{E}{h} \end{cases} \tag{2.2.1}$$

这里 m 为粒子的静止质量，v 为其速度，$\beta = v/c$。如果是非相对论情况，$\beta \approx 0$。这种波被称为德布罗意波或者物质波（matter wave）。当然，物质波并不对应任何三维空间的真实波动，只是粒子行为的一种描述。

【例 2.2.1】（1）若电子的动能是 54 eV，试计算其德布罗意波长；（2）如果一粒灰尘的质量为 1 mg，其速度是 1 mm/s，试计算其德布罗意波长。

【解】（1）依题意，由于电子动能远小于其静止质量，采用非相对论近似，其电子的德布罗意波长为

$$\lambda = \frac{h}{p} = \frac{h}{\sqrt{2mT}} = \frac{hc}{\sqrt{2mc^2T}} = \frac{1239.8\ \text{eV}\cdot\text{nm}}{\sqrt{2\times 511\ \text{keV}\times 54\ \text{eV}}} = 0.167\ \text{nm}$$

（2）应用非相对论公式，可以算出灰尘的德布罗意波长为

$$\lambda = \frac{h}{p} = \frac{6.6\times 10^{-34}\ \text{J}\cdot\text{s}}{10^{-6}\ \text{kg}\times 10^{-3}\ \text{m/s}} = 6.6\times 10^{-25}\ \text{m}$$

对于如此小且运动速度如此慢的灰尘，其德布罗意波长都是如此之小，因此在宏观世界中，我们完全不必计及物质波的影响。

德布罗意关于粒子波动性的假说无疑是大胆而新颖的，突破了人们对粒子的固有认识，当时也无实验的证据来证实它。因此，在他题为《量子理论的研究》博士论文答辩会上，答辩委员会主席佩林就问他："这些波怎样用实验来证明？"德布罗意回答说："用晶体对电子的衍射实验是可以做到的。"[①]

请读者思考：

（1）德布罗意为什么提出用电子做晶体的衍射实验而不是其他粒子，例如 α 粒子？

（2）在汤姆孙发现电子的实验中，为什么电子只表现出粒子性，而没有观测到波动性？

---

① 郭奕玲，沈慧君．物理学史[M]．北京：清华大学出版社，2005．

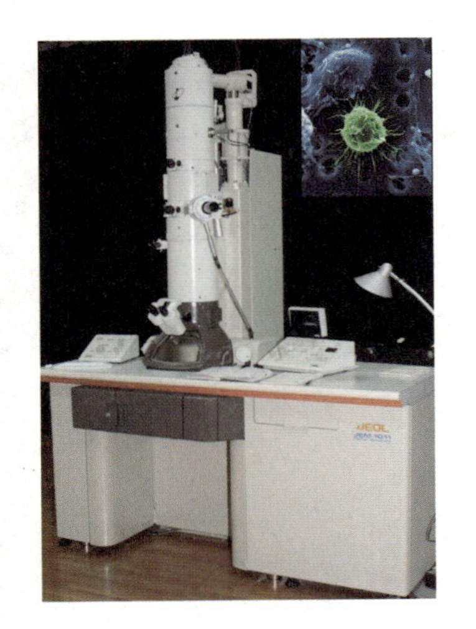

图 2.2.2　电子显微镜，右上角的小图是电子显微镜拍摄的骨髓细胞的照片

由于德布罗意的哥哥莫里斯·德布罗意就是 X 射线衍射方面的专家，因此他首先向他哥哥的同事道维耶提出做这个实验。但后者用阴极射线管试了一试，没有成功，就放弃了。这也说明道维耶对其理论并不是十分认可，或者对德布罗意的物质波假说的重要性认识不够，所以并没有当成一个重要课题研究下去。道维耶的想法恐怕代表了当时物理学界的普遍看法，所幸德布罗意遇到了一个很好的导师——朗之万。朗之万对德布罗意的想法是支持的，并在德布罗意答辩后把他的论文寄了一份给爱因斯坦。爱因斯坦没有想到自己创立的有关光的波粒二象性的观点竟然能够推广到运动粒子，因此看到德布罗意的工作后十分高兴，并马上在他的论文中引用并介绍了德布罗意的工作。由于爱因斯坦巨大的声望，德布罗意的工作引起了大家的注意，而这也直接促成了量子力学的建立。

《光学》中已经阐述过，仪器的分辨本领由衍射极限决定，$\delta\theta_m \approx 1.22\lambda/D$。这里 $\delta\theta_m$ 为两像斑中心的角距离，λ 为所用光的波长，D 为物镜的直径。为了提高光学仪器的分辨率，加大物镜直径是一种方法。而另一种方法就是减小入射光的波长。由于电子的德布罗意波长可以达到 10^{-10} m，因此利用电子束作为"光"的显微镜叫电子显微镜，它可以实现单原子分辨，目前也是一种常规的分析测试手段。图 2.2.2 给出了一台电子显微镜的实物照片，并在右上角的小图给出了该电子显微镜拍摄的骨髓细胞的照片。鲁斯卡(E. Ruska)因研制出电子显微镜而荣获 1986 年的诺贝尔物理学奖。

2.2.2　德布罗意波的实验验证

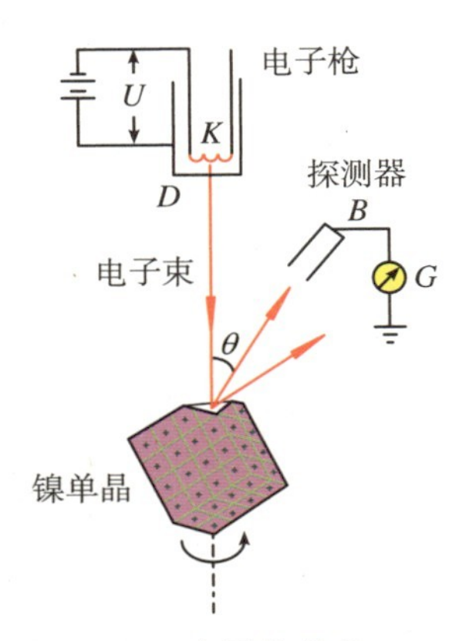

图 2.2.3　电子的晶体衍射实验示意图

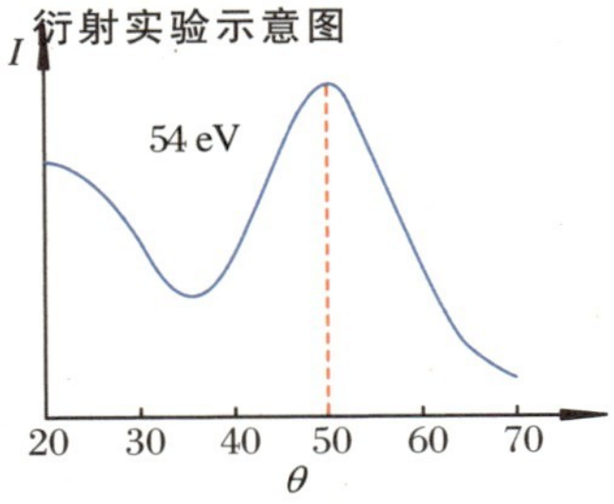

正如德布罗意所建议的，物质波的实验证实是通过电子的晶体衍射实验完成的。1925 年，美国的实验物理学家戴维森完成了电子在镍单晶上的散射实验，观测到在一些特殊的角度上散射有极大值。对于这一实验结果，当时戴维森感到十分困惑，无法给出满意的理论解释。1926 年，戴维森参加了在英国举行的学术会议，其实验结果引起了人们的关注，认为其实验可能是物质波存在的证据。也是在这次会议上，戴维森首次了解了德布罗意的工作。因此，当戴维森回到美国后，他和合作者革末一起，精心设计了实验方案，完成了电子衍射实验，其实验结果与德布罗意的理论预言一致，从而证实了德布罗意的物质波假说。戴维森也因此荣获了 1937 年的诺贝尔物理学奖。

I
54 eV
20 30 40 50 60 70
θ

图 2.2.4　电子的晶体衍射实验结果

戴维森所做电子衍射实验的装置原理如图 2.2.3 所示。从电子枪出来的电子束经准直、加速后，垂直入射到镍单晶的(111)面上，随后测量电子电流对角度 θ 和加速电压的依赖关系。戴维森和革末测量到，在入射电子动能为 54 eV 时，在散射角 50°电流有一个极大值，如图 2.2.4 所示。根据德布罗意的物

质波假设，由例2.2.1可知，具有54 eV动能的电子的德布罗意波长为0.167 nm。而由图2.2.5可知，满足衍射极大的条件为光程差$d\sin\theta = n\lambda$。如果取一阶衍射极大$n = 1$，则对应的衍射极大角度为$\theta = 50^\circ$。实验与理论的完美重合，支持了德布罗意的物质波假说。

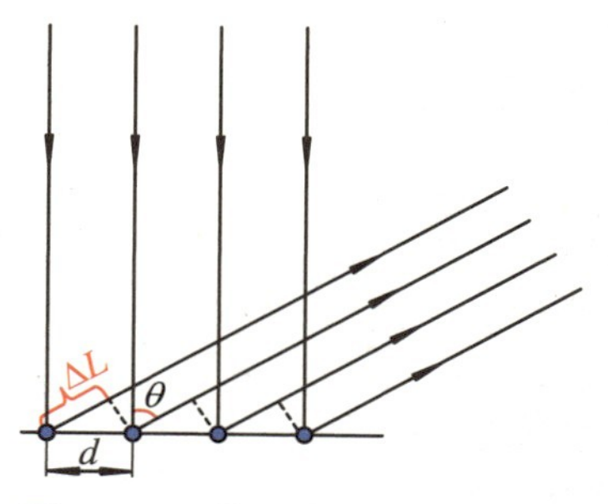

图 2.2.5 戴维森-革末的电子晶体衍射实验原理示意图

需要指明的是，常用的衍射实验（例如X射线衍射与中子衍射）的几何安排与图2.2.5不同，而是如图2.2.6的斜入射形式，相应的衍射极大所遵循的公式变为

$$2d\sin\theta = n\lambda \tag{2.2.2}$$

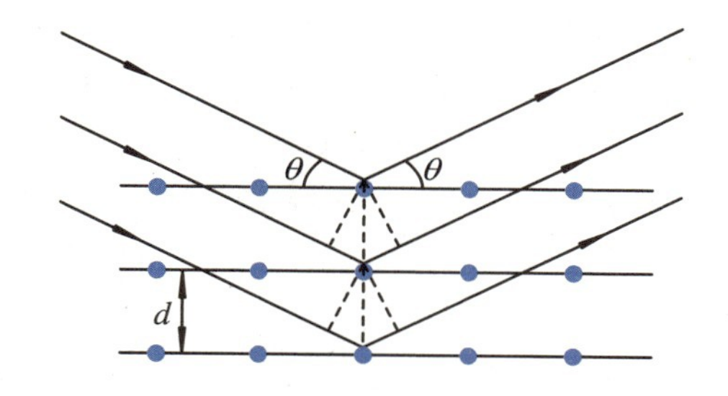

图 2.2.6 常规中子晶体衍射实验的原理图

也是在1927年，汤姆孙（G. P. Thomson）用一束高能电子束（10～40 keV），直接穿透多晶金属箔，在箔后面用照相底片拍摄衍射花纹，其实验观测到漂亮的同心圆环图像，如图2.2.7所示。作为对照，图2.2.7中也给出了X射线的衍射照片。由于当时人们已经对X射线的同心圆环衍射图像（也即德拜相）十分熟悉，因此汤姆孙的实验结果马上就被作为证实德布罗意波的实验证据之一。汤姆孙也因此与戴维森分享了1937年的诺贝尔物理学奖。

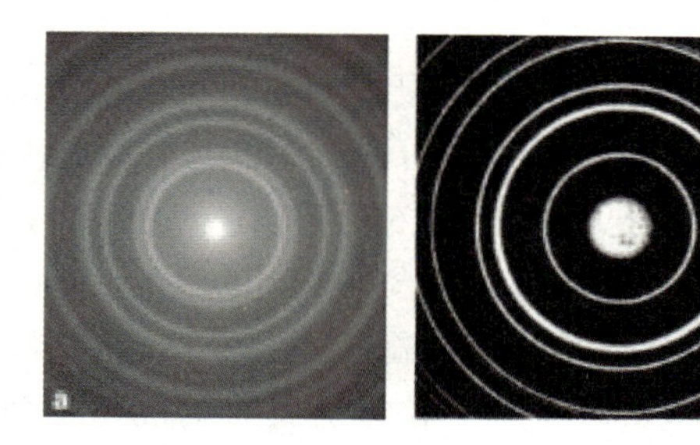

图 2.2.7 多晶金的衍射图片，左边为高能电子衍射图片，右边为X射线衍射图片

电子的波动性为我们提供了一种新的物质结构分析测试手段。类似于戴维森-革末实验建立的电子衍射装置叫低能电子衍射仪（Low Energy Electron Diffraction，LEED），它对材料表面的结构和物性十分灵敏，已经成为常用的表面分析设备。而类似于G. P. Thomson所用的实验装置叫高能电子衍射仪（High Energy Electron Diffraction，HEED），是研究薄膜的结构和物性的常用装备。

2.2.3 单电子的波粒二象性

虽然电子的衍射实验证实了实物粒子的波动性，但是证实波动性的最典型实验还是双缝干涉实验。由于电子的德布罗意波长极短，其双缝干涉实验是非常困难的，真正意义上的电子双缝干涉实验迟至 1961 年才做出来。更基本的双缝干涉实验是单电子的双缝干涉实验。所谓单电子的双缝干涉实验，与单光子双缝干涉实验类似，用非常弱的电子束，弱到电子是一个一个过来的，例如平均几秒钟来一个电子。这样，我们可以肯定，当一个电子通过狭缝的时候，不会有别的电子的干扰。单电子的双缝干涉实验于 1989 年由日本的科学家做出来，如图 2.2.8 所示。实验结果显示，当荧光屏上累计的电子数目不多时，我们在屏幕上看到一个一个杂乱无章的点(图 2.2.8 的(a)和(b))，而这正是电子粒子性的表现：电子的能量不会弥散。但此时没有波动性的体现，也即没有看到干涉条纹。如果累积的时间足够长，电子数目足够多，我们将看到干涉条纹越来越清晰，直至看到完美的干涉条纹(图 2.2.8 的(c)、(d)和(e))。由于电子数目足够多，我们无法区分每一个电子，此时电子的粒子特性开始丢失，但是代表波动性的干涉条纹非常清晰。这一实验告诉我们，电子同时具有粒子和波动特性，但是体现粒子性的时候，波动性观测不到，而体现波动性的时候，粒子性就观测不到。

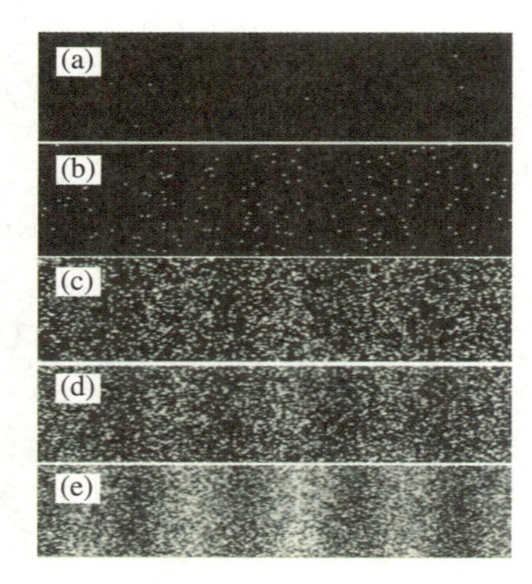

图 2.2.8 单电子的双缝干涉图片
(a) 10 个电子；(b) 100 个电子；(c) 3000个电子；(d) 20000 个电子；(e) 70000 个电子

单电子的双缝干涉实验揭示出了深刻的物理内涵。直到今天，在 10^{-18} m 尺度下，还没有发现电子有结构，电子也不可分裂。如前所述，产生干涉的条件必须是通过狭缝 1 和狭缝 2 的波的相干叠加。如此小的电子，显然不可能同时通过狭缝 1 和狭缝 2。按理说狭缝 2 的开关与否对电子通过狭缝 1 应该没有影响，反之亦然。这样预期的图样类似于图 2.1.16 中的曲线 3，而不是干涉条纹。既然观测到了干涉图样，说明单个电子必然有波的性质，那么如何理解单电子的这一波动性呢？又如何理解单电子的粒子性呢？

无论单光子、单电子的双缝干涉实验，还是光电效应、康普顿散射，都揭示出微观粒子具有颗粒性，也即单个微观粒子所具有的能量不随时间和空间的变化而弥散。与此同时，光电效应和康普顿散射也证实在微观世界中能、动量守恒。因此，微观粒子的粒子性指的是其颗粒性，以及经典力学量之间的关系式在微观世界中仍旧成立。微观粒子的波动性对应的是波的相干叠加性，当然这里所说的波不是经典的波，不对应任何三维空间中的真实波动。其实我们思考一下单电子的双缝干涉，只不过在干涉条纹极大处对应电子的出现概率最大，而干涉条纹极小处电子的出现概率最小而已。因此，微观粒子的波动性指的是概率波，我们将在 2.4 节详细讨论它。而且，从单电子的双缝干涉实验，我们只知道电子从电子源到荧光屏，经过双缝形成了干涉图样，但是电子到底通过哪

个狭缝，我们并没有去观测。实际上，如果设计一个实验，能够观测电子到底从哪一个狭缝通过，我们将观测到两个衍射图样的叠加，如图 2.1.16 中所示曲线 3，而不是干涉图样。因此，经典力学中关于电子轨道的概念必须摒弃，这也是波粒二象性中粒子性与经典不同的地方。

需要指明的是，不仅基本粒子例如电子、光子具有波粒二象性，复合粒子例如原子、分子、团簇甚至宏观物体，都具有波粒二象性。人们后来从实验上先后证实了氦原子、氢分子等原子分子具有波粒二象性，最新的实验是证实了 C_{60} 分子的波粒二象性。至于宏观物体，只不过其德布罗意波长太小，我们无法观测到而已，如例 2.2.1 所示。

2.3 波函数和薛定谔方程

德布罗意提出的实物粒子的波粒二象性，打破了人们的常规思维，受到了当时科学界的普遍关注，其中就包括时任苏黎世大学教授的奥地利物理学家薛定谔(图 2.3.1)。一个广泛流传的故事说，在苏黎世大学和苏黎世理工学院定期召开的联合讨论会上，薛定谔做了关于德布罗意波粒二象性的报告。在报告会上，主持人德拜指出，研究波动就应该先建立波动方程。薛定谔在讨论会后，着手建立物质波的波动方程，几个星期后取得了成功，这就是鼎鼎大名的薛定谔方程。在介绍薛定谔方程之前，我们先引入描述波动的波函数。

图 2.3.1 薛定谔(Erwin Schrödinger，1887—1961)，奥地利

2.3.1 波函数的引入

在考察微观粒子的波动性之前，我们先回忆一下经典波动的理论描述。力学知识告诉我们，对于一列机械波，我们用一个三角函数来描述它：

$$y(\vec{r},t)=y_0\cos(\omega t-\vec{k}\cdot\vec{r}) \tag{2.3.1}$$

这里 y_0、ω 和 $\vec{k}$ 分别是该机械波的振幅、圆频率和波矢。同样，在《电磁学》①和《光学》里，我们也用三角函数来描述平面电磁波：

$$E(\vec{r},t)=E_0\cos(\omega t-\vec{k}\cdot\vec{r}) \tag{2.3.2}$$

---

① 《交叉学科基础物理教程》丛书中的《电磁学》。

只不过这里 E_0、ω 和 $\vec{k}$ 分别是该电磁波的振幅、圆频率和波矢。

完全类似地，我们也可以用一个三角函数来描述自由粒子的物质波：

$$\Psi(\vec{r},t)=\psi_0\cos(\omega t-\vec{k}\cdot\vec{r}) \tag{2.3.3}$$

这里 ψ_0是一常数，$\omega=2\pi\nu=2\pi E/h$ 为圆频率，$\vec{k}=\vec{p}/\hbar$ 为波矢，代表波的传播方向。E 和 $\vec{p}$ 分别为粒子的动能和动量。由于复数运算往往比余弦函数的运算要简捷得多，且它们的运算规律(叠加、微积分)是对应的，因此在以前的课程学习中，往往用复数形式来描述波的运动。在此，我们也引入物质波波函数的复数形式：

$$\Psi(\vec{r},t)=\psi_0 e^{i(\vec{k}\cdot\vec{r}-\omega t)} \tag{2.3.4}$$

当然，波函数也可写为粒子参数的形式：

$$\Psi(\vec{r},t)=\psi_0 e^{\frac{i}{\hbar}(\vec{p}\cdot\vec{r}-Et)} \tag{2.3.5}$$

至此，我们类比地引入了自由粒子的波函数，用它来描述自由粒子的运动状态。需要说明的是，波函数的引入并不是从任何基本原理推导出来的，而是直接引入，是一个假设。

2.3.2 薛定谔方程的建立

对自由粒子波函数(2.3.5)的时间求微商，可得

$$\frac{\partial\Psi(\vec{r},t)}{\partial t}=-\frac{i}{\hbar}E\psi_0 e^{\frac{i}{\hbar}(\vec{p}\cdot\vec{r}-Et)}=-\frac{i}{\hbar}E\Psi(\vec{r},t) \tag{2.3.6}$$

公式(2.3.6)可以写为

$$i\hbar\frac{\partial\Psi(\vec{r},t)}{\partial t}=E\Psi(\vec{r},t) \tag{2.3.7}$$

对自由粒子波函数(2.3.5)的位置求微商，可得

$$\begin{cases}\dfrac{\partial\Psi(\vec{r},t)}{\partial x}=\dfrac{i}{\hbar}p_x\Psi(\vec{r},t)\\[2mm]\dfrac{\partial\Psi(\vec{r},t)}{\partial y}=\dfrac{i}{\hbar}p_y\Psi(\vec{r},t)\\[2mm]\dfrac{\partial\Psi(\vec{r},t)}{\partial z}=\dfrac{i}{\hbar}p_z\Psi(\vec{r},t)\end{cases} \tag{2.3.8}$$

而对位置求两次微商可得

$$\begin{cases} \dfrac{\partial^2 \Psi(\vec{r},t)}{\partial x^2} = -\dfrac{p_x^2}{\hbar^2}\Psi(\vec{r},t) \\ \dfrac{\partial^2 \Psi(\vec{r},t)}{\partial y^2} = -\dfrac{p_y^2}{\hbar^2}\Psi(\vec{r},t) \\ \dfrac{\partial^2 \Psi(\vec{r},t)}{\partial z^2} = -\dfrac{p_z^2}{\hbar^2}\Psi(\vec{r},t) \end{cases} \tag{2.3.9}$$

引入拉普拉斯算符$\nabla^2 = \dfrac{\partial^2}{\partial x^2} + \dfrac{\partial^2}{\partial y^2} + \dfrac{\partial^2}{\partial z^2}$，合并公式(2.3.9)可得

$$\nabla^2 \Psi(\vec{r},t) = -\frac{p^2}{\hbar^2}\Psi(\vec{r},t) \tag{2.3.10}$$

对于非相对论运动的自由粒子，有 $E = \dfrac{p^2}{2m}$。联立公式(2.3.7)和(2.3.10)，可得

$$\mathrm{i}\hbar \frac{\partial \Psi(\vec{r},t)}{\partial t} = -\frac{\hbar^2}{2m}\nabla^2 \Psi(\vec{r},t) \tag{2.3.11}$$

这就是自由粒子的薛定谔方程。

当存在势场时，粒子除了动能外还有势能 $U(\vec{r},t)$，因此其总能量为 $E = \dfrac{p^2}{2m} + U(\vec{r},t)$。此时，相应的具有势场时粒子的薛定谔方程为

$$\mathrm{i}\hbar \frac{\partial \Psi(\vec{r},t)}{\partial t} = \left[-\frac{\hbar^2}{2m}\nabla^2 + U(\vec{r},t)\right]\Psi(\vec{r},t) \tag{2.3.12}$$

薛定谔于 1925 年建立的以他名字命名的方程——薛定谔方程，是量子力学的最基本方程。薛定谔方程描述了一个质量为 m 的粒子在势场中的状态随时间的变化，并反映了微观粒子的运动规律。如果我们给定了在 $t=0$ 时刻粒子的状态 $\Psi(\vec{r},0)$，就可以通过薛定谔方程求解任一 t 时刻粒子的状态 $\Psi(\vec{r},t)$，也即可以通过求解薛定谔方程得到波函数随时间变化的关系。因此，薛定谔方程描述了微观粒子的运动规律。从某种意义上讲，薛定谔方程在量子力学中的地位就等价于牛顿方程在经典力学中的地位。

需要说明的是，薛定谔方程是在波函数假设的基础上，通过分析猜测出来的，而不是从任何基础理论推导出来的。因此，薛定谔方程也是量子力学的基本假设之一，其正确性是由实验来证实的。

几乎与薛定谔同时，海森伯(图 2.3.2)提出了矩阵力学。时隔不久，薛定谔证明矩阵力学和薛定谔方程是等价的，只不过数学表述形式不同而已。海森伯因为提出矩阵力学而荣获 1932 年的诺贝尔物理学奖，薛定谔则因为波动力学的提出而获得 1933 年的诺贝尔物理学奖。由于人们更熟悉偏微分方程这一数

图 2.3.2 海森伯(Werner Heisenberg，1901—1976)，德国

学工具，所以人们更乐于使用薛定谔方程，这也是本教材的做法。

2.3.3 定态薛定谔方程

含时薛定谔方程的求解是极其困难的，时至今日仍旧如此。幸运的是，在原子物理所遇到的大多数情形，微观粒子所处的势场是不随时间变化的，而这可以大大简化问题，相应的薛定谔方程(2.3.12)也可以退化为定态薛定谔方程。以后除非特别指明，我们所遇到的都是定态薛定谔方程。

当微观粒子所处的势场只与位置有关而与时间无关时，其势能项可以写为 $U=U(\vec{r})$。在此情况下，可以用分离变量法把波函数写为空间坐标函数和时间函数的乘积，即

$$\Psi(\vec{r},t)=\psi(\vec{r})f(t) \tag{2.3.13}$$

把式(2.3.13)代入薛定谔方程(2.3.12)并在公式两边除以 $\psi(\vec{r})f(t)$，可得

$$\mathrm{i}\hbar\frac{1}{f(t)}\frac{\partial f(t)}{\partial t}=\frac{1}{\psi(\vec{r})}\left[-\frac{\hbar^2}{2m}\nabla^2\psi(\vec{r})+U(\vec{r})\psi(\vec{r})\right] \tag{2.3.14}$$

式(2.3.14)中左边只是时间 t 的函数，而右边只是位置坐标的函数，要使得两边相等，只能使得两边都等于一个常数 E。因此，有

$$\begin{cases}\mathrm{i}\hbar\dfrac{\partial f(t)}{\partial t}=Ef(t) & (2.3.15)\\ \left[-\dfrac{\hbar^2}{2m}\nabla^2+U(\vec{r})\right]\psi(\vec{r})=E\psi(\vec{r}) & (2.3.16)\end{cases}$$

公式(2.3.16)就是定态薛定谔方程，而常数 E 就是粒子的能量。

公式(2.3.15)的求解是非常简单的，可以直接写出

$$f(t)=c\mathrm{e}^{-\frac{\mathrm{i}}{\hbar}Et} \tag{2.3.17}$$

粒子总的波函数可写为

$$\Psi(\vec{r},t)=\psi(\vec{r})\mathrm{e}^{-\frac{\mathrm{i}}{\hbar}Et} \tag{2.3.18}$$

这里公式(2.3.17)中的常数已经放入了 $\psi(\vec{r})$ 中。至于为何可以放入 $\psi(\vec{r})$ 中，将在下面波函数的性质中予以说明。

因此，对于不含时问题，求解定态薛定谔方程就足够了。其实当时物理学界对于原子物理所遇到的问题是非常清楚的，只是缺少一个工具。薛定谔方程建立以后，很多原子物理的问题就迎刃而解了。

2.3.4 波函数的统计解释

微观粒子的状态由波函数描述，微观粒子状态随时间的演化可由薛定谔方程求解，至此，似乎我们已经找到了微观世界的基本规律。但是，波函数代表了什么呢？其物理意义是什么？这是需要回答的问题。

我们知道，对于经典的机械波，波函数描述的是三维空间真实的波动，公式(2.3.1)中的 y_0、ω 和 $\vec{k}$ 分别是该机械波的振幅、圆频率和波矢，都是可以观测的量。例如振幅增加两倍，该波动的能量就增加四倍。那么，微观粒子的波函数是否具有类似的意义呢？答案显然是否定的，因为前面单粒子的双缝干涉实验中，我们并没有看到粒子能量在空间中的弥散，这与经典的波动完全不同。那么，波函数究竟代表了什么呢？

图 2.3.3 玻恩(Max Born,1882—1970),德国

1927 年，哥本哈根学派的德国物理学家玻恩(图 2.3.3)给出了波函数的统计解释：波函数的模方 $|\Psi(\vec{r},t)|^2$，代表了 t 时刻在空间 $\vec{r}$ 处找到粒子的概率密度。也即，$|\Psi(\vec{r},t)|^2\mathrm{d}\tau$ 代表 t 时刻在空间 $\vec{r}$ 处的立体元 $\mathrm{d}\tau=\mathrm{d}x\mathrm{d}y\mathrm{d}z$ 内找到粒子的概率。也正是从这个意义上讲，波函数 Ψ 也称为概率幅。虽然波函数被称为概率幅，但是波函数本身没有物理意义，有意义的是它的模方。

现在，我们再来考察单电子的双缝干涉实验。在该实验中，干涉条纹极大处，说明电子出现的概率大；而干涉条纹极小处，说明电子出现的概率小。实验结果对应的极大和极小是电子波函数模方极大和极小的体现。具体到一个电子，它到底通过哪一个狭缝，并打在接收屏上哪一点，我们都无法事先预测。这可以从电子数目较少时屏幕上所测点的无规则分布体现出来。只有当大量电子通过狭缝时，其概率性才体现出来，我们才能观测到干涉极大和极小。我们唯一可以确定的是，电子传播过程中遵循波动的性质，具有波的相干叠加性，因此其在空间出现的概率可以预测。具体到某一个电子，则是随机事例，我们无法对其路径和位置进行预测。

波函数的统计解释给出了波函数的一些独特的性质，这就是波函数的有限性(可归一性)、连续性和单值性，这些独特的性质也称为波函数的自然边界条件。波函数的可归一性非常容易理解，既然波函数的模方代表了粒子的概率密度，那么全空间发现粒子的概率总为 1。因此，有

$$\int_V |\Psi(\vec{r},t)|^2\mathrm{d}\tau = 1 \tag{2.3.19}$$

这里 V 代表对全空间积分。波函数的可归一性显示了德布罗意波与经典波的不同。如我们把波函数乘以一个常数，从数学形式上看，新的波函数 $c\Psi(\vec{r},t)$ 与原来的波函数 $\Psi(\vec{r},t)$ 并不相同。但是从物理上来看，整个空间不同地方

发现粒子的概率并没有发生变化，因此是粒子的同一运动状态，没有什么变化，经过归一化后二者是完全一样的。这与经典物理不同，如果经典波的波函数乘以一个常数，例如 2，则振幅增加两倍，相应的能量增加四倍，与原来的波完全不同。为了描述上的简洁与统一，实际体系物质波的波函数都会经过归一化处理。

这里需要说明的是，自由粒子的波函数是无法归一的，因为在空间找到粒子的概率处处相同。如果用公式(2.3.19)进行归一，会得到发散的结果。但是也不用为此问题苦恼，因为自由粒子本身就是一种理想化的模型，我们无法找到真正意义上的自由空间，各种或强或弱的势场总是充满整个空间的。即使理想化的自由粒子，量子力学也有特殊的技巧进行归一化，这已经远远超出了本教材的范畴，感兴趣的同学可以参考相关的量子力学教材或者参考书。

波函数的连续性来源于发现粒子的概率不能突变，单值性来源于在任一点发现粒子的概率只能有一个，而这些特性都是显而易见的。波函数的自然边界条件是非常重要的，在用量子力学解决实际问题时，会常常用到它们。

历史上，波函数的统计解释引起了激烈的争论。以玻尔和海森伯为首的哥本哈根学派支持这一解释，但是爱因斯坦和薛定谔则反对波函数的统计解释。双方展开了一场旷日持久的大辩论，从 1927 年直至 1955 年爱因斯坦逝世，许多理论和实验物理学家卷入了这场论战，时至今日这场辩论还没有完全平息。这场论战的实质在于：爱因斯坦认为，物理理论是决定论的，即使单个微观粒子的运动同样具有必然性，服从严格的因果律；但是哥本哈根学派则认为，单个微观粒子的运动状态具有偶然性，不服从严格的因果律，而应该代之以微观现象的统计性受因果律的支配。这牵涉到对世界本质的认识。爱因斯坦有一句名言：“上帝不掷骰子。”这场争论以哥本哈根学派的胜利而告终，但是其对物理学的影响是深远的。也正是因为这一长期的争论，玻恩迟至 1954 年才因波函数的统计解释而获诺贝尔奖。

【例 2.3.1】 卢瑟福原子模型的一个很大问题在于原子坍缩。玻尔理论对这一问题的处理是给它加了一个硬性的定态假设。试从量子力学的角度说明这一问题。

【解】 根据波函数的统计解释，某一时刻原子中电子在空间分布的概率密度是 $|\Psi(\vec{r},t)|^2$。而 $e|\Psi(\vec{r},t)|^2$ 则是在时刻 t 的电子电荷密度分布。对于定态，有

$$\Psi(\vec{r},t)=\psi(\vec{r})\mathrm{e}^{-\frac{\mathrm{i}}{\hbar}Et} \tag{1}$$

该定态的电子密度分布为

$$\begin{aligned} e|\Psi(\vec{r},t)|^2 &= e\Psi^*(\vec{r},t)\cdot\Psi(\vec{r},t) \\ &= e\psi^*(\vec{r})\mathrm{e}^{\frac{\mathrm{i}}{\hbar}Et}\cdot\psi(\vec{r})\mathrm{e}^{-\frac{\mathrm{i}}{\hbar}Et} \\ &= e\psi^*(\vec{r})\cdot\psi(\vec{r}) \end{aligned} \tag{2}$$

显然，对于定态而言，原子中的电子密度分布与时间无关，相当于一个静态电荷分布。而静态电荷分布式是不会辐射电磁波的，因此也就不存在原子坍缩问题。

小知识：原子的自发辐射问题

由例 2.3.1 可知，只要原子处于定态，无论是处于基态还是激发态的定态，都不会向外辐射电磁辐射。如果原子处于激发态，根据物理学基本常识可知，它肯定是不稳定的，必将放出电磁辐射而回到基态，因此量子力学给出的结果与物理常识不符。实际上，这是量子力学发展早期遇到的问题之一，对这一问题的回答，是量子电动力学发展之后给出的。

2.4 不确定关系

在经典力学中，我们把粒子当作一个质点来处理，它具有确定的位置、动量和能量。但是，在微观世界，粒子具有波粒二象性，显然它会具有一些经典力学所不具备的性质，而我们也不可能用经典力学的语言来描述它。不确定关系就是量子力学独具的现象，它是由海森伯首先提出的。不确定关系可以由量子力学严格证明，但是这超出了本教材的内容，我们只是以电子的单缝衍射为例来说明它。

图 2.4.1 给出了电子的单缝衍射示意图。平行的电子束沿着 y 方向入射，经过宽度为 d 的狭缝，被后面的照相底板所接收。由于绝大多数电子都集中于零级衍射斑中，我们只考虑一级衍射极小所限定的区域。如图所示，一级衍射极小所对应的角度为 θ，而此时对应的电子在 x 方向的动量为 p_x，很容易计算出 $p_x = p\sin\theta$。而在零级衍射极大处，相应的 $p_x = 0$。因此，对于入射的具有完全相同动量的电子束，在衍射后其在 x 方向的动量不确定度变为

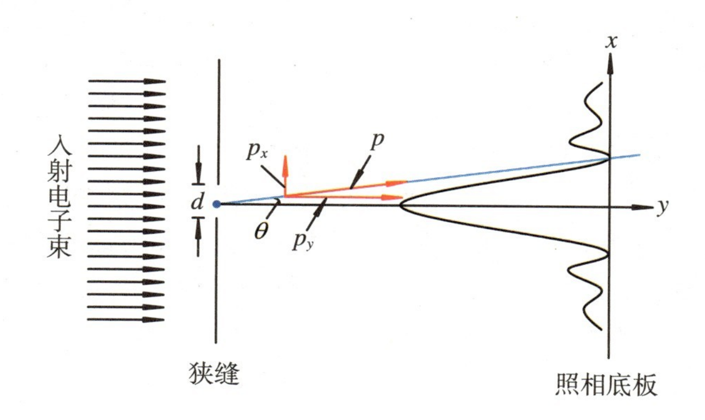

图 2.4.1 电子的单缝衍射示意图

$$\Delta p_x = |p\sin\theta - 0| = p\sin\theta$$

我们再来考察电子束在 x 方向的不确定度。显然,电子只要落入狭缝 d 的范围之内,都可以打在照相底板上。具体电子落在狭缝 d 的哪个地方,我们并不清楚。因此电子在 x 方向的不确定度完全由狭缝的宽度 d 决定,为

$$\Delta x = d$$

代入衍射关系式 $d\sin\theta = \lambda$ 和德布罗意关系 $\lambda = h/p$,有

$$\Delta x \cdot \Delta p_x = d \cdot p\sin\theta = h$$

上式可看出,狭缝宽度越窄,意味着电子的位置测量越精确,但是此时其动量分散越大,也就意味着动量测量越不精确。反之亦然。因此,电子在 x 方向的位置和动量不能同时确定。

严格的量子力学理论给出的不确定关系为

$$\begin{cases} \Delta x \cdot \Delta p_x \geqslant \dfrac{\hbar}{2} \\ \Delta y \cdot \Delta p_y \geqslant \dfrac{\hbar}{2} \\ \Delta z \cdot \Delta p_z \geqslant \dfrac{\hbar}{2} \end{cases} \tag{2.4.1}$$

不确定关系告诉我们,粒子的位置和动量不能同时确定。当位置观测越精确,也即 $\Delta x \to 0$ 时,其 x 方向的动量就越不确定,也即 $\Delta p_x \to \infty$。反之,当动量观测越精确($\Delta p_x \to 0$),其位置就越不精确($\Delta x \to \infty$)。我们讨论动量不确定性为无穷的粒子的位置时,其位置也就丧失了它应有的物理意义——因为位置在快速的变化中。因此,经典力学中在某一位置处粒子动量的说法,在量子力学里就失去了物理意义。相应地,量子力学里摒弃了轨道的概念,因为轨道意味着同时精确的位置和动量。从这个意义上说,第 1 章里玻尔理论给出的氢原子物理图像是错误的,因为它给出了氢原子中电子确切的轨道,这与海森伯不确定关系给出的物理图像不符。但是玻尔理论胜在图像简洁明了,而且往往它给出的结论与量子力学给出的结论一致,在今后的学习中还要常常用到。

历史上,不确定关系也叫测不准原理,但是从物理本质上讲,叫不确定关系更合适。这是因为,不确定关系是由粒子的波粒二象性导致的,与实验上去测量它还是不去测量它没有关系。即使不去测量,位置和动量的不确定关系仍然存在。另外,位置和动量的不确定关系是指同一方向的位置和动量,例如 x 方向的位置和动量,或者 y 方向的位置和动量。不同方向的位置和动量,例如 x 方向的位置和 y 方向的动量,是可以同时精确确定的。

另一对存在不确定关系的物理量是能量和时间：

$$\Delta E \cdot \Delta t \geqslant \hbar/2 \tag{2.4.2}$$

根据能量和时间的不确定关系，要对我们第1章给出的能级图进行细微的调整。在第1章给出能级图时，我们说一个能级用一条线表示，在那里表示能级的线是理想的线，是没有宽度的。由物理常识和经典力学可知，对于一个物理体系，如果不是处于能量的最低点，该物理体系就是不稳定的，它终归要向能量最低状态演化。因此，处于高能量状态的物理体系会有一个寿命，也即它有一个时间的不确定度。具体到原子，它的激发态是不稳定的，终归要向基态跃迁，回到能量最低状态。这样原子的激发态也就有一个寿命，也即存在一个时间不确定度。相应地，原子的激发态也就有一个能量不确定度，也即激发态能级是有宽度的，这一宽度叫作自然线宽。寿命长的激发态，例如原子的亚稳态，其线宽就很窄。而寿命短的激发态，其线宽就较宽。实际上，原子激发态能级的自然线宽和它的激发能量比起来，都是很小的，一般情况下我们仍可采用线来表示能级。

【例2.4.1】 已知氢原子 2p →1s 跃迁的寿命 τ = 1.596 ns，试求其自然线宽。

【解】 其自然线宽为

$$\Gamma = \frac{\hbar}{\tau} = 4.12 \times 10^{-7}\ \text{eV}$$

可见，自然线宽与该跃迁的能量 10.2 eV 比较起来，小了 8 个数量级。因此，除非特殊情况，完全可以把 2p 能级当成没有宽度的一根线。

【例2.4.2】 现在激光技术发展很快，已经实现了短至 67 as(阿秒，1 as 为 1×10^{-18} s)的激光脉冲，试计算该激光脉冲的能谱宽度。

【解】 由公式(2.4.2)可知

$$\Delta E = \frac{\hbar}{\tau} = \frac{6.582\times10^{-16}\ \text{eV}\cdot\text{s}}{67\times10^{-18}\ \text{s}} = 9.8\ \text{eV}$$

因此，阿秒脉冲激光的能谱宽度(也即频谱)非常宽，完全不能把它当成单色光处理。所以，对于短脉冲激光，激光单色性好的常识是要修正的。

思考题：汤姆孙发现电子的实验中，是把电子当成一个经典粒子进行处理的，为什么？已知人眼的空间分辨率为 0.1 mm。

小知识：穿越时间增宽

在原子的光吸收和光发射过程中，根据不确定关系，原子与辐射场的有限相互作用时间会导致观测到的跃迁峰形变宽，这叫作穿越时间增宽。对于自然线宽非常窄的跃迁，穿越时间增宽会阻碍实验的精度。因此，穿越时间增宽成了制约高精度测量的主要因素。拉姆齐于 1949 年提出了解决穿越时间增宽的分离振荡场方法，并为实验所证实。拉姆齐也因此荣获 1989 年的诺贝尔物理学奖，详见第 4 章。

2.5 算　　符

粒子的许多物理量，例如能量、角动量等，可以通过求解薛定谔方程的本征值给出。如果去测量这些物理量，实验每次测出的肯定是其本征值之一。但是另外一些物理量，例如粒子的位置，并没有确定的值。当我们去测量粒子的坐标时，可能每次测量的结果都不相同，N 次测量的平均值 $\bar{x}$ 为

$$\bar{x} = \frac{x_1 + x_2 + \cdots + x_N}{N} \tag{2.5.1}$$

那么，关于粒子坐标的测量，实验怎样跟理论联系起来呢？根据波函数的统计解释，粒子在空间各处出现的概率密度可以由波函数的模方确定。如果我们已经知道了粒子的波函数，就知道了粒子出现在每一 x 位置的概率。因此，理论上可以计算粒子坐标的期望值为

$$\bar{x} = \int_{-\infty}^{+\infty} \psi^*(x) x \psi(x) \mathrm{d}x \tag{2.5.2}$$

而这一期望值就跟实验测量的平均值相对应。这里波函数用的是归一化后的波函数，以后除非特别说明，所用波函数都是指归一化后的波函数。实际上，任何一个物理量，如果它可以表示为坐标的函数，例如势能 $U(\vec{r})$，都可以用公式(2.5.2)计算其平均值，并和实验结果对应起来。只不过在计算该物理量的时候，要把公式(2.5.2)中的 x 替换为该物理量的表达式而已。由于解薛定谔方程给出的是位置空间的波函数，因此，用位置空间的波函数计算力学量的平均值是一个重要的问题。

对于粒子的动量，我们是否可以采用相同的方法计算其平均值呢？也即能否采用公式 $\int_{-\infty}^{+\infty} \psi^*(x) p_x(x) \psi(x) \mathrm{d}x$ 来计算动量的平均值呢？答案显然是否定的，这里把动量写为 $p_x(x)$ 的形式就是错误的。原因在于不确定关系，把动量写为 $p_x(x)$ 意味着在 x 这一点处的动量，而位置和动量不可能同时确定，因此 $p_x(x)$ 这一式子本身就没有物理意义，更不用说跟某一力学量对应起来了。

那么，动量这一力学量，如何从理论上预测其平均值呢？

其实问题的答案在波函数的引入里面已经给出了。把公式(2.3.8)的形式重新写一下,有

$$p_x\Psi(\vec{r},t) = -\mathrm{i}\hbar\frac{\partial\Psi(\vec{r},t)}{\partial x} \tag{2.5.3}$$

可以看出,这里 p_x 是和 $-\mathrm{i}\hbar\frac{\partial}{\partial x}$ 这样一个数学符号相对应的。由于 p_x 是指 x 方向的动量(注意:不是在 x 这一点处的动量!),它当然是有物理意义的。当 $-\mathrm{i}\hbar\frac{\partial}{\partial x}$ 这样一个数学符号作用在波函数上时,就跟 x 方向的动量 p_x 作用在波函数上一样。因此我们把 $-\mathrm{i}\hbar\frac{\partial}{\partial x}$ 这样一个数学符号叫作算符,由于它与粒子的动量相联系,因此我们叫它动量算符,用符号 $\hat{p}_x$ 来表示:

$$\hat{p}_x = -\mathrm{i}\hbar\frac{\partial}{\partial x} \tag{2.5.4}$$

同理,y 方向和 z 方向的动量算符为

$$\hat{p}_y = -\mathrm{i}\hbar\frac{\partial}{\partial y} \tag{2.5.5}$$

$$\hat{p}_z = -\mathrm{i}\hbar\frac{\partial}{\partial z} \tag{2.5.6}$$

或者写为

$$\hat{p} = -\mathrm{i}\hbar\nabla \tag{2.5.7}$$

类似地,可以写出粒子的能量算符

$$\hat{E} = \mathrm{i}\hbar\frac{\partial}{\partial t} \tag{2.5.8}$$

有了算符,就可以求出动量的期望值

$$\bar{p}_x = \int_{-\infty}^{+\infty}\psi^*(x)\hat{p}_x\psi(x)\mathrm{d}x \tag{2.5.9}$$

其他方向的动量可以用类似的方式写出。

与动量相对应的是位置,那么位置的算符是什么呢?位置算符就是它本身。例如 $\hat{x}=x$,$\hat{y}=y$,$\hat{z}=z$。凡是可以表示成位置函数的物理量,其算符也都等于它本身,例如势能算符 $\hat{U}=U(\vec{r})$。

需要说明的是,算符并不是从任何基本的原理推导出来的,而是作为一个假设直接引入量子力学的。

粒子的波粒二象性虽然摒弃掉了经典力学的轨道概念，但是经典力学中力学量之间的关系式仍旧是成立的。例如：康普顿散射中的能、动量守恒；动能和动量之间的关系 $T=p^2/2m$ 等。有了动量算符和位置算符，按照经典力学中力学量之间的关系式，就可以写出相应力学量的算符。例如，由非相对论情况下动能和动量之间的关系 $T=p^2/2m$，可以给出动能算符为

$$\hat{T}=-\frac{\hbar^2}{2m}\nabla^2 \tag{2.5.10}$$

由于粒子的能量可以写为动能和势能的和，可以写出粒子的能量算符。为了和公式(2.5.8)的能量算符相区分，动能加势能的和这一算符叫作哈密顿算符：

$$\hat{H}=-\frac{\hbar^2}{2m}\nabla^2+U(\vec{r}) \tag{2.5.11}$$

哈密顿算符的平均值就是粒子的能量。有了哈密顿算符，定态薛定谔方程就可以写为

$$\hat{H}\psi(\vec{r})=E\psi(\vec{r}) \tag{2.5.12}$$

因此，解定态薛定谔方程就是求解哈密顿算符的本征方程，波函数就是哈密顿算符的本征函数，而能量就是哈密顿算符的本征值。需要说明的是，实验上测量到的能量只能是体系的本征值，而不可能出现测量到体系的非本征值的情况。但是具体测量到的是哪一个本征值，则与体系具体所处的状态有关。类似地，其他物理量的测量值也只能是体系的本征值，例如角动量。

根据经典力学中角动量 $\vec{L}=\vec{r}\times\vec{p}$ 的关系式，可以写出角动量算符：

$$\hat{L}_x=y\hat{p}_z-z\hat{p}_y=-\mathrm{i}\hbar\left(y\frac{\partial}{\partial z}-z\frac{\partial}{\partial y}\right) \tag{2.5.13}$$

$$\hat{L}_y=z\hat{p}_x-x\hat{p}_z=-\mathrm{i}\hbar\left(z\frac{\partial}{\partial x}-x\frac{\partial}{\partial z}\right) \tag{2.5.14}$$

$$\hat{L}_z=x\hat{p}_y-y\hat{p}_x=-\mathrm{i}\hbar\left(x\frac{\partial}{\partial y}-y\frac{\partial}{\partial x}\right) \tag{2.5.15}$$

由于原子的势场大都可以近似为球对称势，因此采用球坐标处理问题是比较方便的。利用球坐标系和直角坐标系的转换公式：

$$\begin{cases}x=r\sin\theta\cos\varphi\\ y=r\sin\theta\sin\varphi\\ z=r\cos\theta\end{cases}$$

可以给出球坐标系下角动量平方算符 $\hat{L}^2$ 和角动量 z 分量算符 $\hat{L}_z$：

$$\hat{L}^2 = -\hbar^2\left[\frac{1}{\sin\theta}\frac{\partial}{\partial\theta}\left(\sin\theta\frac{\partial}{\partial\theta}\right)+\frac{1}{\sin^2\theta}\frac{\partial^2}{\partial\varphi^2}\right] \tag{2.5.16}$$

$$\hat{L}_z = -\mathrm{i}\hbar\frac{\partial}{\partial\varphi} \tag{2.5.17}$$

也可以写出球坐标系下的哈密顿算符

$$\hat{H} = -\frac{\hbar^2}{2m}\left[\frac{1}{r^2}\frac{\partial}{\partial r}\left(r^2\frac{\partial}{\partial r}\right)+\frac{1}{r^2\sin\theta}\frac{\partial}{\partial\theta}\left(\sin\theta\frac{\partial}{\partial\theta}\right)+\frac{1}{r^2\sin^2\theta}\frac{\partial^2}{\partial\varphi^2}\right]+U(r) \tag{2.5.18}$$

量子力学定义两个算符的对易关系为

$$[\hat{A},\hat{B}] = \hat{A}\cdot\hat{B}-\hat{B}\cdot\hat{A} \tag{2.5.19}$$

量子力学告诉我们,如果两个算符不对易,也即

$$[\hat{A},\hat{B}] = \hat{A}\cdot\hat{B}-\hat{B}\cdot\hat{A}\neq 0 \tag{2.5.20}$$

则力学量 A 和 B 就不能同时确定,也即 A 和 B 之间有不确定关系。反之,如果两个算符对易,也即

$$[\hat{A},\hat{B}] = \hat{A}\cdot\hat{B}-\hat{B}\cdot\hat{A} = 0 \tag{2.5.21}$$

则力学量 A 和 B 可以同时确定。例如单电子原子和中心势近似下的多电子原子的哈密顿算符 $\hat{H}$ 和角动量平方算符 $\hat{L}^2$ 是对易的,因此体系的能量和角动量的平方可以同时具有确定的值。类似地,$\hat{L}^2$ 和 $\hat{L}_z$ 对易,所以角动量的平方及其 z 分量可以同时具有确定的值。但是,$\hat{L}_z$ 和 $\hat{L}_x$ 是不对易的,所以二者不能同时具有确定的值。

2.6 势 阱

本节给出应用薛定谔方程处理问题的几个例子。

【例 2.6.1】 如果把一个质量为 m 的粒子限制在一维无限高方势阱中运动,试求解其薛定谔方程。

【解】 一维无限高方势阱是一个量子力学的典型问题,其势函数如例2.6.1图(Ⅰ)和下式所示:

$$U(x)=\begin{cases}0, & 0<x<a\\ \infty, & x\leqslant 0, x\geqslant a\end{cases}$$

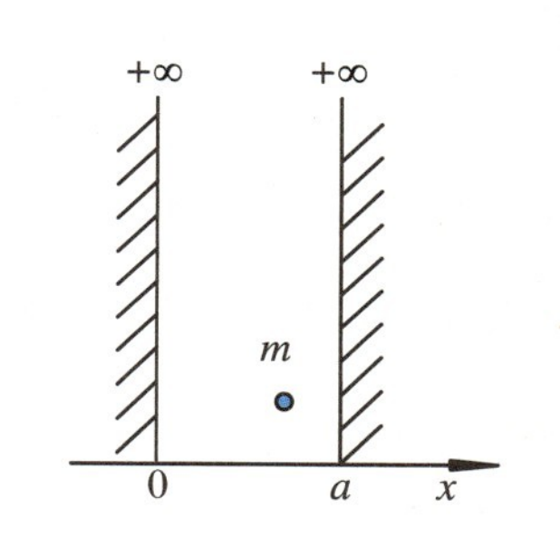

例 2.6.1 图(Ⅰ) 一维无限高方势阱

因为势能与时间无关，这是一个定态问题，相应的定态薛定谔方程可写为

$$\begin{cases} -\dfrac{\hbar^2}{2m}\dfrac{\mathrm{d}^2}{\mathrm{d}x^2}\psi(x)=E\psi(x), & 0<x<a \quad (1) \\ \left[-\dfrac{\hbar^2}{2m}\dfrac{\mathrm{d}^2}{\mathrm{d}x^2}+U_0\right]\psi(x)=E\psi(x), & x\leqslant 0, x\geqslant a \quad (2) \end{cases}$$

这里 $U_0=\infty$。令 $k^2=\dfrac{2mE}{\hbar^2}$，$\lambda^2=\dfrac{2m(U_0-E)}{\hbar^2}\to\infty$，则上述薛定谔方程的解为

$$\begin{cases} \psi(x)=A'\mathrm{e}^{\mathrm{i}kx}+B'\mathrm{e}^{-\mathrm{i}kx}=A\cos(kx)+B\sin(kx), & 0<x<a \\ \psi(x)=C\mathrm{e}^{\lambda x}+D\mathrm{e}^{-\lambda x}, & x\leqslant 0, x\geqslant a \end{cases}$$

根据波函数的自然边界条件，也即波函数的可归一化要求，在 $x\to\pm\infty$ 时，$\psi(x)\to 0$。在 $x\to+\infty$ 时，$\mathrm{e}^{-\lambda x}\to 0$，但 $\mathrm{e}^{\lambda x}\to+\infty$。为了保证波函数的有界性，必有系数 $C=0$。同理，在 $x\to-\infty$ 时，$\mathrm{e}^{-\lambda x}\to+\infty$。为了保证波函数的有界性，必有系数 $D=0$。总之可得

$$\psi(x)=0, \quad x\leqslant 0, x\geqslant a$$

这一结果很容易理解，因为在 $x\leqslant 0$ 或 $x\geqslant a$ 区间的势能为无穷大，粒子必定无法进入该区间，也即在区间 $x\leqslant 0$ 或 $x\geqslant a$ 发现粒子的概率为零，相应的波函数也为零。

考虑波函数的连续性，在 $0<x<a$ 的区间，波函数要满足

$$\begin{cases} \psi(x)|_{x=0}=0 & \Rightarrow \quad A=0 \\ \psi(x)|_{x=a}=0 & \Rightarrow \quad B\neq 0, \sin(ka)=0 \end{cases}$$

这里 B 不等于零的原因在于：如果 B 等于零，则所有区间波函数都等于零，全空间找到粒子的概率为零，与物理事实不符。同样的原因，要求 $k\neq 0$。而由 $\sin(ka)=0$ 可解出

$$k=\frac{n\pi}{a}, \quad n=1,2,3,\cdots$$

而由波函数的归一化条件，可得出

$$\int_0^a|\psi(x)|^2\mathrm{d}x=\int_0^a\left[B\sin\frac{n\pi x}{a}\right]^2\mathrm{d}x=\frac{aB^2}{2}=1$$

可得

$$B=\sqrt{\frac{2}{a}}$$

至此，可以写出一维无限高方势阱中粒子的波函数为

$$\psi_n(x)=\sqrt{\frac{2}{a}}\sin\frac{n\pi}{a}x,\quad n=1,2,3,\cdots$$

由于 $k^2=\frac{2mE}{\hbar^2}$，可知粒子的能量为

$$E_n=\frac{n^2h^2}{8ma^2},\quad n=1,2,3,\cdots$$

这里我们可以看出，对于一维势阱中的粒子这样一个一维问题，只用一个量子数 n 就可以完全描述体系的状态了，例如它的波函数和能量都由 n 决定。除此之外，我们也可以发现，粒子有一个最低能量 $E_1=\frac{h^2}{8ma^2}$，叫作零点能。经典力学告诉我们，如果粒子放在一维无限高方势阱中，其最低能量状态是零，也即粒子可以处于静止不动的状态。量子力学的结论则不同，粒子不可能完全静止，即使把它冷却到绝对零度，它也有一个最低能量，这也是这个能量叫作零点能的原因。零点能的存在是量子力学预言的、不同于经典力学的一个典型现象，也为后来的实验所证实。

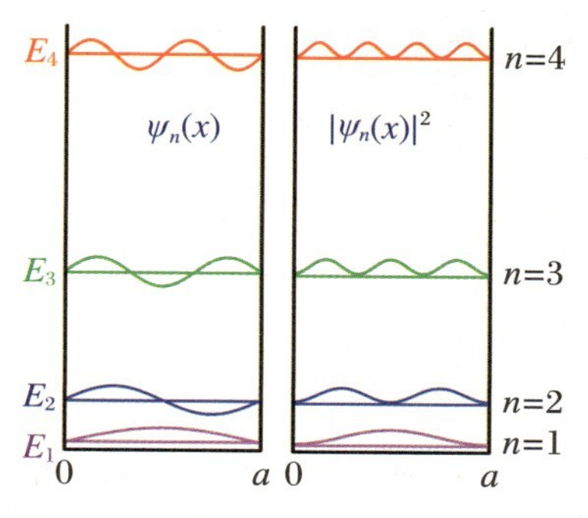

例 2.6.1 图(Ⅱ) 一维无限高方势阱中粒子的能级、波函数及波函数的模方

一维无限高方势阱中粒子的能级、波函数及波函数的模方画于例 2.6.1 图(Ⅱ)中。从例 2.6.1 图(Ⅱ)可以看出，粒子的能量是量子化的，相邻能级 $n+1$ 和 n 的间隔为 $(2n+1)\frac{h^2}{8ma^2}$，随 n 的增加而增加。这似乎与玻尔的对应原理相矛盾，因为对应原理告诉我们，在大量子数极限条件下，量子力学应与经典力学相对应。但是在这里，大量子数极限情况似乎分立特性更加明显，因为相邻能级的间距变得更大，而不是过渡到连续情况。但是实际上，这里并没有矛盾，这可以从两个方面理解。首先，一维无限高方势阱是一个理想化的模型，实际中并不存在，因此实际中不会出现随着量子数 n 的增加而能级间距变得越来越大、直至无穷的情况。只要是有限高的势阱，比较低的一些能级与一维无限高方势阱的能级是相近的，随 n 的增加而间距变大。但是当 n 增加到一定程度，其能级间距就会随 n 的增加而变小。换句话说，当 n 增加到一定程度，能级结构会变得很密，这也就过渡到经典的连续情况。其次，在 n 较大时，能级间距与能量本身的比值约为 $2/n^3$，随 n 的增加而变小，也即过渡到连续情况。

由例 2.6.1 图(Ⅱ)可知粒子的波函数在势阱壁处为零，说明粒子的波函数满足驻波条件。因为经典力学告诉我们，如果一列波要稳定存在，就必须为驻波，德布罗意波也不例外。因此，薛定谔方程解出的波函数满足驻波条件，说明薛定谔方程和德布罗意波粒二象性之间是自洽的。

从例 2.6.1 图(Ⅱ)也可以发现,粒子在势阱中不同位置出现的概率是不同的。例如,量子数 n 为 1 的状态,势阱中心处粒子出现的概率最大,而阱壁处粒子出现的概率为零。这与经典力学的预期完全不符。可以想象,如果粒子在势阱中的运动遵循经典力学的规律,考虑到势阱中的势能为 0,它必然是匀速直线运动。每当它运动到势阱壁时,就弹性碰撞回头再做匀速直线运动。据此我们非常容易想象,粒子在势阱中每一处出现的概率都相同,为一 $1/a$ 的直线,而不是如例 2.6.1 图(Ⅱ)所示的为三角函数的平方。

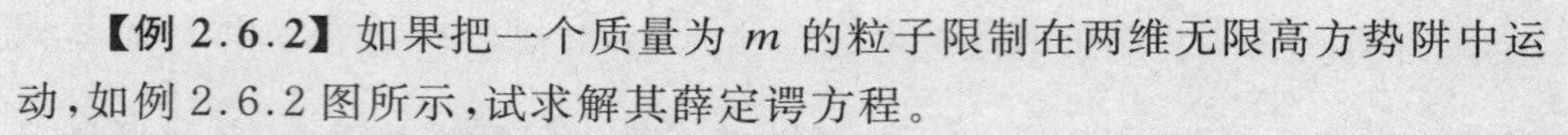

【例 2.6.2】如果把一个质量为 m 的粒子限制在两维无限高方势阱中运动,如例 2.6.2 图所示,试求解其薛定谔方程。

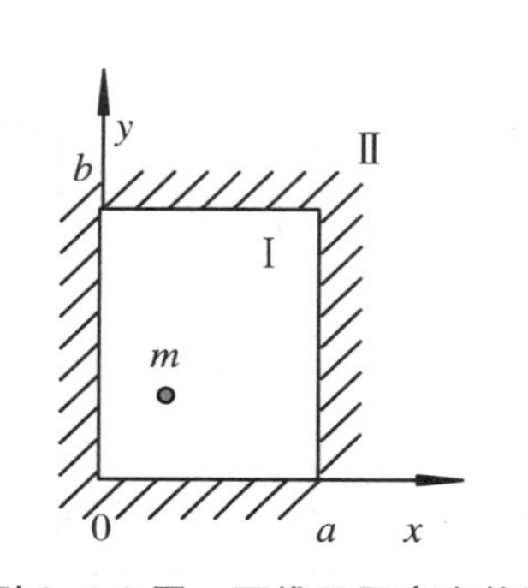

例 2.6.2 图 两维无限高方势阱

【解】两维无限高方势阱的势函数可以写为

$$U(x)=\begin{cases}0, & 0<x<a \text{ 且 } 0<y<b \quad \text{Ⅰ区}\\ \infty, & x\leqslant 0, x\geqslant a, y\leqslant 0, y\geqslant b \quad \text{Ⅱ区}\end{cases}$$

粒子的薛定谔方程可写为

$$\begin{cases}\left[-\dfrac{\hbar^2}{2m}\dfrac{\partial^2}{\partial x^2}-\dfrac{\hbar^2}{2m}\dfrac{\partial^2}{\partial y^2}\right]\psi(x,y)=E\psi(x,y), & 0<x<a \text{ 且 } 0<y<b\\ \left[-\dfrac{\hbar^2}{2m}\dfrac{\partial^2}{\partial x^2}-\dfrac{\hbar^2}{2m}\dfrac{\partial^2}{\partial y^2}+U_0\right]\psi(x,y)=E\psi(x,y), & x\leqslant 0, x\geqslant a, y\leqslant 0, y\geqslant b\end{cases}$$

这里 $U_0=\infty$。根据例 2.6.1 的求解,很容易理解,波函数在区域Ⅱ的值为零。现在只要求解区域Ⅰ的薛定谔方程就行了。我们采用分离变量法,令 $\psi(x,y)=X(x)Y(y)$,并把它代入薛定谔方程,并在方程两边同除以 $X(x)Y(y)$可得

$$-\frac{\hbar^2}{2m}\frac{1}{X(x)}\frac{\partial^2 X(x)}{\partial x^2}=E+\frac{\hbar^2}{2m}\frac{1}{Y(y)}\frac{\partial^2 Y(y)}{\partial y^2}$$

由于方程左边只是 x 的函数,而右边只是 y 的函数,如果左右方程相等,只能取一个常数 E_1。相应地,区域Ⅰ的薛定谔方程就可以化简为

$$\begin{cases}-\dfrac{\hbar^2}{2m}\dfrac{\partial^2}{\partial x^2}X(x)=E_1X(x), & 0<x<a\\ -\dfrac{\hbar^2}{2m}\dfrac{\partial^2}{\partial y^2}Y(y)=E_2Y(y), & 0<y<b\end{cases}$$

这里 $E=E_1+E_2$。

上述方程的求解和例 2.6.1 完全相同,在此我们不做赘述。可以直接写出薛定谔方程的解:

$$\begin{cases}X(x)=\sqrt{\dfrac{2}{a}}\sin\dfrac{n_1\pi x}{a}, & n_1=1,2,3,\cdots\\ Y(y)=\sqrt{\dfrac{2}{b}}\sin\dfrac{n_2\pi y}{b}, & n_2=1,2,3,\cdots\end{cases}$$

$$\begin{cases} E_1 = \dfrac{n_1^2 h^2}{8ma^2}, & n_1 = 1,2,3,\cdots \\ E_2 = \dfrac{n_2^2 h^2}{8mb^2}, & n_2 = 1,2,3,\cdots \end{cases}$$

总的波函数和能量可以写为

$$\psi(x,y) = X(x)Y(y) = \sqrt{\frac{4}{ab}}\sin\frac{n_1\pi x}{a}\sin\frac{n_2\pi y}{b}$$

$$E = E_1 + E_2 = \frac{h^2}{8m}\left(\frac{n_1^2}{a^2} + \frac{n_2^2}{b^2}\right),\quad n_1 = 1,2,3,\cdots;\quad n_2 = 1,2,3,\cdots$$

这里我们可以看出，对于两维势阱中的粒子这样的两维问题，如果要确定它的状态，则需要两个独立的量子数 n_1 和 n_2，其取值互相不受影响。只有当这两个量子数都给定的时候，我们才能确定粒子的状态。

【例 2.6.3】 如果把一个质量为 m 的粒子限制在三维盒子中运动，也即盒子内部势能为零，外部势能为 ∞，如例 2.6.3 图所示，试求解其薛定谔方程。

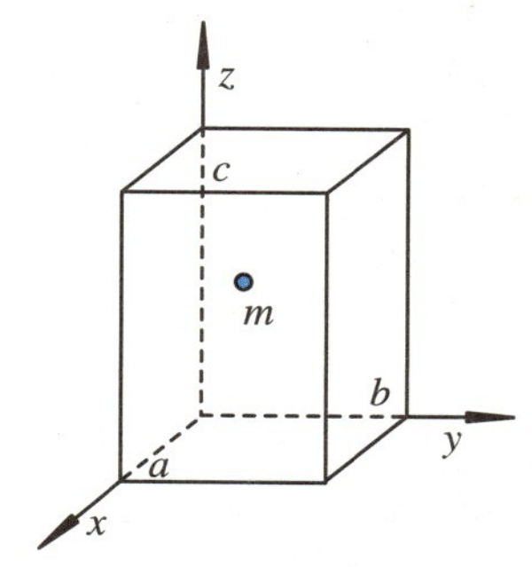

例 2.6.3 图　三维无限高方势阱

【解】 这个问题的求解与例 2.6.2 完全类似，只不过多了一维变量而已。在此直接写出答案：

$$\begin{aligned}\psi(x,y,z) &= X(x)Y(y)Z(z) \\ &= \sqrt{\frac{8}{abc}}\sin\frac{n_1\pi x}{a}\sin\frac{n_2\pi y}{b}\sin\frac{n_3\pi z}{c}\end{aligned}$$

$$E = E_1 + E_2 + E_3 = \frac{h^2}{8m}\left(\frac{n_1^2}{a^2} + \frac{n_2^2}{b^2} + \frac{n_3^2}{c^2}\right),$$

$$n_1 = 1,2,3,\cdots;\quad n_2 = 1,2,3,\cdots;\quad n_3 = 1,2,3,\cdots$$

与前面的讨论类似，对于三维势阱中的粒子这样的三维问题，如果要确定它的状态，则需要三个独立的量子数 n_1、n_2 和 n_3，其取值互相不受影响。只有当这三个量子数都给定的时候，我们才能确定粒子的状态。

2.7　氢原子的薛定谔方程解

虽然我们在第 1 章中用玻尔理论处理了氢原子的问题，而且玻尔理论在量子力学发展史上起了举足轻重的作用，但是玻尔理论无论是其物理图像还是具体应用都有其不足之处。本节我们就严格应用量子力学来处理氢原子问题。

上节我们以一维、二维和三维无限高势阱中的粒子为例，求解了其薛定谔方程，说明了描述相应势阱中粒子运动状态所需要的量子数。上节的讨论是普适的，对于每一维自由度，都要引入一个量子数来描述它。我们可以设想，对于原子中的电子，它是在三维空间中运动的，因此必将引入三个量子数描述它，这与玻尔理论给出的只由 n 决定其状态的结果不同。另外，氢原子中电子感受到的原子核势场是球对称的，与角度无关。因此，我们可以猜出，描述氢原子中电子运动需要三个量子数，一个必定与方位角 φ 有关，另一个必定与极角 θ 有关，最后一个必定与径向 r 有关。除此之外，考虑到电子感受到的势能只是 r 的函数，可以想象，氢原子的能量只与径向量子数有关，而与角向量子数无关。

2.7.1 氢原子的薛定谔方程

氢原子(类氢离子)中电子所感受到的势能为

$$U(r)=-\frac{Ze^2}{4\pi\varepsilon_0 r} \tag{2.7.1}$$

这里 Ze 为原子核所带的电荷，对于氢原子而言，$Z=1$。

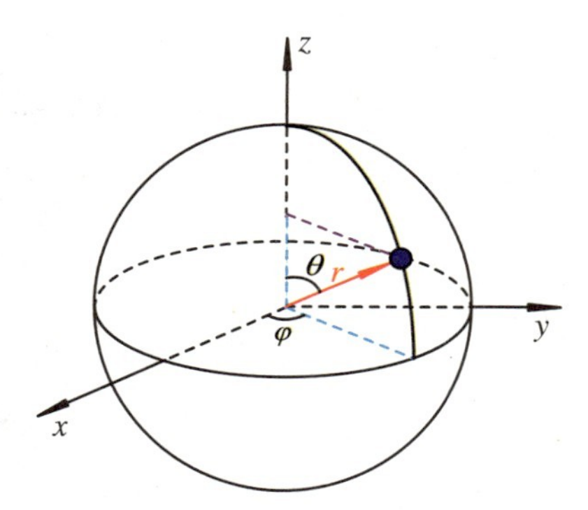

图 2.7.1 以原子核为原点的球坐标系

由于氢原子中电子感受的势场具有球对称性，选用球坐标系处理问题是简单的，如图 2.7.1 所示。在球坐标系下，由公式(2.5.18)可写出氢原子的薛定谔方程

$$\left\{-\frac{\hbar^2}{2m_e}\left[\frac{1}{r^2}\frac{\partial}{\partial r}\left(r^2\frac{\partial}{\partial r}\right)+\frac{1}{r^2\sin\theta}\frac{\partial}{\partial\theta}\left(\sin\theta\frac{\partial}{\partial\theta}\right)+\frac{1}{r^2\sin^2\theta}\frac{\partial^2}{\partial\varphi^2}\right]-\frac{Ze^2}{4\pi\varepsilon_0 r}\right\}\psi = E\psi \tag{2.7.2}$$

式(2.7.2)中 $\psi=\psi(r,\theta,\varphi)$。由于电子感受到的势能只与半径 r 有关，而与角度 θ 和 φ 无关，我们可以采用分离变量法求解。为此，令 $\psi(r,\theta,\varphi)=R(r)\cdot Y(\theta,\varphi)$，并在式(2.7.2)两边同除以 $R(r)\cdot Y(\theta,\varphi)$，经整理可得

$$\frac{1}{R(r)}\frac{\partial}{\partial r}\left(r^2\frac{\partial R(r)}{\partial r}\right)+\frac{2m_e}{\hbar^2}\left(r^2E+\frac{Ze^2}{4\pi\varepsilon_0}r\right) = -\frac{1}{Y(\theta,\varphi)}\left[\frac{1}{\sin\theta}\frac{\partial}{\partial\theta}\left(\sin\theta\frac{\partial}{\partial\theta}\right)+\frac{1}{\sin^2\theta}\frac{\partial^2}{\partial\varphi^2}\right]Y(\theta,\varphi) \tag{2.7.3}$$

式(2.7.3)中左边只是半径 r 的函数，而右边只是角度 θ 和 φ 的函数，要想两边相等，只能两边都等于一个常数 k。于是式(2.7.3)可以简化为

$$\frac{1}{R(r)}\frac{\partial}{\partial r}\left(r^2\frac{\partial R(r)}{\partial r}\right)+\frac{2m_e}{\hbar^2}\left(r^2E+\frac{Ze^2}{4\pi\varepsilon_0}r\right)=k \tag{2.7.4}$$

$$-\frac{1}{Y(\theta,\varphi)}\left[\frac{1}{\sin\theta}\frac{\partial}{\partial\theta}\left(\sin\theta\frac{\partial}{\partial\theta}\right)+\frac{1}{\sin^2\theta}\frac{\partial^2}{\partial\varphi^2}\right]Y(\theta,\varphi)=k \tag{2.7.5}$$

式(2.7.5)可进一步分离变量,令 $Y(\theta,\varphi)=\Theta(\theta)\cdot\Phi(\varphi)$,并在式(2.7.5)两边同时乘以$\sin^2\theta$,经整理可得

$$\frac{\sin\theta}{\Theta(\theta)}\cdot\frac{\partial}{\partial\theta}\left(\sin\theta\cdot\frac{\partial\Theta(\theta)}{\partial\theta}\right)+k\cdot\sin^2\theta=-\frac{1}{\Phi(\varphi)}\cdot\frac{\partial^2\Phi(\varphi)}{\partial\varphi^2} \tag{2.7.6}$$

同理,式(2.7.6)左右相等的条件是它们都等于一个常数 m^2。分离变量可得

$$\frac{\sin\theta}{\Theta(\theta)}\cdot\frac{\partial}{\partial\theta}\left(\sin\theta\cdot\frac{\partial\Theta(\theta)}{\partial\theta}\right)+k\cdot\sin^2\theta=m^2 \tag{2.7.7}$$

$$-\frac{1}{\Phi(\varphi)}\cdot\frac{\partial^2\Phi(\varphi)}{\partial\varphi^2}=m^2 \tag{2.7.8}$$

至此,氢原子的薛定谔方程化为三个单变量微分方程(2.7.4)、(2.7.7)和(2.7.8)。只要求解出这三个微分方程,氢原子的问题就解决了。实际上,上述三个方程,除了(2.7.8)的求解较为容易以外,(2.7.4)和(2.7.7)的求解都是相当繁琐的。

2.7.2　φ 方向的薛定谔方程解

φ 方向的薛定谔方程(2.7.8)可以重写为

$$\frac{\partial^2\Phi}{\partial\varphi^2}+m^2\Phi=0 \tag{2.7.9}$$

这一方程的求解非常容易,我们可以直接写出它的一个解

$$\Phi_m=Ae^{im\varphi} \tag{2.7.10}$$

对于方位角来说,如果 n 取整数,则 φ 和 $\varphi+2n\pi$ 在物理上是无法区分的。因此,根据波函数的单值性,必有 $\Phi_m(\varphi)=\Phi_m(\varphi+2n\pi)$。满足这一要求的唯一条件就是 $e^{i2nm\pi}=1$,也即 m 取整数,因此有

$$m=0,\pm1,\pm2,\cdots \tag{2.7.11}$$

根据波函数的归一化要求 $\int_0^{2\pi}\Phi^*\Phi d\varphi=1$,可解得公式(2.7.10)的系数 $A=\frac{1}{\sqrt{2\pi}}$。因此,可以给出 φ 方向氢原子的波函数为

$$\Phi_m = \frac{1}{\sqrt{2\pi}} e^{im\varphi}, \quad m = 0, \pm 1, \pm 2, \cdots \tag{2.7.12}$$

2.7.3 θ 方向的薛定谔方程解

θ 方向的薛定谔方程(2.7.7)可以重写为

$$\frac{1}{\sin\theta}\frac{\partial}{\partial\theta}\left(\sin\theta\frac{\partial\Theta}{\partial\theta}\right) - \frac{m^2}{\sin^2\theta}\Theta + k\Theta = 0 \tag{2.7.13}$$

这一方程就是著名的连带勒让德方程，其标准解法，在所有的“数理方程”和“量子力学”教科书中都有详细描述，在此只给出其具体结果：

$$\Theta_{l,m}(\theta) = \left[\frac{2l+1}{2}\frac{(l-|m|)!}{(l+|m|)!}\right]^{\frac{1}{2}} \mathrm{P}_l^{|m|}(\cos\theta) \tag{2.7.14}$$

这里 $\mathrm{P}_l^{|m|}(\cos\theta)$ 是著名的连带勒让德函数：

$$\mathrm{P}_l^{|m|}(\cos\theta) = \frac{(1-\cos^2\theta)^{|m|/2}}{2^l(l!)}\frac{d^{l+|m|}}{d\cos^{l+|m|}\theta}(\cos^2\theta - 1)^l \tag{2.7.15}$$

通过求解 θ 方向的薛定谔方程，发现 k 的取值为

$$k = l(l+1) \tag{2.7.16}$$

这里 l 为引入的新量子数，且 l 只能取大于或等于零的整数，即

$$l = 0,1,2,3,\cdots \tag{2.7.17}$$

与此同时，给定了 l 后，m 的取值范围受到一定限制：

$$m = 0, \pm 1, \pm 2, \cdots, \pm l \tag{2.7.18}$$

也即在解 θ 方向的薛定谔方程时，对于 φ 方向的薛定谔方程解的个数有了限制，限制范围由公式(2.7.18)给出。

由于历史上形成的习惯，人们把处于 $l=0$、1、2、3、4、5、6、… 状态的电子分别叫作 s 电子、p 电子、d 电子、f 电子、g 电子、h 电子、i 电子……这是原子分子物理中的常用术语，已经是约定俗成的叫法，读者只有随着学习的深入而慢慢习惯。

电子在角向分布的概率，由角向波函数的模方决定。具体而言，在

(θ,φ)方向单位立体角 $\mathrm{d}\Omega=\sin\theta\mathrm{d}\theta\mathrm{d}\varphi$ 内发现电子的概率为

$$|Y_{l,m}(\theta,\varphi)|^2=Y_{l,m}(\theta,\varphi)^*\cdot Y_{l,m}(\theta,\varphi)$$

由于 $\Phi_m^*\cdot\Phi_m=\frac{1}{\sqrt{2\pi}}\mathrm{e}^{-\mathrm{i}m\varphi}\cdot\frac{1}{\sqrt{2\pi}}\mathrm{e}^{\mathrm{i}m\varphi}=\frac{1}{2\pi}$为一常数，因此，波函数的角向分布与方位角无关，是关于 z 轴旋转对称的。

表2.7.1给出了常用的 l 取值小于或等于3时氢原子的角向波函数，相应的角向波函数的模方示于图2.7.2中。图2.7.2中给出的波函数的模方只是代表电子在角度方向的分布，并不是说电子只能出现在曲线所限定的区域。例如对于s电子，其球形分布只是说明电子在各个方向上出现的概率均等，但是在空间，它们可能出现在 $r=0$ 的位置，也可能出现在 $r=\infty$ 的位置，具体其出现的概率随 r 的分布，则由下面的径向波函数的模方决定。

表2.7.1　氢原子角向波函数的具体形式

l	m	$Y_{l,m}(\theta,\varphi)$
0	0	$\frac{1}{\sqrt{4\pi}}$
1	0	$\sqrt{\frac{3}{4\pi}}\cos\theta$
	±1	$\mp\sqrt{\frac{3}{8\pi}}\sin\theta\mathrm{e}^{\pm\mathrm{i}\varphi}$
2	0	$\sqrt{\frac{5}{16\pi}}(3\cos^2\theta-1)$
	±1	$\mp\sqrt{\frac{15}{8\pi}}\sin\theta\cos\theta\mathrm{e}^{\pm\mathrm{i}\varphi}$
	±2	$\sqrt{\frac{15}{32\pi}}\sin^2\theta\mathrm{e}^{\pm2\mathrm{i}\varphi}$
3	0	$\sqrt{\frac{7}{16\pi}}(5\cos^3\theta-3\cos\theta)$
	±1	$\mp\sqrt{\frac{21}{64\pi}}\sin\theta(5\cos^2\theta-1)\mathrm{e}^{\pm\mathrm{i}\varphi}$
	±2	$\sqrt{\frac{105}{32\pi}}\sin^2\theta\cos\theta\mathrm{e}^{\pm2\mathrm{i}\varphi}$
	±3	$\mp\sqrt{\frac{35}{64\pi}}\sin^3\theta\mathrm{e}^{\pm3\mathrm{i}\varphi}$

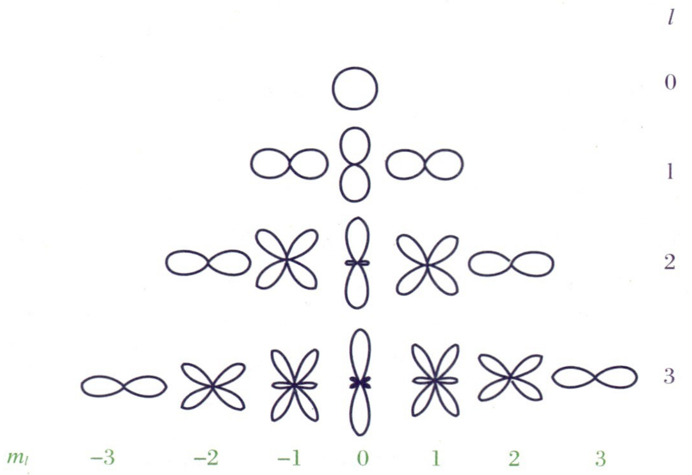

图 2.7.2 氢原子角向波函数的模方，z 轴为竖直方向

2.7.4 r 方向的薛定谔方程解

r 方向的薛定谔方程(2.7.4)可以重写为

$$\frac{1}{r^2}\frac{\mathrm{d}}{\mathrm{d}r}\left(r^2\frac{\mathrm{d}R}{\mathrm{d}r}\right)+\left[\frac{2m_{\mathrm{e}}}{\hbar^2}\left(E+\frac{Ze^2}{4\pi\varepsilon_0 r}\right)-\frac{l(l+1)}{r^2}\right]R=0 \tag{2.7.19}$$

这一方程就是著名的连带拉盖尔方程，与求解 θ 方向的薛定谔方程类似，公式(2.7.19)的标准解法在所有的“数理方程”和“量子力学”教科书中都有详细描述。这里只给出其具体结果：

$$R_{n,l}(r)=-\left[\left(\frac{2Z}{na_0}\right)^3\frac{(n-l-1)!}{2n[(n+1)!]^3}\right]^{1/2}\mathrm{e}^{-\rho/2}\rho^l\mathrm{L}_{n+l}^{2l+1}(\rho) \tag{2.7.20}$$

式(2.7.20)中 $\rho=\dfrac{2Zr}{na_0}$，而 $\mathrm{L}_{n+l}^{2l+1}(\rho)=\dfrac{\mathrm{d}^{2l+1}}{\mathrm{d}\rho^{2l+1}}\left[\mathrm{e}^{\rho}\dfrac{\mathrm{d}^{n+1}}{\mathrm{d}\rho^{n+l}}(\mathrm{e}^{-\rho}\cdot\rho^{n+l})\right]$是著名的连带拉盖尔函数。

在求解径向的薛定谔方程的过程中，又给出了一个新的量子数 n：

$$n=\frac{\sqrt{2m_{\mathrm{e}}}}{2\hbar\sqrt{|E|}}\frac{Ze^2}{4\pi\varepsilon_0} \tag{2.7.21}$$

n 只能取大于零的整数：

$$n = 1,2,3,\cdots \tag{2.7.22}$$

与求解 θ 方向的薛定谔方程类似，给定了 n 后，l 的取值范围受到一定限制：

$$l = 0,1,2,\cdots,n-1 \tag{2.7.23}$$

也即在解径向薛定谔方程时，限制了 θ 方向的薛定谔方程解的个数，限制范围在公式(2.7.23)中给出。

由公式(2.7.21)，可以给出氢原子中电子的能量

$$E_n = -\frac{m_e e^4}{(4\pi\varepsilon_0)^2 2\hbar^2}\frac{Z^2}{n^2} \tag{2.7.24}$$

表2.7.2给出了类氢离子和氢原子在 $n \leqslant 3$ 时的径向波函数，相应的径向波函数 $R_{n,l}(r)$、径向波函数模方 $R_{n,l}^2$ 和 $r^2 R_{n,l}^2$ 示于图2.7.3中。这里，波函数的模方 $R_{n,l}^2$ 代表在半径 r 处单位体积内发现电子的概率，而 $r^2 R_{n,l}^2$ 代表在半径 r 处单位半径球壳内发现电子的概率，二者的物理含义不同。从图2.7.3也可看出量子力学结果与玻尔理论的区别。玻尔理论给出的图像为电子以 $n^2 a_0/Z$ 为半径绕原子核做圆周运动，而量子力学的结果则表明，电子并不局限于绕某一轨道运动，而是可以出现在从 $r=0$ 到 $r=\infty$ 的任一位置，只不过在不同的半径处出现的概率不同。唯一类似的，只是对于 $l=n-1$ 的电子，其在对应玻尔半径处出现的概率最大而已。

表2.7.2　类氢离子和氢原子 $n \leqslant 3$ 时的径向波函数

n	l	$R_{n,l}(r)$
1	0	$2\left(\frac{Z}{a_0}\right)^{3/2} e^{-Zr/a_0}$
2	0	$\frac{1}{2\sqrt{2}}\left(\frac{Z}{a_0}\right)^{3/2}\left(2-\frac{Zr}{a_0}\right)e^{-Zr/2a_0}$
	1	$\frac{1}{2\sqrt{6}}\left(\frac{Z}{a_0}\right)^{3/2}\left(\frac{Zr}{a_0}\right)e^{-Zr/2a_0}$
3	0	$\frac{2}{81\sqrt{3}}\left(\frac{Z}{a_0}\right)^{3/2}\left(27-18\frac{Zr}{a_0}+2\frac{Z^2r^2}{a_0^2}\right)e^{-Zr/3a_0}$
	1	$\frac{4}{81\sqrt{6}}\left(\frac{Z}{a_0}\right)^{3/2}\left(6\frac{Zr}{a_0}-\frac{Z^2r^2}{a_0^2}\right)e^{-Zr/3a_0}$
	2	$\frac{4}{81\sqrt{30}}\left(\frac{Z}{a_0}\right)^{3/2}\left(\frac{Z^2r^2}{a_0^2}\right)e^{-Zr/3a_0}$

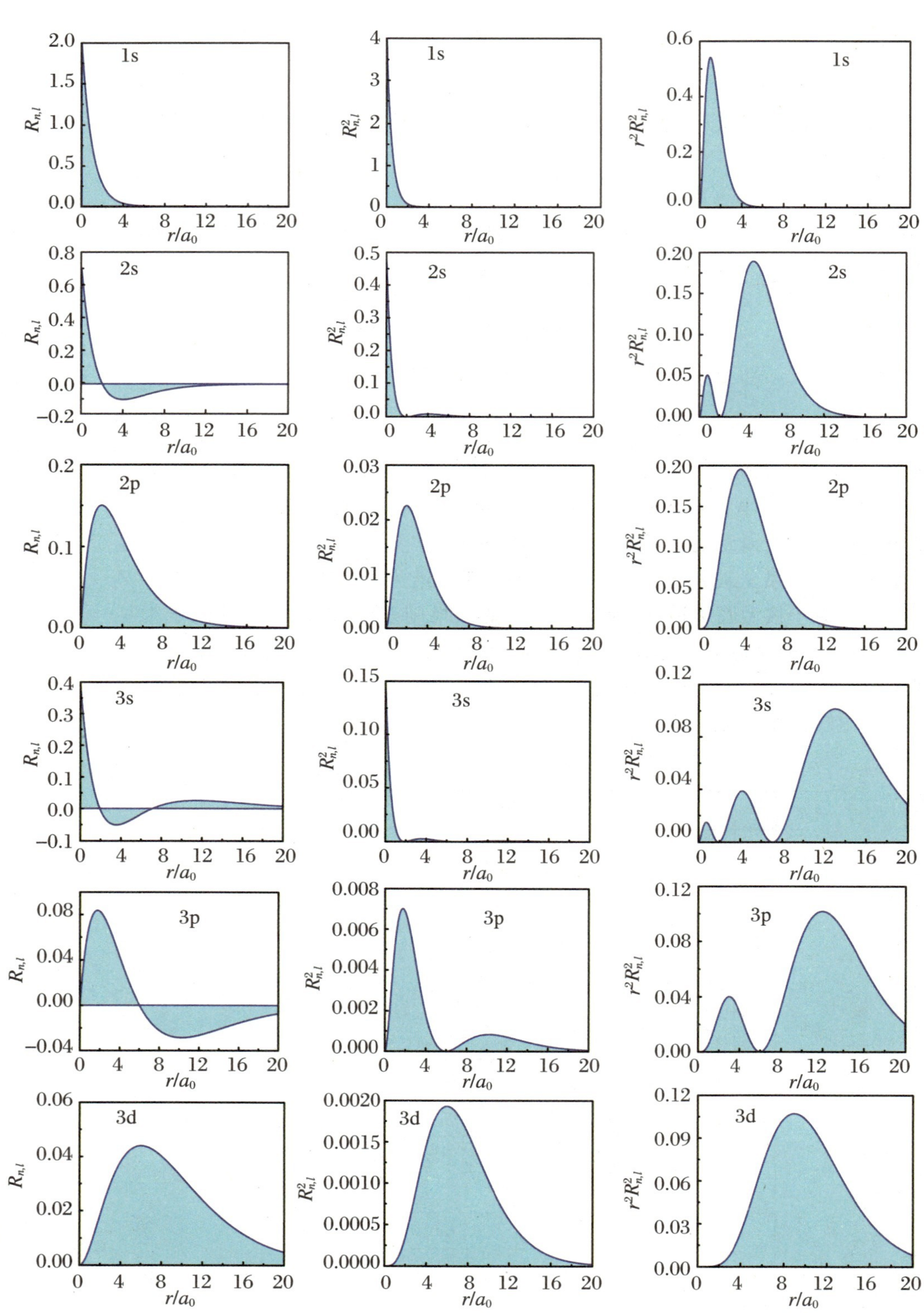

图 2.7.3 氢原子的 $R_{n,l}$、$R^2_{n,l}$和 $r^2R^2_{n,l}$

【例 2.7.1】计算类氢离子中电子运动的 r^k 的平均值,这里 $k=2$、1、-1、-2 和 -3。

【解】由类氢离子的波函数,可得

$$\overline{r^k}=\int\psi_{n,l,m}^*r^k\psi_{n,l,m}r^2\mathrm{d}r\sin\theta\mathrm{d}\theta\mathrm{d}\varphi$$

由于角向波函数是正交归一的,有

$$\overline{r^k}=\int R_{n,l}^*(r)r^kR_{n,l}(r)r^2\mathrm{d}r$$

代入可得

$$\overline{r^2}=\frac{1}{2}[5n^2+1-3l(l+1)]n^2\left(\frac{a_0}{Z}\right)^2$$

$$\bar{r}=\frac{1}{2}[3n^2-l(l+1)]\frac{a_0}{Z}$$

$$\overline{r^{-1}}=\frac{1}{n^2}\frac{Z}{a_0}$$

$$\overline{r^{-2}}=\frac{2}{(2l+1)n^3}\left(\frac{Z}{a_0}\right)^2$$

$$\overline{r^{-3}}=\frac{Z^3}{a_0^3n^3l(l+1/2)(l+1)}$$

2.7.5 氢原子的总波函数

氢原子的总波函数为径向波函数和角向波函数的乘积:

$$\psi_{n,l,m}(r,\theta,\varphi)=R_{n,l}(r)\cdot Y_{l,m}(\theta,\varphi)\tag{2.7.25}$$

相应地,氢原子中电子在空间 $\vec{r}$ 处单位体积元 $\mathrm{d}\tau=r^2\mathrm{d}r\sin\theta\mathrm{d}\theta\mathrm{d}\varphi$ 内出现的概率为

$$|\psi_{n,l,m}(r,\theta,\varphi)|^2=R_{n,l}(r)^2Y_{l,m}{}^*(\theta,\varphi)Y_{l,m}(\theta,\varphi)\tag{2.7.26}$$

图 2.7.4 画出了氢原子中电子的空间概率密度图,这里既考虑了径向的分布,也考虑了角向的分布。在这里我们首先说明 2s(即 200)电子的概率密度:对于 s 电子,由图 2.7.2 可知,其分布具有球对称性,与角度无关。但是由图 2.7.3

可知，其径向概率密度 R_{2s}^2 在 $r=2a_0$ 处有一个极小，因此我们可以在图中看到明显的一个环状暗区，这个暗区就对应 $r=2a_0$ 处的极小。而在该暗区之外，又有一个亮区，这对应径向概率密度在 $r=4a_0$ 处的极大。至于其中心点的亮区，当然对应图中 $r=0$ 处的极大。再者，我们解释一下 3p 的 $m=0$（也即 310）电子的概率密度。由图 2.7.2 可知，对于 p 电子，其角向在 $\theta=0^\circ$ 和 $\theta=180^\circ$ 对应两个极大，在 $\theta=90^\circ$ 处出现的概率为零，且绕 z 轴旋转对称。再考虑径向概率分布，如图 2.7.3 所示，在 $r=0$ 和 $r=6a_0$ 处有两个极值零点，当然两个极值零点之间对应一个极大，$r=6a_0$ 和 $r=\infty$ 之间也对应一个极大。因此角向分布限定了其在 xy 平面内出现的概率为零，对应暗区，虽然在径向分布它有一定的概率。完全类似地，虽然角向概率分布预言 z 轴方向的概率最大，但在径向概率最小的地方仍旧为暗区。其他图样完全可以用相同的方法进行解释，只不过要考虑径向概率密度和角向概率密度的乘积就是了。

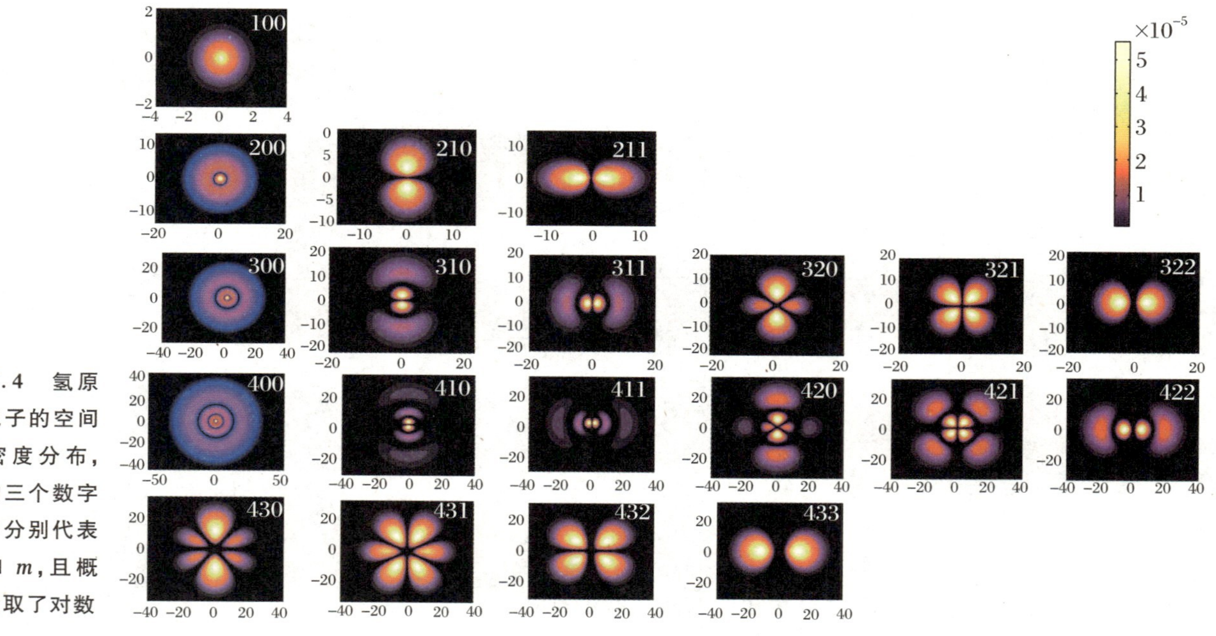

图 2.7.4　氢原子中电子的空间概率密度分布，图中的三个数字按顺序分别代表 n、l 和 m，且概率密度取了对数

2.8　量子数的物理解释

2.7 节给出了氢原子的量子力学解，在此基础上给出了三个量子数，分别是解径向薛定谔方程给出的量子数 n、解 θ 方向薛定谔方程给出的量子数 l 和解 φ 方向薛定谔方程给出的量子数 m。下面的问题是：这三个量子数分别与哪些

物理量有关？各代表了什么物理含义呢？这就是本节要介绍的内容。

2.8.1 主量子数 n

在公式(2.7.24)中已经给出

$$E_n = -\frac{m_e e^4}{(4\pi\varepsilon_0)^2 2\hbar^2}\frac{Z^2}{n^2}, \quad n = 1,2,3,4,\cdots$$

可以看出，类氢体系的能量完全由量子数 n 决定。因此，量子数 n 反映了类氢体系的主要特征，所以它被叫作主量子数。

历史上，主量子数 n 的不同取值，用一些约定俗成的符号来指代，是原子分子物理领域的专有术语。$n=1$、2、3、4、5、6、7 分别叫作 K、L、M、N、O、P、Q，这些指代符号要读者逐步熟悉，是很常用的。

对于类氢体系，给定了主量子数 n 以后，体系的能量就完全确定了，但是体系的状态，也即波函数的具体形式，还没有完全确定，这种情况叫作简并。所谓简并度，是指一个确定能量下的不同状态的个数。由 2.7 节可知，对于一个给定的主量子数 n，l 可以取 0、1、2、…、$n-1$，共有 n 个不同的 l。而对应于每一个 l，m 可以取 0、±1、±2、…、$\pm l$，共有 $2l+1$ 个 m。因此我们可以计算出对应于一个给定的主量子数 n，其所对应的简并度为

$$\sum_{l=0}^{n-1}(2l+1) = 1+3+5+\cdots+(2n-1) = n^2 \tag{2.8.1}$$

在第 3 章中我们还会引入一个新的量子数，自旋量子数，它有两个取值。因此，考虑到自旋量子数，主量子数 n 所对应的简并度为 $2n^2$。

简并度与体系的对称性直接相关。对于类氢系统，其势场是球对称性的，因此其能量对 m 简并。类氢系统的势场还特别特殊，与半径 r 的一次方成反比，因此其能量对 l 简并。如果换一个体系，其势场仍旧是球对称的，但是与半径 r 的反比关系偏离了一次方，则这一体系的能量对 m 简并、对 l 不简并。多电子原子就是这种情况，后面会遇到这种情况。

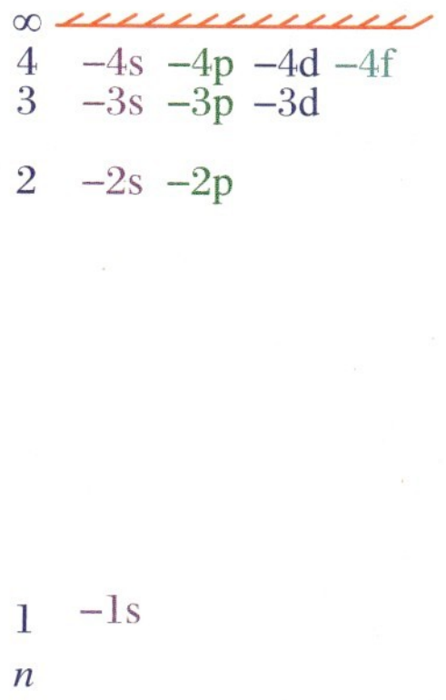

【例 2.8.1】 画出量子力学给出的氢原子的能级图。

【解】 量子力学的结果显示，氢原子的能量仍旧由一个量子数——主量子数 n 决定。但是对应一个 n，其状态数目有 $2n^2$ 个。理论上，能级图应该是画出对应每一个状态的能量。但实际情况是，我们画不出这样一个完整的能级图，因为原子的状态数目太多了。对于所有原子，在没有外磁场存在时，其能量对于量子数 m 都是简并的。因此，考虑到能量的简并情况，实际上氢

∞
4 -4s -4p -4d -4f
3 -3s -3p -3d
2 -2s -2p
1 -1s
n

例 2.8.1 图 氢原子的能级图

原子的能级图的画法是画出对应于每一(n,l)的能量。这一方面是对于大多数原子这一表示方法已经足够好了，另一方面，这样画出的能级图也相对简洁明了。氢原子的能级图示于例2.8.1图中。

2.8.2 轨道角动量量子数 l

在公式(2.7.5)中已经给出，类氢系统角向部分的薛定谔方程为

$$-\left[\frac{1}{\sin\theta}\frac{\partial}{\partial\theta}\left(\sin\theta\frac{\partial}{\partial\theta}\right)+\frac{1}{\sin^2\theta}\frac{\partial^2}{\partial\varphi^2}\right]Y(\theta,\varphi)=l(l+1)Y(\theta,\varphi) \tag{2.8.2}$$

这里已经代入了$k=l(l+1)$。而在2.5节中，公式(2.5.16)已经给出轨道角动量平方的算符为

$$\hat{L}^2=-\hbar^2\left[\frac{1}{\sin\theta}\frac{\partial}{\partial\theta}\left(\sin\theta\frac{\partial}{\partial\theta}\right)+\frac{1}{\sin^2\theta}\frac{\partial^2}{\partial\varphi^2}\right]$$

从上面两个公式可以看出，如果把公式(2.8.2)左右两边同乘以常数$\hbar^2$，求解氢原子角向部分的薛定谔方程就是求解轨道角动量平方算符的本征方程。因此有

$$\hat{L}^2\psi(r,\theta,\varphi)=\hat{L}^2R_{n,l}(r)Y_{l,m}(\theta,\varphi)=l(l+1)\hbar^2R_{n,l}(r)Y_{l,m}(\theta,\varphi) \tag{2.8.3}$$

可以看出，氢原子的波函数也是角动量平方算符的本征函数，相应的角动量平方算符的本征值为

$$L^2=l(l+1)\hbar^2,\quad l=0,1,2,\cdots \tag{2.8.4}$$

而轨道角动量的大小为

$$L=\sqrt{l(l+1)}\hbar,\quad l=0,1,2,\cdots \tag{2.8.5}$$

公式(2.8.5)显示，量子数l是和轨道角动量联系起来的，类氢系统中电子轨道角动量的大小完全由量子数l的大小决定，因此l叫作轨道角动量量子数。

量子力学给出的轨道角动量为式(2.8.5)，与玻尔理论给出的角动量有明显区别。首先，玻尔理论给出的轨道角动量最小只能取到$\hbar$，而量子力学给出的轨道角动量最小可以取到0。其次，在玻尔理论中，电子的轨道角动量只能取

$\hbar$ 的正整数倍，且不能为0。而量子力学给出的轨道角动量，除了可以为0以外，且其他值都不是 $\hbar$ 的整数倍。

2.8.3 磁量子数 m_l

由于量子数 m 的个数由轨道角动量量子数 l 决定，为 $2l+1$ 个，因此也把量子数 m 写为 m_l。在算符一节中，已经给出轨道角动量 z 分量的算符为

$$\hat{L}_z = -\mathrm{i}\hbar\frac{\partial}{\partial\varphi}$$

把氢原子的波函数代入轨道角动量 z 分量算符的本征方程，可得

$$\hat{L}_z\psi(r,\theta,\varphi) = \hat{L}_z R_{n,l}(r)Y_{l,m}(\theta,\varphi) = m_l\hbar R_{n,l}(r)Y_{l,m}(\theta,\varphi) \tag{2.8.6}$$

式(2.8.6)表明，轨道角动量的 z 分量完全由量子数 m_l 决定，其数值为

$$L_z = m_l\hbar,\quad m_l = 0,\pm1,\pm2,\cdots,\pm l \tag{2.8.7}$$

当把原子放入外磁场中，其能级分裂个数由轨道角动量 z 分量的个数决定，也即由 m_l 决定。因此，量子数 m_l 叫作磁量子数。

2.8.4 空间量子化

公式(2.8.5)和(2.8.7)给出了类氢系统中电子的轨道角动量和它的 z 分量的大小。可以看出，除了轨道角动量为零的特殊情况，轨道角动量 z 分量的大小 L_z 并不能从 $-L$ 取到 L，而只能取一些分立的值，是量子化的，这叫作空间量子化。为了形象化地表示空间量子化现象，采用作图法表示原子的轨道角动量，如图2.8.1所示。图中轨道角动量用矢量表示，矢量的长度代表轨道角动量的大小，矢量和 z 方向的夹角由 $\cos\varphi = \dfrac{L_z}{L}$ 决定。由于 L_z 的取值是量子化的，φ 只能取几个分离的值，具体由 L_z 的个数决定。由于只是确定了轨道角动量的大小及其 z 方向分量，并没有确定它的 x、y 方向，因此轨道角动量可以处于与 z 轴夹角为 φ 的锥面上的任何位置，如图2.8.1所示。如果用经典的语言描述，可以认为轨道角动量在图2.8.1的锥面上绕 z 轴旋进。图2.8.2形象化地给出了轨道角动量量子数 l 为2时的空间量子化现象。

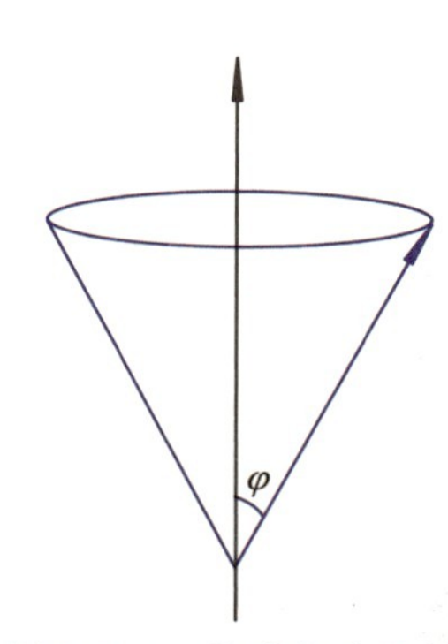

图2.8.1 轨道角动量的矢量模型

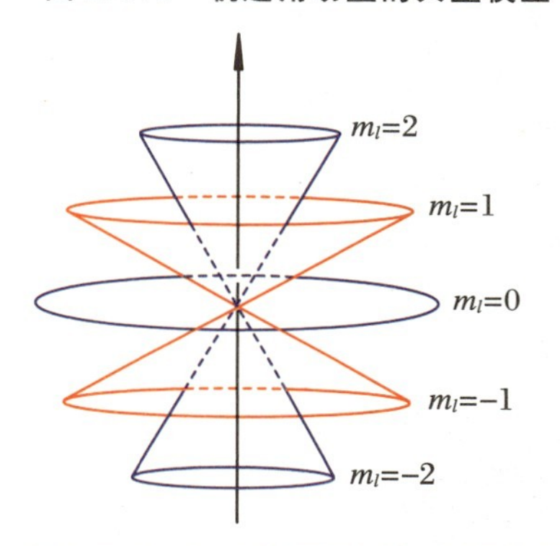

图2.8.2 $l=2$ 时原子的轨道角动量

随之而来的问题是，对于一个真实的氢原子，它的 z 轴到底在三维空间的哪个方向。如果这个氢原子处于既没有电场也没有磁场的绝对无场区，我们就无法确定它的 z 轴在三维空间的具体哪个方向。但是它肯定有一个 z 轴，这个 z 轴就是氢原子角动量 z 方向分量的方向，它肯定是存在的，相应的空间量子化也是存在的，只是我们无法确定这个方向而已。如果我们试图去测量这个 z 轴的方向，无论引入磁场还是电场，量子力学的基本原理告诉我们，这个氢原子的 z 轴马上就塌缩到我们引入的外场的方向，此时我们也不知在测量前它的 z 轴到底在哪个方向了。对于一个实际的氢原子，总是有一个或强或弱的外场，其 z 轴就是这个外场的方向。

2.9 中心势近似

用薛定谔方程处理氢原子是极其成功的，但是多电子原子的薛定谔方程，即使最简单的多电子原子——氦，其薛定谔方程也无法精确求解。为了求解多电子原子的薛定谔方程，人们不得不采用近似方法，最重要的近似方法之一就是中心势近似，这也正是本节的主要内容。

2.9.1 多电子原子的薛定谔方程

对于原子序数为 Z 的原子或离子，忽略较弱的磁相互作用，其势能可以写为

$$U=-\sum_{i=1}^{N}\frac{Ze^2}{4\pi\varepsilon_0 r_i}+\frac{1}{2}\sum_i\sum_{j\neq i}\frac{e^2}{4\pi\varepsilon_0 r_{ij}} \tag{2.9.1}$$

式(2.9.1)中第一项为 N 个电子感受到原子核的库仑吸引而产生的势能，为负值。第二项为电子-电子之间排斥导致的势能，为正值。由于第 i 个电子感受到第 j 个电子的排斥势能和第 j 个电子感受到第 i 个电子的排斥势能是同一个势能，为了避免重复计入，第二项前加入了 1/2 的系数。

有了多电子原子的势能，就可以写出其薛定谔方程：

$$\left(\sum_{i=1}^{N}-\frac{\hbar^2}{2m_e}\nabla_i^2-\sum_{i=1}^{N}\frac{Ze^2}{4\pi\varepsilon_0 r_i}+\frac{1}{2}\sum_i\sum_{j\neq i}\frac{e^2}{4\pi\varepsilon_0 r_{ij}}\right)\psi(\vec{r}_1,\vec{r}_2,\cdots,\vec{r}_N)=E\psi(\vec{r}_1,\vec{r}_2,\cdots,\vec{r}_N) \tag{2.9.2}$$

这里括号内的第一项为 N 个电子的动能算符。由于存在电子–电子之间的库仑排斥项，多电子原子的薛定谔方程无法分离变量，也无法精确求解。

为了求解多电子原子的薛定谔方程，人们不得不对方程(2.9.2)做近似处理，最简单、最直观的近似方法就是忽略电子–电子之间的库仑排斥，只保留前两项，进而采用分离变量法求解。但是实际上电子–电子排斥项与总能量相比，并不是一个小量，这种近似方法并不是一个好的近似。因此，人们不得不寻找新的近似方法，这也是提出中心势近似的背景。

【例 2.9.1】 忽略电子–电子之间的排斥，试计算氦原子基态的能量。如果已知氦原子电离能的实验值为 24.6 eV，而氦离子的电离能为 54.4 eV，试讨论上述近似的好坏。

【解】 如果忽略电子–电子之间的库仑排斥能，氦原子的薛定谔方程可以写为

$$\left(-\frac{\hbar^2}{2m_e}\nabla_1^2-\frac{\hbar^2}{2m_e}\nabla_2^2-\frac{2e^2}{4\pi\varepsilon_0 r_1}-\frac{2e^2}{4\pi\varepsilon_0 r_2}\right)\psi^{(0)}(\vec{r}_1,\vec{r}_2)=E\psi^{(0)}(\vec{r}_1,\vec{r}_2) \tag{1}$$

这里下标 1 和 2 分别指氦原子中的第一个和第二个电子。令 $\psi^{(0)}(\vec{r}_1,\vec{r}_2)=\psi(\vec{r}_1)\cdot\psi(\vec{r}_2)$，可分离变量得

$$\begin{cases}\left(-\dfrac{\hbar^2}{2m_e}\nabla_1^2-\dfrac{2e^2}{4\pi\varepsilon_0 r_1}\right)\psi(\vec{r}_1)=E_1\psi(\vec{r}_1) & (2)\\[2ex] \left(-\dfrac{\hbar^2}{2m_e}\nabla_2^2-\dfrac{2e^2}{4\pi\varepsilon_0 r_2}\right)\psi(\vec{r}_2)=E_2\psi(\vec{r}_2) & (3)\end{cases}$$

这里总能量为 $E=E_1+E_2$。方程(2)和(3)都是类氢离子的薛定谔方程，2.7 节已经给出了其精确解，因此可直接写出这两个方程的本征值，也即电子 1 和电子 2 的能量。然后我们可得氦原子在忽略电子–电子相互作用时的能量

$$E=E_1+E_2=\left(-\frac{4\times 13.6}{n_1^2}-\frac{4\times 13.6}{n_2^2}\right)\text{eV} \tag{4}$$

我们来看其基态，也即 $n_1=n_2=1$，有

$$E_g=-108.8\ \text{eV} \tag{5}$$

氦原子的能量为氦离子的电离能加上从氦原子上移走一个电子所需要的能量。也即实验给出的基态氦原子的能量为

$$E_g^e=-(54.4+24.6)=-79\ \text{eV} \tag{6}$$

比较(5)式和(6)式可以发现,忽略电子-电子之间的相互作用,引入了108.8 − 79 = 29.8 eV 的差别。而 29.8 eV 和 79 eV 相比,几乎占了氦原子总能量的 38%。显然忽略电子-电子之间的相互作用并不是一个好的近似。

2.9.2 中心势近似

所谓中心势近似,是认为多电子原子中的每一个电子,都在原子核和其他电子所产生的平均势场中运动,而且认为其他电子所产生的平均势场是中心势,只与该电子和原子核之间的距离有关,与方向无关,也即可以写为$u_i(r_i)$的形式。在中心势近似下,多电子原子的薛定谔方程可以写为

$$\left(\sum_{i=1}^{N}-\frac{\hbar^2}{2m_e}\nabla_i^2-\sum_{i=1}^{N}\frac{Ze^2}{4\pi\varepsilon_0 r_i}+\sum_i u_i(r_i)\right)\psi^{(0)}(\vec{r}_1,\vec{r}_2,\cdots,\vec{r}_N)$$
$$=E\psi^{(0)}(\vec{r}_1,\vec{r}_2,\cdots,\vec{r}_N) \tag{2.9.3}$$

在此忽略了电子-电子相互作用中非中心势的部分 $\frac{1}{2}\sum_i\sum_{j\neq i}\frac{e^2}{4\pi\varepsilon_0 r_{ij}}-\sum_i u_i(r_i)$,这一部分称为剩余静电势,或叫作非中心势。比起电子-电子相互作用排斥势来说,剩余静电势是一个小量,因为它是前者扣除了中心势部分的贡献。相应地,公式(2.9.3)就是一个比较好的近似,因为它忽略的是一个小量。

多电子原子中心势的薛定谔方程(2.9.3)的求解较为简单。首先我们可以注意到,该方程可以分离变量,写为每一个电子单独的薛定谔方程:

$$\left(-\frac{\hbar^2}{2m_e}\nabla_i^2-\frac{Ze^2}{4\pi\varepsilon_0 r_i}+u_i(r_i)\right)\psi_i(\vec{r}_i)=E_i\psi_i(\vec{r}_i) \tag{2.9.4}$$

单电子的薛定谔方程(2.9.4)与类氢系统的薛定谔方程是类似的,势能都与角度无关。因此方程(2.9.4)可以分离变量,分别写为径向 r、角向 θ 方向和 φ 方向的薛定谔方程。(2.9.4)式中 θ 方向和 φ 方向的薛定谔方程与类氢系统的相应方程一模一样,因此方程的解也完全相同,可以得到一套量子数(l_i, m_{l_i})。当然,得到了轨道角动量量子数 l_i 和磁量子数 m_{l_i},也就确定了相应的角向波函数,也随之可得到轨道角动量及其 z 方向的分量。由于这部分结果与类氢系统的完全相同,在此我们不做赘述。

由于公式(2.9.4)中势能的形式与类氢系统的势能形式不一样,所以其径

向薛定谔方程的解与类氢系统不同。但是,求解公式(2.9.4)的径向薛定谔方程发现,其径向波函数仍旧由两个量子数决定,一个是主量子数 n_i,另一个是前面解出的轨道角动量量子数 l_i。相应的本征值也由这两个量子数决定,也即单电子的能量可以写为 $E_{n_il_i}$。与类氢系统不同,由于多电子原子中每个电子感受到的势能不再简单地反比于 r,单电子的能量除了与主量子数 n_i 有关外,还与轨道角动量量子数 l_i 有关,这在2.8节中已有提及。一般来说,单电子的能量主要取决于主量子数 n_i,轨道角动量量子数 l_i 对能量的影响相对较小。n_i 的数值越小,能量越低;l_i 的数值越小,能量越低。

求解出了每个电子的薛定谔方程,多电子原子的薛定谔方程(2.9.3)也就求解完毕了。多电子原子的能量和波函数可以写为

$$E = \sum_i E_{n_il_i} \tag{2.9.5}$$

$$\psi^{(0)}(\vec{r}_1,\vec{r}_2,\cdots,\vec{r}_N) = \psi_1(\vec{r}_1)\cdot\psi_2(\vec{r}_2)\cdot\cdots\cdot\psi_N(\vec{r}_N) \tag{2.9.6}$$

如果给出了多电子原子中所有电子 (n_i,l_i) 的组合,也就给出了原子的主要能量(忽略了剩余静电势部分和各种磁相互作用)。因此,多电子原子中所有电子 (n_i,l_i) 的组合叫作原子的电子组态,其写法为把主量子数以数字的形式写在前面,把轨道角动量量子数以惯常的写法 s、p、d、f、…写在后面。例如 1s2p、1s3d、1s2s2p 等等。如果多个电子的 (n_i,l_i) 相同,则把电子的个数写于右上角,例如 $1s^2$、$2p^3$、$3d^4$ 等。

【例 2.9.2】 氦原子中两个电子,如果一个电子处于 $n=1$、$l=0$,而另一个电子处于 $n\leqslant 4$ 的状态,试写出其电子组态。

【解】 氦原子能量由低到高的电子组态分别为

$1s^2$、1s2s、1s2p、1s3s、1s3p、1s3d、1s4s、1s4p、1s4d、1s4f

对于多电子原子而言,剩下的唯一问题是如何确定 $u_i(r_i)$ 的形式。一般 $u_i(r_i)$ 没有解析的形式,而是采用数值解法。量子力学已经发展出了规范的求解 $u_i(r_i)$ 的技术,例如 Hartree-Fock 方法等等,这些已经超出了本教材的内容,但是可以在相关的原子分子物理教科书中找到答案。①

① Cowan R D. The Theory of Atomic Structure and Spectra[M]. Berkeley: University of California Press,1981.

2.10 选择定则

根据经典理论，粒子只有处于能量最低点时才是稳定的，原子的情况也一样。如果原子处于激发态，则它是不稳定的，必将通过辐射电磁波而向低能级跃迁，并最终回到基态。现在的问题是，是否原子的任何两个状态之间都可以发生跃迁呢？答案是否定的。本节就讨论原子的跃迁问题。

"电磁学"的知识告诉我们，要产生电磁波，就必须要有产生交变电磁场的振源。原子的跃迁也一样，既然跃迁过程中涉及电磁波的发射，原子中就必须要有产生交变电磁场的振源。由于电相互作用的强度远大于磁相互作用的强度，作为合理的近似，可以只考虑电场振荡的振源，最简单的振荡形式就是电偶极子的振荡。只要原子跃迁过程中涉及的初、末态之间存在电偶极振荡，则初、末态之间的跃迁就是可以发生的，否则初、末态之间不能发生跃迁。因此，判断原子两个状态之间能否发生跃迁，归结为求初、末态之间是否存在电偶极矩。若初、末态之间存在电偶极矩，就能够发生跃迁，否则就不能。这就是选择定则，它给出了两个状态之间能否发生跃迁的判选条件。

原子初、末态之间的电偶极矩可由式(2.10.1)给出：

$$\vec{p}_{if}=-\int\psi_f^*(e\vec{r})\psi_i\mathrm{d}\vec{r}=-e\int\psi_{n'l'm_l'}^*(\vec{r})\vec{r}\psi_{nlm_l}(\vec{r})\mathrm{d}\vec{r} \tag{2.10.1}$$

相应的跃迁概率正比于$|\vec{p}_{if}|^2$。公式(2.10.1)其实类似于求期望值的公式(2.5.2)，只不过这里求期望值涉及初、末两个状态的波函数而已。如果初、末态之间的电偶极矩不为零，则这两个状态之间就可以发生跃迁，相应的跃迁称为允许跃迁。若初、末态之间的电偶极矩为零，则这两个状态之间就不能发生跃迁，相应的跃迁称为禁戒跃迁。

公式(2.10.1)的积分涉及对三个自变量的积分，分别为径向 r、极角 θ 和方位角 φ。量子力学的理论研究表明，只要初、末态的主量子数 n、n'都是整数，则对 r 的积分就不为零，而这一条件总是满足的。下面考虑公式(2.10.1)对θ、φ的积分。

原子波函数关于原点的反演对称性，称为原子的宇称。如果原子的某一个态，其波函数关于原点反演是反对称的，也即 $\psi(-\vec{r})=-\psi(\vec{r})$，则称这个态具有奇宇称。反之，如果其波函数关于原点反演对称，也即 $\psi(-\vec{r})=\psi(\vec{r})$，则称这个态具有偶宇称。为了说明宇称的特性，我们引入宇称算符 $\hat{p}$，有

$$\hat{p}\psi(\vec{r}) = \psi(-\vec{r}) = c\psi(\vec{r}) \tag{2.10.2}$$

这里 c 是一个常数。c 之所以是一个常数，是因为当把 $\vec{r}$ 变换成 $-\vec{r}$ 时，体系的哈密顿量不变(见习题 2.21，也可以说哈密顿算符与宇称算符对易)。哈密顿量不变则意味着解出的波函数不变，进而意味着 $\psi(-\vec{r})$ 只能与原来的波函数 $\psi(\vec{r})$ 相差一个乘积常数。把宇称算符作用在波函数上两次，有

$$\hat{p}^2\psi(\vec{r}) = c^2\psi(\vec{r}) = \psi(\vec{r}) \tag{2.10.3}$$

因此只能有 $c^2=1$，也即 $c=\pm 1$，分别对应于偶宇称和奇宇称的波函数。因此，原子的波函数，要么具有奇宇称，要么具有偶宇称。从宇称的定义可以看出，波函数的宇称是和空间波函数的奇、偶性一一对应的，奇宇称对应奇函数，偶宇称对应偶函数。波函数的宇称取决于轨道角动量量子数 l，若 l 为偶数，则波函数为偶宇称，若 l 为奇数，则波函数为奇宇称，也即原子波函数的奇偶性由 $(-1)^l$ 决定。考察公式(2.10.1)，该积分不为零的条件是被积函数是偶函数。由于 $\vec{r}$ 为奇函数，则公式(2.10.1)不为零的条件就是

$$(-1)^{l+l'+1} = 1$$

也即 $l+l'$ 为奇数或者等价的 $l-l'$ 为奇数。进一步考察波函数的具体形式给出(见附录 2-3)，积分(2.10.1)不为零的第一个条件就是

$$l-l'=\pm 1$$

这就是选择定则的第一条，也即宇称的选择定则，也叫拉波特定则。

公式(2.10.1)对方位角 φ 的积分稍显复杂，对具体推导感兴趣的读者可参阅附录 2-4，在此只给出最后结果：

$$\Delta m_l = 0, \pm 1$$

总体来说，原子跃迁的选择定则为

$$\begin{cases} \Delta l = \pm 1 \\ \Delta m_l = 0, \pm 1 \end{cases} \tag{2.10.4}$$

只有上述两个条件都满足时，该跃迁才是允许的，公式(2.10.4)的选择定则也适用于多电子原子。

上述的讨论给出的只是电偶极辐射的选择定则。实际上，不仅有电偶极辐射，还有磁偶极、电四极、电八极等辐射，它们也有自己的选择定则。只不过这类跃迁的概率比电偶极辐射的跃迁概率要小几个数量级，一般可忽略不计。

需要说明的是，公式(2.10.4)给出的选择定则并没有考虑原子中各种复杂的相互作用，考虑它们之后，选择定则也要做相应的调整，而这将在以后的相关章节中讨论。

附录 2-1 瑞利-金斯公式的推导

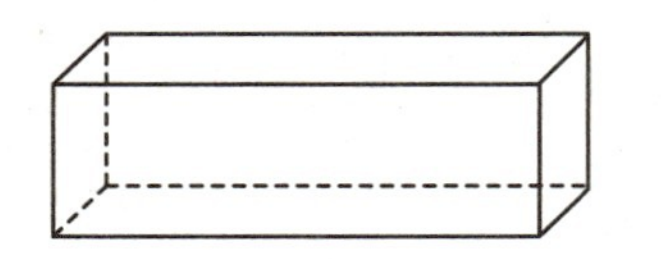

图 2-1 长方形黑体空腔

瑞利认为，黑体空腔中的电磁辐射场可以分解为无穷多个单色平面波的叠加，而单色平面波的电场分量可表示为

$$\vec{E} = \vec{E}_0 e^{i(\vec{k}\cdot\vec{r}-\omega t)} \tag{2-1}$$

这里 ω 为圆频率，$\vec{k}$ 为波矢。

由于辐射场是稳定存在的，这些平面单色波必定满足驻波条件 $n\lambda = L$。为了简化问题，并不失一般性，我们不妨假设空腔为长方体(见图 2-1。在统计物理中，边界条件的具体形式是无关紧要的)，可得

$$\begin{cases} k_x = \dfrac{2\pi n_x}{L_x}, & n_x = 0, \pm 1, \pm 2, \pm 3, \cdots \\ k_y = \dfrac{2\pi n_y}{L_y}, & n_y = 0, \pm 1, \pm 2, \pm 3, \cdots \\ k_z = \dfrac{2\pi n_z}{L_z}, & n_z = 0, \pm 1, \pm 2, \pm 3, \cdots \end{cases} \tag{2-2}$$

式中 L_x、L_y 和 L_z 分别为空腔在 x、y 和 z 方向的长度。电场矢量有两个互相垂直的偏振方向，且它们都垂直于波矢 $\vec{k}$ 。瑞利认为，具有一定波矢 $\vec{k}$ 和一定偏振的单色平面波可以看成辐射场的一个自由度，它以圆频率 ω 随时间做简谐变化。因此，它相应于一个谐振子，具有一个振动自由度。对公式(2-2)取微分，可得在体积 V 内，在 $\mathrm{d}k_x\mathrm{d}k_y\mathrm{d}k_z$ 波矢范围内，辐射场的振动自由度数目为

$$\mathrm{d}n_x\mathrm{d}n_y\mathrm{d}n_z = 2\cdot\frac{L_xL_yL_z}{8\pi^3}\mathrm{d}k_x\mathrm{d}k_y\mathrm{d}k_z = \frac{V}{4\pi^3}\mathrm{d}k_x\mathrm{d}k_y\mathrm{d}k_z \tag{2-3}$$

公式(2-3)中的 2 对应每个谐振子的两个偏振方向。把上述直角坐标系变换到球坐标系，有 $\mathrm{d}k_x\mathrm{d}k_y\mathrm{d}k_z = k^2\mathrm{d}k\sin\theta\mathrm{d}\theta\mathrm{d}\varphi$，而角度部分的积分值为 4π。再考虑到 $\omega = ck$，代入公式(2-3)有

$$D(\omega)\mathrm{d}\omega = \frac{V}{\pi^2c^3}\omega^2\mathrm{d}\omega \tag{2-4}$$

这里 $D(\omega)\mathrm{d}\omega$ 代表体积 V 内，$\omega \sim \omega + \mathrm{d}\omega$ 间的振动自由度数目。为了与实验对照，这里已经对角度部分做了积分。由能量均分定律，每一个振动自由度的

能量为 kT(包括平均动能$\frac{1}{2}kT$ 和相同大小的平均势能),则 $\mathrm{d}\omega$ 范围内平衡热辐射的内能为

$$U(\omega)\mathrm{d}\omega = \frac{V}{\pi^2 c^3}\omega^2 kT\mathrm{d}\omega \tag{2-5}$$

代入 $\omega = 2\pi\nu$,并除以体积 V,可得内能密度为

$$\rho(\nu, T)\mathrm{d}\nu = \frac{8\pi\nu^2}{c^3}kT\mathrm{d}\nu \tag{2-6}$$

类似于分子运动论的泄流模型,考虑到电磁辐射的速度为光速 c,从空腔小孔辐射出的能量,也即单色辐射本领为

$$r_0(\nu, T) = \frac{c}{4}\rho(\nu, T) = \frac{2\pi\nu^2}{c^2}kT \tag{2-7}$$

公式(2-7)也可转换为波长的表达式。利用 $r_0(\nu, T)\mathrm{d}\nu = r_0(\lambda, T)\mathrm{d}\lambda$ 和 $|\mathrm{d}\nu| = \frac{c}{\lambda^2}\mathrm{d}\lambda$,可得

$$r_0(\lambda, T) = \frac{2\pi c}{\lambda^4}kT \tag{2-8}$$

这就是著名的瑞利-金斯公式。

附录 2-2 普朗克公式的推导

普朗克认为,瑞利-金斯公式推导中的唯一问题在于能量均分定律的应用。根据普朗克谐振子能量量子化的假设(见公式(2.1.10))和玻耳兹曼分布,可计算每一个振动自由度的平均能量为

$$\bar{\varepsilon} = \frac{\sum_{n=0}^{\infty} nh\nu \mathrm{e}^{-nh\nu/kT}}{\sum_{n=0}^{\infty} \mathrm{e}^{-nh\nu/kT}} \tag{2-9}$$

设 $a = \frac{h\nu}{kT}$,有

$$\bar{\varepsilon} = kT\frac{\sum_{n=0}^{\infty} na\mathrm{e}^{-na}}{\sum_{n=0}^{\infty}\mathrm{e}^{-na}} \tag{2-10}$$

因为

$$-a\frac{\mathrm{d}}{\mathrm{d}a}\ln\left(\sum_{n=0}^{\infty}\mathrm{e}^{-na}\right) = \frac{-a\dfrac{\mathrm{d}}{\mathrm{d}a}\left(\sum_{n=0}^{\infty}\mathrm{e}^{-na}\right)}{\sum_{n=0}^{\infty}\mathrm{e}^{-na}} = \frac{\sum_{n=0}^{\infty}na\mathrm{e}^{-na}}{\sum_{n=0}^{\infty}\mathrm{e}^{-na}}$$

而由等比数列求和公式,可知

$$\sum_{n=0}^{\infty}\mathrm{e}^{-na} = (1-\mathrm{e}^{-a})^{-1}$$

代入公式(2-10)可得

$$\bar{\varepsilon} = \frac{h\nu}{\mathrm{e}^{h\nu/kT}-1} \tag{2-11}$$

把瑞利-金斯公式中的 kT 替代为 $\bar{\varepsilon}$,就可得著名的普朗克公式:

$$r_0(\nu,T) = \frac{2\pi h\nu^3}{c^2}\frac{1}{\mathrm{e}^{h\nu/kT}-1} \tag{2-12}$$

或

$$r_0(\lambda,T) = \frac{2\pi hc^2}{\lambda^5}\frac{1}{\mathrm{e}^{hc/\lambda kT}-1} \tag{2-13}$$

附录 2-3 轨道角动量量子数 l 的选择定则

我们可以把公式(2.10.1)中的 $\vec{r}$ 展开为

$$\begin{cases} x = r\sin\theta\cos\varphi \\ y = r\sin\theta\sin\varphi \\ z = r\cos\theta \end{cases} \tag{2-14}$$

只要公式(2.10.1)对 x、y 和 z 三个分量的任何一个积分不为零，则跃迁都是允许的。再考虑到连带勒让德多项式具有如下性质：

$$\begin{cases} \cos\theta \cdot \mathrm{P}_l^m(\cos\theta) = \dfrac{(l-m+1)\mathrm{P}_{l+1}^m(\cos\theta)+(l+m)\mathrm{P}_{l-1}^m(\cos\theta)}{2l+1} \\ \sin\theta \cdot \mathrm{P}_l^m(\cos\theta) = \dfrac{\mathrm{P}_{l+1}^{m+1}(\cos\theta)-\mathrm{P}_{l-1}^{m+1}(\cos\theta)}{2l+1} \end{cases} \tag{2-15}$$

考虑到公式(2－14)，对 x、y 和 z 方向关于 θ 的积分形式为

$$\int_0^\pi \cos\theta \cdot \mathrm{P}_{l'}^{m'}(\cos\theta)\cdot \mathrm{P}_l^m(\cos\theta)\cdot \sin\theta \mathrm{d}\theta \tag{2-16}$$

或

$$\int_0^\pi \sin\theta \cdot \mathrm{P}_{l'}^{m'}(\cos\theta)\cdot \mathrm{P}_l^m(\cos\theta)\cdot \sin\theta \mathrm{d}\theta \tag{2-17}$$

因为连带勒让德函数具有正交归一性

$$\int_0^\pi \mathrm{P}_{l'}^{m'}(\cos\theta)\cdot \mathrm{P}_l^m(\cos\theta)\cdot \sin\theta \mathrm{d}\theta = \delta_{l,l'}\delta_{m,m'} \tag{2-18}$$

因此公式(2－16)和(2－17)积分值不为零的条件为

$$\Delta l = \pm 1 \tag{2-19}$$

这就是涉及轨道角动量量子数 l 的选择定则。

附录 2-4　磁量子数 m 的选择定则

为了给出磁量子数的选择定则，需要对方位角 φ 进行积分，也即对 x、y 和 z 三个分量的任何一个积分不为零。

实际上，由附录 2－3 公式(2－14)，z 方向的积分可写为

$$p_{if}^z = \int \psi_{n'l'm'}^* z\psi_{nlm}\mathrm{d}\tau = a\int_0^{2\pi} \mathrm{e}^{\mathrm{i}(m-m')\varphi}\mathrm{d}\varphi \tag{2-20}$$

式(2－20)中已经把对 r 和 θ 的积分包含在了 a 中。对于方位角 φ 的积分，考虑到 m 和 m'都为整数，只有 $\Delta m = m - m' = 0$ 时公式(2－20)的积分值才不为零。因此，z 方向的积分给出磁量子数的选择定则为

$$\Delta m = 0 \tag{2-21}$$

为了给出 x 和 y 方向的积分，我们做一个变量代换：

$$\begin{cases} x = r\sin\theta \dfrac{e^{i\varphi} + e^{-i\varphi}}{2} \\ y = r\sin\theta \dfrac{e^{i\varphi} - e^{-i\varphi}}{2i} \end{cases} \tag{2-22}$$

显然，由公式(2-22)可知，涉及方位角 φ 的积分为

$$\int_0^{2\pi} e^{i(m-m'+1)\varphi} d\varphi \tag{2-23}$$

和

$$\int_0^{2\pi} e^{i(m-m'-1)\varphi} d\varphi \tag{2-24}$$

而积分(2-23)和(2-24)不为零的条件就是

$$\Delta m = \pm 1 \tag{2-25}$$

总之，磁量子数 m 的选择定则为

$$\Delta m = 0, \pm 1 \tag{2-26}$$

第 3 章　原子的能级结构和光谱

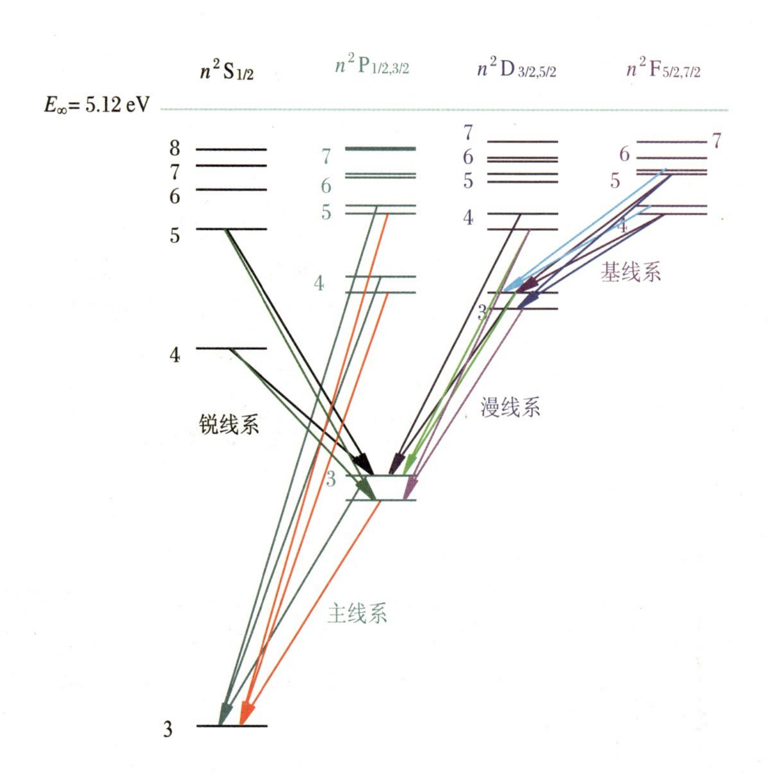

原子的能级结构和光谱，尤其是多电子原子的能级结构和光谱，在量子力学诞生前曾经困扰了物理学家相当长的时间。在量子力学诞生后，原子的能级结构和光谱问题虽然不能说是迎刃而解了，但对其规律性的认识却也有了翻天覆地的变化。本章的主要目的是阐明三部分的规律，它们涉及元素周期表、单电子原子的能级结构和光谱、双电子原子的能级结构和光谱。为了达到上述目的，理论上还需做一些准备，这些理论主要包括电子自旋、自旋-轨道相互作用、泡利不相容原理和交换效应、LS 耦合和 jj 耦合等，而这部分内容也是本章要阐述清楚的重点。

3.1 电子自旋

在第 2 章中，通过解原子的薛定谔方程，引入了主量子数 n、轨道角动量量子数 l 和磁量子数 m_l 来描述原子的状态和能级。在那里，只考虑了电相互作用引进的势能项，本节开始考虑原子中的磁相互作用。

3.1.1 轨道磁矩

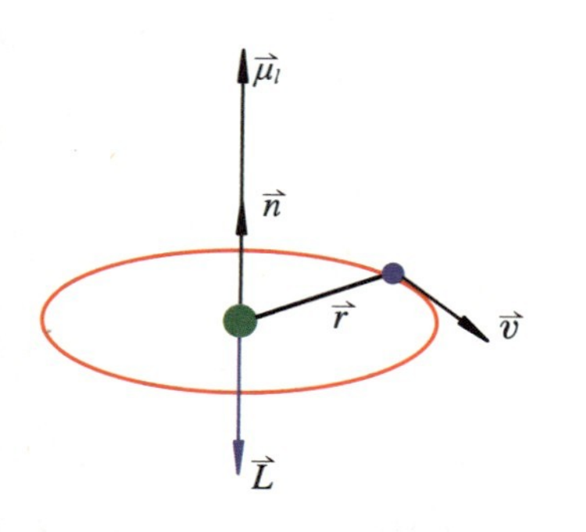

图 3.1.1 轨道角动量和轨道磁矩

在原子中，电子绕着原子核运动，由于电子带有电荷，它的运动肯定会产生磁场。我们以玻尔模型为例，来说明原子中电子运动产生的磁效应。根据经典电磁理论，电子绕原子核做闭合圆周运动，相当于一个小电流环，它等价于一个磁偶极子，如图 3.1.1 所示。这个小电流环产生的磁矩为

$$\vec{\mu} = IS\vec{n}$$

这里 I 为小电流环的电流，大小为

$$I = \frac{e}{T} = \frac{ev}{2\pi r}$$

$S=\pi r^2$ 为小电流环的面积，$\vec{n}$ 是该面积法线方向的单位矢量。代入可得

$$\vec{\mu} = \frac{evr}{2}\vec{n} = -\frac{e}{2m_e}\vec{r}\times m_e\vec{v} = -\frac{e}{2m_e}\vec{L} \tag{3.1.1}$$

这里 $\vec{L}=\vec{r}\times m_e\vec{v}$ 是电子的轨道角动量。公式(3.1.1)中的负号是由于电子带负电荷，其运动方向与电流方向相反。公式(3.1.1)是基于玻尔理论推导出来

的，严格的量子力学推导也给出完全相同的结果。如第 2 章所述，电子的轨道角动量是一个守恒量，其大小 $L=\sqrt{l(l+1)}\hbar$ 完全由轨道角动量量子数 l 决定。因此，源于电子的轨道角动量的轨道磁矩(orbital magnetic moment)为

$$\vec{\mu}_l=-\frac{e}{2m_e}\vec{L}=-\frac{\mu_B}{\hbar}\vec{L} \tag{3.1.2}$$

这里μ_B是玻尔磁子(Bohr magneton)：

$$\mu_B=\frac{e\hbar}{2m_e}=0.57883818012(26)\times10^{-4}\ \mathrm{eV\cdot T^{-1}}$$

由于轨道磁矩与轨道角动量有一一对应的关系，如公式(3.1.2)所示，所以轨道磁矩的 z 分量也与轨道角动量的 z 分量有一一对应的关系。考虑到轨道角动量的 z 分量是一个守恒量：$L_z=m_l\hbar$，所以轨道磁矩的 z 方向分量也是确定的，其大小为

$$\mu_{lz}=-\frac{\mu_B}{\hbar}L_z=-m_l\mu_B,\quad m_l=0,\pm1,\pm2,\cdots,\pm l \tag{3.1.3}$$

由于 m_l 有 $2l+1$ 个取值，所以轨道磁矩的 z 分量也有 $2l+1$ 个取值。与轨道角动量一样，轨道磁矩也是量子化的。

3.1.2 施特恩-格拉赫实验

公式(3.1.1)揭示出轨道磁矩与轨道角动量之间有内在的联系，那么也就提供了一种可能性，也即利用原子的磁效应来验证 2.8 节讨论的空间量子化。

根据经典电磁学，处在外磁场中的磁偶极子具有势能：

$$U=-\vec{\mu}_l\cdot\vec{B} \tag{3.1.4}$$

磁偶极子在外磁场中所受的力可由势能的梯度给出：

$$\vec{F}=-\nabla U=-\left(\vec{e}_x\frac{\partial U}{\partial x}+\vec{e}_y\frac{\partial U}{\partial y}+\vec{e}_z\frac{\partial U}{\partial z}\right)$$

可以很容易看出，如果磁场是均匀的，则 U 为常数，磁偶极子不受力。对于非均匀磁场，在这里我们只关心某一个方向，例如 z 方向的非均匀磁场$\partial B_z/\partial z$，有

$$F_z=-\frac{\partial U}{\partial z}=\mu_{lz}\frac{\partial B_z}{\partial z} \tag{3.1.5}$$

图 3.1.2 施特恩(O. Stern, 1888—1969), 德国, 1943 年诺贝尔物理学奖获得者

如果一个原子经过一个非均匀的磁场,根据公式(3.1.5),这个原子的受力只由它的轨道磁矩的 z 分量决定。而由 3.1.1 节的知识可知,原子轨道磁矩的 z 分量 μ_{lz} 完全由轨道角动量的 z 分量 L_z 决定,而 L_z 是空间量子化的。因此,可以预期,一束很细的原子束经过非均匀磁场后,对应于其 $L_z = m_l\hbar$ 的取值将分裂为 $2l+1$ 束。这就是著名的施特恩-格拉赫实验。他们的实验目的就是为了验证轨道角动量的空间量子化。

施特恩(图 3.1.2)和格拉赫所用实验装置示于图 3.1.3。从金属蒸气炉出来的银原子经狭缝准直后,形成很细的银原子束,进入由 N 极和 S 极组成的非均匀磁场,然后再自由地漂移一段区域后打在屏幕 F 上,形成斑痕。实验的几何条件及屏幕 F 上观测到的花样已经示于图 3.1.3 中。

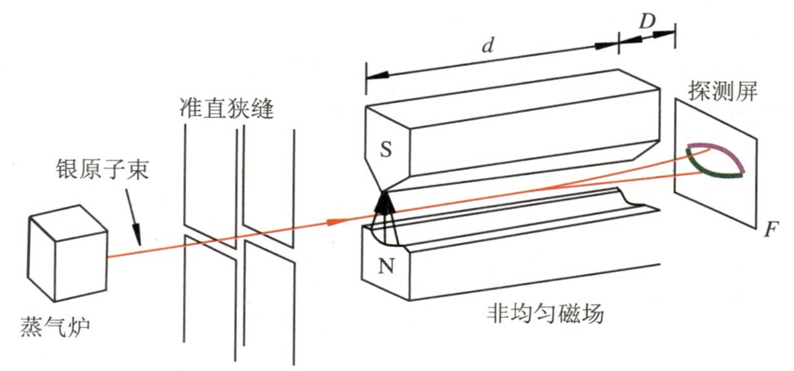

图 3.1.3 施特恩-格拉赫实验装置示意图

根据经典电磁学,一个磁矩 $\mu_l = \sqrt{l(l+1)}\mu_B$,它的 z 分量可以从 $-\sqrt{l(l+1)}\mu_B$ 取到 $\sqrt{l(l+1)}\mu_B$,因此经典电磁学预期施特恩-格拉赫实验将观测到一团阴影。但是量子力学给出完全不同的预期。对于磁矩 $\mu_l = \sqrt{l(l+1)}\mu_B$,其 z 方向的分量受到空间量子化的影响,只能取 $\mu_{lz} = l\mu_B$、$(l-1)\mu_B$、…、$-l\mu_B$ 共 $2l+1$ 个取值,相应的施特恩-格拉赫实验将观测到 $2l+1$ 条斑纹。真实的实验结果已经示于图 3.1.3 中,银原子的实验结果观测到两条斑纹。这一结果与经典电磁学的预期不符,确凿无疑地证实了空间量子化的存在。但是,实验结果又引入了新的问题。量子力学告诉我们,l 只能取 0 或者正整数,因此轨道角动量的 z 分量只能有 $2l+1$ 个取值,也即斑纹的条数无论如何都应该是奇数条。但是实验结果给出了两条斑纹,是偶数条,这与量子力学的预期不符。那么,到底哪里出问题了呢?

在施特恩-格拉赫实验中,根据量子力学理论和公式(3.1.5),银原子分裂的条数完全由角动量在 z 方向分量的个数决定。既然银原子分裂为两束,那么只能说明银原子的角动量在 z 方向上的分量有两个。我们不妨假设这个新的角动量的量子数为 s,与轨道角动量类比,那么必有 $2s+1=2$,也即 $s=1/2$,$m_s = \pm 1/2$。

【例 3.1.1】在施特恩－格拉赫实验中，处于基态的银原子束通过不均匀的横向磁场被探测屏收集。已知磁场梯度 $dB/dz = 10^3\ \mathrm{T \cdot m^{-1}}$，磁极的纵向长度 $d = 0.04\ \mathrm{m}$，磁极端面到探测屏的长度 $D = 0.1\ \mathrm{m}$（图 3.1.3）。如果原子炉的温度为 812 K，在接收屏上两束银原子分开的距离为 0.002 m，试求原子磁矩在磁场方向上的投影 μ_z（忽略磁场的边缘场效应）。已知银原子的原子量为 107.90 a.m.u.。

【解】原子受力

$$F_z = \mu_z \frac{dB}{dz}$$

而

$$F_z = ma$$

故

$$\mu_z = \frac{ma}{dB/dz}$$

考虑到

$$d = vt_1$$

在非均匀磁场末端的偏移量为

$$z_1 = \frac{1}{2}at_1^2 = \frac{1}{2}a\left(\frac{d}{v}\right)^2$$

又

$$D = vt_2$$

在自由飞行区的偏移量为

$$z_2 = v_1 t_2 = at_1 t_2 = a\frac{dD}{v^2}$$

即

$$\Delta z = 2z_1 + 2z_2 = a\left(\frac{d}{v}\right)^2 + 2a\frac{dD}{v^2} = \frac{ad(d+2D)}{v^2}$$

故

$$a = \frac{\Delta z v^2}{d(d+2D)}$$

因为从蒸气炉中出来的银原子的平均动能为 2 kT(见习题 3.16),也即 $\frac{1}{2}mv^2=2kT$,有

$$\begin{aligned}\mu_z &= \frac{mv^2\Delta z}{d(d+2D)\partial B/\partial z} = \frac{4kT\Delta z}{d(d+2D)\partial B/\partial z}\\ &= \frac{4\times 1.38\times 10^{-23}\times 812\times 0.002}{0.04\times(0.04+2\times 0.10)\times 10^3}\\ &= 9.3\times 10^{-24}\ \mathrm{J\cdot T^{-1}} = 0.5788\times 10^{-4}\ \mathrm{eV\cdot T^{-1}}\end{aligned}$$

即银原子磁矩在 z 方向上的投影值为一个玻尔磁子。

如果代入上面讨论的 $m_s=\pm 1/2$,并按照轨道磁矩的公式(3.1.2)和(3.1.3)处理,则只能得到 $\mu_z=\pm 1/2\mu_B$,是实验结果的一半。因此,上面提到的这个新角动量,必有一些不同于轨道角动量的特性。

在 1922 年施特恩和格拉赫开始他们的实验时,人们并不清楚银原子中电子的结构,毕竟银原子有 47 个电子,实在是太复杂了。因此,施特恩-格拉赫实验的解释有些不完美。由于氢原子的结构十分简单,如果能用施特恩-格拉赫实验测量氢原子的分裂情况,将是十分漂亮和完美的实验。氢原子的施特恩-格拉赫实验由费普和泰勒于 1927 年完成,实验测出氢原子也分裂为两条。这一实验清楚地表明存在新的角动量,因为氢原子基态为 1s,所以其 $l=0$、$m_l=0$。按照量子力学预言,无论如何也不会发生分裂。那么,这一新的角动量对应的是什么呢?

思考题:在施特恩-格拉赫实验中,为什么不考虑原子核磁矩的影响?

3.1.3 电子自旋

为了解释施特恩-格拉赫的实验结果,1925 年,荷兰两位年轻的研究生乌伦贝克(G. Uhlenbeck)和古兹密特(S. Godsmit)提出,原子中电子除了具有轨道角动量外,还具有自旋角动量。在他们的理论中把电子当成一个带电的小球,电子除了绕原子核做轨道运动外,还绕自己的轴做自转(他们称之为自旋(spin)),相应的角动量分别为轨道角动量和自旋角动量。他们认为电子具有不变的、确定的自旋角动量,自旋是电子的固有属性。根据已有的实验结果,他们给出电子的自旋角动量及其 z 方向的分量为

$$\begin{aligned}\vec{S}^2 &= s(s+1)\hbar^2, \quad s=1/2\\ S_z &= m_s\hbar, \quad\quad m_s = 1/2,\ -1/2\end{aligned} \tag{3.1.6}$$

公式(3.1.6)的形式很容易理解,完全是类比于电子的轨道角动量形式(2.8.4)和(2.8.7)给出的,只不过为了解释施特恩-格拉赫的实验结果,把自旋量子数定义为了1/2。

电子带有电荷,如果它具有自旋角动量,则必然会有磁矩。这与电子具有轨道角动量进而具有轨道磁矩是类似的。如果仅仅按照公式(3.1.2)和(3.1.3)做类比,写出电子的自旋磁矩,则无法解释例3.1.1实验测出的自旋磁矩 $\mu_{sz} = \pm \mu_B$ 的实验结果。为了克服这一困难,乌伦贝克和古兹密特给出的电子自旋磁矩具有如下形式:

$$\left.\begin{aligned} \vec{\mu}_s &= -\frac{g_s \mu_B}{\hbar}\vec{S} \\ \mu_{sz} &= -m_s g_s \mu_B \end{aligned}\right\} \tag{3.1.7}$$

这里 g_s 称为电子的自旋 g 因子,它的取值为 $g_s = 2$。自旋 g 因子的引入完全是为了解释实验结果。为了形式上的统一,我们把轨道磁矩也写为类似的形式:

$$\left.\begin{aligned} \vec{\mu}_l &= -\frac{g_l \mu_B}{\hbar}\vec{L} \\ \mu_{lz} &= -m_l g_l \mu_B \end{aligned}\right\} \tag{3.1.8}$$

这里 g_l 称为电子的轨道 g 因子,只不过 $g_l = 1$。

乌伦贝克和古兹密特引入电子自旋后,可以很好解释实验观测结果,包括施特恩-格拉赫实验、反常塞曼效应和碱金属的精细光谱,后两者我们将在随后的章节中给出。但是乌伦贝克和古兹密特的工作发表以后,受到了当时许多物理学家的质疑和反对,这中间就包括著名的物理学家泡利的批评。实际上,这些物理学家的反对和质疑是有道理的。原因在于,根据经典电动力学,点粒子是不会有角动量的。如果我们把电子当成一个半径为 2.82×10^{-15} m(这一半径就是电子经典半径)的小球,若它具有 $\hbar/2$ 的角动量,可计算出其表面线速度远大于光速。而根据爱因斯坦的相对论,这是不可能的。实际上,现代的高能物理实验证实,直到 10^{-18} m 的尺度,电子还没有结构,仍可以当成点粒子处理。因此,以经典电动力学来看,把电子的自旋解释成电子的自转是荒谬的。

电子自旋问题的最终解决归功于狄拉克的相对论量子力学——狄拉克方程,在那里电子自旋作为波动方程与相对论原理相统一的结果而出现。并且该理论给出电子的自旋量子数为1/2,电子的自旋 g 因子 $g_s = 2$。当然电子自旋是电子的内禀属性,是相对论量子力学特有的,没有经典的运动相对应。

历史是不断向前发展的,狄拉克的相对论量子力学给出电子的自旋 g 因子严格等于2,但后来发展的高精度谱学实验技术测出,g_s 的值稍微大于2。实验给出的 g_s 为

$$g_s = 2(1 + a) \tag{3.1.9}$$

图 3.1.4 德默尔特(H. G. Dehmelt,1922—),美国

图 3.1.5 保罗(W. Paul, 1913—1993),美国

这里 a 称为电子的反常磁矩。a 的实验值为

$$a^{E} = 115965218091(26)\times 10^{-14}$$

存在电子反常磁矩的实验事实说明相对论量子力学还有待发展,而这促成了量子电动力学的出现,而量子电动力学是目前公认的最精密的物理理论。从上面给出的电子反常磁矩可以看出,它是一个很小的量。另外,实验测量的精度达到了惊人的 10^{-14},这也可以看出现代实验技术的精度有多么的高!德默尔特和保罗(图 3.1.4、图 3.1.5)就因为发展了带电粒子囚禁技术并精确测定相应物理常数(包括电子的反常磁矩)而荣获了 1989 年的诺贝尔物理学奖。

3.2 泡利不相容原理

由第 2 章的知识可知,描述原子中电子状态的量子数有 n、l 和 m_l,也即这三个量子数决定了电子的波函数。而 3.1 节又引入了电子的自旋量子数 s,这也就意味着电子还有自旋波函数,其具体形式由 m_s 决定。至此,描述原子中电子状态的量子数有四个:n、l、m_l 和 m_s。给定了这 4 个量子数,也就给定了电子的波函数。那么,引进了自旋量子数 m_s 后,它对原子的性质又有什么影响呢?这一问题的回答是由泡利给出的,这就是著名的泡利不相容原理(Pauli's exclusion principle)。在此之前,我们先需要了解全同粒子的概念和波函数的交换对称性。

3.2.1 全同粒子

在第 2 章中我们引入了波粒二象性、不确定关系等描述微观粒子特征的物理概念,而这些物理概念在经典物理理论中都是不存在的,是微观世界特有的物理概念和规律。从这些物理概念可以看出,微观世界与宏观世界极其不同,它往往表现出一些奇特的性质,而这些奇特的性质很难由日常经验来理解和揣测。粒子的全同性就是这些奇特性质之一。

所谓全同粒子(identicle particles),是指这样一类粒子,它们的内禀属性(例如静止质量、电荷、自旋、磁矩等不受外界作用影响的属性)完全相同。下面我们关心由全同粒子组成的系统,例如氦原子中的两个电子,它们的内禀属性

相同，且都在氦原子核和另一个电子的库仑场下运动。类似的例子还有 Ag 原子中的 47 个电子，氢分子中的两个质子等。

在宏观世界里，如果有两个相同的物体（我们假设它们完全一样，例如同卵双胞胎、两个玻璃瓶子等），尽管从外观上我们看不出它们的差别，但是只要从一开始我们就盯着它们，根据它们的运动轨迹，在以后的所有时刻我们都可以区分它们。但是在微观世界中的情形则完全不同。根据微观粒子的波粒二象性，我们已经摒弃了经典力学中的轨道概念，所以两个全同粒子，我们无法跟踪他们。而这两个粒子又全同，所以我们也无法区分它们。因此，全同粒子具有不可辨认性，这是微观世界所独具的特性。全同粒子的不可辨认性会引入一个重要的结论，即交换任意两个全同粒子不会改变体系的物理状态，这就是全同性原理（identicle principle）。我们以 He 原子为例，当氦原子处于 1s2p 的状态时，只能说一个电子处于 1s 状态，另一个电子处于 2p 状态。具体是哪一个电子处于 1s，哪一个电子处于 2p，我们并不知道，也无法知道。但是我们总要描述氦原子的这一状态。我们在忽略电子-电子之间相互作用且不考虑自旋时，氦的 $1s2p_0$（0 代表 $m_l=0$）状态的波函数可以写为

$$\psi_{\mathrm{I}}(\vec{r}_1,\vec{r}_2)=\psi_{1s}(\vec{r}_1)\psi_{2p_0}(\vec{r}_2) \tag{3.2.1}$$

公式(3.2.1)就表示电子 1（以 $\vec{r}_1$ 表示）处于 1s 状态，电子 2（以 $\vec{r}_2$ 表示）处于 $2p_0$ 状态。但是，问题在于我们在不知不觉中已经给电子 1 和电子 2 编了号，也即人为地以 $\vec{r}_1$ 和 $\vec{r}_2$ 区分了它们。这与全同粒子的不可辨认性相矛盾。也可以换一个角度去理解，我们把(3.2.1)中的两个电子交换一下，有

$$\psi_{\mathrm{II}}(\vec{r}_1,\vec{r}_2)=\psi_{1s}(\vec{r}_2)\psi_{2p_0}(\vec{r}_1) \tag{3.2.2}$$

而这表示电子 2 处于 1s 状态，而电子 1 处于 $2p_0$ 状态。虽然仍旧是一个电子处于 1s、另一个电子处于 $2p_0$ 的状态，但公式(3.2.2)显然与公式(3.2.1)表示的物理状态不同，这与全同性原理相矛盾。为了更清楚地说明这一问题，我们直接代入忽略电子-电子相互作用的氦原子波函数，有

$$\begin{aligned}\psi_{\mathrm{I}}&=\psi_{1s}(\vec{r}_1)\psi_{2p_0}(\vec{r}_2)\\&=\left[\frac{2}{\sqrt{4\pi}}\left(\frac{2}{a_0}\right)^{3/2}\mathrm{e}^{-2r_1/a_0}\right]\left[\frac{1}{\sqrt{4\pi}}\cos\theta_2\left(\frac{1}{a_0}\right)^{3/2}\left(\frac{2r_2}{a_0}\right)\mathrm{e}^{-r_2/a_0}\right]\\&=C\cdot\mathrm{e}^{-2r_1/a_0}\cdot\cos\theta_2\cdot\left(\frac{2r_2}{a_0}\right)\cdot\mathrm{e}^{-r_2/a_0}\end{aligned} \tag{3.2.3}$$

和

$$\psi_{\mathrm{II}}=\psi_{1s}(\vec{r}_2)\psi_{2p_0}(\vec{r}_1)$$

$$= C \cdot e^{-2r_2/a_0} \cdot \cos\theta \cdot \left(\frac{2r_1}{a_0}\right) \cdot e^{-r_1/a_0} \tag{3.2.4}$$

式(3.2.3)和式(3.2.4)中把物理常数合并为了常数 C。显然,公式(3.2.3)和公式(3.2.4)从数学形式上就不同,不是仅仅只差一个常数,因此不能认为 ψ_{I} 的状态和 ψ_{II} 的状态是同一个物理状态。换句话说,交换两个电子改变了体系的物理状态,这违反了全同性原理。

因此,全同性原理给电子的波函数加了一个很强的限制,这就是波函数的交换对称性。

3.2.2 波函数的交换对称性

对于两个全同粒子组成的系统,其波函数可表示为

$$\psi(q_1, q_2)$$

这里 q_1 和 q_2 分别是粒子 1 和粒子 2 的坐标,既包含空间坐标也包含自旋坐标。为了说明波函数的交换对称性,引入交换算符 $\hat{p}_{12}$,有

$$\hat{p}_{12}\psi(q_1, q_2) = \psi(q_2, q_1) \tag{3.2.5}$$

交换算符相当于交换了两个粒子。而根据全同性原理,交换两个粒子并不改变体系的物理状态。因此,$\psi(q_2, q_1)$ 与 $\psi(q_1, q_2)$ 只能相差一个常数,设这一常数为 λ,有

$$\hat{p}_{12}\psi(q_1, q_2) = \lambda\psi(q_1, q_2) \tag{3.2.6}$$

若把粒子交换两次,则有

$$\hat{p}_{12}^2\psi(q_1, q_2) = \lambda\hat{p}_{12}\psi(q_1, q_2) = \lambda^2\psi(q_1, q_2) \tag{3.2.7}$$

而把粒子交换两次,相当于回到了初始状态,因此必有

$$\hat{p}_{12}^2\psi(q_1, q_2) = \psi(q_1, q_2) \tag{3.2.8}$$

结合公式(3.2.7)和(3.2.8)可知

$$\lambda^2 = 1$$

也即

$$\lambda = \pm 1 \tag{3.2.9}$$

若

$$\hat{p}_{12}\psi(q_1,q_2) = +\psi(q_1,q_2) \tag{3.2.10}$$

我们说这一波函数是交换对称的。反之,若

$$\hat{p}_{12}\psi(q_1,q_2) = -\psi(q_1,q_2) \tag{3.2.11}$$

我们说这一波函数是交换反对称的。

根据全同性原理的要求,交换两个全同粒子,其波函数要么是交换对称的,要么是交换反对称的,这就是全同粒子的交换对称性(exchange symmetry)。但是,对于电子波函数的空间部分,由3.2.1节的讨论可知,薛定谔方程解出的多电子原子的乘积波函数(见公式(2.9.6)),并不总是满足波函数的交换对称性,例如He原子的某些空间波函数(见公式(3.2.3)和(3.2.4))。

【例3.2.1】 以He原子两个电子处于1s和$2p_0$状态为例,写出满足交换对称性的波函数。

【解】 如3.2.1节的讨论,He原子分别处于1s和$2p_0$状态的两个电子,其波函数无论是写为$\psi_{1s}(\vec{r}_1)\psi_{2p_0}(\vec{r}_2)$还是$\psi_{1s}(\vec{r}_2)\psi_{2p_0}(\vec{r}_1)$,都不满足波函数的交换对称性。但是,可以把$\psi_{1s}(\vec{r}_1)\psi_{2p_0}(\vec{r}_2)$和$\psi_{1s}(\vec{r}_2)\psi_{2p_0}(\vec{r}_1)$线性组合,产生满足交换对称性的波函数:

$$\psi_S^{He}(\vec{r}_1,\vec{r}_2) = \frac{1}{\sqrt{2}}[\psi_{1s}(\vec{r}_1)\psi_{2p_0}(\vec{r}_2) + \psi_{1s}(\vec{r}_2)\psi_{2p_0}(\vec{r}_1)]$$

$$\psi_A^{He}(\vec{r}_1,\vec{r}_2) = \frac{1}{\sqrt{2}}[\psi_{1s}(\vec{r}_1)\psi_{2p_0}(\vec{r}_2) - \psi_{1s}(\vec{r}_2)\psi_{2p_0}(\vec{r}_1)]$$

可以很容易验证,$\psi_S^{He}(\vec{r}_1,\vec{r}_2)$是满足交换对称性的波函数:

$$\hat{p}_{12}\psi_S^{He}(\vec{r}_1,\vec{r}_2) = +\psi_S^{He}(\vec{r}_1,\vec{r}_2)$$

$\psi_A^{He}(\vec{r}_1,\vec{r}_2)$是满足交换反对称性的波函数:

$$\hat{p}_{12}\psi_A^{He}(\vec{r}_1,\vec{r}_2) = -\psi_A^{He}(\vec{r}_1,\vec{r}_2)$$

而无论$\psi_S^{He}(\vec{r}_1,\vec{r}_2)$还是$\psi_A^{He}(\vec{r}_1,\vec{r}_2)$,仍旧是描述He原子两个电子处于1s和$2p_0$状态的波函数,可以验证它们是薛定谔方程的解并满足波函数的自然边界条件(见习题3.6)。

由例 3.2.1 可知，我们可以由薛定谔方程解出的乘积波函数(见公式(2.9.6))，线性组合出满足交换对称性的电子波函数。这一方法是通用的。但是例 3.2.1 处理的还仅仅是波函数的空间部分，并没有包含自旋波函数。实际上，体系的总波函数既包含空间波函数，也包含自旋波函数，处理方法也是类似的。

对于一般的两粒子体系，如果一个粒子处于 α 状态，另一个粒子处于 β 状态，则波函数 $\psi_{\mathrm{I}} = \psi_\alpha(q_1)\psi_\beta(q_2)$ 和 $\psi_{\mathrm{II}} = \psi_\alpha(q_2)\psi_\beta(q_1)$ 都是描述这一状态且满足自然边界条件的波函数。但是 ψ_{I} 和 ψ_{II} 可能并不满足交换对称性，这是因为 $\hat{p}_{12}\psi_{\mathrm{I}} = \psi_{\mathrm{II}}$，而 $\hat{p}_{12}\psi_{\mathrm{II}} = \psi_{\mathrm{I}}$。显然，除非 ψ_{I} 和 ψ_{II} 完全相同(例如 He 原子中两个电子都处于 1s 状态，但这不是一般情况)，交换两粒子之后波函数就改变了。但是，我们可以由 ψ_{I} 和 ψ_{II} 组合出满足交换对称性的波函数：

$$\psi_S(1,2) = \frac{1}{\sqrt{2}}[\psi_\alpha(q_1)\psi_\beta(q_2) + \psi_\alpha(q_2)\psi_\beta(q_1)] \tag{3.2.12}$$

和

$$\psi_A(1,2) = \frac{1}{\sqrt{2}}[\psi_\alpha(q_1)\psi_\beta(q_2) - \psi_\alpha(q_2)\psi_\beta(q_1)] \tag{3.2.13}$$

这里 $\psi_S(1,2)$ 和 $\psi_A(1,2)$ 分别是交换对称的和交换反对称的波函数，其交换对称性请读者自己验证。

采用类似的方法，可以获得多粒子系统满足交换对称性的波函数，例如多电子原子可采用斯莱特行列式方法获得满足交换对称性的波函数。这方面的内容超出了本教材的内容，在此不做详细讨论。

3.2.3 泡利不相容原理

图 3.2.1 泡利(W. E. Pauli，1900—1958)，奥地利

1925 年，泡利(图 3.2.1)提出了以他名字命名的泡利不相容原理：在多电子原子中，任何两个电子都不可能处于完全相同的状态。如前所述，确定原子中一个电子的状态需要 4 个量子数：n、l、m_l 和 m_s。由泡利不相容原理可知，多电子原子中任意两个电子的 4 个量子数不能完全相同。实际上，只要给定了上述四个量子数，也就给定了电子的波函数。所以泡利不相容原理也可理解为一个波函数(或者说一个状态)只能容纳一个电子。泡利因为发现不相容原理而荣获 1945 年的诺贝尔物理学奖。

【例 3.2.2】 试分析氦原子基态中两个电子的状态。

【解】 如 2.9 节所述，n 越小，l 越小则电子的能量越低。所以氦原子基态中两个电子都处于 1s 状态，也即两个电子的 n、l 和 m_l 相同，分别为 1、0 和 0。既然两个电子的 n、l 和 m_l 相同，则根据泡利不相容原理，其第四个量子数 m_s 必定不同。因此这两个电子的四个量子数分别为 1、0、0、1/2 和 1、0、0、−1/2，只能有这一个状态。

泡利不相容原理与波函数的交换对称性之间有着紧密的联系，这是由海森伯、费米、狄拉克等人后来指出的。他们认为，泡利不相容原理对电子系统波函数的交换对称性提出了明确的限制，也即多电子系统的波函数必须满足交换反对称性的要求。

【例 3.2.3】 试由两电子系统说明交换反对称性的波函数一定能满足泡利不相容原理。

【解】 两电子系统的反对称波函数可以写为

$$\psi_A(1,2)=\frac{1}{\sqrt{2}}[\psi_\alpha(q_1)\psi_\beta(q_2)-\psi_\alpha(q_2)\psi_\beta(q_1)]$$

如果这两个电子的状态完全相同，也即 $\alpha=\beta$，这就意味着这两个电子的波函数相同。代入可得

$$\psi_A(1,2)=0$$

这显然与波函数的统计解释相矛盾，因为全空间找到粒子的概率为 1。因此，交换反对称的波函数肯定满足泡利不相容原理。

1940 年，泡利进一步指出，多粒子体系波函数的交换对称性由粒子本身的内禀属性决定。自旋角动量为 $\hbar/2$ 奇数倍的粒子是费米子（fermion），例如电子、质子、中子等。费米子的波函数是交换反对称的，它们遵循的统计规律是费米-狄拉克统计。自旋角动量为 $\hbar$ 整数倍的粒子是玻色子（boson），例如光子、氢原子及欧洲核子中心最近宣布“可能看到”的“上帝粒子”希格斯粒子等。玻色子的波函数是交换对称的，它们遵循的统计规律是玻色-爱因斯坦统计。

需要说明的是，由奇数个费米子组成的复合粒子是费米子，例如说氘、^{3}He、HD 等。而由偶数个费米子组成的复合粒子是玻色子，例如 H、H_2、^{4}He 的原子核等。

小知识：玻色-爱因斯坦凝聚

玻色子的波函数是交换对称的，因此，多个玻色子可处于完全相同的状态。对于玻色子，例如^{23}Na 原子，当温度足够低、原子的运动速度足够慢时，它们将集聚到能量最低的同一量子态。这时，所有的原子就像一个原子一样，具有完全相同的物理性质，这就是玻色-爱因斯坦凝聚。虽然理论上早在 1925 年就预言了玻色-爱因斯坦凝聚，但是其实验实现是迟至 1995 年才由康奈尔（E. A.

Connell)、克特勒(W. Ketterle)和维曼(C. E. Wieman)完成，他们也因此荣获2001年的诺贝尔物理学奖。

3.2.4 交换效应

由于电子是费米子，所以原子中的电子波函数要满足交换反对称性。为了讨论的方便并不失一般性，我们以He原子中的两个电子为例，写出其满足交换反对称性的波函数：

$$\psi_A(q_1,q_2)=\frac{1}{\sqrt{2}}[\psi_\alpha(q_1)\psi_\beta(q_2)-\psi_\beta(q_1)\psi_\alpha(q_2)] \tag{3.2.14}$$

这里 q_1 和 q_2 既包含了电子的空间坐标，也包含了电子的自旋坐标。到今天为止，我们还不能写出 $\psi_A(q_1,q_2)$ 的精确解，所以只能采用近似方法来处理。在2.9节，我们采用中心势近似，来近似求解原子的空间波函数，尽管那里的空间波函数可能不满足交换对称性。除此之外，我们还忽略了较弱的剩余静电势和磁相互作用，后者主要是指自旋磁矩和轨道磁矩之间的耦合。在这些近似下，公式(3.2.14)所示的总波函数就可以写成空间波函数和自旋波函数的乘积：

$$\psi_A(q_1,q_2)=\psi(\vec{r}_1,\vec{r}_2)\chi \tag{3.2.15}$$

这里 $\psi(\vec{r}_1,\vec{r}_2)$ 是总空间波函数，以后简称空间波函数。χ 是总自旋波函数，以后简称自旋波函数。由于总的电子波函数 $\psi_A(q_1,q_2)$ 要满足交换反对称性的要求，那么当空间波函数 $\psi(\vec{r}_1,\vec{r}_2)$ 是交换对称的时候，自旋波函数 χ 必定是交换反对称的。反之，若 $\psi(\vec{r}_1,\vec{r}_2)$ 是交换反对称的时候，χ 必定是交换对称的。由于我们已经对电子的空间波函数比较熟悉了，在此我们先探讨电子的自旋波函数。

1. 自旋波函数

对于单电子的自旋，它只有两种状态：$m_S=1/2$ 或 $m_S=-1/2$。通常称 $m_S=1/2$的状态是自旋向上的，用 σ^+ 或 ↑ 表示。而称 $m_S=-1/2$ 的状态是自旋向下的，用 σ^- 或 ↓ 表示。在忽略电子之间较弱的磁相互作用条件下，两电子体系的自旋波函数可写为乘积的形式，共有四种组合

$$\sigma^+(1)\sigma^+(2),\quad \sigma^+(1)\sigma^-(2),\quad \sigma^-(1)\sigma^+(2),\quad \sigma^-(1)\sigma^-(2) \tag{3.2.16}$$

交换电子1和2，$\sigma^+(1)\sigma^+(2)$ 和 $\sigma^-(1)\sigma^-(2)$ 是交换对称的，而 $\sigma^+(1)\sigma^-(2)$ 和 $\sigma^-(1)\sigma^+(2)$ 不满足交换对称性。与例3.2.1类似，我们可以由 $\sigma^+(1)\sigma^-(2)$

和 $\sigma^-(1)\sigma^+(2)$ 构造出满足交换对称性的自旋波函数 $1/\sqrt{2}[\sigma^+(1)\sigma^-(2)+\sigma^-(1)\sigma^+(2)]$ 和 $1/\sqrt{2}[\sigma^+(1)\sigma^-(2)-\sigma^-(1)\sigma^+(2)]$，前者是交换对称的，而后者是交换反对称的。至此我们得到交换对称的自旋波函数 χ_S

$$\chi_S=\begin{cases}\sigma^+(1)\sigma^+(2)=\chi_{11}\\ \dfrac{1}{\sqrt{2}}[\sigma^+(1)\sigma^-(2)+\sigma^-(1)\sigma^+(2)]=\chi_{10}\\ \sigma^-(1)\sigma^-(2)=\chi_{1-1}\end{cases}\tag{3.2.17}$$

和交换反对称的自旋波函数

$$\chi_A=\frac{1}{\sqrt{2}}[\sigma^+(1)\sigma^-(2)-\sigma^-(1)\sigma^+(2)]=\chi_{00}\tag{3.2.18}$$

由两个单电子的自旋波函数合成总自旋波函数的示意图见图 3.2.2。

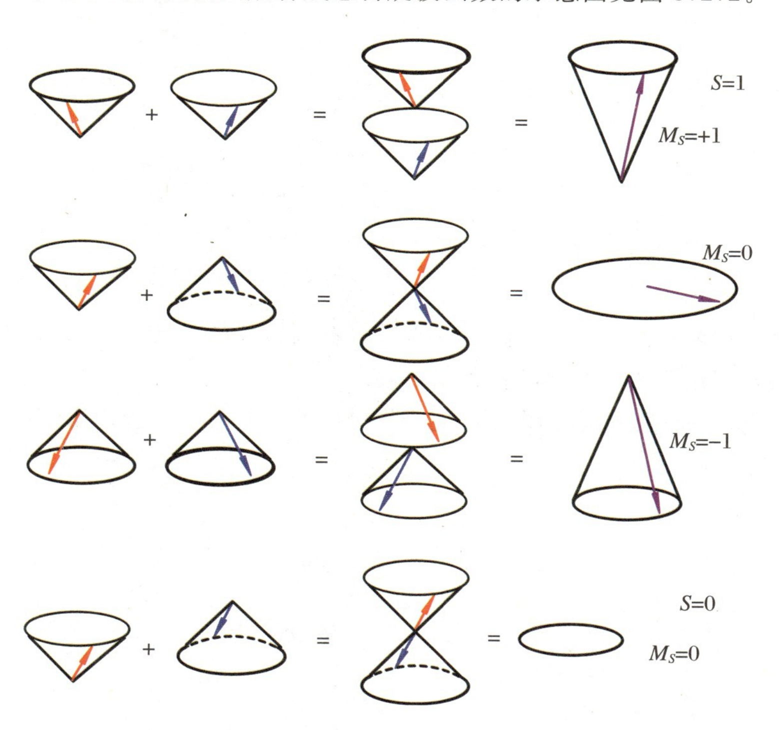

图 3.2.2 两个单电子的自旋波函数合成总的自旋波函数示意图

可以很容易理解，χ_{11} 中两个电子的自旋都向上，合成的总自旋角动量的 z 分量为 $\hbar$。χ_{10} 中两个电子的自旋一个向上，一个向下，合成的总自旋角动量的 z 分量为 0。类似地，χ_{1-1} 中总自旋角动量的 z 分量为 $-\hbar$。前面提及电子的轨道角动量的时候，对于 $l=1$ 的 p 电子，其轨道角动量为 $\sqrt{2}\hbar$，而其 z 方向分量为 $(1,0,-1)\hbar$。所以很容易类比得出，对于 χ_S 而言，自旋在 z 方向上的分量也为 $(1,0,-1)\hbar$，所以其总的自旋角动量为 $\sqrt{2}\hbar$。所以对于 χ_S，其总自旋量子

数 S 为 1，而量子数 M_S 为 1、0 和 −1。这也是为什么交换对称的自旋波函数写为 χ_{11}、χ_{10} 和 χ_{1-1} 的原因，右下角左边的数字代表 S，右边的数字代表 M_S。而反对称的自旋波函数 χ_{00} 也很容易理解了，其对应的自旋量子数 $S=0$ 和 $M_S=0$，在此不做进一步的说明。由于 χ_{11}、χ_{10} 和 χ_{1-1} 的自旋量子数 S 为 1，它们被形象地称为自旋平行的波函数。相对地，χ_{00} 被称为自旋反平行的波函数。

2. 交换效应

由于在 3.2.2 节中详细讨论过空间波函数及其对称性，在此直接写出满足交换对称性的空间波函数：

$$\psi_S(\vec{r}_1,\vec{r}_2)=\frac{1}{\sqrt{2}}[\psi_\alpha(\vec{r}_1)\psi_\beta(\vec{r}_2)+\psi_\alpha(\vec{r}_2)\psi_\beta(\vec{r}_1)]$$

和

$$\psi_A(\vec{r}_1,\vec{r}_2)=\frac{1}{\sqrt{2}}[\psi_\alpha(\vec{r}_1)\psi_\beta(\vec{r}_2)-\psi_\alpha(\vec{r}_2)\psi_\beta(\vec{r}_1)]$$

双电子体系的总波函数必须是交换反对称的，可写为

$$\psi(q_1,q_2)=\begin{cases}\psi_S(\vec{r}_1,\vec{r}_2)\chi_{00}\\ \begin{cases}\psi_A(\vec{r}_1,\vec{r}_2)\chi_{11}\\ \psi_A(\vec{r}_1,\vec{r}_2)\chi_{10}\\ \psi_A(\vec{r}_1,\vec{r}_2)\chi_{1-1}\end{cases}\end{cases}\tag{3.2.19}$$

这里交换对称的空间波函数匹配了交换反对称的自旋波函数，而交换反对称的空间波函数匹配了交换对称的自旋波函数。

我们考虑一种特殊情况，即两个电子靠得很近的情况，$\vec{r}_1\approx\vec{r}_2$。此时显然有

$$\psi_\alpha(\vec{r}_1)\approx\psi_\alpha(\vec{r}_2)$$
$$\psi_\beta(\vec{r}_1)\approx\psi_\beta(\vec{r}_2)$$

也即

$$\psi_\alpha(\vec{r}_1)\psi_\beta(\vec{r}_2)\approx\psi_\alpha(\vec{r}_2)\psi_\beta(\vec{r}_1)$$

可以很容易看出

$$\psi_A(\vec{r}_1,\vec{r}_2)\approx 0$$
$$\psi_S(\vec{r}_1,\vec{r}_2)\approx\sqrt{2}\psi_\alpha(\vec{r}_1)\psi_\beta(\vec{r}_2)$$

如果不考虑交换对称性，如 2.9 节给出的乘积波函数，两个电子在空间靠近的概率密度为 $|\psi_\alpha(\vec{r}_1)\psi_\beta(\vec{r}_2)|^2$。如果考虑交换对称性，对于 $S=1$ 的自旋平行的两个电子，其在空间靠近的概率密度为 $|\psi_A(\vec{r}_1,\vec{r}_2)|^2\approx 0<|\psi_\alpha(\vec{r}_1)\psi_\beta(\vec{r}_2)|^2$。也即考虑到交换对称性后，对于自旋平行的两个电子，似

乎它们有意识地远离彼此，虽然在得到公式(3.2.19)时，并没有考虑两个电子之间超出中心势近似的额外排斥。但是电子与电子之间的排斥是客观存在的，它的排斥能量为正值。对于 $S=1$ 的两个电子，由于交换对称性引起的彼此远离，必然导致实验可观测到的体系能量相比于中心势近似给出的能量降低。这就是交换效应(exchange effect)，它是指由于交换对称性引起的体系能量变化。类似地，对于 $S=0$ 的自旋反平行的两个电子，其在空间靠近的概率密度为 $2|\psi_\alpha(\vec{r}_1)\psi_\beta(\vec{r}_2)|^2>|\psi_\alpha(\vec{r}_1)\psi_\beta(\vec{r}_2)|^2$。也即自旋反平行的两个电子由于交换对称性而引起两个电子互相靠近，仿佛它们之间有吸引力似的。两个电子之间不可能存在吸引力，这纯粹是由交换效应引起的。再考虑到电子之间的库仑排斥，体系在 $S=0$ 时两个电子由于彼此靠近而导致其能量升高，这是交换效应的另一表现。总之，交换效应引起了电子密度在空间分布上的变化。图3.2.3给出了He处于1s2s状态时，在考虑交换效应之前和考虑交换效应之后体系能量的变化。显然，考虑到交换对称性后，自旋平行的两个电子在空间靠近的概率较小，而自旋反平行的两个电子在空间靠近的概率较大，导致 $S=1$ 的能量状态比 $S=0$ 的能量状态低。

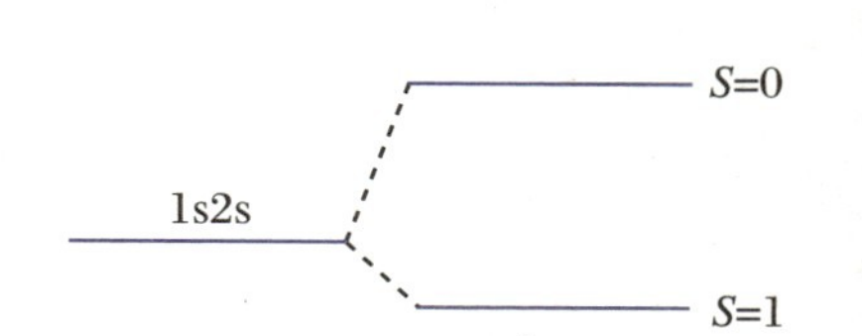

图3.2.3 He原子处于1s2s组态时，交换效应对体系能量的影响

3.3 原子的壳层结构和元素周期表

元素周期表是俄罗斯科学家门捷列夫(图3.3.1)于1869年首次给出的。他根据当时已知的63种元素的原子量，按照从小到大以表的形式排列，发现元素的性质随原子量的递增呈现明显的周期性变化。为此他把具有相似化学性质的元素放在同一列，这就是元素周期表。现代的元素周期表是按照原子的核电荷数排列的，是在门捷列夫元素周期表的基础上不断修订完成的。

自从门捷列夫元素周期表问世之后，其背后隐藏的物理机制，或者说元素周期律的形成原因，就一直吸引着物理学家的目光。玻尔就曾试图用旧量子论来解释元素周期律，但限于当时的历史背景，并没有获得成功，原因在于当时还没有清楚了解原子的结构。但玻尔的物理直觉非常好，他已经猜到原子的每一个定态轨道上只能容纳有限个电子，并准确预言了72号元素的存在及其性质。电子自旋概念的提出和泡利不相容原理的出现，为元素周期表的解释铺平了道路。

图3.3.1 门捷列夫(Dmitry Ivanovich Mendeleyev，1834—1907，俄罗斯)和他的元素周期表(作者2011年摄于俄罗斯的圣彼得堡)

现代的元素周期表见附录Ⅰ，它的每一行称为一个周期，共有7个周期，第七个周期到现在还没有填满。元素周期表的列称为族，共有16个族，包含7个主族(ⅠA—ⅦA)、7个副族(ⅠB—ⅦB)、一个Ⅷ族和一个零族。本节主要解释元素周期表的形成机制。

3.3.1 原子中电子的壳层结构

在 2.9 节中,通过解中心势近似下的薛定谔方程,给出了描述多电子原子能量的量子数 n_i、l_i 和 m_{l_i},再考虑电子的自旋量子数 m_{s_i},则描述多电子体系状态的好量子数有四个,分别为 n_i、l_i、m_{l_i} 和 m_{s_i},这里 i 是指第 i 个电子。但是,由 3.2 节可知,多电子原子中的这 Z 个电子是全同粒子,实际上我们无法区分它们。因此,下面的讨论中我们不特别注明 i,只是要记得任意两个电子的四个量子数不能全同。根据中心势近似,在这四个量子数中,影响多电子原子中电子能量的量子数为 n 和 l。一般来说,二者中起主要作用的是主量子数 n,轨道角动量量子数虽然也对多电子原子的能量有影响,但影响相对较弱。因此,根据主量子数 n 的不同,可以把电子所处的能量状态划分为不同的壳层(shell):$n=1$、2、3、4、5、6、7、…分别对应于 K、L、M、N、O、P、Q、…壳层。相应地,根据轨道角动量量子数的不同,可以把电子所处的能量状态划分为不同的支壳层(subshell):$l=0$、1、2、3、4、5、6、…分别对应于 s、p、d、f、g、h、i、…等支壳层。根据泡利不相容原理,多电子原子中的任何两个电子不能具有完全相同的四个量子数。实际上,给定 n、l、m_l 和 m_s 量子数就给定了一个电子波函数,泡利不相容原理说明一个波函数或者说一个状态上只能容纳一个电子。考虑到电子自旋有两个取值,分别为 $m_s=+1/2$ 和 $-1/2$,而 m_l 的取值可以有 $2l+1$ 个,因此每个支壳层对应的状态个数或者说可以容纳的电子数为 $2(2l+1)$个。而每个壳层可以容纳的电子数为

$$N=\sum_{l=0}^{n-1}2(2l+1)=2n^2 \tag{3.3.1}$$

个。在表 3.3.1 中给出了每个壳层和每一个支壳层可以容纳的电子数 N。由中心势近似可知,壳层和支壳层皆相同的各个电子的能量 E_{nl} 相同。

表 3.3.1 壳层和支壳层可以容纳的电子数目

n \ l	s 0	p 1	d 2	f 3	g 4	h 5	i 6	总计
K	2							2
L	2	6						8
M	2	6	10					18
N	2	6	10	14				32
O	2	6	10	14	18			50
P	2	6	10	14	18	22		72
Q	2	6	10	14	18	22	26	98

我们可以注意到，元素周期表除了第七周期没有填满以外，每一周期中包含的元素个数分别为：2、8、8、18、18、32个，其数值与每一壳层所能容纳的电子数的数值是相同的，说明二者之间有内在的联系。但是，每一周期中的原子数目随周期增加的次序，与表3.3.1给出的次序并不完全相同。由于电子在原子中排布的次序是遵循能量最低原理的，也即按照能量从低到高排布，上述次序的不一样说明各支壳层的能量高低次序有交错。

3.3.2 电子壳层和支壳层的能量次序

在2.9节讨论过，多电子原子中电子的能量取决于 n 和 l，一般来说 n 的影响较大。但是，随着原子序数的增加，核外电子的数目也在增加，情况变得较为复杂。由2.7节氢原子的径向波函数及其平方的分布可知，轨道角动量量子数 l 较小的电子，例如s电子，在接近原子核处出现的概率较大。而轨道角动量量子数较大的电子，例如d电子，在接近原子核处出现的概率较小。由于多电子原子中电子数目较多，当 l 较小的电子在靠近原子核时，它所感受到的有效核电荷数 Z^* 就比较大，因此它的能量就比较低，这称之为轨道贯穿效应(orbital penetration effect)。而对于 n 壳层中 l 较大的电子，由于它靠近原子核的概率很小，它感受到的有效电荷就变化不大，其轨道贯穿效应就不明显，因此其能量变化不大。考虑到轨道贯穿效应，多电子原子中处于 n、l 的电子的能量可写为

$$E_{nl}=-\frac{1}{2}m_{e}c^{2}\alpha^{2}\frac{Z_{nl}^{*\,2}}{n^{2}}=-\frac{1}{2}m_{e}c^{2}\alpha^{2}\frac{1}{(n-\Delta_{l})^{2}} \tag{3.3.2}$$

这里 Δ_l 称为量子数亏损(quantum number defect)。对同一壳层 n，有

$$Z_{ns}^{*}>Z_{np}^{*}>Z_{nd}^{*}>Z_{nf}^{*}>\cdots$$

从公式(3.3.2)可知，E_{nl} 正比于 $-\frac{1}{n^2}$，随 n 的增加而上升，在 n 较小时上升很快，但是在 n 较大时，上升趋势变缓。而 E_{nl} 正比于 $-Z_{nl}^{*\,2}$，随 Z_{nl}^{*} 增加而很快下降。因此，可能出现这样的情况：

$$-\frac{Z_{nl_{小}}^{*\,2}}{n^{2}}<-\frac{Z_{n-1\ l_{大}}^{*\,2}}{(n-1)^{2}}$$

也即主量子数较大、轨道角动量量子数较小的支壳层的能量反而比主量子数较小、轨道角动量量子数较大的支壳层的能量低，这就是所谓的能级交错。

图3.3.2给出了各支壳层能量由低到高的次序，其规律性十分强，从图中可以看到能级交错现象。例如4s的能量比3d的能量低，6s的能量比4f的能量

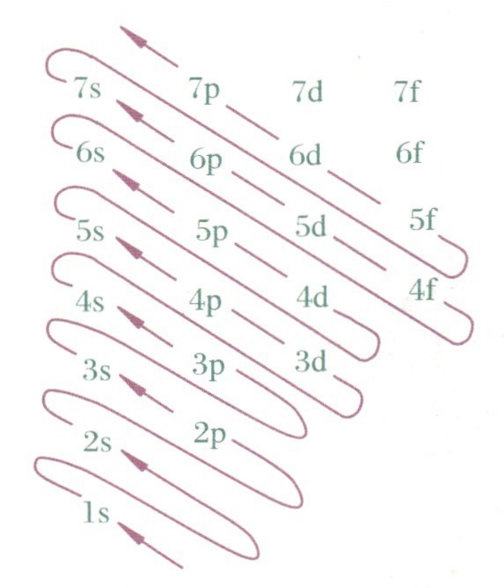

图3.3.2 考虑到能级交错后，各支壳层能量由低到高的次序

低。但是需要说明的是，图 3.3.2 给出的能级交错是经验规律，在有的情况下，这些发生交错的能级，其能量差别并不大，其他的一些物理效应也可能引起电子排布的一些变化，进而引起不遵循图 3.3.2 所示规律的情形，这将在下面的具体例子中给出。

表 3.3.2　计入能级交错影响后，各周期、壳层和支壳层可以容纳的电子数目

l \ 周期	s 0	p 1	d 2	f 3	总计	n
一	2				2	K
二	2	6			8	L
三	2	6			8	M
四	2	6	10		18	N
五	2	6	10		18	O
六	2	6	10	14	32	P
七	2	6	10	14	32	Q

考虑到能级交错，表 3.3.2 给出了每一壳层中可以容纳的电子数目(即从 n 出现到 $n+1$ 出现之前的状态数目)。由表 3.3.2 可以清楚地看出，考虑到能级交错，元素周期表中每一周期中原子的数目与每一壳层中所能容纳的电子数目，包括其出现次序，完全一一对应。同时，这也揭示出元素化学性质的变化完全由原子中电子的排布决定。

需要说明的是，上述能级交错的规律只适用于外层电子的能级次序。对于内层电子，其能量高低次序仍由主量子数 n 决定，n 越小能量越低。例如 Kr 原子，其基态的电子组态为[Ar]$3d^{10}4s^2 4p^6$。如果按照能级交错规律，应该是 $E_{4s} < E_{3d}$。但是实验给出，$E_{4s} = -27.464$ eV，$E_{3d} = -93.788$ eV，因此 $E_{4s} > E_{3d}$。但是，对于外层电子，例如 Sc 原子，其 4s 电子的能量就比 3d 电子的能量低。所以能级交错规律主要用于判定最外面的电子填充在哪一支壳层。

3.3.3　元素周期表的排布

元素周期表就是根据图 3.3.2 给出的壳层和支壳层的能量高低次序，按照能量由低到高的原则，把电子一个一个排布上去的。当开始一个新的主量子数 n 时，就开始一个新的周期，并且把最外层电子数目相同(只有 n 不同)的原子排为一列，就给出了元素周期表，如附录Ⅰ和表 3.3.3 所示。绝大多数情况下，同一族原子的电子组态是类似的。表 3.3.3 同时给出了每一个元素的基态电子组态、基态的原子态符号和最外层电子的电离能。由于元素周期表中同一列元

素的电子组态结构类似，因此其物理性质、化学性质、能级结构都类似。

表 3.3.3 元素的电子组态、基态和电离能

原子序数 Z	元素符号	名称	电子组态		基态 $^{2S+1}L_J$	电离能 /eV
1	H	氢 Hydrogen	1s		$^2S_{1/2}$	13.5984
2	He	氦 Helium	$1s^2$		$^1S_0$	24.5874
3	Li	锂 Lithium	[He]2s		$^2S_{1/2}$	5.3917
4	Be	铍 Beryllium	[He]$2s^2$		$^1S_0$	9.3227
5	B	硼 Boron	[He]$2s^2 2p$		$^2P_{1/2}$	8.2980
6	C	碳 Carbon	[He]$2s^2 2p^2$		$^3P_0$	11.2603
7	N	氮 Nitrogen	[He]$2s^2 2p^3$		$^4S_{3/2}$	14.5341
8	O	氧 Oxygen	[He]$2s^2 2p^4$		$^3P_2$	13.6181
9	F	氟 Fluorine	[He]$2s^2 2p^5$		$^2P_{3/2}$	17.4228
10	Ne	氖 Neon	[He]$2s^2 2p^6$		$^1S_0$	21.5646
11	Na	钠 Sodium	[Ne]3s		$^2S_{1/2}$	5.1391
12	Mg	镁 Magnesium	[Ne]$3s^2$		$^1S_0$	7.6462
13	Al	铝 Aluminum	[Ne]$3s^2 3p$		$^2P_{1/2}$	5.9858
14	Si	硅 Silicon	[Ne]$3s^2 3p^2$		$^3P_0$	8.1517
15	P	磷 Phosphorus	[Ne]$3s^2 3p^3$		$^4S_{3/2}$	10.4867
16	S	硫 Sulfur	[Ne]$3s^2 3p^4$		$^3P_2$	10.3600
17	Cl	氯 Chlorine	[Ne]$3s^2 3p^5$		$^2P_{3/2}$	12.9676
18	Ar	氩 Argon	[Ne]$3s^2 3p^6$		$^1S_0$	15.7596
19	K	钾 Potassium	[Ar]4s		$^2S_{1/2}$	4.3407
20	Ca	钙 Calcium	[Ar]$4s^2$		$^1S_0$	6.1132
21	Sc	钪 Scandium	[Ar]$3d4s^2$	过渡元素	$^2D_{3/2}$	6.5615
22	Ti	钛 Titanium	[Ar]$3d^2 4s^2$		$^3F_2$	6.8281
23	V	钒 Vanadium	[Ar]$3d^3 4s^2$		$^4F_{3/2}$	6.7463
24	Cr	铬 Chromium	[Ar]$3d^5 4s$		$^7S_3$	6.7665
25	Mn	锰 Manganese	[Ar]$3d^5 4s^2$		$^6S_{5/2}$	7.4340
26	Fe	铁 Iron	[Ar]$3d^6 4s^2$		$^5D_4$	7.9024
27	Co	钴 Cobalt	[Ar]$3d^7 4s^2$		$^4F_{9/2}$	7.8810
28	Ni	镍 Nickel	[Ar]$3d^8 4s^2$		$^3F_4$	7.6398
29	Cu	铜 Copper	[Ar]$3d^{10} 4s$		$^2S_{1/2}$	7.7264
30	Zn	锌 Zinc	[Ar]$3d^{10} 4s^2$		$^1S_0$	9.3942
31	Ga	镓 Gallium	[Ar]$3d^{10} 4s^2 4p$		$^2P_{1/2}$	5.9993

续表

原子序数 Z	元素符号	名称	电子组态		基态 $^{2S+1}L_J$	电离能 /eV
32	Ge	锗 Germanium	[Ar]$3d^{10}4s^{2}4p^{2}$		$^{3}P_{0}$	7.8994
33	As	砷 Arsenic	[Ar]$3d^{10}4s^{2}4p^{3}$		$^{4}S_{3/2}$	9.7886
34	Se	硒 Selenium	[Ar]$3d^{10}4s^{2}4p^{4}$		$^{3}P_{2}$	9.7524
35	Br	溴 Bromine	[Ar]$3d^{10}4s^{2}4p^{5}$		$^{2}P_{3/2}$	11.8138
36	Kr	氪 Krypton	[Ar]$3d^{10}4s^{2}4p^{6}$		$^{1}S_{0}$	13.9996
37	Rb	铷 Rubidium	[Kr]$5s$		$^{2}S_{1/2}$	4.1771
38	Sr	锶 Strontium	[Kr]$5s^{2}$		$^{1}S_{0}$	5.6949
39	Y	钇 Yttrium	[Kr]$4d5s^{2}$	过渡元素	$^{2}D_{3/2}$	6.2173
40	Zr	锆 Zirconium	[Kr]$4d^{2}5s^{2}$		$^{3}F_{2}$	6.6339
41	Nb	铌 Niobium	[Kr]$4d^{4}5s$		$^{6}D_{1/2}$	6.7589
42	Mo	钼 Molybdenum	[Kr]$4d^{5}5s$		$^{7}S_{3}$	7.0924
43	Tc	锝 Technetium	[Kr]$4d^{5}5s^{2}$		$^{6}S_{5/2}$	7.28
44	Ru	钌 Ruthenium	[Kr]$4d^{7}5s$		$^{5}F_{5}$	7.3605
45	Rh	铑 Rhodium	[Kr]$4d^{8}5s$		$^{4}F_{9/2}$	7.4589
46	Pd	钯 Palladium	[Kr]$4d^{10}$		$^{1}S_{0}$	8.3369
47	Ag	银 Silver	[Kr]$4d^{10}5s$		$^{2}S_{1/2}$	7.5762
48	Cd	镉 Cadmium	[Kr]$4d^{10}5s^{2}$		$^{1}S_{0}$	8.9938
49	In	铟 Indium	[Kr]$4d^{10}5s^{2}5p$		$^{2}P_{1/2}$	5.7864
50	Sn	锡 Tin	[Kr]$4d^{10}5s^{2}5p^{2}$		$^{3}P_{0}$	7.3439
51	Sb	锑 Antimony	[Kr]$4d^{10}5s^{2}5p^{3}$		$^{4}S_{3/2}$	8.6084
52	Te	碲 Tellurium	[Kr]$4d^{10}5s^{2}5p^{4}$		$^{3}P_{2}$	9.0096
53	I	碘 Iodine	[Kr]$4d^{10}5s^{2}5p^{5}$		$^{2}P_{3/2}$	10.4513
54	Xe	氙 Xenon	[Kr]$4d^{10}5s^{2}5p^{6}$		$^{1}S_{0}$	12.1298
55	Cs	铯 Cesium	[Xe]$6s$		$^{2}S_{1/2}$	3.8939
56	Ba	钡 Barium	[Xe]$6s^{2}$		$^{1}S_{0}$	5.2117
57	La	镧 Lanthanum	[Xe]$5d6s^{2}$	稀土元素（镧系元素）	$^{2}D_{3/2}$	5.5770
58	Ce	铈 Cerium	[Xe]$4f5d6s^{2}$		$^{1}G_{4}$	5.5387
59	Pr	镨 Praseodymium	[Xe]$4f^{3}6s^{2}$		$^{4}I_{9/2}$	5.464
60	Nd	钕 Neodymium	[Xe]$4f^{4}6s^{2}$		$^{5}I_{4}$	5.5250
61	Pm	钷 Promethium	[Xe]$4f^{5}6s^{2}$		$^{6}H_{5/2}$	5.58
62	Sm	钐 Samarium	[Xe]$4f^{6}6s^{2}$		$^{7}F_{0}$	5.6437
63	Eu	铕 Europium	[Xe]$4f^{7}6s^{2}$		$^{8}S_{7/2}$	5.6704
64	Gd	钆 Gadolinium	[Xe]$4f^{7}5d6s^{2}$		$^{9}D_{2}$	6.1498
65	Tb	铽 Terbium	[Xe]$4f^{9}6s^{2}$		$^{6}H_{15/2}$	5.8638
66	Dy	镝 Dysprosium	[Xe]$4f^{10}6s^{2}$		$^{5}I_{8}$	5.9389
67	Ho	钬 Holmium	[Xe]$4f^{11}6s^{2}$		$^{4}I_{15/2}$	6.0215
68	Er	铒 Erbium	[Xe]$4f^{12}6s^{2}$		$^{3}H_{6}$	6.1077
69	Tm	铥 Thulium	[Xe]$4f^{13}6s^{2}$		$^{2}F_{7/2}$	6.1843
70	Yb	镱 Ytterbium	[Xe]$4f^{14}6s^{2}$		$^{1}S_{0}$	6.2542
71	Lu	镥 Lutetium	[Xe]$4f^{14}5d6s^{2}$		$^{2}D_{3/2}$	5.4259

续表

原子序数 Z	元素符号	名称	电子组态		基态 $^{2S+1}L_J$	电离能 /eV
72	Hf	铪 Hafnium	$[Xe]4f^{14}5d^{2}6s^{2}$		$^{3}F_{2}$	6.8251
73	Ta	钽 Tantalum	$[Xe]4f^{14}5d^{3}6s^{2}$		$^{4}F_{3/2}$	7.5496
74	W	钨 Tungsten	$[Xe]4f^{14}5d^{4}6s^{2}$		$^{5}D_{0}$	7.8640
75	Re	铼 Rhenium	$[Xe]4f^{14}5d^{5}6s^{2}$	过渡元素	$^{6}S_{5/2}$	7.8335
76	Os	锇 Osmium	$[Xe]4f^{14}5d^{6}6s^{2}$		$^{5}D_{4}$	8.4382
77	Ir	铱 Iridium	$[Xe]4f^{14}5d^{7}6s^{2}$		$^{4}F_{9/2}$	8.9670
78	Pt	铂 Platinum	$[Xe]4f^{14}5d^{9}6s$		$^{3}D_{3}$	8.9588
79	Au	金 Gold	$[Xe]4f^{14}5d^{10}6s$		$^{2}S_{1/2}$	9.2255
80	Hg	汞 Mercury	$[Xe]4f^{14}5d^{10}6s^{2}$		$^{1}S_{0}$	10.4375
81	Tl	铊 Thallium	$[Xe]4f^{14}5d^{10}6s^{2}6p$		$^{2}P_{1/2}$	6.1082
82	Pb	铅 Lead	$[Xe]4f^{14}5d^{10}6s^{2}6p^{2}$		$^{3}P_{0}$	7.4167
83	Bi	铋 Bismuth	$[Xe]4f^{14}5d^{10}6s^{2}6p^{3}$		$^{4}S_{3/2}$	7.2855
84	Po	钋 Polonium	$[Xe]4f^{14}5d^{10}6s^{2}6p^{4}$		$^{3}P_{2}$	8.4167
85	At	砹 Astatine	$[Xe]4f^{14}5d^{10}6s^{2}6p^{5}$		$^{2}P_{3/2}$	9.5
86	Rn	氡 Radon	$[Xe]4f^{14}5d^{10}6s^{2}6p^{6}$		$^{1}S_{0}$	10.7485
87	Fr	钫 Francium	$[Rn]7s$		$^{2}S_{1/2}$	4.0727
88	Ra	镭 Radium	$[Rn]7s^{2}$		$^{1}S_{0}$	5.2784
89	Ac	锕 Actinium	$[Rn]6d7s^{2}$		$^{2}D_{3/2}$	5.17
90	Th	钍 Thorium	$[Rn]6d^{2}7s^{2}$		$^{3}F_{2}$	6.3067
91	Pa	镤 Protactinium	$[Rn]5f^{2}6d7s^{2}$		$^{4}K_{11/2}$	5.89
92	U	铀 Uranium	$[Rn]5f^{3}6d7s^{2}$		$^{5}L_{6}$	6.1941
93	Np	镎 Neptunium	$[Rn]5f^{4}6d7s^{2}$		$^{6}L_{11/2}$	6.2657
94	Pu	钚 Plutonium	$[Rn]5f^{6}7s^{2}$		$^{7}F_{0}$	6.0262
95	Am	镅 Americium	$[Rn]5f^{7}7s^{2}$	锕系元素	$^{8}S_{7/2}$	5.9738
96	Cm	锔 Curium	$[Rn]5f^{7}6d7s^{2}$		$^{9}D_{2}$	5.9915
97	Bk	锫 Berkelium	$[Rn]5f^{9}7s^{2}$		$^{6}H_{15/2}$	6.1979
98	Cf	锎 Californium	$[Rn]5f^{10}7s^{2}$		$^{5}I_{8}$	6.2817
99	Es	锿 Einsteinium	$[Rn]5f^{11}7s^{2}$		$^{4}I_{15/2}$	6.42
100	Fm	镄 Fermium	$[Rn]5f^{12}7s^{2}$		$^{3}H_{6}$	6.50
101	Md	钔 Mendelevium	$[Rn]5f^{13}7s^{2}$		$^{2}F_{7/2}$	6.58
102	No	锘 Nobelium	$[Rn]5f^{14}7s^{2}$		$^{1}S_{0}$	6.65
103	Lr	铹 Lawrencium	$[Rn]5f^{14}7s^{2}7p^{1}$		$^{2}P_{1/2}$	4.9?
104	Rf	Rutherfordium	$[Rn]5f^{14}6d^{2}7s^{2}$		$3F_{2}$?	6.0?
105	Db					
106	Sg					
107	Bh					
108	Hs					
109	Mt					
110	Ds					
111	Rg					

注：方括号括起来的元素表示与这些元素具有相同的电子组态。

第一周期包含两个元素氢和氦，电子填充的是 $n=1$ 的壳层。氢和氦的基态电子组态分别为 1s 和 $1s^2$。由公式(3.3.2)可知，单电子的能量正比于 $1/n^2$，考虑到 $n=1$ 为最小取值，所以氢和氦的电离能都比较大，分别为 13.6 eV 和 24.6 eV，其中氦原子的电离能是所有中性原子中最大的，见表 3.3.3 和图 3.3.3。

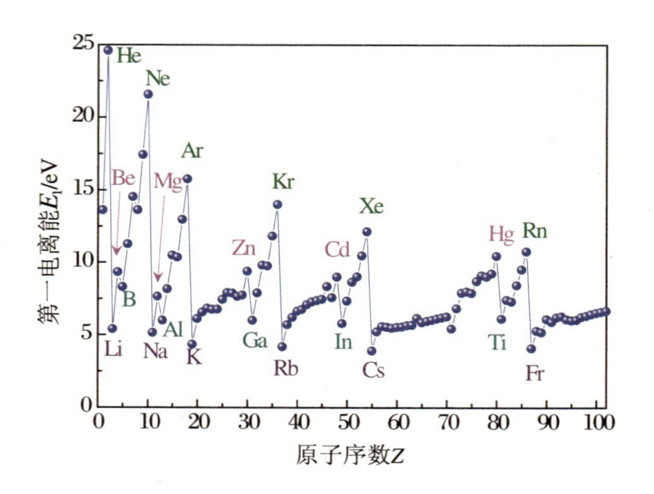

图 3.3.3 原子的电离能随原子序数的变化

第二周期从锂开始到氖结束，价电子填充的是 L 壳层。其中锂和铍的价电子填充的是 2s 支壳层，基态电子组态分别为[He]2s 和[He]$2s^2$，这里[He]表示与氦原子具有完全相同的电子组态，即 $1s^2$，这两个电子形成原子的内壳层，以下情况类似。从硼开始原子的价电子开始填充 2p 支壳层，直到氖把 2p 支壳层填满形成[He]$2s^2 2p^6$ 的满支壳层结构。

第三周期从钠开始到氩结束，价电子填充的是 $n=3$ 的 M 壳层。钠和镁填充的是 3s 支壳层，分别在 3s 支壳层上填充 1 个和 2 个电子。从铝开始填充 3p 支壳层，随着原子序数的增加，填充 3p 支壳层的电子数目依次增加 1，直到氩把 3p 支壳层填满。虽然 M 壳层除了 3s 和 3p 支壳层之外还有 3d 支壳层，但由于能级交错(图 3.3.2)，导致 3d 支壳层的能量高于 4s 支壳层，因而从第 19 号元素开始进入第四周期。

第四周期从钾开始到氪结束，其价电子填充的是 4s、3d 和 4p 的支壳层。钾和钙填充的是 4s 支壳层。根据能级交错给定的各支壳层的能级高低次序，填充完 4s 支壳层后，开始填充 3d 支壳层。因此从钪开始进入填充 3d 支壳层的副族元素。从钪到锌把 3d 支壳层填满。在这一填充过程中，基本上是随原子序数增加而把电子一个一个增加到 3d 支壳层上。但由于 3d 和 4s 支壳层的能量十分接近，个别元素的电子排列次序有所变化。例如铜原子，按照规律其电子组态应为[Ar]$3d^9 4s^2$，但实际上其电子组态为[Ar]$3d^{10} 4s$。至于铬原子，按照

规律其电子组态应为[Ar]$3d^4 4s^2$，但是其实际的电子组态为[Ar]$3d^5 4s$。造成这一排列的原因除了3d和4s的能量接近以外，还在于交换效应。如果铬原子中这六个价电子的自旋全部平行，其自旋波函数是交换对称的。而由泡利不相容原理，其空间波函数必然是交换反对称的。由交换效应可知，交换反对称的空间波函数所对应的能量状态较低，因此铬原子基态取[Ar]$3d^5 4s^1$的电子组态。从镓到氪，依次在4p支壳层填充1～6个电子，至氪结束第四周期。

第五周期从铷开始，至氙结束，价电子依次填充到5s、4d和5p支壳层。铷和锶填充的是5s支壳层。从钇开始填充4d支壳层，直到镉把4d支壳层填满。与第四周期的铬类似，钼基态的电子组态为[Kr]$4d^5 5s^1$。由于4d支壳层与5s支壳层的能量十分接近，铌、钌、铑、钯和银的填充次序并不严格遵循图3.3.2，这在第四周期中已有铜的例子，在第六、七周期中还有更多类似的例子。从铟到氙依次在5p支壳层填充1～6个电子，从而结束第五周期。

第六周期从铯开始，至氡结束。价电子依次填充6s、4f、5d和6p支壳层。类似地，铯和钡填充的是6s支壳层。从铈($Z=58$)到镥($Z=71$)价电子主要填充在4f支壳层，它们形成镧系元素。由于镧系元素往往具有一些奇特的物理化学性质，它们也称为稀土元素。从铪至汞填充的是5d支壳层，而从铊至氡填充的是6p支壳层。由于4f、5d和6s支壳层的能量十分接近，填充的过程中往往会有不遵循图3.3.2的情形。

第七周期的元素到今天还没有完全发现，而且这一周期的元素都具有放射性。钫和镭中价电子填充的是7s支壳层。从钍至铹价电子主要填充的是5f支壳层，它们组成锕系元素。需要说明的是，$Z>92$的元素都是通过人工合成发现的。

元素的物理化学性质与原子中电子的结构紧密相关。一个典型的例子就是原子的电离能随原子序数Z的变化，如图3.3.3所示。从图3.3.3可以很容易看出，惰性元素的电离能相比于其后面的碱金属要大很多。造成这一现象的一个原因在于，根据公式(3.3.2)，能量反比于n^2，与同一主量子数n之间的元素相比，主量子数n改变的相邻两个元素，其电离能差别就特别大。另一方面，由公式(3.3.2)可知，能量还与Z_{nl}^{*2}成正比。同一周期内随着原子序数的增加，其主量子数n没有改变。但是电子数目在不断增加，因而由于轨道贯穿效应引起的Z_{nl}^{*2}在很快增加。这进而导致了同一周期内随原子序数增加而电离能不断增大的情形，如图3.3.3所示。由2.7节可知，s电子在$r=0$处出现的概率不为零，因此s电子的轨道贯穿效应一般比p电子的要强很多，这也是图3.3.3中出现某些局域极大点的原因，例如Be、Mg、Zn、Cd和Hg的电离能。其他一些物理效应往往也呈现出可观测的影响，例如[He]$2s^2 2p^3$的氮原子的电离能就比[He]$2s^2 2p^4$的氧原子的电离能大，这是由交换效应引起的。其实第Ⅲ主族都受类似效应的影响。元素的其他性质也往往呈现出周期性结构，原因都是类似的，例如原子的半径（见图 3.3.4）等，在此不一一说明。

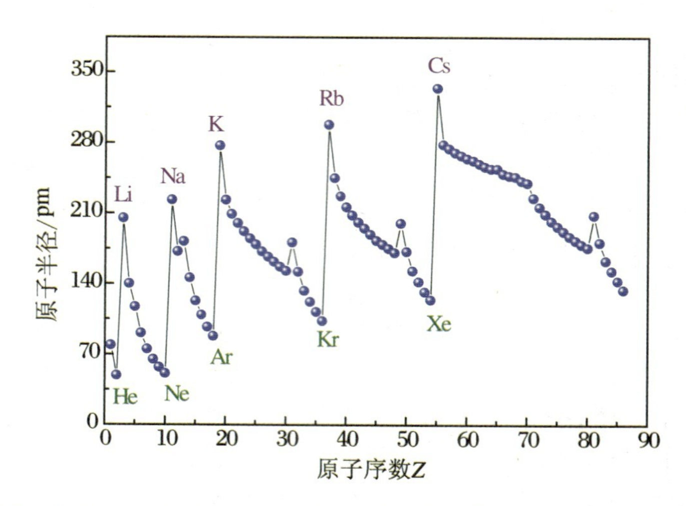

图 3.3.4 原子的半径随原子序数的变化

思考题：为什么惰性元素不活泼而碱金属容易呈现 +1 价？

3.4 自旋-轨道相互作用

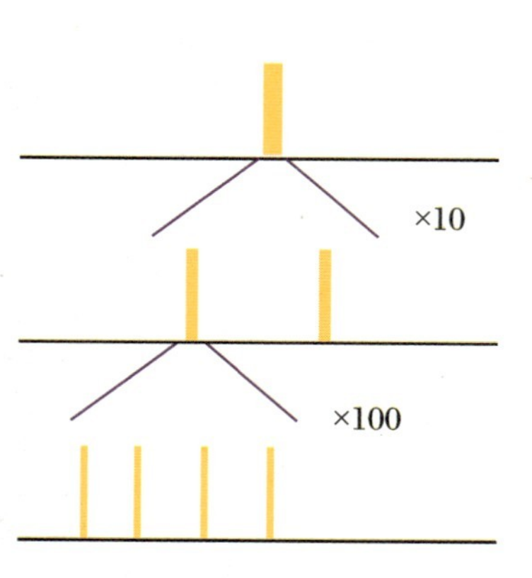

图 3.4.1 钠黄线的精细和超精细结构

在本节之前的所有讨论中，我们都忽略了各种磁相互作用对原子能级结构的影响，例如自旋磁矩和轨道磁矩之间的相互作用、原子核磁矩和电子磁矩之间的相互作用等。由于磁相互作用要比电相互作用弱很多，所以它对原子能级结构的影响要小得多，往往造成原子能级结构的细小分裂或者移动，这些细小的分裂和移动称为原子的精细和超精细结构。在刚开始远观原子的能级结构的时候，我们看到的都是原子能级结构的概貌，并不会注意到这些细节，因此忽略弱得多的磁相互作用当然是一种很好的近似。但是随着实验技术的巨大进步及认识的深入，这些能级的细小分裂和移动都会凸显出来。图 3.4.1 展示了著名的钠黄线的谱线结构。最初人们看到的是一条黄线，随着分辨率的提高，发现原来这一条黄线是由两条谱线组成的。而到了 20 世纪中叶，人们又注意到，钠黄线双线中的每一条还有更精细的结构。本节就是要阐明影响原子能级和光谱精细结构的规律，它涉及的相互作用最主要是磁相互作用，对这些精细的能级结构有影响的另一物理效应是相对论效应。

3.4.1 自旋-轨道相互作用

在3.1.1节和3.1.3节，我们分别引入了电子的轨道磁矩和自旋磁矩，显然二者之间会发生磁相互作用。这一磁相互作用的物理图像如图3.4.2所示，可以描述为自旋磁矩感受到轨道运动产生的磁场，进而引起附加的能量。一般而言，我们说电子绕着原子实运动，这里把原子实当作是静止的，如图3.4.2(a)所示。但是我们也可换一个角度，认为电子是静止的，而原子实在绕着电子做运动，如图3.4.2(b)所示。此时，原子实运动在电子处产生的磁场可由经典电磁学给出

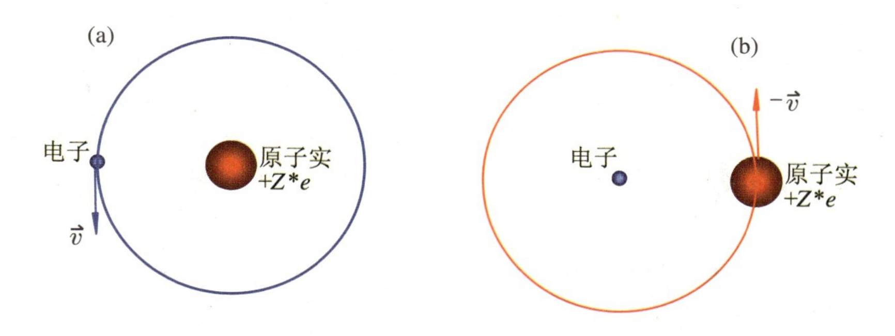

图3.4.2 (a) 原子实静止坐标系下电子的运动；(b) 电子静止坐标系下原子实的运动

$$\vec{B}=-\frac{1}{4\pi\varepsilon_0}\frac{Z^*e\vec{v}\times\vec{r}}{c^2r^3} \tag{3.4.1}$$

由于轨道角动量$\vec{L}=\vec{r}\times m_e\vec{v}$是一个守恒量，可以把公式(3.4.1)重写为

$$\vec{B}=\frac{1}{4\pi\varepsilon_0}\frac{Z^*e\vec{L}}{m_ec^2r^3} \tag{3.4.2}$$

自旋磁矩与轨道运动产生的磁场发生相互作用，其势能为

$$U'=-\vec{\mu}_S\cdot\vec{B}=\frac{g_S\mu_BZ^*e}{4\pi\varepsilon_0m_ec^2\hbar}\frac{1}{r^3}\vec{S}\cdot\vec{L}=\frac{Z^*e^2}{4\pi\varepsilon_0m_e^2c^2}\frac{1}{r^3}\vec{S}\cdot\vec{L} \tag{3.4.3}$$

实际上，由于原子实的质量远大于电子的质量，还是要看在原子实静止坐标系中的能量。考虑到相对论效应，公式(3.4.2)的磁场和公式(3.4.3)的势能会多出来一个1/2的因子。因此，真实的势能为

$$U=\frac{1}{2}\frac{Z^*e^2}{4\pi\varepsilon_0m_e^2c^2}\frac{1}{r^3}\vec{S}\cdot\vec{L} \tag{3.4.4}$$

量子力学的处理要对公式(3.4.4)中的 U 求平均。公式(3.4.4)所示的势能来自于自旋-轨道之间的磁相互作用,称为自旋-轨道相互作用(spin-orbit interaction)。考虑自旋-轨道相互作用之后,原子的能级结构必定会有所调整。

【例 3.4.1】 考虑自旋-轨道相互作用后,单电子原子的能级会有什么变化?

【解】 2.9 节的中心势近似指出,原子的能量由电子组态决定。例如 Li 的电子组态 $1s^2 2s$、$1s^2 2p$、$1s^2 3s$、$1s^2 3p$ 等,在能级图上每一电子组态只会有一根线。考虑自旋-轨道相互作用引进的势能为

$$U \propto \vec{S} \cdot \vec{L} \tag{1}$$

这里 $\vec{S}$ 有两个方向,$m_S = \pm 1/2$。对于 $l \neq 0$ 的能级,其轨道角动量不为零,(1)式会有两个值。因此,$l \neq 0$ 的能级会发生分裂,例如 Li 原子的 $1s^2 2p$、$1s^2 3d$等,2p 和 3d 的 l 不为零,它们在能级图上的一根线会分裂为两根线。且这两根线之间的距离对应于能级分裂值。而对 $l=0$ 的能级,例如 $1s^2 2s$ 和 $1s^2 3s$,由于 2s 和 3s 的 $l=0$,因此它们没有自旋-轨道相互作用,能级不发生变化,仍为能级图上原来的那一根线。

【例 3.4.2】 试分析自旋-轨道相互作用对 n、l 的依赖关系。

【解】 由公式(3.4.4)可知,U 反比于 r^3,也即 r 越大,U 越小。对于同一个原子,由 2.7 节的知识可知,r 与 n、l 有关。在 n 相同时,l 越大,r 越大,U 越小。而在 l 相同时,n 越大,r 越大,U 越小。例 3.4.2 表(Ⅰ)给出了 Na 原子不同 n、l 时的能级分裂情况,显然与上面的分析是一致的。

例 3.4.2 表(Ⅰ) Na 原子不同 n、l 时的能级分裂(以 cm^{-1} 为单位)

n \ l	0	1	2	3	4
3	0	17.19594	0.050	–	–
4	0	5.59	0.035	≈0	–
5	0	2.47	0.020	≈0	≈0

类似地,U 还正比于 Z^*。对于同一族的原子,随着原子序数的增加,价电子感受到的有效电荷数 Z^* 越来越大,自旋-轨道引起的能级分裂 U 也越来越大。例 3.4.2 表(Ⅱ)给出碱金属共振线的分裂情况,可证实上述分析。

例 3.4.2 表(Ⅱ) 碱金属共振线的分裂及最外层电子感受到的内磁场

原子	Li	Na	K	Rb	Cs
能级 nl	2p	3p	4p	5p	6p
能级分裂/ cm^{-1}	0.34	17.2	57.7	237.6	554.1
$B_{内}$(T)	0.36	18.4	61.8	254.5	594

【例 3.4.3】 由例 3.4.2 表(Ⅱ)给出的碱金属共振线的分裂情况，估算这些电子感受到的原子内部磁场。

【解】 根据公式(3.4.3)，有

$$U = -\vec{\mu}_S \cdot \vec{B}_内 = m_S g_S \mu_B B_内$$

由于 $m_S = \pm 1/2$，可知能级分裂值为

$$\Delta E = \left[\frac{1}{2} - \left(-\frac{1}{2}\right)\right] g_S \mu_B B_内 = 2\mu_B B_内$$

因此有

$$B_内 = \frac{\Delta E}{2\mu_B}$$

代入例 3.4.2 表(Ⅱ)的能级分裂值，可算出 $B_内$，也列于例 3.4.2 表(Ⅱ)中。

3.4.2 总角动量

如果不考虑自旋-轨道相互作用，则轨道角动量和自旋角动量是互相独立的，它们都是守恒量。相应地，L^2、L_z、S^2、S_z 都有确定的值，或者采用 2.8.4 节提及的角动量的进动模型，$\vec{L}$ 和 $\vec{S}$ 的大小和方向(指 L_z、S_z)都不变。相应地，与这些角动量对应的量子数 l、m_l、s 和 m_S 叫作好量子数(good quantum number)。但是自旋-轨道相互作用总是存在的，如 3.4.1 节所述，自旋磁矩肯定会感受到轨道运动产生的磁场。我们首先来讨论一下磁矩在磁场中的运动。由经典电磁学的知识可知，一个磁矩在磁场中会感受到一个力矩。具体到自旋磁矩，它感受到的力矩 $\vec{\tau}$ 为

$$\vec{\tau} = \vec{\mu}_S \times \vec{B} \tag{3.4.5}$$

这里 $\vec{B}$ 为电子轨道运动产生的磁场。

由经典力学可知，力矩等于角动量的变化率：

$$\frac{d\vec{S}}{dt} = \vec{\tau} = \vec{\mu}_S \times \vec{B} \tag{3.4.6}$$

把公式(3.4.2)代入，可得

$$\frac{d\vec{S}}{dt} = -\frac{Z^* e^2}{8\pi\varepsilon_0 m_e^2 c^2 r^3}\vec{S} \times \vec{L}$$

这里已经考虑了相对论变化引进的因子1/2。令 $\xi(r)=\dfrac{Z^* e^2}{8\pi\varepsilon_0 m_e^2 c^2 r^3}$，上式可简化为

$$\frac{\mathrm{d}\vec{S}}{\mathrm{d}t}=\xi(r)\vec{L}\times\vec{S} \tag{3.4.7}$$

式(3.4.7)表明，自旋角动量 $\vec{S}$ 在绕轨道角动量 $\vec{L}$（也即内磁场方向）做进动，进动的角频率为

$$\omega=\xi(r)L \tag{3.4.8}$$

由于原子没有与外界发生相互作用，式(3.4.5)所示的力矩是一个内力矩，也即轨道运动产生的磁场使得自旋磁矩感受到力矩 $\vec{\tau}$。反过来，轨道磁矩也受到一个反力矩 $-\vec{\tau}$，它是由自旋磁矩产生的磁场与轨道磁矩相耦合而产生：

$$\frac{\mathrm{d}\vec{L}}{\mathrm{d}t}=-\vec{\tau}=\xi(r)\vec{S}\times\vec{L} \tag{3.4.9}$$

公式(3.4.7)和(3.4.9)表明，考虑到自旋-轨道相互作用后，轨道角动量 $\vec{L}$ 和自旋角动量 $\vec{S}$ 对时间的偏导不为零，也即它们都不再具有确定的值，也不再是守恒量了。公式(3.4.7)和(3.4.9)也告诉我们，$\vec{L}$ 绕 $\vec{S}$ 进动的同时，$\vec{S}$ 也在绕 $\vec{L}$ 进动，且二者进动的角频率并不相等，相互耦合的方式十分复杂。为此，我们引入一个新的角动量 $\vec{J}$：

$$\vec{J}=\vec{L}+\vec{S} \tag{3.4.10}$$

有

$$\frac{\mathrm{d}\vec{J}}{\mathrm{d}t}=\frac{\mathrm{d}\vec{L}}{\mathrm{d}t}+\frac{\mathrm{d}\vec{S}}{\mathrm{d}t}=\xi(r)[\vec{L}\times\vec{S}+\vec{S}\times\vec{L}]=0 \tag{3.4.11}$$

因此，$\vec{J}$ 是一个守恒量，它是轨道角动量和自旋角动量的矢量和，我们称之为原子的总角动量(total augular momentum)。有了总角动量，我们再来考察轨道角动量和自旋角动量，有

$$\begin{cases}\dfrac{\mathrm{d}\vec{L}}{\mathrm{d}t}=\xi(r)\vec{J}\times\vec{L}\\[2ex]\dfrac{\mathrm{d}\vec{S}}{\mathrm{d}t}=\xi(r)\vec{J}\times\vec{S}\end{cases} \tag{3.4.12}$$

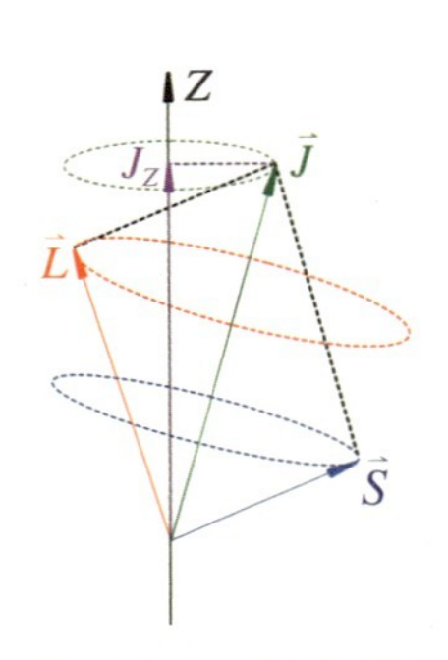

图 3.4.3 自旋-轨道耦合

把公式(3.4.7)中的 $\vec{L}$ 和(3.4.9)中的 $\vec{S}$ 分别用 $\vec{J}$ 代替，并考虑到 $\vec{L}\times\vec{L}=\vec{S}\times\vec{S}=0$，很容易证明公式(3.4.12)。公式(3.4.12)表明，$\vec{L}$ 和 $\vec{S}$ 同时绕着 $\vec{J}$ 以相同的角频率 $\xi(r)J$ 在做进动，如图3.4.3所示，是一个相当简洁的物理图像。

考虑自旋-轨道相互作用后,轨道角动量和自旋角动量的大小仍不变,也即 $\vec{L}^2$ 和 $\vec{S}^2$ 不变,还是守恒量。但它们不再具有确定的方向,也即 L_z 和 S_z 不再是守恒量了。公式(3.4.11)表明,原子的总角动量是新的守恒量,它具有确定的大小和方向,也即 $\vec{J}^2$ 和 $\vec{J}_z$ 都是新的不变量。下面的问题是如何求得 $\vec{J}^2$ 和 $\vec{J}_z$ 的数值。

由于轨道角动量 $\vec{L}$ 和自旋角动量 $\vec{S}$ 都是量子化的,所以原子的总角动量 $\vec{J}$ 也是量子化的。设总角动量量子数为 j,则有

$$\vec{J}^2 = j(j+1)\hbar^2 \tag{3.4.13}$$

总角动量的 z 分量为

$$J_z = m_j\hbar \tag{3.4.14}$$

这里 m_j 为总角动量的磁量子数,m_j 的值为

$$m_j = j, j-1, \cdots, -j+1, -j \tag{3.4.15}$$

即总角动量的 z 分量有 $2j+1$ 个取值,是量子化的。

由公式(3.4.10)可得

$$J_z = L_z + S_z = (m_l + m_s)\hbar \tag{3.4.16}$$

与公式(3.4.14)对比,可得

$$m_j = m_l + m_s \tag{3.4.17}$$

我们以 H 原子的 2p 为例,来说明 m_j 的取值。对 2p 电子,有

$$m_l = 1, 0, -1$$

$$m_s = \frac{1}{2}, -\frac{1}{2}$$

m_l 和 m_s 的组合共有 6 种。由公式(3.4.17)可得 m_j 的值也为 6 个,即

$$\begin{array}{ccc} \frac{3}{2} & \frac{1}{2} & -\frac{1}{2} \\ \frac{1}{2} & -\frac{1}{2} & -\frac{3}{2} \end{array}$$

上述 m_j 值已经用虚线分为了两组:

$$m_{j_1} = \frac{3}{2}, \frac{1}{2}, -\frac{1}{2}, -\frac{3}{2}$$

$$m_{j_2} = \frac{1}{2}, -\frac{1}{2}$$

由公式(3.4.15)可知，与 m_{j_1} 对应的 $j_1=3/2$，与 m_{j_2} 对应的 $j_2=1/2$。一般情形，j 的取值为 $l+s, l+s-1, \cdots, |l-s|$。

可以把这个例子的结果推广到一般情况：量子数为 j_1 和 j_2 的两个角动量耦合而生成的总角动量量子数 j 为

$$j = j_1 + j_2, j_1 + j_2 - 1, \cdots, |j_1 - j_2| \tag{3.4.18}$$

即最大的 j 为 j_1+j_2，最小的 j 为 $|j_1-j_2|$，其余的 j 依次差 1。这个结论的普遍性可用量子力学中的角动量理论严格证明。

具体对于自旋-轨道耦合的情形，原子的总角动量量子数的取值为

$$j = l + s, l + s - 1, \cdots, |l - s| \tag{3.4.19}$$

对于单电子原子而言，由于 $s=1/2$，有 $j=l+1/2$ 和 $|l-1/2|$。

考虑到自旋-轨道相互作用后，原子的守恒量变为 L^2、S^2、J^2 和 J_z，也即好量子数为 n、l、s、j 和 m_j。在无外磁场时，体系的能量对 m_j 简并，由 n、l、s 和 j 决定。为此，引入原子态符号(也叫谱项)：

$$^{2S+1}L_J \tag{3.4.20}$$

来表示原子的能量状态。这里 L 是轨道角动量量子数，S 是自旋角动量量子数，J 是原子的总角动量量子数。对于本节涉及的单个电子，我们用小写的英文字母 l、s 和 j 表示它们。我们将会在 3.6 节看到，更通用的多电子原子我们用 L、S 和 J 来表示这三个角动量量子数。以后我们不会再解释这三个角动量量子数的大、小写，但是默认的是单电子情况用小写，两个及多个电子的情况用大写。当 $L=0、1、2、3、4、5、6、\cdots$ 时，L 用大写的 S、P、D、F、G、H、I、… 表示。而 $2S+1$ 用数字写于 L 的左上角，它也称为多重态(multiplet state)，其数值往往等于能级分裂的个数(也即 J 的取值个数，个别情况例外)，J 的数字写于 L 的右下角。

【例 3.4.4】 试写出 H 原子的 1s、2p、3d 和 4f 的原子符号。

【解】 对于 1s，由 $l=0$ 和 $s=1/2$ 可知 $j=1/2$，其原子态符号为 $^2S_{1/2}$。类似地，2p、3d 和 4f 的原子态符号分别为 $^2P_{1/2,3/2}$、$^2D_{3/2,5/2}$ 和 $^2F_{5/2,7/2}$。可以看出，除了 1s 状态的能级由于轨道角动量量子数为 0 没有分裂外，2p、3d 和 4f 的能级都分裂为两条，刚好与 $2S+1$ 对应，这就是 $2S+1$ 叫作多重态的原因。实际上，能级分裂的个数与 s 和 l 的具体取值有关。如果 $s<l$，能级则分裂为 $2s+1$ 条。反之，若 $l<s$，能级则分裂为 $2l+1$ 条，例如 $^2S_{1/2}$。

上述 2p 的原子态符号除了可以写为$^2P_{1/2,3/2}$外，也可以写为$^2P_{1/2}$和$^2P_{3/2}$，有时还把主量子数 n 写在符号的前面，如$2^2P_{1/2}$、$2^2P_{3/2}$，以便清楚地表明原子的能量状态。之所以常常写为$^2P_{1/2,3/2}$，是因为$^2P_{1/2}$和$^2P_{3/2}$这两个能级之间的间距很小，写在一起以表示二者是一对精细结构能级。上述各种写法都是比较常见的，希望读者能够熟练掌握。

【例 3.4.5】 对处于 nl 状态的单电子原子，总角动量量子数 j 小的能量低还是 j 大的能量低？

【解】 由 $\vec{J}=\vec{L}+\vec{S}$ 可知

$$\vec{S}\cdot\vec{L}=\frac{1}{2}[J^2-L^2-S^2] \tag{1}$$

把(1)式代入公式(3.4.4)，可得自旋-轨道相互作用引入的势能为

$$\begin{aligned}U&=\frac{Z^*e^2}{4\pi\varepsilon_0\cdot 2m_e^2c^2}\cdot\frac{1}{r^3}\cdot\frac{[\vec{J}^2-\vec{L}^2-\vec{S}^2]}{2}\\&=\frac{Z^*e^2}{4\pi\varepsilon_0\cdot 4m_e^2c^2}\cdot\frac{\hbar^2}{r^3}\cdot[j(j+1)-l(l+1)-s(s+1)]\end{aligned} \tag{2}$$

由于(2)式前面的系数大于0，且同一 nl 状态 l 和 s 相同，必有 j 小的能量低。

考虑到自旋-轨道相互作用之后，引入了总角动量量子数 j 和磁量子数 m_j。相应地，涉及两个能级的跃迁选择定则与公式(2.10.4)相比要有所调整。新的选择定则为

$$\begin{cases}\Delta l=\pm 1\\\Delta j=0,\pm 1\\\Delta m_j=0,\pm 1\end{cases} \tag{3.4.21}$$

3.5 单电子原子的能级结构和光谱

单电子原子指的是最外面的价壳层只有一个 ns 电子的原子，如 H、碱金属和 ⅠB 族元素。虽然碱金属和 ⅠB 族原子有不止一个电子，但它们都是由一个电子加原子实组成的系统，而且原子实具有闭(支)壳层的特点。以 Li 原子为例，其电子组态为 $1s^22s$，其中 2s 为价电子，原子核和两个 1s 电子组成原子实。对 $1s^2$ 的两个电子，根据泡利不相容原理，一个电子的 $m_s=1/2$，另一个电子只能取 $m_s=-1/2$。如 3.2.4 节所述，这两个电子的自旋在 z 方向之和为 0，也即

总自旋的 z 分量 $M_S=0$，而且只有这一种状态。因此必有总自旋 $S=0$（否则，M_S 具有 $2S+1$ 个分量）。由于内壳层两个 1s 电子的轨道角动量都是 0，所以原子实的空间电荷分布具有球对称性。再考虑到其总的轨道角动量及其 z 方向也都为 0，对外也不表现出磁性。因此，原子实对价电子的影响只是提供了一个等效的中心势场，而最外面的一个价电子在该中心势场中运动，这相当于一个单电子问题，只不过其感受到的势场形式不像氢原子 $\propto 1/r$ 那么简单而已。

其他碱金属和ⅠB族原子的情形都是类似的，除了 ns 一个价电子外，其余支壳层都是填满状态。与 $1s^2$ 类似，填满的支壳层（如 np^6、nd^{10} 等）总自旋角动量和总轨道角动量及其 z 分量都为零，因此不向外表现出磁性，且其电荷的空间分布具有球对称性（见习题 2.32）。因此，在处理碱金属和ⅠB族元素的价电子激发态时，都可以把它们当成单电子系统。

单电子原子的精细结构和超精细结构具有极其重要的应用。我们现在采用的时间标准，也就是常说的原子钟，就是建立在铯原子的超精细结构基础上的，其具体内容我们将在第 4 章中讨论。而建立在原子钟基础上的全球定位系统 GPS，目前已经渗透到了我们生活的方方面面。

3.5.1 碱金属的能级结构和光谱

我们这里所讨论的能级结构和光谱，指的是价电子的能级结构和光谱。例如 Li 原子，指的是 2s 电子被激发后所形成的能级结构和光谱，而其内壳层电子 $1s^2$ 仍处在原来的状态。如前所述，满支壳的电子组态，例如 $1s^2$，其 $L=S=J=0$，不会与价电子的 L、S、J 发生耦合。因此，在下面的讨论中，内壳层电子只与原子核一起给价电子提供原子实及有效电荷，其他影响完全忽略不计。也正因为如此，在下面的讨论中，书写电子组态时往往忽略内壳层电子，只给出价电子的电子组态。

碱金属原子的能量高低主要取决于其电子组态，也即其价电子 n 和 l 的取值。n 相同时，l 越大能量越高；l 相同时，n 越大能量越高。这两条规则对于所有碱金属原子来说都是成立的。但是，对于 n 和 l 数值都不一样的两个价电子组态，例如 5s 和 3d，其规律性并不是特别强，往往需要借助于实验或量子力学的计算给出其能量的高低次序。例如 Li 原子，其能量由低到高对应的电子组态为 2s、2p、3s、3p、3d、4s、4p、4d、4f、5s、…。而对于 Na 原子，其能量由低到高对应的电子组态为 3s、3p、4s、3d、4p、5s、4d、4f、5p、…。本教材中，除非特别指明，我们都假设 n 较小的能级低。

图 3.5.1 画出了不考虑自旋-轨道相互作用时钠原子的能级图和允许跃迁。如图中标识，这些跃迁分为：主线系（Principal Series）、锐线系（Sharp

Series，也叫第二辅线系）、漫线系（Diffuse Series，也叫第一辅线系）和基线系（Fundamental Series，也叫伯格曼线系），这些线系的名称是历史上形成的，并没有十分特别的含义。其中主线系是由 $np \to 3s$ 的跃迁谱线组成的，锐线系、漫线系和基线系分别由 $ns \to 3p$、$nd \to 3p$ 和 $nf \to 3d$ 的跃迁谱线组成。我们回头再看看主线系，其主量子数改变的电子组态为 np，这里 np 中的 p 就对应主线系英文名称第一个字母。与此相似，锐线系、漫线系和基线系的第一个英文字母分别对应 s、d 和 f 电子。至此，我们知道，轨道角动量量子数为 $l=0$、1、2、3、…的电子分别叫作 s、p、d、f、g、…，来自于历史上光谱的标记符号，仅此而已（实际上知道有角动量量子数 l 是以 s、p、d、f、g 命名光谱以后很久的事了）。

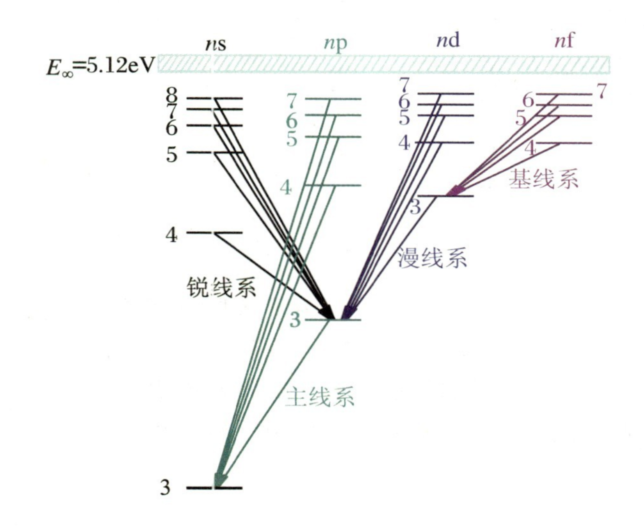

图 3.5.1 不考虑自旋-轨道相互作用时钠原子的能级图和部分跃迁

由于存在轨道贯穿效应，同时也受原子实极化[①]的影响，与 3.3.2 节的讨论类似，碱金属原子的能量主要由 n 和 l 决定：

$$E_{nl} = -\frac{1}{2} m_e c^2 \alpha^2 \frac{Z_{nl}^{*\,2}}{n^2} = -\frac{1}{2} m_e c^2 \alpha^2 \frac{1}{(n - \Delta_{nl})^2} \tag{3.5.1}$$

这里 Δ_{nl} 是量子数亏损。显然 l 越小其轨道贯穿越严重，量子数亏损就越大。表 3.5.1 列出了钠原子能级的量子数亏损值，显然与上述预期相符。由表 3.5.1可注意到，量子数亏损强烈地依赖轨道角动量量子数 l，但 l 相同时对 n 的变化不是很敏感。

① 价电子靠近原子实时，原子实在价电子场作用下正负电荷发生微调，形成感应的电偶极子，使得体系能量进一步降低。

表 3.5.1　钠原子能级的量子数亏损 Δ_{nl}

l \ n	3	4	5	6	7	8
0	1.373	1.358	1.354	1.352	1.351	1.351
1	0.883	0.867	0.862	0.860	0.859	0.858
2	0.011	0.0134	0.0145	0.0156	0.0161	0.0155
3		0.0019	0.0026	0.0029	0.0036	0.0043

有了量子数亏损，我们就可以写出 Na 原子的光谱：

$$\text{主线系：}\tilde{\nu}_n = \frac{R}{(3-\Delta_s)^2} - \frac{R}{(n-\Delta_p)^2},\quad n = 3,4,5,\cdots \tag{3.5.2}$$

$$\text{锐线系：}\tilde{\nu}_n = \frac{R}{(3-\Delta_p)^2} - \frac{R}{(n-\Delta_s)^2},\quad n = 4,5,6,\cdots \tag{3.5.3}$$

$$\text{漫线系：}\tilde{\nu}_n = \frac{R}{(3-\Delta_p)^2} - \frac{R}{(n-\Delta_d)^2},\quad n = 3,4,5,\cdots \tag{3.5.4}$$

$$\text{基线系：}\tilde{\nu}_n = \frac{R}{(3-\Delta_d)^2} - \frac{R}{(n-\Delta_f)^2},\quad n = 4,5,6,\cdots \tag{3.5.5}$$

图 3.5.2 给出了这些跃迁的光谱图，为了清晰，我们按不同线系对其进行了区分。可以想象，实际的实验测量结果是图 3.5.2 中所有光谱线集中于同一张光谱中，是相当复杂的。考虑到量子数亏损对 n 不敏感，在粗略近似下可当作常数处理，因此公式(3.5.2)～(3.5.5)可用于指认和归类光谱线，是非常有用的经验公式。

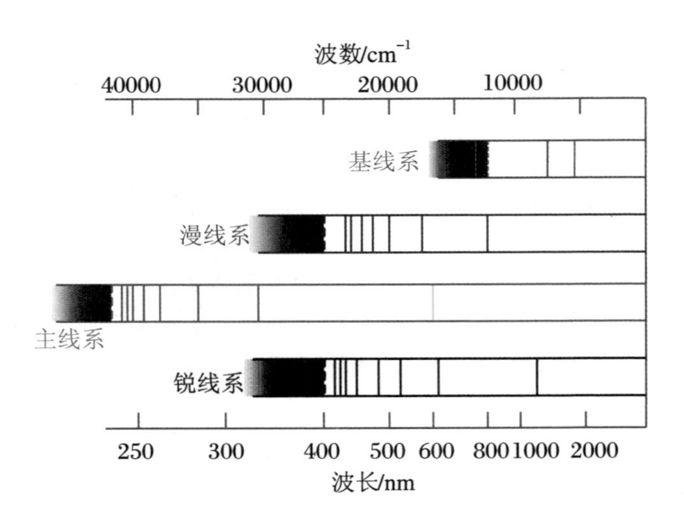

图 3.5.2　Na 原子的发射光谱(图中所示黄线是 Na 的共振线)

由于自旋-轨道相互作用的存在，除了 ns 以外，其余 np、nd、nf 能级都分裂为 2 条。考虑到磁相互作用比电相互作用要弱得多，自旋-轨道相互作用导

致的能级分裂比起电子组态不同导致的能级差要小得多，其具体数据可参考例3.4.2表(Ⅱ)。因此，自旋-轨道相互作用导致的能级分裂称为精细结构(fine structure)。图3.5.3给出了Na原子考虑自旋-轨道相互作用后的精细结构能级图。需要说明的是，为了表示的清晰，图3.5.3中自旋-轨道分裂已经放大了很多倍，仅具示意作用。图3.5.3还给出了钠原子精细结构之间的跃迁。与图3.5.1的能级和跃迁相比，图3.5.3无疑复杂了许多。Na原子的精细光谱示意图见图3.5.4，可以很清晰地看出主线系的跃迁由双线组成，分别对应 $n^2P_{3/2,1/2} \to 3^2S_{1/2}$，且这两条谱线间隔随 n 的增加而减小，这对应 $n^2P_{3/2,1/2}$ 的分裂随 n 增加而减小的情况。锐线系也是由双线组成，对应 $n^2S_{1/2} \to 3^2P_{3/2,1/2}$。但由于其高能级不分裂，所以这两条双线的间隔由 $3^2P_{3/2,1/2}$ 的分裂值决定，是一常数。由于选择定则限制，漫线系由三条谱线组成，对应 $n^2D_{3/2} \to 3^2P_{3/2,1/2}$ 和 $n^2D_{5/2} \to 3^2P_{3/2}$。其中前两者的谱线间隔不随 n 而改变，对应图3.5.4中漫线系每一组谱线中边上的两条。但 $n^2D_{5/2,3/2} \to 3^2P_{3/2}$ 这两条谱线的间隔随 n 增加而减小，对应图3.5.4中漫线系每一组谱线中靠右边的两条，且 $n^2D_{5/2} \to 3^2P_{3/2}$ 对应中间的一条谱线。由图3.5.3的能级图可以很容易理解上述现象。

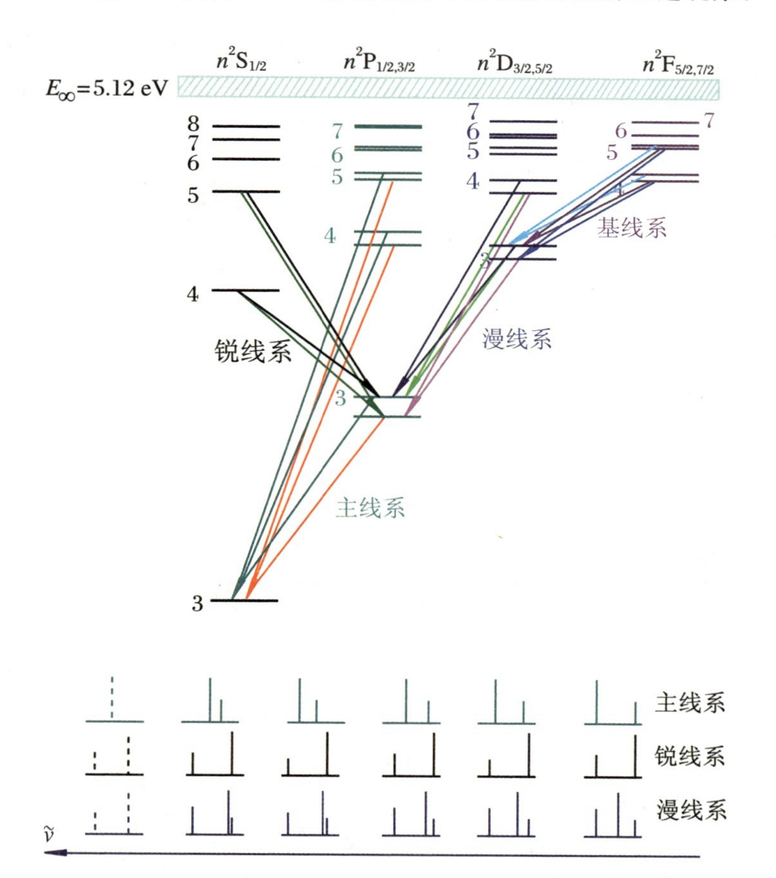

图3.5.3 考虑自旋-轨道相互作用后钠原子的精细结构能级和部分跃迁

图3.5.4 钠原子光谱的精细结构示意图，虚线代表相应的阈值($n \to \infty$)(为了对比，这里光谱线的能量位置做了平移)

碱金属原子中其他原子的能级结构和光谱都是类似的，在此不做进一步的说明。

*3.5.2 ⅠB 族原子的能级

ⅠB 族原子 Cu、Ag 和 Au 的基态电子组态都为$(n-1)d^{10}ns$，$n=4$、5 和 6。由于它们都是满壳层之外有一个 ns 的价电子，所以其价电子的激发态能级结构与碱金属有类似之处。例如对于 Ag 原子，其价电子能量由低到高的排列次序为：5s、5p、6s、6p、5d、7s、7p、6d、4f、8s、…。这里唯一的例外是在 5p 和 6s 之间有一个 3d 激发到 5s 形成的 $3d^9 5s^2$ 的电子组态。图 3.5.5 给出了银原子的能级图及允许跃迁。由于它与碱金属的能级图和跃迁相类似，在此不做过多解释。

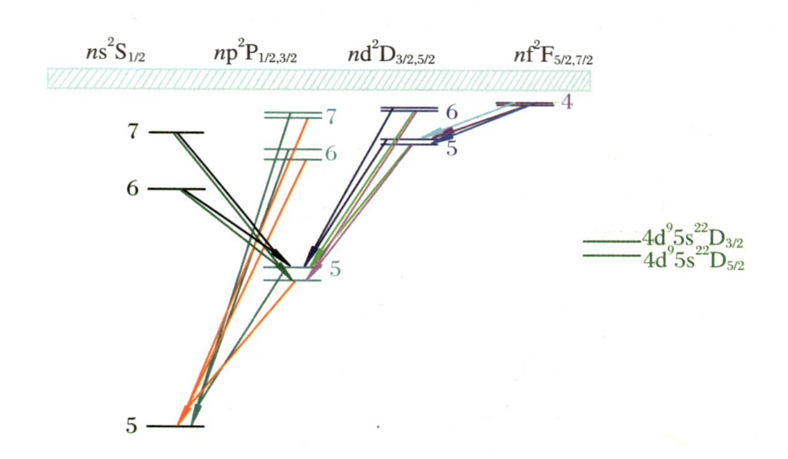

图 3.5.5 银原子的能级图及部分跃迁

3.5.3 氢原子能级的精细结构和精密光谱

与碱金属的能级结构相类似，氢原子的能级结构也会受到自旋-轨道相互作用的影响。但是，氢原子比较特殊，它是一个简单的两体系统，电子具有的势能与 r 的一次方成反比（碱金属中价电子感受到的势能并没有这么简单的形式！）。正是因为其势能与 r 的一次方成反比这一特性，导致求解薛定谔方程得出的氢原子的能量仅仅由主量子数 n 决定，而对轨道角动量量子数 l 简并。氢

原子的这一特点导致其能级的精细结构极其特殊。

1. 氢原子能级的精细结构

除了自旋-轨道相互作用之外，氢原子能级的精细结构还受到包括相对论质量效应和相对论势能项（达尔文项）的相对论效应影响，且三者的影响在同一数量级，必须全部考虑。由于推导这些能级修正的过程较为繁琐，我们把它放入了附录3-1。在考虑了相对论质量效应修正、自旋-轨道相互作用和达尔文项修正之后，氢原子能量为

$$E_{n,j} = E_n - \frac{\alpha^2}{n^2}E_n\left[\frac{3}{4} - \frac{n}{j+\frac{1}{2}}\right] \tag{3.5.6}$$

由式(3.5.6)可以看出，氢原子能级的精细结构对 l 部分简并，仅由量子数 n 和 j 决定。例如 $n=3$ 的 $3^2S_{1/2}$ 和 $3^2P_{1/2}$，虽然这两个能级的轨道角动量量子数 l 不同，但其能量位置完全相同。类似的简并能级还有 $3^2P_{3/2}$ 和 $3^2D_{3/2}$。造成这一特殊结果的原因是在能量修正的过程中，有的修正项互相有抵消，这完全是巧合（见附录3-1）。这种巧合在物理发展史上是不常见的。

根据公式(3.5.6)，图3.5.6(a)画出氢原子 $n=2$ 和3能级的精细结构分裂和跃迁，图3.5.6(b)同时给出了氢原子 H_α 线的精细结构。从图3.5.6可以很容易看出，在 $n=2$ 和 $n=3$ 之间共有7个跃迁，分别对应于：① $3^2S_{1/2}\rightarrow 2^2P_{3/2}$；

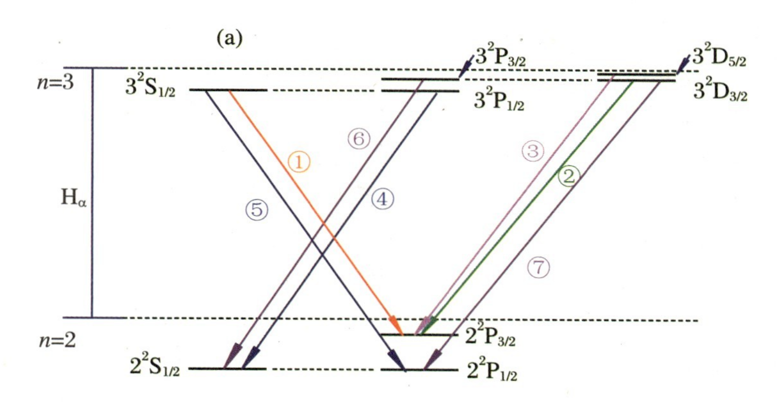

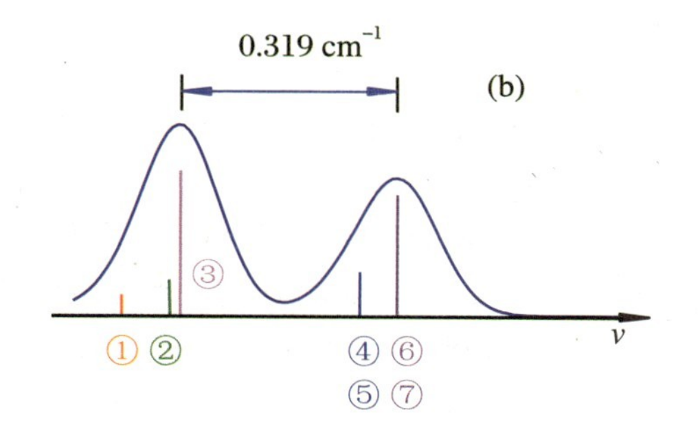

图3.5.6 氢原子 $n=2$ 和3能级的精细结构分裂(a)和 H_α 线的精细结构(b)

② $3^2D_{3/2} \to 2^2P_{3/2}$；③ $3^2D_{5/2} \to 2^2P_{3/2}$；④ $3^2P_{1/2} \to 2^2S_{1/2}$；⑤ $3^2S_{1/2} \to 2^2P_{1/2}$；⑥ $3^2P_{3/2} \to 2^2S_{1/2}$和⑦ $3^2D_{3/2} \to 2^2P_{1/2}$。但是，考虑到 $2^2S_{1/2}$和 $2^2P_{1/2}$、$3^2S_{1/2}$和 $3^2P_{1/2}$、$3^2P_{3/2}$和 $3^2D_{3/2}$的能级分别简并，这7个跃迁中，④和⑤、⑥和⑦的跃迁能量分别相同。因此，无法从实验上分辨④和⑤及⑥和⑦，只能观测到5条谱线，如图3.5.6(b)所示。在20世纪三四十年代，光谱仪的分辨率还不够好，实验观测谱为如图3.5.6(b)所示的两个鼓包。实验观测的两个鼓包间距为0.319 cm^{-1}，与狄拉克的相对论理论预言0.328 cm^{-1}十分接近，说明狄拉克理论的正确性。但是，实验值比理论预测小了约0.01 cm^{-1}，这在当时引起了广泛的关注和争议，更多的人是怀疑实验的精确性。这一方面是因为当时相对论量子力学已经得到了大家的承认，另一方面是因为实验的分辨确实不够好，虽然实验物理学家相信他们的实验结果是正确的（当然，有的实验物理学家在后来否认了他们的"正确"结果，可见挑战权威还是需要极大勇气的！）。在当时实验测量H_α、H_β、H_γ线的精细结构工作中，我国物理学家谢玉铭及其合作者做出了重要贡献，而且他们始终坚信自己的实验结果是正确的。

2. 兰姆移位

对简单的氢原子，物理学家不能容忍理论与实验的不一致。但是，随即到来的第二次世界大战中断了物理学家这方面的研究。利用二战期间发展起来的射频技术，兰姆(W. E. Lamb)（图3.5.7）和雷瑟福(R. Retherford)于1947年测量了氢原子 $n=2$ 能级的精细结构。他们的实验分辨率非常高，确凿无疑地表明H原子的 $2^2S_{1/2}$和 $2^2P_{1/2}$能级并不简并，而是前者比后者高了约0.035 cm^{-1}。$2^2S_{1/2}$能级的这一移动被称为兰姆移位(Lamb shift)。这一具有非常重大物理意义的实验结果表明，狄拉克的相对论量子力学还有不足。兰姆移位存在的实验事实，加上电子反常磁矩的发现，促成了量子电动力学的发展，而兰姆也因此而荣获1955年的诺贝尔物理学奖。造成兰姆移位的量子电动力学效应主要有两种：一种是真空极化效应，也即氢原子核吸引真空中虚电子对中的负电核使之靠近，进而屏蔽质子的电场，造成体系能量的变化；另一种是电子与电磁场的真空涨落之间的相互作用，且这一部分效应的影响是主要的。

图3.5.7 兰姆(W. E. Lamb, 1913—2008)，美国

小知识：兰姆移位实验

兰姆移位实验所用实验装置如图3.5.8所示，实验是在真空环境下完成的。氢原子产生器通过微波解离产生氢原子，它离开产生器后被电子束所轰击而激发至激发态，例如激发至2s和2p的状态。由于2p→1s是允许跃迁的，其寿命在 ns 量级(1.6 ns)，因此处于2p状态的氢原子很快退激发回到基态。但是，2s→1s跃迁是禁戒的，其寿命较长，约0.11 s。因此处于2s状态的氢原子可以向右运动撞到钨板上。钨的脱出功为4.5 eV，小于氢原子的2s激发能。因此处于2s态的氢原子打在钨板上时，会发射电子束并被P所接收，从而在P和W之间形成电流。在射频淬灭区不加射频场的时候，表面电离探测器会接收到恒定的电流。当加上射频场并调节射频场的频率达到 $2^2S_{1/2} \to 2^2P_{3/2}$ 的跃迁频

率时，处于 $2^2S_{1/2}$ 状态的氢原子会吸收光子而跃迁到 $2^2P_{3/2}$（图 3.5.9 步骤①），而处于 $2^2P_{3/2}$ 状态的氢原子会在 ns 的时间内回到基态 $1^2S_{1/2}$（图 3.5.9 步骤②）。回到基态的 H 原子撞到钨板上则不会产生电流。因此，若射频场的频率等于 $2^2S_{1/2}\rightarrow2^2P_{3/2}$ 的跃迁频率时，监测到的电流会有一个急剧的下降。由于射频技术的能量分辨非常高，通过这种方法就可以精确测定 $2^2S_{1/2}\rightarrow2^2P_{3/2}$ 的激发能。

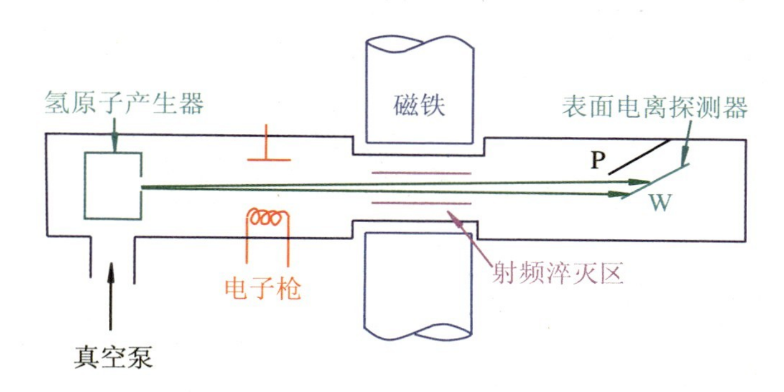

图 3.5.8 兰姆移位实验装置

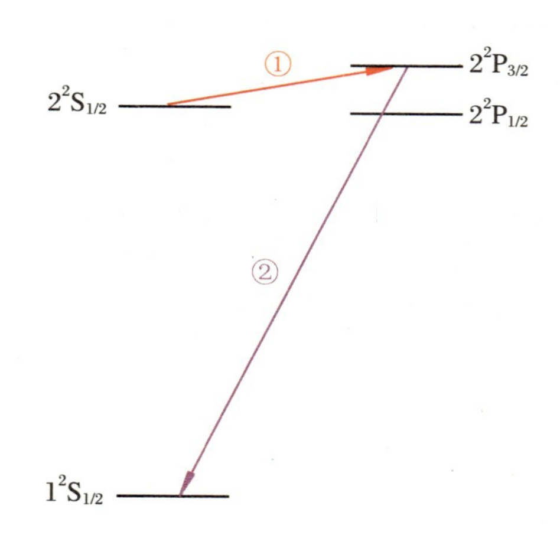

图 3.5.9 兰姆实验涉及的跃迁过程

兰姆和雷瑟福测得的 $2^2S_{1/2}$ 和 $2^2P_{3/2}$ 的能量间隔为 9970 MHz，而狄拉克理论预言值为 10970 MHz。表明 $2^2S_{1/2}$ 能级比 $2^2P_{1/2}$ 上移了约 1000 MHz，这就是兰姆移位。现代兰姆移位的精确值为 1057.862 ± 0.020 MHz，与量子电动力学的计算值符合得很好。

对于氢原子而言，只有 $j=1/2$ 能级的兰姆移位才比较大。对于 $j>1/2$ 的能级，其兰姆移位可忽略不计，且兰姆移位随 n 的增加而减小。考虑到兰姆移位后，氢原子 $n=2$ 和 $n=3$ 的能级图如图 3.5.10 所示，相应的允许跃迁也画于图中。图 3.5.10 中所示跃迁过程标号与图 3.5.6 完全相同，只不过在计入兰姆移位的贡献后，7 个跃迁的能量都不相同，所以实验可以观测到 7 条谱线。

思考题：兰姆移位的实验为什么是 $2^2S_{1/2}$ 能级比 $2^2P_{1/2}$ 上移了约 1000 MHz，而不是 $2^2P_{3/2}$ 下移了约 1000 MHz？如何直接测量 $2^2S_{1/2}$ 和 $2^2P_{1/2}$ 的能量间隔？

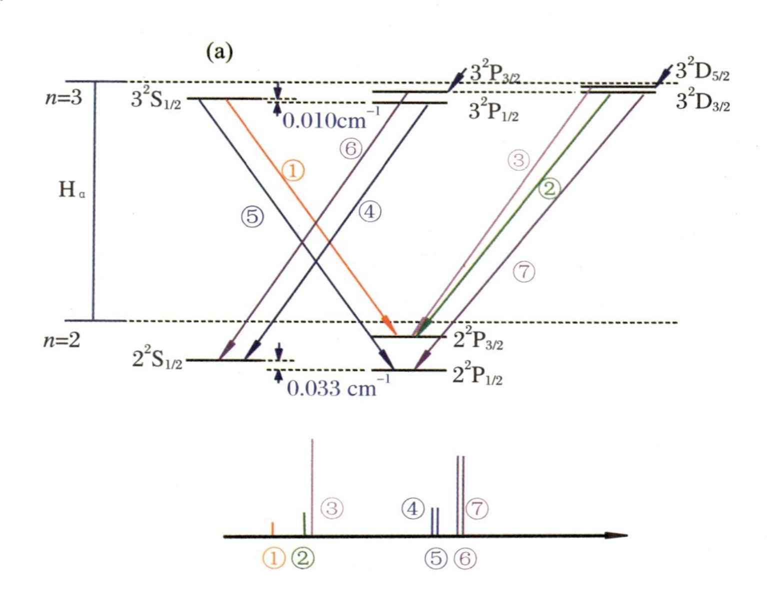

图 3.5.10 计入兰姆移位后的氢原子的能级图及跃迁

小知识：类氢离子的兰姆移位

量子电动力学计算表明，兰姆移位$\propto Z^4$。因此，类氢重离子的兰姆移位要远大于氢原子。例如 U^{91+}，其兰姆移位比氢大 6.8×10^7 倍，达到 75 eV。如果对重离子兰姆移位的绝对测量精度达到与氢相同的水平，则对量子电动力学的检验将达到一个全新的水平。这也是国际上重离子加速器上的重要研究课题，是重离子谱学的前沿之一。

3.5.4 超精细结构

原子的精细结构分裂与原子能级本身相比是一个非常小的量，前者约是后者的 $\alpha^2\approx10^{-5}$ 倍。兰姆移位比起精细结构分裂又小了一个数量级，由此可见物理学的精密性。但这还远不是物理学的极限：实际上，还有更微小的物理效应引起的能级结构的变化，这就是原子的超精细结构(hyperfine structure)。所谓超精细结构，是指又比精细结构小了三个数量级的能级移动或分裂，它源自原子核的自旋角动量 $\vec{I}$、电四极矩 $\vec{Q}$ 及同位素效应的影响，其数值只有$10^{-1}\sim10^{-2}$ m^{-1}。

在前面论述原子能级结构时，我们始终把原子核当作一个只提供正电荷的

点，其尺寸在 fm 量级。实际上，我们将在第 7 章中看到，原子核是有结构的。原子核除了提供库仑吸引的正电荷外，它还有自旋角动量 $\vec{I}$、电四极矩 $\vec{Q}$ 及不同的同位素。这三者对原子能级结构的影响都在同一数量级，在讨论原子的超精细结构时三者的影响都必须考虑进去。同位素效应的影响在 1.5 节讲述氘的发现时已经给出了一个例子，只不过氢和氘是所有原子中原子核质量最小的两个，其同位素效应的影响最显著而已。在本小节中，我们只涉及原子核磁矩导致的超精细结构。

在 3.4 节中我们给出了自旋-轨道相互作用引起的能量变化 $U\propto \vec{S}\cdot\vec{L}$，其核心是自旋磁矩和轨道磁矩的磁相互作用。原子核既然具有磁矩，当它感受到电子磁矩产生的磁场时，二者之间就会发生耦合，进而对原子的能级结构产生影响。氢的原子核磁矩为 2.7928 μ_N，$\mu_N = e\hbar/2m_p = 3.1524512550(15)\times 10^{-8}\ \mathrm{eV\cdot T^{-1}}$ 为核磁子。显然，原子核的磁矩远小于电子的磁矩。由于电子在原子核处产生的磁场由原子的总角动量决定，完全类似于自旋-轨道相互作用，原子核磁矩 $\vec{\mu}_I$ 和电子产生的磁场相耦合引起的能量变化为

$$U = \vec{\mu}_I\cdot\vec{B}_e = A\vec{I}\cdot\vec{J} \tag{3.5.7}$$

这里 $\vec{B}_e$ 是电子在原子核处产生的磁场，$\vec{I}$ 和 $\vec{J}$ 分别是原子核的自旋角动量和电子的总角动量，A 是超精细结构相互作用常数。完全类似于电子的自旋角动量 $\vec{S}$ 和轨道角动量 $\vec{L}$ 耦合出原子的总角动量 $\vec{J}$，$\vec{I}$ 和 $\vec{J}$ 也会耦合出一个新的角动量 $\vec{F}$：

$$\vec{F} = \vec{I} + \vec{J} \tag{3.5.8}$$

很容易得出

$$F^2 = F(F+1)\hbar^2,\quad F = I+J, I+J-1, \cdots, |I-J| \tag{3.5.9}$$

把式(3.5.8)代入式(3.5.7)，可得

$$\vec{I}\cdot\vec{J} = \frac{\hbar^2}{2}[F(F+1) - I(I+1) - J(J+1)] \tag{3.5.10}$$

因此，有

$$U = \frac{a}{2}[F(F+1) - I(I+1) - J(J+1)] \tag{3.5.11}$$

这里 a 由量子力学计算给出。

对于氢原子，其原子核的自旋量子数 $I=1/2$。氢原子基态是 $1^2\mathrm{S}_{1/2}$，其总

角动量量子数 $J=1/2$。在考虑到原子核磁矩的影响后，氢原子的基态分裂为两个超精细能级 $F=1$ 和 0，示于图 3.5.11 中。氢原子超精细结构的附加能量为

$$U=\begin{cases}+\dfrac{1}{4}a, & F=1\\ -\dfrac{3}{4}a, & F=0\end{cases} \tag{3.5.12}$$

超精细结构两个能级之间的间隔为

$$\Delta E=U(F=1)-U(F=0)=a \tag{3.5.13}$$

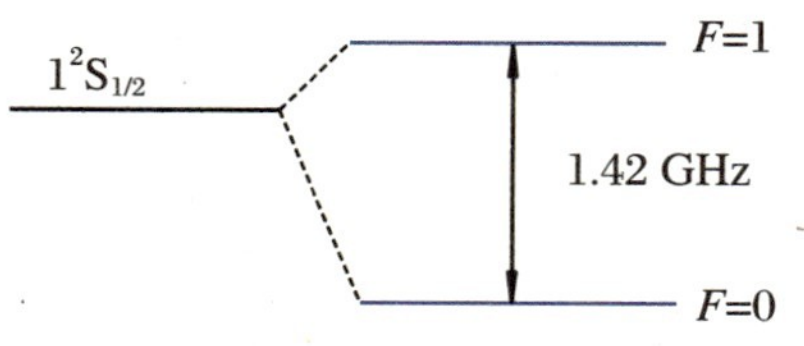

图 3.5.11　氢原子基态的超精细结构

这一能级间隔对应的跃迁频率为 1420405751.7667±0.009 Hz，相应的波长为 21 cm。

除了氢原子的超精细分裂以外，著名的还有 ^{133}Cs 和 ^{87}Rb 基态的超精细分裂。已知 ^{133}Cs 原子的核自旋为 7/2，其基态为 $6^2S_{1/2}$，因此很容易求得 $F=4$ 和 3，这两个超精细能级之间的跃迁频率为 9192631770 Hz。^{87}Rb 的原子核自旋为 3/2，基态为 $5^2S_{1/2}$，可知 $F=2$ 和 1，这两个超精细能级之间的跃迁频率为 6834682613 Hz。

之所以专门提及 ^{1}H、^{87}Rb 和 ^{133}Cs 的超精细能级，是因为这些能级分裂测量得极其精确，已经被用作时间的基准，这就是原子钟，我们将在第 4 章中再讨论它们。

3.6　*LS* 耦合和 *jj* 耦合

在 2.9 节中，我们基于中心势近似处理了多电子原子的能级结构问题，指出多电子原子的能级主要由电子组态决定，在那里忽略了较弱的剩余静电势和各种磁相互作用的影响。中心势近似对于 3.5 节所讨论的单电子原子体系是非常好的近似，因为在那里闭壳层的原子实具有球对称性。对于其他的多电子原子，剩余静电势或者自旋-轨道相互作用相比于中心势并不是一个非常小的量，所以仅仅采用中心势近似是不够的。计入剩余静电势和自旋-轨道相互作用的影响，正是本节要讨论的内容。

一般情况下，原子的基态和轻原子的低激发态，其剩余静电势往往比自旋-轨道相互作用要大得多。而对于重原子的激发态，情况则刚好相反，自旋-轨道相互作用要比剩余静电势大很多。对应于上述两种极端情况，理论上分别用 *LS* 耦合和 *jj* 耦合来描述多电子原子的能级结构。

3.6.1 *LS* 耦合

当剩余静电势远远大于自旋-轨道相互作用时，原子角动量的耦合形式对应于 *LS* 耦合(LS coupling)。由于罗素(H. N. Russell)和桑德尔斯(F. A. Saunders)首先研究了这一耦合，所以也称之为罗素-桑德尔斯耦合。在我们前面的章节中，一般用 L 指代轨道角动量，而用 S 指代自旋角动量，但 *LS* 耦合并不意味着自旋-轨道相互作用很强。恰恰相反，在 *LS* 耦合中自旋-轨道相互作用是非常弱的，反而是剩余静电势很强，起主导作用。

1. 剩余静电势及角动量的耦合

由于 *LS* 耦合中剩余静电势远远大于自旋-轨道相互作用，作为一种很好的近似，我们首先忽略掉自旋-轨道相互作用，只考虑剩余静电势的影响。

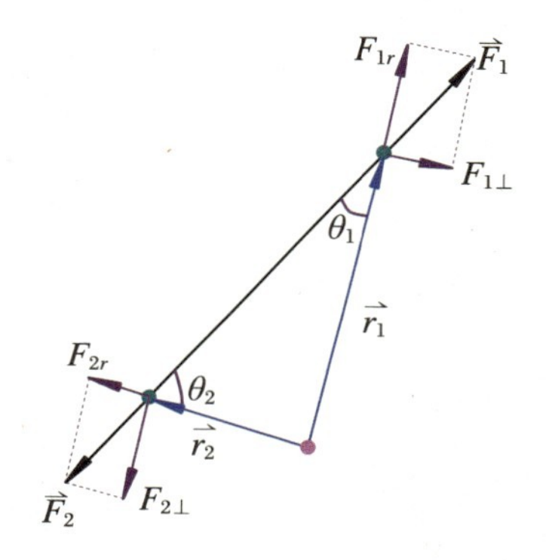

例 3.6.1 图　He 原子中两个电子的受力情况

【例 3.6.1】 例 3.6.1 图所示为 He 原子中两个电子的受力情况，试证明其总的力矩为零。

【证明】 如图所示，$\vec{F}_1$ 和 $\vec{F}_2$ 是电子-电子之间的排斥力，它们大小相等，方向相反。由于力矩 $\vec{\tau}=\vec{r}\times\vec{F}$，所以有心力部分(原子核的库仑吸引力和排斥力的径向分量)不会产生力矩。由例 3.6.1 图可知，电子 1 所受的力矩为

$$|\vec{\tau}_1| = |\vec{r}_1\times\vec{F}_1| = r_1 F_{\perp 1} = r_1 F_1 \sin\theta_1 \tag{1}$$

而电子 2 所受的力矩为

$$|\vec{\tau}_2| = |\vec{r}_2\times\vec{F}_2| = r_2 F_{2\perp} = r_2 F_2 \sin\theta_2 \tag{2}$$

把三角关系式

$$\frac{r_2}{\sin\theta_1} = \frac{r_1}{\sin\theta_2} \tag{3}$$

代入(1)和(2)，可得

$$|\vec{\tau}_1| = |\vec{\tau}_2| \tag{4}$$

由于库仑排斥力方向相反，因此 $\vec{\tau}_1$ 和 $\vec{\tau}_2$ 大小相等，方向相反，有

$$\vec{\tau}_1 + \vec{\tau}_2 = 0 \tag{5}$$

也即两个电子的总力矩等于零。换句话说，也就是氦原子中两个电子的内力矩之和为零。

例 3.6.1 告诉我们，由于非中心力的作用，氦原子中每一个电子都会受到一个力矩的作用，而两个电子的内力矩之和为零。氦原子的情况并不是个案。在多电子原子中，由于剩余静电势的影响，多电子原子中每一个价电子都会感受到一个非中心力（请读者思考，为什么不考虑闭壳层或闭支壳层的原子实呢?）。这一非中心力的存在，会使价电子感受到一个力矩，而这一力矩并不会改变价电子的轨道角动量和自旋角动量的大小，只会改变价电子的轨道角动量和自旋角动量的方向。因此，在中心势近似下仍是好量子数的 m_l 和 m_s，此时就不再是好量子数了。但每一个价电子的轨道角动量大小和自旋角动量大小仍旧保持不变，因此 l 和 s 仍为好量子数。需要注意的是，由于非中心力导致的力矩是内力矩，所以原子中所有价电子的总力矩为零，这在例 3.6.1 中已经给出了一个例子。

与 3.4 节处理自旋-轨道相互作用类似，剩余静电势导致的内力矩也会引起原子中电子角动量的耦合。由于剩余静电势的存在，它会把 ν 个电子的轨道角动量耦合出一个总的轨道角动量 $\vec{L}$：

$$\vec{L} = \sum_{i=1}^{\nu} \vec{l}_i \tag{3.6.1}$$

相应的总轨道角动量及其 z 分量的大小为

$$\vec{L}^2 = L(L+1)\hbar^2 \tag{3.6.2}$$

$$L_z = M_L\hbar, \quad M_L = L, L-1, \cdots, -L \tag{3.6.3}$$

其中，L 和 M_L 分别是总轨道角动量量子数及相应的磁量子数。

类似地，剩余静电势也会把 ν 个电子的自旋角动量耦合出一个总自旋角动量 $\vec{S}$：

$$\vec{S} = \sum_{i=1}^{\nu} \vec{s}_i \tag{3.6.4}$$

相应的总自旋角动量及其 z 分量的大小为

$$\vec{S}^2 = S(S+1)\hbar^2 \tag{3.6.5}$$

$$S_z = M_S\hbar, \quad M_S = S, S-1, \cdots, -S \tag{3.6.6}$$

这里 S 和 M_S 分别是总自旋角动量量子数及相应的磁量子数。

在前面的讨论中，我们忽略了非常弱的自旋-轨道相互作用。在这种情况下，总轨道角动量和总自旋角动量是守恒量：

$$\frac{\mathrm{d}\vec{L}}{\mathrm{d}t} = \frac{\mathrm{d}\vec{S}}{\mathrm{d}t} = \vec{\tau}_{总} = 0$$

也即 n_i、l_i、L、S、M_L 和 M_S 为好量子数。按照角动量的进动模型，可以认为每一个价电子的轨道角动量 $\vec{l}_i$ 绕着总轨道角动量 $\vec{L}$ 做进动，而自旋角动量 $\vec{s}_i$ 绕着总自旋角动量 $\vec{S}$ 做进动。

实际上，虽然自旋-轨道相互作用很弱，但它仍旧是存在的。考虑到自旋-轨道相互作用，虽然总轨道角动量 $\vec{L}$ 和总自旋角动量 $\vec{S}$ 的大小都不变，但是它们的方向会不断发生变化。此时，M_L 和 M_S 将不再是好量子数，但 n_i、l_i、L 和 S 仍为好量子数。与3.4节讨论的情形类似，自旋-轨道相互作用会把总轨道角动量和总自旋角动量耦合成原子的总角动量 $\vec{J}$：

$$\vec{J} = \vec{L} + \vec{S} \tag{3.6.7}$$

相应的原子总角动量及其 z 分量的大小为

$$\vec{J}^2 = J(J+1)\hbar^2, \quad J = L+S, L+S-1, \cdots, |L-S| \tag{3.6.8}$$

$$J_z = M_J\hbar, \quad M_J = J, J-1, \cdots, -J \tag{3.6.9}$$

这里 J 和 M_J 分别是总角动量量子数及相应的磁量子数，其数值可由角动量耦合公式(3.4.18)获得。根据3.4节的知识，很容易理解：

$$\frac{\mathrm{d}\vec{J}}{\mathrm{d}t} = 0$$

也即原子的总角动量是一个守恒量，其大小和方向都不会发生变化。相应地，J 和 M_J 都是好量子数。

下面的问题是如何具体计算出多电子原子的耦合情况，也即已知 ν 个电子的电子组态，如何求解出这 ν 个电子耦合后的 L、S、J 和 M_J。对于 ν 个电子，如果其中任何两个电子的主量子数 n 和轨道角动量量子数 l 都不完全一样，我们称这 ν 个电子是非同科电子，或者叫非等效电子(unequivalent electrons)，例如2p3d、2p3p、1s2s3p等。相反地，主量子数 n 和轨道角动量量子 l 都相同的电子被称为同科电子或者等效电子(equivalent electrons)，例如 $1s^2$、$2p^3$、$3d^{10}$ 等。非同科电子和同科电子的 LS 耦合情况不同，这是因为同科电子会受到泡利不相容原理的限制。因此，我们分开处理非同科电子和同科电子的 LS 耦合。还有，对于多于两个电子的情形，求解 L、S、J 和 M_J 是挺繁琐的一件事，也超出了本教材的内容范围，我们把它的方法放在了附录3-2中。在此，我们只考察两个电子的耦合情况。

2. 非同科电子的 LS 耦合

图3.6.1示意了电子组态为 $n_1l_1n_2l_2$ 的两个电子耦合出总轨道角动量和总自旋角动量的情形。其中总轨道角动量为

$$\vec{L} = \vec{l}_1 + \vec{l}_2 \tag{3.6.10}$$

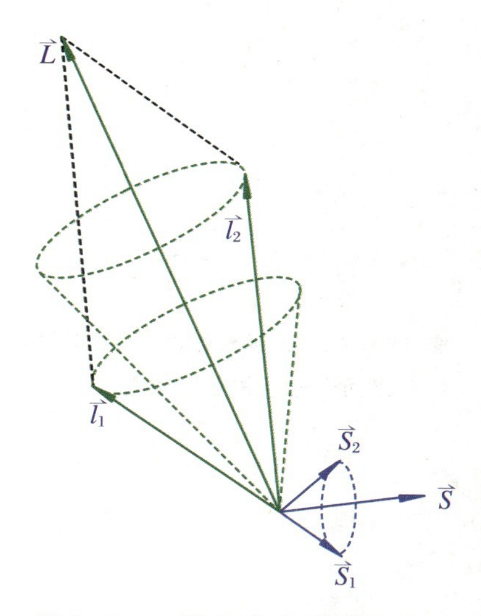

图3.6.1 剩余静电势耦合出两个电子的总轨道角动量和总自旋角动量

由角动量耦合公式(3.4.18)可知

$$L = l_1 + l_2, l_1 + l_2 - 1, \cdots, |l_1 - l_2| \tag{3.6.11}$$

由两个电子的自旋角动量耦合出的总自旋角动量为

$$\vec{S} = \vec{s}_1 + \vec{s}_2 \tag{3.6.12}$$

同样可知

$$S = s_1 + s_2, s_1 + s_2 - 1, \cdots, |s_1 - s_2| \tag{3.6.13}$$

实际上，由于单电子的自旋角动量量子数都为 1/2，所以公式(3.6.13)给出的两个电子的总自旋角动量量子数只能取 1 和 0，它们分别对应公式(3.2.17)和(3.2.18)所示的交换对称和交换反对称的自旋波函数。

非常弱的自旋-轨道相互作用会把总轨道角动量和总自旋角动量耦合成总角动量，其示意图见图 3.6.2。两电子的总角动量、总角动量的 z 分量及相应的量子数可由公式(3.6.7)～(3.6.9)给出，在此不做进一步的说明。需要说明的是，由于剩余静电势要远大于自旋-轨道相互作用，根据经典的进动模型，图 3.6.1所示的每个电子的轨道角动量和自旋角动量分别绕着 $\vec{L}$ 和 $\vec{S}$ 进动的角频率，要远大于图 3.6.2 所示的 $\vec{L}$ 和 $\vec{S}$ 绕着 $\vec{J}$ 进动的角频率。

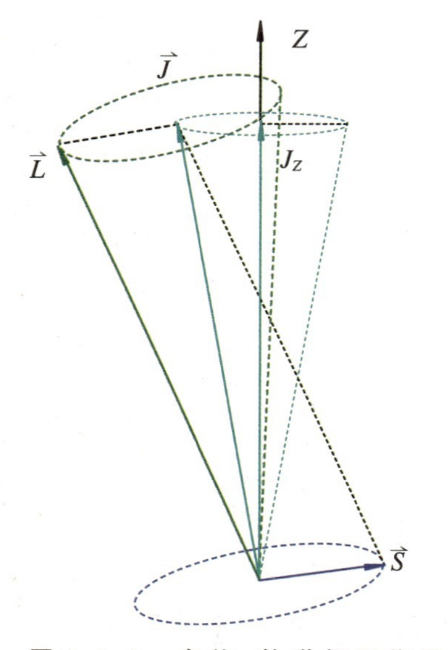

图 3.6.2 自旋-轨道相互作用耦合出两个电子的总角动量

多电子原子的能量状态仍用公式(3.4.20)所示的原子态符号表示：

$${}^{2S+1}L_J$$

就像 3.4 节所讨论的，当 $L = 0、1、2、3、4、5、6、\cdots$ 时，L 用大写的 S、P、D、F、G、H、I、…表示。多重态 $2S+1$ 用数字写于 L 的左上角，J 的数字写于 L 的右下角。在单电子原子中，绝大多数情况下多重态的数目与精细结构的能级个数相同(只有 ${}^2S_{1/2}$ 除外)。而在多电子原子中，多重态的数目与能级的精细结构个数往往不同，具体情况取决于 L 和 S 的取值。如果 $L>S$，则精细结构能级的个数(也即 J 的取值个数)等于多重态数 $2S+1$。反之，如果 $L<S$，则精细结构能级的个数为 $2L+1$，例如 ${}^4S$ 只有一个能级 ${}^4S_{3/2}$。

【例 3.6.2】 试说明 2p3d 电子的 LS 耦合过程，并给出相应的原子态符号。

【解】 由公式(3.6.10)和(3.6.11)，可知耦合出的总轨道角动量量子数为

$$\left.\begin{array}{l} l_1 = 1 \\ l_2 = 2 \end{array}\right\} \Rightarrow L = 3,2,1 \tag{1}$$

相应的总轨道角动量大小为

$$|\vec{L}| = (2\sqrt{3},\sqrt{6},\sqrt{2})\hbar \tag{2}$$

由公式(3.6.12)和(3.6.13),可知耦合出的总自旋角动量量子数为

$$\left.\begin{aligned} s_1 &= 1/2 \\ s_2 &= 1/2 \end{aligned}\right\} \Rightarrow S = 1,0 \tag{3}$$

相应的总自旋角动量大小为

$$|\vec{S}| = (\sqrt{2},0)\hbar \tag{4}$$

由公式(3.6.7)和(3.6.8)可耦合出原子的总角动量及其量子数,如例3.6.2表所示。例3.6.2表同时给出了耦合后的原子态符号和每个原子态所对应的状态个数。

例3.6.2表 2p3d的 LS 耦合

S	0			1								
L	3	2	1	3			2			1		
J	3	2	1	4	3	2	3	2	1	2	1	0
总角动量/$\hbar$	$2\sqrt{3}$	$\sqrt{6}$	$\sqrt{2}$	$2\sqrt{5}$	$2\sqrt{3}$	$\sqrt{6}$	$2\sqrt{3}$	$\sqrt{6}$	$\sqrt{2}$	$\sqrt{6}$	$\sqrt{2}$	0
原子态符号	${}^1F_3$	${}^1D_2$	${}^1P_1$	${}^3F_4$	${}^3F_3$	${}^3F_2$	${}^3D_3$	${}^3D_2$	${}^3D_1$	${}^3P_2$	${}^3P_1$	${}^3P_0$
状态个数	7	5	3	9	7	5	7	5	3	5	3	1

从例3.6.2表可以看出,对应于 $S=0$ 的是单重态,每一个 L 只有一个 J 值对应,也即只有一个能级,例如 ${}^1F_3$、${}^1D_2$ 和 ${}^1P_1$。但是,对于 $S=1$ 的三重态,每一个 L 会有三个 J 值对应,这就是 $S=1$ 的状态叫作三重态的原因。由于自旋-轨道相互作用远小于剩余静电势,所以不同 J 值造成的能级分裂远小于不同 S 和不同 L 值的能级分裂间距,因此不同 J 值对应的是能级的精细结构。L 和 S 相同的原子态可以写为例3.6.2表的形式,也可以把它们写在一起,例如三重态就可以写为 ${}^3F_{4,3,2}$、${}^3D_{3,2,1}$ 和 ${}^3P_{2,1,0}$。需要说明的是,${}^3F_{4,3,2}$ 代表的是三个能级,而不是一个能级,只不过这三个能级之间的间隔很小而已。

例3.6.2表中给出的状态个数就是 M_J 的取值个数。对于每一个 J,状态个数为 $2J+1$。因此,对于 ${}^{2S+1}L_J$ 的能量状态,其波函数的数目有 $2J+1$ 个,因此该能级的简并度为 $2J+1$。如果把例3.6.2中耦合后的状态个数求和,可以得到耦合后的总状态数,为60个。非常有意思的是,我们可以注意到在耦合前,2p的状态个数是 $2(2l+1)=6$ 个,3d的状态个数是10个。它们的组合,也就是耦合前的总状态数,为 $6\times10=60$ 个。这不是偶然的巧合,所有角动量耦合都遵循相同的规律,也即耦合前的状态数目跟耦合后的状态数目相同,这是一个非常有用的规律。

对于给定电子组态的 ν 个非同科电子，耦合前总状态数 G 为

$$G = \prod_{i=1}^{\nu} 2(2l_i + 1) \tag{3.6.14}$$

LS 耦合后的总状态数与耦合前是一样的，仍为 G，例 3.6.2 已经给出了一个实例。

3. 同科电子的 LS 耦合

对于同科电子，由于泡利不相容原理的限制，其状态数目要少于公式(3.6.14)给出的值。例如，对于非同科的 1s2s 电子，由式(3.6.14)给出的状态数目为 4。而同科电子 $1s^2$，例 3.2.2 告诉我们只能有一个状态。对于 ν 个同科电子，其可能的状态数目为

$$G = \frac{Y!}{\nu!(Y-\nu)!} \tag{3.6.15}$$

这里 $Y=2(2l+1)$。很容易验证，对于 $1s^2$，状态数目为 1。而对于 $3d^3$，状态数目为 120。问题是如果我们知道了同科电子的电子组态，例如 $2p^2$，如何求解 LS 耦合的原子态符号。

对于两个电子组成的同科电子，例如 $1s^2$、$2p^2$、$3d^2$、$4f^2$ 等，非常容易获得其 LS 耦合后的原子态符号。对于两个同科电子，耦合的规则要求：

$$L + S = \text{偶数} \tag{3.6.16}$$

这是很容易理解的。当两个电子的自旋平行时，也即 $S=1$ 时，其自旋波函数是交换对称的。而 $S=0$ 时，其自旋波函数是交换反对称的。也即两个电子的自旋波函数的交换对称性取决于 $(-1)^{S+1}$。类似地，两个同科电子空间波函数的交换对称性取决于 $(-1)^L$。总之，两个同科电子的交换对称性取决于 $(-1)^{L+S+1}$。由于泡利不相容原理要求电子的总波函数是交换反对称性的，因此必有(3.6.16)式。

【例 3.6.3】 试给出 $2p^2$ 在 LS 耦合下的原子态符号。

【解】 先看非同科的两个 p 电子，例如 $npn'p$，可以很容易给出其 LS 耦合后的原子态符号：

$$^1S_0、^3S_1、^1P_1、^3P_{2,1,0}、^1D_2、^3D_{3,2,1} \tag{1}$$

但是对于同科电子 $2p^2$，由于泡利不相容原理，其耦合后的 L、S 取值要受到公式(3.6.16)的限制。因此对于同科电子的情况，并不是(1)中的每一个原子态符号都是存在的。根据(1)和公式(3.6.16)，可以给出 $2p^2$ 在 LS 耦合下的原子态为

$$^1S_0、^3P_{2,1,0}、^1D_2 \tag{2}$$

【例 3.6.4】试证明所有的满支壳层的原子态符号都为$^1S_0$。

【解】对于任何满支壳层电子$(nl)^{2(2l+1)}$，这$2(2l+1)$个电子为同科电子，其可能存在的状态数为

$$G = \frac{2(2l+1)!}{2(2l+1)!0!} = 1$$

也即只可能有一个状态，这一状态显然只能为$^1S_0$。实际上，对于满支壳层的电子，根据泡利不相容原理，n、l、m_l 和 m_s 的所有组合都要放上一个电子，这样导致总的 $M_L = \sum_{i=1}^{2(2l+1)} m_{l_i} = 0$ 和 $M_S = \sum_{i=1}^{2(2l+1)} m_{s_i} = 0$。因此只能有 $L = S = J = 0$，也即满支壳层的原子态符号为$^1S_0$。

我们可以注意到，对于$(nl)^{Y-\nu}$个同科电子，其可能的状态数为

$$G = \frac{Y!}{(Y-\nu)![Y-(Y-\nu)]!} = \frac{Y!}{(Y-\nu)!\nu!}$$

显然，$(nl)^{Y-\nu}$个同科电子与$(nl)^{\nu}$个同科电子的状态数是一样的，例如 $n\mathrm{p}^4$ 和 $n\mathrm{p}^2$、$n\mathrm{d}^3$ 和 $n\mathrm{d}^7$、$n\mathrm{f}^5$ 和 $n\mathrm{f}^9$ 等。实际上，$(nl)^{Y-\nu}$个同科电子耦合出的原子态与$(nl)^{\nu}$ 个同科电子耦合出的原子态相同。例如，$n\mathrm{p}^4$ 耦合出的原子态与例 3.6.3 给出的结果一样，也为$^1S_0$、$^3P_{2,1,0}$和$^1D_2$。

需要说明的是，公式(3.6.16)的判断条件只对两个或者 $Y-2$ 个同科电子的 LS 耦合有效，对于多于两个同科电子的情况，则没有一个简单的公式进行判断。通用的确定同科电子耦合的方法是斯莱特图，但是它太过复杂，我们放入附录 3-2 中给出。

4．朗德间隔定则

对于典型的 LS 耦合，自旋-轨道相互作用的耦合能与公式(3.4.4)是类似的，可以写为

$$U_{SO} = \xi(L,S)\vec{L}\cdot\vec{S} \tag{3.6.17}$$

而代入

$$\vec{L}\cdot\vec{S} = (\vec{J}^2 - \vec{L}^2 - \vec{S}^2)/2 = [J(J+1) - L(L+1) - S(S+1)]\cdot\hbar^2/2$$

可计算出自旋-轨道相互作用引起的能级移动 U_{SO}^J 为

$$U_{SO}^J = \frac{\hbar^2}{2}\xi(L,S)[J(J+1) - L(L+1) - S(S+1)] \tag{3.6.18}$$

对于同一多重态的不同精细能级，它们的 L 和 S 相同，因此 $\xi(L,S)$也相同。可计算出相邻的两个精细能级的间隔为

$$
\begin{aligned}
E_{J+1}-E_J &= U_{SO}^{J+1}-U_{SO}^{J} \\
&= \frac{\hbar^2}{2}\xi(L,S)[(J+1)(J+2)-J(J+1)] \\
&= \hbar^2\xi(L,S)(J+1)
\end{aligned} \tag{3.6.19}
$$

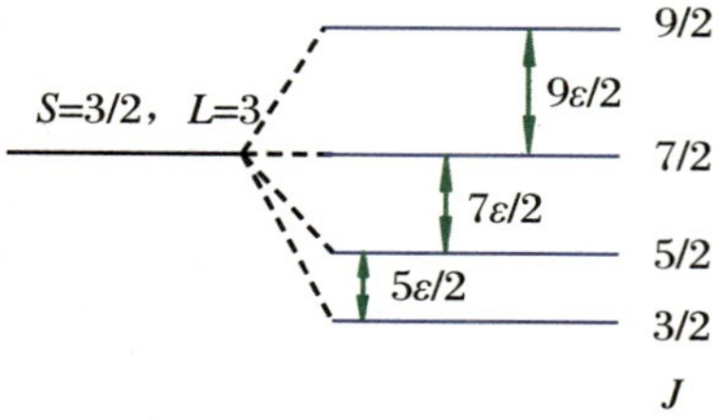

图 3.6.3 $^4F_{9/2,7/2,5/2,3/2}$的能级图

显然，两个相邻精细能级之间的能量间隔与这两个能级中总角动量量子数 J 较大的那个成正比，这称为朗德间隔定则（Lande interval rule）。例如，公式(3.6.19)中 $J+1$ 和 J 的能级间隔就正比于$(J+1)$。图 3.6.3 给出了$^4F_{9/2,7/2,5/2,3/2}$的能级图，其能级间隔遵循朗德间隔定则。

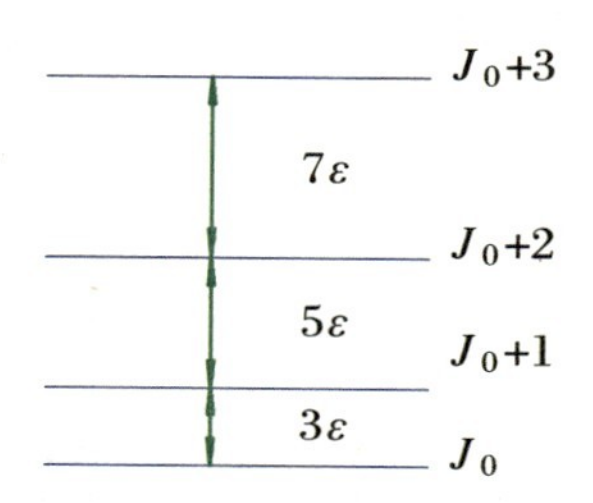

例 3.6.5 图　某一能级的精细结构分裂

【例 3.6.5】 已知某原子态的一个多重态有四个能级，相邻三对能级之间的间隔比例为 7∶5∶3，如例 3.6.5 图所示，试确定该原子态符号。

【解】 设该原子态的 J 值分别为 J_0、J_0+1、J_0+2 和 J_0+3，有

$$
\frac{J_0+2}{J_0+1}=\frac{5}{3}\Rightarrow J_0=\frac{1}{2} \tag{1}
$$

也即四个 J 值分别为 1/2、3/2、5/2 和 7/2。

而由公式(3.6.8)可知

$$
\begin{cases} L+S=\dfrac{7}{2} \\ |L-S|=\dfrac{1}{2} \end{cases} \tag{2}
$$

可分两种情况，若 $L>S$，有

$$
\begin{cases} L+S=\dfrac{7}{2} \\ L-S=\dfrac{1}{2} \end{cases} \Rightarrow \begin{cases} L=2 \\ S=\dfrac{3}{2} \end{cases} \tag{3}
$$

若 $L<S$，有

$$
\begin{cases} L+S=\dfrac{7}{2} \\ S-L=\dfrac{1}{2} \end{cases} \Rightarrow \begin{cases} S=2 \\ L=\dfrac{3}{2} \end{cases} \tag{4}
$$

由于 L 为总轨道角动量量子数，必为整数，所以舍弃(4)式的结果。该原子态的量子数为 $L=2$，$S=3/2$，$J=1/2$、3/2、5/2、7/2，也即该原子态为$^4D_{7/2,5/2,3/2,1/2}$。

5. 洪特定则

2.9 节的中心势近似告诉我们，原子的能级结构主要由电子组态决定。但本节的讨论也告诉我们，在中心势近似中忽略的剩余静电势、自旋-轨道相互作用也对原子的能级结构有重要影响，当然在 LS 耦合的情况下剩余静电势的影响更显著。

洪特定则(Hund's rule)是一条经验规律，它用于在给定电子组态的情况下，判定 LS 耦合情况下原子状态的能量高低次序，它在判定原子基态的能级高低次序时是极为有效的。洪特定则主要表述为以下 3 条：

(1) 对一给定的电子组态，能量最低的原子态必定具有泡利不相容原理所允许的最大 S 值。

这一条定则很容易理解。这是因为最大的 S 必定对应于交换对称的自旋波函数，由泡利不相容原理可知其空间波函数必定是交换反对称的。由 3.2 节提及的交换效应可知，交换反对称的空间波函数会导致电子的彼此远离，进而降低体系的能量。另一方面，对于同科电子，S 最大意味着电子的 m_S 相同，而进一步考虑到泡利不相容原理，则 m_l 取值不同。如果两个电子处于不同的轨道磁量子数状态时，由第 2 章波函数的角向分布图像可知，此时两个电子在核的周围分布更均匀，不会导致一个电子对核的屏蔽使得第二个电子感受到的有效电荷减小，进而避免了体系能量的升高。还有，处在不同轨道磁量子数的电子由于感受到的屏蔽要小，会导致电子轨道的收缩及电子-核的库仑吸引能的降低，这也进一步降低了体系的能量。

(2) S 值相同的状态中，L 值最大原子态的能量最低。

从经典的图像看，L 最大时耦合前的 ν 个电子的轨道角动量接近平行，也即电子的运动方向相同。由于同方向运动的 ν 个电子彼此靠近的概率要小得多，因此体系的能量更低。例如两个电子的情况如图 3.6.4 所示(可以想象，若 L 不是最大时，两个电子的运动方向不一致，两者靠得比较近的概率肯定比图 3.6.4 所示的情形要大)。电子彼此远离时库仑排斥小，因此能量较低。

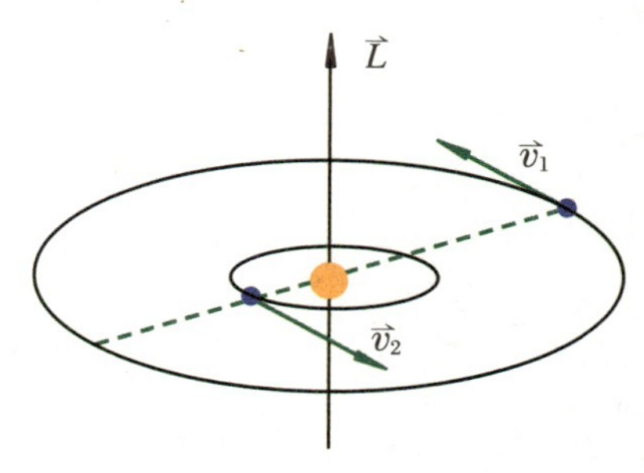

图 3.6.4 两个电子耦合出最大轨道角动量

(3) 对于同科电子$(nl)^{\nu}$，当 $\nu \leqslant 2l+1$($2l+1$ 个电子称为半满，也即支壳层能容纳最大电子数的一半)时，一个多重态中 J 值最小的原子态能量最低，这称为正常次序；当 $\nu > 2l+1$ 时，一个多重态中 J 值最大的原子态能量最低，这称为倒转次序。

对于非同科电子，一个多重态中到底 J 值大的能量低还是 J 值小的能量低，取决于(3.6.17)中 $\xi(L,S)$值的正负。若 $\xi(L,S)$大于零，则 J 值小的能量低。反之，则 J 值大的能量低。$\xi(L,S)$到底取正值还是取负值，与具体的原子态有关，不能一概而论。但是，在本教材中，除非特别指明，对于非同科电子，我们假设同一个多重态中 J 值小的能量低。

【例 3.6.6】试给出 3p4d 电子的能量分裂情况，并指明每一步分裂是哪一种物理机制起作用。

【解】3p4d 电子耦合后的原子态为$^1P_1$、$^1D_2$、$^1F_3$、$^3P_{2,1,0}$、$^3D_{3,2,1}$和$^3F_{4,3,2}$。按照相互作用强弱的分裂情况见例 3.6.6 图。可以看出，影响能量高低次序的最主要作用是中心势，其次是剩余静电势，而剩余静电势中与自旋有关的交换效应影响更为显著。自旋-轨道相互作用影响最弱，进而形成了原子能级的精细结构。

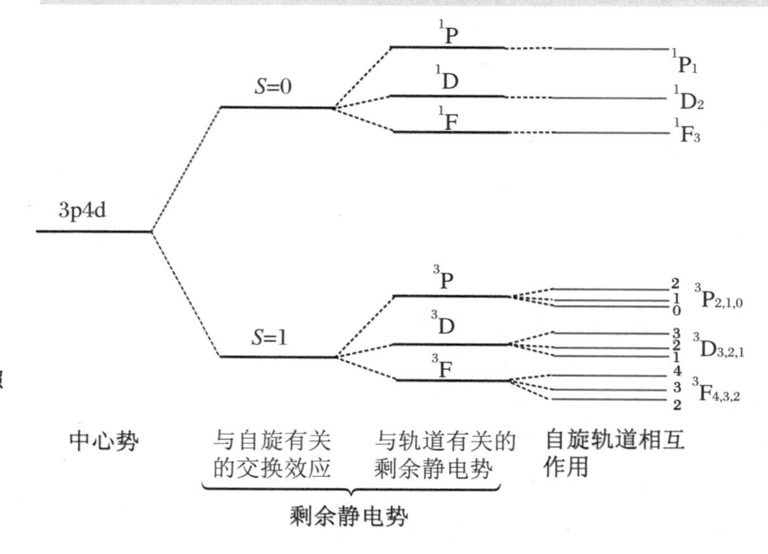

例 3.6.6 图　3p4d 电子按照相互作用强弱的分裂情况

6. 原子基态

我们在 3.3 节中已经给出了确定原子基态电子组态的方法，其核心是基于图 3.3.2 的能级交错规律。但是，确定了电子组态还不能完全确定原子的能量状态，例如$2p^2$ 还对应$^1S_0$、$^3P_{2,1,0}$和$^1D_2$ 共 5 个能量状态。原子基态显然对应能量最低的状态，所以有必要进一步讨论确定原子基态的方法。

在已知原子基态所处电子组态的情况下，判定原子基态的原子态符号主要是基于洪特定则和泡利不相容原理。对于价电子数目不多的原子，判定其基态原子态符号较为容易。例如氧原子，它有 8 个电子，基态所对应的电子组态为$1s^2\,2s^2\,2p^4$。我们在前面的例 3.6.4 中已经指出，对于满壳层和满支壳层的情形，其 $L=S=J=0$，在耦合过程中不用考虑它们的贡献。因此，这里我们只用考虑$2p^4$ 的耦合。由于$2p^4$ 和$2p^2$ 耦合出的原子态符号完全相同，可知为$^1S_0$、$^3P_{2,1,0}$和$^1D_2$。由洪特定则，$^3P_{2,1,0}$的 S 值最大，其能量要低于$^1S_0$ 和$^1D_2$。由于价壳层中有 4 个电子，也即 $\nu=4>3$，超过了半满，所以$^3P_{2,1,0}$中$^3P_2$ 的能量最低，也即氧原子基态的原子态符号为$^3P_2$。

价电子多于 2 个电子的原子，其基态原子态符号的判定方法要稍显复杂。

但是只要熟练运用洪特定则和泡利不相容原理，也可以很容易写出它们基态的原子态符号。例3.6.7给出了确定原子基态的一般方法，这需要读者熟悉和掌握。表3.3.3给出了所有原子的基态原子态符号。

【例3.6.7】 试确定Fe(Z=26)原子基态的原子态符号。

【解】 根据图3.3.2，可以写出Fe原子基态的电子组态为

$$1s^2\ 2s^2\ 2p^6\ 3s^2\ 3p^6\ 3d^6\ 4s^2 \tag{1}$$

这里之所以先填4s支壳层后填3d支壳层，是由于能级交错。只考虑没有填满的支壳层$3d^6$，它与$3d^4$耦合出的原子态符号是一样的。写出$3d^4$所有的原子态是困难的，但幸运的是在这里我们只需要确定它的最低状态。

根据洪特定则，最低的状态首先是S值最大的状态。而只有当4个电子自旋完全平行时，也即4个电子的自旋为

$$(+\ +\ +\ +) \tag{2}$$

时，其$S=M_{S\max}=2$值最大。在此我们直接用“+”代表自旋向上的$m_S=+\frac{1}{2}$。类似地，自旋向下的$m_S=-\frac{1}{2}$用“-”表示。确定了S值以后，能量最低状态的L值最大。L值最大也意味着M_L值最大，而$M_L=m_{l_1}+m_{l_2}+m_{l_3}+m_{l_4}$，所以$m_{l_1}$、$m_{l_2}$、$m_{l_3}$、$m_{l_4}$都取最大值时$M_L$最大，相应的$L$也最大。4个电子的$m_l$值不能任意取值，否则会违反泡利不相容原理。因此在泡利不相容原理的限制下，4个电子m_l的最大取值只可能是

$$(2,1,0,-1) \tag{3}$$

相应地可知$M_{L\max}=2$，也即$L_{\max}=2$。所以铁原子的基态只能是$^5D_{4,3,2,1,0}$中能量最低的那一个。由于$3d^6$超过了半满，由洪特定则，J大的能量低。所以Fe原子的基态为$^5D_4$。

结合(2)和(3)，这4个电子的状态也可以表示为

$$(2^+,1^+,0^+,-1^+) \tag{4}$$

这样的表示将在附录3-2中用到。

3.6.2 jj 耦合

对于重元素的激发态，往往会出现自旋–轨道相互作用远大于剩余静电势的情形，这时候原子的能级结构由 jj 耦合(jj coupling)描述。所谓 jj 耦合，是指每个电子自身的自旋–轨道相互作用较强，其自身的自旋角动量 $\vec{s}_i$ 和轨道角动量 $\vec{l}_i$ 先耦合出它的总角动量 $\vec{j}_i$：

$$\vec{j}_i = \vec{l}_i + \vec{s}_i \tag{3.6.20}$$

显然，这时候每个电子的轨道角动量和自旋角动量的大小仍不变。但是，由于自旋–轨道相互作用的存在，使得 $\vec{l}_i$ 和 $\vec{s}_i$ 的方向不断变化，它们不再是守恒量了。这与 3.4 节中单个电子的自旋–轨道相互作用是类似的。

相比于很强的自旋–轨道相互作用，非常弱的剩余静电势会把每个电子的总角动量 $\vec{j}_i$ 耦合成原子的总角动量 $\vec{J}$：

$$\vec{J} = \sum_i \vec{j}_i \tag{3.6.21}$$

图 3.6.5 给出了两个电子 jj 耦合的示意图。先是电子 1 和电子 2 的自旋角动量和轨道角动量分别耦合出各自的总角动量 $\vec{j}_1$ 和 $\vec{j}_2$，然后 $\vec{j}_1$ 和 $\vec{j}_2$ 再耦合出原子的总角动量 $\vec{J}$。显然，剩余静电势的存在，使得 $\vec{j}_1$ 和 $\vec{j}_2$ 也不再是守恒量了，而耦合出的原子总角动量 $\vec{J}$ 变为新的守恒量。

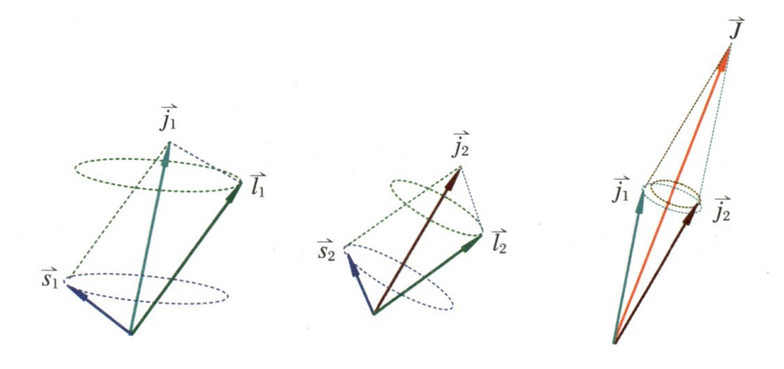

图 3.6.5　两个电子的 jj 耦合

在给定电子组态的情况下，jj 耦合下的好量子数为 j_1、j_2、…、j_v、J、M_J。显然，原子的能量不依赖于 M_J。因此 jj 耦合原子态的标记方法就由上述好量子数给出：

$$(j_1, j_2, \cdots, j_v)_J \tag{3.6.22}$$

在 jj 耦合近似下，原子体系的能量主要由自旋–轨道耦合相互作用决定：

$$U = \sum_i \xi_i(r_i)\ \vec{l_i} \cdot \vec{s_i} = \sum_i \Delta E_i \tag{3.6.23}$$

$$\Delta E_i = \frac{\hbar^2}{2}\xi_{n_i l_i}(r_i)[j_i(j_i+1) - l_i(l_i+1) - s_i(s_i-1)] \tag{3.6.24}$$

因此，一组 $\{j_i\}$ 决定了一个能级。由于是每一个电子自身的自旋–轨道之间的相互作用，显然，由例 3.4.5 可知，一组 $\{j_i\}$ 最小的能级的能量最低。剩余静电势的存在当然也会引起原子体系能量的变化，只不过这一变化很小，属于精细结构。除非特别指明，一般 J 小的能量低。

【例 3.6.8】 试给出 3p4d 的 jj 耦合情况。

【解】 对 3p 电子，自旋–轨道相互作用耦合给出：$j_1 = 1/2$ 和 $3/2$。

对 4d 电子，自旋–轨道相互作用耦合给出：$j_2 = 3/2$ 和 $5/2$。

因此，3p4d 在 jj 耦合下的原子态为

$$\left(\frac{1}{2},\frac{3}{2}\right)_{2,1} \quad \left(\frac{1}{2},\frac{5}{2}\right)_{3,2} \quad \left(\frac{3}{2},\frac{3}{2}\right)_{3,2,1,0} \quad \left(\frac{3}{2},\frac{5}{2}\right)_{4,3,2,1}$$

例 3.6.8 图给出了 3p4d 的 jj 耦合情况。

我们可以注意到，jj 耦合出来的 J 值与例 3.6.2 中 LS 耦合给出的 J 值数值完全一样，相应的状态数也都一样，为 60。而且也可注意到，3p4d 耦合前的状态也为 60 个。这是一个普遍的规律，原子的总角动量与耦合方式无关，状态数与耦合过程无关。

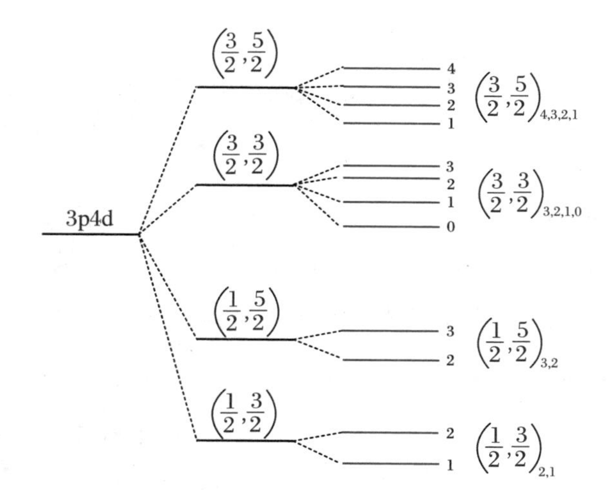

例 3.6.8 图　3p4d 的 jj 耦合过程

思考题: 例 3.6.8 中的 $\left(\frac{3}{2},\frac{3}{2}\right)_{3,2,1,0}$ 能级为什么比 $\left(\frac{1}{2},\frac{5}{2}\right)_{3,2}$ 能级的能量高?

实际上,所有原子的基态都为典型的 LS 耦合,而且轻原子的低激发态也是典型的 LS 耦合。至于重原子的激发态,则更接近 jj 耦合。但是,对于大部分原子,它既不是特别轻也不是特别重,则不对应任何典型的情况,为中间耦合。对此我们不做进一步说明。图 3.6.6 给出了Ⅳ族原子 $np(n+1)s$ ($n=2-6$)组态的能级分裂情况,它显示了由 LS 耦合过渡到 jj 耦合的情况。

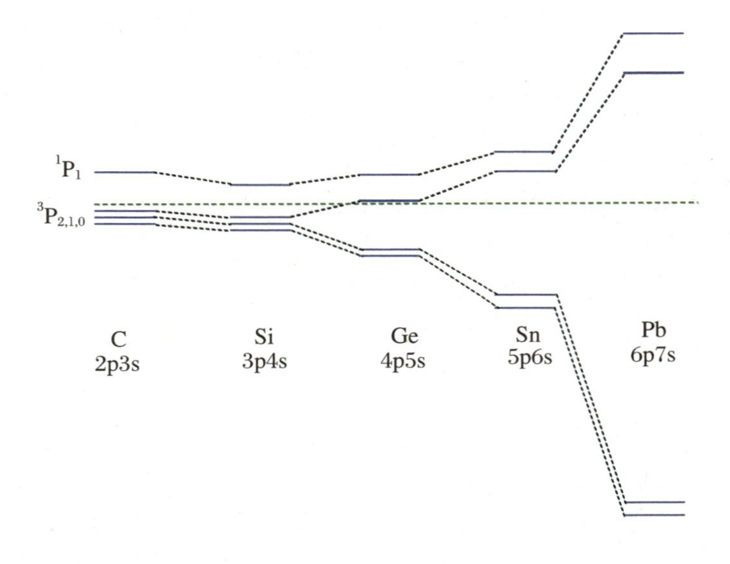

图 3.6.6 Ⅳ族原子 $np(n+1)s$ ($n=2-6$)能级分裂情况(图中绿色的虚线代表电子组态的能量)

3.6.3 选择定则

我们在 2.10 节讨论了单电子原子的选择定则。对多电子原子,无论是 LS 耦合还是 jj 耦合,都要遵循各自的选择定则。只有满足选择定则的两个态之间,跃迁才是允许的。

多电子原子要遵循的第一条选择定则就是初末态的宇称相反也即拉波特定则。拉波特定则与耦合方式无关,无论是 LS 耦合,还是 jj 耦合,都要遵循拉波特定则。由附录 2-3 可知,拉波特定则的严格表述为 $\Delta\left(\sum_i l_i\right)=\pm 1$。例如 He 原子的跃迁 $1s2p\rightarrow 1s^2$,初态宇称为奇,末态宇称为偶,满足 $\Delta\left(\sum_i l_i\right)=\pm 1$ 的选择定则。但由拉波特定则可知,He 原子 $1s2s\rightarrow 1s^2$ 的跃迁是不允许的。

除了拉波特定则之外,电偶极跃迁能否发生,还受到其他条件的限制,必须

引入其他的选择定则。*LS* 耦合所需遵循的选择定则为

$$\begin{cases}\Delta\left(\sum_i l_i\right)=\pm 1\\ \Delta S=0\\ \Delta L=0,\pm 1(0\leftrightarrow 0\text{ 除外})\\ \Delta J=0,\pm 1(0\leftrightarrow 0\text{ 除外})\\ \Delta M_J=0,\pm 1(\text{在 }\Delta J=0\text{ 时},0\leftrightarrow 0\text{ 除外})\end{cases}\tag{3.6.25}$$

为了完备性，公式(3.6.25)把拉波特定则也集成进去了。公式(3.6.25)所示的选择定则告诉我们，对于 *LS* 耦合，初末态的自旋不发生变化。例如只能发生单重态到单重态的跃迁，不可能发生单重态到三重态的跃迁。需要说明的是，多电子原子的选择定则（公式(3.6.25)）退化为单电子原子的选择定则（公式(3.4.21)）是很容易理解的。

jj 耦合所遵循的选择定则为

$$\begin{cases}\Delta\left(\sum_i l_i\right)=\pm 1\\ \Delta j=0,\pm 1(\text{跃迁电子})\\ \Delta J=0,\pm 1\ (0\leftrightarrow 0\text{ 除外})\\ \Delta M_J=0,\pm 1\quad(\text{在 }\Delta J=0\text{ 时},0\leftrightarrow 0\text{ 除外})\end{cases}\tag{3.6.26}$$

无论是 *LS* 耦合还是 *jj* 耦合，只有涉及与外场发生相互作用时，才需要考虑磁量子数 M_J 的选择定则，这一情况将在第 4 章中进行讨论。

【例 3.6.9】 试画出碳原子 $2p3s(^3P_{2,1,0})$ 和 $2p^2(^3P_{2,1,0})$ 的能级图，并在能级图上画出它们之间可能的允许跃迁。

【解】 C 原子的能级图见例 3.6.9 图。在 $2p3s\to 2p^2$ 的跃迁过程中，满足 $\Delta\left(\sum_i l_i\right)=-1$ 的拉波特定则。而根据 *LS* 耦合选择定则，可以很容易判断出允许的跃迁为 6 条，显示于例 3.6.9 图中。这里 $J=0$ 到 $J=0$ 的跃迁是不允许的。

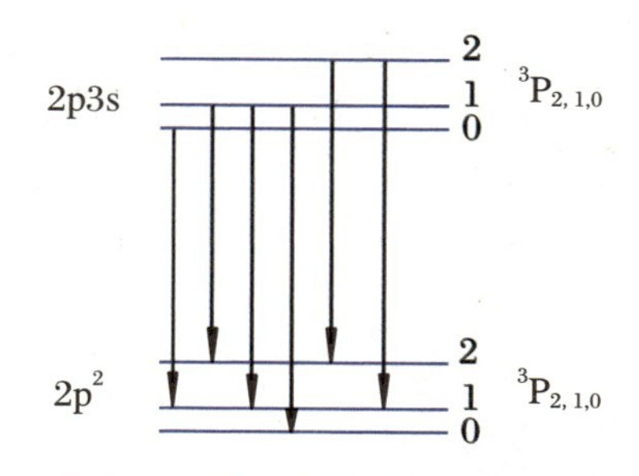

例 3.6.9 图 C 原子 $2p3s(^3P_{2,1,0})$ 和 $2p^2(^3P_{2,1,0})$ 的能级图及它们之间的允许跃迁

3.7 双电子原子的能级结构和光谱

最简单的双电子原子是氦，它基态的电子组态为 $1s^2$。除了氦原子以外，ⅡA族的 Be、Mg、Ca、Sr、Ba 和 ⅡB 族的 Zn、Cd、Hg 的价电子都具有 ns^2 的电子组态，剩下的原子实具有闭壳层和闭支壳层的球对称性。因此，其能级结构

和光谱与 He 原子都非常相似，可以当成双电子原子处理，因此我们把它们也放入本节一起讨论。

3.7.1 He 原子的能级结构和光谱

氦原子的激发态能级结构是由一个电子被激发至 nl 而另一个电子仍处于 1s 状态形成的。根据中心势近似给出的结论，nl 越大的状态，能量越高。因此，氦原子的能级由低到高的电子组态为 $1s^2$、1s2s、1s2p、1s3s、1s3p、1s3d、1s4s、…。由于氦原子比较轻，它的激发态能级结构属于典型的 LS 耦合。再考虑到氦原子由两个电子组成，而两个电子的自旋可耦合出 $S=1$ 的三重态和 $S=0$ 的单重态。例如氦的 1s2s 可耦合出 $^3S_1$ 和 $^1S_0$，1s3d 可耦合出 $^3D_{3,2,1}$ 和 $^1D_2$。由于交换效应的影响，氦原子同一电子组态耦合出的原子态中，三重态的能量要比单重态的能量低，如图 3.7.1 所示。图 3.7.1 也显示出，氦原子的激发态结构由两套能级组成，一套是单重态，而另一套是三重态。考虑到选择定则的限制，单重态和三重态之间是不能发生跃迁的。因此，氦原子的光谱也分为两套。其中一套光谱结构简单，都由单线组成，是单重态之间跃迁形成的，如图 3.7.1 中竖虚线左边所示的跃迁。而另一套光谱具有复杂的结构，是三重态之间的跃迁形成的，如图 3.7.1 中竖虚线右边所示的跃迁。历史上氦原子的两套光谱曾经困扰了物理学家很长时间，也是直到量子力学建立以后，人们才给出了氦原子两套光谱的合理解释。

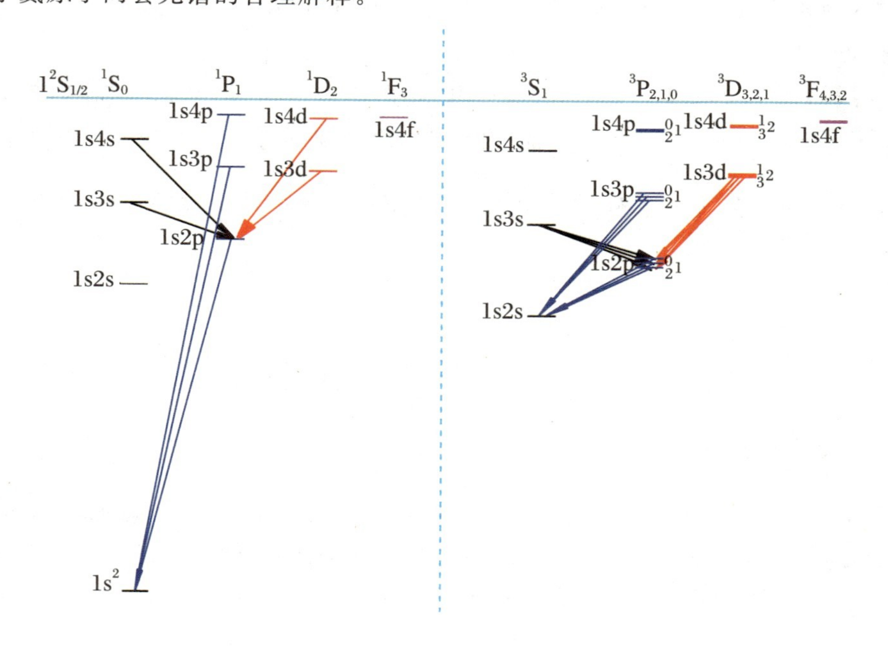

图 3.7.1 氦原子的能级图和部分跃迁（为了清楚，图中的能量高低及劈裂并没有严格按照比例画出。图中所标的 $1^2S_{1/2}$ 代表 He 原子的电离能，也即 He^+ 基态所对应的能量）

需要说明的是，氦原子的三重态$^3P_{2,1,0}$和$^3D_{3,2,1}$是倒转次序，也即J大的能级低。$^3F_{3,4,2}$的次序更复杂，详细的解释需要定量的理论计算，在此不做进一步说明。

作为最简单的多电子原子，氦原子具有一系列奇特的性质，例如：

(1) 氦原子的电离能是所有中性原子中最大的，为24.587387512(25) eV；

(2) 氦原子的第一激发能2^3S_1是所有中性原子中最高的，为19.81961363388 eV；

(3) 氦原子最低的两个激发态2^3S_1和2^1S_0都是亚稳态，其中2^1S_0的寿命为19.5 ms，而2^3S_1的寿命是已知所有中性原子能级中最长的，达7870 ± 510 s①。

小知识：由于氦原子足够简单，只有两个电子，理论能够给出足够精确的计算结果。另外，氦原子是三体系统，又不能够解析求解，所以理论上总是要采用近似的方法。因此，高精度的实验结果和高精度的理论计算的相互校验，是推动理论模型和计算方法进步及实验技术不断精益求精的动力。也正因为如此，到今天为止，氦原子仍旧是原子分子物理的研究热点，例如关于其能级间的跃迁速率②、能级的精确位置③、1s兰姆移位④、双激发态的动力学参数⑤等的研究，有兴趣的读者可以参阅相关文献。

小知识：我们到现在为止涉及的都是单个电子的跃迁，例如He原子，一个电子始终处于1s状态，而另一个电子激发到nl状态。实际上，两个电子都处于激发态的状态也是有的，例如He的两个电子被激发到2s2p状态，这称为双电子激发态。双电子激发态具有一系列十分新奇的性质，例如其峰形已经不是我们所熟知的高斯或者洛伦兹峰形，而是由U. Fano给出的Fano峰形。He原子双电子激发态的研究热潮兴起与同步辐射和现代电子能谱实验技术的巨大进步息息相关。也正是实验与理论的相互促进，促成了近二十年这一领域研究的热潮⑥。

---

① Hodgman S S, Dall R G, Byton L J, et al. Metastable helium: a new determination of the longest atomic excited-state lifetime[J]. Phys. Rev. Lett., 2009, 103(5): 053002.

② Dall R G, Baldwin K G H, Byron L J, et al. Experimental determination of the helium 2^3P_1-1^1S_0 transition rate[J]. Phys. Rev. Lett., 2008, 100(2): 023001.

③ Pastor P C, Giusfredi G, De Natale P, et al. Absolute frequency measurements of the $2^3S_1\rightarrow2^3P_{0,1,2}$ atomic helium transitions around 1083 nm[J]. Phys. Rev. Lett., 2004, 92(2): 023001.

④ Bergeson S D, Balakrishnan A, Baldwin K G H, et al. Measurement of the He ground state lamb shift via the two-photon 1^1S-2^1S transition[J]. Phys. Rev. Lett., 1998, 80(16): 3475-3478.

⑤ Liu X J, Zhu L F, Yuan Z S, et al. Dynamical correlation in doulbe excitations of helium studied by high-resolution and angular-resolved fast-electron enerngy-loss spectroscopy in absolute measurements[J]. Phys. Rev. Lett., 2003, 91(19): 193203.

⑥ Yuan Z S, Han X Y, Liu X J, et al. Theoretical investigations on the dynamical correlation in double excitations of helium by the R-Matrix method[J]. Phys. Rev. A, 2004, 70(6): 062706.

*3.7.2 ⅡA族原子的能级结构和光谱

ⅡA族原子包括Be、Mg、Ca、Sr、Ba和Ra，其基态电子组态具有$(n-1)p^6 ns^2(n=2\sim7)$的闭支壳层结构。显然ⅡA族原子的价电子ns^2与He原子的$1s^2$是类似的。ⅡA族原子与氦原子的不同只在于它们都有一个闭壳层的原子实。由于原子实内电子的主量子数$\leqslant n-1$，其能量比ns电子能量低得多，所以内壳层电子激发形成的激发态结构与ns价电子形成的激发态结构不交叠。因此，在考虑ⅡA族原子的价电子激发态能级结构和光谱时，可以不考虑内壳层电子的影响。

3.7.1节已经讨论过，氦原子的激发态结构是由一个1s电子不动而另一个1s电子激发到nl状态形成的。ⅡA族原子的能级结构也是类似的，它们的激发态结构是一个ns不动而另一个ns电子激发到$n'l'$状态形成的。由于是两个电子形成的电子组态（原子实的$L=S=J=0$，不用考虑），因此与氦原子类似，都有单重态和三重态两套能级。ⅡA族原子的能级结构与氦原子不同之处在于，有时两个ns电子同时激发形成的$n'l'n''l''$双激发态能量也低于其电离能，是其能级结构的组成部分。但对于ⅡA族原子而言，这样的双激发态一般只有有限的几个，并不影响其激发态结构的主要规律。例如Be原子的能级，其激发态由低到高的次序为：$2s2p(^3P_{2,1,0})$、$2s2p(^1P_1)$、$2s3s(^3S_1)$、$2s3s(^1S_0)$、$2p^2(^1D_2)$、$2s3p(^3P_{2,1,0})$、…。图3.7.2给出了Be原子的能级图和部分允许跃迁。在图3.7.2中，为了清楚，同一原子的精细结构间距已经放大了很多倍。

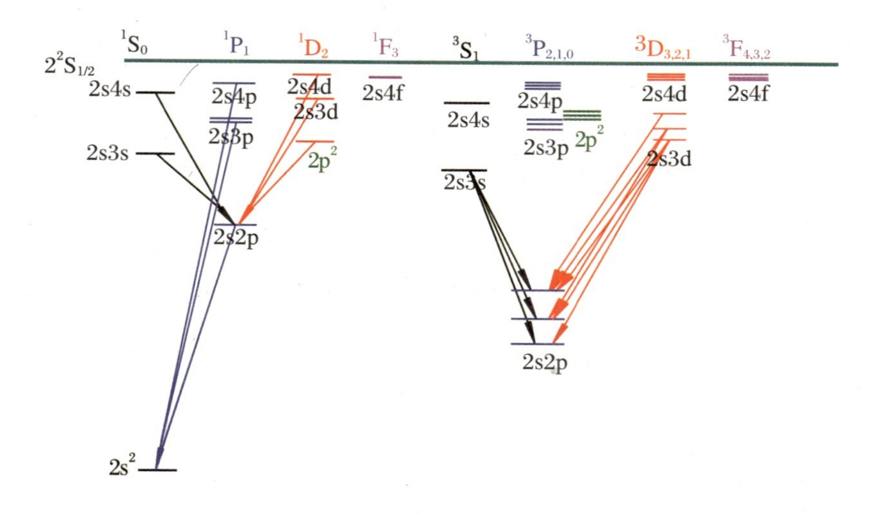

图3.7.2 Be原子的能级图和部分跃迁，图中所标的$2^2S_{1/2}$为Be原子的电离能

*3.7.3 ⅡB族原子的能级结构和光谱

ⅡB族原子包括Zn、Cd和Hg，它们的基态具有$(n-1)d^{10}ns^2$的电子组态，相应的原子态符号为$^1S_0$。显然，ⅡB族原子的能级结构和光谱与He和ⅡA族原子都是类似的，其激发态是由一个电子处于ns状态不动而另一个电子被激发到$n'l'$形成的。在此我们给出Hg原子的能级结构，如图3.7.3所示。需要说明的是，对于Hg这么重的原子，其激发态能级仍接近LS耦合，但已不完全是LS耦合了。因此我们在3.6节所给出的LS耦合的选择定则，在Hg原子中并不严格遵循，例如会发生三重态与单重态之间的跃迁，如图3.7.3中给出的$6s6p\,^3P_1 \to 6s^2\,^1S_0$的跃迁（图中示为绿线）。$6s6p\,^3P_1$这一能级就是1.6节弗兰克-赫兹实验测得的汞原子的4.9 eV的激发态。

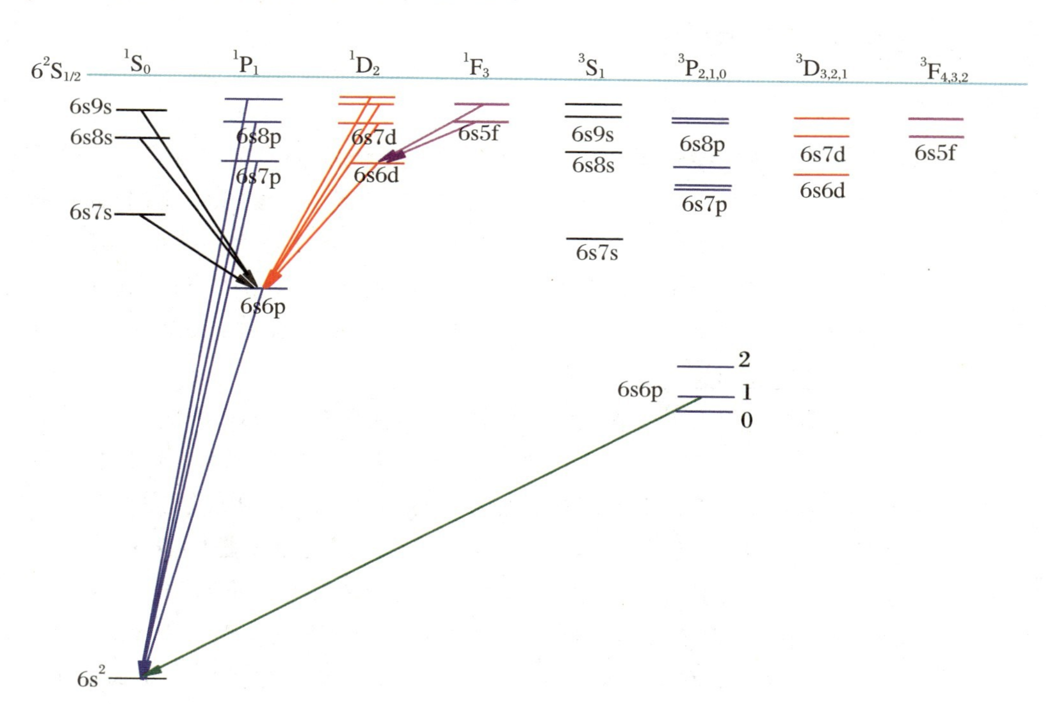

图3.7.3 Hg原子的能级结构和部分跃迁（图中$6^2S_{1/2}$为Hg原子的电离能）

3.8 X 射线和原子的内壳层能级

3.5 节和 3.7 节描述了单电子原子和双电子原子价壳层激发态的能级结构和规律，这些能级间跃迁所发射的光谱大多落在了可见到真空紫外能区。对于多电子原子，除了价壳层电子外，还有更多的内壳层电子，例如 Ar 原子的 3s、2p、2s 和 1s 电子。这些电子激发到未占据的原子轨道就形成了原子的内壳层激发态能级结构，例如 Ar 原子内壳层的 2p 电子跃迁到 4s 上。只不过原子的内壳层跃迁所发射或吸收的光子能量特别大，落在了 X 射线能区。本节就讨论跟 X 射线有关的能级和光谱。

3.8.1 X 射线的发现

图 3.8.1 伦琴(W. C. Röntgen，1845—1923)，德国

在 1.2 节电子发现中已经提到，在 19 世纪末，阴极射线管是十分先进的科学仪器。在当时，阴极射线是十分让人着迷、有待认知的未解之谜，许多科学家都在开展相关的研究工作。当然，这中间最重要的工作之一就是汤姆孙在 1897 年发现了电子。比汤姆孙发现电子还早，1895 年伦琴(图 3.8.1)在研究阴极射线的过程中发现了 X 射线，这也是人类历史上最重要的发现之一，而且在当时其轰动性还远远超过了电子的发现。

伦琴在用阴极射线管做实验的过程中，他偶然注意到距离阴极射线管较远的荧光屏上发出了荧光。这让他很好奇，因为勒纳德的研究表明阴极射线的穿透性并不强。联系一下卢瑟福对 α 粒子散射实验结果的惊奇，伦琴的好奇再次说明了好奇与惊奇都与科学家的背景知识有关，这也就是所谓的“有准备的头脑”。伦琴所用的阴极射线管与汤姆孙所用的装置有所不同。伦琴为了让阴极射线透射出来，在正对阴极射线的位置装上了很薄的铝窗。但是，根据勒纳德的工作，穿过铝窗的阴极射线也传播不远。为了弄清楚到底是什么让远处的荧光屏发出了荧光，伦琴用纸板把阴极射线管整个包起来，发现荧光屏依旧会发光。随后伦琴意识到他发现了一种与阴极射线不同的射线。由于对这种射线的本质不了解，他命名它为X 射线(X-ray)，后人也把这种射线叫作伦琴射线。伦琴详细研究了 X 射线的性质，总结如下：① X 射线具有强穿透性，甚至可以穿透较厚的铝板；② X 射线不带电，在电磁场下不发生偏转；③ X 射线能使气

体电离，能让照相底片感光。至此，经过了伦琴的研究，人们对X射线的性质有所了解，但它的本质是什么，仍旧不清楚。

伦琴在做出他这一生中最重大的发现时，正任维尔茨堡大学的校长。他研究了X射线的上述性质后，并没有马上发表他的成果，而是做了另一个轰动整个欧洲的实验——拍摄了他夫人的手骨照片，如图3.8.2所示。由于X射线具有很强的穿透性，它既然可以穿透铝板，也有可能穿透人体。由于骨头中钙的吸收截面较大，X射线穿透骨头的概率要小些，而穿透血肉的概率要大些。这样，X射线经过人手后，就可以清楚地揭示人体的骨骼结构。类似的原因，X射线也无法穿透伦琴夫人手上戴的金属戒指。让人类拥有透视能力，在无损伤的情况下(实际上有辐射损伤，只是在当时人们并不知道)看清人体内部的结构，一直是人类的梦想，也在医学领域具有极其重大的应用价值。伦琴是第一个实现人类这个梦想的人。因此，当伦琴在一个国际会议上展示了他夫人的手骨照片后，立即引起了轰动，且这一轰动传遍了整个欧洲。也正是X射线发现的巨大轰动效应，伦琴因X射线的发现荣获了首届(1901年)的诺贝尔物理学奖。

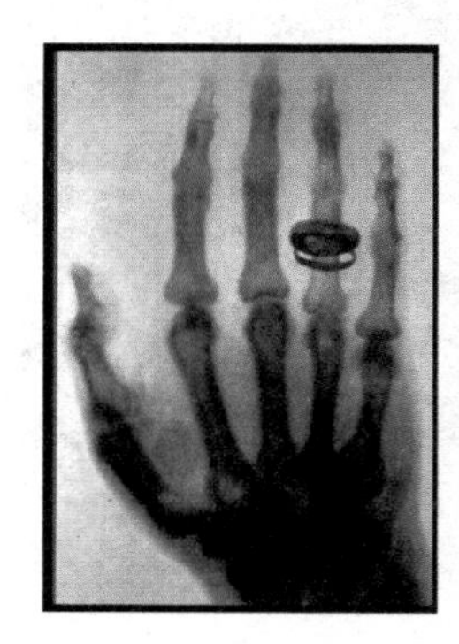

图3.8.2 伦琴夫人手掌的X光照片

但是，X射线的本质到底是什么，伦琴并没有给出答案。鉴于X射线发现的巨大轰动效应，许多物理学家投入到了探索X射线本质的研究中。但是，对X射线本质认识的真正突破，已经是17年之后的事了。在这之前，唯一的进展是巴克拉于1906年从实验上证实了X射线具有偏振。巴克拉的实验装置如图3.8.3所示。实验结果显示，沿着x方向入射的X射线γ_0，经A散射接着再经B散射，然后在x方向仍可看到散射的X射线γ_2，而沿z方向则没有散射的X射线γ_3。这一实验结果证实了X光具有偏振。原因在于，如果X射线是电磁波，考虑到电磁波的横波特性，入射X光的偏振方向只能是z和y方向。该X射线经A散射后，沿y方向散射的X射线γ_1，其偏振只能沿z方向，如图3.8.3所示。这是因为，入射光中沿y方向偏振的X射线在y方向的散射概率为零，否则不满足电磁波的横波特性。同理，γ_1再经B散射后，只可能在x方向观测

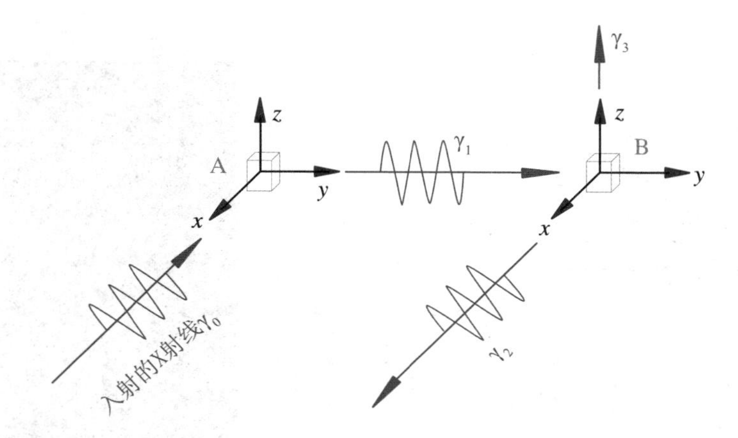

图3.8.3 巴克拉证实X射线具有偏振性的实验装置示意图

图 3.8.4 巴克拉(C. G. Barkla,1877—1944),英国

图 3.8.5 劳厄(M. Von Laue,1879—1960),德国

到散射的 X 射线 γ_2(其偏振仍为 z 方向),无法在 z 方向观测到散射的 X 射线 γ_3。虽然巴克拉的实验给出 X 射线是电磁波的强烈暗示,但并没有测出电磁波特有的波长、频率等特性,也没有观测到电磁波特有的干涉、衍射等现象。因此,仅仅从巴克拉的实验还无法确证 X 射线是电磁波。巴克拉(图 3.8.4)长期研究 X 射线,他也因特征 X 射线的发现(见 3.8.2 节)而荣获 1917 年的诺贝尔物理学奖。

到了 1912 年,劳厄(图 3.8.5)提出,X 射线可能是波长很短的电磁波,并建议用晶体的 X 射线衍射来证实它。随后,弗里德里奇和克尼平按照劳厄的设想,完成了 X 射线的晶体衍射实验。他们的实验装置原理图见图 3.8.6。他们的实验是用一束准直后很细的 X 射线照射晶体,观测 X 射线经过晶体的散射情况。他们观测到,在远离散射物的屏幕上有一系列的分散的点。劳厄对弗里德里奇和克尼平实验结果的解释见图 3.8.7。由于晶体中的原子具有周期性结构,所以可以把它们划分为无穷多组平行的平面,每一组平面具有特征的晶面间距,而不同组的平面其晶面间距不同。因此,对于特定的入射波长 λ,只有满足公式

$$2d\sin\theta = n\lambda \tag{3.8.1}$$

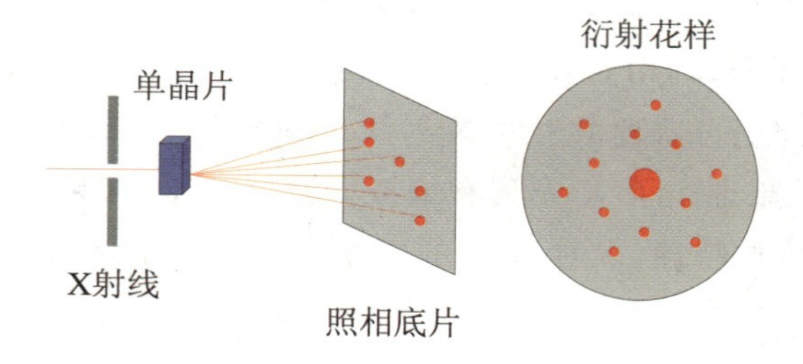

图 3.8.6 X 射线的晶体衍射实验原理图

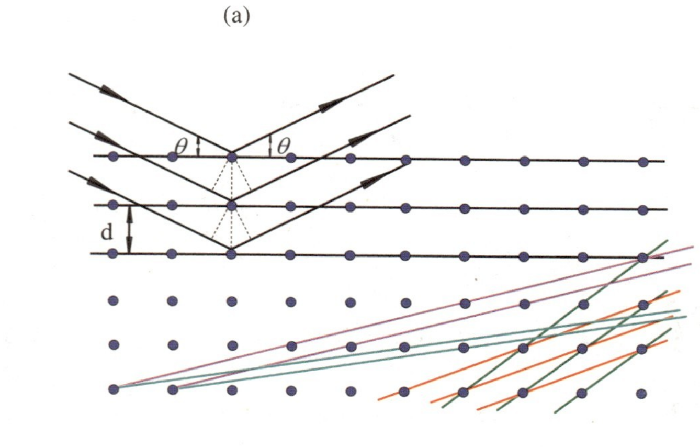

图 3.8.7 劳厄对 X 射线衍射实验的解释,图(a)中示出了几组不同的晶面。图(b)显示了现代测量的单晶衍射图片

的角度才会满足相干增强的条件，进而在荧光屏上观测到亮点。由于 d 可取一系列分立的值，因此满足公式(3.8.1)的角度也只能是一些分立的角度，这样在远离散射中心的荧光屏上只能观测到一系列分散的亮点，如图 3.8.7(b)所示。劳厄的理论圆满地解释了弗里德里奇和克尼平的实验结果，显示了 X 射线具有衍射特性。劳厄确凿无疑地证实了 X 射线是波长很短的电磁波，他也因此荣获 1914 年的诺贝尔物理学奖。

思考题：为什么劳厄建议用晶体的衍射来证实 X 射线是波长很短的电磁波呢？

在证实了 X 射线是波长很短的电磁波之后，英国的布拉格父子(图 3.8.8)提出并实现了用 X 射线衍射法测量晶体的结构，他们父子二人也因此获得了 1915 年的诺贝尔物理学奖。图 3.8.9 给出了布拉格父子提出的实验方法原理图。当一束经过准直的 X 射线经过晶体 A 后，在某一方向上出射的 X 射线必定满足衍射公式(3.8.1)。如果已知晶体 A 的晶格常数，则由公式(3.8.1)可以计算出图中所示出射的 X 射线的波长，也即通过晶体 A 获得了能量单一的 X 射线(因此晶体 A 叫作单色器)。晶体 B 是未知结构的晶体，由于已知入射到晶体 B 上的 X 射线波长，只要在某一方向 θ 测得相干增强的 X 射线，则必可测出晶体 B 的晶格常数。实际上通过连续转动晶体 B，可测出一系列的晶格常数 d_1、d_2、d_3、…，由此可测出晶体 B 的结构。

图 3.8.8 布拉格父子(W. H. Bragg，1862—1942 和 W. L. Bragg，1890—1971)，英国

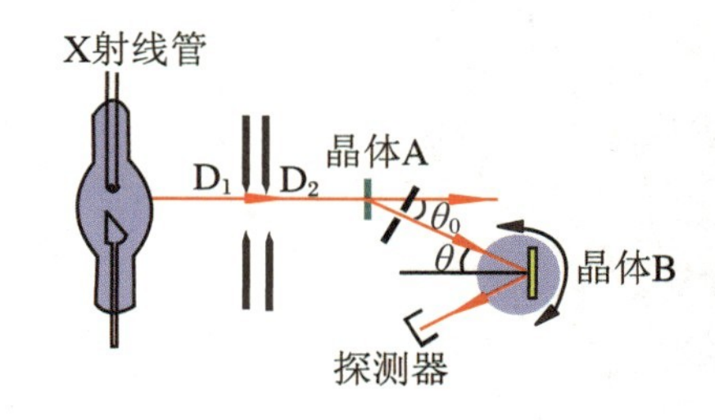

图 3.8.9 布拉格衍射法的原理图

X 射线衍射目前已经是一种常规的测量晶体结构的实验方法，也有商用的晶体衍射仪出售，几乎所有研究机构都配备有 X 射线晶体衍射仪。图 3.8.10 给出了历史上最著名的 X 射线衍射照片之一——DNA 晶体的 X 射线衍射照片，它是由富兰克林拍摄的，也正是在它的基础上直接导致了 DNA 双螺旋结构的发现。

X 射线的发现为探索未知世界提供了强有力的实验工具，极大地推动了其他科学领域的发展。作为标志性的成果，跟 X 射线有关的工作共有 23 人获得

15 项诺贝尔奖，其中涉及物理奖、化学奖及生理与医学奖。表 3.8.1 给出了这些诺贝尔奖获得者的名字、获奖年份及获奖原因。

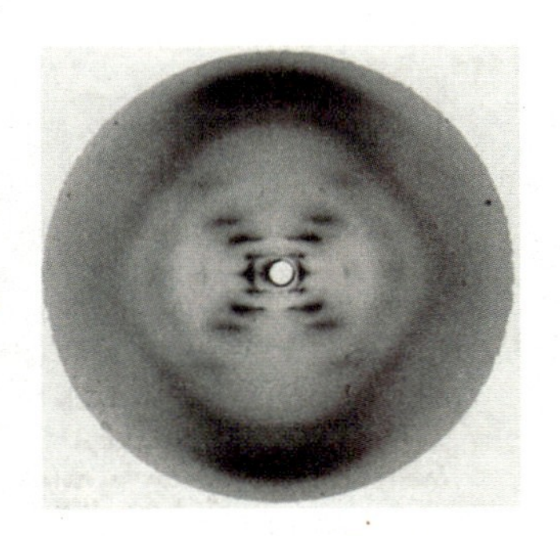

图 3.8.10 DNA 晶体的 X 射线衍射照片

表 3.8.1 与 X 射线有关的诺贝尔奖

诺贝尔奖获奖者	奖项	获奖年份	获奖原因
伦琴	物理	1901	X 射线的发现
劳厄	物理	1914	X 射线的晶体衍射
布拉格父子	物理	1915	用 X 射线测定晶体结构
巴克拉	物理	1917	发现元素的特征 X 射线
赛格巴恩	物理	1924	X 射线谱学领域的新发现
康普顿	物理	1927	在 X 射线散射实验中证实 X 射线的粒子性
德拜	化学	1936	用 X 射线衍射方法测定分子的结构
佩鲁茨和肯德鲁	化学	1962	用 X 射线衍射法解析血红蛋白和肌红蛋白的结构
克里克，沃森和威尔金斯	生理与医学	1962	在 X 射线衍射基础上提出 DNA 的双螺旋结构
霍奇金	化学	1964	用 X 射线晶体学确定青霉素等重要生化物质的结构
利普斯科姆	化学	1976	用 X 射线衍射法测定硼烷的结构
科马克和亨斯菲尔德	生理与医学	1979	发展了 X 射线断层扫描
赛格巴恩	物理	1981	高分辨的 X 射线电子能谱学
豪普特曼和卡尔勒	化学	1985	发展了 X 射线晶体结构测定的直接方法
戴森霍费尔，胡贝尔和米歇尔	化学	1988	用 X 射线衍射测定光合作用中蛋白质复合体的三维空间结构

除了在基础研究领域的重要应用以外，X 射线在医学领域和工业界的应用也是很广泛的。在医学领域，X 光机已经是每个医院必备的诊断设备，而好一点的医院都装备有 XCT。在工业界，利用 X 射线进行探伤，已经是一种高效、无损的检测手段。而在安全领域，我们进入机场的安检设备，也是用的 X 光机，图 3.8.11 就给出了安检设备的实物照片及它检测到的行李影像。

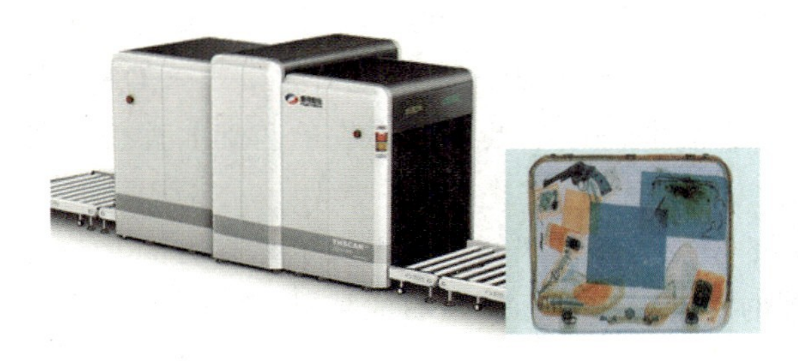

图 3.8.11 安检 X 光机及其“看到”的行李中的违禁物品

3.8.2 X 射线管及原子的特征 X 射线

伦琴夫人的手骨照片展示了 X 射线在生物医学领域的巨大潜在应用价值。因此,在伦琴发现了 X 射线之后,人们投入了大量的精力物力去研究开发 X 射线的产生设备,并很快取得了极大的进展,这就是 X 射线管。图 3.8.12 中(a)给出了 X 射线管的原理图,图(b)给出了一张实物照片。如图 3.8.12(a)所示,当给阴极通上电流后,阴极会因温度升高而发射电子束,由于阳极相对于阴极加有几万至几十万伏的高压,电子束会在电场的作用下被加速。电子到阳极时获得的能量 eV 完全由阳极所加的电压 V 决定,而具有 eV 能量的电子轰击阳极靶就会向外辐射 X 射线。

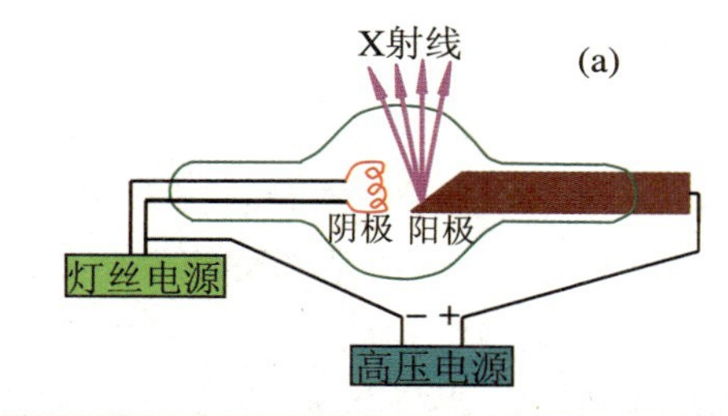

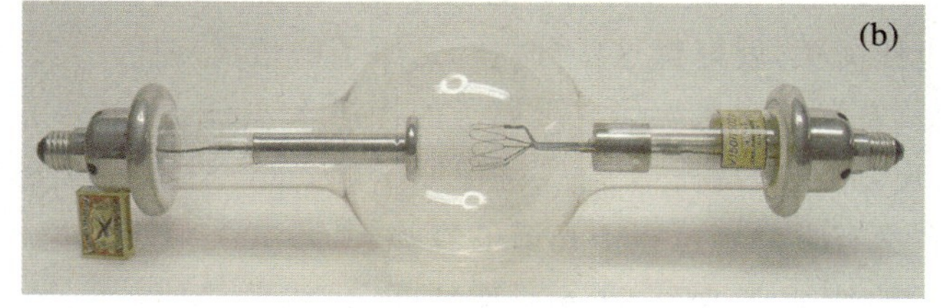

图 3.8.12 X 射线管的装置原理图及早期的实物照片

X 射线管的辐射谱如图 3.8.13 所示。我们可以注意到,其辐射谱图由两部分组成:一部分是连续的本底;另一部分是非常锐、非常强的分立峰。两者中前者叫韧致辐射(bremsstrahlung)本底,后者叫特征 X 射线(characteristic X-ray)。韧致辐射的产生源于电子与原子核之间的库仑散射。电子在原子核的库仑场中会有一个加速度,进而产生偏转运动,而这类似于 α 粒子散射的情况。在 1.3 节曾讨论过,依据经典电动力学,做加速运动的电子会向外辐射电磁波,这就是韧致辐射产生的原因。韧致辐射之所以是连续谱,源于两个方面。第一是电子在与原子核作用时,距离原子核有近有远,因此加速度有大有小,导致韧致辐射的频率或波长是连续的。其次,电子在与靶相互作用时,要经过多次散射。每次散射都会损失部分动能,而且损失的这部分动能可大可小。因此电子与靶相互作用时其能量是一个连续分布，这也是产生连续谱的原因。最大能量的光子对应于电子与原子核发生一次相互作用就把全部动能转换为光子的能量：

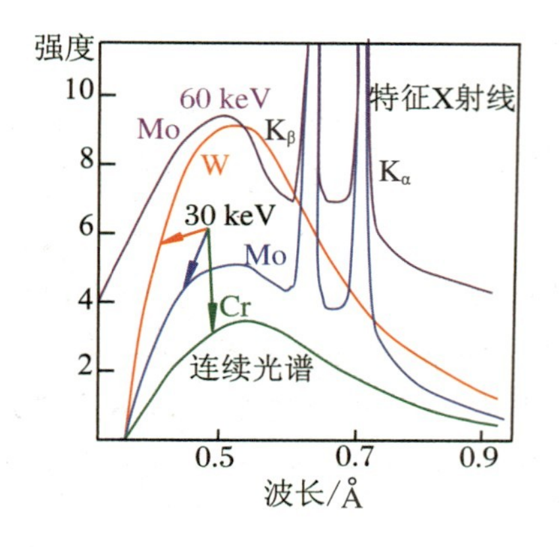

图 3.8.13 30 keV 和 60 keV 电子束照射 W、Mo 和 Cr 靶发射的 X 射线谱

$$\lambda_{\min} = \frac{hc}{eV} \tag{3.8.2}$$

$\lambda_{\min}$称为截止波长(cut-off wavelength)。电子一次碰撞把所有的动能全部转化为光子能量而辐射出去，这在经典电动力学中是不可能发生的。因此，X 射线谱中截止波长的存在，是量子力学的有力证据之一。X 射线谱中的分立峰即特征 X 射线，是由巴克拉首次观测到的。特征 X 射线只与靶材料有关，与阴极、阳极之间所加电压无关，就好像这些分立峰是原子的指纹一样。

卢瑟福的学生莫塞莱首次系统研究了原子的特征 X 射线，并总结了其遵循的规律。莫塞莱发现，原子的特征 X 射线就像原子的光谱一样，可以分为一系列的线系，每一线系都有类似于氢原子光谱的规律，其形式类似于里德伯公式。当时，莫塞莱把原子的特征 X 射线谱分为 K 线系、L 线系、M 线系、N 线系等等。特征 X 射线的形成原因可解释如下。当一个电子与原子碰撞时，电子会把原子内壳层的电子电离，进而在内壳层形成一个空穴。例如把 Xe 原子的 1s 电子电离掉，则剩下的氙离子 1s 壳层就有一个空穴。显然，内壳层空穴状态的能量是非常高的(例如 Xe 的 1s 有个空穴，它的能量比氙原子高约 38 keV)。因此，内壳层有空穴的状态是不稳定的，外壳层电子会跃迁到内壳层空穴进而降低体系的能量。形象地说，就是空穴由内壳层向外壳层转移。例如，当 Xe 的 2p 电子跃迁到 1s 的空穴上时，就相当于空穴由 1s 转移到了 2p，此时多余的能量以光子的形式辐射出去，这就是特征 X 射线 K_α。当然，空穴转移的过程中要受到选择定则的限制，例如 2s 电子就不可能跃迁到 1s 空穴。由于 X 射线的产生只与原子离子的能级相关，所以它就是原子的“指纹”，这也是实验上特征 X 射线只与靶材料有关的原因。X 射线发射所遵循的选择定则与电子跃迁的情

况完全相同，为

$$\begin{cases}\Delta l = \pm 1 \\ \Delta j = 0, \pm 1\end{cases}$$

初态空穴在 1s 时发出的 X 射线形成的谱线系叫作 K 线系，而初态空穴在 $n=2$ 时发出的 X 射线形成的谱线系叫 L 线系。M 线系和 N 线系所对应的初态的空穴在 $n=3$ 和 $n=4$，其他依次类推。实际上，也正是源于莫塞莱的工作，在 3.4 节把 $n=1$、2、3、…定义为了 K 壳层、L 壳层、M 壳层……。空穴从 $n=1$ 到 $n=2$、3、4、…的跃迁产生的 X 射线分别叫作 K_α、K_β、K_γ、…线。其中 K_α 线所遵循的规律为

$$\tilde{\nu}_{k\alpha} = R(Z-1)^2\left[\frac{1}{1^2}-\frac{1}{2^2}\right] \tag{3.8.3}$$

这里 R 为里德伯常数，Z 为原子序数，也即原子核所带的正电荷数。莫塞莱做了大量实验，然后他把不同原子 K_α 线的 $(\sqrt{\tilde{\nu}_{k\alpha}}, Z)$ 画在了一张图中，发现它们具有良好的线性关系，进而总结出了公式(3.8.3)。需要说明的是，在莫塞莱的实验之前，人们并没有很好的办法来确定原子核所带的电荷量，而原子序数 Z 这一概念正是莫塞莱引入的。

除了 K_α 线之外，L_α 线的光谱规律可以表达为

$$\tilde{\nu}_{L_\alpha} = R(Z-7.4)^2\left[\frac{1}{2^2}-\frac{1}{3^2}\right] \tag{3.8.4}$$

公式(3.8.3)和(3.8.4)与氢原子的里德伯公式并不一样，(3.8.3)中有一个 $(Z-1)^2$ 的因子，与类氢离子光谱 $\propto Z^2$ 并不相同。L_α 线中该因子又变为了 $(Z-7.4)^2$。是什么原因造成了特征 X 射线的光谱规律与里德伯公式相似而又不完全一样呢？其实这是很容易理解的。如图 3.8.14 所示，由于 1s 很靠近原子核，对于 2p 电子而言，如果 1s 有一个空穴，2p 电子感受到的有效电荷并不是 Ze，是被一个 1s 电子屏蔽后的有效电荷 $(Z-1)e$。对于 L_α 线而言，$(Z-7.4)^2$ 的因子也是源于同样的原因，只不过由于轨道贯穿的影响，屏蔽不完全而已。若屏蔽完全，因子则为 $(Z-9)^2$。

图 3.8.14 给出 Cd^+ 离子的能级图及特征 X 射线发射所涉及的跃迁过程。显然，当原子的价电子被电离时，所需的能量较低，因此价壳层电离形成的空穴能量状态最低。反之，对于任何原子，1s 电子电离时所需的能量都是最高的，因此电离后 1s 壳层有一个空穴的状态能量最高。这也是为什么图 3.8.14 所画的能级 $1^2S_{1/2}$ 最高的原因，这与我们通常所画的能级图 n 越大能量状态越高的情形不同。由图 3.8.14 也可以看出，对于 $n=1 \rightarrow n=2$ 的跃迁，有两条线，分别

为 $1^2S_{1/2} \to 2^2P_{1/2}$ 和 $1^2S_{1/2} \to 2^2P_{3/2}$。因此,原子的特征 X 射线具有精细结构,只不过在莫塞莱所处的时代谱仪的能量分辨不够高而没有观察到而已。类似地,L 线系也有复杂的精细结构,在此不做详细的解释。

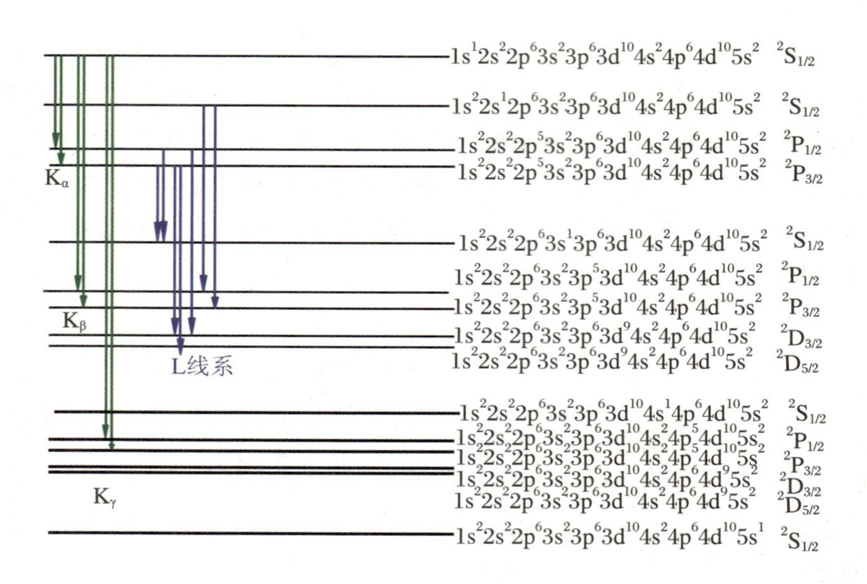

图 3.8.14 Cd 原子的特征 X 射线发射所涉及的能级和跃迁,可以看出其实是 Cd^+ 离子的能级之间跃迁才形成的特征 X 射线

思考题: 为什么 $2^2P_{3/2}$ 的能量比 $2^2P_{1/2}$ 的能量低?

*3.8.3 原子的内壳层激发态

特征 X 射线产生的原因是源于一价离子能级之间的跃迁。实际上,中性原子的内壳层电子也可被激发至没有占据的空轨道上,形成原子的内壳层激发态能级结构。例如 Ar 原子,其 1s、2s、2p、3s 和 3p 都是被占据的轨道,已经是满支壳层了。由于 Pauli 不相容原理的限制,1s 电子是无法激发到 2p 或 3p 轨道的。但 1s 电子可以激发至空轨道 4p、5p、6p、…,进而形成内壳层的激发态结构。显然,与价电子 3p 激发到 4s、3d、5s、4d、…空轨道形成的价壳层激发态结构相比,内壳层激发态结构的能量非常高,远远大于价壳层电子的电离阈。图 3.8.15 给出了 Ar 原子的能级结构示意图,并画出了相应的内壳层激发态和价壳层激发态。需要说明的是,图 3.8.15 并没有严格按照能量比例画出,因为内壳层激发态和价壳层激发态的能量相差实在是太大了。

原子的内壳层激发态结构以前研究得很少,这是因为实验技术的限制,主要是缺乏足够好的探针。自从高分辨的电子能谱技术出现以后,这方面情形已

大为改观。而同步辐射的出现，结合现代高分辨的光谱技术，使这一领域的研究取得了突破性进展。图 3.8.16 给出了氩原子相应于图 3.8.15 的价壳层和内壳层激发的光吸收谱，清楚地显示了内壳层激发态结构的存在，也显示了内壳层激发态和价壳层激发态之间巨大的能量差异①。

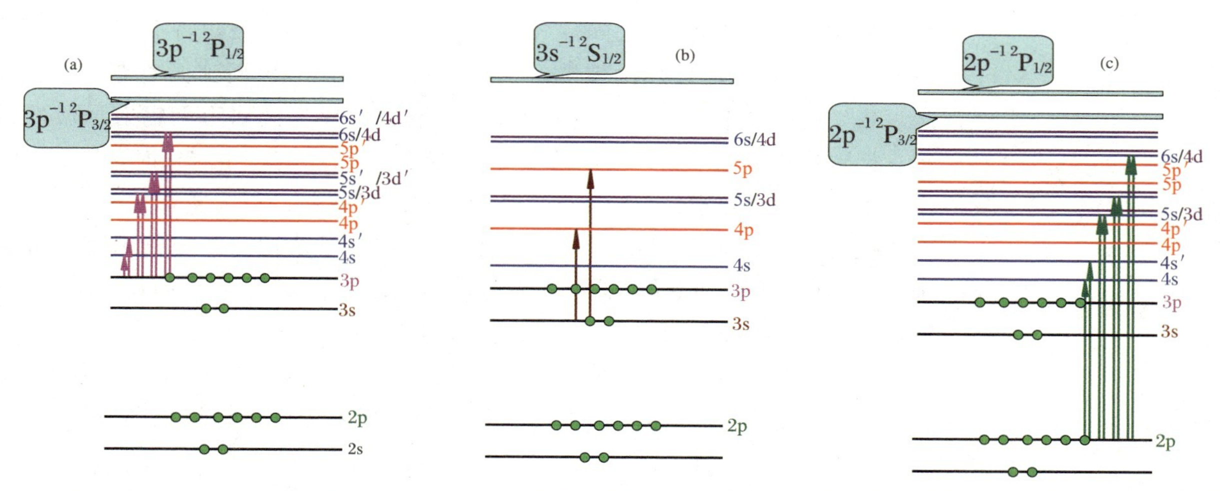

图 3.8.15 Ar 原子的能级图及光谱，1s 电子由于能量过低而没有画入。图中绿色的圆点代表填充的电子，不同颜色的能级代表不同类型的空轨道，不同颜色的箭头代表源自不同轨道的跃迁。图(a)、(b)和(c)分别代表 3p、3s 和 2p 激发形成的激发态能级结构。图(a)中 $3p^{-1}$ 代表 3p 支壳层激发了一个电子进而形成了一个空穴，图(b)和(c)中 $3s^{-1}$ 和 $2p^{-1}$ 具有相同的含义。图中同时给出了各支壳层的电离阈，例如图(a)中 3p 电子电离形成的 $3^2P_{3/2}$ 和 $3^2P_{1/2}$ 两个电离阈

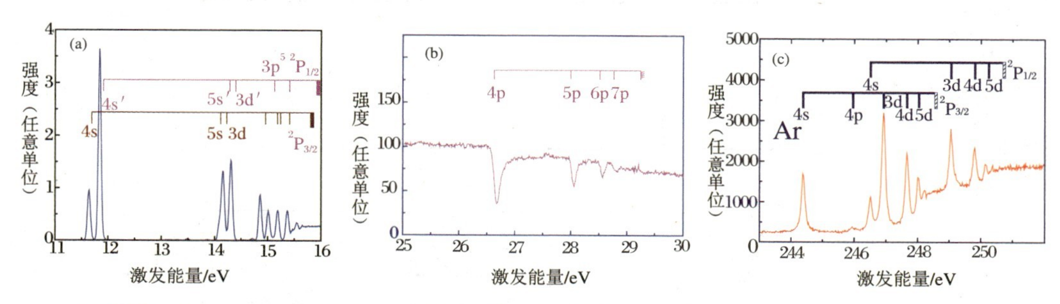

图 3.8.16 氩原子(a)3p、(b)3s 和(c)2p 激发的光吸收谱，可看出其激发能量的巨大差异

思考题：原子的内壳层激发过程是否也要遵循选择定则？

---

① Wu S L, Zhong Z P, Feng R F, et al. Electron-impact study in valence and autoionization resonance regions of argon[J]. Phys. Rev. A, 1995, 51(6): 4494-4500.
Zhu L F, Cheng H D, Liu X J, et al. Optically forbidden excitations of 3s electron of argon by fast electron impact[J]. Chin. Phys. Lett., 2003, 20(10): 1718-1720.
Ren L M, Wang Y Y, Li D D, et al. Inner-shell excitations of 2p electrons of argon investigated by fast electron impact with high resolution[J]. Chin. Phys. Lett., 2011, 28(5), 053401.

*3.8.4 俄歇过程

当原子离子的内壳层出现一个空穴时，除了可以通过发出特征 X 射线而回到低能态以外，还可以发出俄歇电子(Auger electron)而回到低能态。由于俄歇过程发射的是电子而不是电磁波，因此俄歇过程也被称为无辐射退激发过程。俄歇过程的基本原理图如图 3.8.17 所示。当 1s 有一个空穴时，一个 2s 电子向下跃迁占据该空穴，而这一过程放出的能量并不是以光子形式辐射出去，而是把另一个 2s 电子打跑掉。这就是俄歇过程，是法国科学家俄歇首次观测到的。类似于图 3.8.17 的俄歇过程标示为 $KL_{\mathrm{I}}L_{\mathrm{I}}$，或者标示为 1s2s2s。这一标示方法是基于俄歇过程所涉及的空穴，例如 $KL_{\mathrm{I}}L_{\mathrm{I}}$(或 1s2s2s)是指：初态空穴在 K(或叫 1s)壳层，而向下跳的电子跃迁后留下的空穴在 L_{I}(2s)壳层，敲出电子留下的空穴也在 L_{I}(2s)壳层。类似的可以发生的俄歇过程还有很多，例如也可以发生 $KL_{\mathrm{I}}L_{\mathrm{II}}$、$KL_{\mathrm{II}}L_{\mathrm{II}}$、$KL_{\mathrm{II}}L_{\mathrm{I}}$ 等。需要说明的是，L_{I}、L_{II}、L_{III}、…是指 L 壳层留下一个空穴后所处的是 $2^2S_{1/2}$、$2^2P_{3/2}$ 和 $2^2P_{1/2}$ 状态，能量由高到低。图 3.8.18 给出 Ar 原子的 LMM 的俄歇谱。

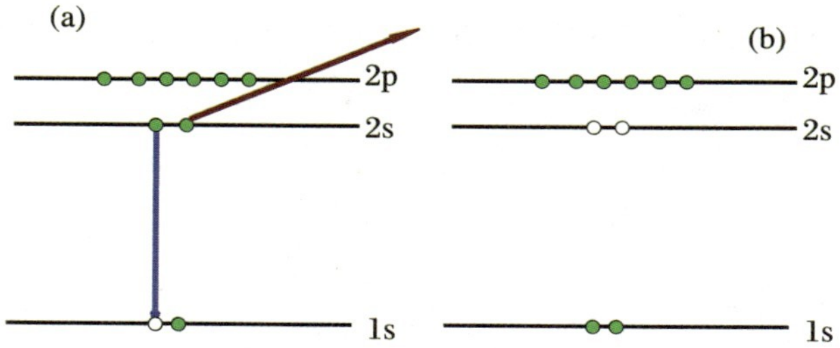

图 3.8.17 (a) 初态及俄歇过程；(b) 末态

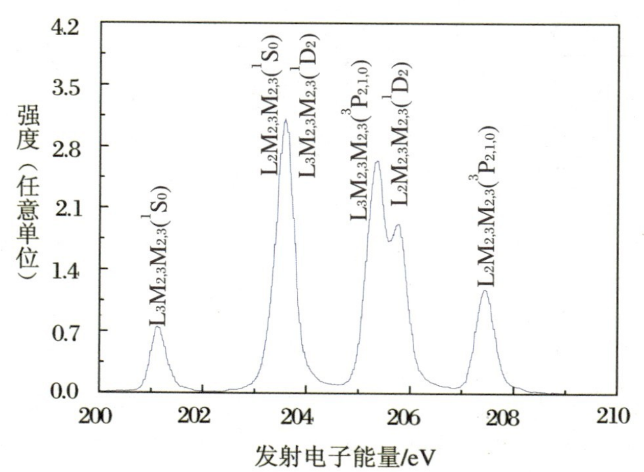

图 3.8.18 Ar 原子的 LMM 俄歇谱

思考题：俄歇过程发生后，末态的离子是几价的？

俄歇过程和 X 射线发射都是内壳层空穴退激发的方式，这两种过程都是可以发生的，二者之间存在竞争。对于重原子的内壳层，通过 X 射线退激发的概率要远大于俄歇过程退激发的概率。但对于轻原子，或者重原子中空穴在靠外的内壳层(例如 Ar 原子中空穴在 3s 支壳层)，俄歇退激发的概率要远大于 X 射线发射的概率。通常用荧光产额 ω 来表示内壳层出现空位后 X 射线发射的概率，例如，我们定义 K 壳层的荧光产额：

$$\omega_K = \frac{\text{KX 光子数}}{\text{有 K 层空穴的原子数}} \tag{3.8.5}$$

它表示原子中 K 壳层有了空穴后产生 KX 射线的概率。由于唯一的其他可能过程是俄歇电子发射，所以 $1-\omega_K$ 就是产生俄歇电子的概率，以 Y_{KA} 表示。对于 K 型跃迁，ω_K 的经验公式为

$$\omega_K \approx (1 + b_K Z^{-4})^{-1} \tag{3.8.6}$$

其中 b_K 是一个常数，$b_K \approx 7.5\times10^5$。K 型跃迁的俄歇电子和 X 射线的产额曲线如图 3.8.19 所示。从图中可以看出，荧光产额随原子序数的增加而单调增大，在 $Z=33$(As)附近，两种过程发生的概率相等。当 $Z<33$ 时，俄歇发射占优势，因此轻元素用俄歇电子能谱分析有较高的灵敏度。对于 K 型跃迁，元素钾($Z=19$)以前的俄歇产额大于 90%。对于 L 型跃迁，元素锡($Z=50$)以前的俄歇产额大于 90%。大体说来，对于原子序数低的原子，用 KLL 俄歇电子进行分析；对于中等原子序数的原子，用 LMM 系；对于高原子序数的原子，用 MNN 系。

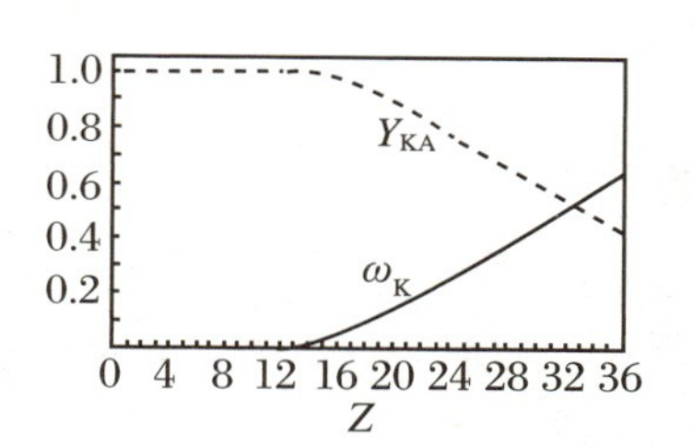

图 3.8.19　K 壳层有空穴时俄歇电子和 X 射线的产额曲线

附录 3-1　氢原子的精细结构

对氢原子，与自旋-轨道相互作用引起的能级分裂相当的效应还有相对论质量效应和达尔文修正项，下面我们逐项计算它们。本附录的计算是针对类氢离子情况，对氢原子，只需取 $Z=1$ 即可很容易得出相应的结果。

1. 相对论质量效应的修正

在相对论条件下，氢原子电子的动能为

$$T = (p^2c^2 + m_e{}^2c^4)^{1/2} - m_ec^2 \tag{3-1}$$

这里 p 为电子动量，$m_e c^2$ 为电子的静止质量。把公式(3-1)做 Taylor 展开：

$$\begin{aligned} T &= m_e c^2\left(1+\frac{p^2}{m_e^2 c^2}\right)^{1/2} - m_e c^2 \\ &\approx m_e c^2\left(1+\frac{p^2}{2m_e^2 c^2}-\frac{p^4}{8m_e^4 c^4}+\cdots\right)-m_e c^2 \\ &= \frac{p^2}{2m_e}-\frac{p^4}{8m_e^3 c^2}+\cdots \end{aligned} \tag{3-2}$$

这里第一项为动能的非相对论形式 T_0，第二项相对于第一项为小量：

$$\begin{aligned} T-T_0 &\approx -\frac{p^4}{8m_e^3 c^2} = -\frac{1}{2m_e c^2}\left(\frac{p^2}{2m_e}\right)^2 = -\frac{1}{2m_e c^2}T_0^2 \\ &= -\frac{1}{2m_e c^2}\left[E_n - V(r)\right]^2 \end{aligned} \tag{3-3}$$

这里 E_n 为零阶近似下求解薛定谔方程给出的能级，$V(r)$ 为势能。

由于精细结构的能量变化很小，所以必须计入其一阶小量的贡献，这就是相对论质量效应。在公式(3-2)中忽略了更高阶项的贡献，它们相比第二项小了很多，忽略它们是一个很好的近似。

量子力学采用微扰理论来处理一阶小量。具体而言，在忽略一阶小量的情况下求解薛定谔方程(见 2.7 节)，得出其零阶近似下的能量和波函数。然后用零阶近似的波函数计算一阶小量的平均值，把它与零阶近似下解得的能量合起来就是微扰理论求解的体系能量。具体到公式(3-2)的一阶小量，有

$$\begin{aligned} \Delta E'_n &= \left\langle -\frac{p^4}{8m_e^3 c^2}\right\rangle = -\frac{1}{2m_e c^2}\left\langle\left[E_n - V(r)\right]^2\right\rangle \\ &= -\frac{1}{2m_e c^2}\left\langle\left(E_n+\frac{Ze^2}{4\pi\varepsilon_0 r}\right)^2\right\rangle \\ &= -\frac{1}{2m_e c^2}\left[E_n^2+2E_n\left\langle\frac{Ze^2}{4\pi\varepsilon_0 r}\right\rangle+\left\langle\frac{Z^2e^4}{(4\pi\varepsilon_0)^2 r^2}\right\rangle\right] \\ &= -\frac{1}{2m_e c^2}\left[E_n^2+2E_n\cdot\frac{Ze^2}{4\pi\varepsilon_0}\left\langle\frac{1}{r}\right\rangle+\frac{Z^2e^4}{(4\pi\varepsilon_0)^2}\left\langle\frac{1}{r^2}\right\rangle\right] \end{aligned} \tag{3-4}$$

这里小括号代表求平均。代入 2.7 节给出的结果：

$$\left\langle\frac{1}{r}\right\rangle = \frac{1}{n^2}\frac{Z}{a_0}$$

$$\left\langle\frac{1}{r^2}\right\rangle = \frac{2}{n^3(2l+1)}\left(\frac{Z}{a_0}\right)^2$$

经化简可得

$$\Delta E'_n = -\frac{Z^2\alpha^2}{n^2}E_n\left[\frac{3}{4} - \frac{n}{l+1/2}\right] \tag{3-5}$$

公式(3-5)是海森伯于1926年推导出来的。很容易看出,无论 l 取任何值,都有 $n/(l+1/2)>3/4$(见习题3.22)。因此,公式(3-5)中括号内的结果为负值。再考虑到 $E_n<0$,公式(3-5)括号前面的结果大于零。基于以上分析,$\Delta E'_n<0$,也即相对论质量效应对能量的修正使得能级下移。图3-1给出了H原子 $n=2$ 的能级计入相对论质量效应后的能级移动情况。显然,在不考虑相对论质量效应时,氢原子 $n=2$ 的能级对不同的 l 是简并的。但考虑了相对论质量效应修正后,其能级对 l 的简并解除。

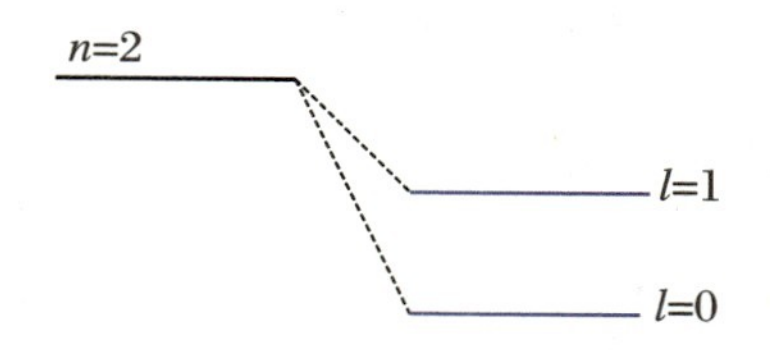

图3-1 氢原子 $n=2$ 的能级考虑相对论质量效应修正的变化情况

由公式(3-5)还可看出,对于同一 n,随着 l 的增加,$n/(l+1/2)$ 会减小。因此 l 大的能级下降要小一些,图3-1就显示了这一情形。由公式(3-5)还可以看出

$$\frac{\Delta E'_n}{E_n} \propto \alpha^2 \approx 5.3\times 10^{-5} \tag{3-6}$$

因此,相对论质量效应的修正十分小,也只有在光谱的分辨本领很高时才能观测到。也正因为如此,由相对论效应引起的能级变化叫作精细结构。而 α 叫作精细结构常数,也来源于此,因为氢原子精细结构的能量变化 $\propto\alpha^2$。

2. 自旋-轨道相互作用的修正($l\neq 0$)

由公式(3.4.4)可知,若 $l=0$,则不存在自旋-轨道相互作用。若 $l\neq 0$,自旋-轨道相互作用引起的能量变化为

$$\Delta E''_n = \frac{Ze^2}{4\pi\varepsilon_0}\cdot\frac{1}{2m_e^2c^2}\cdot\frac{1}{r^3}\vec{S}\cdot\vec{L}$$

由 $\vec{J}=\vec{L}+\vec{S}$ 可知

$$\vec{S}\cdot\vec{L} = \frac{\hbar^2}{2}[j(j+1)-s(s+1)-l(l+1)] \tag{3-7}$$

由2.7节给出的结果可知

$$\left\langle\frac{1}{r^3}\right\rangle = \frac{Z^3}{a_0^3n^3l(l+1/2)(l+1)} \tag{3-8}$$

把公式(3-7)和(3-8)代入公式(3-6),经化简可得(见习题3.23)

$$\Delta E''_n = -\frac{Z^2\alpha^2}{n^2}E_n\cdot\frac{n[j(j+1)-s(s+1)-l(l+1)]}{2l(l+1/2)(l+1)} \tag{3-9}$$

对于 $l \neq 0$ 的情况，同时计入相对论质量效应的修正和自旋-轨道相互作用的修正，有

$$\Delta E_n = \Delta E'_n + \Delta E''_n = -\frac{Z^2\alpha^2}{n^2}E_n \cdot \left\{\frac{3}{4} - \frac{n}{l+1/2} + \frac{n[j(j+1)-s(s+1)-l(l+1)]}{2l(l+1/2)(l+1)}\right\} \tag{3-10}$$

这一项是由狄拉克于1928年计算出来的。

因为氢原子是单电子原子，对于 $l \neq 0$，j 的取值只有两个：$j = l + 1/2$ 或者 $j = l - 1/2$，而且 $s = 1/2$。非常有趣的是，两种情况下对公式(3-10)进行化简(见习题3.24)，无论 $j = l + 1/2$，还是 $j = l - 1/2$，最后都有

$$\Delta E_n = -\frac{Z^2\alpha^2}{n^2}E_n \cdot \left(\frac{3}{4} - \frac{n}{j+\frac{1}{2}}\right) \tag{3-11}$$

3. 达尔文修正

由2.7节图2.7.3可知，对 $l = 0$ 的波函数，它在 $r = 0$ 处不为零。而恰恰是在 $r = 0$ 附近，势能项 $V(r) \ll m_e c^2$ 的条件不再满足，必须要做相对论效应的修正，而这一修正是相对论量子力学特有的，没有经典效应相对应，称之为达尔文修正项。

相对论量子力学给出达尔文修正项为

$$\Delta E'''_n = \frac{\pi\hbar^2}{2m_e^2c^2} \cdot \frac{Ze^2}{4\pi\varepsilon_0} \cdot |\psi(0)|^2 \tag{3-12}$$

代入 ns 电子在 $r = 0$ 处的波函数：

$$|\psi_{n00}(0)|^2 = \frac{Z^3}{\pi a_0^3 n^3} \tag{3-13}$$

经化简可得(见习题3.25)

$$\Delta E'''_n = -\frac{Z^2\alpha^2}{n^2}nE_n \tag{3-14}$$

由于 $l \neq 0$ 的电子波函数在 $r = 0$ 处的值为零，所以 $l \neq 0$ 的电子达尔文修正项为零。考虑到 $l = 0$ 电子的相对论质量效应修正和达尔文修正，有

$$\Delta E_n = \Delta E'_n + \Delta E'''_n = -\frac{Z^2\alpha^2}{n^2}E_n \cdot \left(\frac{3}{4} - \frac{n}{j+\frac{1}{2}}\right) \tag{3-15}$$

非常巧合的是，无论 $l=0$ 还是 $l\neq 0$，考虑到所有相对论效应后，氢原子的能量修正都为

$$\Delta E_{nj} = -\frac{Z^2\alpha^2}{n^2}E_n \cdot \left(\frac{3}{4} - \frac{n}{j+\frac{1}{2}}\right) \tag{3-16}$$

因此，氢原子能级的精细结构为

$$E_{nj} = E_n - \frac{Z^2\alpha^2}{n^2}E_n \cdot \left(\frac{3}{4} - \frac{n}{j+\frac{1}{2}}\right) \tag{3-17}$$

图3-2给出了氢原子 $n=2$ 的能级考虑到各种相对论效应修正的变化情况。

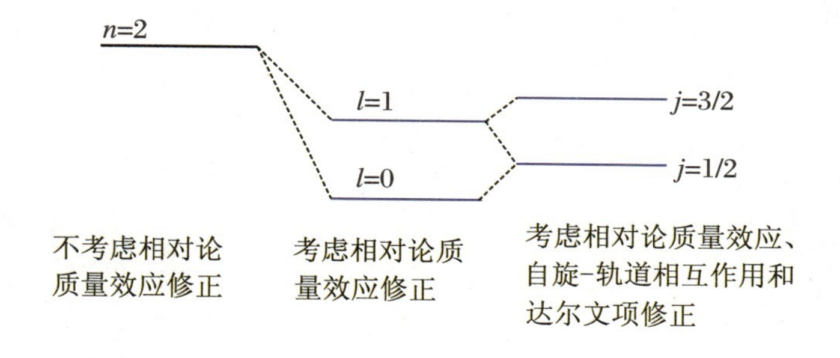

图3-2 氢原子 $n=2$ 的能级考虑到各种相对论效应修正的变化情况

附录3-2 多电子的 *LS* 耦合

1. 非同科电子的 *LS* 耦合

多于两个电子的 *LS* 耦合是很复杂的，但其思路十分简单。我们以三个电子 $nln'l'n''l''$ 的耦合为例，说明多个非同科电子的耦合情形。具体而言，首先利用3.6节耦合两个电子的方法把 $nln'l'$ 耦合起来，给出耦合后的原子态符号，这样耦合出来的谱项称为母项。然后把每一个母项与 $n''l''$ 再进行耦合，得出最终的原子态符号，这一过程耦合给出的谱项称为子项。多于三个电子的耦合情形也是类似的处理方法。

【例 3-1】 如果 2s2p3p 电子属于 LS 耦合，试写出耦合后的原子态符号。

【解】 首先把 2s2p 进行耦合，可得母项为：$^1P_1$ 和 $^3P_{2,1,0}$。然后把母项 2s2p($^1P_1$)与 3p 耦合：

$$\left.\begin{aligned} {}^1P_1: L_1 &= 1, S_1 = 0 \\ 3p: l_3 &= 1, s_3 = \frac{1}{2} \end{aligned}\right\} \Rightarrow \left\{\begin{aligned} L &= 2,1,0 \\ S &= \frac{1}{2} \end{aligned}\right. \tag{3-18}$$

相应的子项为

$$2s2p(^1P_1)3p: {}^2S_{1/2}, {}^2P_{1/2,3/2}, {}^2D_{3/2,5/2} \tag{3-19}$$

2s2p($^3P_{2,1,0}$)母项与 3p 耦合：

$$\left.\begin{aligned} {}^3P: L_1 &= 1, S_1 = 1 \\ 3p: l_3 &= 1, s_3 = \frac{1}{2} \end{aligned}\right\} \Rightarrow \left\{\begin{aligned} L &= 2,1,0 \\ S &= \frac{1}{2}, \frac{3}{2} \end{aligned}\right. \tag{3-20}$$

相应的子项为

$$2s2p(^3P)3p: {}^2S_{1/2}, {}^2P_{1/2,3/2}, {}^2D_{3/2,5/2}, {}^4S_{3/2}, {}^4P_{1/2,3/2,5/2}, {}^4D_{1/2,3/2,5/2,7/2} \tag{3-21}$$

这里(3-19)式和(3-21)式中都有$^2S_{1/2}$、$^2P_{1/2,3/2}$和$^2D_{3/2,5/2}$，但(3-19)式和(3-21)式给出的谱项能量并不相同，这是源于母项的差异，这一点是需要注意的。

2. 同科电子的 LS 耦合

同科电子的耦合常用斯莱特图处理。具体而言，是先用列表法求解出泡利不相容原理所允许的(M_L, M_S)的状态数：

$$M_L = m_{l_1} + m_{l_2} + \cdots + m_{l_\nu} \tag{3-22}$$

$$M_s = m_{s_1} + m_{s_2} + \cdots + m_{s_\nu} \tag{3-23}$$

然后再用斯莱特行列式方法求解出具体的原子态符号。这里，我们以 np^3 为例说明求解的步骤。

对 np^3，利用公式(3.6.15)可求出泡利不相容原理所允许的、耦合前的状态数为 20 个，所以耦合后的状态数也为 20 个，这可以用来检验处理过程中的失误。由于是 3 个 p 电子，其 L 最大只能是 3，S 最大只能取 3/2。因此，M_L的可能取值范围是 3、2、1、0、-1、-2、-3，而 M_S 的可能取值范围是 3/2、1/2、

$-1/2$、$-3/2$。然后按照公式(3-22)和(3-23)，寻找满足泡利不相容原理允许的耦合前的 m_l 和 m_s 组合，并把该组合个数列出来，见表3-1。表3-1中的第一行若要取 $M_S=3/2$ 和 $M_L=3$，则耦合前的状态也即 m_l 和 m_s 的组合只能是($1^+\ 1^+1^+$)，而这违反了泡利不相容原理，所以这一状态是不存在的，其状态数目为0。其他的分析情况是类似的，在此不一一列出。

表3-1 泡利不相容原理所允许的耦合前 np^3 的 m_l 和 m_s 组合及耦合后(M_L，M_S)的状态数

M_S	M_L	泡利不相容原理所允许的 m_l 和 m_s 组合	(M_L，M_S)的状态数目
3/2	3		0
3/2	2		0
3/2	1		0
3/2	0	($1^+\quad 0^+\quad -1^+$)	1
3/2	-1		0
3/2	-2		0
3/2	-3		0
1/2	3		0
1/2	2	($1^+\quad 1^-\quad 0^+$)	1
1/2	1	($0^+\quad 0^-\quad 1^+$)($-1^+\quad 1^-\quad 1^+$)	2
1/2	0	($0^+\quad 1^+\quad -1^-$)($0^-\quad 1^+\quad -1^+$)($0^+\quad 1^-\quad -1^+$)	3
1/2	-1	($0^+\quad 0^-\quad -1^-$)($-1^+\quad -1^-\quad 1^+$)	2
1/2	-2	($-1^+\quad -1^-\quad 0^-$)	1
1/2	-3		0

注：在此只列出了 $M_S=3/2$ 和 1/2 的情形。

表3-1中没有列出对应 $M_S=-1/2$、$-3/2$ 的 M_L 和 M_S 组合。实际上，$M_S=-1/2$、$-3/2$ 的列表与 $M_S=1/2$、3/2 的列表是对称的，相应的状态数也一样，只不过把相应的自旋向上的"+"变为向下的"-"，并把相应的自旋向下的"-"变为自旋向上的"+"而已。由表3-1可知，考虑到没有列出的下一半表，总共状态数是 $10\times2=20$，与耦合前的状态数是一样的。

下面我们建立以 M_L 和 M_S 为横、纵轴的坐标系，并在坐标系上标出对应(M_L，M_S)的状态数，如图3-3(a)所示。下面的处理很简单，我们取出如图3-3(b)所示的最外围的一列，且每个点上状态数取1，它对应 $M_S=3/2$、1/2、$-1/2$、$-3/2$ 且 $M_L=0$，也即 $^4S_{3/2}$。需要说明的是，磁量子数的取值范围从角动量量子数的最大值取到其负值，每个相差1，且每个磁量子数都必须取到(也即占有一个状态)。这已是角动量耦合里的常识，也是 $^4S_{3/2}$ 中 M_S 取 3/2、1/2、

$-1/2$、$-3/2$ 这 4 个值的原因。把图 3－3(b)从图 3－3(a)中扣除，剩下图 3－3(c)。同样从外围取值，如图 3－3(d)，这里 M_L 最大值为 2，则 M_L 必须取 2、1、0、-1、-2 的值，而 M_S 的最大值为 1/2，则 M_S 必须取 1/2、$-1/2$ 的值，共 10 个状态，它对应 $^2D_{3/2,5/2}$。把图 3－3(d)从图 3－3(c)中扣除，剩下的图 3－3(e)对应 $^2P_{1/2,3/2}$。至此，我们利用斯莱特的处理方法耦合出 np^3 的谱项为 $^4S_{3/2}$、$^2P_{1/2,3/2}$ 和 $^2D_{3/2,5/2}$。可以验证，耦合后的状态数也为 20。这就是斯莱特图处理多个同科电子耦合的一般步骤。当然，先从图 3－3(d)开始扣除也是一样的，只要从图 3－3(a)的最外围开始扣除就行了。

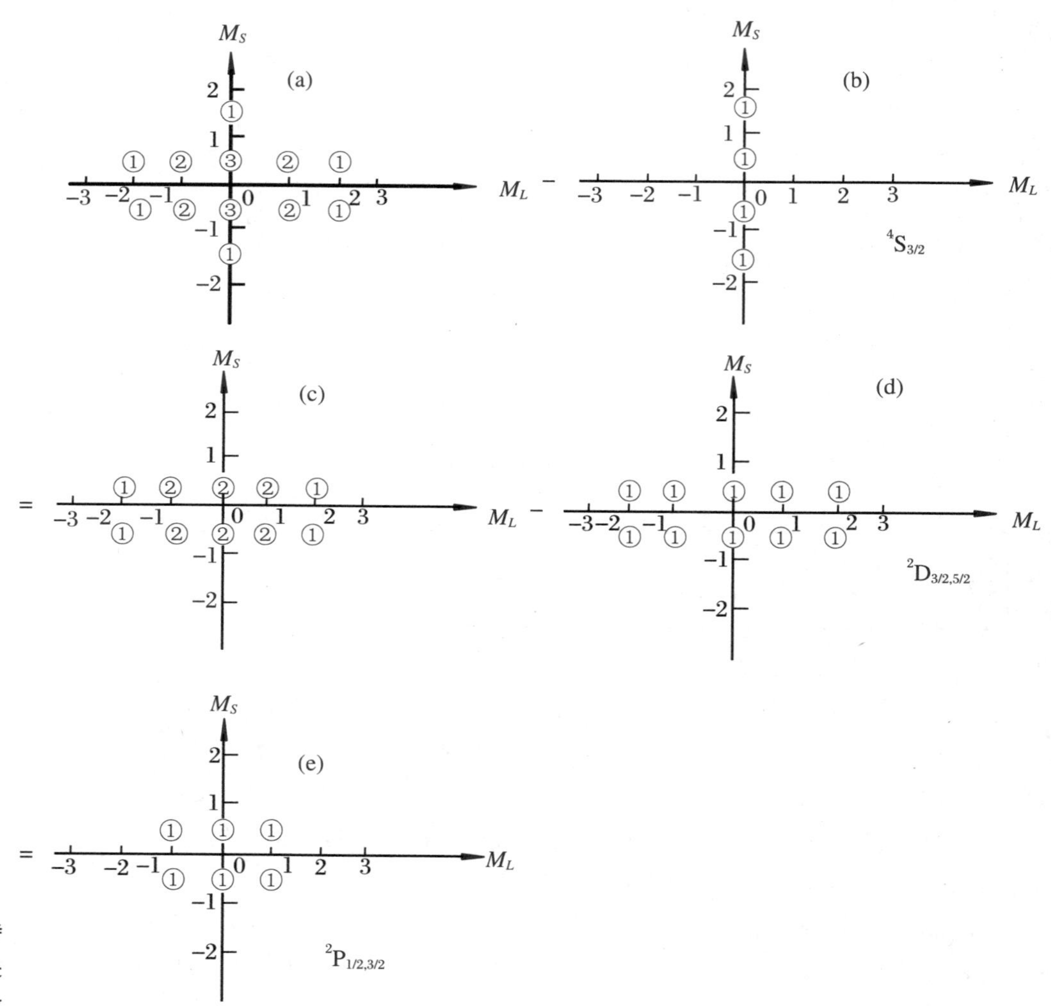

图 3－3 np^3 的斯莱特图(①，②和③代表的是状态取(M_L，M_S)的个数 1，2 和 3)

第 4 章　外场中的原子

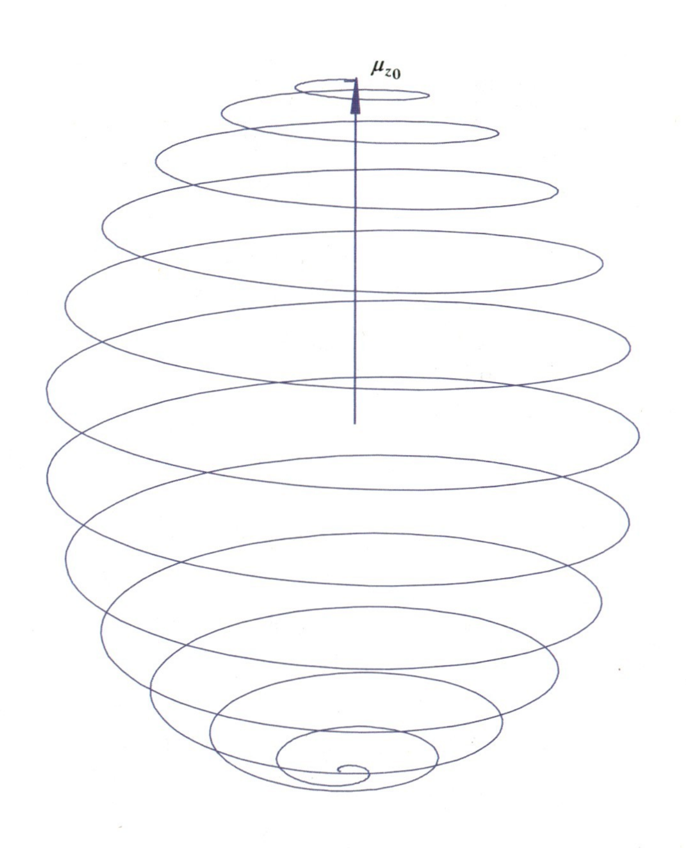

第 3 章基于量子力学阐述了自由原子的能级结构和光谱，并给出了它们的基本规律。实际上，当原子分子处于外场（例如静电场、静磁场）中时，原子分子会与这些外场发生相互作用，其能级会进一步发生分裂，而其光谱也会跟着发生变化。本章将阐述原子与外场的相互作用，并探讨它们的光谱及相关应用。

4.1 塞曼效应

4.1.1 原子磁矩

3.4 节讲述了自旋-轨道相互作用，在那里，自旋角动量和轨道角动量通过磁相互作用耦合在一起。3.1 节的知识告诉我们，自旋角动量是和自旋磁矩对应起来的，二者之间只差一个比例系数。同样，轨道角动量是和轨道磁矩对应起来的。因此，自旋-轨道耦合也会把自旋磁矩和轨道磁矩耦合在一起，从而给出原子的总磁矩：

$$\vec{\mu} = \vec{\mu}_L + \vec{\mu}_S = -\frac{\mu_B}{\hbar}(g_l\vec{L} + g_s\vec{S}) \tag{4.1.1}$$

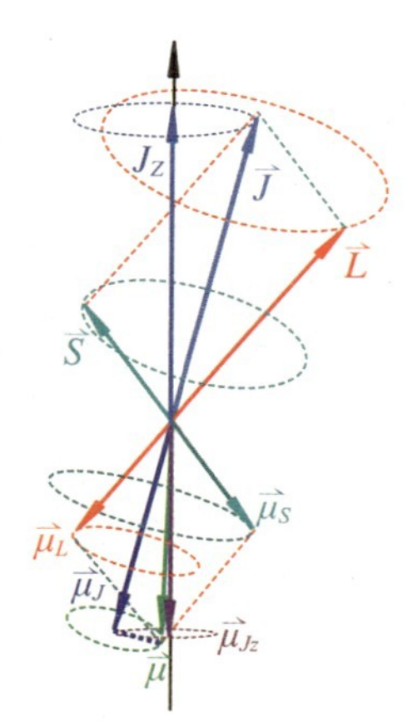

图 4.1.1 自旋-轨道耦合及原子磁矩

与自旋-轨道角动量耦合不同，由于 $g_l = 1$ 而 $g_s = 2$，导致原子的总磁矩$\vec{\mu}$的方向与原子的总角动量 $\vec{J}$ 的反向延长线方向不同，如图 4.1.1 所示。由于原子总角动量是一个守恒量，也就意味着 $\vec{J}$ 的大小和方向不变，也即 $\vec{J}$ 及其 z 分量都是守恒量。但是，由于$\vec{\mu}$和 $\vec{J}$ 的方向并不一致，所以$\vec{\mu}$在 z 方向的分量是不断变化的，并不是一个守恒量。实际上，$\vec{\mu}$围绕着 $\vec{J}$ 的反向延长线做进动，$\vec{\mu}$在垂直于 $\vec{J}$ 方向上的分量的平均值为零，而$\vec{\mu}$在 $\vec{J}$ 反向延长线的方向上具有确定的值$\vec{\mu}_J$，它被称为原子磁矩：

$$\vec{\mu}_J = \frac{\vec{\mu}\cdot\vec{J}}{\vec{J}^2}\vec{J} \tag{4.1.2}$$

显然，原子磁矩是一个守恒量，它的 z 方向分量是不变的。可以看出，原子磁矩和原子总磁矩是两个不同的概念，前者是后者在 $\vec{J}$ 的反向延长线上的投影。因为原子磁矩在 z 方向的分量 μ_{Jz} 是一个不变的守恒量，所以当原子与弱外磁场发生相互作用时，就只有$\vec{\mu}_{Jz}$在起作用。

原子磁矩的形式是很容易推导出来的（见习题 4.1），其表达式为

$$\vec{\mu}_J = -g_J\frac{\mu_B}{\hbar}\vec{J} \qquad (4.1.3)$$

这里

$$g_J = 1 + \frac{J(J+1) + S(S+1) - L(L+1)}{2J(J+1)} \qquad (4.1.4)$$

称为朗德因子(Lande factor)。

因此,原子磁矩的大小为

$$\mu_J = g_J\sqrt{J(J+1)}\mu_B \qquad (4.1.5)$$

其 z 方向的分量为

$$\mu_{Jz} = -m_J g_J \mu_B, \quad m_J = -J, -J+1, \cdots, J-1, J \qquad (4.1.6)$$

需要说明的是,上述推导是在假设外磁场远远小于原子内部磁场的情况下获得的,也即外磁场很弱,并不破坏自旋-轨道耦合的情况。因此朗德因子只适用于弱外磁场的情形。另外,LS 耦合的最后一步也是自旋-轨道相互作用,所以上述公式对于 LS 耦合也适用。

若外磁场足够强,则外磁场能够破坏自旋-轨道相互作用,其耦合方式和处理方式也会发生变化,见 4.1.3 节的帕邢-巴克效应。

图 4.1.2　塞曼(P. Zeeman, 1865—1943),荷兰人

4.1.2　塞曼效应

1896 年,荷兰物理学家塞曼(图 4.1.2,1902 年诺贝尔物理学奖获得者)把光源放在外磁场中,发现原子的光谱线在外磁场中发生了分裂。光谱线在外磁场中的分裂现象就是著名的塞曼效应(Zeeman effect)。在塞曼效应发现后不久,洛伦兹就从经典电动力学出发,对一条谱线分裂为三条谱线这一实验现象做了解释。但是,进一步的实验研究发现,光谱线在外磁场中分裂会出现多于或少于三条的情形,而这无法由洛伦兹的理论予以解释。因此,光谱线在外磁场中分裂为三条的现象就称为正常塞曼效应,否则就称为反常塞曼效应。实际上,后来的实验发现,随着磁场的增强,发生反常塞曼效应的谱线又会过渡到分裂为三条谱线的情形。而这种原子光谱线在强磁场中的分裂现象被称为帕邢-巴克效应,我们将它放入 4.1.3 小节中进行讨论。

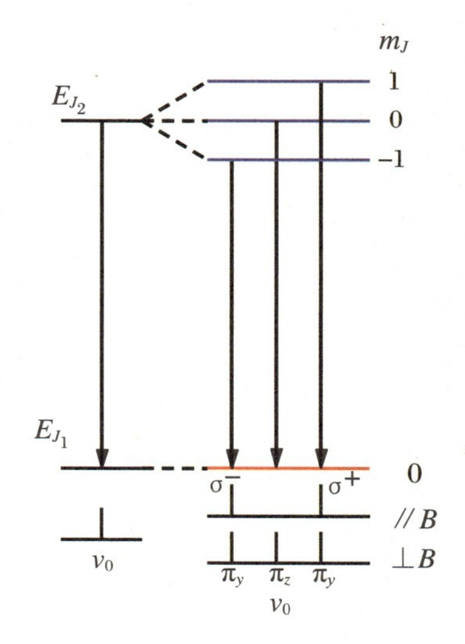

图 4.1.3　两个能级在外磁场中的分裂和跃迁($J_1 = 0, J_2 = 1$)

塞曼效应是原子磁矩与外磁场发生相互作用导致的原子能级和原子光谱线的分裂现象。当外加静磁场远小于原子内部磁场时,可以认为外场只是一个微扰,不破坏自旋-轨道相互作用的物理图像。这时,可以认为原子磁矩绕外磁

场做进动，而原子磁矩在 z 方向(即外磁场方向)的取值是量子化的，如图 4.1.1 所示。此时，由于原子磁矩与外磁场的耦合引起的能量移动为

$$U = -\vec{\mu}_J \cdot \vec{B} = -\mu_{Jz}B \tag{4.1.7}$$

代入公式(4.1.6)，可得

$$U = m_J g_J \mu_B B \tag{4.1.8}$$

由公式(4.1.8)可知，在没有外磁场时，原子的能级对 m_J 是简并的。但引入外磁场后，这一简并性被破坏，处于 J 态的能级分裂为 $2J+1$ 条，其能量 E'_J 为

$$E'_J = E_J + m_J g_J \mu_B B \tag{4.1.9}$$

这里 E_J 为未加外磁场时该能级的能量。正因为在外磁场中原子能级的分裂情况与 m_J 量子数相关，所以量子数 m_J 叫作磁量子数。

图 4.1.3 给出了两个能级在外磁场中的分裂情况。在外磁场中，原子由高能级 E'_{J_2} 向低能级 E'_{J_1} 跃迁时发射的光子能量为

$$\begin{aligned} h\nu &= E'_{J_2} - E'_{J_1} \\ &= (E_{J_2} - E_{J_1}) + (m_{J_2} g_2 - m_{J_1} g_1)\mu_B B \\ &= h\nu_0 + (m_{J_2} g_2 - m_{J_1} g_1)\mu_B B \end{aligned} \tag{4.1.10}$$

如果我们以波数来表示加上外磁场时发射光谱与原光谱的能量差，有

$$\frac{1}{\lambda} - \frac{1}{\lambda_0} = \frac{(m_{J_2} g_2 - m_{J_1} g_1)\mu_B B}{hc} = (m_{J_2} g_2 - m_{J_1} g_1)\mathcal{L} \tag{4.1.11}$$

这里 $\mathcal{L} = \dfrac{\mu_B B}{hc} = \dfrac{eB}{4\pi m_e c}$ 被称为洛伦兹单位，以 cm^{-1} 为单位。当 $B = 1$ T 时，$\mathcal{L} = 0.467\ cm^{-1}$。

显然，在跃迁过程中要遵循第 3 章所述的选择定则。在此，特别指明与磁量子数有关的选择定则为

$$\Delta m = m_{J_2} - m_{J_1} = 0, \pm 1(\text{当 } \Delta J = 0, 0 \nrightarrow 0)$$

塞曼效应的发射光谱具有偏振特性，其来源较为复杂，详见附录 4-1。在此，仅给出相关的结论。在塞曼效应中，沿着外磁场方向观察，只能看到 $\Delta m = \pm 1$ 的谱线，二者皆为圆偏振光。其中 $\Delta m = +1$ 的光谱线为左旋圆偏振光，以 σ^+ 表示；而 $\Delta m = -1$ 的谱线为右旋圆偏振光，以 σ^- 表示。在垂直于外磁场方向观察，$\Delta m = 0$、± 1 的光谱线都可以观察到，且皆为线偏振光。其中 $\Delta m = 0$ 的光谱线的偏振方向沿着外磁场的方向(z 方向)，以 π_z 表示。而 $\Delta m = \pm 1$ 的线偏振光在 xy 平面内，且垂直于观测方向。一般定义观测方向为 x 方向，则该线偏振光的偏振方

向为 y 方向，以 π_y 表示。塞曼效应跃迁的偏振特性可参见图 4.1.3。

【例 4.1.1】 试分析钠原子 $3^2P_{3/2,1/2}\to 3^2S_{1/2}$ 跃迁在弱外磁场中的分裂情况，并给出其发射光谱。

【解】 由公式(4.1.4)，可以很容易计算出 $3^2S_{1/2}$、$3^2P_{1/2}$ 和 $3^2P_{3/2}$ 的朗德因子：

$$3^2S_{1/2}:g_{j_1}=1+\frac{1/2\times 3/2+1/2\times 3/2-0}{2\times 1/2\times 3/2}=2$$

$$3^2P_{1/2}:g_{j_2}=1+\frac{1/2\times 3/2+1/2\times 3/2-1\times 2}{2\times 1/2\times 3/2}=2/3$$

$$3^2P_{3/2}:g_{j_3}=1+\frac{3/2\times 5/2+1/2\times 3/2-1\times 2}{2\times 3/2\times 5/2}=4/3$$

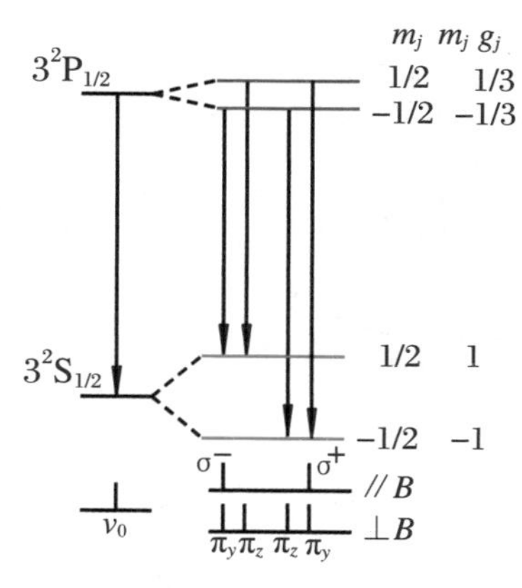

例 4.1.1 图(Ⅰ)　钠原子 $3^2P_{1/2}\to 3^2S_{1/2}$ 跃迁在弱外磁场中的塞曼分裂及跃迁

在外磁场中，$3^2S_{1/2}$ 和 $3^2P_{1/2}$ 这两个能级的分裂情况及两者间的跃迁见例 4.1.1 图(Ⅰ)。很显然，在弱外磁场中，$3^2P_{1/2}\to 3^2S_{1/2}$ 的跃迁分裂为 4 条谱线，其与原谱线(外磁场 $B=0$ 时)的波数差为

$$\frac{1}{\lambda}-\frac{1}{\lambda_0}=\begin{Bmatrix}-4/3\\-2/3\\2/3\\4/3\end{Bmatrix}\mathcal{L}$$

在垂直于外磁场的方向观察，这 4 条谱线都可以观察到。其中位于中间的两条对应于 $\Delta m=0$ 的跃迁，为 π_z 偏振光。而两边的两条对应于 $\Delta m=\pm 1$ 的跃迁，为 π_y 偏振光。如果沿着外磁场的方向观测，则只能看到 $\Delta m=\pm 1$ 的两个跃迁，分别为 σ^+ 和 σ^- 圆偏振光。

例 4.1.1 图(Ⅱ)给出了 $3^2S_{1/2}$ 和 $3^2P_{3/2}$ 这两个能级的分裂情况及两者间的跃迁，可见原先的一条光谱线分裂为 6 条谱线，且与原谱线的间距为

$$\frac{1}{\lambda}-\frac{1}{\lambda_0}=\begin{Bmatrix}-5/3\\-1\\-1/3\\1/3\\1\\5/3\end{Bmatrix}\mathcal{L}$$

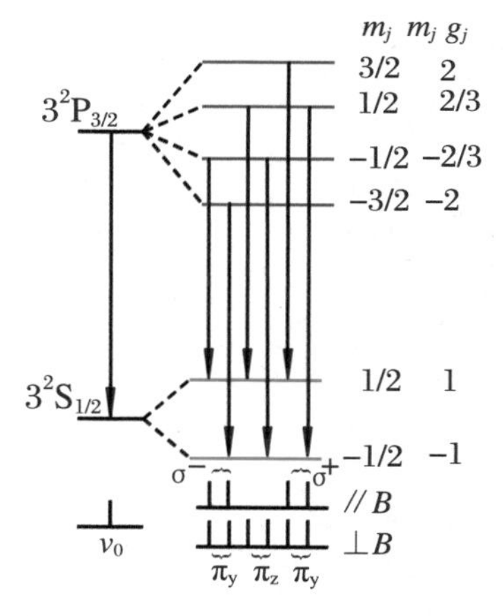

例 4.1.1 图(Ⅱ)　钠原子 $3^2P_{3/2}\to 3^2S_{1/2}$ 跃迁在弱外磁场中的塞曼分裂及跃迁

这些谱线的偏振情况与 $3^2P_{1/2}\to 3^2S_{1/2}$ 的情况类同，已画于例 4.1.1 图(Ⅱ)中，在此不做进一步的说明。由例 4.1.1 图(Ⅰ)和例 4.1.1 图(Ⅱ)可知，无论是 $3^2P_{1/2}\to 3^2S_{1/2}$ 还是 $3^2P_{3/2}\to 3^2S_{1/2}$ 的跃迁，它们在外磁场中的分裂情况都属于反常塞曼效应。

思考题:如何判断外磁场是强还是弱呢?

【例 4.1.2】 试分析氦原子 $2^1P_1 \to 1^1S_0$ 在弱外磁场中的分裂和跃迁情况。

【解】 对于氦原子基态 1^1S_0,由于它的总角动量量子数 $J=0$,因此该能级在弱外磁场中不发生分裂与移动。而对于氦原子的 2^1P_1,可计算出它的朗德因子为

$$g_J = 1 + \frac{1\times 2 + 0\times 1 - 1\times 2}{2\times 1\times 2} = 1$$

因此,2^1P_1 的能级在外磁场中分裂为三条,其能级移动分别为

$$U = M_J g_J \mu_B B = \begin{cases} \mu_B B & (M_J = 1) \\ 0 & (M_J = 0) \\ -\mu_B B & (M_J = -1) \end{cases}$$

相应的能级分裂和跃迁见图 4.1.3。根据选择定则 $\Delta m = 0, \pm 1$,可以很容易判断出原先的谱线($B=0$ 时)在弱外磁场中分裂为三条,为正常塞曼效应,相应的能级移动分别为

$$\frac{1}{\lambda} - \frac{1}{\lambda_0} = \begin{Bmatrix} 1 \\ 0 \\ -1 \end{Bmatrix} \mathcal{L}$$

这三条谱线的偏振特性已在图 4.1.3 中给出。

例 4.1.1 和例 4.1.2 讨论的都是量子数 J(或者 j)比较小的能级在弱外磁场中的分裂和跃迁情况,因此其光谱相对较为简单。对于量子数 j 较大的能级,给出其在弱外磁场中的分裂、跃迁和偏振情况就比较复杂了。较简单的判断原子在外磁场中发射光谱的方法为格罗春图,如图 4.1.4 所示。在图 4.1.4 中我们以 $^2D_{3/2} \to {}^2P_{3/2}$ 为例,说明格罗春图的一般处理步骤。图中 $^2D_{3/2}$ 和 $^2P_{3/2}$ 指跃迁所涉及的两个能级(也即没有考虑外磁场时的两个能级),它们中的每一

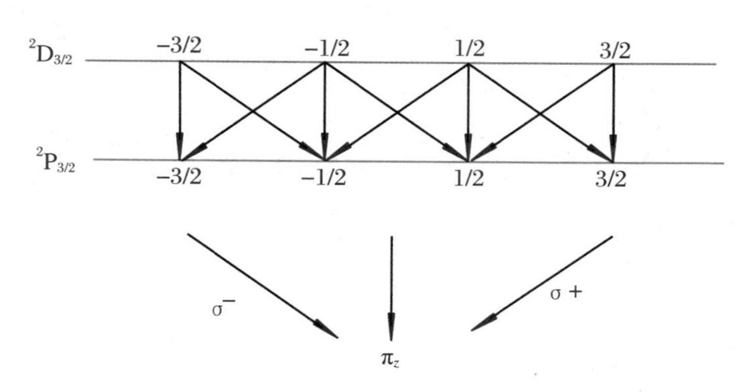

图 4.1.4 外磁场中 $^2D_{3/2} \to {}^2P_{3/2}$ 跃迁的格罗春图

个都以一条横线表示，并在它上面列出其可能的 m_J 的取值。根据选择定则 $\Delta m_J = 0、\pm1$，图 4.1.4 中的竖线就代表 $\Delta m_J = 0$ 的跃迁，对应 π_z 的偏振光，只在垂直于外磁场的方向可观察到它。而向左或向右的斜线分别代表 $\Delta m_J = +1$ 和 $\Delta m_J = -1$ 的跃迁，对应于沿外磁场方向观测到的 σ^+ 和 σ^- 圆偏振光或垂直于外磁场方向观察到的 π_y 偏振光。具体到 $^2D_{3/2} \to {}^2P_{3/2}$ 跃迁，垂直于外磁场方向可观测到 10 条谱线，4 条为 π_z 线偏振光，6 条为 π_y 偏振光。而沿着外磁场方向，则只能观测到 6 条谱线，其中 3 条 σ^+ 左旋圆偏振光，3 条 σ^- 右旋圆偏振光。

小知识：超精细结构的塞曼分裂

在 3.5 节我们给出了单电子原子的超精细结构，在那里没有考虑外加电磁场影响。实际上，处于超精细能级的原子放入外磁场中，它也会与外磁场发生耦合，进而引起超精细能级的进一步分裂，这就是超精细结构的塞曼效应。在此我们只考虑一种情况，也即外磁场的强度远小于原子核感受到的电子磁矩产生的磁场强度，这对应于弱磁场情况。在弱磁场情况下，超精细结构在外磁场中的附加能量为

$$U = m_F g_F \mu_B B$$

这里 g_F 是原子磁矩与原子核磁矩耦合引进的 g 因子，与获取电子的朗德因子的处理方法是类似的，请读者自己推导。

显然，在外磁场 B 中原子的超精细结构分裂为 $2F+1$ 个。最重要的超精细结构塞曼分裂是单电子原子基态的分裂，图 4.1.5(a)和(b)给出了氢原子和铯 133 原子在极弱外磁场中的分裂情况。

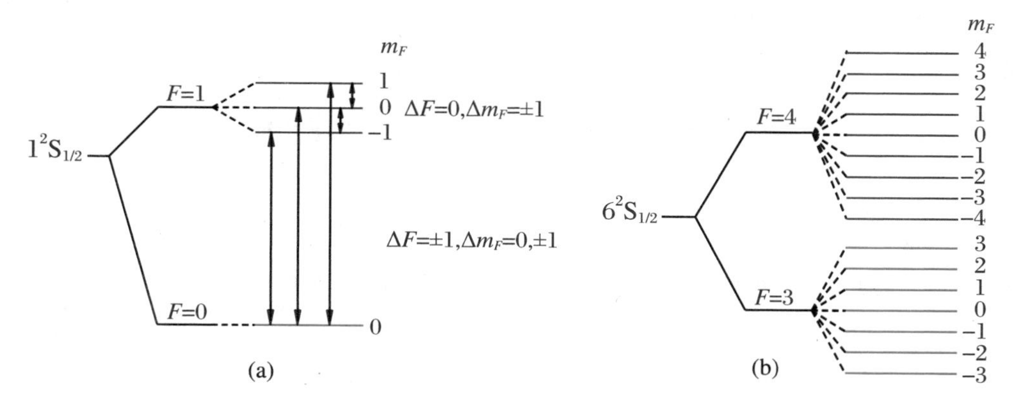

图 4.1.5　氢原子(a)和铯 133 原子(b)在极弱外磁场中的塞曼分裂

4.1.3 帕邢–巴克(Paschan-Back)效应

塞曼效应讨论的是原子与弱外磁场的相互作用,也即外磁场远远小于原子内部磁场条件下原子的能级分裂和光谱。如果情况反过来,当外部磁场强度远远大于原子内部的磁场强度时,4.1.1 节给出的原子磁矩物理图像将不再成立,而相应的原子能级的分裂情况及光谱也与塞曼效应所示情况不同。原子光谱在强外磁场中的分裂现象被称为帕邢–巴克效应。

在强外磁场条件下,电子的轨道磁矩和自旋磁矩与外磁场的耦合要比两者之间的耦合强得多,这时可以认为外磁场已经破坏了自旋–轨道耦合。在强外磁场条件下,原子的轨道磁矩和自旋磁矩分别绕着外磁场 $\vec{B}$ 做快速进动,其物理图像如图 4.1.6 所示。此时,轨道角动量的 z 方向为外磁场方向,自旋角动量的 z 分量也为外磁场方向,且二者之间的相互作用很弱,可以忽略不计。因此有

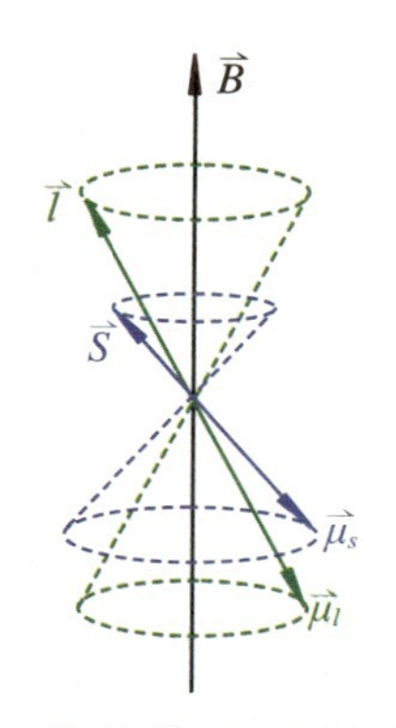

图 4.1.6 轨道磁矩和自旋磁矩与强外磁场的耦合

$$\vec{\mu} = \vec{\mu}_l + \vec{\mu}_s = -\frac{\mu_B}{\hbar}(g_l\vec{l} + g_s\vec{s}) \tag{4.1.12}$$

但与弱外磁场的情形不同,这里 $\vec{l}$ 和 $\vec{s}$ 的取向有确定的值,也即其 z 方向分量是量子化的,且沿外磁场 $\vec{B}$ 的方向。因此 $\vec{u}$ 在 z 方向的分量为

$$\mu_z = -\frac{\mu_B}{\hbar}(g_lL_z + g_sS_z) = -(m_l + 2m_s)\mu_B \tag{4.1.13}$$

因此,强外磁场 $\vec{B}$ 引起的能级移动为

$$U = -\vec{\mu}\cdot\vec{B} = (m_l + 2m_s)\mu_B B \tag{4.1.14}$$

在强外磁场 $\vec{B}$ 条件下,涉及磁量子数的跃迁所遵循的选择定则为

$$\begin{cases}\Delta m_s = 0 \\ \Delta m_l = 0, \pm 1\end{cases} \tag{4.1.15}$$

对于两个能级 E_1 和 E_2,它们在强外磁场条件下光谱的分裂为

$$\begin{aligned} h\nu &= E'_2 - E'_1 \\ &= [E_2 + (m_{l_2} + 2m_{s_2})\mu_B B] - [E_1 + (m_{l_1} + 2m_{s_1})\mu_B B] \\ &= (E_2 - E_1) + (m_{l_2} - m_{l_1})\mu_B B \\ &= h\nu_0 + \Delta m_l\mu_B B \end{aligned} \tag{4.1.16}$$

这里已经考虑了选择定则(4.1.15)中 $\Delta m_s = 0$ 的要求。由于公式(4.1.15)要求 $\Delta m_l = 0, \pm 1$,只能有 3 个取值,所以强外磁场条件下的光谱只能分裂为 3 条

谱线，表现为正常塞曼效应。

强磁场条件下光谱的偏振特性与弱场条件下的完全相同，在此不做进一步的说明。

【例 4.1.3】试分析强外磁场条件下钠原子 3p →3s 跃迁的发射光谱。

【解】在弱外磁场条件下，钠原子的 3p 能级可以表示为 $3^2P_{1/2}$ 和 $3^2P_{3/2}$，这是因为在此情况下外磁场引起的能级分裂比 $3^2P_{1/2}$ 和 $3^2P_{3/2}$ 的能级间隔要小得多。但强外磁场下，上述图像则不再成立。强外磁场首先破坏了自旋-轨道耦合，也即外磁场引起的能级移动已经远大于没有外磁场时 $3^2P_{1/2}$ 和 $3^2P_{3/2}$ 的能级间隔，把 3p 能级写为 $3^2P_{1/2}$ 和 $3^2P_{3/2}$ 已经没有意义了。在强外磁场条件下钠原子 3s 和 3p 能级的分裂、跃迁及光谱如例 4.1.3 图所示。

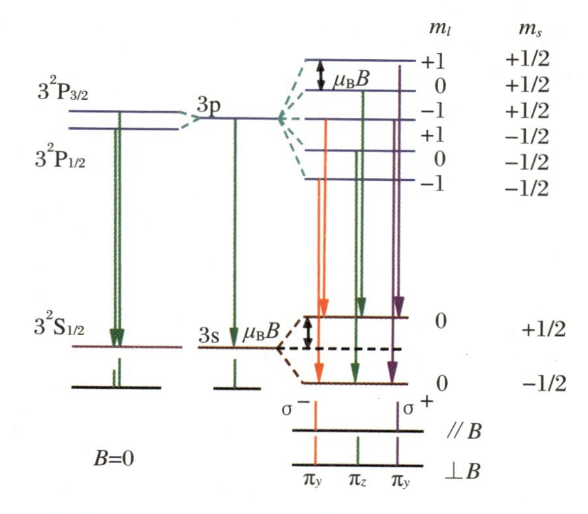

例 4.1.3 图 强磁场下钠原子 3p →3s 跃迁的发射光谱

虽然 3p →3s 的跃迁有 6 个（见例 4.1.3 图，请读者自己给出相应跃迁），但由于 $\Delta m_l = +1$ 的两条谱线能量完全一样，在光谱上表现为一条谱线。同样的，$\Delta m_l = 0$ 和 $\Delta m_l = -1$ 的 4 个跃迁也只表现为两条光谱线。总之，虽然有 6 个跃迁，看到的光谱线只有 3 条，表现形式上与正常塞曼效应相同。

思考题： 见例 4.1.3 图，考虑 *LS* 耦合情况下，$3^2P_{3/2}$ 相对于 3p 的上升和 $3^2P_{1/2}$ 相对于 3p 的下降之间有什么比例关系？为什么？

需要说明的是，塞曼效应和帕邢-巴克效应对应的都是极端情形，分别为外磁场远小于原子内部磁场和外磁场远大于原子内部磁场。但实际情况往往介于二者之间，观测到的光谱较塞曼效应和帕邢-巴克效应的理论描述要复杂些，但这些实际情况远远超出了本教科书的内容范围，在此不做进一步的展开。

4.1.4 施特恩–格拉赫实验的再讨论

在 3.1 节我们已经提及了施特恩–格拉赫实验。在那里，我们并没有计入自旋的影响，也即没有考虑到自旋–轨道相互作用。而计入自旋–轨道相互作用后，原子在非均匀外磁场中受到的作用力为

$$F_z = \mu_z \frac{\partial B}{\partial z} = -m_J g_J \mu_B \frac{\partial B}{\partial z}$$

这里自旋–轨道相互作用的影响主要体现在朗德因子上。

【例 4.1.4】 施特恩–格拉赫实验中所用的原子为银原子，银原子蒸气炉的加热温度为 1320 K。不均匀磁场区的长度 d 为 0.1 m，磁场梯度 $dB/dZ = 2300$ T/m。如果冷凝屏放在磁场的末端，那么银原子在冷凝屏上两条斑纹的间距为多少？

【解】 由 3.3 节的图 3.3.2，可以很容易写出银原子基态的电子组态为

$$1s^2 2s^2 2p^6 3s^2 3p^6 3d^{10} 4s^2 4p^6 4d^{10} 5s^1$$

相应的基态原子态符号为

$$5^2S_{1/2}$$

由例 4.1.1 可知，$5^2S_{1/2}$ 的朗德因子为

$$g_j = 2$$

而原子磁矩的 z 分量的取值为

$$\mu_{j_z} = -m_j g_j \mu_B = \pm \mu_B$$

由习题(3.16)，银原子的速度为

$$v = \sqrt{\frac{4kT}{M}}$$

代入可计算出银原子经非均匀磁场后的偏移距离为

$$S = \frac{1}{2}at^2 = \frac{1}{2}\frac{F_z}{M}\left(\frac{d}{v}\right)^2$$
$$= \frac{1}{2}\left(\mu_z \frac{dB}{dz}\right)\frac{d^2}{4kT} = 0.0015\ \text{m}$$

而两条斑痕的间距为

$$L = 2S = 3\ \mathrm{mm}$$

*4.2 磁共振技术

磁共振(magnetic resonance)技术是在施特恩-格拉赫实验的基础上发展起来的,其最初的进展源于 20 世纪 30 年代拉比(图 4.2.1,下同)的工作。拉比采用选态技术实现了原子分子束的磁共振,他也因此荣获 1944 年诺贝尔奖。库什则用原子束磁共振技术精确测定了电子自旋的 g 因子,因发现电子的反常磁矩而与兰姆分享了 1955 年诺贝尔物理学奖。卡斯特勒因为发明光学-射频双共振,大大扩充了磁共振技术的应用范围,他也因此荣获 1966 年诺贝尔物理学奖。1949 年,拉姆齐提出了分离振荡场的方法,大幅度提高了原子分子束磁

拉比(I.I.Rabi,1898—1988),美国

库什(P.Kusch,1911—1993),美国

拉姆齐(N.F.Ramsey,1915—2011),美国

卡斯特勒(A.Kastler,1902—1984),法国

布洛赫(F.Bloch,1905—1983),美国

珀塞尔(E.M.Purcell,1912—1997),美国

恩斯特(R.R. Ernst,1933—),瑞士

维特里希(K.Wüthrich,1938—),瑞士

劳特布尔(P.C.Lauterbur,1929—2007),美国　曼斯菲尔德(S.P.Mansfield,1933—),英国

图 4.2.1 与磁共振技术相关的诺贝尔奖获得者

共振技术的实验精度，为原子钟的发展及建立新的时间标准奠定了基础。拉姆齐也因这一工作与德默尔特和保罗分享了 1989 年的诺贝尔物理学奖。磁共振技术的另一进展在于 1946 年布洛赫和珀塞尔发现的核磁共振(NMR)现象，他们也因此而荣获 1952 年诺贝尔物理学奖。从 1966 年起，瑞士科学家恩斯特逐步发展了高分辨和高灵敏的核磁共振波谱学，他也因此而荣获 1991 年诺贝尔化学奖。20 世纪 80 年代初，瑞士科学家维特里希发展了用核磁共振方法测量生物大分子结构的新方法，他也因此荣获 2002 年诺贝尔化学奖。而在现实生活中应用最广的核磁共振成像技术(MRI)，也即我们在医院中做的核磁共振，其发现归功于美国科学家劳特布尔和英国科学家曼斯菲尔德，他们的工作始于 1973 年，而于 2003 年获得诺贝尔生理与医学奖。

磁共振技术目前已经渗透到了我们生活中的方方面面，包括医疗诊断、药物设计、生物分子结构解析等。这还只是磁共振技术的直接应用，而建立在它基础上的间接应用更加广泛，例如我们每天的时间确定(原子钟授时)、GPS 定位等。还有，磁共振技术也是科学研究中的利器，除了用于上面提及的生物大分子结构解析之外，还在细胞功能成像、高精度谱学，甚至量子计算中都有重要应用。

4.2.1 磁矩在外磁场中的运动

在 3.4.2 节中曾提到，磁矩在外磁场 $\vec{B}_0$ 中除了会引起原子能量的变化之外，还会受到一个力矩的作用，这一力矩可表示为

$$\vec{\tau} = \vec{\mu} \times \vec{B}_0 \tag{4.2.1}$$

由于力矩等于角动量的变化率，我们以原子的总角动量为例，公式(4.2.1)可写为

$$\frac{\mathrm{d}\vec{J}}{\mathrm{d}t} = \vec{\mu}_J \times \vec{B}_0 \tag{4.2.2}$$

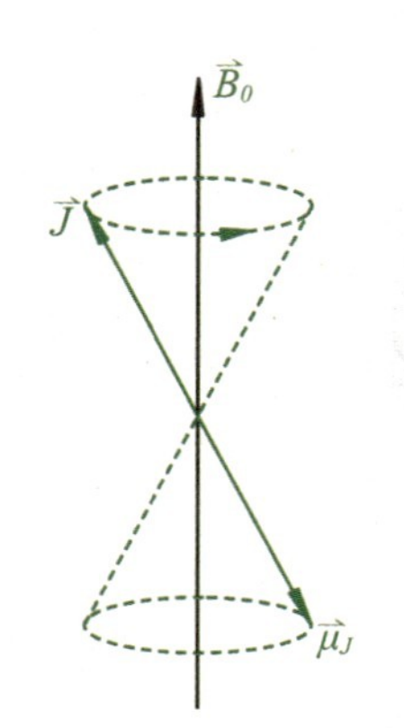

图 4.2.2 角动量和磁矩绕着外磁场的进动

代入公式(4.1.3)，可得

$$\frac{\mathrm{d}\vec{J}}{\mathrm{d}t} = -g_J\frac{\mu_B}{\hbar}\vec{J} \times \vec{B}_0 = \frac{g_J\mu_B}{\hbar}\vec{B}_0 \times \vec{J} \tag{4.2.3}$$

公式(4.2.3)告诉我们，磁矩或总角动量绕外磁场在做进动，其物理图像见图 4.2.2，而旋进的角频率(或称为拉莫尔频率(Larmor frequency))为

$$\vec{\omega} = \frac{g_J\mu_B}{\hbar}\vec{B}_0 = g_J\frac{e}{2m_e}\vec{B}_0 \tag{4.2.4}$$

定义旋磁比 γ 为一个粒子的磁矩与角动量之比：

$$\gamma = \frac{\mu_J}{J} = -g_J\frac{e}{2m_e} \tag{4.2.5}$$

因此有

$$\vec{\omega} = -\gamma\vec{B}_0 \tag{4.2.6}$$

根据塞曼效应，在弱外磁场中原子的能级移动为 $U = M_J g_J \mu_B B_0$。因此，相邻 M_J 和 M_J+1 的能级之间跃迁所吸收或发射光子的圆频率为 $\omega = \Delta E/\hbar = g_J(e/2m_e)B_0$，刚好等于原子磁矩绕外磁场方向旋进的拉莫尔频率。当外加电磁波的频率等于拉莫尔频率时，原子就有可能吸收该电磁波，发生从 M_J 到 M_J+1 的跃迁。但是，我们也应该注意到，在从 $M_J \to M_J+1$ 跃迁时，其他的量子数 $\Delta n = \Delta L = \Delta S = \Delta J = 0$。从选择定则来看，其他量子数不变的 $M_J \to M_J+1$ 的跃迁是禁戒的。实际上，这一跃迁确实是电偶极禁戒的，但它是磁偶极允许的(类似于磁偶极子振荡发出辐射，或者磁偶极子受迫振荡而吸收辐射)。涉及磁偶极吸收和发射的技术就是磁共振技术，它一般落在微波或射频波段。

4.2.2 磁共振技术的工作原理

我们将以两能级为例，用经典理论来阐明磁共振技术的工作原理，这样做的优点在于形象化，容易理解，也是到目前为止最常采用的解释方法。但其缺点是不够精确。

磁矩在外磁场 $\vec{B}_0$ 中运动的物理图像如图4.2.3(a)所示，也即磁矩绕 $\vec{B}_0$ 做进动，进动的角频率为 $\vec{\omega}_0 = -\gamma\vec{B}_0$。磁共振中外加电磁波的频率与拉莫尔频率相同，这相当于在 xy 平面内加上一个与磁矩进动同方向的旋转磁场 $\vec{B}_1$，见图4.2.3(b)，由于其旋转频率也为 ω_0，使得旋转磁场与磁矩进动同步。

下面我们换一角度来看上述问题。我们建立一个旋转坐标系 $x'y'z$，见图4.2.4(a)，这一旋转坐标系的旋转频率为 ω_0。实际上，这一旋转坐标系相当于固定于旋转磁场上。因此，在旋转坐标系中无论是外磁场 $\vec{B}_0$ 还是旋转磁场 $\vec{B}_1$ 都是静止不动的。由于 $\vec{B}_1$ 的存在，在 xyz 坐标系下，我们可以想象，磁矩除了绕 $\vec{B}_0$ 做进动外还要绕 $\vec{B}_1$ 做进动。我们可以假设磁矩绕 $\vec{B}_1$ 做进动的角频率为 ω_R。由于静磁场的场强 B_0 远大于旋转磁场的强度 B_1，因此有 $\omega_0 \gg \omega_R$。这可以理解为磁矩与 $\vec{B}_0$ 的耦合很强，而与 $\vec{B}_1$ 的耦合很弱。因此，在旋转坐标系 $x'y'z$ 中看，磁矩起作用的是其 z 分量 μ_{z0} ($\bar{\mu}_x = \bar{\mu}_y = 0$)，$\mu_{z0}$ 是无交变磁场时磁矩在 z 方向上的分量，也即磁矩 μ_{z0} 绕 $\vec{B}_1$ 以 $\vec{\omega}_R$ 做进动，且

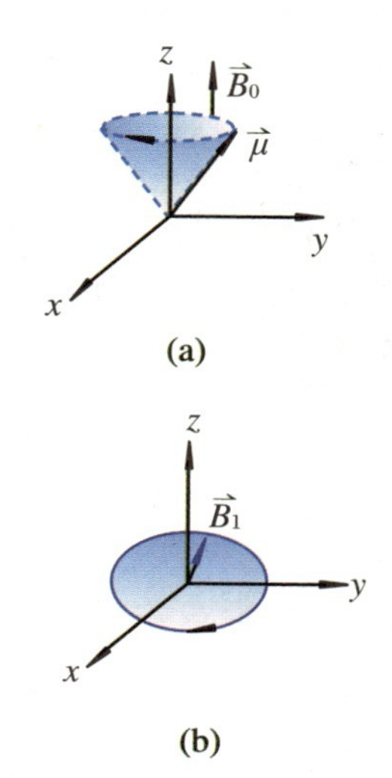

图4.2.3 (a)磁矩在外磁场中的运动；(b)旋转频率为 ω_0 的交变磁场

$$\omega_R = -\gamma B_1 \tag{4.2.7}$$

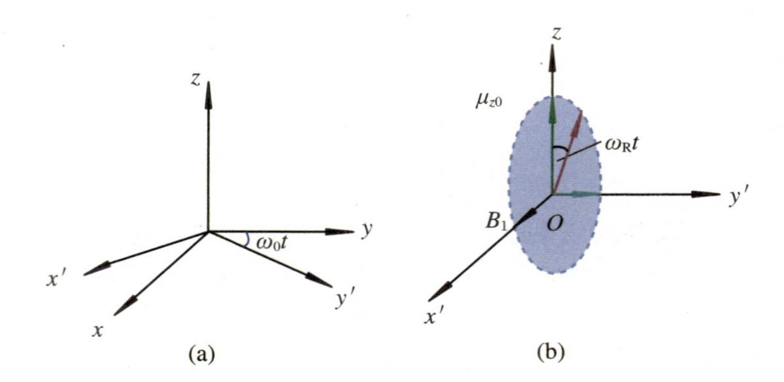

图 4.2.4 (a)旋转坐标系 $x'y'z$;(b)磁矩 μ_{z0} 绕 $\vec{B}_1$ 以 $\vec{W}_R$ 做进动

ω_R 被称为拉比频率(Rabi frequency)。

实际上,磁矩在静磁场 $\vec{B}_0$ 和交变磁场 $\vec{B}_1$ 中的运动形式是极其复杂的。设 $t=0$ 时 μ_{z0} 是沿着 z 轴方向,则它在 $y'z$ 平面内以角速度 ω_R 旋转,如图 4.2.4(b)所示。但如果在实验室坐标系 xyz 中看,磁矩的运动轨迹图像如图 4.2.5 所示,它给出的是磁矩 μ_{z0} 从顶端画出的轨迹,落在以 μ_{z0} 为半径的球面上。因为 $\omega_R \ll \omega_0$,μ_{z0} 在 z 方向上翻转一次也即由 $+z$ 方向变到 $-z$ 方向时,对应 μ_{z0} 绕 z 进动很多圈,例如 10^4 圈(图 4.2.5 中为了清晰进行了简化)。可以注意到,μ_{z0} 在 z 方向的投影 μ_z 为

$$\mu_z = \mu_{z0}\cos\omega_R t \tag{4.2.8}$$

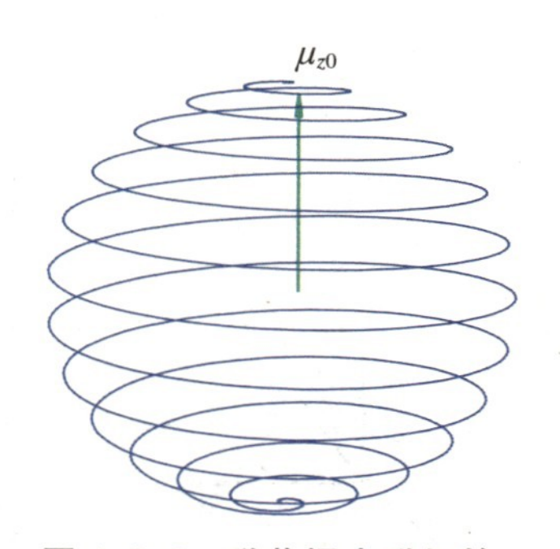

图 4.2.5 磁共振中磁矩的运动轨迹

μ_z 的周期性变化是由交变磁场 $\vec{B}_1$ 引起的。需注意到,ω_R 并不等于交变磁场的频率 ω_0,那么,ω_R 的物理意义是什么呢?

对于原子磁矩,由公式(4.1.7)可知,磁矩 μ_z 向上,对应于下能级,而磁矩向下对应于上能级。公式(4.2.8)代表粒子在上下能级之间来回跃迁。因此,拉比频率 ω_R 与粒子处于上下能级的概率有关。

前面用经典理论处理了外磁场中原子与辐射场的相互作用,这一问题的严格量子力学解是由拉比给出的。根据拉比的理论,当交变电磁场的频率为 ω 且 $t=0$ 时刻原子处于 b 态(例如 M_J 状态)时,则 t 时刻原子处于 a 态(例如 M_J+1 状态)的概率为

$$P_a(t) = \left(\frac{D_0}{\hbar\omega_R}\right)^2 \sin^2\left(\frac{\omega_R t}{2}\right) \tag{4.2.9}$$

而 t 时刻原子仍处于 b 态的概率为

$$P_b(t) = 1 - \left(\frac{D_0}{\hbar\omega_R}\right)^2 \sin^2\left(\frac{\omega_R t}{2}\right) \tag{4.2.10}$$

显然有

$$P_a(t) + P_b(t) = 1$$

这里，$D_0 = g_J\mu_B B_1$，而 $\omega_R = \sqrt{(\Delta\omega)^2 + (D_0/\hbar)^2}$称为拉比频率，$\Delta\omega = \omega - \omega_0$ 是频率失谐量。此处量子力学关于拉比频率的定义与前面经典理论关于拉比频率的定义除了在 $\omega = \omega_0$处以外是不一样的。

在共振情形下，$\omega = \omega_0$ 也即 $\Delta\omega = 0$，$\omega_R = D_0/\hbar$，式(4.2.9)和(4.2.10)可化简为

$$\begin{cases} P_a = \sin^2\left(\dfrac{D_0}{2\hbar}t\right) \\ P_b = \cos^2\left(\dfrac{D_0}{2\hbar}t\right) \end{cases} \tag{4.2.11}$$

这时，系统在能态 a 和 b 之间以拉比周期 $T_R = 2\pi\hbar/D_0$ 往复振荡，且 P_a第一次于 $t = T_R/2 = \pi\hbar/D_0$ 达到峰值 1，也即系统于此刻完全跃迁到高能态 a。

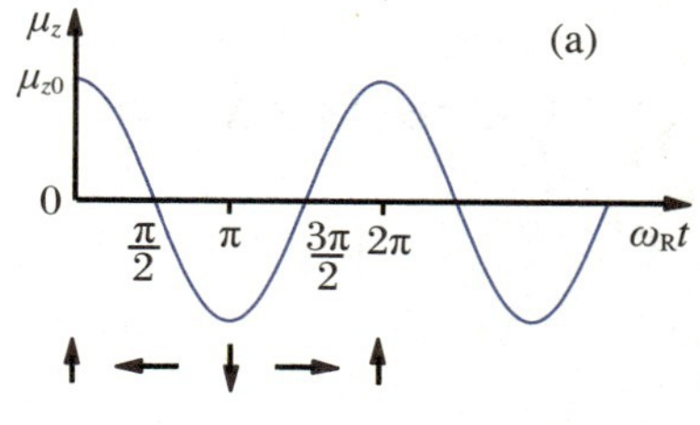

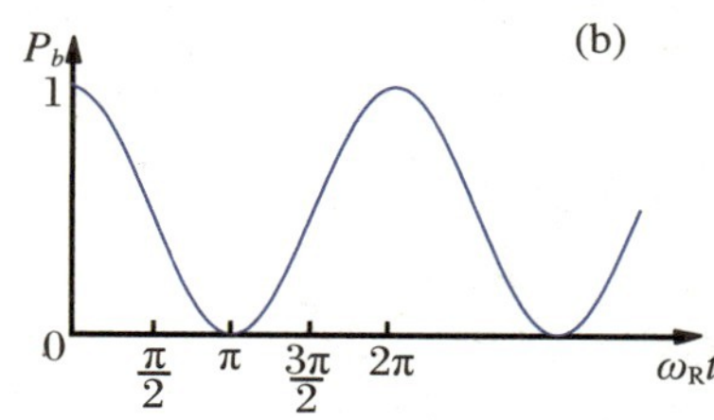

图 4.2.6　经典理论预言的磁矩 μ_z 随时间的变化(a)和量子理论预言的系统处于 b 态的概率随时间的变化(b)

我们把经典理论预言的磁矩变化和量子力学预言的系统处于 b 态的概率画于图 4.2.6。由图 4.2.6 可知，μ_z 与粒子处于下能级的概率有直接的对应关系。在 $t=0$ 时，粒子处于下能级，磁矩朝上。随着 t 的增加，粒子有一定的概率处于上能级，也有一定的概率处于下能级。体现在磁矩上，它就介于 μ_{z0} 和 $-\mu_{z0}$之间。在 $t = \pi/\omega_R$ 时刻，粒子处于上能级，相应的磁矩向下。然后磁矩随 t 而翻转，此过程周而复始，称为拉比跃迁。实际上，我们可由量子理论预言的处于上能级和处于下能级的概率计算出磁矩 μ_z 的平均值：

$$\bar{\mu}_z = \mu_{z0}p_b + (-\mu_{z0})p_a = \mu_{z0}\cos\omega_R t \tag{4.2.12}$$

显然，理论预言的磁矩平均值与经典理论给出的结果完全一致。

根据拉比的磁共振理论，可以通过控制交变场的方法来控制粒子的量子状态。例如，控制电磁场脉冲为 $\delta t = (2n+1)\pi/\omega_R$，则可把纯态 b 的粒子完全调节到纯态 a 状态(对应于 $\bar{\mu}_z = -\mu_{z0}$)。也可以把脉冲调节到 $\delta t = (n+1/2)\pi/\omega_R$，使得处于上下能态的粒子各占一半(对应 $\bar{\mu}_z = 0$)。这两种调控方法是最常用的，分别被称为 π 脉冲和 $\pi/2$ 脉冲。

思考题：磁共振技术能否用于研究激发态能级的超精细分裂？

4.2.3　原子分子束磁共振技术

原子分子束磁共振技术是原子分子物理中最重要、最精密的实验技术之

一，是建立原子钟时间基准的最重要基石。早期的原子分子束磁共振是拉比提出的，其基本装置原理图见图 4.2.7。

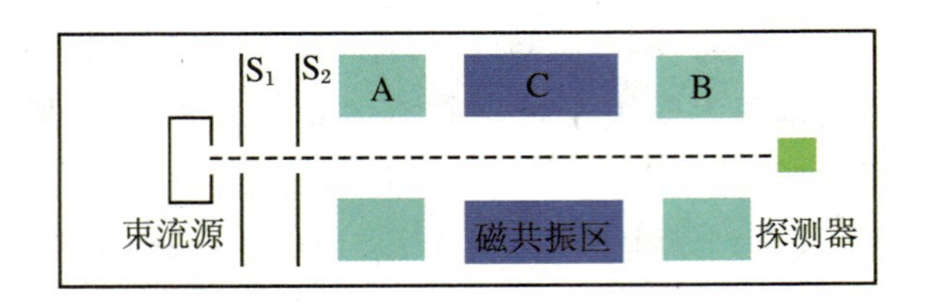

图 4.2.7 拉比的原子分子磁共振实验装置原理图

束源和 S_1、S_2 一起提供一束准直性很好的原子分子束，然后进入 A、B 和 C 组成的磁铁系统。其中 A 和 B 称为选态磁铁，类似于施特恩-格拉赫实验中的非均匀磁铁，但在磁铁中间加上一个小孔，只允许具有量子数 m_j 的粒子通过。举一个例子，如果原子分子束是氢原子，则 $m_j=\pm1/2$ 的氢原子分别向下和向上运动。如果在 A 中加一个开孔的挡板，挡住 $m_j=+1/2$ 的氢原子，则只有 $m_j=-1/2$ 的氢原子通过。由此可见，磁铁 A 能让特定状态的原子通过，所以称它为选态磁铁。B 的结构和 A 的结构相同，也是选态磁铁。如果 B 只允许 $m_j=+1/2$ 的氢原子通过，则由 A 出来的 $m_j=-1/2$ 的氢原子将不能通过选态磁铁 B(此时 C 只是一个均匀磁铁，不加射频场)，探测器探测不到原子。如果在磁共振区域 C 中加一个射频场，调节射频场的频率，当射频场的频率等于 $m_j=-1/2$ 到 $m_j=+1/2$ 的跃迁能量时，也即 $h\nu=g_j\mu_B B$ 时，则经过 A 处于 $m_j=-1/2$ 的氢原子将在 C 区域中吸收光子翻转到 $m_j=+1/2$ 状态，此时处于 $m_j=+1/2$ 的氢原子将能通过磁铁 B 而被探测器所探测，其计数有一个急剧的上升。实际上给定 C 区域的磁场通过扫描射频场的频率，由探测器的计数就可以测量出 $m_j=-1/2$ 到 $m_j=+1/2$ 的跃迁能量。或者反过来，给定射频场的频率而扫描 C 的磁场强度，也可以实现 m_j 的翻转。这也就是磁共振技术的基本工作原理。显然，原子分子束磁共振技术可以精确确定原子分子、电子、质子、原子核的 g 因子，进而精确测量它们的磁矩。这方面的工作也是原子分子束磁共振技术首先开展的研究工作，拉比就因为开创了原子分子束磁共振技术及原子核磁矩的精确测量而获得了 1944 年诺贝尔物理学奖。

对于原子分子谱学而言，磁共振技术的精度已经足够高了。但物理学家对实验精度的追求是无止境的，而实验精度的每一次大幅度提高，往往也意味着物理学的新发现。对于磁共振技术而言，制约其实验精度提高的最大因素已经在于物理学基本原理的限制——不确定关系的限制。我们再回到图 4.2.7 所示装置，微波或射频波与原子分子束的相互作用区域是 C 区，如果假设原子分子束的速度为 v_0，则原子分子与射频波的作用时间为 $\Delta t=L/v_0$，这里 L 为 C 区的长度。根据不确定关系，$\Delta E\cdot\Delta t\geqslant\hbar/2$，也即由于射频波与原子分子束的有限作用时间导致的能量分辨为 $\Delta E\approx\hbar v_0/(2L)$，这就是 2.4 节提及的穿越时

间增宽。显然，要想进一步提高磁共振技术的能量分辨率，要么减小原子分子束的速度 v_0，要么增加C区的长度L。但是我们要注意的是，当时的历史背景是20世纪三四十年代，减小原子分子的运动速度 v_0 是不可能完成的任务。这一方面实验技术的进步已经是五六十年后的事情了，也即朱棣文、菲利普斯和塔努吉1997年获诺贝尔奖的工作。在当时的历史背景条件下，唯一的选择是增加作用区间长度 L，但这在当时也是几乎无法克服的困难。原因在于，获得长区间均匀磁场是极其困难的，而拉比磁共振实验中磁场的微弱不均匀性将导致分辨变差。因此，在20世纪三四十年代，提高磁共振技术能量分辨的尝试似乎走进了死胡同。

1949年，拉姆齐提出了分离振荡场的方法，一举解决了上述难题。分离振荡场方法大幅度提高了磁共振技术的分辨率，为原子钟的建立铺平了道路，拉姆齐也因此荣获1989年诺贝尔物理学奖。拉姆齐是拉比的学生，他提出的分离振荡场方法是对拉比磁共振技术的重大改进。拉姆齐提出的方法是，把图4.2.7中的C区，也即磁共振区，分为间隔为 L 的两个共振区 l，如图4.2.8所示。其中长度为 l 的两个磁共振区需要极均匀的磁场 B_0，在此区间微波与原子分子束发生共振，也即磁矩 μ_{z_0} 绕旋转磁场 $\vec{B}_1$ 调整方向，此处与拉比提出的磁共振方法完全一致。而长度为 L 的区域没有交变电磁场，只有近似均匀的静磁场 B_0，而且对其均匀性要求不高。拉姆齐分离振荡技术的核心是要求第二个共振区的微波场与第一个共振区的微波场是相干的，也即两个微波场的振幅相等，相位差恒定，如图4.2.9所示。这样的振荡场可由同一个振子驱动实现。

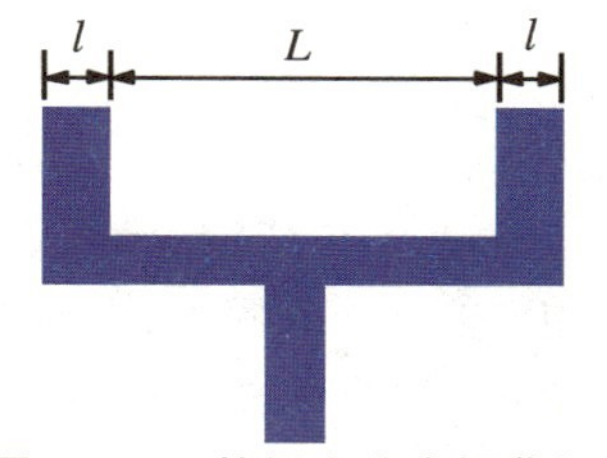

图 4.2.8 拉姆齐分离振荡场方法

经过选态磁铁挑出的单一磁矩的原子分子束进入第一个振荡场时，其磁矩平行于磁场方向。经过第一个振荡场后，磁矩在 θ 方向旋转 90°，在出口处垂直于磁场的方向。进入无振荡场区域后，磁矩以其拉莫尔频率绕着 L 区间的磁场进动。在进入第二个振荡场之后，磁矩在旋转磁场的作用下，继续改变其 θ 方向。如果振荡场的频率与 L 区域的平均拉莫尔进动频率精确匹配，则磁矩的角动量和振荡场之间没有相对相移。考虑到第二个振荡场与第一个振荡场完全一样，第二个振荡场将使磁矩继续绕旋转磁场 $\vec{B}_1$ 进动 90°，进而实现磁矩的翻转，也即两个能级之间发生了跃迁。如果振荡场的频率与 L 区间的平均进动频率稍有差异，则二者就会累积相移。若这一相移达到了 π，则第二个振荡场将使磁矩绕相反的方向转动，回到其最初的方向，也即两个能级之间不会发生跃迁。当然若两个频率差异进一步加大，达到 2π，则磁矩又会发生翻转。考虑到磁矩在 L 区间进动的时间很长，则两个频率（ν 和 ν_0）间微小的差异就会累积出足够大的相移，上述磁矩翻转对频率差的变化响应非常灵敏。

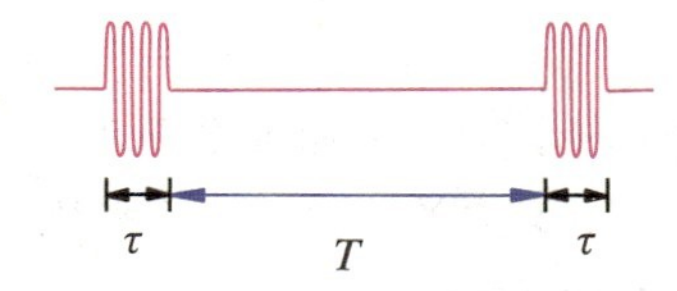

图 4.2.9 两个分离振荡场，二者间有固定的相位，并且在与 T 连接处的振幅为零，好像两个振荡场是一个连续的振荡。每一个振荡均与原子分子束的作用时间为 τ，中间 T 的时间内（L 区间）振荡场的振幅为零

图4.2.10给出了单一速度原子分子的跃迁概率随两个频率差的变化曲线。但是，实际情况是原子分子有一个速度分布，由于无论是多大速度的原子

分子，若 $\nu=\nu_0$，在 L 区间磁矩的进动都与第二个振荡场中 $\vec{B}_1$ 的旋转同步进行，它们的相移都为零，也即所有原子都对跃迁有贡献。当 $\nu\neq\nu_0$ 时，情况则不同，$2n\pi$ 相移的原子是需要速度匹配的，也即只有部分运动速度的原子分子才能满足相移为 $2n\pi$ 的条件，导致发生跃迁的原子数减少，进而使其跃迁概率降低。考虑到原子运动的速度分布，拉姆齐计算的跃迁概率对频率失谐的依赖关系如图 4.2.11 所示。显然，分离振荡场方法给出的谱线宽度 $0.65\alpha/L$ 远小于拉比方法中的 $1.4\alpha/l$，请注意这里是 $l\ll L$。图 4.2.11 中所示的条纹被称为拉姆齐条纹。

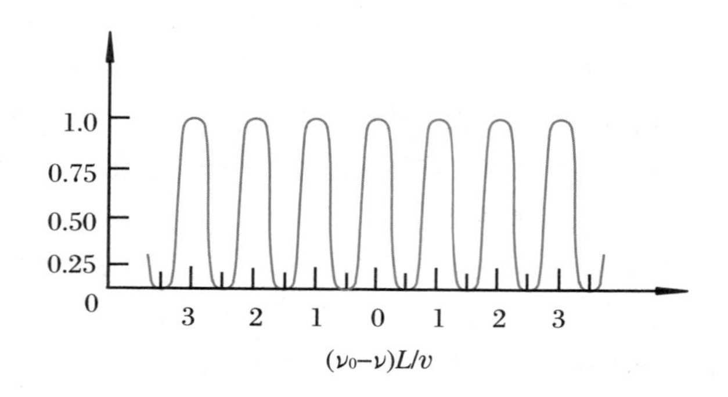

图 4.2.10　单一速度 v 的原子分子跃迁概率随频率 ν 的变化，这里 ν 为分离振荡场的频率，ν_0 为跃迁中心频率

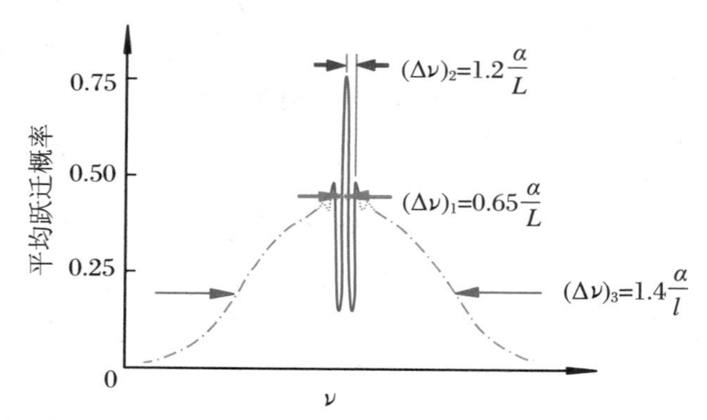

图 4.2.11　考虑到原子运动速度分布计算出的分离振荡场的跃迁概率，α 是原子运动的最概然速率

分离振荡场方法极大地提高了磁共振技术的分辨率，但这也只是 20 世纪 50 年代的技术。为了进一步提高磁共振技术的分辨率，在无法进一步增加 L 的情况下，需要降低原子分子的运动速度以达到提高分辨率的目的，而这是 20 世纪 90 年代开始发展起来的冷原子技术，朱棣文、菲利普斯和塔努基也正是因为冷原子技术而荣获 1997 年的诺贝尔物理学奖。分离振荡场技术和冷原子技术，是实现高精度原子钟的物理基础。也正是在它们的基础上，有了我们现在的原子频标，而这将放在 4.3 节中专门论述。

4.2.4　电子顺磁共振(EPR)

在4.1节我们讨论了原子在外磁场中的能级分裂和光谱，也即塞曼效应。塞曼效应发射的光谱是电偶极跃迁或者叫作光学允许跃迁，涉及轨道量子数 l 的变化，对应的频段落在可见光波段。由于原子能级在磁场中的分裂很小，尤其在弱外磁场中，它的分裂还远小于自旋-轨道耦合导致的精细分裂，其检测是不容易的。为此，人们用基于微波的磁共振技术来研究原子分子在外磁场中的分裂，而这正是本小节要讨论的内容。由于分子中的磁矩主要是由电子自旋磁矩贡献的，而轨道磁矩往往贡献很小，所以电子顺磁共振也叫作电子自旋共振(ESR)。

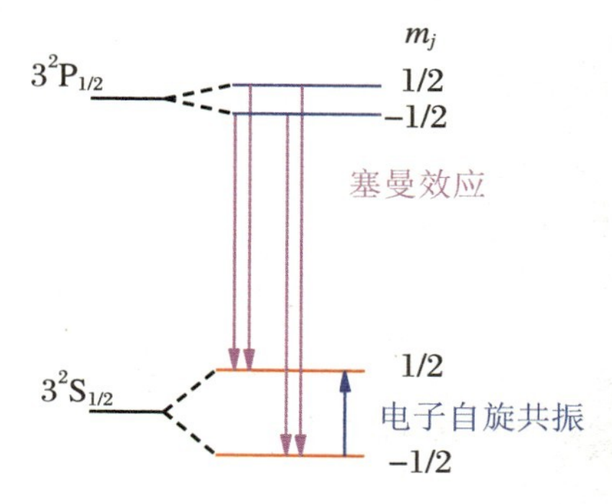

图 4.2.12　Na 原子的 $3^2S_{1/2}$ 和 $3^2P_{1/2}$ 在外磁场中的分裂和跃迁

为更进一步说明电子顺磁共振与塞曼效应的不同，我们以钠原子 $3^2S_{1/2}$ 和 $3^2P_{1/2}$ 为例，把二者对应的跃迁画于图4.2.12中。显然，塞曼效应涉及轨道角动量量子数的变化，是光学允许跃迁。而电子顺磁共振只是基态分裂能级间的跃迁，是磁偶极允许跃迁。由于电子顺磁共振发生在相邻两个磁能级之间，有

$$h\nu = g\mu_B B = g\mu_0\mu_B H \tag{4.2.13}$$

显然电子顺磁共振可测量原子分子的 g 因子，其实验装置原理图见图4.2.13。

电子顺磁共振的测量方法可分为两类，一类是固定交变电磁波的频率，改变磁场的强度，另一类是固定磁场的强度，改变电磁波的频率。

【例4.2.1】 Na原子处于磁场为 B 的微波谐振腔中，且 $\nu=1\times10^{10}$ Hz。试问 B 为何值时电磁波的能量能被吸收。

【解】 Na原子基态为 $3^2S_{1/2}$，其 g 因子等于2，因此可知

$$B=\frac{h\nu}{g\mu_B}=\frac{h\nu}{2\mu_B}=0.36\ \mathrm{T}$$

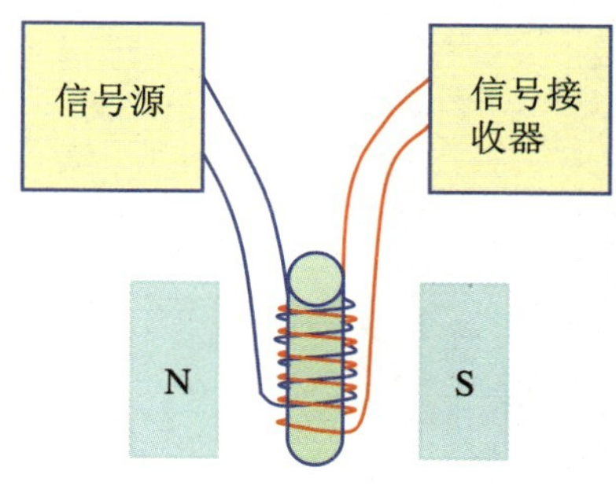

图 4.2.13　电子顺磁共振的装置原理图

电子顺磁共振是一种常用的研究材料结构的实验手段。这是因为顺磁性原子的电子运动会受到近邻原子的影响，在磁场中就可能出现不等间隔的能级分裂，在谱图上会展现出精细结构。而这些精细结构就构成特定原子集团的指纹，可用于物质成分分析、分子结构分析等。除此之外，电子顺磁共振的精细结构还可以提供耦合常数、化学键的性质和核磁矩性质等信息，在物理、化学、生物和医学领域都有着广泛的应用。目前电子顺磁共振已有商用的谱仪可用，参见图4.2.14，图中同时给出一个测量到的典型谱图。

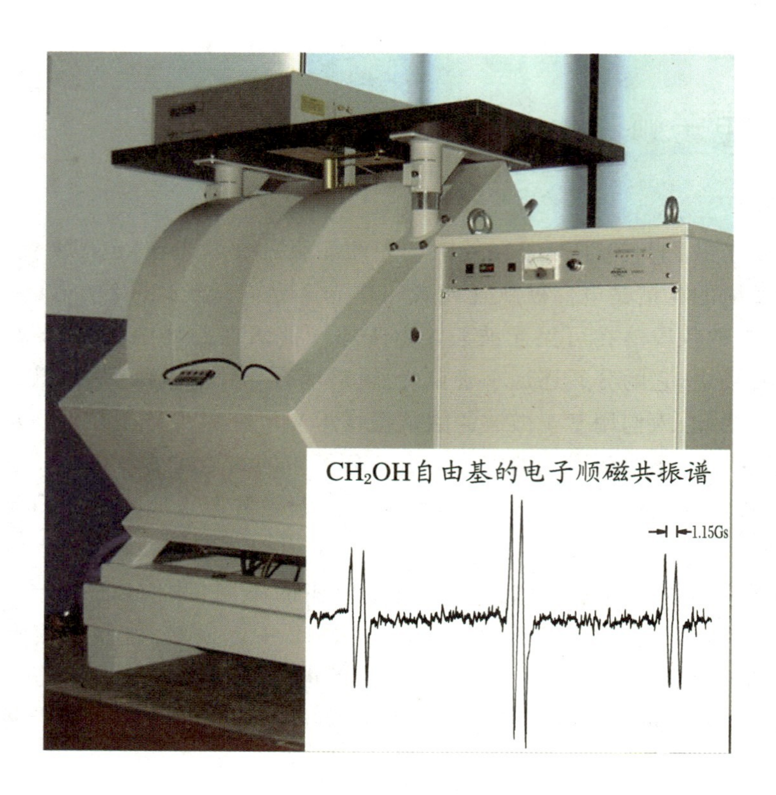

图 4.2.14　商用的电子顺磁共振谱仪及所测谱图

4.2.5　核磁共振(NMR)

在 3.5 节单电子原子的超精细结构中,我们已经提及原子核也有自旋角动量,进而也存在自旋磁矩。把原子核磁矩放在外磁场中,原子核磁矩相对于外磁场方向的不同取向,也会形成一系列的能级。而这些能级之间的跃迁,对应的也是磁偶极跃迁,测量它的实验技术就是核磁共振。

原子分子的核磁共振现象是由珀塞尔和布洛赫首先观测到的,他们观测到的都是质子的核磁共振信号,所用的样品分别为固态石蜡和液态水。珀塞尔和布洛赫也因为核磁共振的发现而荣获 1952 年诺贝尔物理学奖。

与电子顺磁共振类似,把原子核置于外磁场中,当外加交变电磁波的频率等于核磁矩在外磁场中的能级分裂时,也即

$$h\nu = g_N \mu_N B \tag{4.2.14}$$

时，核磁矩会强烈吸收外磁场的能量，也即发生了共振。式(4.2.14)中 g_N是原子核的朗德因子，其具体值可查阅相关表格。这里 μ_N 为核磁子，其大小约为玻尔磁子的1/1836。需要说明的是，质子和中子都有磁矩，它们分别为 $\mu_p=2.79\mu_N$ 和 $\mu_n=-1.973\mu_N$。由于原子核磁矩远小于电子的磁矩，因此原子核磁矩在外磁场中的能量分裂是很小的，相应的核磁共振所用电磁波的频率要远小于电子自旋共振所用电磁波的频率，为射频波段。例如，对于电子顺磁共振有

$$\frac{\nu}{B}=14g\ \mathrm{GHz/T}$$

落在了微波波段。而核磁共振有

$$\frac{\nu}{B}=7.6g_N\ \mathrm{MHz/T}$$

属于射频波段。显然想要观测到核磁共振信号，首先要求原子核有磁矩。实际上，并不是所有的原子核都有磁矩。例如偶偶核(质子数和中子数均为偶数的原子核)就没有磁矩，这包括我们熟悉的^{12}C 和^{16}O。由于核磁共振主要应用于生命科学领域，所以跟生命有关的、具有原子核磁矩的原子就特别重要。它们包括^{1}H(99.9844%)、^{13}C(1.11%)、^{17}O(0.038%)、^{19}F(40%)和^{31}P(≈100%)，这里括号内代表该同位素在自然界中的丰度。这些原子核的核磁共振是目前应用最多的。核磁共振谱仪的装置原理图和电子顺磁共振的装置原理图(图4.2.13)是完全类似的，在此不做进一步的说明。

原子或分子的核外电子会屏蔽外磁场，使得原子核感受到的外磁场要比施加的外磁场弱，也即原子核感受到的有效外磁场为

$$B_{外}-\sigma B_{外}=(1-\sigma)B_{外} \tag{4.2.15}$$

这里 σ 为屏蔽常数。例如乙基苯($C_6H_5CH_2CH_3$)是由三种化学基 C_6H_5—、—CH_2—和 CH_3—组成。虽然每个化学基中都含有氢核，但它们所处的化学环境不同，因而 σ 也不同。图4.2.15给出了乙基苯的核磁共振谱图，可以很清楚地看出这三种化学基中质子的核磁共振位置不同。为了定量地表示原子分子的核磁共振谱，引入了一个标准值作为核磁共振谱的零点。这一标准值采用的是四甲基硅烷$(CH_3)_4$Si分子的核磁共振信号。由于12个质子所处的化学环境相同，它只给出一个峰(图4.2.15中的TMS信号)。

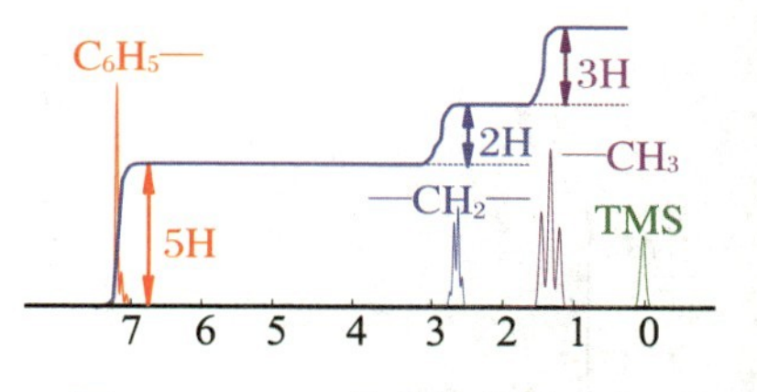

图4.2.15 乙基苯的核磁共振谱图

设$(CH_3)_4$Si测得核磁共振信号时的外磁场为 $B_{外标}$，氢处于其他化学环境中发生核磁共振信号时的外磁场为 $B_{外}$，则定义化学位移 δ 为

$$\delta=\frac{B_{外标}-B_{外}}{B_{外标}}\times10^6\ \mathrm{ppm} \tag{4.2.16}$$

它的单位是 ppm,即百万分之一。注意,上式暗含的前提是,核磁共振谱是通过不改变电磁波频率而改变磁场强度测量的。图 4.2.15 中的横坐标就是化学位移。化学位移是化学基的指纹,例如图 4.2.15 中化学基—CH_2—和 CH_3—就有不同的位置和精细结构。如果把大量已知的原子、分子、离子和化学基的化学位移数据存储在计算机内,建立一个标准的数据库,那么就可以通过测量未知样品的核磁共振谱并比对标准数据库,进而分析未知样品的结构成分和含量。也正是在日益完善的标准数据库的基础上,核磁共振方法在物质结构和成分分析中获得了越来越广泛的应用。

如前所述,珀塞尔和布洛赫的工作为物质结构检测提供了一种新的技术手段——核磁共振。但是当时这种方法的灵敏度有限,效率也很低。实际上,直到 20 世纪 60 年代,NMR 还主要应用于物理领域。也正是在那个年代,恩斯特提出了一个设想来提高核磁共振的灵敏度和效率。他的想法是用短而强的射频脉冲来取代以前用的低频扫描,通过测量核磁共振的衰减来实现核磁共振的波谱分析。其具体的技术核心有两条:第一条是基于核磁矩在撤掉射频场后存在的弛豫现象;第二条是短脉冲的射频信号具有频谱。核磁共振的弛豫按其机制不同可分为两类:一类是关闭射频信号后,处于非平衡自旋状态的核磁矩与周围晶格之间互相交换能量,使核自旋状态演化为玻耳兹曼分布,这种弛豫称为纵向弛豫,又叫 T_1 弛豫。其核心是处于高能的非平衡态向平衡态的演化过程,所以也叫热弛豫或自旋-晶格弛豫。例如,在施加射频脉冲后,把核自旋由 z 方向激发至 $-z$ 方向(或 90°方向)。射频脉冲停止后,处于 $-z$ 方向(或 90°方向)的核磁矩会恢复到原来的 $+z$ 方向(因为存在静磁场),纵向弛豫时间 T_1 定义为核自旋在 z 轴方向上恢复到原来最大值的 $1/e$ 所需的时间。第二类弛豫叫作横向弛豫或者 T_2 弛豫,其弛豫时间为 T_2。横向弛豫是指相位弛豫。在射频脉冲作用下,磁矩转动 90°到 xy 平面,并以 ω_0 绕外磁场做进动,总体上对外表现出磁矩 M_{xy0}。在射频脉冲去掉后,由于核自旋之间的相互作用(所以横向弛豫也叫作自旋-自旋弛豫),也由于静磁场的不均匀性,导致各微观磁矩进动的相位逐渐变得不同步,并最终回到相位随机分布的平衡状态。

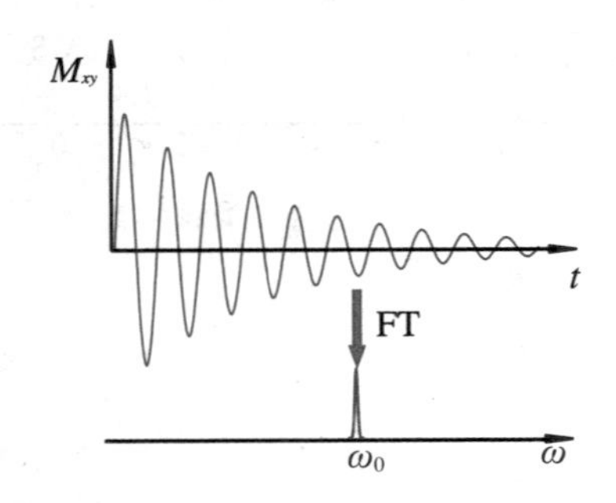

图 4.2.16 核磁共振的 FID 及其傅里叶变换谱

考虑到核磁矩的弛豫过程,在射频脉冲结束后,检测到的横向磁化矢量会随时间衰减:

$$M_{xy} = M_{xy}^0 \sin(\omega_0 t)\exp(-t/T_2) \tag{4.2.17}$$

M_{xy}^0 是脉冲射频场刚结束时 xy 平面内的横向磁化矢量。式(4.2.17)表明,横向磁化矢量一方面在 xy 平面内以 ω_0 的角频率绕外磁场进动,另一方面以时间常数 T_2 而指数衰减。实验上就是检测自由感应衰减 M_{xy}(FID),并对该时域中的信号进行傅里叶变换,进而获得频域中的信号。图 4.2.16 给出了一张自由衰

减信号及其傅里叶变换结果。

显然，如果恩斯特的傅里叶变换技术每次只测量一个频率，与传统的NMR扫描技术相比也没有多大的优越性，他也不会因此而获得诺贝尔奖。实际上，公式(4.2.17)并没有要求 ω_0 是唯一的。如果射频脉冲制备出几个绕 B_0 以不同的 ω_0^i 旋进的横向极化矢量，公式(4.2.17)需要调整为

$$M_{xy} = \sum_i M_{xy}^0 \sin(\omega_0^i t)\exp(-t/T_2^i) \tag{4.2.18}$$

把式(4.2.18)的FID做傅里叶交换，可以给出每一个 ω_0^i，如图4.2.17所示。而用射频脉冲制备出公式(4.2.18)所示的FID是自然而然的事情，原因在于有限宽度的射频脉冲本身就对应于较宽的频谱(我们再次看到了不确定关系的巨大威力!)。也即入射的射频脉冲并不是单色波，只要有对应的核磁共振跃迁，就可以发生吸收，就能产生相应特征频率的FID。所以傅里叶变换NMR一次可以测量较宽频段的核磁共振信号，相当于多道测量。这样测量效率得到很大的提高，极大地提高了NMR的灵敏度。恩斯特也因为把傅里叶变换技术引入了NMR及解决了NMR实验中的关键问题而荣获1991年诺贝尔化学奖。

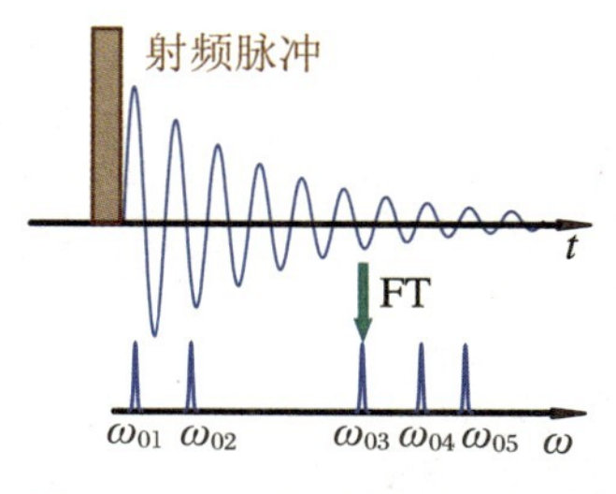

图4.2.17 射频脉冲下的核磁共振谱

所谓二维核磁共振谱是用两个射频脉冲的组合来取代一维谱中的一个射频脉冲，而紧跟第二个RF脉冲检测FID，如图4.2.18所示。这里多了一维变量，也即两个RF脉冲之间的时间间隔 t_1。测量不同时间间隔 t_1 下的FID，就得到了二维的FID。对每一个 t_1 下的FID做傅里叶变换，就得到了二维NMR。二维NMR谱的意义在于，它可以给出相互耦合的核自旋体系的信息，也即给出不同化学基之间相对的位置信息。这一特性的重大意义是不言而喻的，它可以用于测量分子的三维结构信息。实际上，在二维NMR之后，又发展了三维、四维NMR技术，极大地拓展了NMR技术的灵敏度及其应用范围。恩斯特的方法只能成功用于较小的分子，而对于大分子，他的方法就显得无能为力了。因为对于大分子，其NMR波谱会有成千个波峰，无法加以辨认。1985年，瑞士科学家维特里希解决了这一问题，使生物大分子结构的NMR解析成为了现实，他也因此而荣获2002年的诺贝尔化学奖。在多维NMR技术之前，生物分子例如蛋白质分子的测量都是基于衍射技术，主要是X-Ray衍射技术。但是衍射技术的前提是要把生物大分子结晶，而结晶后的分子与结晶前的分子结构是否相同，有多大差别，是不清楚的。NMR技术可在溶液环境下测量生物大分子的结构，并检测其运动性特征，这是其独特的优越性。目前NMR的分辨率已做到1.5 Å，可与X-Ray衍射相媲美。

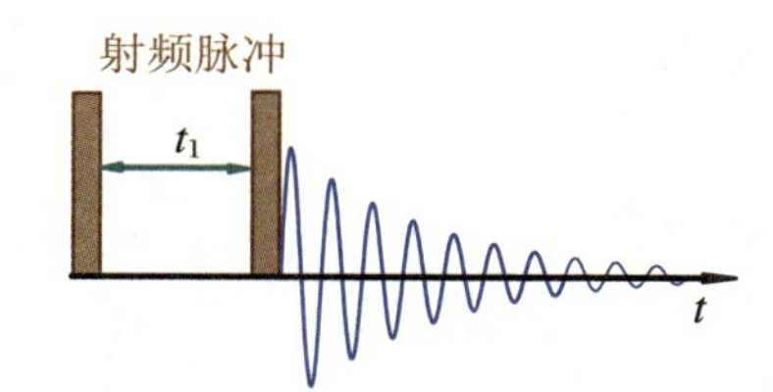

图4.2.18 二维测量原理图

4.2.6 磁共振成像(Magnetic Resonance Imaging, MRI)

前面介绍的核磁共振技术的主要应用都在基础研究领域,用于揭示微观原子核、原子分子及生物大分子的结构和性质。从 20 世纪 70 年代以来,核磁共振技术的另一应用在于宏观医学成像领域,也即大家都熟知的核磁共振成像技术,或简称核磁共振。1973 年,美国科学家劳特布尔把梯度磁场引入了核磁共振技术,实现了宏观物体的核磁共振成像。英国科学家曼斯菲尔德进一步开拓了磁场梯度的应用,找到了如何有效而迅速地分析探测到的信号,并且把它们转化为图像的方法。他们两人因此荣获了 2003 年的诺贝尔生理与医学奖。

核磁共振成像的原理非常简单。当用梯度磁场代替核磁共振中的均匀磁场,那么空间不同位置的磁场就不一样。即使同一分子(例如 H_2O),由于空间不同位置的磁场不同,它给出的核磁共振信号的频率就不相同。如果检测出核磁共振信号的频率,就可以计算出这一分子在空间的哪一位置。通过这样的方法,就可以实现物体的空间成像。当然,为了实现三维成像,就需要三维的梯度磁场。

MRI 的最大优点在于它是目前仅有的、对人体基本没有伤害的安全、快速而且准确的临床诊断方法。与医院常用的基于 X 射线技术的成像技术 CT 相比(它显然有辐射损伤),MRI 基本无伤害性。MRI 的另一主要优点是其灵活性和无可比拟的成像质量。由于它有大量参数可以灵活调配,可以针对具体的病症、部位选择最佳成像方式,而其图像质量通常远胜于其他技术,现在在中国几乎所有的三甲医院都装备有 MRI 设备,已经在肿瘤、损伤、外科手术等许多疾病的诊断、治疗中发挥了无可替代的作用。图 4.2.19 给出了医用的核磁共振及脑部的核磁共振图像。

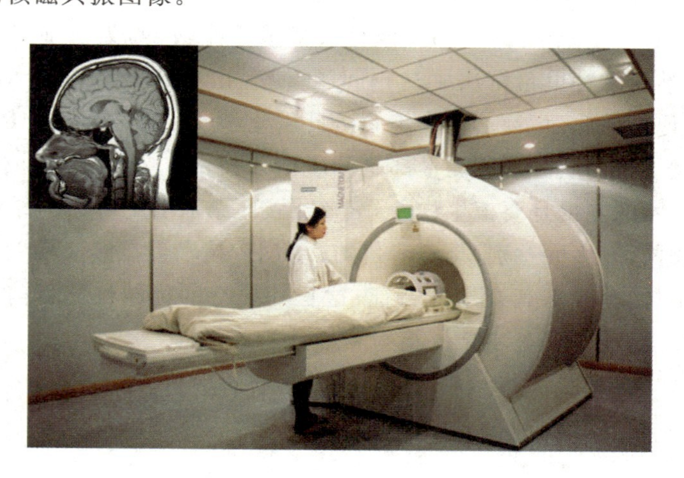

图 4.2.19 医用的核磁共振及脑部的核磁共振图像

*4.3 原子频标

时间是物理学中七个基本量纲之一，其基本单位是秒，因此，秒的定义无疑是极其重要的，是物理学的基石之一。1967年之前，秒的定义是基于天文观测，它规定一个平太阳日的86400分之一为1秒，相应的钟被称为太阳钟。但是，地球自转速率并不均匀，上述定义给出秒的精确度只有10^{-9}，也即30年可差1秒。在科学技术不是特别发达的过去，这一精度是足够高的，可以满足日常生活及科学研究的需要。但是，随着科学技术的进步，对时间精度的要求越来越高，例如航天的导航和控制、广义相对论的检验等，天文钟的精度就不够高了。为此，拉比首次提出了建造原子钟的构想，也即利用原子的超精细能级间的跃迁频率来定义秒，这就是所谓的原子频标。原子频标是以原子能级间的跃迁频率建立起来的时间标准，它更新了我们关于时间的定义，已经在不知不觉中渗透到了我们生活的方方面面。在原子频标的基础上，长度的单位已经重新做了定义。因此，了解原子频标是怎么回事，是十分重要的，也是基本科学素养的一部分。

4.3.1 原子频标概述

原子能级的典型特点是其稳定性、普适性和可重复性。所有的同类原子，其能级结构都完全相同，不会因为你在月球还是在地球测量它、测量这一个原子还是那一个原子、是今年测量它还是一亿年后测量它而发生任何变化。因此，基于原子能级结构这些优点建成的原子钟必然也具有相同的优点，这也是原子钟这么受欢迎及有着非常广泛应用的原因。

在开始原子钟的描述之前，有几个问题必须要认识清楚。首先，原子会与外场发生耦合，进而引起原子能级的移动，这属于原子内部能级的变化，这是影响原子频标精确度的内因。我们前面描述了塞曼效应，当把原子放在外磁场中时，原子的磁矩会与外场发生相互作用，进而引起能级的移动。而移动后的能级就不是原子内在的能级了，以它建立的标准也就不能称之为标准了。类似的效应还有很多，例如电场引起原子能级移动的斯塔克效应。甚至重力场也会引起能级的移动(虽然它非常小)。所以，制作原子钟的首要任务之一就是要解除原子与环境的耦合，制备原子“真正的”“理想的”能级，或者想办法克服这些耦合的影响(例如抵消其影响)。其次,影响测量精度的因素很多,这是影响原子频标精度的外因。在室温下,原子无时无刻不在运动。当原子吸收或者发射辐射的时候,会受到多普勒频移的影响。例如,即使原子能级没有发生任何移动,但是运动的原子吸收相向运动光子的频率就要低,而吸收背向运动光子的频率就要高些。考虑到原子运动方向的无规则性及其速度分布律,源于多普勒频移的影响会使得测量到的吸收峰非常宽,甚至远大于其自然线宽,这称之为多普勒增宽。如果一个很宽的峰,即使定出它的中心位置,精度也不会很高。类似的原因还有很多,例如原子与辐射场的有限作用时间导致的增宽,在此不一一列举。只有把这些影响精度的内因、外因都消除或者克服了以后,才能获得极精确的原子跃迁频率,才能用它建立高精度的原子钟。

原子钟的核心是原子频率标准的建立,也即测量出真正高精度的、不受外界扰动的原子跃迁频率。因此,原子钟首先是建立在高精度原子分子物理谱学基础上的。在提高原子跃迁频率测量精度的过程中,科学家提出了许多极巧妙的实验方法和发展了极精巧的实验技术,而这些实验方法和实验技术也产生了多项诺贝尔物理学奖。例如前面提及的施特恩和格拉赫的原子分子束技术、拉比的磁共振技术、拉姆齐条纹等。所有这些基础物理研究的积累,为原子钟的发展铺平了道路。

原子频率标准就是把电磁波的频率锁定在原子真正的跃迁频率上。对于原子的超精细结构之间的跃迁,电磁波的频段落在了微波波段。实际过程就是调节微波的频率,同时检测原子对该微波的吸收情况。如果原子对该微波吸收最大,就说明微波的频率与原子的跃迁频率完全匹配。如果原子对于微波的吸收减少了,就说明微波的频率发生了漂移,通过反馈系统把微波频率始终锁定在原子的跃迁频率上,就建立了频率的原子标准。而这一微波就可以作为振荡器,用于驱动电子电路,进而做成时钟。这样做成的钟的精度几乎完全由原子的跃迁频率决定,能够完全克服微波本身的不稳定性,因此精度特别高。显然,原子吸收对于微波频率的变化越灵敏,原子的频率标准就越精确。为了达到这一目的,就需要前面提及的各种精巧实验技术大显神通了。

目前常用的原子钟有铯钟、氢钟和铷钟。如 3.5 节所述,铯钟的跃迁频率为 9192631770 Hz,它给出的秒的精度达到了 1.7×10^{-15},即精度约为 2000 万年偏差 1 秒,是有史以来最精确的时钟。1967 年,第 13 届度量衡大会以铯钟定义了国际单位制的秒,也即铯 133 原子基态超精细跃迁振荡 9192631770 次所经历的时间为 1“秒”。目前,美国 1999 年建成的 NIST-F1 是有史以来最精确的铯钟,它的任务是提供“秒”这个时间单位的准确计量。NIST-F1 安放在美国科罗拉多州的国家标准和技术研究所(NIST)物理实验室的时间和频率部内。

氢钟、铯钟和铷钟各有特点。氢钟的短期稳定性极高,铷钟的特点是体积小,而铯钟胜在长期稳定性和准确度上,这也是为什么选择铯钟作为时间的国际标准。由于铷钟的体积小、质量轻,可有效降低卫星的载荷,所以在 GPS 导

航中获得了广泛的应用。氢钟的极佳短期稳定性，使得它在射电天文观测、高精度时间计量、火箭和导弹的发射、核潜艇导航等方面获得了广泛的应用。

4.3.2 铯原子钟

铯原子钟利用的是^{133}Cs超精细能级结构之间的跃迁，其基本原理在3.5节中已经有过讨论，在此只讨论铯原子喷泉钟的具体实现方法。

铯原子钟的工作过程分为四个阶段。第一阶段是铯原子的冷却，其技术基础是朱棣文、科恩塔诺季和菲利普斯发展的原子冷却技术。如图4.3.1所示，利用 x、y 和 z 方向对射的六束红失谐激光束与铯原子（在图中A点）发生相互作用，通过铯原子多次吸收和发射光子，实现铯原子在三维方向上的减速，进而使之冷却到极低的温度（接近绝对零度），此时的铯原子呈现圆球状的气体云。

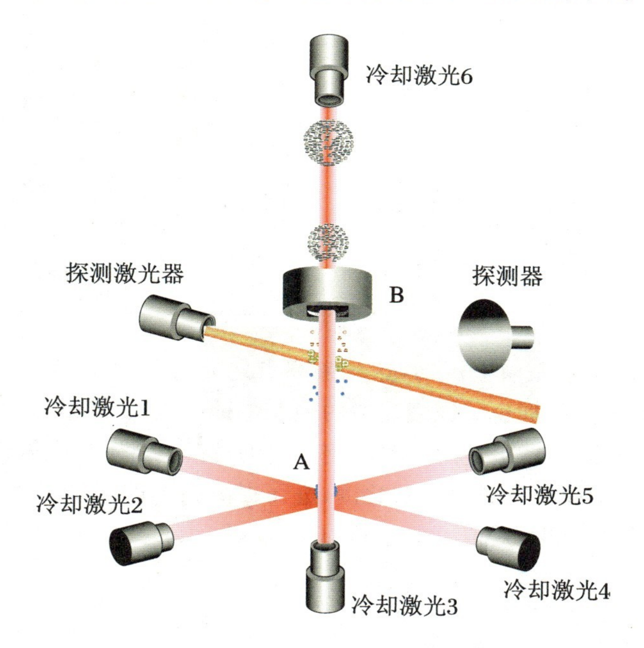

图4.3.1 铯原子喷泉钟的结构示意图

第二阶段是利用两束垂直的激光给铯原子气球一个向上的推力，使原子获得一个向上运动的初速度，同时该激光还把处于 $F=4$ 上的铯原子全部抽运到 $F=3$ 的能级上，然后关闭所有激光器。原子气球在惯性的作用下向上运动，同时受到地球引力的作用而减速。原子在向上运动的过程中穿过一个微波谐振腔（见图中B点），这一次穿过的微波谐振腔的作用就类似于图4.2.8分离振荡场中的第一个谐振腔。随后铯原子继续向上运动，直到耗尽它的动能。

第三阶段是铯原子在地心引力作用下开始下落，下落的过程中再次穿过谐振腔（见图中B点），而这一次穿过的谐振腔就类似于图4.2.8分离振荡场中的第二个谐振腔。如果谐振腔中微波的频率与铯原子超精细结构之间的跃迁频率相匹配，则铯原子两次通过谐振腔就会从 $F=3$ 的状态跃迁到 $F=4$ 的状态。这里铯原子与谐振腔的两次作用就相当于采用了分离振荡场技术，使铯原子从超精细结构的基态 $6^2S_{1/2}(F=3)$ 跃迁到超精细的激发态 $6^2S_{1/2}(F=4)$，如图 4.3.2 所示，可以大幅度提高铯原子超精细跃迁的测量精度，这也是实现铯原子钟的核心。只有前三个阶段还无法判定铯原子是否发生了跃迁，为此还需要测量处于 $F=4$ 的铯原子数目。

第四阶段是在微波腔的出口处，用另一束激光照射铯原子，使处于 $6^2S_{1/2}(F=4)$ 的铯原子跃迁到 $6^2P_{3/2}(F=5)$ 的能级，如图 4.3.2 所示。然后利用探测器检测铯原子从 $6^2P_{3/2}(F=5)$ 的能级退激发辐射的荧光数目。如果荧光数目大，则意味着分离振荡场中原子发生超精细跃迁的数目多，也意味着微波频率与超精细能级间的跃迁频率相匹配。而铯原子钟，就始终把微波频率"锁定"在铯原子超精细跃迁最强荧光上。

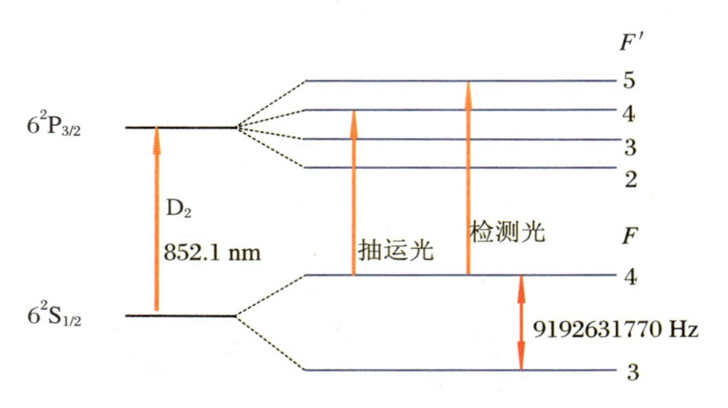

图 4.3.2 ^{133}Cs 原子超精细能级简化图及原子钟实现所涉及的跃迁过程

由于铯原子先向上运动，达到最高点之后再落回来，类似于我们在公园看到的喷泉，因此依据这一原理建造的铯原子钟又被人们形象地称作"喷泉钟"。

需要说明的是，上述第一阶段铯原子的冷却，是为了减少铯原子的热运动，提高实验所测拉姆齐条纹的对比度，进而提高频率的测量精度。铯原子钟的准确度和日均稳定度，目前可以达到 10^{-16} 量级。

4.3.3 铷原子钟

采用与铯原子"喷泉钟"一样的实验技术，可以建立铷原子"喷泉钟"，其精确度也十分高，可达 10^{-15} 数量级。但在此我们介绍一种相对简单、应用范围极广的铷原子钟，虽然其精确度稍差（10^{-11} 量级），但它胜在简单。

光抽运型铷原子钟的基本结构见图 4.3.3。^{87}Rb 灯是一个无极放电灯，它共辐射出 4 条谱线，所涉及的跃迁如图 4.3.4(a)所示。考虑到铷原子基态的超

精细能级分裂较大及^{87}Rb灯工作在较高温度(光谱线较宽),只能探测到4条谱线,分别为D_1线的a_1和b_1、D_2线的a_2和b_2。这里涉及上能级的超精细分裂因光谱线较宽而无法分辨。图4.3.4(b)所示为^{85}Rb的能级结构及跃迁,同样较高的温度导致其吸收谱线较宽,只有4条光谱线,分别为D_1的A_1和B_1、D_2的A_2和B_2。由于^{87}Rb和^{85}Rb原子核不同,a_1和A_1、a_2和A_2的间距较近(1300 MHz),而b_1和B_1、b_2和B_2之间的间距较远(2500 MHz)。考虑到热原子的谱线较宽,所以^{87}Rb发出的两条a线会被^{85}Rb滤光泡吸收。^{85}Rb不吸收b线,使之能够到达微波腔,并被微波腔中的^{87}Rb吸收,进而把^{87}Rb激发到$5^2P_{1/2}$和$5^2P_{3/2}$的上能级。由于这两个能级的寿命很短,会再次回到$5^2S_{1/2}$的两个超精细能级上。由于^{87}Rb$5^2S_{1/2}$的$F=2$能级寿命很长,所以很快就会把微波腔中^{87}Rb的$F=1$能级抽空,也即所有原子都处于$5^2S_{1/2}$的$F=2$的能级上。这时光电探测器探测到一个恒定的光强。光抽运达到平衡后注入微波,若微波频率刚好与^{87}Rb的$F=1$和$F=2$之间的跃迁频率相匹配,就会在两者之间发生跃迁。此时,由于$F=1$上又有原子数布居,它将再次吸收^{87}Rb灯的b线,进而使光电探测器探测到光强的变化,光强信号最弱时就对应^{87}Rb原子的跃迁频率。锁定这一频率,就可以实现^{87}Rb原子钟了。

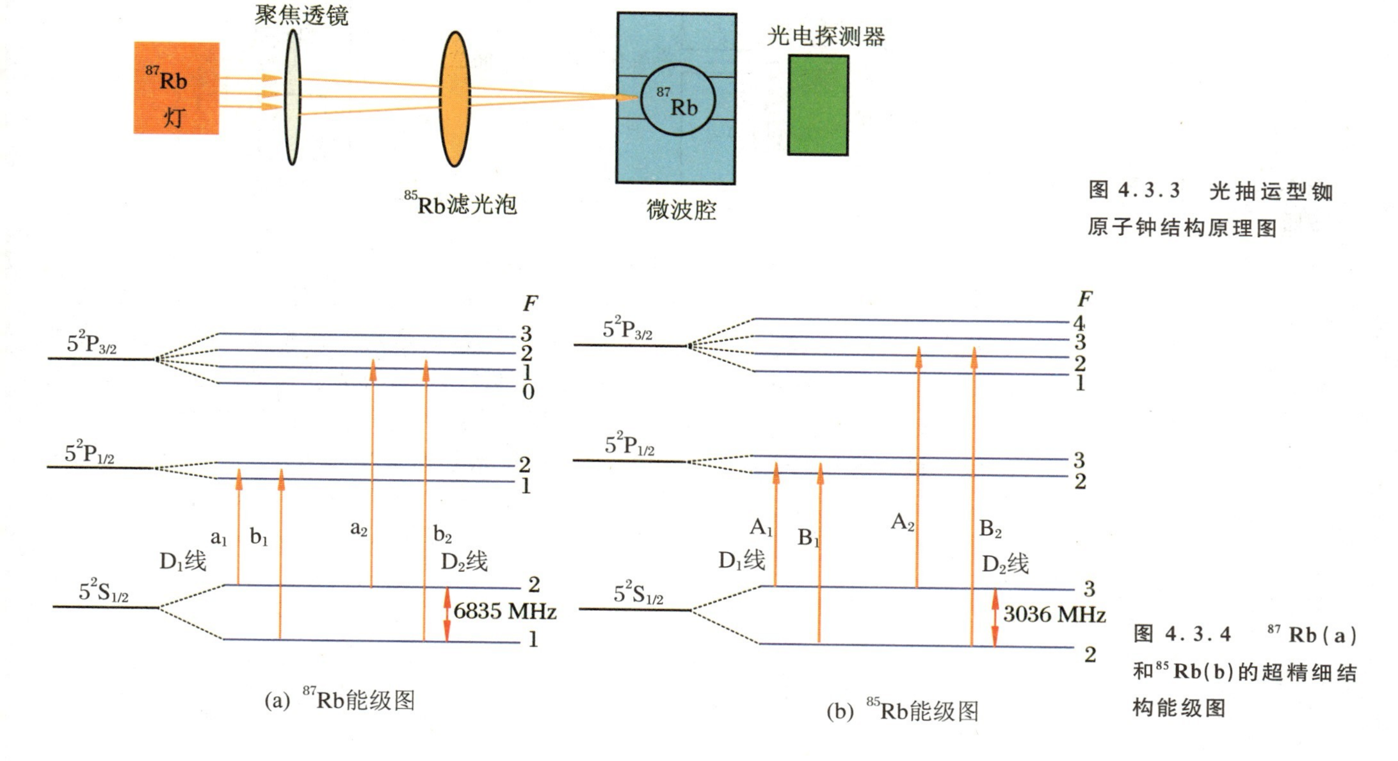

图4.3.3 光抽运型铷原子钟结构原理图

图4.3.4 ^{87}Rb(a)和^{85}Rb(b)的超精细结构能级图

4.3.4 氢原子钟

氢原子钟的结构如图 4.3.5 所示。从氢原子源出来的氢原子处于基态，但由于其超精细劈裂，实际上在能级 $F=1$ 和 $F=0$ 上都有氢原子布居。选态磁铁的作用是滤除 $F=0$ 上的氢原子，而只让 $F=1$ 上的氢原子通过后面的准直孔。这样在覆盖 Teflon 的储存腔中将储存有处于 $F=1$ 的氢原子。图 4.3.5 右边的两个小腔起的作用类似于分离振荡场中的两个共振腔，是实现氢原子钟高精度测量的基础。氢原子从一个小腔出来后，经过与大储存腔壁的多次碰撞后，才有较小的概率进入另一个小腔。所以氢原子在两个小腔之间的运动时间特别长。根据图 4.2.11 所示的原理，其精度非常高。与铯钟和铷钟相比，氢钟的短期稳定性极高，用它可以做许多高精度的物理实验。

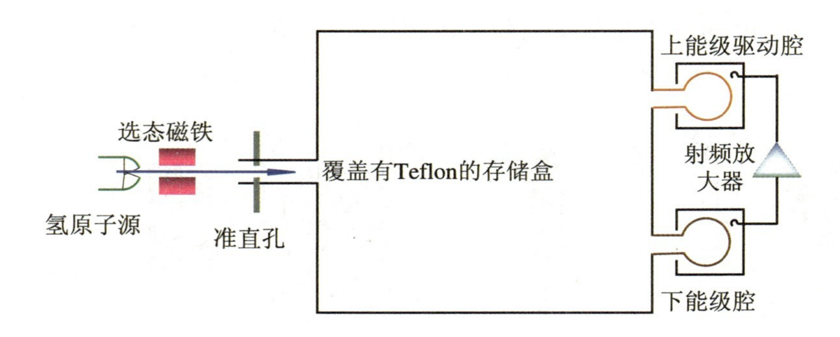

图 4.3.5 氢原子钟的结构原理图

氢钟、铷钟和铯钟是目前常用的三种原子钟。现在原子频标的进展和发展趋势在于进一步提高原子钟的准确度和稳定性。目前，国际上原子频标的研究热点是光钟技术，也即可见光波段的原子钟，这是基于激光光谱技术的巨大进展。由于可见光的频率远大于微波的频率，如果可见光波段的原子钟可以达到与微波钟相同的绝对精度，则光钟的相对精度可比微波钟的精度高好几个数量级。目前国际上主要应用单粒子囚禁技术和激光冷却技术，研制 Al^+、Hg^+、Yb、Sr、In^+ 和 Ca^+ 的光频标，其中我国主要开展了 Yb、Sr 和 Ca^+ 等的光钟研究。

4.4 斯塔克效应

1913 年，斯塔克(J. Stark，1874—1957，荣获 1919 年诺贝尔物理学奖)在实

验中发现,氢原子的巴耳末系,在电场中会发生劈裂,且此时谱线具有偏振性。这就是斯塔克效应(Stark effect),它是指原子和分子的能级和光谱在外加电场中的移动和分裂现象。实际上,自从塞曼在 1896 年发现原子光谱线在磁场中的分裂现象之后,科学家们就提出了这样的问题:原子光谱线在电场中是否存在类似的分裂现象?只不过斯塔克效应的实验观测远没有塞曼效应那么容易,所以迟至 1913 年才由斯塔克首次观测到。长期以来,斯塔克效应受到的关注程度远不如塞曼效应,这一方面是由于它的实验观测难,另一方面也是源于对其需求的不足。但是自从里德伯原子的研究兴起以来,这一情况得到了极大的改观,斯塔克效应获得了越来越广泛的关注。

根据斯塔克效应的大小和它对电场强度的依赖关系,可把它分为一阶(线性)斯塔克效应和二阶(平方)斯塔克效应。其中一阶斯塔克效应的光谱分裂与电场强度呈线性关系,而二阶斯塔克效应则与电场强度呈二次方关系。

4.4.1 线性斯塔克效应

在塞曼效应中,我们处理了磁矩在外磁场中的能量变化。如果把一个电偶极矩$\vec{D}$放在外电场中,也会引起一个附加的能量 U:

$$U = -\vec{D}\cdot\vec{E} \tag{4.4.1}$$

显然,如果原子具有电偶极矩,则根据其相对于外电场的取向,原子的能级会发生移动和分裂。原子的电偶极矩可写为

$$\vec{D} = -\sum_{i=1}^{N} e\vec{r}_i \tag{4.4.2}$$

这里$\vec{r}_i$是原子中电子的坐标矢量,N 为原子中电子的数目。对于氢原子,公式(4.4.2)可简化为$\vec{D} = -e\vec{r}$。下面我们以氢原子为例进行分析。

取外电场 $\vec{E}$ 方向为 z 方向,则原子在外电场中引起的能量变化为

$$U = -(-e\vec{r})\cdot\vec{E} = eEz \tag{4.4.3}$$

根据量子力学的基本原理,在实验上原子能级表现出的能量移动为

$$U = eE\langle z\rangle \tag{4.4.4}$$

这里,

$$\langle z\rangle = \int \psi^* z\psi \mathrm{d}\tau \tag{4.4.5}$$

此处 ψ 为原子的波函数。只要 $\langle z\rangle\neq 0$,原子在外电场中就会表现出斯塔克效应。

但是问题在于通常原子的波函数具有确定的宇称(见 2.10 节),无论是单电子的氢原子和类氢离子,还是多电子原子,情况都是如此。只要波函数具有确定的宇称,也即具有确定的轨道角动量量子数,$\psi^*\psi$ 终归是偶宇称。但是 z 为奇函数,所以(4.4.5)式的积分值都为 0。换句话说,对于任意一个具有确定轨道角动量量子数 l 的状态,其固有电偶极矩为 0。因此,从常规定义上来讲,原子没有斯塔克效应,这也是斯塔克效应难于观测到的原因。

但是终归会有例外的情况,这就是氢原子和类氢离子。在 2.7 节我们指出,在不考虑精细结构的情况下,类氢体系的能级只由 n 决定,对不同的 l 是简并的。例如氢原子 $n=2$ 的能级是 4 重简并的(考虑自旋为 8 重简并)。它对应 4 个简并的状态,分别为 ψ_{200}、ψ_{210}、ψ_{21+1} 和 ψ_{21-1}。如果斯塔克效应引起的能级分裂比精细结构大很多,就可以不用考虑精细结构引起的能级分裂,这正是氢原子的情况。因此,$n=2$ 的能级状态是上述 4 个波函数的线性组合。此时该状态的 l 可为 0,也可为 1,是不确定的。因此,氢原子 $n=2$ 的状态会有固有电偶极矩,会存在能级在外电场中的移动和分裂现象。量子力学计算表明,氢原子 $n=2$ 的状态电偶极矩大小为 $3\ ea_0$。这里 a_0 为玻尔半径。考虑它在外电场中的三种取向:垂直、平行和反平行于电场方向,进而引起的能量变化为

$$U = 0,\ \pm 3ea_0E \tag{4.4.6}$$

也即氢原子 $n=2$ 的能级在外电场中分裂为三个成分,如图 4.4.1 所示。同样,氢原子 $n>2$ 的能级在外电场中也会分裂。图 4.4.1 同时给出了氢原子 $n=3$ 的能级在外电场中的分裂情况。

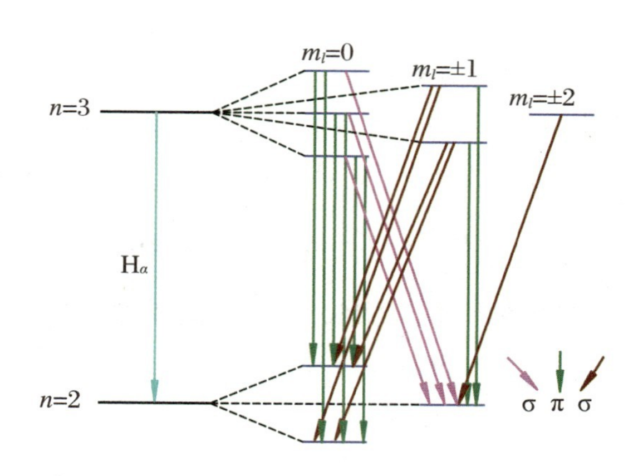

图 4.4.1 氢原子 $n=3$ 和 $n=2$ 能级在外电场中的分裂和跃迁

考虑到 $\Delta m_l=0,\pm1$ 的选择定则,可以很容易画出氢原子 $n=3$ 和 $n=2$ 能

级在外电场中的跃迁，如图 4.4.1 所示。与塞曼效应类似，$\Delta m_l = 0$ 的跃迁，发射的光谱线是线偏振的，以 π 表示。而$\Delta m_l = \pm 1$ 的跃迁，其光谱线是圆偏振的，以 σ 表示。斯塔克效应发射光谱的偏振特性，已经示于图 4.4.1 中。

由于氢原子在外电场中的能量变化正比于外电场的强度 E，如公式(4.4.4)所示，所以被称为线性斯塔克效应。

【例 4.4.1】 试计算氢原子 $n=2$ 的能级在外电场 $E=10^7$ V/m 时的能级分裂情况。

【解】 由公式(4.4.6)可知

$$U = (0, \pm 3ea_0E) = (0, \pm 12.82)\ \text{cm}^{-1}$$

考虑到氢原子的精细结构移动约为 0.46 cm^{-1}，可知斯塔克分裂的间距远大于精细结构移动，在考虑斯塔克效应时认为氢原子的能量对 l 简并是有道理的。

4.4.2　平方斯塔克效应

如前所述，所有原子的基态对 l 都是非简并的。多电子原子的激发态能级对 l 也几乎都是非简并的。因此，这些能级都不存在固有电偶极矩，也就不会有线性斯塔克效应。由此可知类氢体系是多么的特殊！但是，外电场的存在会使原子中的电荷分布发生微小的移动，进而产生感生电偶极矩，其大小为

$$D' = \alpha E \tag{4.4.7}$$

这里 α 是原子的极化率，它与所有的量子数有关并且对每个电子组态都不相同。由于感生电偶极矩的存在，可引起原子能级的移动，其大小为

$$U = -\frac{1}{2}D'E = -\frac{1}{2}\alpha E^2 \tag{4.4.8}$$

由于这一能量移动与电场强度的平方成正比，故而称为平方斯塔克效应，也称为二阶斯塔克效应。图 4.4.2 给出了 Na 黄线的平方斯塔克效应。

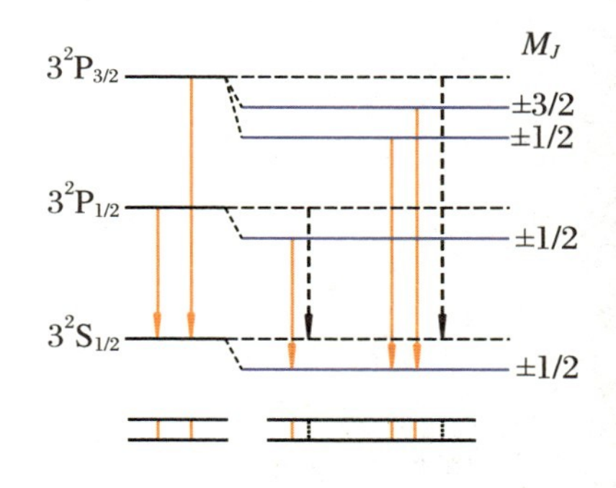

图 4.4.2　钠黄线的平方斯塔克效应

附录 4-1　塞曼效应的偏振特性

在第 2 章中我们已经讨论过了光子的能量和动量，在本附录中我们将讨论光子的另一特性——角动量，而且在此我们只讨论光子的自旋角动量。光子具有自旋，其自旋量子数 $s=1$，相应的自旋角动量为 $\vec{S}^2=s(s+1)\hbar^2=2\hbar^2$。光子自旋角动量的 z 分量也是量子化的，按照量子力学的角动量理论，其 z 分量应该为 $\hbar$、0 和 $-\hbar$。实际上，$S_z=0$ 的本征态在物理上是不存在的，因为它代表纵波，而电磁波是横波。对于光子而言，它若处于本征态，则其 S^2 和 S_z 是确定的，此时光子的自旋角动量方向（S_z）与电矢量的旋转方向组成右手螺旋定则。因此，迎着光的传播方向看，左旋圆偏振光的自旋角动量方向 S_z 与光的传播方向一致，其 $S_z=\hbar$。而右旋圆偏振光的自旋角动量方向 S_z 与光的传播方向相反，其 $S_z=-\hbar$。

需要说明的是，如图 4-1 定义的光子处于光子自旋的本征态，它的传播方向与其自旋角动量方向平行，S^2 和 S_z 都有确定的值。由于自旋是光子的内禀属性，无论任何方向传播的光子，都有自旋，其数值都为$\sqrt{2}\hbar$。但是，其自旋角动量的 z 分量（也即在光传播方向上的分量）S_z 并不一定取 $\hbar$ 或 $-\hbar$，也即光子并不一定处于其自旋本征态。只有在光的传播方向上 $S_z=\hbar$ 或 $-\hbar$ 的光子才处于其自旋本征态，而 S_z 取其他值的光子处于自旋叠加态上。

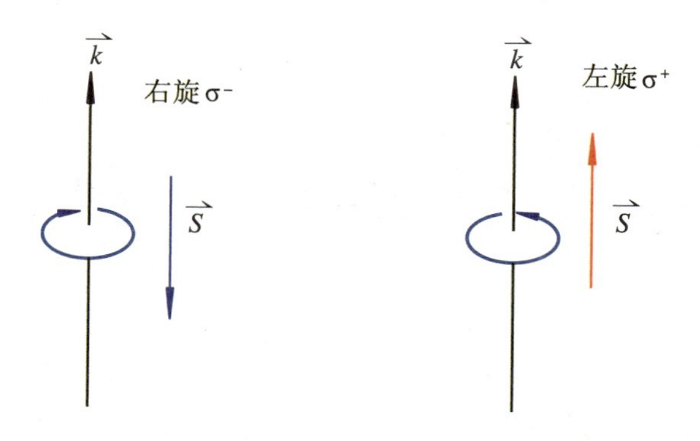

图 4-1　光子的自旋本征态

对于塞曼效应，原子和光子一起构成一个封闭系统，它不与外界发生相互作用，因此其初末态的角动量守恒。我们考察 $M_J=+1\rightarrow M_J=0$ 的跃迁发射的谱线，其初态是 $M_J=1$ 的原子，其末态是处于 $M_J=0$ 的原子和发射的光子。末态的原子与初态的原子相比，在外磁场方向的角动量减小了 $\hbar$，如图4-2(a)

所示。原子减少的这部分角动量，只能由光子带走。如果光子的发射方向沿着外磁场 $\vec{B}$ 的方向，则该光子的 $S_z=\hbar$，该光子处于其自旋本征态，为左旋圆偏振光 σ^+。若光子发射方向垂直于外磁场 $\vec{B}$，设其为 x 方向，根据角动量守恒，则该光子在 z 方向上的角动量仍为 $\hbar$，但其在光子发射的 x 方向的光子自旋角动量必为零。由于在光传播方向的角动量为零（注意，与沿外磁场 B 方向发射的光子相比，沿 x 方向发射光子意味着建立了新的 z' 轴，而 z' 轴就是原坐标下的 x 方向），说明在垂直于磁场方向发射的光子不处于自旋本征态，而处于自旋本征态的叠加态。该叠加态可展开为其自旋本征态 $S_z{}'=\hbar$ 和 $-\hbar$ 的组合，且每一个本征态有一个系数，或者叫作振幅。这相当于把原先的沿 z 轴的自旋角动量分解为相对于新 z' 轴的 $S_z{}'=\hbar$ 和 $-\hbar$ 的本征态，进而可由分解的振幅给出沿 x 方向发射光子的偏振特性。具体的做法是复杂的，可参阅相关的量子力学教科书，例如《费恩曼物理学讲义》第 3 卷。但是我们可以有更简便的方法判断沿 x 方向发射光子的偏振特性。如图 4－2 所示，既然光子的角动量 $\hbar$ 沿 z 方向，其电场矢量必然在 xy 平面内。如果光子沿着 x 方向发射，考虑到光的横波性，肯定无 x 方向的电场矢量。因此，x 方向发射的光子必定是线偏振的，偏振方向为 y 方向，以 π_y 表示。实际上，π_y 的线偏振光可分解为 yz 平面内的左旋圆偏振光和右旋圆偏振光，而二者正是 $S_z{}'=\hbar$ 和 $-\hbar$ 的光子本征态。只不过二者的自旋角动量互相抵消，其叠加态表现出 x 方向的角动量为零而已。由前面的分析可以看出，对于塞曼效应中 $\Delta m=+1$ 的跃迁，迎着外磁场方向观测，将只能看到 σ^+ 的左旋圆偏振光。而在垂直于外磁场方向观测，将只能看到 π_y 偏振的线振光。

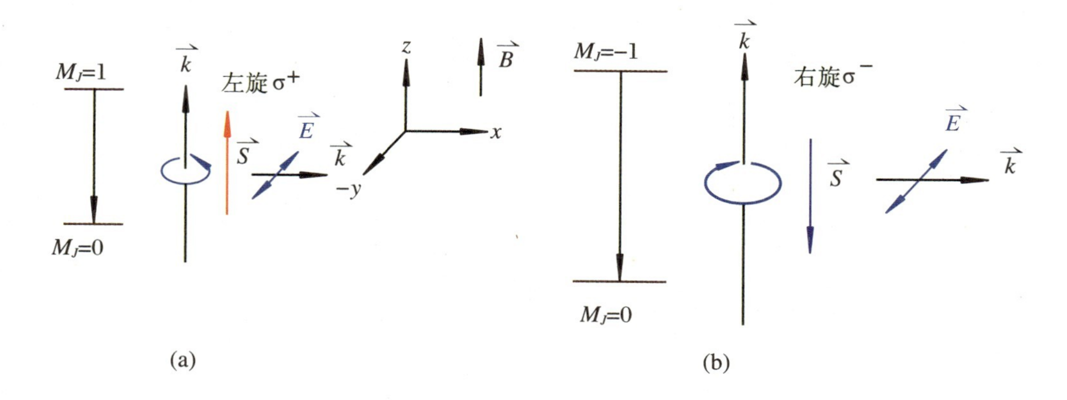

图 4－2 塞曼效应和光的偏振

同样的分析适用于 $\Delta m=-1$ 的光谱线，迎着外磁场方向观测，只能看到 σ^- 右旋圆偏振光，而在垂直于外磁场方向观测，将只能看到 π_y 偏振的线偏振光。

对 $\Delta m=0$ 的跃迁，原子的初末态在 z 方向的角动量没有变化，因此光子在

z 方向的角动量 $S_z=0$。前面提及光子角动量的时候，指出 $S_z=0$ 的光子代表的是沿 z 方向振动的纵波，是非物理的。也即在 z 方向观测不到 $\Delta m=0$ 跃迁的光子。所以迎着磁场方向观测，看不到 $\Delta m=0$ 的跃迁。但是沿 x 方向观测，则可以观测到 z 方向线偏振的光子，它是满足光的横波条件的。因此，对于 $\Delta m=0$ 的跃迁，沿垂直于 z 方向观测，可看到沿 z 方向的线偏振光，称为 π_z。实际上，光子必定是有自旋角动量的，对于 $\Delta m=0$ 的跃迁，其 z 方向角动量无变化。但该光子的自旋角动量 S_z'沿 x 方向，只不过该光子可取 $S_z'=\hbar$ 和 $-\hbar$ 的光子本征态，进而可叠加出沿 z 方向的线偏振光而已。我们也可以从另一个角度理解，沿 z 方向的线偏振光也可分解为在 yz 平面内的左旋偏振光和右旋偏振光。而二者正是 S_z'分别对应 $\hbar$ 和 $-\hbar$ 的本征态。

总之，在塞曼效应中，沿着外磁场方向观察，只能看到 $\Delta m=\pm1$ 的谱线，二者皆为圆偏振光。其中 $\Delta m=+1$ 的光谱线为左旋圆偏振光，以 σ^+ 表示；而 $\Delta m=-1$ 的谱线为右旋圆偏振光，以 σ^- 表示。在垂直于外磁场方向观察，$\Delta m=0$、±1 的光谱线都可以观察到，且皆为线偏振光。其中 $\Delta m=0$ 的光谱线的偏振方向沿着外磁场的方向（z 方向），以 π_z 表示。而 $\Delta m=\pm1$ 的线偏振光在 xy 平面内，且垂直于观测方向。一般定义观测方向为 x 方向，则该线偏振光的偏振方向为 y 方向，以 π_y 表示。

第 5 章　双原子分子的能级结构和光谱

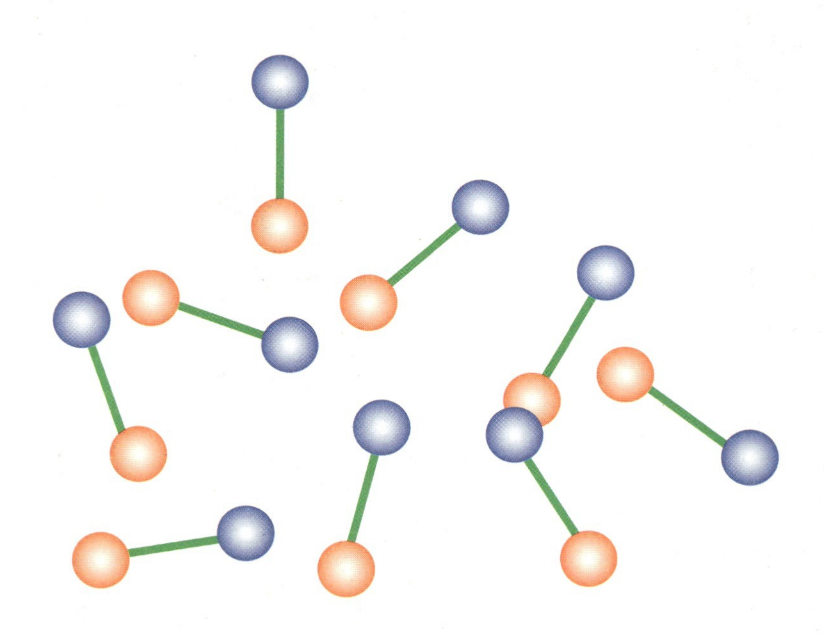

分子是比原子更复杂的体系。人们在量子力学基础上解释了原子的能级结构和光谱之后，目光就转向了分子体系。相对而言，分子的能级结构和光谱要比原子复杂得多，这是因为在分子中不存在像原子中原子核这样的对称中心，进而多了核运动的自由度。虽然如此，双原子分子能级结构的规律还是比较简单的，本章就讨论双原子分子的能级结构和光谱。

5.1 分子的形成和化学键

原子是由原子核和核外电子组成的束缚系统，其相互作用力主要是电磁力。分子的情形也是类似的，它是由多个原子核和核外电子组成的束缚系统，其相互作用力也主要是电磁相互作用。分子与原子的不同之处在于，原子有一个对称中心，分子是多中心系统。因此，分子的理论处理与原子的情形不同，虽然分子的能级结构仍可以在量子力学的框架下描述。

5.1.1 双原子分子的薛定谔方程和玻恩-奥本海默近似

在忽略掉较弱的磁相互作用之后，双原子分子的哈密顿量可以写为

$$\hat{H}=\sum_{i=1}^{N}\left(-\frac{\hbar^2}{2m_e}\nabla_i^2\right)+\left(-\frac{\hbar^2}{2m_a}\nabla_a^2-\frac{\hbar^2}{2m_b}\nabla_b^2\right)+\sum_{i=1}^{N}\left(-\frac{Z_ae^2}{4\pi\varepsilon_0 r_{ai}}-\frac{Z_be^2}{4\pi\varepsilon_0 r_{bi}}\right)+\sum_{i>j=1}^{N}\frac{e^2}{4\pi\varepsilon_0 r_{ij}}+\frac{Z_aZ_be^2}{4\pi\varepsilon_0 R} \tag{5.1.1}$$

公式(5.1.1)中，a 和 b 指的是原子核，i 和 j 指的是电子。显然，公式(5.1.1)中的第一项是 N 个电子的动能项，第二项是两个原子核的动能项，第三项是 N 个电子感受到两个原子核的库仑吸引而产生的势能项，第四项是 N 个电子之间的库仑排斥能，而最后一项是两个原子核之间的库仑排斥能。r_{ij} 是电子 i 和电子 j 之间的距离，而 R 是两个原子核之间的距离(简称核间距)，其他符号具有它们通常所具有的意义。

双原子分子的薛定谔方程可写为

$$\hat{H}\psi = E\psi \tag{5.1.2}$$

显然，双原子分子的能级结构可由求解公式(5.1.2)的薛定谔方程获得。但是，公式(5.1.1)所示的哈密顿量是如此复杂，导致薛定谔方程(5.1.2)无法精确求解，而分子的多中心特性又进一步增加了问题的复杂程度。为此，理论上引进了玻恩-奥本海默近似来处理分子的运动和能级结构问题。

玻恩-奥本海默近似(Born-Oppenheimer approximation)的核心是把电子的运动和原子核的运动分开，在讨论电子运动的时候，近似认为原子核是固定不动的；在讨论原子核的运动时，又认为电子总是能够迅速调整自己的运动状态使之与变化后的原子核库仑场相适应，也即原子核只能在电子产生的平均势场中运动。玻恩-奥本海默近似是基于这样的实验事实和物理图像，也即电子的质量远远小于原子核的质量，因此电子的运动速度远远大于原子核的运动速度，二者可差三到五个数量级。在讨论电子运动时，由于认为原子核静止不动，公式(5.1.1)中的第二项也即原子核的动能项为零。而公式(5.1.1)中的最后一项可以当成一个常数。在解双原子分子的薛定谔方程时，常数项是不重要的，可以忽略。当解出薛定谔方程之后，只要在所得本征值的基础上加上常数项即可。

在玻恩-奥本海默近似下，双原子分子中电子的哈密顿量可写为

$$\hat{H}_e = \sum_{i=1}^{N}\left(-\frac{\hbar^2}{2m_e}\nabla_i^2\right) + \sum_{i=1}^{N}\left(-\frac{Z_a e^2}{4\pi\varepsilon_0 r_{ai}} - \frac{Z_b e^2}{4\pi\varepsilon_0 r_{bi}}\right) + \sum_{i>j=1}^{N}\left(\frac{e^2}{4\pi\varepsilon_0}\frac{1}{r_{ij}}\right) \tag{5.1.3}$$

相应的薛定谔方程为

$$\hat{H}_e\psi_e(\vec{r},R) = E(R)\psi_e(\vec{r},R) \tag{5.1.4}$$

这里 $\vec{r}$ 代表所有电子的坐标。需要说明的是，虽然公式(5.1.4)中的 R 可取 $(0,\infty)$ 中的任意值，但在具体求解公式(5.1.4)时，是把 R 固定住的。因此，对应于每一 R 值(也即任一分子核间距)，电子的薛定谔方程都会解出一组本征值 $E^j(R)$，这里 j 代表分子处于不同的电子能量状态，也即不同的电子态。相应地，也可得到每一能态在 R 下的电子本征波函数 $\psi_e^j(\vec{r},R)$。其中能量最低的状态显然对应于分子的电子基态(忽略了原子核之间的库仑排斥能)。然后，把公式(5.1.1)中的最后一项也即两个原子核间的排斥能考虑进去，就可得到双原子分子体系在忽略原子核运动时的本征能量：

$$U^j(R) = E^j(R) + \frac{Z_a Z_b e^2}{4\pi\varepsilon_0 R} \tag{5.1.5}$$

由公式(5.1.5)可以看出，分子的本征能量与核间距有关，这与原子的情形不同。原子的能级结构以能级图表示，每一能级在能级图上表示为一条水平线。

由于分子的电子能级可表示为核间距的函数，因此分子电子态的能级图表现为曲线的形式，称为势能曲线(potential curve)。图 5.1.1 给出了氢分子的势能曲线，其他双原子分子的势能曲线与氢分子的势能曲线类似，下面我们以氢分子的势能曲线为例来说明问题。

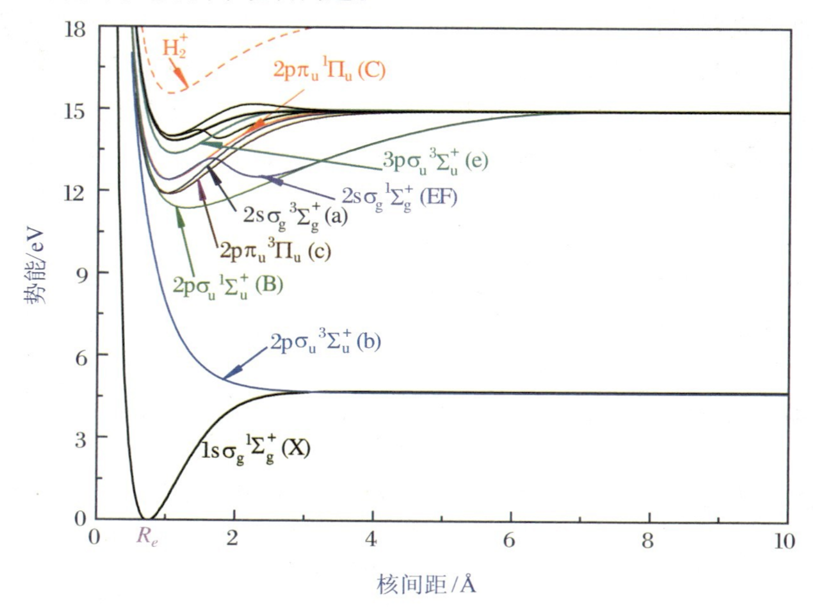

图 5.1.1　氢分子的势能曲线，其中一个电子处于 $1s\sigma_g$ 的状态，而另一个电子所处的状态如图中所示

5.1.2　分子的形成和共价键

图 5.1.1 所示势能曲线中能量最低的一条为氢分子基态所对应的电子态。我们可以看出，氢分子基态的势能曲线有一个极小点，该极小点所对应的核间距被称为平衡核间距 R_e。显然，当两个氢原子彼此远离时双原子分子体系的能量就是两个氢原子的能量和。随着两个氢原子的靠近，体系的能量逐渐降低，在 R_e 处达到极小。两个氢原子的进一步靠近又使得体系的能量急剧上升。基态势能曲线存在极小点是形成稳定双原子分子的关键，此时，体系的能量最低。那么，是什么原因导致分子的势能曲线出现极小点呢？

图 5.1.2 画出了氢分子在稳定构型(也即核间距为 R_e)下电子密度的空间分布，图 5.1.2(a)给出的是 H_2 基态$(1s\sigma_g)^2\,^1\Sigma_g^+$(具体意义见 5.5 节)的电子密度分布，5.1.2(b)给出的是其第一激发态(也即图 5.1.1 中所示$(1s\sigma_g 2p\sigma_u)^3\Sigma_u^+$)的电子密度分布。由图 5.1.2(a)可很容易看出，氢分子处于基态时，电子在两个原子核之间密度较大(比不考虑两个原子之间相互作用、两个氢原子相距 R_e 时的电子密度之和还要大，如图 5.1.2(c)所示)。在两个质子之间增强的电子密度

会同时吸引两个质子,这一吸引力除了抵消两个原子核之间的库仑斥力之外,还进一步降低了分子的能量,这就是形成氢分子基态势能曲线极小点的原因,也是两个原子能够组成稳定分子的原因。由于组成氢分子的两个氢原子处于完全对等的地位,两个质子之间增强的电子密度来自于两个原子的贡献,各自的贡献完全相同。这种两个原子共同使用它们的外层电子,进而导致原子间的较强相互作用被称为共价键。共价键的本质是原子轨道重排后,高概率地出现在两个原子核之间的电子和原子核之间的电相互作用。同一种元素的原子或不同元素的原子都可以通过共价键结合,一般共价键结合的产物都是分子。

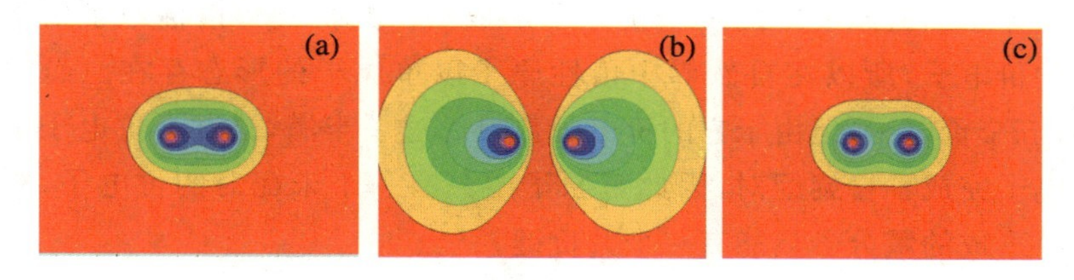

图 5.1.2 氢分子在核间距为 R_e 下电子密度的空间分布

(a)是 H_2 基态 $(1s\ \sigma_g)^{2\ 1}\Sigma_g^+$ 的电子密度的空间分布,(b)是 H_2 第一激发态 $(1s\ \sigma_g 2p\ \sigma_u)^{3}\Sigma_u^+$ 的电子密度的空间分布,(c)是两个独立氢原子(即不考虑氢原子间的相互作用)且间距为 R_e 时的电子密度的空间分布。图中不同的颜色代表不同的电子云密度,三张图的空间尺度相同

图 5.1.2(a)所示的 $(1s\ \sigma_g)^{2\ 1}\Sigma_g^+$ 是成键态,与之相关的分子轨道 $1s\ \sigma_g$(其具体含义后面阐述)称为成键轨道,其势能曲线上存在极小点,见图 5.1.1。而图 5.1.2(b)所示的 $(1s\ \sigma_g 2p\ \sigma_u)^{3}\Sigma_u^+$ 的势能曲线随核间距的增大而单调下降,不存在极小值,在 R 的整个区域都表现为排斥势。像 $2p\ \sigma_u\ ^3\Sigma_u^+$ 这样的分子态被称为反键态,与之相关的分子轨道 $2p\ \sigma_u$ 称为反键轨道。如果分子被激发至反键态,由于其势能曲线排斥势的特点,处于反键态的分子会在极短的时间内解离为两个原子。

在分子的形成过程中,起作用的主要是价电子。原子的内壳层电子由于被原子核束缚得很紧,它们一般很少受到扰动,其波函数与原子状态的波函数相比变化不大。因此,参与共价键形成的主要是原子的价电子,内壳层电子几乎不参与成键。

在 3.2 节中曾指出,像电子这样的费米子其波函数要满足交换反对称性的要求。在 3.2 节我们还指出,自旋反平行的两个电子,其自旋波函数是交换反对称的,因此其空间波函数必定是交换对称的。而交换对称的空间波函数则意味着两个电子在空间出现在一起的概率较大。分子的共价键意味着电子要尽可能出现在两个原子核之间的区域,也即电子在空间上要靠近,这样才能有效抵消两个原子核之间的库仑排斥,并尽可能降低分子体系的能量。这也就意味着要求来自两个原子的两个成键电子要自旋反平行,达到在空间靠近并处于原子核之间的目的。因此,一个共价键是由两个自旋反平行的电子组成的。例如氢原子中有一个电子,它可以与另一个氢原子的、自旋与之反平行的电子组成一个共价键,进而形成氢分子。类似的例子还有锂。锂原子有一个未自旋配对的价电子,它可以与另一个锂原子的、自旋反平行的未配对的价电子组成一个共价键,形成锂分子。而氮原子含有三个未配对的价电子(三个价电子自旋平行),它们可以和另一个氮原子的、三个反平行的未配对价电子组成三个共价键。

共价键具有“饱和性”和“方向性”两个特征。共价键的“饱和性”源于原子中未配对的价电子数目。例如氢分子,由于氢原子中只有一个未配对的价电子,因此它只能形成一个共价键。而氮原子有三个未配对的价电子,因此氮分子中有三个共价键。也正是因为氮原子和氢原子价电子的这一特性,氮和氢能形成 NH_3 分子,该分子中氮原子提供三个价电子与氢原子形成三个共价键,其中每个氢原子和氮原子中的一个价电子形成一个共价键。惰性原子由于没有未配对的价电子,所以在自然界中惰性原子以单原子的形态存在。而像氟原子,它有五个价电子,但由于它的价电子数目超过了半满,这五个价电子中已有四个价电子完成了自旋配对,因此氟原子中只有一个未配对的价电子,所以两个氟原子形成的氟分子只能有一个共价键。

共价键的“方向性”是指一个原子只能在某个特定的方向上形成共价键,它源于原子中电子的空间概率分布。共价键的量子理论指出,共价键的强弱取决于形成共价键的两个电子轨道的相互交叠程度。而由 2.7 节的知识可知,除了 s 电子具有球对称性以外,其他所有电子都在某些特定的方向上具有较大的概率密度,因此只有在这些方向上才能形成共价键。

需要指明的是,由同类原子组成的共价分子,例如 H_2、O_2、N_2 等形成的共价键的电荷分布是对称的,正负电荷的“中心”重合,因此同核双原子分子没有永久的电偶极矩,其共价键是非极性的,这类分子称为非极性分子。而由不同原子组成的异核双原子分子,例如 HCl、CO 等,往往具有永久电偶极矩,它们的共价键是极性键,这类分子称为极性分子。

5.1.3 离子键

离子键是形成稳定分子的另一种常见的化学键,它是当两个原子或化学集团失去或获得电子成为离子后,通过静电吸引力使之靠近而形成。离子键常由金属原子和非金属原子形成,且金属原子由于电离能较小而容易失去电子带正电,非金属原子由于电子亲和势较高常获得电子而带负电。带相反电荷的离子因库仑引力而相互吸引,导致它们靠近而进一步降低分子的能量,进而形成化学键及稳定的分子。因此由离子键形成的分子都是极性分子,例如 LiF、NaCl、CsI 就是典型的由离子键形成的稳定分子。实际上,离子键或多或少都带有共价键的成分,并不存在“纯粹”的离子键。图 5.1.3 给出了 NaCl 分子的势能曲

线，该势能曲线极小点的形成主要源于离子键。

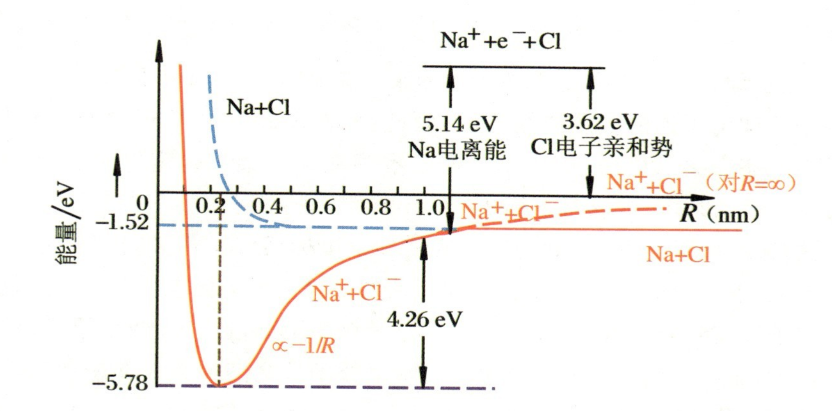

图 5.1.3 Na^+ 离子和 Cl^- 离子间的势能作为距离 R 的函数，势能 $\propto -1/R$ 的区间是典型的离子键特征

常见的化学键还有金属键和范德瓦尔斯键，二者常在固体和液体中起主要作用，在此不做进一步的介绍。

需要说明的是，这里我们虽然以双原子分子为例说明了原子通过共价键而形成稳定的分子，这一机制同样适用于解释多原子分子的形成，在此不做进一步的解释。

5.2 双原子分子的能级

在 5.1 节的讨论中，我们忽略了原子核的运动，认为原子核是静止不动的，在此基础上假设原子核的动能算符为零。实际上，原子核当然是运动的，而原子核振动和转动光谱的产生就是源于原子核的运动。

5.2.1 原子核运动的薛定谔方程

对于双原子分子而言，原子核在基于玻恩-奥本海默近似下的薛定谔方程为

$$\left[-\frac{\hbar^2}{2m_a}\nabla_a^2-\frac{\hbar^2}{2m_b}\nabla_b^2+U^j(R)\right]\psi_N^j(\vec{R}_a,\vec{R}_b) = E\psi_N^j(\vec{R}_a,\vec{R}_b) \tag{5.2.1}$$

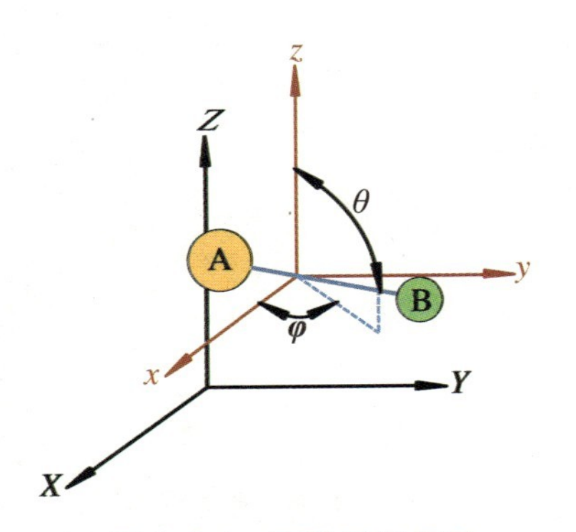

图 5.2.1 实验室坐标系和分子内坐标系

这里 $U^j(R)$ 由公式(5.1.5)给出。公式(5.2.1)所代表的物理图像为,原子核在由电子运动产生的平均势场 $E^j(R)$ 和原子核排斥势场 $\frac{Z_aZ_be^2}{4\pi\varepsilon_0 R}$ 组成的共同势场下运动,也即在类似于图 5.1.1 所示的某一条势能曲线约束下运动。由于双原子分子不同电子态的势能曲线不同,因此公式(5.2.1)的核运动波函数与其所处的电子态有关,以上标 j 表示。但是本书在讨论某一确定电子态(例如基态)的振转运动时,常常忽略上标 j。

公式(5.2.1)所示的薛定谔方程是在实验室坐标系(X,Y,Z)下写出的,如图 5.2.1 所示。相应地∇_a和∇_b是对两个原子核的实验室系坐标求微分。显然,适用于两个原子核运动的方程(5.2.1)既包含原子核的平动,也包含两个原子核之间的相对运动:振动和转动。所谓振动是指两个原子核之间的相对伸缩运动,而转动是绕垂直于分子轴且过其质心的旋转运动。虽然薛定谔方程(5.2.1)能够准确描述双原子分子中原子核的运动,但它用起来并不方便,这是因为两个原子核的运动并不是独立的。为了简化,我们在分子的质心上建立一个平行于实验室的坐标系,新的坐标系定义为(x,y,z),如图 5.2.1 所示。分子的质心的坐标为

$$\vec{R}_{CM}=\frac{m_a\vec{R}_a+m_b\vec{R}_b}{m_a+m_b} \tag{5.2.2}$$

这一新的坐标系固定在分子的质心上,并随着分子的质心而平动。显然,在新的坐标系(x,y,z)下,不包括分子整体的平动自由度,只含有分子的内部自由度,所以(x,y,z)也称为分子内坐标系。在分子内坐标系下,分子间的相对运动定义为

$$\vec{R}=\vec{R}_a-\vec{R}_b \tag{5.2.3}$$

则原子核运动的薛定谔方程(5.2.1)可写为(见习题 5.4)

$$\left[-\frac{\hbar^2}{2M}\nabla_{CM}^2-\frac{\hbar^2}{2\mu}\nabla_{\text{int}}^2+U(R)\right]\psi_N(\vec{R}_{CM},\vec{R})=E\psi_N(\vec{R}_{CM},\vec{R}) \tag{5.2.4}$$

这里∇_{CM}和∇_{int}分别为分子质心和内部坐标的拉普拉斯算符,且有$\nabla_{\text{int}}^2=\frac{\partial^2}{\partial x^2}+\frac{\partial^2}{\partial y^2}+\frac{\partial^2}{\partial z^2}$。在公式(5.2.4)中的 $M=m_a+m_b$,而 μ 为折合质量:

$$\mu=\frac{m_am_b}{m_a+m_b}$$

考虑到公式(5.2.4)中势能项只是原子核间距 R 的函数,与质心坐标无关,因此公式(5.2.4)可以分离变量求解,且其第一项相当于分子质心的平动。也即可以认为分子把所有质量都集中于其质心的、质量为 M 的质点的平动,该质点的

动能可以任意取值，并不产生谱学上的影响。当然分子的平动可以产生多普勒效应，这类似于原子平动。由于分子质心的平动不是我们所关心的内容，下面我们只考虑分子的内部运动。

在2.6节曾经指出，对应于粒子的每一维运动，都应该有一个量子数来确定粒子的状态。例如一维无限高方势阱需要一个量子数 n 来确定它的状态，而三维的无限高方势阱则需要量子数 n_1、n_2 和 n_3 来确定它的状态。类似的例子还有氢原子中的电子，它有三个自由度（三维问题），因此需要 n、l 和 m_l 来确定它的状态。双原子分子中有两个原子核，每个原子核有三个自由度，共六个自由度。但是如前所述，双原子分子的整体平动并不影响其谱学特性，因此可以去掉其质心平动的三个自由度。所以，描述分子中原子核运动需要三个量子数 v、J 和 M 来确定它的状态，这对应于它三个内部运动的自由度，它们分别对应分子的振动和转动。其中具有量子数 v 的振动态是非简并的，具有量子数 J 的转动态是简并的，其简并度为 $2J+1$，分别对应于 $2J+1$ 个 M 值。

忽略掉双原子分子的平动后，双原子分子的薛定谔方程可写为

$$\left[-\frac{\hbar^2}{2\mu}\nabla_{\text{int}}^2 + U(R)\right]\psi_N(\vec{R}) = E_N\psi_N(\vec{R}) \tag{5.2.5}$$

由于公式(5.2.5)中的势能只是两个原子核间距离 R 的函数，所以采用球坐标处理是方便的。为此，我们建立与(x,y,z)坐标系对应的球坐标系，如图5.2.1所示。在球坐标系下，与氢原子的情形类似，薛定谔方程可以写为

$$\left[-\frac{\hbar^2}{2\mu}\left(\frac{\partial^2}{\partial R^2} + \frac{2}{R}\frac{\partial}{\partial R} - \frac{\hat{L}^2}{R^2\hbar^2}\right) + U(R)\right]\psi_N(\vec{R}) = E_N\psi_N(\vec{R}) \tag{5.2.6}$$

这里$\hat{L}^2$是角动量平方算符：

$$\hat{L}^2 = -\hbar^2\left[\frac{1}{\sin\theta}\frac{\partial}{\partial\theta}\left(\sin\theta\frac{\partial}{\partial\theta}\right) + \frac{1}{\sin^2\theta}\frac{\partial^2}{\partial\varphi^2}\right] \tag{5.2.7}$$

5.2.2 双原子分子的转动能级

与氢原子的薛定谔方程完全类似，方程(5.2.6)可分离变量求解。由于我们在第2章已经处理了氢原子问题，在此可直接写出角向薛定谔方程的解：

$$\hat{L}^2 Y_{JM}(\theta,\varphi) = J(J+1)\hbar^2 Y_{JM}(\theta,\varphi) \tag{5.2.8}$$

$$\hat{L}_z Y_{JM}(\theta,\varphi) = M\hbar Y_{JM}(\theta,\varphi) \tag{5.2.9}$$

为了与氢原子区分，这里的量子数称为 J 和 M，显然有

$$J = 0,1,2,3,\cdots \tag{5.2.10}$$

$$M = 0,\pm 1,\pm 2,\cdots,\pm J \tag{5.2.11}$$

与氢原子中能量只依赖于主量子数 n 不同（主要是氢原子中势能具有极其简单的形式，也即 $\propto r^{-1}$），双原子分子的核运动能量依赖于量子数 J。由公式(5.2.6)可知，双原子分子源于原子核角向运动的能量为

$$E_J = \frac{\hat{L}^2}{2\mu R^2} = \frac{J(J+1)\hbar^2}{2\mu R^2} \tag{5.2.12}$$

这里公式中分母具有转动惯量的量纲。因此与分子的角向运动有关的能量为分子的转动能级，而转动波函数就是 $Y_{JM}(\theta,\varphi)$。作为一个合理的近似，我们可以认为双原子分子为一个刚性转子，也即两个原子核由一个不会形变的刚性杆相连接，这一刚性转动的能量是量子化的，它具有公式(5.2.12)的形式。

跟原子核间距 R 变化有关的运动对应分子的振动（见5.2.3节），显然分子的振动是在其平衡核间距附近进行的，且与势能曲线 $U(R)$ 有关。与振动对应的原子核波函数为分子的振动波函数。考虑到分子的振动，分子的转动能量应对公式(5.2.12)做平均。由于分子的势能极小点在平衡核间距 R_e 处，可以很容易理解，公式(5.2.12)对分子振动波函数做平均后，$\langle 1/R^2\rangle$ 应与 $\langle 1/R_e^2\rangle$ 十分接近。因此分子的转动能量近似为

$$E_J = \frac{\hat{L}^2}{2\mu R_e^2} = \frac{J(J+1)\hbar^2}{2I_e}, \quad J = 0,1,2,3,\cdots \tag{5.2.13}$$

实验证实(5.2.13)是一个非常好的描述分子转动能量的公式。这里 $I_e = \mu R_e^2$ 为分子的转动惯量，J 被称为转动量子数。

由公式(5.2.13)可知，分子的转动能量是量子化的，由转动量子数 J 决定，且对于每一个 J 值，分子转动能级的简并度为 $2J+1$（对应 $2J+1$ 个 M 的取值，能量与 M 的取值无关）。相邻两个转动能级之间的间隔为

$$\Delta E_J = E_J - E_{J-1} = \frac{\hbar^2}{I_e}J, \quad J = 1,2,3,\cdots \tag{5.2.14}$$

显然，分子能级间距与 J 成正比（J 为所涉能级中转动量子数较大的那个），J 越大相邻能级间的距离也越大，如图 5.2.2 所示。

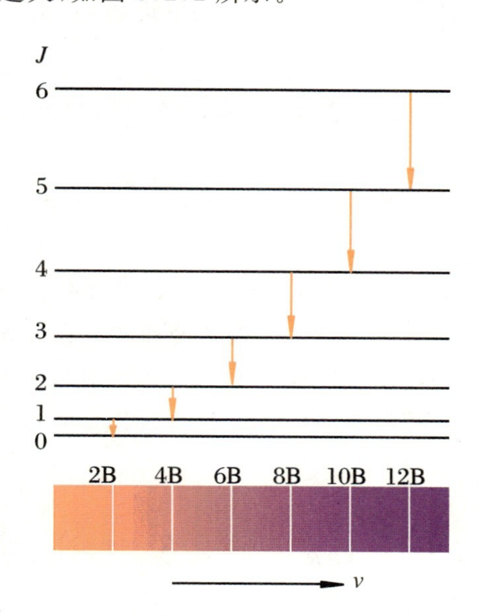

图 5.2.2 双原子分子的纯转动能级和纯转动光谱

5.2.3 双原子分子的振动能级

跟分子中两个原子核之间距离有关的运动对应于两个原子核的振动，相应的能级为分子的振动能级。由公式(5.2.6)和(5.2.8)可知，双原子分子振转运动的薛定谔方程为

$$\left[-\frac{\hbar^2}{2\mu}\left(\frac{\partial^2}{\partial R^2}+\frac{2}{R}\frac{\partial}{\partial R}-\frac{J(J+1)}{R^2}\right)+U(R)\right]\psi_{\nu,J}(R)=E_{\nu,J}\psi_{\nu,J}(R) \tag{5.2.15}$$

如前所述，作为一种非常好的近似，公式(5.2.15)中的 $\frac{J(J+1)\hbar^2}{2\mu R^2}$ 可以用 $\frac{J(J+1)}{2\mu R_e^2}$ 表示，它是一个常数，可以从公式(5.2.15)中右边的能量中扣除。然后双原子分子振转运动的薛定谔方程可化简为振动运动的薛定谔方程：

$$\left[-\frac{\hbar^2}{2\mu}\left(\frac{\partial^2}{\partial R^2}+\frac{2}{R}\frac{\partial}{\partial R}\right)+U(R)\right]\psi_\nu(R)=E_\nu\psi_\nu(R) \tag{5.2.16}$$

且有

$$E_{\nu,J}=E_\nu+E_J \tag{5.2.17}$$

这里 $E_{\nu,J}$ 是涉及双原子分子原子核运动的能级，它是由分子振动能级 E_ν 和转动能级 E_J 构成的。

为了简化方程(5.2.16)的求解，做代换 $\psi_\nu(R)=\dfrac{X(R)}{R}$，可得

$$\left[-\frac{\hbar^2}{2\mu}\frac{\partial^2}{\partial R^2}+U(R)\right]X(R)=E_\nu X(R) \tag{5.2.18}$$

根据双原子分子所处电子态势能曲线 $U(R)$ 的具体形式，就可通过求解双原子分子的振动薛定谔方程(5.2.18)获得其振动能级和振动波函数。

双原子分子的势能曲线往往具有图 5.2.3 中绿实线的形式，这样的势能曲线所对应的薛定谔方程没有解析解。如图 5.2.3 所示，势能曲线在其最低点附近可展开为

$$\begin{aligned}U(R)=&U(R_e)+\left(\frac{\partial U}{\partial R}\right)_{R_e}(R-R_e)+\frac{1}{2}\left(\frac{\partial^2 U}{\partial R^2}\right)_{R_e}(R-R_e)^2\\&+\frac{1}{3!}\left(\frac{\partial^3 U}{\partial R^3}\right)_{R_e}(R-R_e)^3+\cdots\end{aligned} \tag{5.2.19}$$

如果我们取分子势能曲线最低点为零，也即 $U(R_e)=0$，且考虑到在 $R=R_e$ 处，$\left(\dfrac{\partial U}{\partial R}\right)_{R_e}=0$。在忽略掉三阶小量的情况下，$U(R)$ 可写为

$$U(R)=\frac{1}{2}k(R-R_e)^2 \tag{5.2.20}$$

显然在原子核偏离平衡核间距时，它们所受的恢复力为 $f=-k(R-R_e)$，这里 k 为力常数，也即原子核在恢复力的作用下在平衡核间距附近做谐振运动。取(5.2.20)式的近似，且令 $q=R-R_e$，则双原子分子振动的薛定谔方程为

$$\left[-\frac{\hbar^2}{2\mu}\frac{\partial^2}{\partial q^2}+\frac{1}{2}kq^2\right]X(q)=E_\nu X(q) \tag{5.2.21}$$

这就是量子力学中著名的谐振子势的薛定谔方程，几乎在所有"量子力学"的教科书中都会给出其详细求解过程，在此我们不做进一步的求解，只给出其能量的表达式：

$$E_\nu=\left(\nu+\frac{1}{2}\right)h\nu_0,\quad \nu=0,1,2,3,\cdots \tag{5.2.22}$$

这里 ν_0 为谐振子的振动频率：

$$\nu_0 = \frac{1}{2\pi}\sqrt{\frac{k}{\mu}} \tag{5.2.23}$$

显然，双原子分子的振动能级是量子化的，由量子数 ν 决定，且其能级是等间隔的。由图 5.2.3 所示棕色的抛物线势给出的分子振动能级如图 5.2.3 中的红虚线所示。实际的双原子分子的势能曲线除了在平衡核间距附近外，是偏离抛物线势的。因此双原子分子的实际的振动能级如图 5.2.3 中的蓝实线所示，相应的能量表达式为

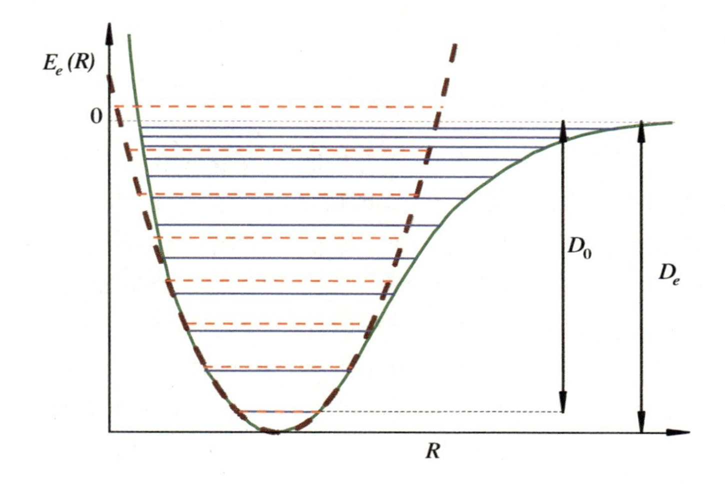

图 5.2.3 双原子分子的势能曲线及振动能级。绿实线和蓝实线分别为双原子分子真实的势能曲线和振动能级，棕虚线和红虚线分别指谐振子势及其振动能级

$$E_\nu = h\nu_0\left(\nu + \frac{1}{2}\right) - h\nu_0 x_e\left(\nu + \frac{1}{2}\right)^2, \quad \nu = 0,1,2,3,\cdots \tag{5.2.24}$$

这里忽略了更高阶的小量，且 $x_e \ll 1$。例如对于 H_2 分子，$x_e = 0.027$。在振动量子数 ν 不太大的时候，双原子分子的振动能级结构与抛物线势给出的能级结构十分接近。但随着量子数 ν 的增加，分子实际的振动能级逐渐偏离公式(5.2.22)给出的结果，更接近公式(5.2.24)给出的预期，且随着能级的增加分子的振动能级越来越密。由于 $x_e \ll 1$，且我们讨论的多是双原子分子的低振动能级，因此在以后凡是涉及双原子分子振动能级的讨论中，我们都采用公式(5.2.22)的能量表达式。

由公式(5.2.22)及图 5.2.3 也可看出，对于振动而言，其振动基态的能量并不对应势能曲线的最低点，而是比最低点高了 $h\nu_0/2$，分子振动基态所具有的这一能量被称为分子的零点能，这与 2.6 节讨论的一维无限高方势阱中的粒子具有零点能类似，是量子力学所独具的现象。

图 5.2.3 也给出了分子解离能 D_e 的定义，它对应于两个处于无穷远处且静止的原子结合为稳定分子所放出的能量，也可以反过来说把处于 R_e 处的分

子分离为两个原子所需要的能量。但是由于零点能的存在，实际把分子解离为两个原子所需要的能量为 D_0，它对应于实验的解离能。显然，永远有 $D_0 < D_e$。

5.2.4 双原子分子的总能量

双原子分子的总能量既包括其电子的能量也包括其振动和转动的能量，因此双原子分子的总能量可写为

$$E = E_e + E_v + E_J \tag{5.2.25}$$

这里 E_e 代表电子态的能量，应该理解为分子势能曲线最低点所对应的能量。虽然电子态的能量依赖于原子核间距 R，也即所谓的势能曲线，但是它的影响已经体现在了振动能级中去了（也即包含在了振动能级中的势能部分）。

一般来讲，分子的电子态能级间距远大于分子的振动能级间距，而分子的振动能级间距又远大于分子的转动间距。所以双原子分子的总能量如图 5.2.4 所示，图中为了清楚表明分子能级结构及电子态、振动态和转动态的相应大小，把分子的转动能级画在了势能曲线的外面。图 5.2.4 中低电子态右边的深紫色线和高电子态右边的蓝线代表双原子分子的真实能级结构，双原子分子不同能级之间的跃迁就形成了双原子分子的光谱。

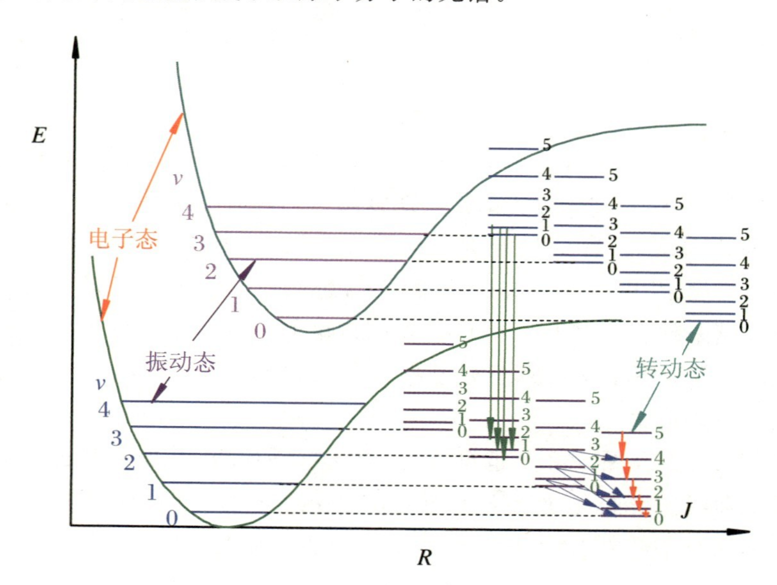

图 5.2.4　双原子分子的电子、振动和转动能级。图中为了清晰，把对应于不同振动能级（以虚线连接表示）的转动能级画在了势能曲线的右边。图中红色的箭头表示的是纯转动跃迁，蓝色的箭头表示的是振转跃迁，绿色箭头代表的是电子振转跃迁

5.3 双原子分子的光谱

5.3.1 双原子分子光谱概述

双原子分子的光谱按其能区可分为纯转动光谱、振转光谱和电子振转光谱。纯转动光谱指的是同一电子态内、同一振动能级内(振动量子数 v 不变)的不同转动能级之间跃迁所发出的光谱。图 5.2.4 中的红线箭头所示跃迁即为纯转动光谱,它不涉及电子态及振动态的改变,其光谱落在了远红外和微波区域。

双原子分子的振转光谱指的是同一电子态内分属不同振动能级的转动态之间的跃迁,如图 5.2.4 中的蓝色箭头所示,跃迁所涉及的上下转动态分属不同的振动量子数 v'和 v''。这里带单撇号指的是高态,带双撇号指的是低态。双原子分子的振转光谱落在了近红外区域。

双原子分子的电子振转光谱指的是涉及不同电子态振转能级间的跃迁,如图 5.2.4 中的深绿色箭头所示。双原子分子的电子振转光谱一般落在可见光和紫外区域。

与原子光谱相比,双原子分子的光谱要复杂很多,往往表现出带状光谱的特点,如图 5.3.1 所示。带状光谱是分子光谱的特点,一个光谱带是由一组很密集的、用中等分辨能力的光谱仪难以分辨的分立光谱线组成的。若干光谱带形成一个光谱带系,许多光谱带系组成完整的分子光谱。

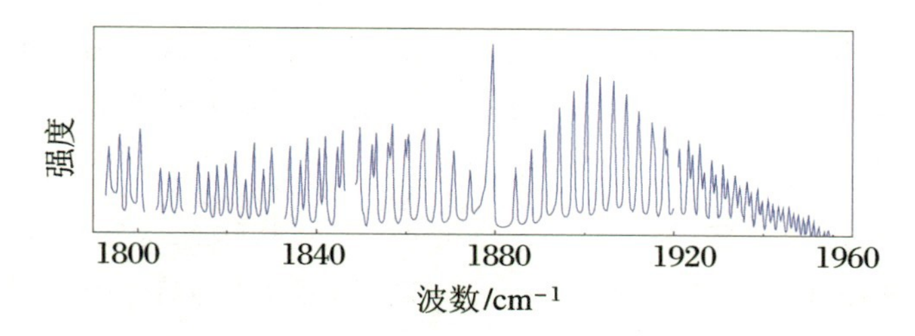

图 5.3.1 NO 分子的振转光谱

需要指明的是,并不是所有的双原子分子都有纯转动和振转光谱,而是只有异核双原子分子这样的极性分子才有纯转动和振转光谱。同核双原子分子是非极性分子,因此没有纯转动和振转光谱。分子的电子振转光谱则不同,无论是极性还是非极性双原子分子,都有电子振转光谱。

5.3.2 双原子分子的纯转动光谱

双原子分子的纯转动光谱是由同一电子态（E_e相同，例如电子基态）的同一振动态（E_v 相同）内不同转动能级（E_J不同）之间的跃迁形成的，只有极性双原子分子（例如 HCl、HF、CO、NO 等）才有纯转动光谱。双原子分子的纯转动光谱位于远红外和微波区域，其能量一般在$10^{-5}\sim10^{-3}$ eV 的数量级。

双原子分子的纯转动跃迁需要遵循的选择定则为

$$\Delta J = \pm 1 \tag{5.3.1}$$

代入公式(5.2.13)，可得极性双原子分子发射的纯转动光谱的频率为

$$\nu = \frac{\Delta E_J}{h} = \frac{E_J - E_{J-1}}{h} = \frac{\hbar}{2\pi I_e}J, \quad J = 1,2,3,\cdots \tag{5.3.2}$$

或者以波数来表示纯转动光谱：

$$\tilde{\nu} = \frac{1}{\lambda} = \frac{\hbar}{2\pi I_e c}J = 2BJ, \quad J = 1,2,3,\cdots \tag{5.3.3}$$

这里 J 是跃迁所涉及的能量较高能级的转动量子数。而B 为转动常数：

$$B = \frac{\hbar}{4\pi I_e c} \tag{5.3.4}$$

图 5.2.2 给出了双原子分子的纯转动能级和纯转动光谱。我们可以很清楚地看出，双原子分子的纯转动光谱是等间隔的，相邻光谱线之间的距离为

$$\Delta\tilde{\nu} = \frac{\hbar}{2\pi I_e c} = 2B \tag{5.3.5}$$

由实验测量的双原子分子的纯转动光谱，根据公式(5.3.4)和(5.3.5)，可以获得双原子分子的转动惯量。再结合原子核的质量，就可以从实验上测得双原子分子的平衡核间距 R_e。

【例 5.3.1】 由 HCl 分子的纯转动光谱数据，可知其转动常数为 10.44 cm^{-1}。试求出其转动惯量和平衡核间距。已知氢的原子量为1.008，^{35}Cl 的原子量为34.969。

【解】 由公式(5.3.4)可得

$$I_e = \frac{\hbar}{4\pi Bc} = 2.679 \times 10^{-47}\ \mathrm{kg \cdot m^2}$$

由于电子的质量远小于原子核的质量，我们可以用原子的质量代替原子核的质量，代入可得

$$\mu = \frac{1.008 \times 34.969}{1.008 + 34.969} \times 1.66 \times 10^{-27}\ \mathrm{kg} = 1.626 \times 10^{-27}\ \mathrm{kg}$$

代入可得

$$R_e = \sqrt{\frac{I_e}{\mu}} = 1.284\ \text{Å}$$

在获得双原子分子转动能级的公式(5.2.13)时，我们取了两个近似，其一是把连接两个原子的化学键近似为不会形变的刚性杆，其二是认为核间距为R_e。对于转动量子数J不是很大的情况，上述近似非常好，也符合实验观测结果。但是，实验观测也发现，随着转动量子数J的增加，公式(5.2.13)给出的分子转动能级逐渐偏离真实情况。这是因为连接两个原子核的化学键是由电磁力形成的，把它当成不会形变的刚性杆并不总是一个很好的近似，尤其是在转动量子数较大的情况下。实际上，由于分子的转动，两个原子核有互相远离的趋势，也即存在离心力，其大小为

$$F_C = \mu\omega^2 R \tag{5.3.6}$$

这里R是两个原子核之间的真实距离。显然分子的这一离心力只能由谐振子势的弹性恢复力$k(R-R_e)$所抵消，因此有

$$\mu\omega^2 R = k(R - R_e) \tag{5.3.7}$$

代入双原子分子的角动量$L=\mu R^2\omega$，经化简可得

$$R - R_e = \frac{\mu\omega^2 R}{k} = \frac{L^2}{\mu k R^3} \approx \frac{L^2}{\mu k R_e^3} \tag{5.3.8}$$

这里已经考虑了离心力对核间距改变量很小的实际情况。因此，在非刚性转子的情形下还需要考虑势能项$\frac{1}{2}k(R-R_e)^2$。此时，分子态的转动能量为

$$E_J = \frac{L^2}{2\mu R^2} + \frac{1}{2}k(R - R_e)^2 \tag{5.3.9}$$

忽略掉$R-R_e$高于二次方的小量，代入公式(5.3.8)化简可得

$$E_J = \frac{L^2}{2\mu R_e^2} - \frac{L^4}{2\mu^2 k R_e^6} \tag{5.3.10}$$

代入$L^2=J(J+1)\hbar^2$，可得

$$E_J = \frac{\hbar^2}{2\mu R_e^2}J(J+1) - \frac{\hbar^4}{2\mu^2 k R_e^6}J^2(J+1)^2 \tag{5.3.11}$$

令 $D=\dfrac{\hbar^3}{4\pi k\mu^2 R_e^6 c}$，结合公式(5.3.4)给出的 B，公式(5.3.11)可改写为

$$E_J = hc[BJ(J+1) - DJ^2(J+1)^2] \tag{5.3.12}$$

因此，非刚性转子由 $J\to J-1$ 纯转动跃迁辐射的光子能量为

$$\tilde{\nu} = \Delta E_J/hc = (E_J - E_{J-1})/hc = 2BJ - 4DJ^3,\quad J = 1,2,3,\cdots \tag{5.3.13}$$

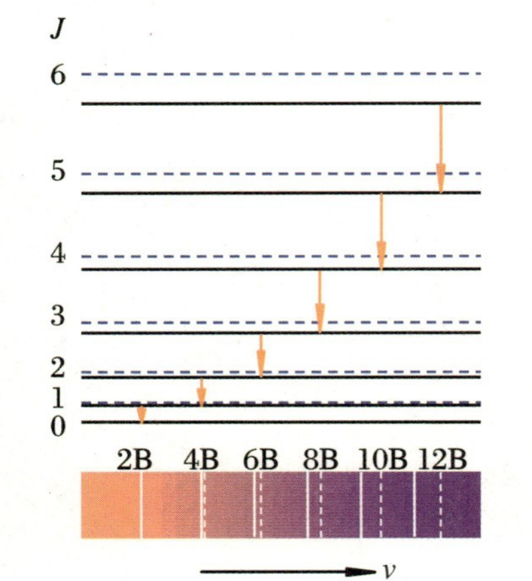

图 5.3.2　非刚性转子(实线)和刚性转子(虚线)下双原子分子的纯转动能级和纯转动光谱

显然，忽略公式中的小量 $-4DJ^3$，就对应刚性转子的发射光谱公式(5.3.3)。在非刚性转子近似下，双原子分子的能级图和光谱如图 5.3.2 所示，可见纯转动光谱线间隔随 J 的增大而逐渐缩小。通常转动常数 D 很小(绝大多数情况下 $D<10^{-4}B$，例如 HCl 中 $B=10.44\ \mathrm{cm}^{-1}$，而 $D=0.0004\ \mathrm{cm}^{-1}$)。在以后的讨论中，我们采用刚性转子近似的结果。

小知识：量子态的热分布

由于双原子分子的转动能级间隔很小，所以在室温下就有大量的分子处于转动激发态。分子转动态的热布居就对应于在温度 T 下不同转动能级 J 上的分子数。但是，分子转动能级的热布居并不是简单的玻耳兹曼分布。这是因为，转动能级 J 是 $2J+1$ 重简并的，它有 $2J+1$ 个能态相对应(也即 $2J+1$ 个 M 值)，显然这 $2J+1$ 个能态的能量在没有外场时都相同。因此，在温度 T 下，处于转动能级 J 上的分子数 n_J 与处于 $J=0$ 的基态分子数 n_0 之比为

$$\frac{n_J}{n_0} = \frac{g_J}{g_0}\frac{\mathrm{e}^{-E_J/k_B T}}{\mathrm{e}^{-E_0/k_B T}} = (2J+1)\mathrm{e}^{\frac{-BJ(J+1)hc}{k_B T}}$$

这里 g_J 对应能级 J 的简并度 $2J+1$。

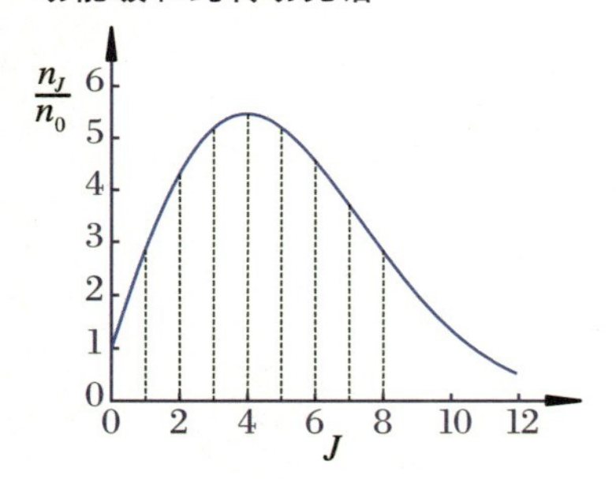

图 5.3.3　HCl 分子在 $T=300$ K 时转动能级的热布居

图 5.3.3 给出了 HCl 分子在 $T=300$ K 时转动能级的热布居，可见具有最大分子数的转动能级为 $J=4$。

5.3.3　双原子分子的振转光谱

双原子分子的振转光谱是由同一电子态内分属不同振动能级的转动态之间跃迁形成的，如图 5.2.4 中的蓝色箭头所示。与双原子分子的纯转动光谱类似，只有极性分子才有振转光谱。虽然振转光谱实际上也是不同转动态之间的跃迁，但由于它涉及振动量子数的改变，我们先讨论分子的振动跃迁。

1. 双原子分子的振动跃迁

这里讨论的振动跃迁是同一电子态之内不同振动能级之间的跃迁。如果

双原子分子的势能曲线为严格的谐振子势，则振动跃迁要遵循 $\Delta\nu = \pm 1$ 的选择定则，当然前提是对于极性双原子分子而言。非极性分子，例如同核双原子分子 H_2、N_2、O_2 等，在同一电子态之内的不同振动态之间不能发生跃迁。双原子分子的实际势能曲线偏离谐振子势，如图 5.2.3 所示。因此极性双原子分子各振动能级之间的跃迁都是允许的，相应的振动跃迁选择定则为

$$\Delta\nu = \pm 1, \pm 2, \pm 3, \cdots \tag{5.3.14}$$

根据双原子分子振动能级公式(5.2.22)，可知从高能态 ν' 跃迁到低能态 ν'' 所辐射光子的波数为

$$\tilde{\nu}(\nu' \to \nu'') = \frac{E_{\nu'} - E_{\nu''}}{hc} = \tilde{\nu}_0, 2\tilde{\nu}_0, 3\tilde{\nu}_0, \cdots \tag{5.3.15}$$

这里 $\tilde{\nu}_0 = \nu_0/c$ 为 $\Delta\nu = \pm 1$ 的跃迁所辐射光子的波数，称为基频。$2\tilde{\nu}_0$ 对应 $\Delta\nu = \pm 2$ 的跃迁所辐射光子的波数，称为第一泛频。$3\tilde{\nu}_0$ 对应 $\Delta\nu = \pm 3$ 的跃迁所辐射光子的波数，称为第二泛频，依次类推。由公式(5.3.15)可知，振动跃迁产生的光谱是等间隔的。实际上，考虑到公式(5.2.24)所示的非简谐项的存在，相邻谱带的间隔随着振动量子数 ν' 的增加而减小。图 5.3.4(b)给出了 HCl 分子的振动吸收光谱，它们基本上是由等间隔的谱线组成的。

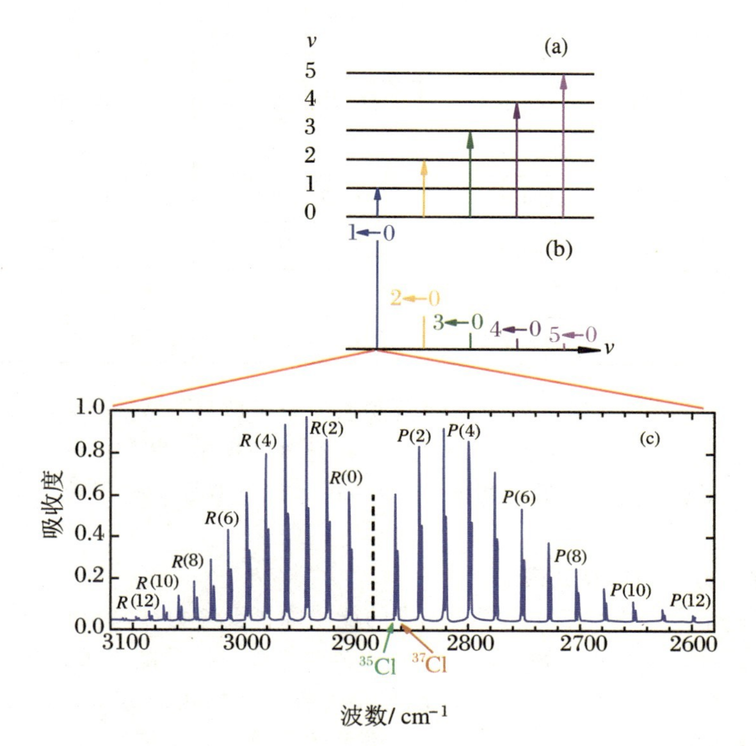

图 5.3.4 HCl 分子：(a) 振动能级和跃迁；(b) 振动光谱；(c) 振转光谱（为图(b)中蓝色谱线的放大图）

【例 5.3.2】 已知 O_2 分子的基频 $\tilde{\nu}_0 = 1556.4\ \mathrm{cm}^{-1}$，试求在 300 K 时处于振动能级 $\nu = 1$ 上的分子数 n_1 与处于 $\nu = 0$ 基态上的分子数 n_0 之比。

【解】 双原子分子的振动能级是非简并的，因此其在不同能态上布居的分子数遵循玻耳兹曼分布律：

$$\frac{n_\nu}{n_0} = \frac{e^{-hc\tilde{\nu}_0\left(\nu+\frac{1}{2}\right)/kT}}{e^{-hc\tilde{\nu}_0\cdot\frac{1}{2}/kT}} = e^{-hc\nu\tilde{\nu}_0/kT}$$

代入 $\tilde{\nu}_0 = 1556.4\ \mathrm{cm}^{-1}$ 可得

$$\frac{n_1}{n_0} = 5.74 \times 10^{-4}$$

表 5.3.1 给出了一些常见的双原子分子在 300 K 和 1000 K 时的振动能态布居 n_1/n_0，也即处于第一振动激发态上的分子数和处于振动基态上的分子数之比。

表 5.3.1　一些常见双原子分子在 300 K 和 1000 K 下的 n_1/n_0

分子	$\tilde{\nu}_0/\mathrm{cm}^{-1}$	n_1/n_0	
		300 K	1000 K
H_2	4160.2	2.16×10^{-9}	2.51×10^{-3}
HCl	2885.9	9.77×10^{-7}	1.57×10^{-2}
N_2	2330.7	1.40×10^{-5}	3.5×10^{-2}
CO	2143.2	3.43×10^{-5}	4.58×10^{-2}
O_2	1556.4	5.74×10^{-4}	1.07×10^{-1}
S_2	721.6	3.14×10^{-2}	3.54×10^{-1}
Cl_2	556.9	6.92×10^{-2}	4.49×10^{-1}

由表 5.3.1 可知，室温下处于振动激发态的分子数目极少，尤其是对于比较轻的双原子分子(为什么？请读者考虑)。在光谱分析中，我们一般不考虑室温下双原子分子振动态布居数的影响，但要考虑室温下双原子分子转动态布居数的影响。

2. 双原子分子的振转光谱

对于同一个电子态而言，双原子分子的能量除了要考虑振动能以外，还要考虑转动能。由图 5.2.4 可知，除了 $J = 0$ 的转动能级与振动能级重合外，其他的转动能级与振动能级都不重合。因此，振动能级之间的跃迁实际对应的是它们中不同的转动能级之间的跃迁。如果光谱仪的分辨本领不够高时，看到的是如图 5.3.4(b)中所示的光谱线。当光谱仪分辨本领足够高时，则可以看到振动

光谱中复杂的精细结构，这就是双原子分子的振转光谱，如图 5.3.4(c)所示。需要特别指明的是，只有极性双原子分子才有振转光谱，它落在光谱的红外区域。

在同时计入振动能和转动能的贡献后，分子振转跃迁所发射光子的能量为

$$\tilde{\nu} = \frac{(E_{v'} + E_{J'}) - (E_{v''} + E_{J''})}{hc} = \frac{(E_{v'} - E_{v''})}{hc} + \frac{(E_{J'} - E_{J''})}{hc}$$
$$= \tilde{\nu}_v + B'J'(J'+1) - B''J''(J''+1) \tag{5.3.16}$$

这里 $\tilde{\nu}_v = \frac{(E_{v'} - E_{v''})}{hc}$ 为公式(5.3.15)所示的、对应振动跃迁的能量改变部分。对于某一个振转光谱带而言，$\tilde{\nu}_v$ 为一个常数。显然，双原子分子振转光谱的能量主要由 $\tilde{\nu}_v$ 决定，这也是它落在红外区域的原因。

由于同一电子态内不同振动能级所对应的核间距稍有不同，因此上、下能级的转动常数 B' 和 B'' 并不严格相等。但对于同一电子态而言，B' 和 B'' 相差极小，可近似认为 $B' \approx B''$。令 $B' = B'' = B$，则公式(5.3.16)可化简为

$$\tilde{\nu} = \tilde{\nu}_v + B[J'(J'+1) - J''(J''+1)] \tag{5.3.17}$$

振转光谱也要遵循相应的选择定则。其中振动量子数的改变需遵循公式(5.3.14)所示的振动选择定则，而转动量子数的改变需遵循公式(5.3.1)所示的转动选择定则：

$$\Delta J = \pm 1$$

当 $\Delta J = +1$ 也即 $J' = J'' + 1$ 时，振转跃迁所辐射光子的能量为

$$\tilde{\nu} = \tilde{\nu}_v + 2BJ', \quad J' = 1,2,3,\cdots \tag{5.3.18}$$

当 $\Delta J = -1$ 也即 $J' = J'' - 1$ 时，振转跃迁所辐射光子的能量为

$$\tilde{\nu} = \tilde{\nu}_v - 2BJ'', \quad J'' = 1,2,\cdots \tag{5.3.19}$$

因此，分子的振转光谱可以分为两支。其中 $\Delta J = +1$ 的一支称为 R 支，其波数比 $\tilde{\nu}_v$ 大。而 $\Delta J = -1$ 的一支称为 P 支，其波数比 $\tilde{\nu}_v$ 要小。由于选择定则的限制，不存在 $\Delta J = 0$ 的跃迁，因此对应 $\tilde{\nu}_v$ 的位置不存在光谱线，是空的。$\tilde{\nu}_v$ 被称为谱带基线，也称为“带心”或“带源”。

图 5.3.5 给出了双原子分子振转能级、跃迁和光谱的示意图。在振转光谱带的中心也即对应谱带基线的位置是空的，对应于谱带的基线，以虚线表示。由于 $B' \approx B''$，P 支和 R 支的谱线是等间隔的，间隔为 $2B$。而中心两条谱线的间隔为 $4B$，这是源于基线位置空缺，也是振转光谱的典型特征。图 5.3.4(c)给出了 HCl 分子的振转光谱的实例，可以很清楚地看出上述振转光谱的特点。

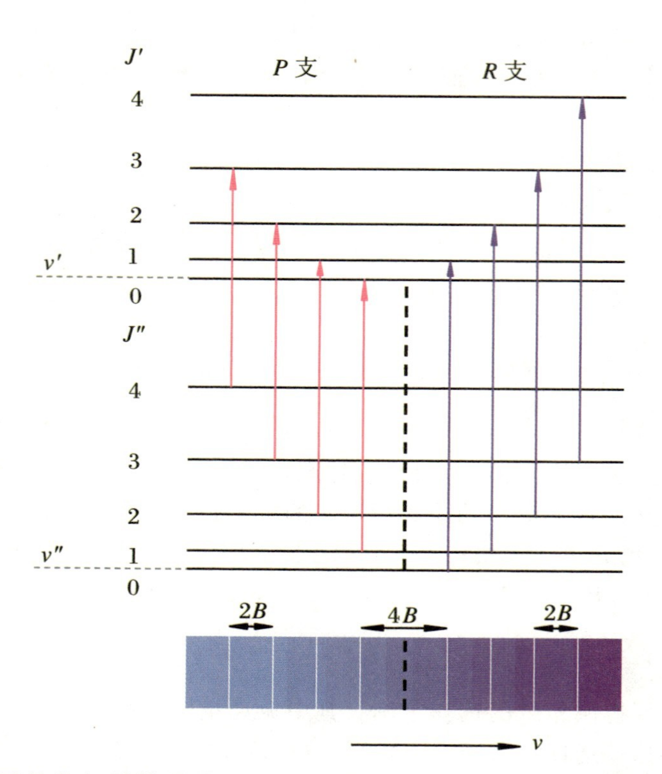

图 5.3.5 双原子分子的振转能级、跃迁和光谱

分子的能级结构是分子固有的，每一个分子的能级结构都与其他分子的能级结构不同。因此，分子的能级之间跃迁产生的纯转动和振转光谱也是分子独有的，没有任何两个分子的光谱完全相同，分子的光谱就是分子的“指纹”，这与原子光谱的情形相类似。因此，通过测量分子的光谱，除了可以推测分子的特性以外，也可用于分析物质的成分及结构、解析天体光谱、监测大气污染成分等。国际上已经建立了比较完备的分子光谱数据库，也有很商用化的光谱仪可资利用，因此分子光谱的应用范围极广。表 5.3.2 给出了一些常见双原子分子的振转光谱数据。

表 5.3.2 一些常见双原子分子的振转光谱数据

分子	ω_e/cm^{-1}	$\omega_e x_e/\text{cm}^{-1}$	B_e/cm^{-1}	$D_e/10^{-6}\text{cm}^{-1}$	$R_e/\text{Å}$
$^{12}C^{16}O$	2619.81	13.29	1.93128075	6.1216	1.12823
$^{35}Cl_2$	559.7	2.68	0.2440	0.186	1.988
$^{19}F_2$	916.64	11.24	0.89019	3.3	1.41193
$^{1}H_2$	4401.21	121.34	60.853	47100	0.74144
$^{2}H_2$	3115.50	61.82	30.444	11410	0.74152
$^{3}H_2$	2546.5	41.23	20.335		0.74142
$^{1}H^{81}Br$	2648.97	45.22	8.46488	345.8	1.41444
$^{2}H^{81}Br$	1884.75	22.72	4.245596	88.32	1.4145
$^{1}H^{35}Cl$	2990.95	52.82	10.59342	531.94	1.27455

续表

分子	$\omega_e/\mathrm{cm}^{-1}$	$\omega_e x_e/\mathrm{cm}^{-1}$	B_e/cm^{-1}	$D_e/10^{-6}\mathrm{cm}^{-1}$	$R_e/$ Å
$^{2}H^{35}Cl$	2145.16	27.18	5.448796	140	1.27458
$^{1}H^{19}F$	4138.32	89.88	20.9557	2151	0.91681
$^{2}H^{19}F$	2998.19	45.76	11.0102	594	0.91694
$^{14}N_2$	2358.57	14.32	1.99824	5.76	1.09769
$^{14}N^{16}O$	1904.20	14.07	1.67195	0.5	1.15077
$^{16}O_2$	1580.19	11.98	1.44563	4.839	1.20752

注：$\omega_e=2\pi\nu_0$ 为谐振频率，$\omega_e x_e$ 的意义见公式(5.2.24)，B_e 和 D_e 为转动常数，R_e 为平衡核间距。

*5.3.4 双原子分子的电子振转光谱

双原子分子的电子振转光谱是指分属不同电子态之内的振转能级之间的跃迁，其光谱位于可见光和紫外波段，主要由电子态之间的能量间隔决定，如图5.2.4中的绿色箭头所示。真实的电子振转光谱是发生在上下两个电子态的振转能级之间的，但要分辨转动光谱线，需要极高分辨本领的光谱仪。用中等分辨本领的光谱仪则无法分辨转动光谱线，但可以分辨电子振动光谱线。因此，电子振动光谱看到的是电子光谱的概貌(图5.3.6(a))，而电子振转光谱则可以观察光谱的细节，如图5.3.6(b)所示。

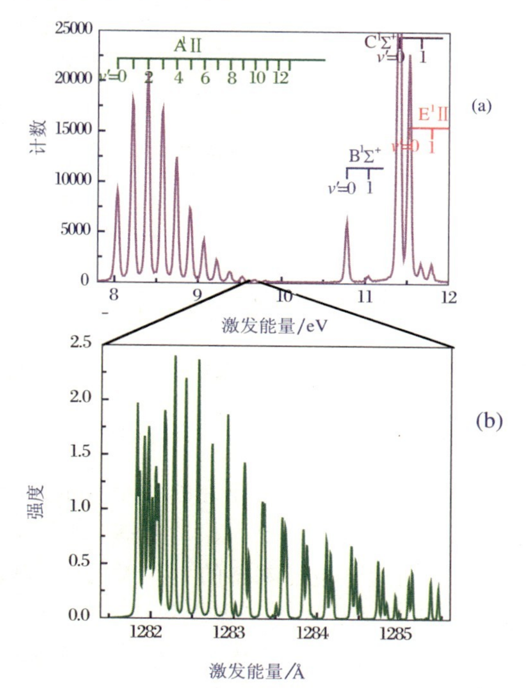

图5.3.6 CO分子的(a)电子振动光谱和(b)电子振转光谱。图(b)相当于图(a)中所示小区间的高分辨放大图

双原子分子的电子振转光谱既然涉及电子态的跃迁，它首先就要受到电子态跃迁选择定则的限制，只有选择定则允许的两个电子态之间才能观察到电子振转光谱。关于电子态及其跃迁选择定则，我们将在 5.5 节中讨论。需要指明的是，无论是极性的双原子分子，还是非极性的双原子分子，都存在电子振转光谱。我们先讨论电子振转光谱的概貌，也即电子振动光谱。

1. 双原子分子的电子振动光谱

在不计入转动能量的情况下，双原子分子的电子振动跃迁的能量为

$$
\begin{aligned}
\tilde{\nu} &= \frac{1}{hc}[(E_{e'} + E_{\nu'}) - (E_{e''} + E_{\nu''})] \\
&= \frac{1}{hc}[(E_{e'} - E_{e''}) + (E_{\nu'} - E_{\nu''})] \\
&= \tilde{\nu}_e + \frac{1}{hc}(E_{\nu'} - E_{\nu''})
\end{aligned}
\tag{5.3.20}
$$

这里 $\tilde{\nu}_e = \frac{1}{hc}(E_{e'} - E_{e''})$是指两个电子态之间的能量间隔，例如图 5.2.4 中两条势能曲线的极小值点之间的能量差。对于确定的电子振动光谱带系而言，$\tilde{\nu}_e$ 是一个常数。代入公式(5.2.22)可得

$$
\tilde{\nu} = \tilde{\nu}_e + \left[\left(\nu' + \frac{1}{2}\right)\tilde{\nu}_0{}' - \left(\nu'' + \frac{1}{2}\right)\tilde{\nu}_0{}''\right]
\tag{5.3.21}
$$

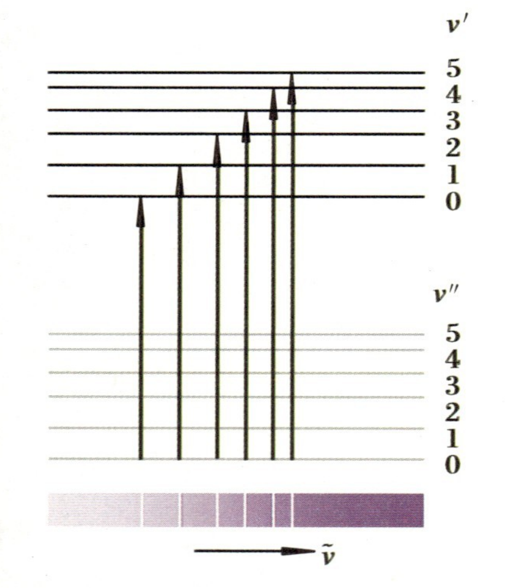

图 5.3.7 双原子分子的电子振动能级、跃迁和光吸收谱

这里 $\tilde{\nu}_0{}'$和 $\tilde{\nu}_0{}''$分别是上、下电子态谐振子的振动频率。由于上、下电子态的势能曲线往往很不一样，所以 $\tilde{\nu}_0{}'$和 $\tilde{\nu}_0{}''$的差异可以很大。公式(5.3.21)中忽略了非谐项的贡献，在涉及振动量子数 ν'和 ν''不是很大的情况下，公式(5.3.21)是一个很好的近似。

计入非谐项的贡献后，分子的电子振动跃迁能量为

$$
\begin{aligned}
\tilde{\nu} = \tilde{\nu}_e &+ \left[\left(\nu' + \frac{1}{2}\right)\tilde{\nu}_0{}' - \left(\nu' + \frac{1}{2}\right)^2 \chi_e{}'\tilde{\nu}_0{}'\right] \\
&- \left[\left(\nu'' + \frac{1}{2}\right)\tilde{\nu}_0{}'' - \left(\nu'' + \frac{1}{2}\right)^2 \chi_e{}''\tilde{\nu}_0{}''\right]
\end{aligned}
\tag{5.3.22}
$$

双原子分子的电子振动跃迁所遵循的选择定则为

$$
\Delta\nu = \nu' - \nu'' = 0, \pm 1, \pm 2, \pm 3, \cdots
\tag{5.3.23}
$$

由此可知，所有振动能级之间的跃迁都是允许的。双原子分子的吸收光谱较为简单，原因是室温下双原子分子几乎都处于振动基态，如表 5.3.1 所示。因此，吸收光谱的初态是确定的，对应于电子基态的 $\nu''=0$。此时，只用考虑分子激发后的末态振动能级即可。双原子分子电子振动能级、跃迁和光吸收谱的原理示于图 5.3.7，而图 5.3.6(a)则给出了一氧化碳电子振动激发能谱的实例。

双原子分子的电子振动发射谱比较复杂。这一方面是因为公式(5.3.23)所示的选择定则十分宽松,另一方面是源于双原子分子的振动能级总是存在非谐项。再考虑到发射光谱要先把分子制备到高能级的初态,而在制备过程中导致分子在高电子态各个振动能级上都有布居,因此其光谱十分复杂,标识起来十分困难。为此,需对电子振动发射谱进行分类。在此我们只给出一种情形,也即上、下电子态的 $\tilde{\nu}_0{}'$ 和 $\tilde{\nu}_0{}''$ 相差不大的情况。按照 $\Delta\nu$ 取不同的常数,例如 $\Delta\nu=0$,可以把电子振动谱分为不同的带组(赫兹堡称为顺序带组或对角带组),而每一带组又包含对应不同初、末态振动量子数的光谱带。例如 $\Delta\nu=0$ 的带组包含(0,0)带、(1,1)带、(2,2)带等,而 $\Delta\nu=1$ 的带组包含(1,0)带、(2,1)带、(3,2)带等,如图 5.3.8 所示。

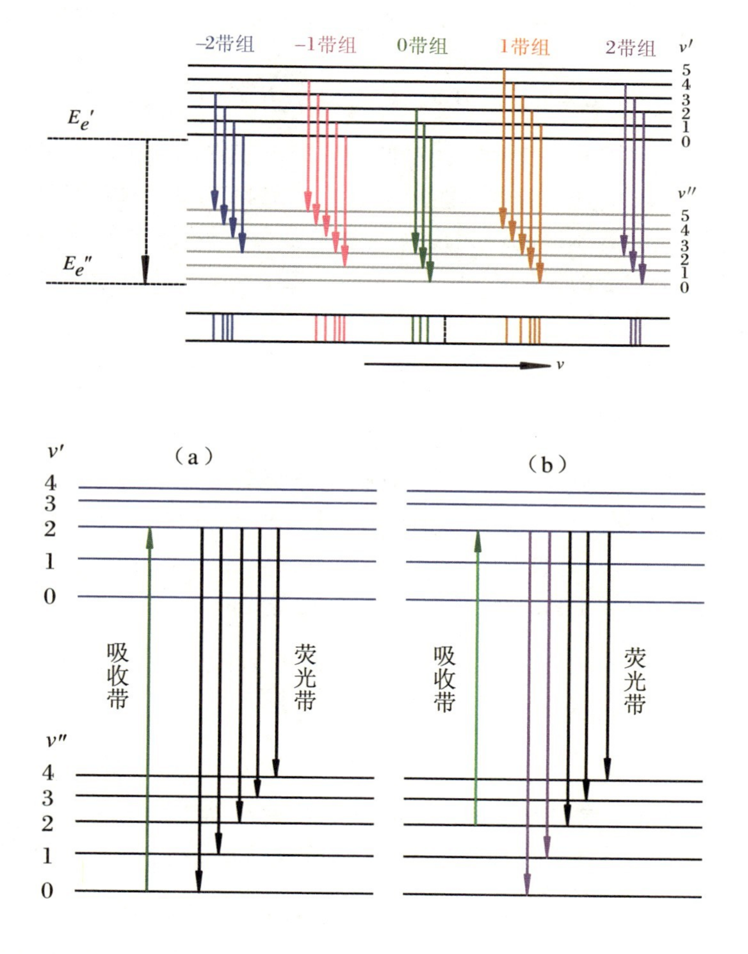

图 5.3.8 双原子分子的电子振动能级、跃迁和光发射谱

图 5.3.9 单能光子激发的荧光光谱。(a) 初态处于振动基态,(b) 初态处于振动激发态

如果用单能光子激发分子至其电子激发态,往往会伴随着光发射过程。如图 5.3.9(a)所示,当单能光子把分子从电子基态的 $\nu''=0$ 激发至电子激发态的 $\nu'=2$ 之后,随后的光发射过程是从 $\nu'=2$ 的能级跃迁到各个 ν''的低能级。因此,发射光谱中除了有一根线与入射光子能量相同外,其他发射光谱线的能量

都小于入射光子的能量，这称为斯托克斯定则：荧光光谱的波长会大于或至少等于原来入射光的波长。如果分子的初态处于振动激发态则可以出现违反斯托克斯定则的情形，如图 5.3.9(b)中深紫色谱线，相应的辐射称为反斯托克斯辐射。在高温情况下可经常观测到反斯托克斯辐射。

2. 双原子分子的电子振转光谱

在电子振动能级的基础上计入转动能量，则相应的辐射光子能量变为

$$\tilde{\nu} = \frac{1}{hc}[(E_{e'} + E_{\nu'} + E_{J'}) - (E_{e''} + E_{\nu''} + E_{J''})] = \tilde{\nu}_{e\nu} + \frac{\Delta E_J}{hc} \tag{5.3.24}$$

这里 $\tilde{\nu}_{e\nu} = \dfrac{\Delta E_e}{hc} + \dfrac{\Delta E_\nu}{hc}$，代入双原子分子转动能级的表达式(5.2.12)，可得

$$\tilde{\nu} = \tilde{\nu}_{e\nu} + B'J'(J'+1) - B''J''(J''+1) \tag{5.3.25}$$

由于电子振转光谱涉及的是两个不同电子态的能级之间的跃迁，因此上下能级的 $B' \neq B''$，且二者有可能相差很大。B'和 B''的具体数值决定于上、下电子态势能曲线的具体形式。无论极性分子还是非极性分子，都有电子振转光谱，这与双原子分子的振转光谱是不同的。电子振转光谱中关于转动量子数所遵循的选择定则为

$$\Delta J = J' - J'' = 0, \pm 1 (0 \nleftrightarrow 0) \tag{5.3.26}$$

这里，从 $J'=0$ 到 $J''=0$ 的跃迁是禁阻的。

根据选择定则(5.3.26)，可以把电子振转光谱分为三支：R 支、P 支和 Q 支。其中 R 支对应于 $\Delta J = +1$ 的跃迁，P 支和 Q 支分别对应 $\Delta J = -1$ 和 $\Delta J = 0$的跃迁，分别如下：

R 支：$\Delta J = +1$，也即 $J' = J+1$，该支谱线的能量为

$$\begin{aligned}\tilde{\nu}_R &= \tilde{\nu}_{e\nu} + B'(J+1)(J+2) - B''J(J+1) \\ &= \tilde{\nu}_{e\nu} + 2B' + (3B' - B'')J + (B' - B'')J^2, \quad J = 0,1,2,3,\cdots\end{aligned} \tag{5.3.27}$$

这里为了简洁，把下能级的转动量子数 J''写为 J，下面的情形相同。

P 支：$\Delta J = -1$，也即 $J' = J-1$，该支谱线的能量为

$$\begin{aligned}\tilde{\nu}_P &= \tilde{\nu}_{e\nu} + B'(J-1)J - B''J(J+1) \\ &= \tilde{\nu}_{e\nu} - (B' + B'')J + (B' - B'')J^2, \quad J = 1,2,3,\cdots\end{aligned} \tag{5.3.28}$$

Q 支：$\Delta J = 0$ 也即 $J' = J$，该支谱线的能量为

$$
\begin{aligned}
\tilde{\nu}_Q &= \tilde{\nu}_{ev} + B'J(J+1) - B''J(J+1) \\
&= \tilde{\nu}_{ev} + (B' - B'')J + (B' - B'')J^2, \quad J = 1,2,3,\cdots
\end{aligned}
\tag{5.3.29}
$$

R 支、P 支和 Q 支谱线所对应的跃迁如图 5.3.10(a)所示，其波数对转动量子数 J 的依赖关系示于图 5.3.10(b)中。显然，波数对于 J 的依赖关系是一个二次函数。可以很容易判断，当 $B'>B''$时，抛物线开口向右，这正是图 5.3.10(b)所示的情形，此时高电子态的平衡核间距小于低电子态的平衡核间距。相反地，若 $B'<B''$，则抛物线开口向左，此时高电子态的平衡核间距大于低电子态的平衡核间距。实际上，可以用公式(5.3.27)～(5.3.29)所示的电子振转光谱的规律标识观测谱，计算分子处于不同电子态时的转动惯量、原子核间距等参数。

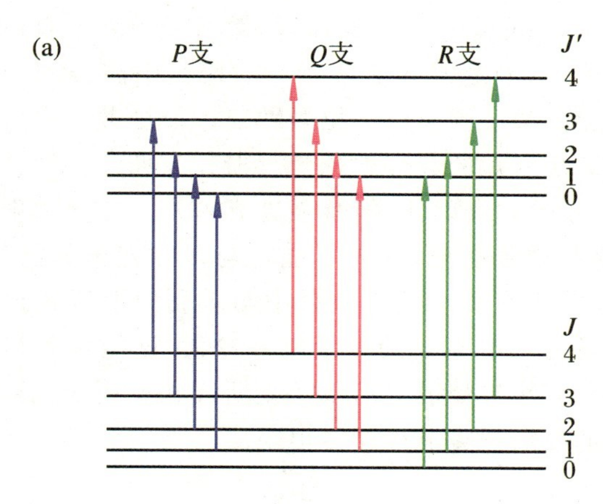

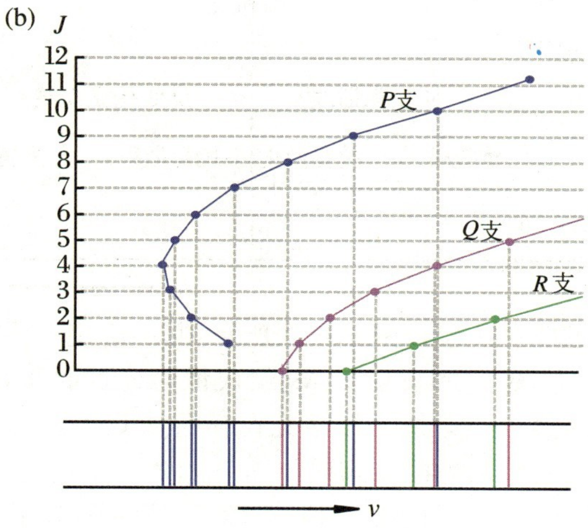

图 5.3.10 双原子分子的电子振转能级、跃迁和光谱

5.4 拉曼散射

图 5.4.1 拉曼(C. V. Raman, 1888—1970),印度

在以前的章节中提及的、研究原子分子能级结构的实验技术几乎都是吸收光谱和发射光谱,它们分别对应于光子的消失(被原子分子吸收)和产生(原子分子从高能态跃迁到低能态放出)过程。本节讨论的拉曼散射,是光子的散射过程,不涉及光子的产生和消失,只涉及光子被分子散射后光子能量的改变。从某种角度上讲,拉曼散射与康普顿散射有些相像。

拉曼散射是以它的发现者 C. V. Raman(图 5.4.1)的名字命名的。1928年,拉曼在实验中发现,当光穿过透明液体时,散射光中除了有波长不变的成分外,还有波长变化的成分,如图 5.4.2 所示。散射光中波长不变的成分对应于瑞利散射,而波长变化的成分则对应于拉曼散射。拉曼散射中波长变长的成分被称为斯托克斯线,波长变短的成分被称为反斯托克斯线。斯托克斯线和反斯托克斯线对称地分布于瑞利线两侧,但其强度有差别。拉曼散射中靠近瑞利散射线两侧的谱线称为小拉曼散射,其光子能量与入射光子的能量相差很小,该能量差与分子的转动能级有关。拉曼散射中与瑞利散射线较远的谱线称为大拉曼散射,其光子能量与入射光子的能量相差较大,该能量差与分子的振转能级有关。实验还观测到,小拉曼散射的斯托克斯线和反斯托克斯线的强度相差不大,但大拉曼散射的反斯托克斯线往往很弱。

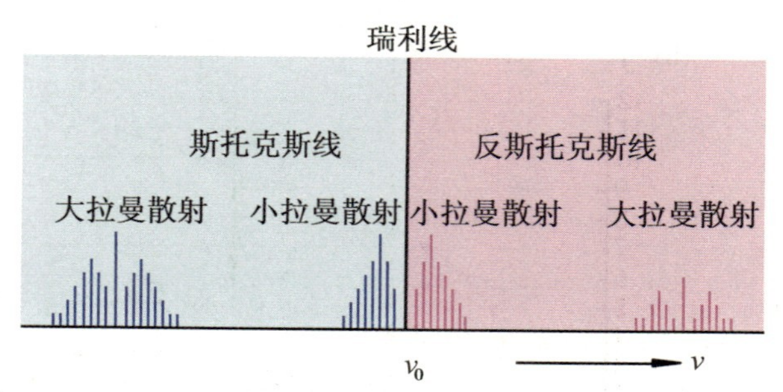

图 5.4.2 拉曼散射谱

拉曼散射的典型实验装置如图 5.4.3 所示,其中透镜 L_1 和反射镜 M_1 组成入射光的光路系统,透镜 L_2 和反射镜 M_2 组成散射光的收集系统,而光谱仪 S(例如光栅)则构成光谱分析系统。样品充在样品室 C 中,样品可以是气体,也可以是液体和固体。拉曼散射的观测谱如图 5.4.2 所示,其量子力学解释见图 5.4.4。图 5.4.4 中 E_0 是分子的振转基态,而 E_1 可以是分子的转动激发态能级,也可以是分子的振转激发态能级。E_{n1} 和 E_{n2} 是虚能级,分子在 E_{n1} 和 E_{n2} 处可没有任何真实的能级相对应。拉曼散射可以认为是一个两步过程:第一步对应于光吸收,也即当入射光照射到分子上时,分子吸收光子 $h\nu_0$ 而跃迁到虚

线能级 E_n 上;第二步对应于光发射过程,也即处于虚能级的分子发射一个光子 $h\nu'_0$ 而退激发到末态。对应于图 5.4.4,拉曼散射过程中散射光子的能量为

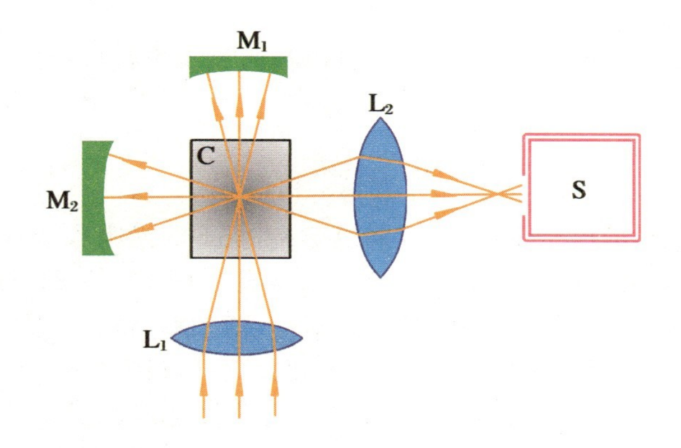

图 5.4.3 拉曼散射谱仪

$$\text{斯托克斯线}: h\nu_0{}' = h\nu_0 - \Delta E \tag{5.4.1}$$

$$\text{瑞利线}: h\nu_0{}' = h\nu_0 \tag{5.4.2}$$

$$\text{反斯托克斯线}: h\nu_0{}' = h\nu_0 + \Delta E \tag{5.4.3}$$

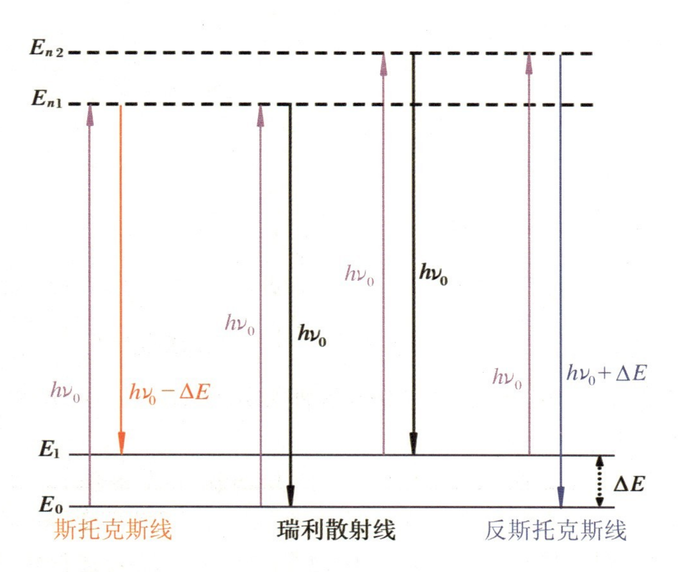

图 5.4.4 拉曼散射的量子力学解释原理图

显然,入射光与散射光的能量差完全由分子的能级结构决定,且有 $\Delta E = E_1 - E_0$。若 E_1 对应于分子电子基态 $\nu''=0$ 的各转动能级,则分子状态的改变只涉及纯转动能态,对应于小拉曼散射。若 E_1 对应于分子电子基态各 $\nu''\geqslant 1$ 的转动能级,则分子状态的改变涉及振转激发态,对应于大拉曼散射。从分子的初末态变化来讲,小拉曼散射相当于分子的纯转动跃迁,大拉曼散射相当于分子的振转跃迁。如 5.3 节所述,由于分子的转动能级间隔很小,室温下分子在各转动能级上布居数相当,因此在小拉曼散射中斯托克斯线和反斯托克斯线

的强度相当。但是分子的振动能级间距很大，由例 5.3.2 可知，室温下分子几乎都处于振动基态，处于振动激发态的分子数很少，因此大拉曼散射的反斯托克斯线很弱。

拉曼散射两步过程的量子力学解释，可以很容易得出拉曼散射中分子初末态变化所遵循的选择定则

$$\Delta J = 0, \pm 2 \tag{5.4.4}$$

这是因为在拉曼散射的第一步过程中，要遵守$\Delta J = \pm 1$ 的光吸收选择定则，而在第二步过程中，也要遵循$\Delta J = \pm 1$ 的光发射选择定则。两次$\Delta J = \pm 1$ 的组合，就是拉曼散射从初态到末态的最终选择定则，也即$\Delta J = 0, \pm 2$。也正是因为拉曼散射的机理与光吸收、光发射的机理完全不同，因此其选择定则也不一样。还有，也是因为同样的理由，无论是极性双原子分子还是非极性双原子分子，都有拉曼光谱，这是拉曼光谱研究分子能级的独特优势。因此，拉曼光谱可以用于同核双原子分子例如 H_2、N_2、O_2等的能级结构研究。

对于小拉曼散射而言，由于$\Delta J = 0$ 的跃迁光谱线与瑞利线相重合，只用考虑其斯托克斯线和反斯托克斯线。此时，入射光和散射光的波数差分别为：

斯托克斯线，$\Delta J = +2$，有

$$\begin{aligned}\Delta\tilde{\nu}_J = \tilde{\nu}_0 - \tilde{\nu}_J &= B(J+2)(J+3) - BJ(J+1) \\ &= 4B\left(\frac{3}{2} + J\right) = (6 + 4J)B, \quad J = 0,1,2,\cdots\end{aligned} \tag{5.4.5}$$

反斯托克斯线，$\Delta J = -2$，有

$$\begin{aligned}\Delta\tilde{\nu}_J = \tilde{\nu}_0 - \tilde{\nu}_J &= BJ(J+1) - B(J+2)(J+3) \\ &= -4B\left(\frac{3}{2} + J\right) = -(6 + 4J)B, \quad J = 0,1,2,\cdots\end{aligned} \tag{5.4.6}$$

相应的小拉曼散射的光谱示于图 5.4.5 中。可以很清楚地看出，中心的强线对应于瑞利散射线，而第一条小拉曼散射线距瑞利线的间隔为 $6B$，其余小拉曼散射线之间为等间距的 $4B$。

大拉曼散射涉及振动跃迁的选择定则与振转光谱类似，为 $\Delta\nu = \pm 1, \pm 2, \cdots$。但是，大拉曼散射中最强的线为 $\Delta\nu = \pm 1$，与其他 $\Delta\nu$ 相对应的谱线很弱，几乎观测不到。根据大拉曼散射所遵循的有关转动的选择定则，可以把大拉曼散射分为 S 支($\Delta J = +2$)、Q 支($\Delta J = 0$)和 O 支($\Delta J = -2$)，其对应的分子跃迁图如图 5.4.6 所示，相应的波数差为：

S 支，$\Delta J = +2$，即 $J' = J + 2$，有

$$\begin{aligned}\Delta\tilde{\nu}_S = \tilde{\nu}_0 - \tilde{\nu}_S &= \tilde{\nu}_i + B'(J+2)(J+3) - BJ(J+1) \\ &= \tilde{\nu}_i + 6B' + (5B' - B)J + (B' - B)J^2, \quad J = 0,1,2,\cdots\end{aligned} \tag{5.4.7}$$

O 支，$\Delta J = -2, J' = J - 2$，有

$$\Delta\tilde{\nu}_O = \tilde{\nu}_0 - \tilde{\nu}_O = \tilde{\nu}_i + [B'(J-2)(J-1) - BJ(J+1)]$$
$$= \tilde{\nu}_i + 2B' - (3B' + B)J + (B' - B)J^2, \quad J = 2,3,4,\cdots \tag{5.4.8}$$

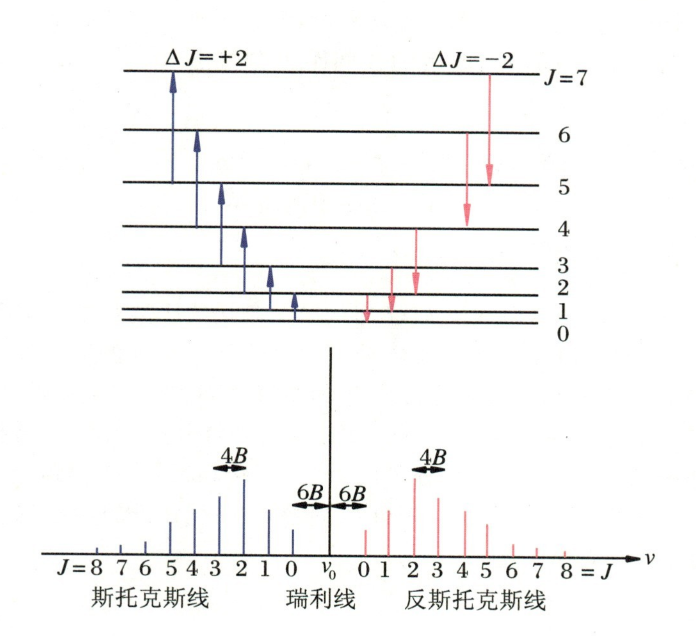

图 5.4.5 小拉曼散射对应的跃迁和光谱

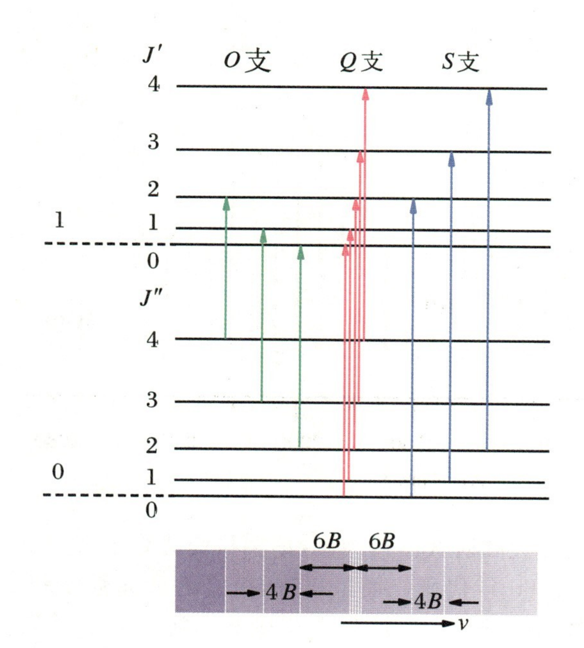

图 5.4.6 大拉曼散射对应的跃迁和光谱

Q 支：$\Delta J=0, J'=J$，有

$$\Delta\tilde{\nu}_Q = \tilde{\nu}_0 - \tilde{\nu}_Q = \tilde{\nu}_i + [B'J(J+1) - BJ(J+1)]$$
$$= \tilde{\nu}_i + (B'-B)J + (B'-B)J^2, \quad J = 0,1,2,3,\cdots \tag{5.4.9}$$

这里 $\tilde{\nu}_0$ 是入射光子的波数，$\tilde{\nu}_i$ 是分子的振动能量，相应于分子振动的基频。

由于同一个电子态内不同振动能级的核间距十分接近，因此一般有 $B'\approx B$，近似有

$$\Delta\tilde{\nu}_S = \tilde{\nu}_i + 2B(2J+3), \quad J = 0,1,2,\cdots \tag{5.4.10}$$

$$\Delta\tilde{\nu}_O = \tilde{\nu}_i - 2B(2J-1), \quad J = 2,3,4,\cdots \tag{5.4.11}$$

$$\Delta\tilde{\nu}_Q = \tilde{\nu}_i, \quad J = 0,1,2,\cdots \tag{5.4.12}$$

显然，Q 支对应于 $\tilde{\nu}_0 - \tilde{\nu}_i$，而 S 支和 O 支的第一条谱线距离 Q 支为 $6B$，其余谱线的间隔为 $4B$。图 5.4.7 给出了 CO 分子拉曼光谱 1← 0 的斯托克斯谱带，图中 Q 支较宽是由于 0 和 1 振动能级的 B'和 B 稍有区别。如上所示，由拉曼光谱可以提取分子的振转能级结构信息。因此，它和红外、远红外光谱技术一样，可以提取分子的结构信息，例如分子的力常数、转动惯量、核间距等。特别需要强调的是，拉曼光谱可以测量非极性的同核双原子分子的能级结构信息，而这是纯转动和振转光谱无能为力的。

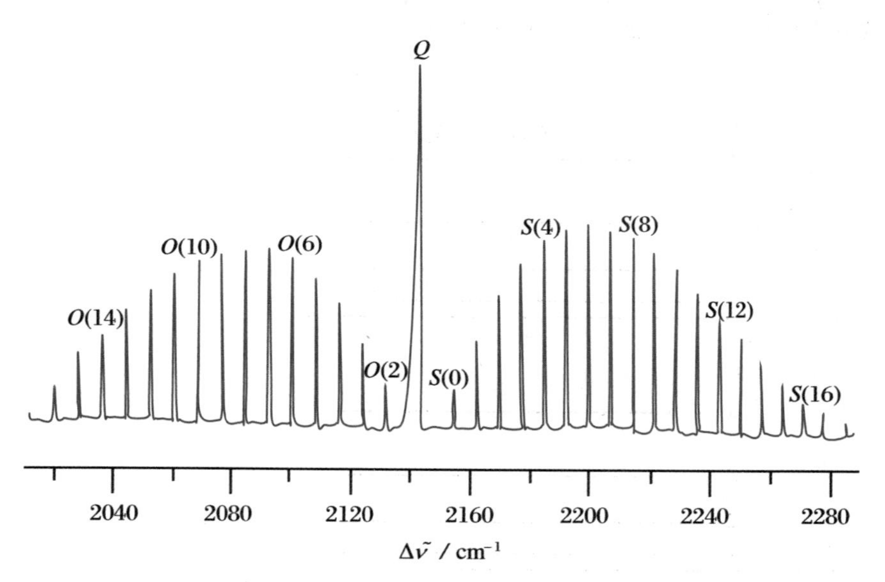

图 5.4.7 CO 分子大拉曼光谱 1← 0 的斯托克斯谱带

拉曼光谱的缺点是其散射截面特别小，早期拉曼光谱的探测和分析极其困难。但是自从 20 世纪 60 年代激光面世以来，极高的激光强度和平行性，极大地促进了拉曼光谱技术的进步，在激光技术基础上新发展的受激拉曼光谱技

术、表面增强拉曼技术等极大地拓宽了拉曼光谱的应用范围。

拉曼光谱技术目前已经在环境科学、物理、化学、生物医学等领域获得了广泛的应用。

小知识：非共振 X 射线拉曼散射

在 2.1 节图 2.1.15 中我们提到了非弹性 X 射线散射谱学。从物理图像上说，也可以用拉曼散射的两步过程来解释非弹性 X 射线散射，只不过在那里所用的激发源是 X 射线，这也是有人把非弹性 X 射线散射技术叫作非共振 X 射线拉曼散射的原因。但是实验手段的不同往往对应不同的物理机制，例如 X 射线单个光子能量很大，也携带有可观的动量，在非弹性 X 射线散射技术中更加强调的是 X 射线传递给原子分子的动量，更多的是揭示原子分子在动量空间的结构信息。

*5.5 双原子分子的电子态

在前几节中我们已经提及了双原子分子的电子态，例如图 5.1.1，且已经指明双原子分子的每一条势能曲线就对应一个电子态。但是我们并没有对分子的电子态符号进行解释，也没有指明其来源，本节就介绍这方面的内容。

在原子物理中，已经指出决定原子能量状态的主要因素是原子的电子组态，然后才是各种较弱的相互作用引起的能量变化，例如 *LS* 耦合中剩余静电势及很弱的自旋-轨道相互作用的影响。这些弱的相互作用把同一电子组态耦合成不同的原子态，当然这些原子态的能量各不相同。分子的情形也类似，我们首先需要确定分子的电子组态，然后再由分子的电子组态耦合出相应的分子态，进而给出分子的电子态符号（分子的电子态）。

5.5.1 双原子分子的单电子分子轨道

在原子物理的中心势近似下，可以认为原子中的每一个电子都在原子核和其余电子产生的球对称势场下运动，在此基础上解出了单电子轨道 $n_i l_i m_{l_i}$。双原子分子的复杂之处在于，并不存在类似于原子中原子核这样的对称中心。但是，双原子分子存在连接两个原子核的对称轴，电子感受到的库仑势关于分子轴旋转对称。双原子分子中分子轴向电场很强，电子的轨道角动量 $\vec{l}$ 绕分子轴进动非常之快，使得 $\vec{l}$ 失去了角动量的意义，反而是它的轴向分量是守恒量。

因此，双原子分子中每个电子的轨道角动量沿分子轴的分量 L_z 是量子化的，其大小为 $m_l\hbar$。考虑到分子的能量与 L_z 的方向无关，人们用量子数 λ 来标记单电子分子轨道，其取值为

$$\lambda = |m_l| = 0,1,2,3,4,\cdots \tag{5.5.1}$$

称为σ、π、δ、φ、γ、…轨道，处于上述轨道上的电子称为σ、π、δ、φ、γ、…电子。这类似于原子物理中的s、p、d、f、…轨道或电子。但是，仅仅有量子数 λ 还不够，还不足以描述双原子分子的能量状态。为此，我们还需要把原子轨道的知识结合起来，这就是联合原子模型和分离原子模型。

联合原子模型是把分子的核间距想象为0，也即 $R\to0$。当双原子分子的两个原子核(核电荷数分别为 Z_A 和 Z_B)融合为一个原子核后，就可以把双原子分子当成一个原子来处理。例如把 H_2 当成 He 原子，N_2 当成 Si 原子等。此时，电子具有确定的主量子数 n 和轨道量子数 l，且 $l=0,1,2,\cdots,n-1$。当组成这个联合原子的两个核稍微分开一点时，量子数 n 和 l 仍近似有意义。如前所述，分子轴上存在的电场使得电子的轨道角动量 $\vec{L}$ 在分子轴上的投影有确定值 $m_l\hbar$，且 $m_l=0,\pm1,\pm2,\cdots,\pm l$。在电场中，电子运动方向反过来并不改变其能量，因此有

$$\lambda = |m_l| = 0,1,2,\cdots,l \tag{5.5.2}$$

显然，它对公式(5.5.1)中 λ 的取值范围加了一个限制。

根据联合原子模型，单电子分子轨道用三个量子数 n、l 和 λ 来标记，n 和 l 写在 λ 的前面，例如 1sσ、2sσ、2pπ、3dδ等。显然，对于 $\lambda\neq0$ 的分子轨道，$m_l=\pm\lambda$ 有两个取值，因此π、δ、φ、γ 等分子轨道是双重简并的。$\lambda=0$ 的σ轨道是非简并轨道，其 m_l 只有一个取值。

分离原子模型是把分子的核间距想象为无限大，也即 $R\to\infty$。这样就可以忽略两个原子间的相互作用，把双原子分子完全等同于两个原子处理，而每个原子都有一套自己的量子数 n、l 和 m_l。实际上，分子中两个原子间的距离并不是无限大，因此总存在分子轴向的电场，使得 $|m_l|$ 在分子轴方向有确定的取值。与联合原子模型相类似，在分离原子模型下每个原子的 n 和 l 都近似有意义。此时，可以用分离原子具有的量子数来近似描述分子的轨道，一般是把 n 和 l 写在λ的后面，把每个原子符号写在 λnl 的右下角以区分来自两个原子的量子数。例如：

$$\sigma 1s_A、\sigma 1s_B、\pi 2p_A、\pi 2p_B \tag{5.5.3}$$

由量子化学的知识可知，所谓分子轨道是指分子中的单电子波函数，常用的近似方法是用适当的原子轨道波函数(AO)线性组合出分子轨道波函数(MO)，简称为 LCAO 方法。例如对于处于基态的 AB 分子，可用两个 1s 轨道

组合成分子轨道：$\varphi = a(1s_A \pm 1s_B)$，从而得到$\sigma 1s_A$和$\sigma 1s_B$两个分子轨道。类似地，可得$\sigma 2s_A$、$\sigma 2s_B$、$\sigma 2p_A$、$\sigma 2p_B$、$\pi 2p_A$、$\pi 2p_B$等分子轨道。如果是同核双原子分子，也即$A = B$，则轨道波函数还存在中心对称性。如果轨道波函数关于中心反演不变号，称为偶态（以g表示）。反之则称为奇态（以u表示）。轨道波函数的奇偶性分别写在λ的右下角，以示区别。例如：

$$\sigma_g 1s、\sigma_u 1s、\sigma_g 2s、\sigma_u 2s、\sigma_g 2p、\sigma_u 2p、\pi_g 2p、\pi_u 2p、\cdots \tag{5.5.4}$$

由于是同核双原子分子，不用标原子符号。

联合原子模型近似下的分子轨道也有这种对称性。显然，同核双原子分子l为偶数的轨道波函数例如s、d、g、…，关于中心反演是不变号的，为g轨道。而l为奇数的轨道波函数例如p、f、h、…，关于中心反演是变号的，为u轨道。只不过联合原子模型近似下，分子轨道的g和u特性与量子数l一一对应，可以不用在分子轨道中专门标出，这与分离原子模型不同。

需要说明的是，对于分子轨道来说，只有λ是好量子数。无论双原子分子的核间距是小还是大，λ都有意义。显然，核间距较小的分子，例如H_2、DH、NaH、CH等，联合原子模型是一种比较好的近似。但是对于核间距比较大的分子，例如CO、O_2、N_2等，分离原子模型的近似则更好。

5.5.2 双原子分子的电子组态和电子态

1. 双原子分子的电子组态

多电子原子基态的电子组态是按照原子轨道的能量高低次序，按照能量由低到高的原则，把电子填入相应的原子轨道而形成。例如Ne原子基态的电子组态为$1s^2 2s^2 2p^6$。当然，电子的填充过程中要考虑泡利不相容原理的限制。在基态电子组态的基础上，多电子原子的一个电子被激发到空轨道上就形成了原子激发态的电子组态。

双原子分子的情形也类似。如果已知分子基态的电子组态，其激发态电子组态可由一个电子被激发到空轨道上而形成。双原子分子基态的电子组态也遵循能量最低原理，也即在泡利不相容原理的限制下，电子按分子轨道的能量高低次序，依次由低到高逐步填充分子的相应轨道。在双原子分子中，泡利不相容原理是指两个电子的n、l、λ、m_l、m_s不能全同。在联合原子模型的条件下，分子轨道的能量高低次序一般如表5.5.1所示，其中从左往右，分子轨道的能量逐渐增高。

表 5.5.1 联合原子模型给出的分子轨道及可容纳的电子数目

n	1	2				3									4
l	0	0	1			0	1			2					…
λ	0	0	0	1		0	0	1		0	1		2		…
m_l	0	0	0	+1	−1	0	0	+1	−1	0	+1	−1	+2	−2	…
m_s	↑↓	↑↓	↑↓	↑↓	↑↓	↑↓	↑↓	↑↓	↑↓	↑↓	↑↓	↑↓	↑↓	↑↓	
分子轨道	1sσ	2sσ	2pσ	2pπ		3sσ	3pσ	3pπ		3dσ	3dπ		3dδ		…
可容纳电子数目	2	2	2	4		2	2	4		2	4		4		…

注：从左往右，分子轨道的能量逐渐增高。

从表 5.5.1 可以很清楚地看出，σ 轨道最多只能容纳 2 个电子，而 π、δ、φ 等轨道最多可容纳 4 个电子。这是因为对于 π、δ、φ 等轨道，其 m_l 可以有两个取值，分别相应于平行或反平行于分子轴方向。对于联合原子模型而言，双原子分子电子组态的写法与原子的情形类似。例如对 ν 个电子的双原子分子，其电子组态可写为

$$(n_1 l_1 \lambda_1)^{\nu_1} (n_2 l_2 \lambda_2)^{\nu_2} \cdots (n_t l_t \lambda_t)^{\nu_t} \tag{5.5.5}$$

这里 $\nu = \nu_1 + \nu_2 + \cdots + \nu_t$。

【例 5.5.1】 BH 分子的核间距较小，可以用联合原子模型描述。试写出其基态和第一激发态的电子组态。

【解】 BH 分子共有 6 个电子，根据表 5.5.1 和公式(5.5.5)，其基态的电子组态可写为

$$(1s\sigma)^2 (2s\sigma)^2 (2p\sigma)^2$$

由于其 $n=1$ 的壳层已经填充了两个电子，为满支壳层结构，可以用 K 表示。因此其基态的电子组态也可写为

$$K(2s\sigma)^2 (2p\sigma)^2$$

当把它的一个电子从 2pσ 激发到最低的空轨道 2pπ 时，其激发态的电子组态可写为

$$K(2s\sigma)^2 2p\sigma 2p\pi$$

BH 的其他激发态的电子组态可写为

$$K(2s\sigma)^2 2p\sigma(ns\sigma, np\sigma, np\pi, nd\sigma, nd\pi), \quad n > 2$$

在分离原子模型近似下，若 $A \neq B$，分子轨道的能量次序由低到高可写为

$$\sigma 1s_A、\sigma 1s_B、\sigma 2s_A、\sigma 2s_B、\sigma 2p_A、\sigma 2p_B、\pi 2p_A、\pi 2p_B、\cdots \tag{5.5.6}$$

而对同核双原子分子，分子轨道的能量次序由低到高可写为

$$\sigma_g 1s、\sigma_u 1s、\sigma_g 2s、\sigma_u 2s、\sigma_g 2p、\pi_u 2p、\pi_g 2p、\sigma_u 2p、\cdots \tag{5.5.7}$$

这里需要说明的是，对于异核双原子分子，由于组成分子的两个原子可能原子序数相差很大，此时公式(5.5.6)所示分子轨道的能量高低次序要根据具体情况做调整。例如 HCl 分子，$\sigma 1s_H$ 显然与$\pi 3p_{Cl}$的能量高低次序相当。

【例 5.5.2】 Na_2分子的核间距较大，可以用分离原子模型描述。试写出其基态的电子组态。

【解】 Na_2分子有 22 个电子，根据公式(5.5.7)可写出其基态的电子组态

$$(\sigma_g 1s)^2\ (\sigma_u 1s)^2\ (\sigma_g 2s)^2\ (\sigma_u 2s)^2\ (\sigma_g 2p)^2\ (\pi_u 2p)^4\ (\pi_g 2p)^4\ (\sigma_u 2p)^2\ (\sigma_g 3s)^2$$

由于 Na_2 两个原子的 $n=1$ 和 $n=2$ 的壳层都填满了，所以其基态的电子组态也可写为

$$\mathrm{KKLL}(\sigma_g 3s)^2$$

2. 双原子分子的电子态

在多电子原子中，已知电子组态的情况下可耦合出原子谱项(原子态符号)。例如在 LS 耦合下，He 原子的电子组态 1s2p 可耦合出$^1P_1$ 和$^3P_{2,1,0}$。双原子分子的情形也类似，可由分子的电子组态耦合出分子的电子态。

已知双原子分子的电子组态为 $n_1 l_1 \lambda_1 n_2 l_2 \lambda_2 \cdots n_v l_v \lambda_v$，则电子轨道运动在分子轴方向的总的角动量矢量 $\vec{\Lambda}$ 为

$$\vec{\Lambda} = \sum_{i=1}^{v} \vec{\lambda}_i \tag{5.5.8}$$

相应电子运动的轨道角动量量子数为 Λ。由于每个电子的$\vec{\lambda}_i$都在分子轴方向上，所以 Λ 为λ_i 的代数和。与原子中把 $L=0、1、2、3、\cdots$写为大写的 S、P、D、F、…类似，分子电子态中把 $\Lambda=0、1、2、3、4、\cdots$写为大写的 $\Sigma、\Pi、\Delta、\Phi、\Gamma、\cdots$。其中 Σ 是非简并的，而 $\Lambda \neq 0$ 的 $\Pi、\Delta、\Phi、\Gamma、\cdots$都是双重简并的。

【例 5.5.3】 试分别求两个非等价电子(n 和 l 不完全相同，类似于原子物理中的非同科电子)(1) $\sigma\pi$、(2) $\pi\delta$ 和(3) $\pi\pi$ 的 Λ 值。

【解】由公式(5.5.8)可知：

(1) σ电子：$\lambda_1=0$；π电子：$\lambda_2=1$；$\Rightarrow \Lambda=1$。取分子轴为水平方向，其耦合情形如例5.5.3图(a)所示。

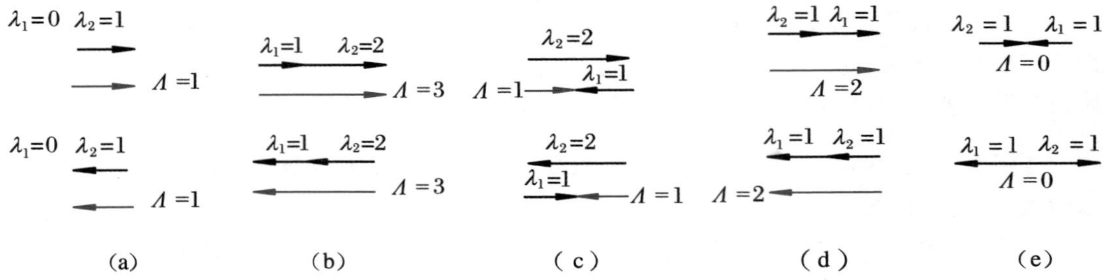

例 5.5.3 图

(2) π电子，$\lambda_1=1$；δ电子，$\lambda_2=2$。

考虑电子轨道角动量在分子轴上的取值后，其耦合无外乎例5.5.3图(b)和(c)两种情形。因此，Λ 只能有两种取值，分别为 $\Lambda=3$ 和 $\Lambda=1$。

(3) 第一个π电子，$\lambda_1=1$；第二个π电子，$\lambda_2=1$。

耦合情况如例5.5.3图(d)和(e)所示，可得 $\Lambda=2$ 和 $\Lambda=0$。

由例5.5.3可知，在分子电子组态耦合出 Λ 时，并不像原子物理中角动量耦合那样遵守三角形规则。这是因为双原子分子中分子轴向电场很强，$\vec{l}$ 绕分子轴的进动非常之快，使得 $\vec{l}$ 失去了角动量的意义，反而是它的轴向分量 $\lambda_i\hbar$ 是守恒量。因此，双原子分子的耦合过程中只需考虑 λ_i 之间的耦合就行了。

与原子中的 LS 耦合类似，所有电子的自旋耦合出分子的总自旋：

$$\vec{S}=\sum_{i=1}^{v}\vec{s_i} \tag{5.5.9}$$

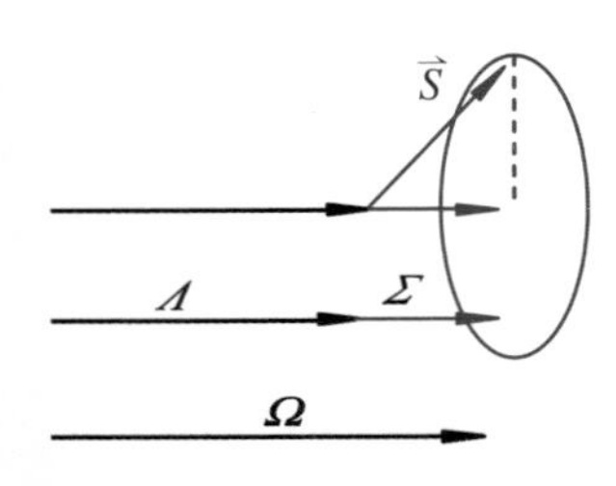

图 5.5.1 $\vec{S}$ 绕分子轴的进动及角动量耦合

分子中电子态的多重性为 $2S+1$。在 $\Lambda\neq0$ 的电子态中，电子的轨道运动会产生一个沿分子轴方向的磁场，使得 $\vec{S}$ 绕分子轴进动，如图5.5.1所示。$\vec{S}$ 在分子轴上的投影值为 $M_S\hbar$，显然 M_S 是量子化的。在此引入 Σ（注意与电子轨道角动量耦合出的 Σ 含义完全不同）：

$$\Sigma=M_S=S,S-1,\cdots,-S \tag{5.5.10}$$

Σ 有 $2S+1$ 个可能取值，且可正可负。在原子物理中，考虑到自旋-轨道耦合，电子的总角动量可写为 $\vec{J}=\vec{L}+\vec{S}$。双原子分子的情况类似，只不过电子的总角动量沿 z 轴方向（取分子轴方向为 z 轴）。在计入到自旋-轨道耦合情况下，电子的总角动量可写为 Ω：

$$\Omega = |\Lambda + \Sigma| \tag{5.5.11}$$

由于 Λ 和 Σ 都是沿着 z 轴方向，实际上 Ω 是 Λ 和 Σ 的代数相加。由于 Σ 有 $2S+1$ 个值，因此对 $\Lambda \neq 0$ 的电子态，自旋-轨道相互作用分裂为 $2S+1$ 个支项。

对于 $\Lambda=0$ 的 Σ 电子态，由于电子轨道角动量在分子轴向的分量为0，其轨道运动不产生磁场，不会影响 $\vec{S}$ 的取向，因此也不存在自旋-轨道相互作用，此时量子数 Σ 无意义。这与原子中 $L=0$ 的S电子的情形是类似的。

分子的电子态符号记为

$$^{2S+1}\Lambda_{\Omega} \tag{5.5.12}$$

这里多重性 $2S+1$ 标于谱项的左上角，Λ 依其取值0、1、2、3、4、…写为 Σ、Π、Δ、Φ、Γ、…，而 Ω 的取值写在右下角。

在一级近似下，电子的轨道运动和自旋磁矩的相互作用能正比于 $\Lambda\cdot\Sigma$，相应地考虑自旋-轨道相互作用后，分子电子态的能量可写为

$$T = T^0 + A\Lambda\cdot\Sigma \tag{5.5.13}$$

这里 T^0 是不考虑自旋-轨道相互作用时原来谱项的能级，A 为耦合常数。显然，与原子的自旋-轨道相互作用类似，分子的精细结构与 Λ 和 Σ 耦合出的 Ω 取值个数有关。显然，Σ 电子态没有精细结构，但其电子谱项符号仍然按照公式(5.5.12)写出。

【例5.5.4】 试写出 $\Lambda=2$、$S=1$ 的电子态符号，并说明其耦合过程及能级分裂情况。

【解】 因为 $S=1$，所以 $\Sigma=1$、0、-1。可得出 $\Lambda=2$、$S=1$ 的耦合情况如例5.5.4图(a)、(b)和(c)。相应的电子态分别为 $^3\Delta_3$、$^3\Delta_2$ 和 $^3\Delta_1$。考虑到自旋-轨道相互作用，其能级分裂情况如例5.5.4图(d)。

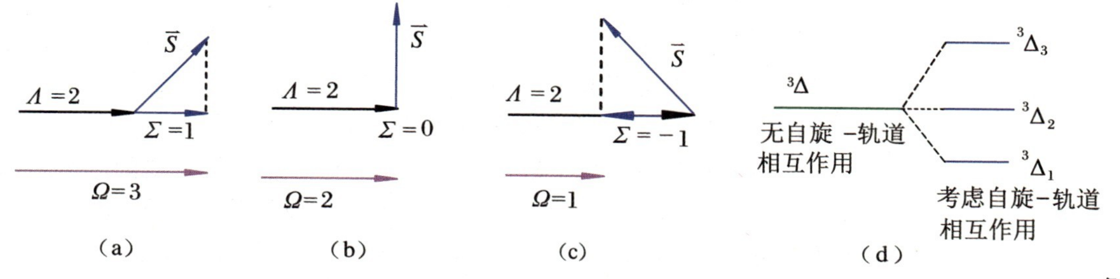

例5.5.4图

需要指出的是，对于双原子分子的 Σ 电子态而言，其电子波函数关于平面 σ_{xz} 做映射操作时，波函数可以改变符号(在电子谱项的右上角以"－"号表示)，也可以不改变符号(在电子谱项的右上角以"＋"号表示)，也即可写为 Σ^+ 和 Σ^-。电子态 Σ^+ 和 Σ^- 的能量并不相同，要分别表示出来。而对 Π、Δ、Φ 和 Γ 等

电子态，“＋”和“－”两种情形的能量相同，也即能量是简并的，并不需要特别指出。另外，同核双原子分子还存在电子波函数关于对称中心（分子轴连线中点）的反演奇偶性（电子态波函数改变“－”“＋”号）问题。若电子态波函数关于对称中心反演是偶的，也即电子波函数关于对称中心反演不变号，以 g 表示，写于电子谱项右下角。若电子态波函数关于对称中心反演改变符号，则以 u 表示，也写于电子谱项右下角。例如 Σ_g^+、Σ_u^+、Σ_g^-、Σ_u^-、Π_g、Π_u、Δ_g、Δ_u 等。

【例 5.5.5】 试写出非等价电子(1) $\sigma_g\pi_u$(2) $\pi_g\delta_g$ 和(3) $\pi_u\pi_u$ 的电子谱项符号。

【解】 在例 5.5.3 中已经给出了这几个电子组态耦合出的 Λ 值，再考虑它们都是两个电子组成的电子组态，所以 $S=1$ 和 0。因此可以很容易写出这几个电子组态的电子谱项符号：

(1) $^3\Pi_u$ 和 $^1\Pi_u$；(2) $^1\Pi_g$、$^1\Phi_g$、$^3\Pi_g$ 和 $^3\Phi_g$；(3) $^1\Sigma_g^+$、$^1\Sigma_g^-$、$^1\Delta_g$、$^3\Sigma_g^+$、$^3\Sigma_g^-$ 和 $^3\Delta_g$。

例 5.5.5 告诉我们，分子电子态的奇偶性由电子组态的奇偶性决定。如果电子组态中含有奇数个奇轨道，则耦合后的电子态仍是奇的。例 5.5.5 中(1)就对应这种情况。其他情况，例如电子组态中的分子轨道都是偶的，或者含有偶数个奇轨道，其耦合后的电子态都是偶的，如例 5.5.5 中(2)和(3)所示。这一原理非常容易理解，在此不做过多说明。

【例 5.5.6】 试写出 σ^2、π^4 和 δ^4 耦合后的电子谱项。

【解】 对于 σ^2、π^4 和 δ^4，它们都是满支壳层。根据表 5.5.1 可知，满支壳层的电子组态，所有电子的自旋都成对，因此 $S=0$。满支壳层中所有电子的 m_l 也都成对。有一个 m_l，必有一个 $-m_l$ 与之对应，必有 $\Lambda=0$。因此，σ^2、π^4 和 δ^4 的电子态均为 $^1\Sigma^+$。

从这个例子可以看出，满支壳层的电子组态给出 $\Lambda=0$ 和 $S=0$。所以当满支壳层的电子组态与其他电子耦合时，不用考虑满支壳层的贡献，这与原子中满支壳层的情形类似。如果 σ^2、π^4 和 δ^4 是同核双原子分子的电子组态，则考虑到电子波函数关于中心反演的奇偶性，其电子谱项为 $^1\Sigma_g^+$。满支壳层电子组态的这一特性，是大部分双原子分子的基态为 $^1\Sigma^+$ 或 $^1\Sigma_g^+$ 的原因。

表 5.5.2 和表 5.5.3 给出了双原子分子常见电子组态耦合出的电子态（其中表 5.5.2 针对的是非等价电子，而表 5.5.3 针对的是等价电子），供读者参考。其中等价电子耦合时，必须考虑泡利不相容原理的限制。对于双原子分子中等价电子的耦合，处理方法与附录 3－2 中所列方法类似。例如对于等价电子 π^2，在泡利不相容原理限制条件下的可能状态数如表 5.5.4 所示，易知其耦合后的电子谱项为 $^1\Delta$、$^3\Sigma$ 和 $^1\Sigma$。进一步分析可知，$^3\Sigma$ 应为 $^3\Sigma^-$，$^1\Sigma$ 应为 $^1\Sigma^+$。

多于两个电子的耦合与附录 3－2 中原子的多电子耦合情形类似，先耦合

出两个电子的 Λ 和 S，然后这两个电子的 Λ 和 S 再与第三个电子的 λ 和 s 进行耦合，在此不一一说明。

表 5.5.2 非等价电子组态耦合的电子态

电子组态	分子的电子谱项*
σ	$^2\Sigma^+$
π	$^2\Pi$
$\sigma\sigma$	$^1\Sigma^+, {}^3\Sigma^+$
$\sigma\pi$	$^1\Pi, {}^3\Pi$
$\sigma\delta$	$^1\Delta, {}^3\Delta$
$\pi\pi$	$^1\Sigma^+, {}^3\Sigma^+, {}^1\Sigma^-, {}^3\Sigma^-, {}^1\Delta, {}^3\Delta$
$\pi\delta$	$^1\Pi, {}^3\Pi, {}^1\Phi, {}^3\Phi$
$\delta\delta$	$\Sigma^+, {}^3\Sigma^+, {}^1\Sigma^-, {}^3\Sigma^-, {}^1\Gamma, {}^3\Gamma$
$\sigma\sigma\sigma$	$^2\Sigma^+, {}^2\Sigma^+, {}^4\Sigma^+$
$\sigma\sigma\pi$	$^2\Pi, {}^2\Pi, {}^4\Pi$
$\sigma\sigma\delta$	$^2\Delta, {}^2\Delta, {}^4\Delta$
$\sigma\pi\pi$	$^2\Sigma^+(2), {}^2\Sigma^-(2), {}^4\Sigma^+, {}^4\Sigma^-, {}^2\Delta(2), {}^4\Delta$
$\sigma\pi\delta$	$^2\Pi(2), {}^4\Pi, {}^2\Phi(2), {}^4\Phi$
$\pi\pi\pi$	$^2\Pi(6), {}^4\Pi(3), {}^2\Phi(2), {}^4\Phi$
$\pi\pi\delta$	$\Sigma^+(2), {}^4\Sigma^+, {}^2\Sigma^-(2), {}^4\Sigma^-, {}^2\Delta(4), {}^4\Delta(2), {}^2\Gamma(2), {}^4\Gamma$

注：* ()内表示电子态的数目，例如 $\sigma\pi\pi$ 中的 $^2\Sigma^+$ 有两个，但是这两个 $^2\Sigma^+$ 的能量不同。

表 5.5.3 等价电子组态及等价和非等价电子混合组态耦合的电子态

电子组态	分子的电子谱项
π^2	$^1\Sigma^+, {}^1\Delta, {}^3\Sigma^-$
π^3	$^2\Pi$
δ^2	$^1\Sigma^+, {}^3\Sigma^-, {}^1\Gamma$
δ^3	$^2\Delta$
$\pi^2\sigma$	$^2\Sigma^+, {}^2\Sigma^-, {}^2\Delta, {}^4\Sigma^-$
$\pi^2\pi$	$^2\Pi(3), {}^2\Phi, {}^4\Pi$
$\pi^2\delta$	$^2\Sigma^+, {}^2\Sigma^-, {}^2\Delta(2), {}^2\Gamma, {}^4\Delta$
$\pi^3\sigma$	$^1\Pi, {}^3\Pi$
$\pi^3\pi$	$^1\Sigma^+, {}^1\Sigma^-, {}^1\Delta, {}^3\Sigma^+, {}^3\Sigma^-, {}^3\Delta$
$\pi^3\delta$	$^1\Pi, {}^3\Pi, {}^1\Phi, {}^3\Phi$

表 5.5.4 π^2 电子组态光谱的推导

M_L	M_S	泡利原理允许的(m_l, m_s)组合	态的数目	相应的电子态*
2	1		0	$^3\Delta$
2	0	{(1,+)(1,−)}	1	$^1\Delta+^3\Delta$
2	−1		0	$^3\Delta$
0	1	{(1,+)(−1,+)}	1	$^3\Sigma$
0	0	{(1,+)(−1,−)} {(1,−)(−1,+)}	2	$^3\Sigma+^1\Sigma$
0	−1	{(1,−)(−1,−)}	1	$^3\Sigma$
−2	1		0	$^3\Delta$
−2	0	{(−1,+)(−1,−)}	1	$^1\Delta+^3\Delta$
−2	−1		0	$^3\Delta$

注：蓝色表示的是存在的电子态，它们是$^1\Delta$、$^3\Sigma$ 和$^1\Sigma$。

5.5.3 分子轨道相关图

实际上，双原子分子的核间距既不是 0，也不是 ∞。因此无论是联合原子模型，还是分离原子模型，都是近似处理。考虑到双原子分子的有限核间距，实际上分子轨道能量次序既不与联合原子模型给出的结果完全一致，也不与分离原子模型给出的结果完全一致，而是介于两者中间。为此，我们把联合原子模型给出的分子轨道与分离原子模型给出的分子轨道关联起来，可大致给出分子核间距由小到大情况下分子轨道能量的高低次序，这就是分子轨道相关图。异核双原子分子和同核双原子分子的轨道相关图分别示于图 5.5.2 和图 5.5.3 中。

分子轨道相关图的连线遵循以下规则：(1) 由于分子中电子的 λ 值是一定的，因此由下往上只能左右的 σ 轨道或左右的 π 轨道相连，其他轨道也类似处理；(2) 相同类型的轨道相连不能相交，对于同核双原子分子，只有相同奇偶性的分子轨道才能够相连。例如，对于联合原子模型，l 为偶数的轨道具有 g 对称性，因此，$1s\sigma$、$2s\sigma$ 和 $3d\sigma$ 只能与 $\sigma_g 1s$、$\sigma_g 2s$ 和 $\sigma_g 3s$ 相连。而 l 为奇数的轨道具有 u 对称性，所以，$2p\sigma$ 和 $2p\pi$ 只能与 $\sigma_u 1s$ 和 $\pi_u 2p$ 相连，依次类推，如图 5.5.3 所示。

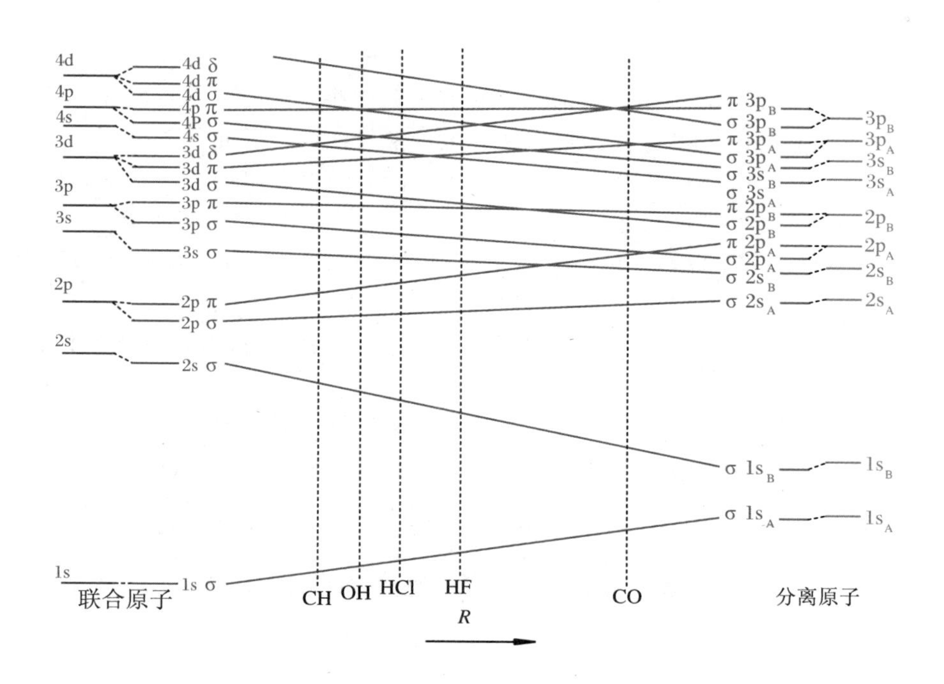

图 5.5.2 异核双原子分子的分子轨道相关图

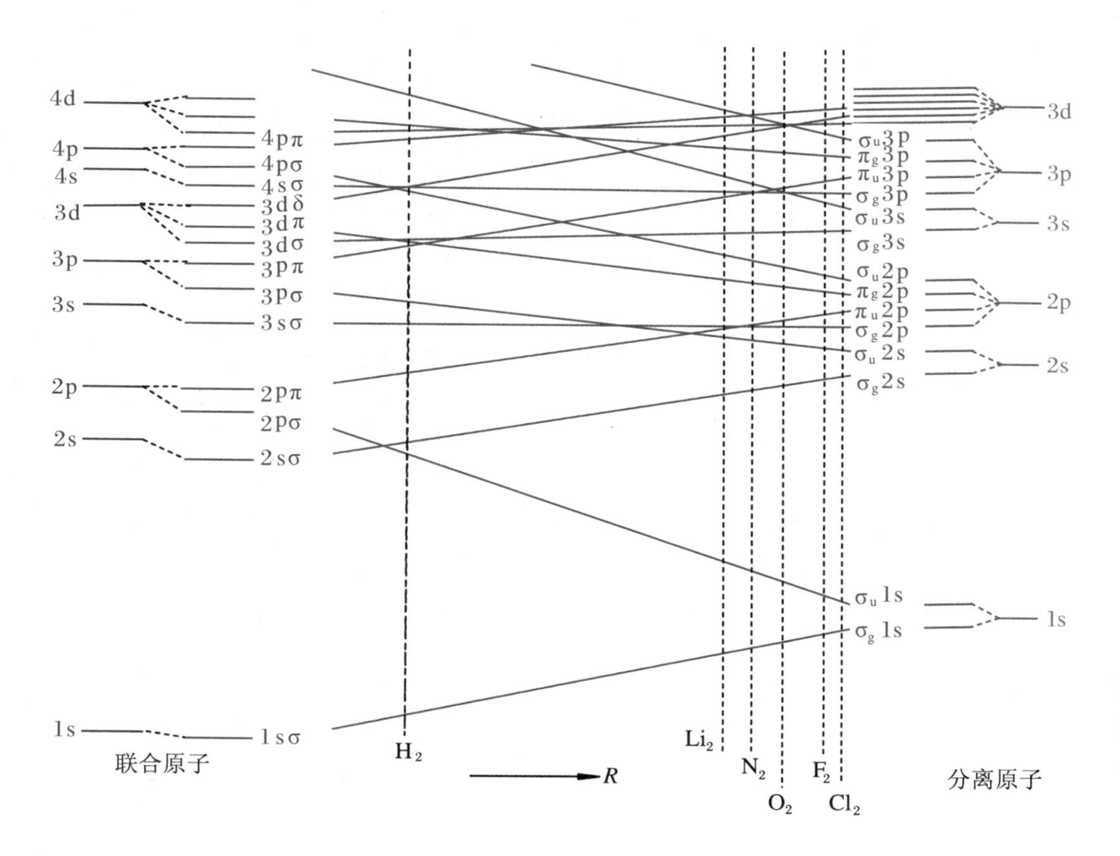

图 5.5.3 同核双原子分子的分子轨道相关图

【例 5.5.7】 根据图 5.5.2 所示的分子轨道相关图，CH 分子的核间距较小，接近联合原子模型给出的分子轨道高低次序。由图中垂直虚线与轨道连线的各个交点，可以给出 CH 分子轨道的能级次序。因此其基态电子组态可以很容易写出，为 $K(2s\sigma)^2(2p\sigma)^2 2p\pi$，也可以很容易耦合出其基态电子态为$^2\Pi$。

CH 分子的第一激发态的电子组态为 $K(2s\sigma)^2(2p\sigma)(2p\pi)^2$，由表 5.5.3 可知，电子组态（$\sigma\pi^2$）所对应的电子态为$^2\Sigma^+$、$^2\Sigma^-$、$^2\Delta$ 和$^4\Sigma^-$。需要说明的是，双原子分子的每一个电子态都对应一条势能曲线，如图 5.1.1 所示。

【例 5.5.8】 CO 分子的核间距较大，接近分离原子模型，靠近分子轨道相关图右侧，如图 5.5.2 所示。可以很容易写出 CO 分子基态电子组态为

$$(\sigma 1s_O)^2(\sigma 1s_C)^2(\sigma 2s_O)^2(\sigma 2s_C)^2(\pi 2p_O)^4(\sigma 2p_O)^2$$

有时，考虑分子轨道的杂化（具体请参阅相关的参考书），也可以写为

$$(1\sigma)^2(2\sigma)^2(3\sigma)^2(4\sigma)^2(1\pi)^4(5\sigma)^2$$

由于是满支壳层结构，可以很容易写出 CO 分子基态的电子态为 $X^1\Sigma^+$。

按照分子轨道相关图，比$\sigma 2p_O$ 能量高的轨道依次为$\sigma 2p_C$、$\pi 2p_C$、$\sigma 3s_O$ 和$\sigma 3s_C$。但实际上，考虑分子轨道杂化后的能量高低次序与上述情况稍有区别，为 2π、6σ、7σ 和 3π。因此，CO 分子的激发态电子组态为

$$KK(3\sigma)^2(4\sigma)^2(1\pi)^4 5\sigma 2\pi \Rightarrow A^1\Pi、a^3\Pi$$
$$KK(3\sigma)^2(4\sigma)^2(1\pi)^4 5\sigma 6\sigma \Rightarrow B^1\Sigma^+、{}^3\Sigma^+$$
$$KK(3\sigma)^2(4\sigma)^2(1\pi)^4 5\sigma 7\sigma \Rightarrow C^1\Sigma^+、{}^3\Sigma^+$$
$$KK(3\sigma)^2(4\sigma)^2(1\pi)^4 5\sigma 3\pi \Rightarrow E^1\Pi、{}^3\Pi$$

由于 CO 分子基态的电子谱项为 $X^1\Sigma^+$，考虑到电子跃迁选择定则（见 5.5.4 节），只有从 $X^1\Sigma^+$ 到 $A^1\Pi$、$B^1\Sigma^+$、$C^1\Sigma^+$ 和 $E^1\Pi$ 的跃迁是允许的，这也是图 5.3.6(a)中所示的情形。

【例 5.5.9】 对于 N_2 分子，由同核双原子分子的分子轨道相关图，可写出其基态电子组态为 $KK(\sigma_g 2s)^2(\sigma_u 2s)^2(\pi_u 2p)^4(\sigma_g 2p)^2$，这里 $\sigma_g 2p$ 的能量高于 $\pi_u 2p$。也很容易写出满支壳层的 N_2 分子的基态电子态为 $X^1\Sigma_g^+$。

【例 5.5.10】 对于 O_2 分子，其核间距较 N_2 分子大，基态电子组态为 KK $(\sigma_g 2s)^2(\sigma_u 2s)^2(\sigma_g 2p)^2(\pi_u 2p)^4(\pi_g 2p)^2$。只考虑非满支壳层，由表5.5.3可知其耦合后电子谱项为 $^1\Sigma_g^+$、$^3\Sigma_g^-$ 和 $^1\Delta_g$，其中 $^3\Sigma_g^-$ 的能量最低，所以 $X^3\Sigma_g^-$ 为 O_2 分子的基态电子态。

5.5.4 双原子分子电子态的跃迁选择定则

双原子分子两个电子态之间的跃迁能否发生，受到选择定则的限制。要推出该选择定则，需要用到分子点群的知识，这超出了本教材的要求。在此只给出选择定则的最终结果。

双原子分子电子态之间跃迁所遵循的选择定则为：

(1) $\Delta S = 0$

只有相同多重态的电子态之间才能发生跃迁，例如 $^1\Sigma^+ \leftrightarrow {}^1\Pi$ 和 $^1\Pi \leftrightarrow {}^1\Delta$。而 $^1\Sigma^+ \not\leftrightarrow {}^3\Pi$ 之间的跃迁则是禁戒的。

(2) $\Delta\Lambda = 0, \pm 1$

由这一条选择定则可知，$\Sigma \leftrightarrow \Sigma$、$\Sigma \leftrightarrow \Pi$、$\Pi \leftrightarrow \Pi$ 和 $\Pi \leftrightarrow \Delta$ 之间的跃迁都是允许的，而 $\Sigma \not\leftrightarrow \Delta$ 之间的跃迁是禁戒的。

(3) $\Delta\Omega = 0, \pm 1$

由此可知，$^3\Pi_0 \leftrightarrow {}^3\Delta_1$ 是允许跃迁，而 $^3\Pi_0 \not\leftrightarrow {}^3\Delta_2$ 之间的跃迁是禁戒的。

(4) $\Delta\Sigma = 0$

这条选择定则源于自旋 S 在对称轴上的分量不改变。因此，$^2\Pi_{1/2} \leftrightarrow {}^2\Pi_{1/2}$、$^3\Pi_2 \leftrightarrow {}^3\Delta_3$、$^3\Sigma_1 \leftrightarrow {}^3\Pi_2$ 是允许的，它们既满足选择定则(1)～(3)条，也满足 $\Delta\Sigma = 0$。

(5) $g \leftrightarrow u\ (g \not\leftrightarrow g,\ u \not\leftrightarrow u)$

这一条选择定则只对同核双原子分子有效，因为异核双原子分子没有对称中心。

(6) 对 $\Sigma \leftrightarrow \Sigma$ 跃迁，还有 $\Sigma^+ \leftrightarrow \Sigma^+$，$\Sigma^- \leftrightarrow \Sigma^-$ $(\Sigma^- \not\leftrightarrow \Sigma^+)$

这一条选择定则源于群论的知识。

【例 5.5.11】 H_2 分子的基态电子组态为 $(1s\sigma)^2$，相应的基态电子谱项为 $X^1\Sigma_g^+$。其激发态为一个电子处于 $1s\sigma$ 不动，而另一个电子被激发到空轨道而形成，其能级高低次序为

$$1s\sigma 2s\sigma: A^1\Sigma_g^+, a^3\Sigma_g^+$$
$$1s\sigma 2p\sigma: B^1\Sigma_u^+, b^3\Sigma_u^+$$
$$1s\sigma 2p\pi: C^1\Pi_u, c^3\Pi_u$$
$$1s\sigma 3s\sigma: E^1\Sigma_g^+, e^3\Sigma_g^+$$
$$1s\sigma 3p\sigma: B'^1\Sigma_u^+, {}^3\Sigma_u^+$$
$$1s\sigma 3p\pi: D^1\Pi_u, {}^3\Pi_u$$

上述能级中只有 $X^1\Sigma_g^+ \to B^1\Sigma_u^+$、$C^1\Pi_u$、$B'^1\Sigma_u^+$ 和 $D^1\Pi_u$ 的跃迁才是允许跃迁。例 5.5.11 图给出了实验测量的 H_2 分子的光吸收谱，与上述分析一一对应。

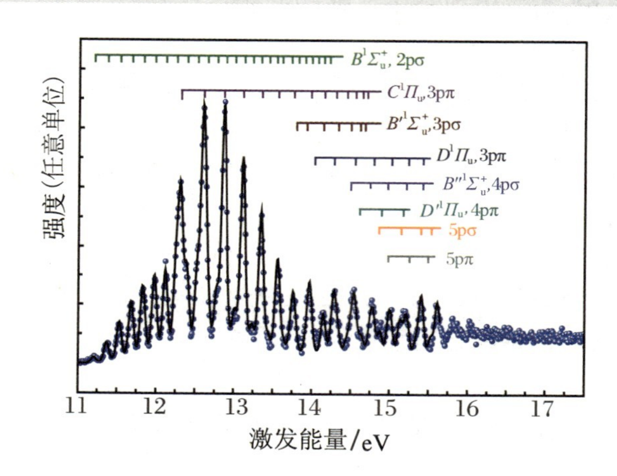

例 5.5.11 图　氢分子的光吸收谱

第 6 章　固体物理概述

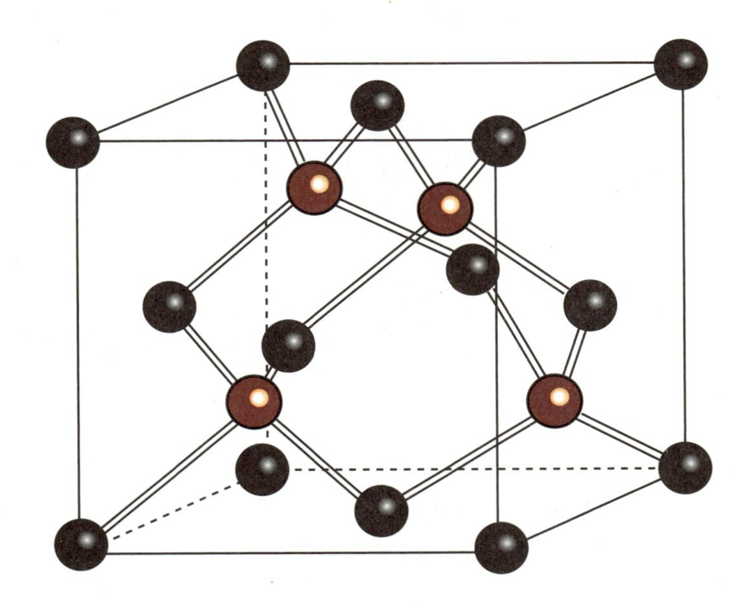

前一章中我们从原子体系转向了更复杂的双原子分子体系的能级结构和光谱，有了这些基本原则，可以继续讨论更复杂的分子体系，这将从原子物理的领域深入量子化学的领域。然而，这一章目光转向更多原子(或离子)组成的宏观固态体系，每立方厘米体积中大约有 10^{23} 个原子，对于如此巨大数目的复杂体系，它们的性质和行为是不可能通过少数基本粒子性质的简单外推来理解的。但是我们将看到，许多关于有序固态体系的基本原则可以通过它们的对称性获得。正如凝聚态物理界的泰山北斗安德森(Philip W. Anderson)在他一篇经典论文“More is different(多者异也)”中指出的：“科学的每一层级并非下一层级概念、定律和原理的简单延伸或者叠加，而是每一层级都会产生新的性质。”

从人类文明开端以来，固体一直是人类深入研究的主题，已经吸引了大量的科研群体，导致了许多重要的技术进步，如半导体、存储单元、激光和太阳能电池等。在这一章中我们主要集中介绍内部原子有规则地呈周期性重复排列的固体(晶体)的基本理论，并以之解释一些基本现象、规律以及应用。

6.1 固体的分类与结合

6.1.1 固体的分类：晶体、非晶体与准晶体

根据其内部的原子、离子或分子排布情况，固体一般可分为晶体(单晶与多晶)、非晶体和准晶体。晶体与非晶体的最本质差别在于组成晶体的粒子(原子、离子或分子等)是规则排列的(长程序)，而非晶体中这些粒子除与其最近邻外，基本上是无规则地堆积在一起的(短程序)。石英的两种结构(石英晶体和石英玻璃)很好地说明了这两个不同序的区别，如图 6.1.1 所示。在两种结构

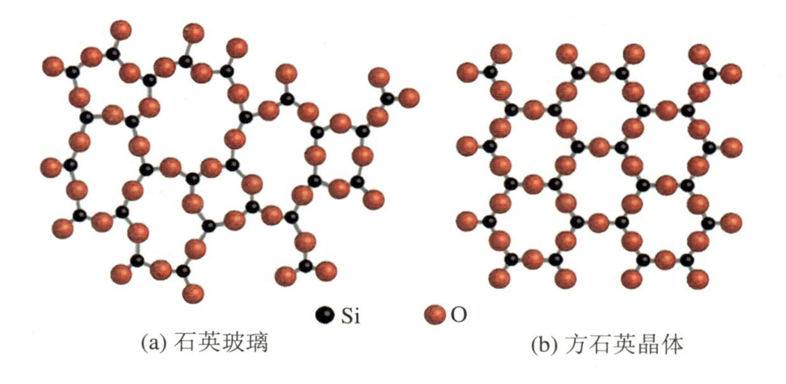

图 6.1.1 石英(SiO_2)的二维示意图

中一个 Si 原子周围都有三个 O 原子，这表示短程序。另外石英晶体还展示了一个由六边形组成的规则网格的二维结构，这就是长程序，而石英玻璃没有这个额外的规则性。因此，晶体是指其内部的原子、离子或分子在空间做一定的周期性排列（即晶体的周期性结构）、长短程均有序的固体物质，长程序导致晶体的平移不变性。许多重要的固体都是晶体，如大多数固态的金属与合金等。非晶体原子排列不具有周期性，因此没有长程序，但仍然保留有原子排列的短程序，如橡胶、塑料、玻璃、松脂等。

晶体的长程序导致晶体具有一些共同的特征，如规则外形、均匀性、各向异性、解理性、固定熔点、对称性等。例如固定熔点是由于当加热晶体到一定温度（熔点）时，晶体内的结合键同时断裂，破坏了其有规则的排列结构。而非晶体由于缺乏长程序，结合键能是变化的。当加热非晶体时，最弱的键能在更低的温度断裂，因此非晶体慢慢熔化，没有固定的熔点。根据原子排列有序度的尺寸大小，晶体又可分为单晶体与多晶体。单晶体在整体范围内原子都是规则排列的，因此其具有规则外形，一般呈现出光滑的凸多面体。受外力时，晶体可沿某些晶面劈裂开（晶体解理性），这些晶面称为解理面。晶体呈现在外的光滑凸多面体往往是一些解理面。多晶体则由许多微细晶粒组成，在各晶粒范围内原子是有序排列的，而各晶粒之间的取向是不同的（图 6.1.2），如金属以及陶瓷材料等。不管是单晶体还是多晶体，它们都是在微米量级范围内分子排列具有长短程均有序的固体。晶体这种有规则排列结构使得数学处理相对简单，这种理想的结构是固体物理学领域理论的出发点。

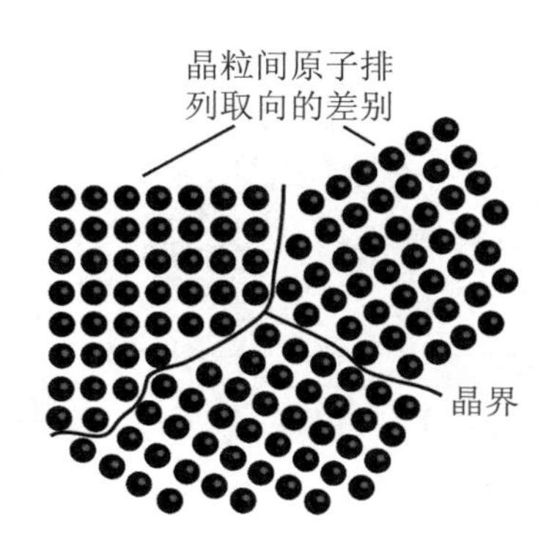

图 6.1.2 多晶示意图

非晶体与液体一样具有短程有序而长程无序的结构特征，又称玻璃态，可看成是黏滞性很大的过冷液体。晶体的长程有序结构使其内能处在最低状态，而非晶体的长程无序结构使其内能不能处在最低状态，故非晶态固体属于亚稳相。与此对应的是一类新型的固体材料——非晶态材料，包括我们日常所见的各种玻璃塑料高分子聚合物以及新近发展起来的金属玻璃、非晶态合金、非晶态半导体及非晶态超导体等等。由于结构不同，非晶态材料具有许多晶体所不具备的优良性质，如优异的机械特性（强度高、弹性好）、电磁学特性、化学特性（稳定性高、耐蚀性好、抗辐射等）、电化学特性及优异的催化活性等，已成为一类发展潜力很大的新材料，且由于其广泛的实际用途而备受人们的青睐。然而，由于非晶体的结构比晶体要复杂得多，不能直接将描述和研究晶体的理论搬用到非晶体的研究中，因此必须寻找一套新的方法。经过几十年的努力，非晶态物理学的研究虽然取得了很大进展，但与古老的、已基本成熟的晶态物理学相比，还处在初创阶段，有大量的课题需要进一步研究。

还有一类固体物质是介于晶体和非晶体之间的一种新的有序结构，具有与晶体相似的长程有序原子排列，但不具备晶体所应有的平移对称性，因而可以具有晶体所不允许的宏观对称性，这称之为准晶体。根据晶体局限定理，普通

图 6.1.3 Al-Mn 合金的电子衍射图[引自 PRL 53，1951 (1984)]

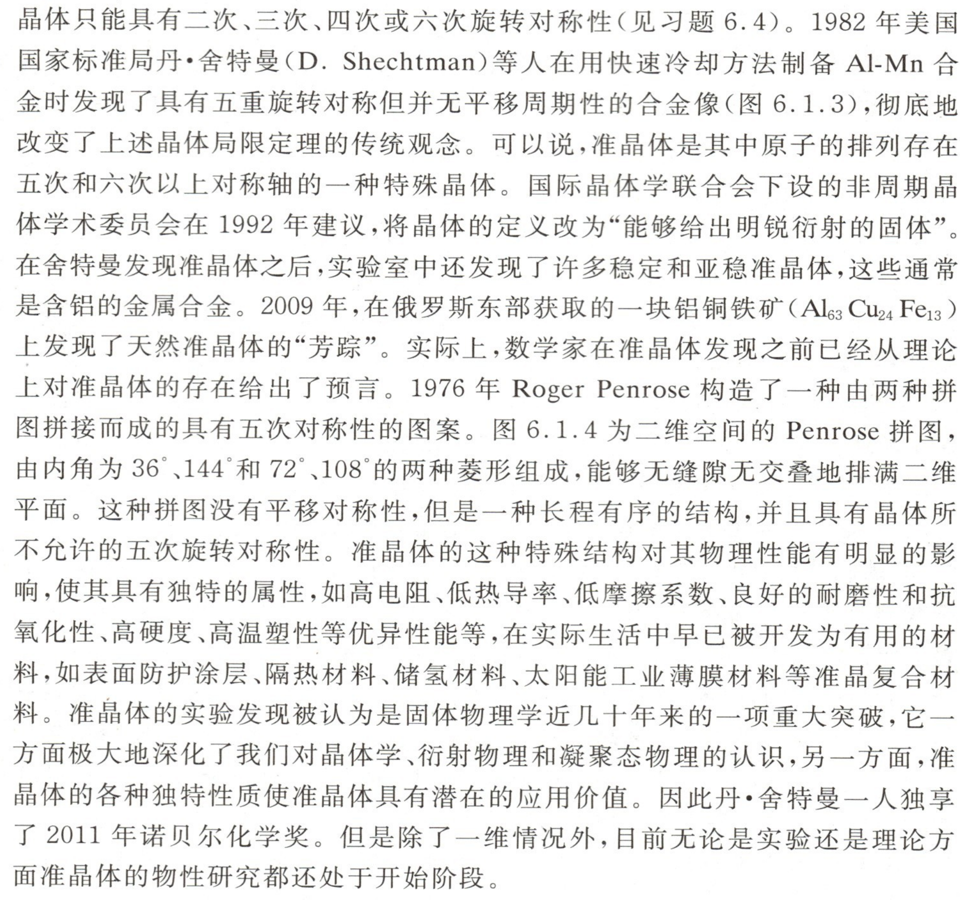

晶体只能具有二次、三次、四次或六次旋转对称性(见习题 6.4)。1982 年美国国家标准局丹·舍特曼(D. Shechtman)等人在用快速冷却方法制备 Al-Mn 合金时发现了具有五重旋转对称但并无平移周期性的合金像(图 6.1.3)，彻底地改变了上述晶体局限定理的传统观念。可以说，准晶体是其中原子的排列存在五次和六次以上对称轴的一种特殊晶体。国际晶体学联合会下设的非周期晶体学术委员会在 1992 年建议，将晶体的定义改为“能够给出明锐衍射的固体”。在舍特曼发现准晶体之后，实验室中还发现了许多稳定和亚稳准晶体，这些通常是含铝的金属合金。2009 年，在俄罗斯东部获取的一块铝铜铁矿($Al_{63}Cu_{24}Fe_{13}$)上发现了天然准晶体的“芳踪”。实际上，数学家在准晶体发现之前已经从理论上对准晶体的存在给出了预言。1976 年 Roger Penrose 构造了一种由两种拼图拼接而成的具有五次对称性的图案。图 6.1.4 为二维空间的 Penrose 拼图，由内角为 36°、144°和 72°、108°的两种菱形组成，能够无缝隙无交叠地排满二维平面。这种拼图没有平移对称性，但是一种长程有序的结构，并且具有晶体所不允许的五次旋转对称性。准晶体的这种特殊结构对其物理性能有明显的影响，使其具有独特的属性，如高电阻、低热导率、低摩擦系数、良好的耐磨性和抗氧化性、高硬度、高温塑性等优异性能等，在实际生活中早已被开发为有用的材料，如表面防护涂层、隔热材料、储氢材料、太阳能工业薄膜材料等准晶复合材料。准晶体的实验发现被认为是固体物理学近几十年来的一项重大突破，它一方面极大地深化了我们对晶体学、衍射物理和凝聚态物理的认识，另一方面，准晶体的各种独特性质使准晶体具有潜在的应用价值。因此丹·舍特曼一人独享了 2011 年诺贝尔化学奖。但是除了一维情况外，目前无论是实验还是理论方面准晶体的物性研究都还处于开始阶段。

图 6.1.4 Penrose 拼接图案

6.1.2 晶体结合：离子晶体、共价晶体、金属晶体、分子晶体

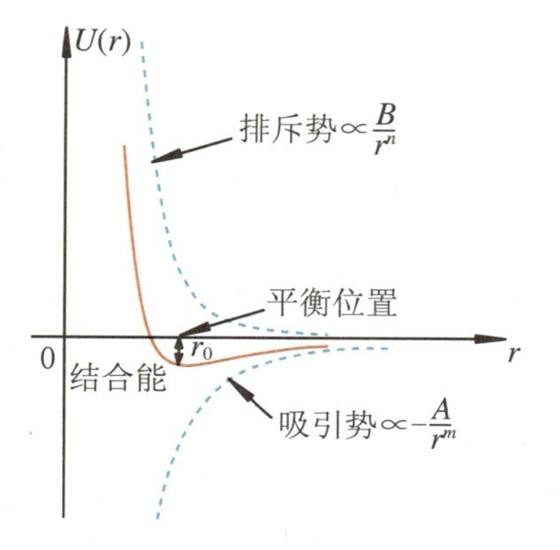

图 6.1.5 原子间相互作用势

晶体中原子、离子或分子由于它们之间的相互作用力而结合成一定的稳定结构，晶体的总能量要比自由状态的原子或分子的总能量低。晶体的结合能定义为自由原子能与晶体能量之差。不同晶体的结合能相差很大，能从 0.01 eV 到 10 eV，它决定了不同晶体的性质，与晶体中原子间的互作用(包括吸引作用和排斥作用)相关。图 6.1.5 示意了两原子之间互作用的典型势能曲线，可近似为

$$U(r) = -\frac{A}{r^m} + \frac{B}{r^n} \tag{6.1.1}$$

这里 r 是两原子间的距离，A、B、n、$m>0$ 且 $m<n$，是与晶体性质相关的常数，负号表示吸引势，正号表示排斥势，斥力高度短程，而引力是长程的。两原子间的互作用力由势函数的梯度决定：

$$f(r)=-\frac{\mathrm{d}U(r)}{\mathrm{d}r} \tag{6.1.2}$$

当两原子间距 $r\rightarrow\infty$，势能为零，作用力为零，表示自由原子状态的能量。当两原子逐渐靠拢且 $r>r_0$ 时，势能为负，随着原子间距 r 减小而逐渐减小，此时 $f(r)<0$，表明引力大于斥力。到达平衡位置 $r=r_0$ 时，势能取最小值，则 $f(r)=0$，表明引力与斥力达到平衡。当两原子间距 r 继续减小，即 $r<r_0$ 时，随着原子间距 r 减小势能迅速增加，此时 $f(r)>0$，表明斥力大于引力。

晶体的结构和性质与晶体中原子结合力的性质密切相关。固体的吸引力全部归因于电子的负电荷与原子核的正电荷之间的静电吸引相互作用，是晶体中原子或分子不同结合键的反映，一般具有多种表现形式。在5.1节中我们也介绍了形成分子的几种化学键，为此可将晶体分为几种典型类型：离子晶体、共价晶体、金属晶体和分子晶体，前三种为强键结合，后一种为弱键结合。图6.1.6是这几种典型类型的示意图。尽管在不同晶体中引力（键）的形式差别很大，然而在所有固体中排斥力的来源几乎是相似的，主要来自于同种电荷的库仑排斥力（如核排斥力）和泡利不相容原理所导致的量子效应。在吸引力作用下原子聚合，就会出现电子云重叠现象，由泡利不相容原理可知，要求部分电子被激发到没有被占据的更高能量态上，因而使得系统的总能量增加，可看成是对斥力的贡献。

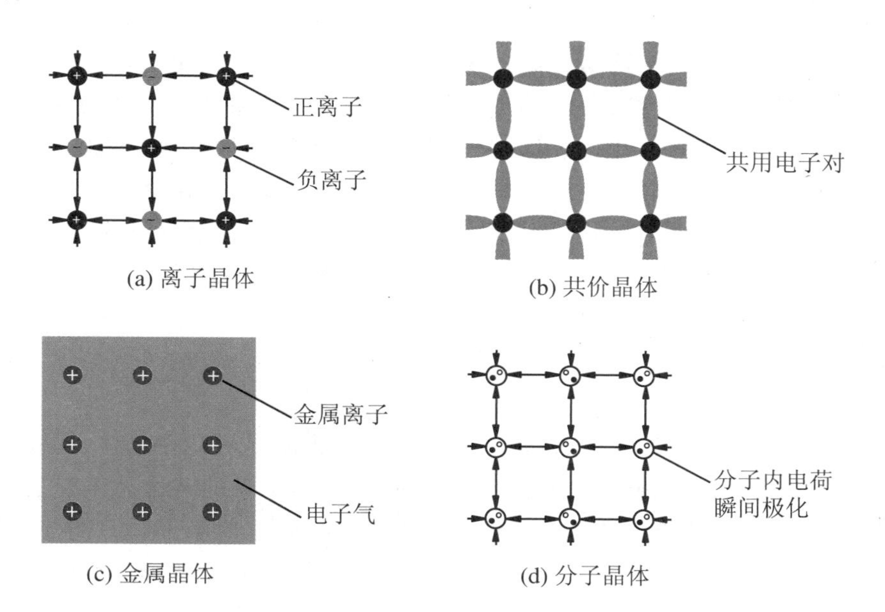

图6.1.6　晶体的结合类型

离子晶体

离子晶体是由正负离子相间排列而成的，每个离子周围最近邻的都是异号离子，离子间库仑作用的总效果表现为吸引性，因此其结合力主要来自于正负离子间的库仑吸引作用。如 5.1.3 节中介绍，离子键一般在电离能低的原子和另一个电子亲和能高的原子之间形成。电子亲和能是指中性原子获得一个电子形成负离子时所释放的能量。常见的离子晶体就是碱金属元素和卤族元素的结合物，如氯化钠和氯化铯。例如图 5.1.3 中的氯化钠分子，Na 原子的电离能为 5.14 eV，Cl 原子的电子亲和能为 3.62 eV，故从自由的 Na 和 Cl 原子形成 Na^+ 和 Cl^- 所需能量为 $5.14-3.62=1.52$ eV，由于离子间静电相互作用，Na^+ 和 Cl^- 之间距离的变化由图 5.1.3 中红线所示，在平衡位置 0.24 nm 处有最小值 -4.2 eV，此为 NaCl 分子的结合能。在 NaCl 晶体中情况有所不同，离子的平衡位置为 0.28 nm，测得的晶体中每对离子的结合能为 7.84 eV，因此 NaCl 晶体中每对原子的结合能为 $7.84-1.52=6.32$ eV，结合成离子晶体后总能量比分离原子的总能量低。在离子晶体中，不同原子通过获得或失去电子形成闭合壳层的离子，电荷近似球对称，故当离子间距较远时可以把离子作为点电荷处理，同时也说明了离子键是无方向性的，每个离子周围吸引尽可能多的异号离子，原子排列结构部分取决于正负离子的相对大小。对于一个有 N 个原胞的晶体，总的势能可以写成

$$U = N\left[-\frac{\alpha q^2}{4\pi\varepsilon_0 r} + n\lambda\exp\left(-\frac{r}{\rho}\right)\right] \tag{6.1.3}$$

第一项是正负离子交替的库仑能，其中 α 是一个完全取决于晶体结构的无量纲的数值，被称为马德隆常数。第二项是电子云重叠时排斥能的唯象表示，排斥势呈指数性衰减，其中 n 为最近邻原子数目，ρ 为范围参数，λ 为无量纲参数。

由于正负离子之间结合比较牢固，离子键能较大，因此离子晶体具有熔点高、硬度大的特点。满壳层的离子构型使得晶体中没有可移动的电子，因而没有导电性，而离子本身又被紧紧地束缚在晶格点上，因而也不导热。在外部机械力的作用下，离子之间的相对位置一旦发生滑动，原来异性离子的相间排列就变成了同性离子的相邻排列，吸引力变成了排斥力，晶体结构被破坏，因而质地脆。

共价晶体

共价晶体是靠原子之间形成共价键而结合成的，或称原子晶体、同极晶体。5.1.2 节中介绍的氢分子是最简单的共价键例子，常见的共价晶体有金刚石、硅、氮化硅、氧化硅等。由于共价键的饱和性与方向性，共价晶体只能按照某种特殊的结构排列。例如在金刚石晶体中，C 原子通过 sp^3 杂化形成共价键，由于共价键的方向性，每个原子与相邻的原子都是以四面体方式结合，导致这种结

构的排列方式空间占用率很低。

由于共价键比离子键具有更高的结合能，非常稳定，因此共价晶体具有高力学强度、高熔点、高沸点和低挥发等特性。所有的价电子都参与成键，不能自由运动，因而低温时电导率很低，温度增加或加入杂质时电导率增大，如半导体硅、锗等。

金属晶体

金属晶体基本特点是电子的“公有化”，每个原子的价电子不再束缚在某一特定的原子上，而是遍及在整个晶体内。正离子可看成是淹没在近均匀的负电子海洋中，正离子与负电子之间的库仑力提供了聚合作用，而且当体积越小时库仑能越低，聚合作用越强烈。但是当体积缩小，由托马斯-费米统计知道，动能正比于电子云密度的三分之二次方，即会增大电子的动能，这是排斥势的来源之一；排斥势的另一来源是泡利不相容原理，当原子实靠近时电子云重叠产生强烈的排斥作用。

金属结合比离子结合和共价键结合都弱，但依然属于强结合。例如金属钠的熔点大约是 400 ℃，而 NaCl 的熔点大约是 1100 ℃，金刚石的熔点大约是 4000 ℃。金属键是无方向性也无饱和性的，故金属元素总是倾向于紧密的结构：面心立方或六角密排列，而不倾向于排列疏松的结构，如金刚石结构。金属所具有的特性，如金属光泽（即对可见光强烈反射）、良好的导电、导热性，富有延展性和可塑性等，都与这些在整个金属内自由运动的非局域化电子有关。例如对于金属在形变过程中不易断裂的典型特征，可以进行以下简单的定性解释：重复周期排列的正离子之间有可流动的“电子海”，使得金属键在整个晶体范围内起作用，因而断开它比较困难；另外，受外力作用金属原子的移位滑动不影响“公有化”的电子海对金属离子的维系作用，因而对原子移动时克服势垒起到“调剂”作用。也正是由于这些价电子被所有原子所分享，因此如果原子大小相近，可或多或少按任意比例形成不同的合金。

过渡金属（如 Fe、Ni、Ti、Co 等）的结合机制更为复杂，这是因为除了 s 电子行为像自由电子外，还有较局域化的 3d 电子和邻近的电子形成共价键，有时这些 d 电子和 s 电子强烈杂化形成更复杂的结合。

分子晶体

分子晶体是具有饱和结构的原子或分子依靠范德瓦尔斯力相结合而成的。不像前述的三种结合中原子价电子状态在形成晶体后都发生了改变，形成分子晶体的原子或分子电子状态没有改变。范德瓦尔斯力有三种不同类型：极性分子之间的分子固有偶极矩之间的力，为葛生力；极性分子与非极性分子的感应偶极矩之间产生的力，为德拜力；中性分子之间主要是瞬时电偶极矩之间的感应作用力，为伦敦力或色散力，这是所有分子都具有的互作用力。

以中性分子的分子晶体（如惰性元素、双原子分子 H_2、O_2、N_2 等）为例，范德瓦尔斯结合是一种瞬时的电偶极矩感应作用，排斥势则是由于泡利不相容原理导致的，两原子或分子间的总势能可以表示为勒纳-琼斯势：

$$U = 4\varepsilon\left[\left(\frac{\sigma}{r}\right)^{12} - \left(\frac{\sigma}{r}\right)^{6}\right] \tag{6.1.4}$$

其中 r 为原子间的距离，ε 和 σ 是经验参数，可由实验测得。其中 r^{12} 项由实验数据拟合给出，r^6 项可通过简单的物理模型推导给出。设分子 1、2 相距 r，第一个分子瞬时偶极矩为 p_1，其在第二个分子处的电场正比于 $E \propto p_1/r^3$，分子 2 将被诱导产生偶极矩 $p_2 \propto E$，从而两个分子间偶极矩作用能为 $\frac{p_1 p_2}{r^3} \propto \frac{p_1^2}{r^6}$。因此分子间的范德瓦尔斯力正比于 $1/r^7$，随着距离增加，范德瓦尔斯力将迅速减小。

范德瓦尔斯力是非常弱的吸引力，因而分子晶体一般有非常低的熔点和沸点，又因参与分子键的所有电子是局域化的，故通常也不导电。如固态氩的结合能仅仅 0.8 eV/原子，熔点 −189 ℃，固态氢的结合能仅仅 0.01 eV/原子，熔点 −259 ℃，固态甲烷的结合能仅仅 0.1 eV/原子，熔点 −183 ℃。

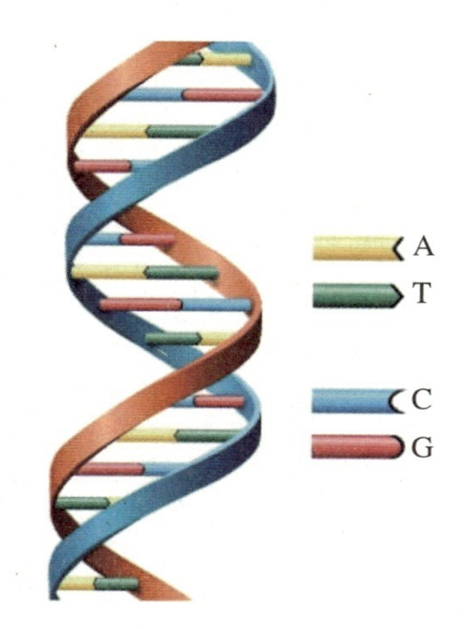

图 6.1.7 DNA 的双螺旋结构
腺膘呤(A)总是与胸腺嘧啶(T)配对，鸟膘呤(G)总是与胞嘧啶(C)配对

当分子包含氢原子时形成一类特别强的范德瓦尔斯力，称为氢键。由于氢原子仅仅包含一个电子，当与一个电负性强的元素结合时，电子倾向于聚集在电负性强的元素附近，导致带正电的裸露氢原子核(实际上是一个质子)处在分子边缘，故还可以与另一极性分子的负端结合。裸露的氢原子核比一般的原子的半径小很多，因此与另一极性分子的负端能靠得很近，形成较强的范德瓦尔斯力。普通纸中纤维间的主要结合力来自纤维素纤维间的氢键作用，遇水时氢键解体，这就是为什么普通纸在完全被水湿透之后，就几乎完全失去了强度。氢键也广泛存在于生物体中，是一种理解细胞活动的重要机制。例如脱氧核糖核酸(DNA)的双螺旋结构(图 6.1.7)，主要是两条互补的多聚脱糖核苷链由氢键的作用配对在一起而形成的，DNA 的复制机制正是依赖于这种结构。在细胞中分子的平均动能大约为 0.04 eV，和氢键大小同一量级。这就意味着通过分子的碰撞，氢键很容易断裂。因此氢键不是非常牢固的，它们仅仅是简单地连接，也正是这样，在细胞中氢键起着重要的作用。另一方面，在 DNA 链内部的强键将原子紧紧结合在一起，不能仅仅通过分子碰撞而断裂。2013 年 11 月，中国科学家利用原子力显微镜在国际上首次“拍”到氢键的“照片”(图 6.1.8)，实现了氢键的实空间成像，为“氢键的本质”这一化学界争论了 80 多年的问题提供了直观证据。

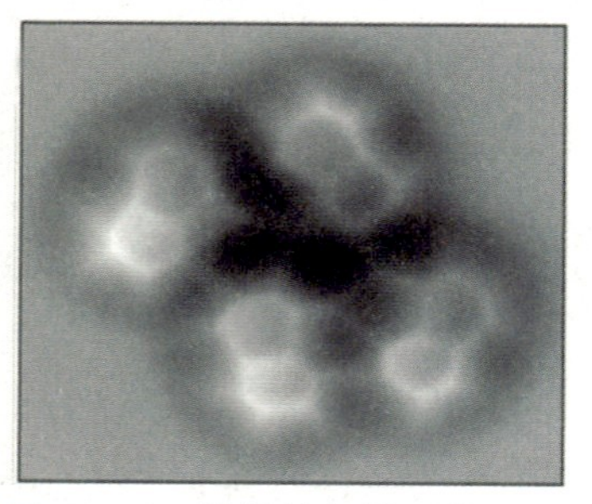
图 6.1.8 拍摄的氢键照片
[引自 Science 342, 611 (2013)]

为了研究方便，我们将晶体划分为上述几种典型类型，表 6.1.1 总结了这几种典型类型的基本特点，然而实际的晶体并不存在绝对的界限，更可能是具有几种结合形式的复杂结合。例如，离子键和共价键是两种极端的情形，在离

子键中电子从一个原子完全“转移”到另一个原子中，而共价键中电子完全被两个原子等价地分享。实际上，原子之间的化学键往往是介于这两种极端情形之间，我们仅仅能够说对于一个给定的键在多大程度上具有离子性或共价性结合，通常引入电离度的概念来描述共价结合中的离子成分。除了原子之间的化学键，晶体的形成也可能有分子键的参与。石墨是一个典型的例子(图6.1.9)，由具有六角蜂房结构的二维石墨烯层堆积而成，层内的C原子通过sp^2杂化形成强的共价键结合，C原子的最外层还留下一个能够在层内自由移动的价电子，这解释了为什么石墨具有接近金属的光泽和在某一方向的导电性。层与层之间靠弱的范德瓦尔斯力结合，因此不同层能相对容易地彼此滑动，这就是石墨能作为润滑剂和铅笔的缘故。

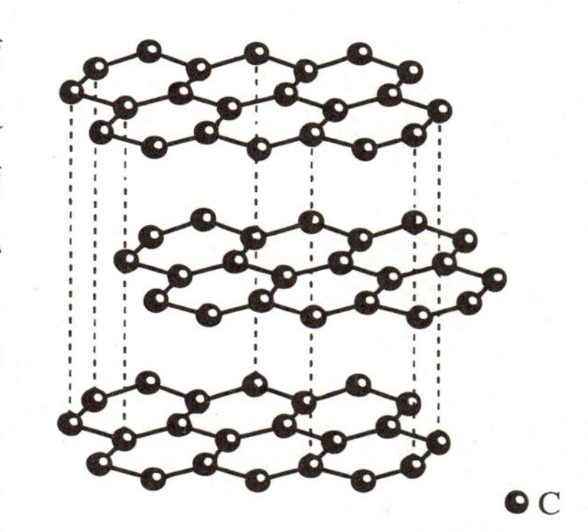

图6.1.9　石墨的晶体结构

表6.1.1　晶体类型

晶体类型	离子晶体	共价晶体	分子晶体	金属晶体
组成粒子	正、负离子	原子	分子	金属离子与自由电子
键	离子键	共价键	范德瓦尔斯力	金属键
结合能	4～14 eV	2～10 eV	0.02～0.3 eV	0.7～6 eV
性质	熔点高、硬度大。多数易溶于水等极性液体。低温下一般不导电、不导热(溶于水或熔化时能导电)	熔点极高、硬度大，不导电，延展性很差，不能在一般溶剂里溶解	熔点、沸点低，硬度低，固态不导电	金属光泽，易导电、导热，有较好的延展性和可塑性
实例	氯化钠(NaCl)(E = 3.28 eV/atom)	金刚石(E = 7.4 eV/atom)	甲烷(CH_4)(E = 0.1 eV/atom)	金属钠(Na)(E = 1.1 eV/atom)

6.2　晶体结构学基础

结构是认识和研究物质的基础，从根本上阐明了固体的一系列现象和性质。晶体最本质的结构特性是晶体中原子按周期性排列，或称为晶体的平移对称性，它的存在大大简化了所要处理的问题。这一节我们将介绍如何描述晶体的周期性结构、它们的对称性以及晶体结构的测定等晶体结构学的一些基础知识。

6.2.1 晶格与平移对称性

晶体结构学关心的是晶体的几何周期性结构，为了形象地描述它，可将晶体中原子、离子或分子的重复单元数学抽象为几何点，所有几何点的集合所连成的空间周期性排列网格定义为晶格，也称布拉菲格子。选择任意一点 O 作为原点，布拉菲格子中所有点都能由平移矢量

$$\vec{R}_n = n_1\vec{a}_1 + n_2\vec{a}_2 + n_3\vec{a}_3 \quad (n_1, n_2, n_3 \text{为整数}) \tag{6.2.1}$$

表示，这一组不共面的基矢量 $\vec{a}_1$、$\vec{a}_2$、$\vec{a}_3$ 称为布拉菲格子的基矢，$\vec{R}_n$ 称为布拉菲格子的格矢，其端点称为格点。沿任意一格矢平移，布拉菲格子不变。注意基矢 $\vec{a}_1$、$\vec{a}_2$、$\vec{a}_3$ 的选择不是唯一的，例如 $\vec{a}_1+\vec{a}_2$、$\vec{a}_2$、$\vec{a}_3$ 也能产生与式(6.2.1)相同的布拉菲格子。图 6.2.1 示意了二维格子中基矢的几种不同取法。由定义可看出布拉菲格子是一个无限延展的点阵，点阵上所有格点完全等价（几何位置上等价、周围环境都相同），它代表了晶体最本质的特性—— 平移对称性。

然而，固体是一个物理的结构，不是一套数学点的集合。对于一个实际的晶体结构，必须考虑每个布拉菲格点上所代表的具体物理内容，这就是基元，它可能是单个原子或离子，也可能是由多个原子或离子组成的原子（或离子）团。因此晶体结构可以概括描述为基元以相同的方式重复放置在点阵格点上所构成，即

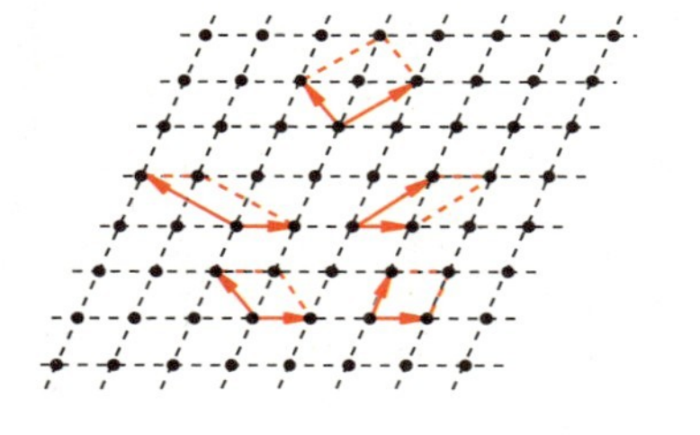

图 6.2.1　二维斜格子的基矢（判断哪些取法是基矢，哪些不是）

$$\text{晶体结构} = \text{布拉菲格子（数学抽象）} + \text{基元（物理内容）}$$

晶体结构的描述不仅需要知道布拉菲格子的基矢 $\vec{a}_1$、$\vec{a}_2$、$\vec{a}_3$，还需要知道基元所包含的具体内容。根据基元所包含的内容，布拉菲格子有简单格子与复式格子之分。基元中仅包含一个原子的晶格称为简单格子，原子所构成的列阵与此晶体的布拉菲格子完全相同，选取合适的原点，布拉菲格点即可表示原子的平衡位置。基元中包含两个或两个以上原子的晶格称为复式格子，此时还需要引入一组合适的矢量 $\vec{t}_1$、$\vec{t}_2$、…、$\vec{t}_v$ 描述 v 个不同原子在基元中的相对位置，则每个不等价原子的平衡位置可由平移矢量 $\vec{R}_n^{(i)} = \vec{t}_i + n_1\vec{a}_1 + n_2\vec{a}_2 + n_3\vec{a}_3$ 决定。由此可见，基元中每个不同原子所构成的阵列都与此晶体的布拉菲格子相同。这些由基元中不同原子的平移矢量 $\vec{R}_n^{(i)}$ 所构成的阵列常称为子格子，整个复式格子可视为 v 个与晶体的布拉菲格子相同的子格子套构而成。因此，晶体结构的几何描述由布拉菲格子的基矢 $\vec{a}_1$、$\vec{a}_2$、$\vec{a}_3$ 和形成基元原子的位置矢量 $\vec{t}_1$、$\vec{t}_2$、…、$\vec{t}_v$ 共同决定。图 6.2.2 示意了基元由两个不同原子组成的二维石墨烯复式晶格，属于三角（或六角）二维布拉菲格子，其中原子 A、B 表示基元中两个不同原子。

严格地说，完全理想的无限延伸的完美晶体是不存在的，在实际晶体材料中，必然存在以下几种不完美性破坏其周期性结构：

(1) 实际晶体具有一定的尺寸大小，存在表面和边缘，不是无限延伸的。

(2) 当温度 $T>0\ \mathrm{K}$ 时，原子在它们的平衡位置附近热振动导致晶格的畸变等。

(3) 实际晶体总是包含一些缺陷和杂质。

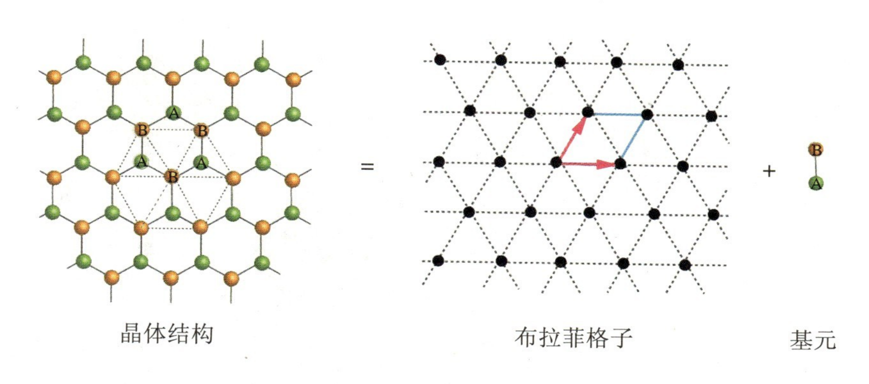

图 6.2.2 基元由两个不同原子组成的二维石墨烯复式晶格

6.2.2 基本重复单元：原胞和晶胞

原胞，又称固体物理学原胞，初基原胞，是将整个晶格划分为只包含一个布拉菲格点的周期性重复单元。通过重复堆积原胞将精确地填满整个空间，没有重叠也没有遗漏。原胞常取以基矢为棱边的平行六面体(图 6.2.3)，体积为

$$\Omega=\vec{a}_1\cdot(\vec{a}_2\times\vec{a}_3)$$

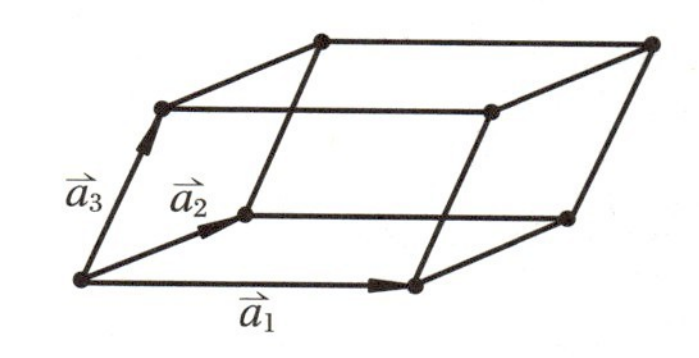

图 6.2.3 原胞示意图

上述取法只是习惯的取法，原则上原胞可以有任意多种取法，只要满足晶体的最小重复单元这个条件。无论如何选取，原胞均有相同的体积，每个原胞含有一个格点。另一种重要的取法是维格纳-塞茨(Wigner-Seitz)原胞，即以某个格点为中心，做其与邻近格点的中垂面，这些中垂面所包含最小体积的区域。这种取法不仅反映了晶体的平移对称性，并且反映了与相应的布拉菲格子完全相同的对称性，是一种对称性原胞，不依赖于基矢的选择。在二维晶格中则是以某个格点为中心，做其与邻近格点的中垂线，这些中垂线包含最小面积的区域，即维格纳-塞茨原胞。

有时，为了更加直观地反映出晶体的宏观对称性，取一个包含若干个原胞的平行六面体作为重复单元，该重复单元被称为结晶学原胞，简称晶胞或单胞，它是保持晶体宏观对称性的基本结构。晶胞一般为布拉菲格子中对称

性最高、体积最小的某种平行六面体。设描述晶胞的矢量为$\vec{a}$、$\vec{b}$、$\vec{c}$，平移矢量能则表示为

$$\vec{R}_n = l\vec{a} + m\vec{b} + p\vec{c} \tag{6.2.2}$$

其中 l、m、p 为有理数(不一定是整数)，$\vec{a}$、$\vec{b}$、$\vec{c}$ 为该布拉菲格子的轴矢。图 6.2.4 示意了二维有心矩形格子的原胞、维格纳-塞茨原胞与晶胞的取法。

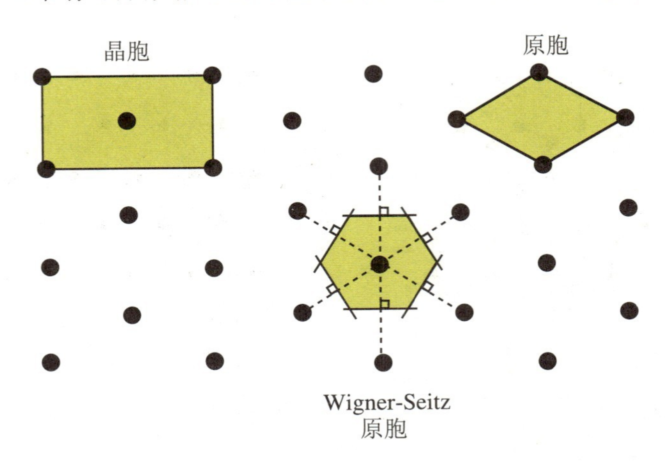

图 6.2.4 二维有心矩形格子的原胞、维格纳-塞茨原胞与晶胞

6.2.3 常见的三维布拉菲格子

图 6.2.5 示意了几种常见的三维布拉菲格子的晶胞和原胞。

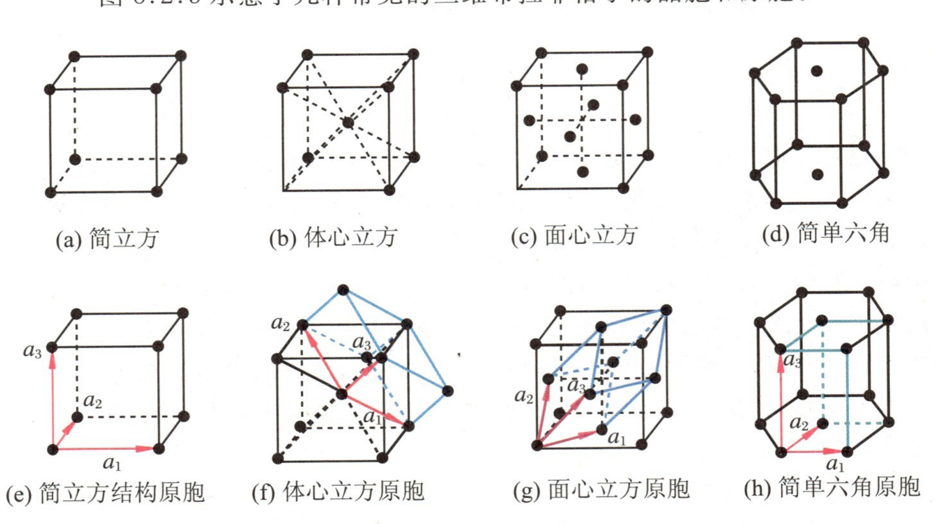

图 6.2.5 简立方、体心立方、面心立方和简单六角的晶胞与原胞

(1) 简单立方(simple cubic,简称 sc)

基矢为立方单元(边长为 a)的边矢量:

$$\vec{a}_1 = a(1,0,0), \quad \vec{a}_2 = a(0,1,0), \quad \vec{a}_3 = a(0,0,1)$$

立方单元即为它的原胞,晶胞与原胞相同,体积都为 $\Omega = \vec{a}_1 \cdot (\vec{a}_2 \times \vec{a}_3) = a^3$,每个晶胞包含1个格点,它的维格纳-赛茨原胞同样为一立方单元。Po(84号元素)α相(Tc为54℃)具有这样的晶体结构。

(2) 体心立方(body-centered cubic,简称 bcc)

基矢为立方单元的一个顶点到三个最近邻体心的矢量:

$$\vec{a}_1 = \frac{a}{2}(1,-1,1), \quad \vec{a}_2 = \frac{a}{2}(1,1,-1), \quad \vec{a}_3 = \frac{a}{2}(-1,1,1)$$

由它们所构成的平行六面体即体心立方的原胞,其体积为 $\Omega = \vec{a}_1 \cdot (\vec{a}_2 \times \vec{a}_3) = \frac{1}{2}a^3$,是晶胞体积的二分之一,故一个晶胞包含两个格点。它的维格纳-赛茨原胞为截角八面体。具有这样结构的晶体有碱金属晶体 Li、Na、K、V、Nb、Ta 等。

(3) 面心立方(face-centered cubic,简称 fcc)

基矢为立方单元的一个顶点到三个最近邻面心的矢量:

$$\vec{a}_1 = \frac{a}{2}(1,0,1), \quad \vec{a}_2 = \frac{a}{2}(1,1,0), \quad \vec{a}_3 = \frac{a}{2}(0,1,1)$$

由它们所构成的平行六面体即面心立方的原胞,其体积为 $\Omega = \vec{a}_1 \cdot (\vec{a}_2 \times \vec{a}_3) = \frac{1}{4}a^3$,是晶胞体积的四分之一,故一个晶胞包含4个格点。它的维格纳-赛茨原胞为菱形十二面体。具有这样结构的晶体有 Al、Au、Ag、Cu 等。如果把原子看成是具有一定等效半径的刚性球,这是一种立方密堆积结构,空间利用率最大约为74%。另外一种最紧密排列的方式是六角密堆积结构(复式晶格,如图6.2.8)。

(4) 简单六角(simple hexagonal,简称 sh)

基矢为

$$\vec{a}_1 = a(1,0,0), \quad \vec{a}_2 = a\left(\frac{1}{2},\frac{\sqrt{3}}{2},0\right), \quad \vec{a}_3 = c(0,0,1)$$

$\vec{a}_1$ 和 $\vec{a}_2$ 在 xy 平面上形成格点间距为 a 的三角格子,$\vec{a}_3$ 表示三角格子以间距 c 沿 z 方向重叠。由它们所构成的平行六面体即简单六角的原胞,其体积为晶胞体积的三分之一,故一个晶胞包含3个格点。它的维格纳-赛茨原胞为六角棱柱。

6.2.4 晶格的对称性及基本类型

除了平移对称性外，晶体还具有一些额外的对称性，即经过一空间变换后，尽管其中各部分改变了位置和状态，但从整体来看，位置、大小、形状和状态都没有改变。例如，一个正方形绕它的中心转动 90°、180°、270°后看上去和未转动一样，而长方形只能旋转 180°才保持不变。这也就是说，正方形比长方形具有更高的对称性。晶体的点对称元素包括旋转轴、镜面、对称中心以及它们的组合，这就决定了晶体仅有 32 种晶体学点群。而如果同时考虑微观对称元素（滑动面和螺旋面）的作用，在晶体中原子所有可能排列方式将分属 230 种空间群。这些对称性对简化某些理论计算是非常重要的，也经常使用在描述固体宏观性质的参数讨论上。然而，完全利用这个理论的优势，需要借助于群论的知识，这远远超过了本书的范围，有兴趣的读者可参考其他教材。这里我们主要讨论一些非常简单的晶体，很容易直接看出它的对称性。

根据晶格的对称性特征，可将晶格进行分类，同一类型的晶格具有相同的对称性。一维晶体只有一种类型点阵，即沿无限长直线等距排列的点。由于平移对称性的限制，晶体仅有 2、3、4、6 次旋转对称轴，而不具有 5 次或 6 次以上的旋转对称轴（见习题 6.4），从而导致平面晶体仅有 5 种点阵类型（图 6.2.6），三维晶体仅有 14 种点阵类型（图 6.2.7）。将这种既能反映平移对称性又能反映所属晶格对称性特征的空间点阵称为布拉菲格子，故共有 5 种二维布拉菲格子和 14 种三维布拉菲格子。14 种三维布拉菲格子根据轴矢 $\vec{a}$、$\vec{b}$、$\vec{c}$ 和它们之间夹角 α、β、γ 的关系，又可划分为七大晶系：① 三斜晶系，② 单斜晶系，③ 正

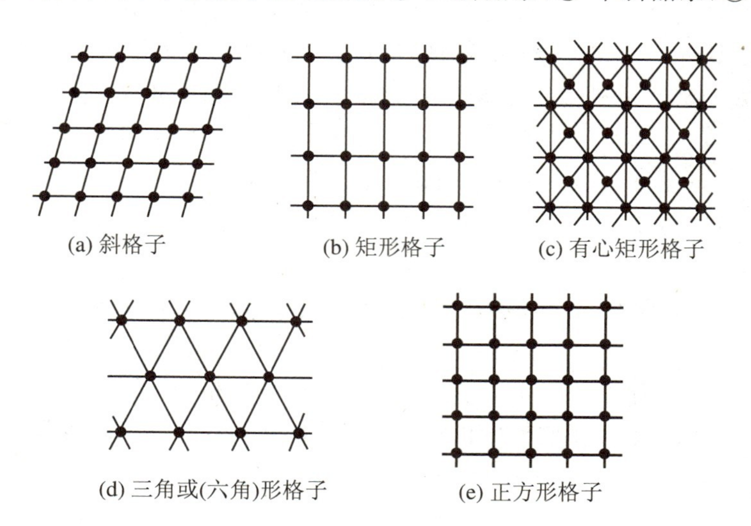

图 6.2.6 5 种基本的二维布拉菲格子

交晶系，④ 六角晶系，⑤ 三角晶系，⑥ 四方晶系，⑦ 立方晶系。每个晶系都有一个能反映其对称性特征的晶胞。

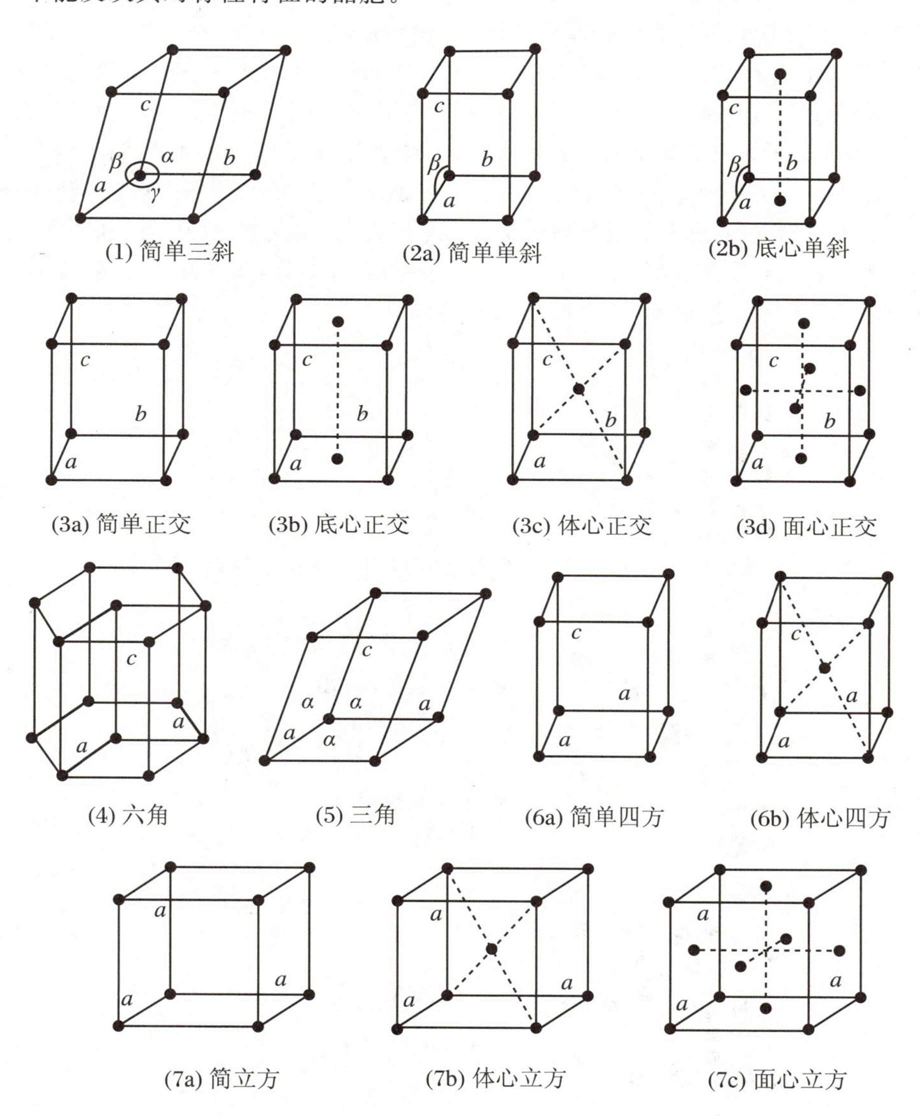

图 6.2.7 14 种基本的三维布拉菲格子

思考：为什么没有有心正方二维布拉菲格子和三维面心四方布拉菲格子？

6.2.5 晶体结构实例

图 6.2.8 展示了一些常见的实际晶体结构的例子，它们都是复式晶格。金刚石结构和闪锌矿结构类似，是由同种或不同原子组成的两个面心立方子晶格

套构而成的。半导体(如 Si、Ge、α-Sn)或半导体化合物(如 GaAs、AlAs、InAs、GaSb、CdTe、HgTe、ZnTe)中有典型的这种结构。石墨烯结构是碳的一种同素异形体,二维石墨烯晶体结构是由两类不等价原子分别组成的两个三角二维子晶格套构而成的,属于三角(或六角)二维布拉菲格子(图 6.2.6)。三维石墨烯(石墨)晶体结构(图 6.1.9),由二维石墨烯层沿 z 方向堆积而成,两个相邻的层旋转 60°,沿 z 方向的晶格常数 $c=6.71$ Å,其中有四类不等价原子,属于六角布拉菲格子。这里我们还提及碳的另一种有趣的同素异形体——C_{60} 富勒烯分子,由 60 个碳原子构成形似足球的分子,具有 60 个顶点和 32 个面,其中 12 个为正五边形,20 个为正六边形。当 C_{60} 分子形成晶体时,分子中心排列成面心立方结构,基元是包含 60 个碳原子的富勒烯分子。

NaCl结构

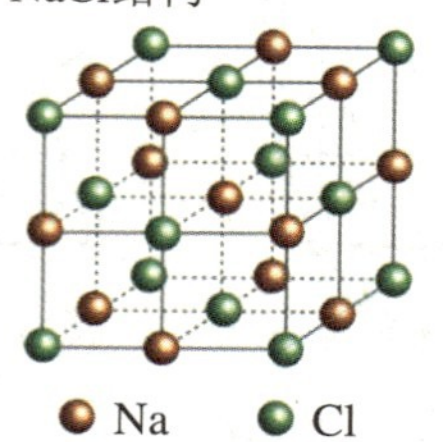

布拉菲格子:面心立方(fcc)

基元:Na^+ (0,0,0)

Cl^- $\frac{a}{2}(1,1,1)$

晶格常数:$a=5.63$ Å

其他晶体:LiF、AgBr、BaTe、SnSe

CsCl结构

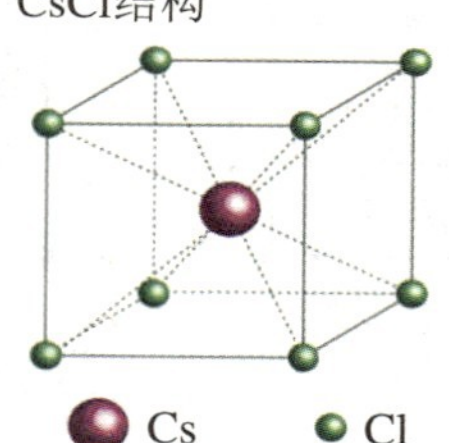

布拉菲格子:简单立方(fcc)

基元:Cs^+ (0,0,0)

Cl^- $\frac{a}{2}(1,1,1)$

晶格常数:$a=4.12$ Å

其他晶体:TlBr、AgCd、CuZn 等

金刚石结构和闪锌矿结构

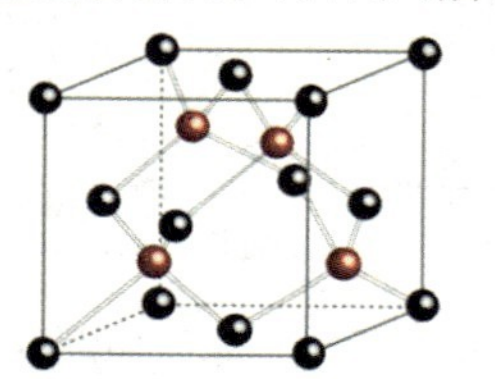

布拉菲格子:面心立方(fcc)

基元:C(Zn) (0,0,0)

C(S) $\frac{a}{4}(1,1,1)$

晶格常数:$a=3.57$ Å

其他晶体:Si、Ge、GaAs、InAs 等

六角密排结构(Mg)

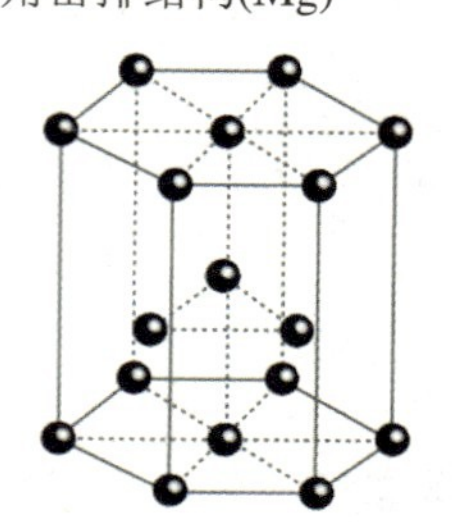

布拉菲格子:六角格子

基元:Mg (0,0,0)

Mg $\left(0,\frac{a}{\sqrt{3}},\frac{c}{2}\right)$

晶格常数:$a=3.21$ Å $c=5.21$ Å

其他晶体:Be、Cd、Ti、Zn 等

图 6.2.8 一些实际晶体结构的例子

6.2.6 晶列与晶向指数

晶体通常是各向异性的，因此在研究晶体的性质时常常需要区别和标志晶体的不同方向。通过晶格中任意两个格点连一条直线，称为晶列。布拉菲格子的格点可以看成分布在一系列平行周期排列的晶列族上。晶列的取向称为晶向，描写晶向的一组数称为晶向指数。如果从一个格点出发，沿晶向前进到最近邻格点的位移矢量为 $l_1\vec{a}_1+l_2\vec{a}_2+l_3\vec{a}_3$，则晶向可用 l_1,l_2,l_3 标志，记作 $[l_1,l_2,l_3]$，称为晶向指数，易证 l_1,l_2,l_3 为互质整数。实际中常常采用结晶学单胞的轴矢 $\vec{a},\vec{b},\vec{c}$ 来表示这个位移矢量 $m'\vec{a}+n'\vec{b}+p'\vec{c}$，此时 m',n',p' 为有理数，将 m',n',p' 化为互质的整数 m,n,p，记为 $[m,n,p]$，即该晶列的晶列指数。图6.2.9示意了立方晶格中的一些晶向。晶向指数中的负数按习惯将"－"号写在数字上方，如－1写成 $\bar{1}$。由于晶格的对称性，一些晶向在物理上是完全等价的，可以统一地用 $\langle l_1,l_2,l_3\rangle$ 或 $\langle m,n,p\rangle$ 表示。例如，图6.2.10示意了立方晶格中沿立方边的6个等价晶列，统称这些方向为等效晶向，写成 $\langle 1,0,0\rangle$。

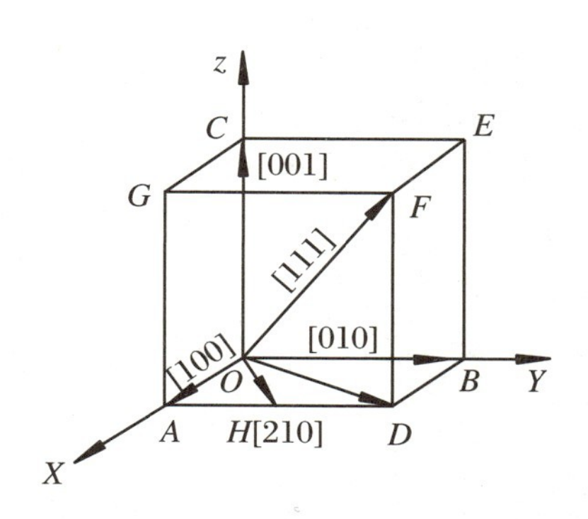

图6.2.9 立方晶格的晶向图

OA：[100] OB：[010] OC：[001]
OD：[110] OF：[111] OH：[210]
BO：$[0,\bar{1},0]$ FD：$[0,0,\bar{1}]$

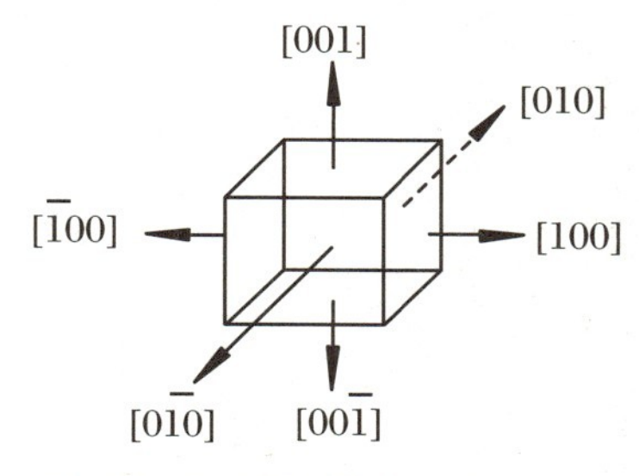

图6.2.10 等效晶向⟨1,0,0⟩

6.2.7 晶面与密勒指数

在晶格中通过任意三个不在同一直线上的格点做一平面，称为晶面。布拉菲格子的格点可以看成分布在一系列等间距的平面族上。对任一布拉菲格子，都有无限多族具有这样性质的晶面，因此需要一定的办法标志不同的晶面。常用的是晶面指数和密勒指数，由下面方法确定。在一平面族中，取一个不过原点的平面，它在基矢 $\vec{a}_1$、$\vec{a}_2$、$\vec{a}_3$ 上的截距分别为 S、T、U：

$$\frac{1}{S}:\frac{1}{T}:\frac{1}{U}=m_1:m_2:m_3 \tag{6.2.3}$$

其中 m_1、m_2、m_3 为互质整数，则定义该晶面的晶面指数为 $(m_1m_2m_3)$。晶面指数表示的意义是基矢 $\vec{a}_1$、$\vec{a}_2$、$\vec{a}_3$ 被平行的晶面等间距地分割成 $|m_1|$、$|m_2|$、$|m_3|$ 等份。当选择的坐标轴为轴矢 $\vec{a}$、$\vec{b}$、$\vec{c}$ 时，按上述步骤确定的晶面指数称为密勒指数，相应地记为 (hkl)。图6.2.11给出了立方晶体中常用的一些晶面。由于对称性，在物理上与 (hkl) 晶面族完全等价的晶面可统一记为 $\{hkl\}$，

如立方晶格(100)、(010)、(001)等可概括为{100};(110)、(101)、(011)等可统一为{110}。

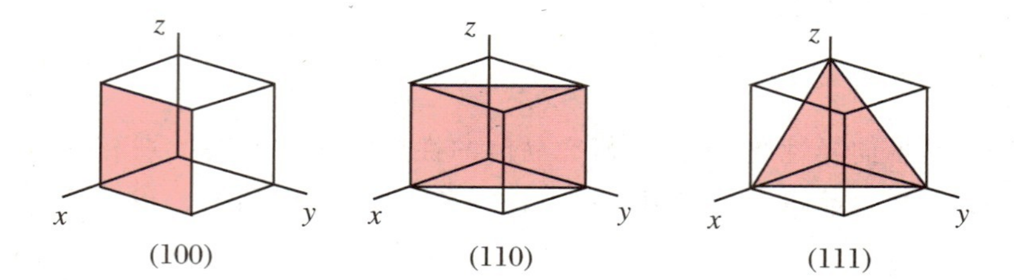

图 6.2.11 立方晶格中的(100)、(110)、(111)面

6.2.8 倒格子与傅里叶分析

由于晶格的平移对称性,晶体的物理性质(如局域电子密度、静电势等)也应具有相同的对称性,即晶格上某点 $\vec{r}$ 的物理量 $\Gamma(\vec{r})$ 满足

$$\Gamma(\vec{r}) = \Gamma(\vec{r} + \vec{R}_n) \tag{6.2.4}$$

其中$\vec{R}_n = n_1\vec{a}_1 + n_2\vec{a}_2 + n_3\vec{a}_3$为布拉菲格子的格矢。任何的一个周期函数都能展开为傅里叶级数形式:

$$\Gamma(\vec{r}) = \sum_h \Gamma(\vec{G}_h)e^{i\vec{G}_h\cdot\vec{r}} \tag{6.2.5}$$

展开系数 $\Gamma(\vec{G}_h) = \dfrac{1}{V}\int_{cell}\Gamma(\vec{r})e^{-i\vec{G}_h\cdot\vec{r}}d\vec{r}$。由于函数的周期性,只需要在一个周期的区域内积分。式中$\vec{G}_h$为某一波矢量,式(6.2.4)的周期性使得 $\Gamma(\vec{G}_h) = \dfrac{1}{V}\int\Gamma(\vec{r} + \vec{R}_n)e^{-i\vec{G}_h\cdot\vec{r}}d\vec{r}$,则$\vec{G}_h$需满足 $e^{i\vec{G}_h\cdot\vec{R}_n} = 1$,从而有

$$\vec{G}_h \cdot \vec{R}_n = 2\pi\mu\ (\mu\text{为整数}) \tag{6.2.6}$$

即如有平移对称性,那么在傅里叶空间一定存在$\vec{G}_h$矢量满足这个关系。因此,对布拉菲格子中所有格矢$\vec{R}_n$,定义在动量空间满足式(6.2.6)的全部矢量$\vec{G}_h$的集合,构成该布拉菲格子的倒格子,$\vec{G}_h$所有端点即为倒格点,$\vec{G}_h$称为倒格矢。任意周期函数都可以在该函数所定义的倒格空间中展开成为傅里叶级数。

类似于正格子(布拉菲格子),倒格矢$\vec{G}_h$也具有平移对称性,将倒格矢$\vec{G}_h$用一组倒格矢基矢$\vec{b}_1$、$\vec{b}_2$、$\vec{b}_3$表示:

$$\vec{G}_h = h_1\vec{b}_1 + h_2\vec{b}_2 + h_3\vec{b}_3 (h_1, h_2, h_3 \text{ 为整数}) \tag{6.2.7}$$

由式(6.2.6),可知基矢$\vec{b}_1$、$\vec{b}_2$、$\vec{b}_3$需满足

$$\vec{b}_i \cdot \vec{a}_j = 2\pi\delta_{ij}, \quad \delta_{ij} = \begin{cases} 1, & i = j \\ 0, & i \neq j \end{cases} \tag{6.2.8}$$

由此也可确定基矢$\vec{b}_1$、$\vec{b}_2$、$\vec{b}_3$的形式(请读者自行证明):

$$\vec{b}_1 = 2\pi \frac{\vec{a}_2 \times \vec{a}_3}{\vec{a}_1 \cdot (\vec{a}_2 \times \vec{a}_3)}$$

$$\vec{b}_2 = 2\pi \frac{\vec{a}_3 \times \vec{a}_1}{\vec{a}_1 \cdot (\vec{a}_2 \times \vec{a}_3)}$$

$$\vec{b}_3 = 2\pi \frac{\vec{a}_1 \times \vec{a}_2}{\vec{a}_1 \cdot (\vec{a}_2 \times \vec{a}_3)} \tag{6.2.9}$$

因此,如果$\vec{a}_1$、$\vec{a}_2$、$\vec{a}_3$为布拉菲格子原胞基矢,则式(6.2.9)中$\vec{b}_1$、$\vec{b}_2$、$\vec{b}_3$为对应的倒格子原胞基矢。

真实的原子排列是在正格(位置)空间,那么为什么要引入倒格(动量或傅里叶)空间?从矢量的定义很容易看出倒格矢$\vec{b}_i$线度量纲为[长度]$^{-1}$,与波矢相同,因此倒空间与波矢(动量)空间对应。正格空间格点的周期平移性导致倒格子空间中动量变量也只能取具有同样周期平移性的分离值,它们之间通过傅里叶变换一一对应起来。每个晶体结构都有两个点阵空间与其相联系,一是正格点阵空间,反映构成的原子在三维位置空间做周期性排列的图像,另一个是倒格空间,反映周期结构物理性质的基本特征。换句话说,倒格空间就是空间平移对称性在动量空间的展现。引入倒格子是固体物理中一种重要的数学处理,用倒格矢可以很方便地表示动量空间的物理量,从而使问题简化而容易处理,如研究晶体与光波的相互作用。在X射线衍射、电子衍射等过程中,晶体的衍射图形是晶体倒格子的映像,因此用倒格子描述晶体衍射十分方便。在后面的学习中,我们会经常用到倒格空间。

从以上的定义,可以得到倒格子的一些基本性质:

(1) 任意正格矢$\vec{R}_n = n_1\vec{a}_1 + n_2\vec{a}_2 + n_3\vec{a}_3$与倒格矢$\vec{G}_h = h_1\vec{b}_1 + h_2\vec{b}_2 + h_3\vec{b}_3$之间满足式(6.2.6),其基矢满足关系式(6.2.8)。反过来,对于任意正格矢$\vec{R}_n$,一个矢量$\vec{q}$都满足$\vec{q}\cdot\vec{R}_n = 2\pi\mu$,则$\vec{q}$一定是倒格矢。

(2) 正格子和倒格子互为傅里叶变换关系,即式(6.2.5)。

(3) 倒格子原胞的体积Ω^*反比于正格子原胞的体积Ω:

$$\Omega^* = \vec{b}_1 \cdot (\vec{b}_2 \times \vec{b}_3) = \frac{(2\pi)^3}{\Omega^3}(\vec{a}_2 \times \vec{a}_3) \cdot [(\vec{a}_3 \times \vec{a}_1) \times (\vec{a} \times \vec{a}_2)] = \frac{(2\pi)^3}{\Omega}$$

上式利用了公式$\vec{a}\times(\vec{b}\times\vec{c})\equiv\vec{b}(\vec{a}\cdot\vec{c})-\vec{c}(\vec{a}\cdot\vec{b})$，正格子原胞的体积$\Omega=\vec{a}_1\cdot(\vec{a}_2\times\vec{a}_3)$。

(4) 正倒格子互为倒正，即正格子也可看作倒格子的倒格子。利用式(6.2.9)的相似推导可得

$$\vec{a}_1=2\pi\frac{\vec{b}_2\times\vec{b}_3}{\vec{b}_1\cdot(\vec{b}_2\times\vec{b}_3)}$$
$$\vec{a}_2=2\pi\frac{\vec{b}_3\times\vec{b}_1}{\vec{b}_1\cdot(\vec{b}_2\times\vec{b}_3)}$$
$$\vec{a}_3=2\pi\frac{\vec{b}_1\times\vec{b}_2}{\vec{b}_1\cdot(\vec{b}_2\times\vec{b}_3)}$$

(5) 倒格矢$\vec{G}_m=m_1\vec{b}_1+m_2\vec{b}_2+m_3\vec{b}_3$与晶面族$(m_1m_2m_3)$垂直，且该晶面族的面间距为

$$d=\frac{2\pi}{|\vec{G}_m|}\tag{6.2.10}$$

由6.2.6节中晶面族的定义，$\vec{a}_1/m_1-\vec{a}_2/m_2$为晶面族$(m_1m_2m_3)$中离原点最近晶面上的矢量，由式(6.2.8)可得$\vec{G}_m\cdot(\vec{a}_1/m_1-\vec{a}_3/m_3)=0$，因此$\vec{G}_m$垂直于该矢量，同样可证$\vec{G}_m$垂直于晶面上另一矢量$\vec{a}_1/m_1-\vec{a}_3/m_3$，因此$\vec{G}_m\perp$晶面族$(m_1m_2m_3)$。晶面族$(m_1m_2m_3)$的面间距为矢量$\vec{a}_1/m_1$在垂直于晶面族的单位矢量$\vec{G}_m/|\vec{G}_m|$上的投影，即$d=\vec{a}_1/m_1\cdot\vec{G}_m/|\vec{G}_m|=2\pi/|\vec{G}_m|$。正格子中的一个晶面就变换成倒格子中的一个点，反之亦然，这正是晶格周期性的体现。注意这里m_1、m_2、m_3互质。对于任意格矢$\vec{G}_h$，总有$\vec{G}_h=n\vec{G}_m$（n为整数），则$d=2\pi n/|\vec{G}_h|$。

(6) 简单立方的倒格子依然为简单立方，面心立方格子的倒格子是体心立方格子，而体心立方格子的倒格子是面心立方格子（见习题6.8）。

6.2.9 布里渊区

在倒格子中，以某一倒格点为原点，做所有倒格矢$\vec{G}_h$的垂直平分面，这些平面把倒格空间分割成许多包围原点的多面体，其中离原点最近的多面体称为第一布里渊区，离原点次近的多面体与第一布里渊区的表面所围成的区域称为

第二布里渊区，以此类推，可得到第三、第四等各布里渊区。图 6.2.12 示意了二维正方晶格的布里渊区。第一布里渊区（又称简约区）实际上就是倒格子的维格纳-赛茨原胞，其体积是一个倒格点所占的体积，与倒格子原胞体积相等。布里渊区的形状是围绕原点中心对称的，具体形状取决于晶体所属布拉菲点阵的类型，具有与相应晶体结构点阵相同的点群对称性，布里渊区的边界由倒格矢的垂直平分面构成。简单立方、体心立方和面心立方点阵的第一布里渊区分别为立方体、菱十二面体和截角八面体（十四面体）。

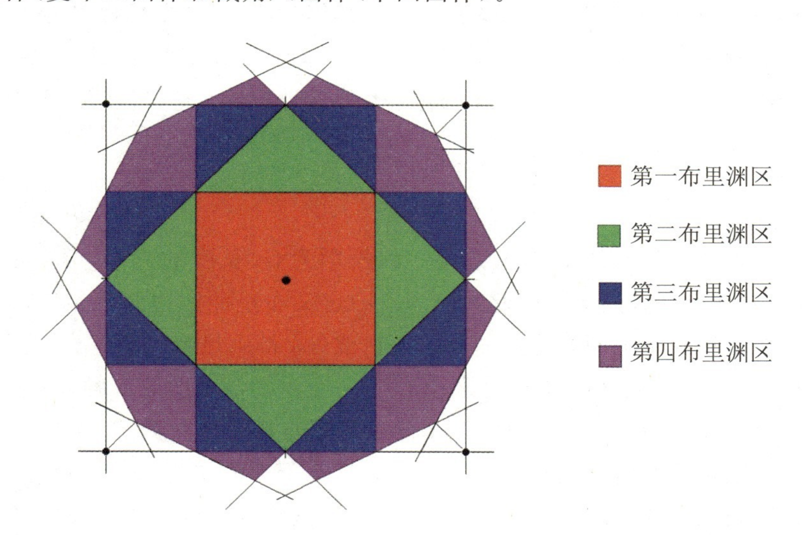

图 6.2.12 二维正方晶格的布里渊区

6.2.10 晶体结构的测定

在 3.8.1 节中已经提到能够利用 X 射线测定晶体的结构。晶体衍射实际上是入射波或粒子与原子核外电子作用的结果，电子对入射波或粒子的散射可以是弹性或非弹性散射。这里我们只考虑晶体几何结构的影响，即假定晶体中原子固定不动，考虑入射波或粒子与静止晶格的弹性散射。对简单晶格和复式晶格两种结构做简单分析，当讨论入射波或粒子和振动的晶格（$T\neq 0$ 时晶体中原子围绕平衡位置做微小的热振动）相互作用时，需要考虑非弹性散射的情形。X 射线衍射技术是分析晶体结构的常用方法，电子衍射技术和中子衍射技术是对 X 射线衍射技术不足的有力补充。

简单晶格（布拉菲格子）的 X 衍射：劳厄条件和布拉格反射条件

这里我们从三维布拉菲格点对 X 射线衍射的角度分析衍射加强条件。设入射波和衍射波的波矢分别为$\vec{k}$ 和$\vec{k}'$，由于弹性散射 $|\vec{k}|=|\vec{k}'|=2\pi/\lambda$，在任意两格点 O、P，如图 6.2.13 所示，入射波与衍射波光程差为 $OA+OB=\overrightarrow{OP}\cdot$

$(\hat{k}'-\hat{k})$，其中$\hat{k}$和$\hat{k}'$分别是$\vec{k}$和$\vec{k}'$方向的单位矢量。取格点O为原点，则$\overrightarrow{OP}=\vec{R}_l$是格矢，发生相长干涉的条件为$\vec{R}_l\cdot(\hat{k}'-\hat{k})=\mu\lambda$，即$\vec{R}_l\cdot(\vec{k}'-\vec{k})=2\mu\pi$（$\mu$为整数）。根据正、倒格子的关系式(6.2.6)，劳厄衍射加强条件可写为

$$\vec{k}'-\vec{k}=\vec{G}_h \tag{6.2.11}$$

即衍射波矢与入射波矢之差必须是一个倒格矢。实际上，劳厄衍射加强条件(6.2.11)与3.8.1节中将晶体看作为一组等间距d的镜面对X射线衍射的布拉格反射满足$2d\sin\theta=n\lambda$（式(3.8.1)）的条件是等价的(见习题6.9)。

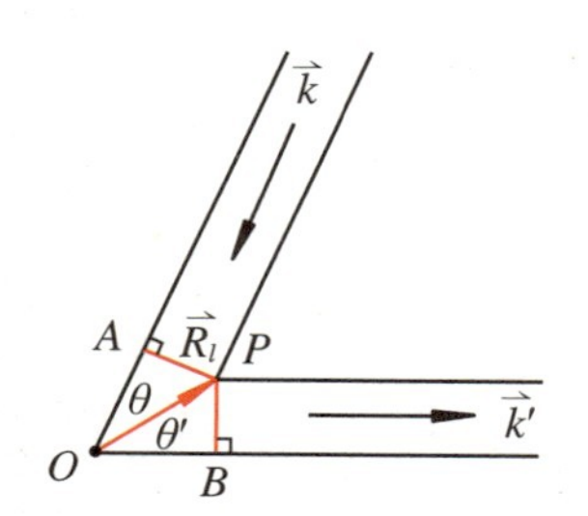

图 6.2.13 劳厄条件

由于$-\vec{G}_h$也是倒格矢，劳厄条件也可写为$\vec{k}'=\vec{k}-\vec{G}_h$，两边平方可得

$$\vec{k}\cdot\vec{G}_h=\frac{1}{2}|\vec{G}_h|^2 \tag{6.2.12}$$

说明入射波矢$\vec{k}$在倒格矢$\vec{G}_h$方向上的投影为$\vec{G}_h$长度的一半，即$\vec{k}$的端点应落在$\vec{G}_h$的垂直平分面上。因此式(6.2.12)定义布里渊区边界面，又称布拉格面，从原点出发到布里渊区边界面上的入射波矢$\vec{k}$都满足劳厄条件。布里渊区的意义和价值是为劳厄衍射加强条件提供了一个生动清晰的几何解释。

复式晶格的X射线衍射:几何结构因子与原子形状因子

劳厄条件给出了晶格格点的散射波相互干涉的结果，但没有涉及组成晶体的原子和原胞的具体性质，也没有涉及衍射条纹的强度问题。X射线与晶体的相互作用，实际上是晶体中每个原子的电子分布对X射线的散射。对于复式晶格的X射线衍射，我们需要引入原子散射因子和几何结构因子，考虑原胞内不等价原子(种类和分布)对衍射的影响。

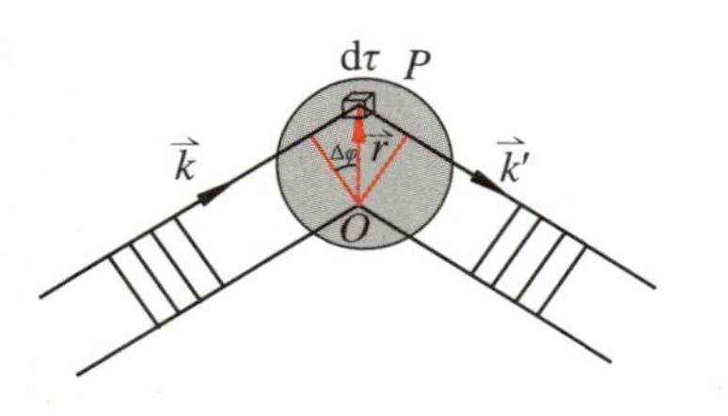

图 6.2.14 体积元 dτ 的散射贡献

设$\rho(\vec{r})$为原子散射中心O附近的电子云密度分布函数，如图6.2.14所示，P为原子内某点，与O点之间的散射波相位差$\Delta\varphi=(\vec{k}'-\vec{k})\cdot\vec{r}$，则在$P$点附近的体积元$\mathrm{d}\tau$内，$\vec{k}'$方向的散射波振幅正比于$\mathrm{e}^{\mathrm{i}(\vec{k}'-\vec{k})\cdot\vec{r}}\rho(\tau)\mathrm{d}\tau$，原子内所有电子在$\vec{k}'$方向的散射波振幅将正比于

$$f=\int \mathrm{e}^{\mathrm{i}(\vec{k}'-\vec{k})\cdot\vec{r}}\rho(\tau)\mathrm{d}\tau \tag{6.2.13}$$

此即原子散射因子，反映某个原子的电子云分布对散射的影响。设原胞中含有不同的原子，第j个原子散射因子为f_j，位置矢量为$\vec{t}_j$的原子与原点处原子的散射波的相位差$\Delta\varphi_j=(\vec{k}'-\vec{k})\cdot\vec{t}_j$，则在$\vec{k}'$方向原胞散射波的总振幅正比于

$$F(\vec{k}'-\vec{k})=\sum_j f_j\,\mathrm{e}^{\mathrm{i}(\vec{k}'-\vec{k})\cdot\vec{t}_j} \tag{6.2.14}$$

定义为几何结构因子，反映原胞中原子的种类及分布对散射的影响。劳厄条件确定了晶体出现衍射极大的可能方向，然而它的衍射强度则由晶体的几何结构因子 $F(\vec{G}_h)$决定：

$$I \propto |F(\vec{k}' - \vec{k})|^2 = |F(\vec{G}_h)|^2 \tag{6.2.15}$$

若 $F(\vec{G}_h)=0$，则在劳厄条件所允许的衍射极大方向也不会出现衍射线，相应衍射峰消失，这种现象叫消光现象。

【例 6.2.1】 计算 CsCl 结构的几何结构因子及消光条件。

【解】 CsCl 结构为复式简单立方晶格，基元中包含两个原子，其坐标矢量为$\vec{t}_1=(0,0,0)$，$\vec{t}_2=\dfrac{a}{2}(1,1,1)$，根据定义，其几何结构因子式(6.2.14)为

$$F(\vec{G}_h) = \sum_j f_j e^{i\vec{G}_h \cdot \vec{t}_j} = f_1 + f_2 e^{i\pi(h_1+h_2+h_3)}$$

因此，衍射强度 I 取决于 $h_1+h_2+h_3$ 的取值，当 $h_1+h_2+h_3$ 为偶数时，$I\propto(f_1+f_2)^2$，衍射极大。当 $h_1+h_2+h_3$ 为奇数时，$I\propto(f_1-f_2)^2$，衍射极小。

在实际 X 射线衍射强度的分析中，晶体的特殊对称性起着重要作用，因此在讨论几何结构因子时，应采用晶胞，可引入赝复式格子的概念。例如在例6.2.1中，考虑体心立方晶格的几何结构因子，即 $f_1=f_2$，若采用以上的晶胞分析，因此得到在 $h_1+h_2+h_3$ 为奇数时，出现消光现象。读者可用同样的方法计算面心立方晶格衍射的消光条件是当 h_1、h_2、h_3 部分为奇数，部分为偶数时，因此观察不到(100)、(110)、(211)晶面的衍射，但能观察到(111)、(200)等晶面的衍射。

其他衍射方法：电子衍射和中子衍射

对于 X 射线衍射、电子衍射和中子衍射，弹性散射的衍射理论是完全相同的。X 射线衍射是电磁波光子的衍射，而电子和中子衍射是物质波的衍射，它们服从不同能量-动量关系，光子服从相对论的关系，而非相对论性的电子和中子都服从经典力学的关系，电子质量比中子质量小三个量级。因此，达到同样波长 $\lambda=h/p$ 时，其中的光子、电子和中子的能量有很大的区别，能量比大约在 $10^6:10^3:1$ 的量级，这使得它们在测定晶体结构方面有不同的特点(表6.2.1)。

表 6.2.1 X 射线衍射、电子衍射和中子衍射技术比较

衍射技术	波长	$\lambda=0.01$ nm 相应的能量(eV)	特点
X 射线	$\lambda(\text{Å})\approx 12.4/E(\text{keV})$	10^4 keV	最简单，应用范围广
电子	$\lambda(\text{Å})\approx 12/\sqrt{E(\text{eV})}$	20～250 eV	穿透深度小，主要用于晶体表面结构研究
中子	$\lambda(\text{Å})\approx 0.28/\sqrt{E(\text{eV})}$	与室温下的 $k_B T$ (约 0.026 eV)同数量级	适于研究磁性材料晶体结构；热中子的能量特别适合于对固体中晶格振动的研究；入射强度低，需要大晶体，且很长照射时间

由于中子还具有磁矩，可与固体中磁性电子发生相互作用，因此中子衍射的独特之处是能研究磁性材料的磁结构(原子磁矩的相互取向、排列及磁相变等)。对于铁磁材料，磁化强度与晶体结构具有相同的周期性。因此，磁散射只是增强衍射峰。然而对于反铁磁材料，情况就是完全不同的。如图 6.2.15 所示的一维反铁磁链例子，磁化强度和晶体结构具有不同的周期性，晶体的晶格常数为 a，而磁的晶格常数是 $2a$。对于无磁性晶体衍射，在 $G=2\pi/a$ 的整数倍处出现衍射峰(实线所示)，对于磁的衍射，应在 $g=2\pi/2a$ 的整数倍处出现衍射峰，因此有如虚线所示的额外衍射峰出现。图 6.2.16 展示了 CoO 的 X 射线和中子衍射实验结果，观察到低温中子衍射实验中出现了额外的衍射峰，清晰地说明了这个效应。

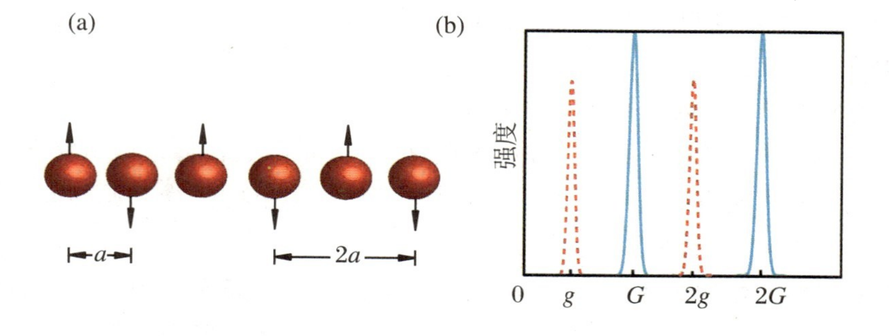

图 6.2.15 (a) 一维反铁磁链；(b) 晶体散射的示意图

衍射的方法是在获得晶体倒格子空间的映像后，通过傅里叶变换来获得晶体结构信息，也有真实晶格结构在正格子空间的直接成像方法，如电子显微镜、利用量子隧道效应的扫描隧道显微镜等。

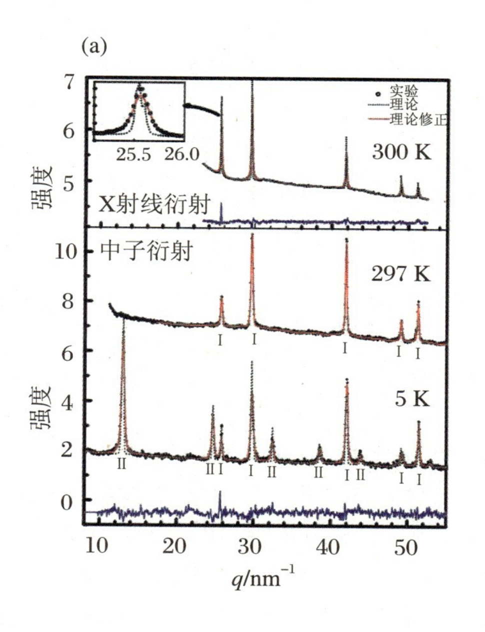

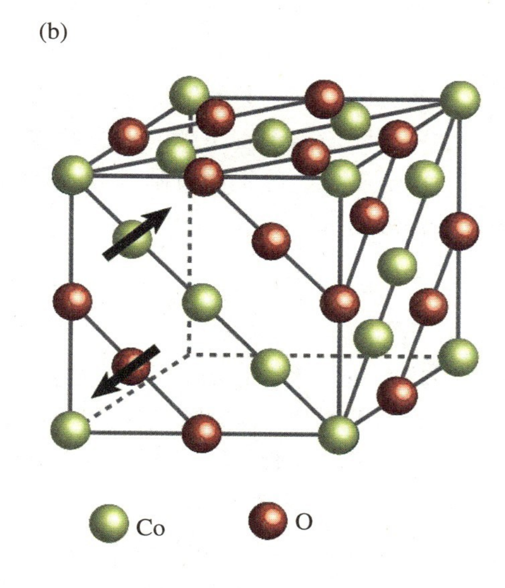

图 6.2.16 (a) CoO 的 X 射线和中子衍射实验结果;(b) CoO 的自旋磁序[PRL 101, 117202 (2008)]

6.3 金属自由电子气模型

金属是最基本物质状态之一,元素周期表中有 2/3 是金属元素,人类很早就对金属进行了利用和研究,发现它们具有良好的电导率、热导率等,尝试对金属特性的理解也是现代固体理论的发端。这一节将介绍最早尝试解释金属性质的模型——自由电子气模型。

6.3.1 经典理论:德鲁德模型

1897 年英国物理学家汤姆孙(J. J. Thomsom)发现电子后不久,德国物理学家德鲁德(P. Drude)意识到金属的导电导热性质可能与电子有关,将当时(20 世纪初)非常成功的经典理想气体的运动学理论运用到固体的电子中,即把自由运动的电子当作理想气体处理,于 1900 年提出了解释金属特性的第一个微观模型——德鲁德模型。

德鲁德模型(图 6.3.1)的基本框架是基于价电子假设,认为金属可以看成由原子核与内层电子(称为芯电子)组成的正离子实和外层自由运动的价电子

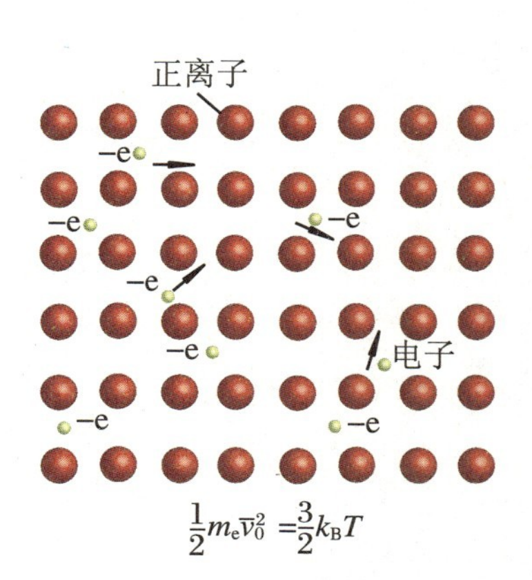

图 6.3.1 德鲁德模型的物理解释

两部分。由于正离子实的质量远远大于电子质量，假定正离子实分散排列，固定不动，只提供一个大的束缚势将整个原子核和电子的体系凝结为固体。而价电子由于受到原子核的束缚力很弱，游离于整个金属内部，就像理想气体一样，只与固定离子发生瞬时的弹性碰撞。这些游离的价电子构成自由电子气，通常是金属导电的主要贡献，因而也被称为传导电子。可根据原子密度求得传导电子密度 n：

$$n = N_0 \times \frac{Z\rho_m}{A} = 6.022 \times 10^{23} \times \frac{Z\rho_m}{A} \tag{6.3.1}$$

其中 A 和 $\rho_m(\mathrm{g/cm^3})$ 分别为金属元素的原子量和密度，Z 为每个原子提供的价电子数目，N_0 为阿伏伽德罗常数。对于金属，n 的典型值为 $10^{22} \sim 10^{23}/\mathrm{cm^3}$，这个值要比理想气体的密度高上千倍。如金属钠（原子组态 $1s^2\,2s^2p^6\,3s^1$，$Z = 1$，$\rho_m = 0.971\ \mathrm{g/cm^3}$，$A = 23$），$n \approx 2.541 \times 10^{22}/\mathrm{cm^3}$。如果将其看成理想气体，则在室温下自由电子气的气压约为 $P = (n/N_0)RT \approx 1015$ 大气压，远远超过空气压强。这里普适气体常量 $R = k_B N_0$，k_B 为玻尔兹曼常数。如此庞大的气压，是靠金属晶体中的结合能，例如金属键、共价键、离子键等能量来平衡的，限制电子不逸出金属表面。

按照这个基本框架，德鲁德在建立模型解释金属的导电、导热性时引入了几个基本的近似（德鲁德模型的基本假设）：

(1) 自由电子近似：除了偶尔和离子实发生碰撞外，忽略电子与离子之间的相互作用。

(2) 独立电子近似：忽略电子与电子之间的相互作用。尽管组成自由电子气的电子数很多，密度很大，但是它们之间没有相互作用，每个电子独立运动，偶尔和离子实发生碰撞，于是可将一个复杂的多体问题简化为一个独立电子的问题进行处理。

(3) 碰撞假设：电子与离子之间的碰撞是瞬时的，经过碰撞，电子速度的改变也是突然的，电子对自己的速度历史没有记忆，即碰撞后的电子速度只与碰撞时的温度有关，而与碰撞前的速度无关，速度的方向是各向同性的。电子通过碰撞处于热平衡状态。

(4) 弛豫时间近似：一个电子受到两次碰撞之间的平均时间 τ 通常被称为弛豫时间，电子在 $\mathrm{d}t$ 时间所受碰撞的概率正比于 $\mathrm{d}t/\tau$。在没受外力的情况下，电子在 τ 时间内以平均均方根速度 $v_{\mathrm{rms}} = \sqrt{\overline{v_0^2}}$ 做自由运动，相应移动的平均距离叫作平均自由程 $l = v_{\mathrm{rms}}\tau$。在室温下 v_{rms} 的典型值为 $10^5\ \mathrm{m/s}$。

(5) 经典粒子假设（隐含的假设）：在当时，电子假设是经典粒子，用经典力学和电磁学描述，电子热平衡分布满足经典麦克斯韦-玻尔兹曼统计，这样单个电子的平均能量为 $\varepsilon = \frac{1}{2}m_e\overline{v_0^2} = \frac{3}{2}k_B T$（经典能量均分定理）。

根据上述德鲁德模型的基本假设，我们首先来推导电子的动力学方程。假定

t 时刻电子的平均动量为 $\vec{p}(t)$，经过 $\mathrm{d}t$ 时间，电子受到碰撞的概率为 $\mathrm{d}t/\tau$，受到碰撞后的电子向各个方向运动（无规取向），对平均动量无贡献 $\vec{p}_c(t+\mathrm{d}t)=0$，而电子没有受到碰撞的概率为 $1-\mathrm{d}t/\tau$，没有受到碰撞的电子的动量变为 $\vec{p}_{nc}(t+\mathrm{d}t)=\vec{p}(t)+\vec{F}(t)\mathrm{d}t$，$\vec{F}(t)$ 是存在外场时电子所受的外力。因此在 $t+\mathrm{d}t$ 时刻，电子的平均动量为

$$\vec{p}(t+\mathrm{d}t)=\left(1-\frac{\mathrm{d}t}{\tau}\right)\left[\vec{p}(t)+\vec{F}(t)\mathrm{d}t\right] \tag{6.3.2}$$

即来源于没有受到碰撞的电子对平均动量的贡献。这里 $(\mathrm{d}t/\tau)\cdot\vec{F}(t)\cdot\mathrm{d}t$ 涉及 $\mathrm{d}t$ 的二次项，是个二阶小量，可以略去。在一级近似下式(6.3.2)为

$$\vec{p}(t+\mathrm{d}t)-\vec{p}(t)=\vec{F}(t)\mathrm{d}t-\vec{p}(t)\frac{\mathrm{d}t}{\tau} \tag{6.3.3}$$

可写为微分形式

$$\frac{\mathrm{d}\vec{p}(t)}{\mathrm{d}t}=\vec{F}(t)-\frac{\vec{p}(t)}{\tau} \tag{6.3.4}$$

这就是电子的平均运动方程。引入外场作用下电子的漂移速度 $\vec{v}_d$，则有

$$m\frac{\mathrm{d}\vec{v}_d(t)}{\mathrm{d}t}=\vec{F}(t)-m\frac{\vec{v}_d(t)}{\tau} \tag{6.3.5}$$

其中 m_e 是电子质量，碰撞的作用相当于一个阻尼项。考虑两种特殊情况：

(1) 当 $\vec{F}(t)=0$ 时，方程的解为 $\vec{p}(t)=\vec{p}(0)\mathrm{e}^{-t/\tau}$，这意味着在 $t=0$ 时刻给予电子一个平均动量 $\vec{p}(0)$，电子平均动量将按一常数时间 τ 以指数形式衰减到零，这也是为什么把 τ 称为弛豫时间的原因。

(2) 当 $\vec{F}(t)=\vec{F}$（常数）时，方程的解为 $\vec{p}(t)=\vec{p}(0)\mathrm{e}^{-t/\tau}+\vec{F}\tau$，在短时间内，电子平均动量随时间变化；当 $t\gg\tau$ 时，指数时间项可以忽略，电子平均动量将达一稳态 $\vec{p}(t)=\vec{F}\tau$。如果弛豫时间 $\tau\to\infty$，电子的状态将无法达到平衡。

金属直流电导：欧姆定律

按照式(6.3.4)，加外电场 $\vec{E}$ 后电子到达稳态时 $\vec{p}(t)=\vec{F}\tau=-e\vec{E}\tau$，此时对应电子漂移速度 $\vec{v}_d=-e\vec{E}\tau/m_e$。由电流密度 $\vec{J}$ 的定义（其大小定义为单位时间内通过某一单位面积的电量，方向向量为单位面积相应截面的法向量），可知 $\vec{J}=-ne\vec{v}_d$，即得

$$\vec{J}=\frac{ne^2\tau}{m_e}\vec{E} \tag{6.3.6}$$

写为 $\vec{J}=\sigma\vec{E}$ 形式，即为欧姆定律，电流密度 $\vec{J}$ 与所加电场 $\vec{E}$ 成正比，最早是从实验上确定的，其中电导率

$$\sigma = \frac{ne^2\tau}{m_e} = \frac{ne^2\ell}{m_e v_{rms}} \tag{6.3.7}$$

可见电导率 σ 只与金属材料的性质(如传导电子密度 n 和弛豫时间 τ)有关,与外加电场 $\vec{E}$ 无关,也就是说,对一定的金属,σ 为一常数。注意没有碰撞时,即 $\tau\to\infty$,电导率 $\sigma\to\infty$。这里电子的弛豫时间 τ 是一个非常重要的参数,按照室温下金属典型的电阻值$10^{-6}\,\Omega\cdot$cm 估计,弛豫时间 τ 大约在10^{-14}秒量级,则金属中电子的平均自由程 $\ell = v_{rms}\tau\sim 1$ nm,正好是原子间距的量级,因此德鲁德模型本身是自洽的。

金属热导率

金属的热导率一般大于绝缘体的,这也可以归结为自由电子的贡献。当存在温度梯度时,在金属中就会产生热流:

$$j^q = -\kappa\nabla T \tag{6.3.8}$$

其中 j^q 是热流密度,定义为单位时间内通过某一单位面积的热量,κ 是热导率,∇T 是温度梯度,此即傅里叶定律。负号是因为热流从高温到低温。简单将分子气体运动论应用于金属中自由电子气,可得热导率

$$\kappa = \frac{1}{3}C_e v_{rms}^2\tau = \frac{1}{3}C_e v_{rms}\ell \tag{6.3.9}$$

按照经典能量均分定理,可得电子热容量

$$C_e = \frac{3}{2}nk_B \tag{6.3.10}$$

因此

$$\kappa = \frac{1}{2}nk_B v_{rms}^2\tau = \frac{1}{3}nk_B v_{rms}\ell \tag{6.3.11}$$

维德曼-夫兰兹定律

通过经典理论推导了电导率公式(6.3.7)和热导率公式(6.3.11),很容易发现一个事实,即它们之间的比值为

$$\frac{\kappa}{\sigma} = \frac{3}{2}\left(\frac{k_B}{e}\right)^2 T \tag{6.3.12}$$

其中玻尔兹曼常数 k_B 和电子电量 e 都是常量,式(6.3.12)表明了在一定温度下,所有金属的热导率和电导率的比值都是一个常数,这一规律被称为维德曼-夫兰兹定律。最初是由德国物理学家维德曼(G. Wiedeman)和夫兰兹(R. Franz)于1853 年由大量实验事实发现的。这一常数

$$L = \frac{\kappa}{\sigma T} = \frac{3}{2}\left(\frac{k_B}{e}\right)^2 = 1.11\times 10^{-8}\ \mathrm{W\cdot\Omega/K^2} \tag{6.3.13}$$

被称为洛伦兹数。实际上，实验测得的洛伦兹数 L 在不同温度下对不同金属接近一常数，但比上述值大一倍（表6.3.1），德鲁德模型无法解释这个现象。

表6.3.1　在不同温度下实验测得的 Lorenz 数（10^{-8} W·Ω/K^2）

金属	273 K	373 K
Ag	2.31	2.37
Au	2.35	2.40
Cd	2.42	2.43
Cu	2.23	2.33
Ir	2.49	2.49
Mo	2.61	2.79
Pb	2.47	2.56
Pt	2.51	2.60
Sn	2.52	2.49
W	3.04	3.2
Zn	2.31	2.33

注：引自 Kittel C. Introduction to Solid State Physics[M]. 8nd ed. New York: John Wiley and Sons, 2009.

【例6.3.1】 一横切面积为2 mm×2 mm的铜导线，通过的电流为10 A，假设一个铜原子贡献一个传导电子，室温下铜的密度为8.96 g/cm^3，用德鲁德模型① 计算在300 K时电子的平均均方根速度 v_{rms} 和漂移速度 v_d；② 假设平均自由程为原子间距2.6 Å，估计弛豫时间 τ；③ 计算铜的电导率。

【解】 ① 由经典的能量均分定理可以得到

$$v_{\mathrm{rms}} = \left(\frac{3k_{\mathrm{B}}T}{m_{\mathrm{e}}}\right)^{1/2} = \left[\frac{3(1.38\times10^{-23}\ \mathrm{J/K})(300\ \mathrm{K})}{9.11\times10^{-31}\ \mathrm{kg}}\right]^{1/2} = 1.17\times10^{5}\ \mathrm{m/s}$$

由式（6.3.1）可得传导电子密度为

$$n = N_0\times\frac{Z\rho_m}{A} = 6.02\times10^{23}\times\frac{1\times8.96}{63.5}\ \mathrm{cm^{-3}} = 8.49\times10^{22}\ \mathrm{cm^{-3}}$$

由电流密度 $\vec{J} = -nev_d$，可得电子的漂移速度

$$v_d = \frac{J}{ne} = \frac{10\ \mathrm{A}}{(4\times10^{-6}\ \mathrm{m^2})}\times\frac{1}{(8.49\times10^{28}\ \mathrm{m^{-3}})(1.6\times10^{-19}\ \mathrm{C})}$$
$$= 1.8\times10^{-4}\ \mathrm{m/s}$$

电子的漂移速度 v_d 和平均均方根速度 v_{rms} 比值为

$$v_d / v_{\text{rms}} = 1.5 \times 10^{-9}$$

② 电子的弛豫时间为

$$\tau = \frac{\ell}{v_{\text{rms}}} = \frac{2.6 \times 10^{-10}\ \text{m}}{1.2 \times 10^{5}\ \text{m/s}} = 2.2 \times 10^{-15}\text{s}$$

因此,本模型电子一般每秒碰撞几百万亿次。

③ 由式(6.3.7)可计算得到铜的电导率为

$$\sigma = \frac{ne^2 \ell}{m_e v_{\text{rms}}} = 5.3 \times 10^{6}\ (\Omega \cdot \text{m})^{-1}$$

尽管德鲁德模型成功解释了欧姆定理和维德曼-夫兰兹定律,提供了电子运动的第一个微观理解还有许多事实与实验结果不符,如表 6.3.1 中实际测得洛伦兹数的值大约是式(6.3.13)给出理论值的一倍,且与温度有关;在例 6.3.1 中根据德鲁德模型理论计算的铜电导率与实际测得的值 $5.9 \times 10^7 (\Omega \cdot \text{m})^{-1}$ 相差一个数量级,并且实验中还发现电阻与温度成正比($\rho \propto T$),而电导率公式(6.3.7)说明了电阻与温度的平方根成正比($\rho \propto \sqrt{T}$);经典理论给出电子热容 $C_e = 3nk_B/2$,而实验上并没有观测到金属的这一部分热容,实际上绝缘体与金属有近似的热容($\sim 3R$)。

6.3.2 半经典理论:索末菲模型

德鲁德模型假设了电子是一个经典粒子,遵循麦克斯韦-玻尔兹曼统计。然而随着 20 世纪初量子力学的创立,发现电子不同于经典粒子的性质。1925 年美籍奥地利物理学家泡利(Wolfgang E. Pauli)提出不相容原理,1926 年提出电子等费米子所遵循的费米-狄拉克统计,1928 年德国物理学家索末菲(A. Sommerfeld)用费米-狄拉克统计取代麦克斯韦-玻尔兹曼统计,将经典理想气体变为量子理想气体,提出了金属自由电子气的半经典理论。

电子态和电子态密度

根据量子自由电子气模型,可认为金属价电子在金属内的三维无限深势阱中运动,体积 $V = L_1 \times L_2 \times L_3$。限制在无限深势阱中粒子的薛定谔方程的解已在 2.6 节中分析给出,这里采用其行波解为

$$\psi_k(\vec{r}) = \frac{1}{\sqrt{V}} e^{i\vec{k} \cdot \vec{r}} \tag{6.3.14}$$

电子的能量为

$$E_k = \frac{\hbar^2 k^2}{2m_e} \tag{6.3.15}$$

为简单起见，已选取电子在势阱底部所具有的势能为零。很容易证明 $\psi_k(\vec{r})$ 也是动量算符 $\hat{p} = -i\hbar\hat{\nabla}$ 的本征态，其本征值为 $\hbar\vec{k}$，因此处在 $\psi_k(\vec{r})$ 态上的电子有确定的动量 $\vec{p} = \hbar\vec{k}$，相应的速度为 $\vec{v} = \vec{p}/m_e = \hbar\vec{k}/m_e$。

当不考虑晶体表面效应，只研究晶体内部体性质的情况下，广泛采用周期边界条件免除有限线度带来的限制。对于足够大的材料，表面效应对材料性质的影响总是比较小的。因此通过周期性边界条件，可写出

$$\left.\begin{aligned}\psi(x+L_1,y,z) &= \psi(x,y,z)\\ \psi(x,y+L_2,z) &= \psi(x,y,z)\\ \psi(x,y,z+L_3) &= \psi(x,y,z)\end{aligned}\right\} \tag{6.3.16}$$

将式(6.3.14)代入，则有 $e^{ik_xL_1} = e^{ik_yL_2} = e^{ik_zL_3} = 1$，因而有

$$k_x = \frac{2\pi}{L_1}n_x,\quad k_y = \frac{2\pi}{L_2}n_y,\quad k_z = \frac{2\pi}{L_3}n_z\quad (n_x, n_y, n_z\text{ 为整数}) \tag{6.3.17}$$

附加边界条件导致波矢 $\vec{k}$ 取值量子化，单电子本征态能量式(6.3.15)也取分立值。

把波矢看作是空间矢量，相应的空间称为 k 空间，不同 $\vec{k}$ 值对应不同电子态，式(6.3.17)说明 k 空间中 $\vec{k}$ 的可能取值可用分立点表示(图6.3.2)，其分布在 k 空间中是均匀的，每个点在 k 空间占据的体积相等：$\Delta\vec{k} = 8\pi^3/(L_1L_2L_3) = 8\pi^3/V$，因此可得 k 空间态密度：

$$\rho(\vec{k}) = \frac{1}{\Delta\vec{k}} = \frac{V}{8\pi^3} \tag{6.3.18}$$

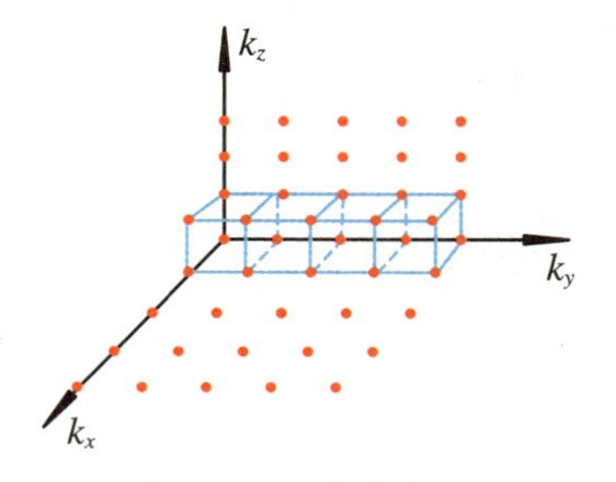

图6.3.2 k 空间态分布

表示 k 空间单位体积内许可态的数目，为一常数。

电子是自旋1/2的费米子，在能级上的填充应遵守泡利不相容原理。每一个 $\vec{k}$ 的取值确定一个电子能级，若考虑电子自旋，根据泡利不相容原理每一个能级可以填充自旋方向相反的两个电子。在 k 空间中，由式(6.3.15)表明电子态的等能面为球面，在能量为 E 的球体中，波矢 $\vec{k}$ 的取值总数为 $\rho(\vec{k})\cdot\frac{4}{3}\pi k^3$，如将每一个自旋态看作一个电子态，电子态总数为 $Z(E) = 2\cdot\rho(\vec{k})\cdot\frac{4}{3}\pi k^3$。定义电子态密度 $N(E)$ 是在单位能量间隔内允许存在的量子态数目，则有

$$N(E) = \frac{dZ}{dE} = \frac{V(2m_e)^{\frac{3}{2}}}{2\pi^2\hbar^3}E^{\frac{1}{2}} = CE^{\frac{1}{2}} \tag{6.3.19}$$

其中常数 $C=\dfrac{V\,(2m_{\mathrm{e}})^{\frac{3}{2}}}{2\pi^2\hbar^3}$。由此可见，电子态密度 $N(E)$ 并不是均匀分布的，电子能量越高，电子态密度就越大。

费米-狄拉克分布

通过独立电子近似，我们计算了允许电子所能占据的能级及其状态，现在需要考虑的是在不同的温度下，电子是怎样分布在这些能级上的。由于泡利不相容原理限制，电子服从费米-狄拉克统计，即在温度 T 下，电子处在能量为 E 的状态被占据的概率为

$$f(E)=\frac{1}{\mathrm{e}^{(E-E_{\mathrm{F}})/k_{\mathrm{B}}T}+1} \tag{6.3.20}$$

其中 E_{F} 是费米能量或化学势（有时用符号 μ 来表示），其物理意义是在体积不变的情况下，系统增加一个电子所需的自由能。图 6.3.3 展示了不同温度下费米-狄拉克分布函数形式。

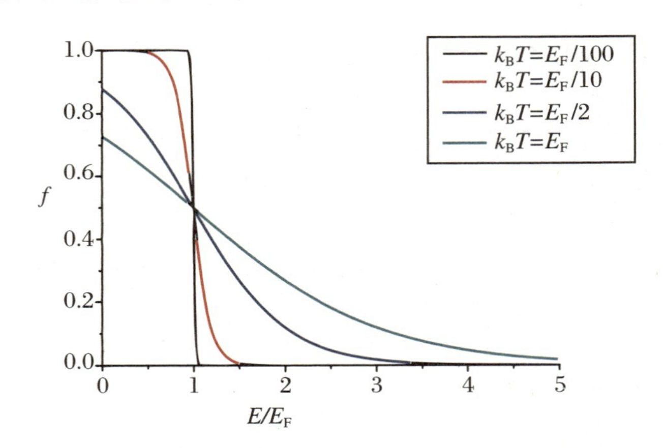

图 6.3.3 不同温度下费米-狄拉克分布函数

$T=0$ K 时基态性质

如果按照可区分经典粒子的麦克斯韦-玻尔兹曼统计规律分布，所有的电子应该在系统的最低能量态，然而电子是全同的费米子，按照泡利不相容原理，每个能级上只能被两个自旋相反的电子占据，因此电子从最低能级开始填充（能量最低原则），如能量低的能态已经填满电子，其他电子就必须填充到能量较高的态上。正如式(6.3.20)的费米-狄拉克分布函数所示，当 $T\to 0$ K 时，$E<E_{\mathrm{F}}$ 时，有 $\mathrm{e}^{(E-E_{\mathrm{F}})/k_{\mathrm{B}}T}=\mathrm{e}^{-|E_{\mathrm{F}}-E|/k_{\mathrm{B}}T}\to 0$，因而 $f(E)=1$，这表明所有能量低于 E_{F} 的状态都被填满；而 $E>E_{\mathrm{F}}$，有 $\mathrm{e}^{(E-E_{\mathrm{F}})/k_{\mathrm{B}}T}\to\infty$，则 $f(E)=0$，即所有能量高于 E_{F} 的状态都是空的。将此时的费米能标记为 E_{F}^{0}，代表绝对零度时电子填充的最高能级。所以，在 k 空间中电子从能量最低的原点开始，由低能量到高能量逐层向外填充，一直到所有电子都填完为止。图 6.3.4 所示，由于等能面为

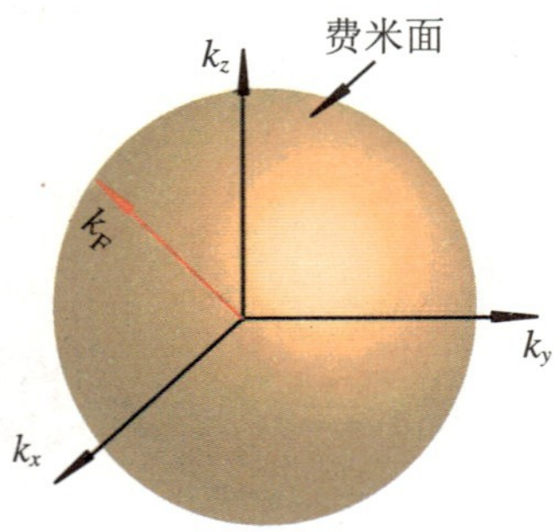

图 6.3.4 费米球、费米面与费米半径

球面，所以在 k 空间中，电子填充的部分为球体，称为费米球；费米球的半径称为费米半径 k_F；费米球的表面称为费米面；费米面所对应的能量就是费米能 E_F^0。如果金属中有 N 个传导电子，N 应等于 k 空间态密度乘以费米球的体积：

$$2 \cdot \left(\frac{4\pi k_F^3}{3}\right) \cdot \left(\frac{V}{8\pi^3}\right) = N \tag{6.3.21}$$

最前面 2 是自旋因子，于是得到

$$k_F = (3\pi^2 n)^{1/3} \tag{6.3.22}$$

其中，$n = N/V$ 是传导电子密度，根据其典型值（$10^{22} \sim 10^{23}/\text{cm}^3$），相应地可计算出对应的费米能 $E_F^0 = \hbar^2 k_F^2 / 2m_e \sim 1 - 10\ \text{eV}$（远远大于室温所对应的热能 $k_B T \sim 0.025\ \text{eV}$）、费米速度 $v_F = \hbar k_F / m_e \sim 10^8\ \text{cm/s}$（远远大于室温所对应的热运动速度 v_{rms}）和费米温度 $T_F = E_F^0 / k_B \sim 10^4\ \text{K}$（远远大于室温 T）。根据能态密度 $N(E)$，也可以计算出电子基态的平均能量：

$$\bar{E} = \frac{1}{N}\int_0^\infty EN(E)\text{d}E = \frac{1}{N}\int_0^{E_F^0} EN(E)\text{d}E = \frac{3}{5}E_F^0 \tag{6.3.23}$$

即在 $T = 0\ \text{K}$ 时，电子具有和费米能级 E_F^0 同一量级的平均能量。

$T \neq 0$ K 时

从图 6.3.3 可以看出，随着温度的增加，分布函数 $f(E)$ 在 $T = 0\ \text{K}$ 时的突然变化会变得越来越平滑。当 $E = E_F$ 时，$e^{(E-E_F)/k_BT} = 1$，即 $f(E) = 1/2$，代表电子填充概率为 1/2 的能态；当 $E > E_F$ 时，$f(E) < 1/2$；当 $E < E_F$ 时，$f(E) > 1/2$，具体形状取决于比值 E_F/k_BT 的大小。对金属而言，$E_F/k_BT \gg 1$。因此，当 E 比 E_F 小几个 k_BT 时，$e^{(E-E_F)/k_BT} \ll 1$，这时，$f(E) \approx 1$。这表明，E 比 E_F 小几个 k_BT 的能态基本上是满态。当 E 比 E_F 大几个 k_BT 时，$e^{(E-E_F)/k_BT} \gg 1$，有 $f(E) \approx e^{-(E-E_F)/k_BT} = e^{E_F/k_BT} e^{-E/k_BT} \approx 0$。这时，费米-狄拉克分布过渡到经典的麦克斯韦-玻尔兹曼分布，且 $f(E)$ 随 E 的增大而迅速趋于零。这表明，E 比 E_F 大几个 k_BT 的能态是没有电子占据的空态。由此可见，电子的分布函数 $f(E)$ 只在费米能附近几个 k_BT 的范围内有变化，而离费米能较远处电子的分布与 $T = 0\ \text{K}$ 时相同。

费米-狄拉克分布 $f(E)$ 只描述了能量为 E 的能态被电子占有概率，而能量在 $E \sim E + \text{d}E$ 之间的电子数需要考虑晶体本身的能态密度函数，即

$$\text{d}N = f(E)N(E)\text{d}E \tag{6.3.24}$$

所以 $f(E)N(E)$ 具体概括了系统中电子按能量的统计分布，如图 6.3.5 所示。可见，$T = 0\ \text{K}$ 时，在费米面 E_F^0 以下的能态被电子占满，其能态密度为 $N(E)$；当温度升高时，原来处在费米面 E_F^0 以下的电子由于热激发跃迁到 E_F^0 以上的能态。只要 $E_F/k_BT \gg 1$ 满足，这些受激发的电子仅仅来自于费米面附近几个 k_BT 范围

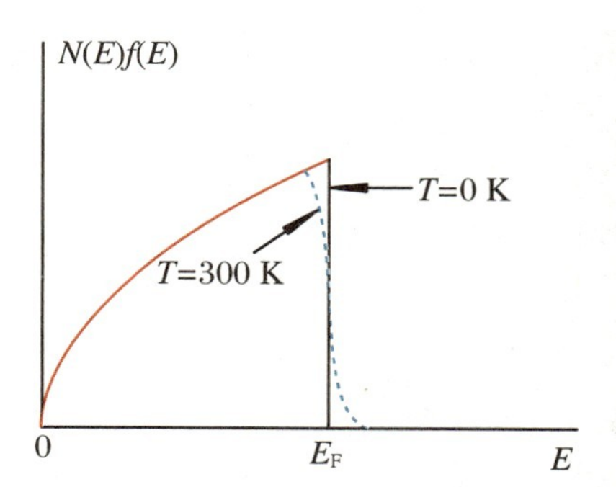

图 6.3.5　能量在 $E \sim E + \text{d}E$ 之间的电子

内。而离费米面较远的电子则仍被泡利原理所束缚，其分布与 $T=0$ K 时相同。对于金属而言，由于 $T \ll T_F$ 总是成立的，有 $E_F \approx E_F^0$，因此，只有费米面附近的一小部分电子可以被激发到高能态，而离费米面较远的电子则仍保持原来 $T=0$ K 时的状态，我们称这部分电子被"冷冻"下来。因此，虽然金属中有大量的自由电子，但是决定金属许多性质的并不是其全部的自由电子，而只是在费米面附近的那一小部分。正因为这样，对金属费米面的研究就显得尤为重要。下面我们根据这个结论给出几个关于金属输运性质的例子。

电子热容量（半经典模型估计比热）

电子从绝对零度起被加热，不像经典粒子那样，每个电子都得到 $k_B T$ 的能量，而仅仅费米面级附近的电子被激发，因此只有这小部分电子对比热有贡献，德鲁德高估了对热容有贡献的电子数。简单估计，这部分被热激发的电子约为 $N(T/T_F)$，其对热内能的贡献为

$$U \approx N \cdot \left(\frac{T}{T_F}\right) \cdot \frac{3}{2} k_B T \tag{6.3.25}$$

因此电子热容为

$$C_e = \frac{\partial U}{\partial T} \approx 3Nk_B \cdot \left(\frac{T}{T_F}\right) \tag{6.3.26}$$

更精确的计算可得（见习题 6.14）

$$C_e = \frac{\pi^2}{2} Nk_B \cdot \left(\frac{T}{T_F}\right) \tag{6.3.27}$$

在室温 $T=300$ K 下，$T_F = 5\times10^4$ K，则 $C_e \approx 0.018\ nk_B$，因此只有式(6.3.10)经典预期的 1%左右。这解释了为什么室温下观察不到电子的这部分热容量。

修正的维德曼-夫兰兹定律

在德鲁德模型中，由于电子满足经典的麦克斯韦-玻尔兹曼统计，电子的速度取平均热运动速度（麦克斯韦-玻尔兹曼均方根速度 $v_{rms} = \sqrt{3k_B T/m_e}$），而索末菲模型中费米-狄拉克统计的应用导致对金属性质的贡献只是来自分布在费米面附近的电子，这部分电子的速度 $v \approx v_F$，比经典值大 T_F/T 倍。对外场作用下的电子（外场变化缓慢），采用经典的处理方式但取 v_F 为其平均速度的方法，称为半经典模型。因此电子的电导率和热导率为

$$\sigma = \frac{ne^2\tau}{m_e} = \frac{ne^2 l}{m_e v_F}, \quad \kappa = \frac{1}{3} C_e v_F l \tag{6.3.28}$$

尽管获得和德鲁德模型类似的结果，然而它们有不同的物理解释，根据德鲁德模型，电导率和热导率是由于高浓度但低速度（v_{rms}）运动的电子的贡献，而索末

菲模型中是由于费米面附近一小部分但运动非常快(v_F)的电子的贡献。

将式(6.3.27)电子的量子热容代入,由此可得洛伦兹数为

$$L = \frac{\kappa}{\sigma T} = \frac{1}{3}\left(\frac{\pi k_B}{e}\right)^2 = 2.45 \times 10^{-8}\ \mathrm{W \cdot \Omega / K^2} \tag{6.3.29}$$

正好是德鲁德模型得到值的两倍,基本与实验值相符(见表6.3.1)。其实,德鲁德模型能够给出数量级正确的结果也是因为巧合,对C_e估计大了两个数量级,而对v_F^2估计小了两个数量级。

电子平均自由程

在德鲁德模型中,弛豫时间τ定义为受到与正离子实两次碰撞之间的平均时间,而在索末菲模型中,以上的推导过程并没有非常明确地显示出它的定义。例6.3.2中我们将看到由于将电子看作为量子的实体,其波动性质导致了非常长的电子平均自由程,大约是原子间距的150倍。如果仅仅假设原子间距为平均自由程,得到的电导率将是实际测得值的1/200。因此,碰撞不再是指电子与正离子实之间的散射,而是指电子的德布罗意波被不完美晶格的散射,如晶格振动(声子)、点缺陷或杂质原子等。在理想晶格中不发生电子的散射意味着电子波没有衰减地通过晶体,正如光通过透明的晶体一样,这时晶体内的电子是完全自由的,有无限大的平均自由程,晶体没有电阻。

实验中观察到电阻与温度相关的部分ρ_L是电子与晶格振动散射的结果,因为温度越高,晶格振动的幅度越大,偏离理想晶格的程度越大,因此导致的电阻越大。从量子力学的观点看,晶格振动相当于一系列能量为$\hbar\omega$的量子简谐振子,其能量是量子化的,其中ω为晶格离子振动的角频率。这样的量子简谐振子称为声子。它的行为类似于电子或光子,具有粒子的性质。但声子与电子或光子是有本质区别的,声子只是反映晶体原子集体运动状态的激发单元,它不能脱离固体而单独存在,并不是一种真实的粒子。我们将这种具有粒子性质,但又不是真实物理实体的概念称为准粒子。声子是玻色子,在温度T下,具有$\hbar\omega$能量的声子数n_p遵从玻色-爱因斯坦统计:

$$n_p = \frac{1}{e^{\hbar\omega/k_B T} - 1} \tag{6.3.30}$$

在高温下(即$\hbar\omega \ll k_B T$),$n_p \propto k_B T/\hbar\omega$,与温度$T$成正比。

此外,与温度无关的剩余电阻ρ_i是自由电子与晶格中缺陷或杂质原子等散射所产生的,仅仅依赖于缺陷或杂质的浓度,在低温下占主要贡献。图6.3.6是两种不同缺陷浓度的金属钠的电阻与温度的关系曲线。因此,金属的电阻能够写为$\rho = \rho_i + \rho_L$,这就是马希森定则。在一个超纯、几乎没有缺陷的样品中,ρ_i是非常小的,当温度非常低时,ρ_L也是非常小的。当这两个条件都满足,电

子的平均自由程将是非常大的，例如在铜中能达到厘米量级。

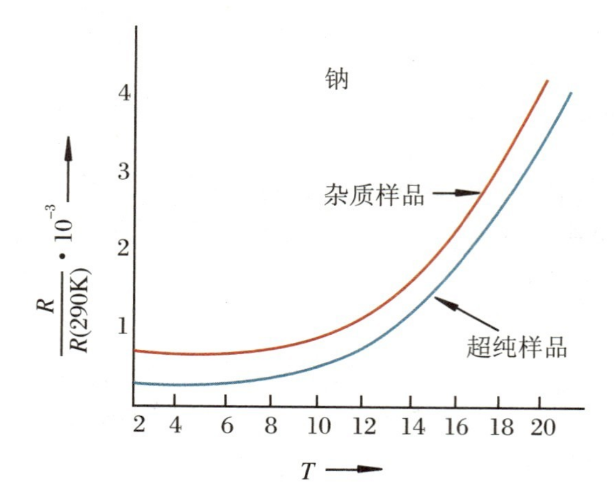

图 6.3.6 Na 的电阻随温度的变化（From D. K. C. MacDonald and K. Mendelssohn, Proc. Roy. Soc. (London), A202:103, 1950）

【例 6.3.2】 用索末菲(Sommerfield)模型，重新计算例 6.3.1。① 计算绝对零温下的费米能 E_F^0 和费米速度 v_F；② 假设平均自由程为原子间距 2.6 Å，计算铜的电导率 σ；③ 已知测得的电导率 $\sigma = 5.9\times10^7(\Omega\cdot\text{m})^{-1}$，计算电子平均自由程 ℓ 和弛豫时间 τ。

【解】 ① 由式(6.3.15)和式(6.3.22)，可求出费米能级：

$$E_F^0 = \frac{\hbar^2}{2\,m_e}\left(\frac{3\pi^2 N}{V}\right)^{\frac{2}{3}} = \frac{(6.625\times10^{-34}\ \text{J}\cdot\text{s})^2}{2(9.11\times10^{-31}\ \text{kg})}\left(\frac{3\times5.90\times10^{28}\ \text{m}^{-3}}{8\pi}\right)^{\frac{2}{3}}$$

$$= 8.85\times10^{-19}\ \text{J} = 5.53\ \text{eV}$$

因而可求出费米速度：

$$v_F = \left(\frac{2E_F^0}{m_e}\right)^{\frac{1}{2}} = \left(\frac{2\times5.85\times10^{-19}\ \text{J}}{9.11\times10^{-31}\ \text{kg}}\right)^{\frac{1}{2}} = 1.39\times10^6\ \text{m/s}$$

② 由电导率的公式(6.3.28)，可求出电导率：

$$\sigma = \frac{ne^2\,\ell}{m_e v_F} = 4.46\times10^5\ \Omega^{-1}\cdot\text{m}^{-1}$$

③ 同样由式(6.3.28)，已知电导率 σ，可得出平均自由程 ℓ 和弛豫时间 τ：

$$\ell = \frac{m_e v_F \sigma}{ne^2} = 390\ \text{Å},\qquad \tau = \frac{\ell}{v_F} = 2.50\times10^{-14}\ \text{s}$$

6.3.3 自由电子气模型的局限性

金属自由电子论虽然非常简单，但在理解金属，尤其是一价金属的物理本质方面，例如电子热容量、泡利顺磁（见习题6.16）、维德曼-弗兰兹定律等，已证明是相当成功的。然而，也正是由于它的过于简单，将不同金属间的差异仅仅归结于电子密度 n 和费米能 E_F，而完全不考虑电子与晶格之间的相互作用，因而导致对一些实验结果无法解释。

（1）维德曼－弗兰兹定律在较高温度（室温）和很低的温度（绝对零度附近几度）成立很好，但是在中等温度，洛伦兹数 $\kappa/\sigma T$ 依赖于温度。

（2）直流电导率依赖于温度，且各向异性。比如石墨两个方向差四个量级。

（3）比热与温度的线性关系低温下对碱金属符合很好，但对贵金属符合不好，对过渡金属偏差更大。如对 Fe、Mn，理论值偏小，对 Bi 和 At，理论值偏大。无法解释实验中测到的比热与 T^3 的关系。

（4）根据自由电子论，金属的电导率 σ 正比于电子密度 n，但为什么电子密度较大的二价金属（如 Be、Mg、Zn、Cd 等）和三价金属（如 Al、In 等）的电导率反而低于一价金属（如 Cu、Ag、Au 等）？所有的原子都有价电子，为什么有的材料是导体，有的材料是绝缘体？同一种原子构成不同结构的晶体（如金刚石、石墨和 C_{60} 分子固体），为什么物理性质差别如此之大？自由电子论认为金属费米面的形状为球面，但是实验结果表明，在通常情况下，金属费米面的形状都不是球面等等。

在下一节中我们将看到通过修改自由电子近似，引入正离子对电子的周期性影响能解决上述自由电子论的一些困难。独立电子近似，或者与此本质相同的用平均场处理电子-电子相互作用的单电子近似，很多时候是一个很好的近似，在固体物理大部分内容里，这个近似不需要更多的修正。需要修正的一个例子是 BCS 机制超导电性，不可能用独立电子近似的单电子模型描述超导体中的电子。尽管弛豫时间近似忽略了有关碰撞的所有细节，如果不考虑具体的散射机制，仍然是一个很普适的近似。

6.4 能带理论基础

上一节中我们通过自由电子模型讨论了金属中电子的运动及其性质，同时也看到这个模型过于简化，尤其是忽略了晶格原子势场对电子的相互作用，遗留下来了许多问题。通过考虑晶格对电子的影响来解决这些问题的理论是能带论,它是目前研究固体中的电子状态,说明固体性质最重要的理论基础。

6.4.1 能带理论的基本假设

考虑一定体积的固体,包含 $N\sim10^{23}$ 个带正电荷 Ze 的离子实,相应地有 NZ 个价电子,类似于双原子分子体系(式(5.1.1))该系统的哈密顿量可写为

$$\begin{aligned}\hat{H} &= -\sum_{i=1}^{NZ}\frac{\hbar^2}{2m_e}\nabla_i^2+\frac{1}{2}\sum_{i,j}{}'\frac{1}{4\pi\varepsilon_0}\frac{e^2}{|\vec{r}_i-\vec{r}_j|}-\sum_{n=1}^{N}\frac{\hbar^2}{2M}\nabla_n^2\\&\quad+\frac{1}{2}\sum_{m,n}{}'\frac{1}{4\pi\varepsilon_0}\frac{(Ze)^2}{|\vec{R}_n-\vec{R}_m|}-\sum_{i=1}^{NZ}\sum_{n=1}^{N}\frac{1}{4\pi\varepsilon_0}\frac{Ze^2}{|\vec{r}_i-\vec{R}_n|}\\&=\hat{T}_e+\hat{U}_{ee}(\vec{r}_i,\vec{r}_j)+\hat{T}_n+\hat{U}_{nm}(\vec{R}_n,\vec{R}_m)+\hat{U}_{en}(\vec{r}_i,\vec{R}_n)\end{aligned} \tag{6.4.1}$$

哈密顿量由五部分组成,前两项为电子的动能和电子之间的相互作用能,三、四项为离子实动能和离子之间的相互作用能,第五项为电子与离子实之间的相互作用能。这是一个非常复杂的多体问题,不做简化处理根本不可能求解。这一节的所有分析都是建立在以下几个假设基础上的。

(1) 玻恩-奥本海默(Born-Oppenheimer)绝热近似:在 5.1.1 节求解双原子分子的薛定谔方程中已经介绍了这个近似。通过这个近似,可将离子实的运动和电子的运动分开考虑:在处理电子运动问题时,将离子实视为静止于它们的瞬时位置上,在极端情况下认为离子实不动。这样可将多粒子问题转化为多电子问题,但依然还是包含 NZ 个价电子的多体问题。因此在处理实际的固体材料时,需要进一步引入更多的近似。

(2) 单电子近似(Hatree-Fock 平均场近似):忽略电子与电子间的相互作用,把每一个电子所受其他电子的库仑作用,以及考虑电子波函数反对称性而带来的交换作用,用一个平均的等效势场代替,这样各个电子在平均场中彼此独立运动。因此,玻恩-奥本海默绝热近似后的多电子问题转化为在固定的离子势场和其他电子的平均场中运动的单电子问题。

(3) 忽略相对论效应:求解单电子的薛定谔方程

$$\left[\frac{\hat{p}^2}{2m_e}+\hat{U}(\vec{r})\right]\psi(\vec{r})=E\psi(\vec{r}) \tag{6.4.2}$$

$\hat{U}(\vec{r})$包含离子势场和其他电子的平均场。在需要考虑相对论效应时,则用狄拉克方程代替薛定谔方程。

(4) 周期场近似：由于晶体的周期性结构，认为所有离子势场和其他电子的平均场是周期性的，即

$$\hat{U}(\vec{r}) = \hat{U}(\vec{r} + \vec{R}_l) \tag{6.4.3}$$

基于以上基本假设，需要解决的问题就是求解周期性势场中运动的单电子薛定谔方程。

6.4.2 布洛赫定理

在求解具体能带模型之前，我们先给出一个非常重要的理论，描述周期势场作用下电子波函数的共性：周期势场中运动的电子，其单电子薛定谔方程的解都有如下一般形式：

$$\psi_{\vec{k}}(\vec{r} + \vec{R}_l) = e^{i\vec{k}\cdot\vec{R}_l}\psi_{\vec{k}}(\vec{r}) \tag{6.4.4}$$

这就是布洛赫定理，断言了平移对称性本身对波函数的要求。它是数学上 Floquet 定理的直接应用。详细的证明能在许多固体物理教科书上找到，这里只做简单分析。周期势场式(6.4.3)下其哈密顿量 $\hat{H}$ 也具有平移对称性，波函数 $\psi_{\vec{k}}(\vec{r} + \vec{R}_l)$ 和 $\psi_{\vec{k}}(\vec{r})$ 应有相同的能量本征值 E，设 E 是非简并的，则有

$$\psi_{\vec{k}}(\vec{r} + \vec{R}_l) = C_{\vec{R}_l}\psi_{\vec{k}}(\vec{r}), \quad C_{\vec{R}_l} \text{ 为常数} \tag{6.4.5}$$

按照归一化条件 $|C_{\vec{R}_l}|^2 = 1$，有 $C_{\vec{R}_l} = e^{i\varphi(\vec{R}_l)}$。设晶体为一平行六面体，其棱边沿三个基矢 $\vec{a}_1$、$\vec{a}_2$、$\vec{a}_3$ 方向，N_1、N_2 和 N_3 分别是沿 $\vec{a}_1$、$\vec{a}_2$、$\vec{a}_3$ 方向的原胞数，即晶体的总原胞数为 $N = N_1 N_2 N_3$。由于周期性边界条件

$$\psi_{\vec{k}}(\vec{r} + N_\alpha \vec{a}_\alpha) = C_{\vec{a}_\alpha}^{N_\alpha}\psi_{\vec{k}}(\vec{r}) = \psi_{\vec{k}}(\vec{r}), \quad \alpha = 1,2,3 \tag{6.4.6}$$

这样 $C_{\vec{a}_\alpha}^{N_\alpha} = 1$，则有 $C_{\vec{a}_\alpha} = e^{i2\pi h_\alpha / N_\alpha}$。引入矢量

$$\vec{k} = \frac{h_1}{N_1}\vec{b}_1 + \frac{h_2}{N_2}\vec{b}_2 + \frac{h_3}{N_3}\vec{b}_3 \tag{6.4.7}$$

这里 h_1、h_2 和 h_3 为整数，$\vec{b}_1$、$\vec{b}_2$、$\vec{b}_3$ 为倒格子基矢，则有 $C_{\vec{R}_l} = e^{i\vec{k}\cdot\vec{R}_l}$，这样布洛赫定理得以证明。定义一个新函数 $u_{\vec{k}}(\vec{r}) = e^{-i\vec{k}\cdot\vec{r}}\psi_{\vec{k}}(\vec{r})$，

$$\begin{aligned} u_{\vec{k}}(\vec{r} + \vec{R}_l) &= e^{-i\vec{k}\cdot(\vec{r}+\vec{R}_l)}\psi_{\vec{k}}(\vec{r} + \vec{R}_l) \\ &= e^{-i\vec{k}\cdot\vec{r}}e^{-i\vec{k}\cdot\vec{R}_l}e^{i\vec{k}\cdot\vec{R}_l}\psi_{\vec{k}}(\vec{r}) = u_{\vec{k}}(\vec{r}) \end{aligned}$$

得到布洛赫定理的另一种等价表述

$$\psi_{\vec{k}}(\vec{r}) = e^{i\vec{k}\cdot\vec{r}} u_{\vec{k}}(\vec{r}) \tag{6.4.8}$$

其中周期函数 $u_{\vec{k}}(\vec{r}) = u_{\vec{k}}(\vec{r} + \vec{R}_l)$，具有式(6.4.8)形式的波函数为布洛赫波函数。对于自由电子，电子的速度 $\vec{v}$ 与 $\vec{k}$ 成正比，其方向与 $\vec{k}$ 的方向一致。可以证明布洛赫波函数 $\psi_{\vec{k}}(\vec{r})$ 不是动量算符 $\hat{p} = -i\hbar\hat{\nabla}$ 的本征态，因此没有确定的动量。

布洛赫定理说明了不同原胞之间电子波函数仅仅相差一个相位，而波矢 $\vec{k}$ 的物理意义正好表示了这个位相的变化。不同的波矢 $\vec{k}$ 表示原胞间的位相差不同，即描述晶体中电子不同的运动状态，当两个波矢 $\vec{k}$ 和 $\vec{k}'$ 相差一个倒格矢 $\vec{G}_h$，即 $\vec{k}' = \vec{k} + \vec{G}_h$，它们所描述的电子在晶体中的运动状态相同，因此通常将 $\vec{k}$ 取在第一布里渊区(简约区)中。若将 $\vec{k}$ 限制在简约区中取值，则称为简约波矢，若 $\vec{k}$ 在整个 k 空间中取值，则称为广延波矢。由式(6.4.7)可见 $\vec{k}$ 为不连续取值。在第一布里渊区内，波矢 $\vec{k}$ 的取值总数为 $N = N_1 N_2 N_3$，即晶体的原胞数。和自由电子类似，$\vec{k}$ 分布在 $\vec{k}$ 空间中是均匀的，且 k 空间态密度为 $V/8\pi^3$。

从布洛赫定理可看出周期势场下运动的电子，其波函数由两部分组成：一部分具有类似行进平面波的形式 $e^{i\vec{k}\cdot\vec{r}}$，表明晶体中电子已不再局域于某个原子周围，而是可以在整个晶体中运动的，这种电子称为共有化电子；另一部分是周期函数 $u_{\vec{k}}(\vec{r})$，反映了电子与晶格相互作用的强弱，晶体中原子的周期势导致波函数从一个原胞到下一个原胞做周期性振荡，但这并不影响态函数具有行进波的特性。如果晶体中电子是完全自由的，则具有自由电子波函数的形式 $Ae^{i\vec{k}\cdot\vec{r}}$；若电子完全被束缚在某个原子周围，则电子处在完全束缚态 $Cu_{\vec{k}}(\vec{r})$，成为局域化电子；而晶体中运动电子的波函数介于自由电子与孤立原子之间。

将布洛赫波函数式(6.4.8)代入薛定谔方程式(6.4.2)，得到周期函数 $u_{\vec{k}}(\vec{r})$ 所需满足的方程

$$\left[\frac{\hbar^2}{2m_e}\left(\frac{\hat{\nabla}}{i} + \vec{k}\right)^2 + \hat{U}(\vec{r})\right]u_{\vec{k}}(\vec{r}) = \varepsilon(\vec{k})u_{\vec{k}}(\vec{r}) \tag{6.4.9}$$

求解限定在一个原胞内。对于一个确定的 $\vec{k}$，方程(6.4.9)的本征值是分立的，用 n 表示，可代表不同的能带指标。改变 $\vec{k}$ 的值也将改变 $\varepsilon(\vec{k})$，因此在布里渊区内一系列准连续分布的 $\vec{k}$ 导致了能带，每个 n 标志一个不同的能带。通常用 $\psi_{n\vec{k}}(\vec{r}) = e^{i\vec{k}\cdot\vec{r}} u_{n\vec{k}}(\vec{r})$ 标记电子态。除了在布里渊区边界上，能量是准连续的，因此形成能带结构。一个简单的例子是一维周期 δ 势场下的 Kronig-Penney 模型(见习题 6.23)。

需要指出的是，在固体物理中，尽管能带论是从周期性势场中推导出来的，然而，周期性势场并不是电子具有能带结构的必要条件。现已证实，在非晶体

中，电子同样具有能带结构。正如上所述，电子能带的形成是由于当原子与原子结合成固体时，原子之间存在相互作用的结果，而并不取决于原子聚集在一起是晶体还是非晶体，即原子的排列是否具有平移对称性并不是形成能带的必要条件。

由于晶体的平移对称性、点群对称性以及时间反演对称性，晶体的能带也具有如下对称性：

$$
\begin{aligned}
E_n(\vec{k}) &= E_n(\vec{k}+\vec{G}_h) \\
E_n(\vec{k}) &= E_n(\alpha\vec{k}) \\
E_n(\vec{k}) &= E_n(-\vec{k})
\end{aligned}
\tag{6.4.10}
$$

其中 α 为晶体所属点群的任一对称操作。

尽管布洛赫定理给出了晶体中电子波函数的一般性质，然而要了解能带的具体结构需要求解薛定谔方程式(6.4.9)。现在已经发展了许多的近似方法求解，如近自由电子方法、紧束缚方法、赝势法、格林函数法等。建立在密度泛函理论(DFT)基础上的局域密度近似的方法是目前计算机模拟实验中最先进、最重要的方法之一。这里我们只介绍处理两种简单极端情形的方法：近自由电子近似和紧束缚近似，来阐明能带论的基本特点。

6.4.3 近自由电子模型(e)

在周期场中，若电子的势能随位置的变化 $\Delta\hat{U}(\vec{r})=\hat{U}(\vec{r})-\bar{U}$ 比较小，而电子的平均动能要比其势能的绝对值大得多，此时可把自由电子看成是它的零级近似，而将周期场的影响看成小的微扰，这就是近自由电子近似，又称弱晶格势近似。主要适用于金属的价电子，对其他晶体中的电子，即使是金属的内层电子也并不适用。

在近自由电子模型中系统哈密顿量可写为

$$
\hat{H}=\hat{H}_0+\hat{H}',\quad \hat{H}_0=\frac{\hat{p}^2}{2m_e}+\bar{U},\quad \hat{H}'=\Delta\hat{U}(\vec{r}) \tag{6.4.11}
$$

其中 $\hat{H}_0$ 是自由电子哈密顿量，从索末菲模型中已经知道了它的波函数 $\psi^0_{\vec{k}}(\vec{r})$ 与本征能量 $E^0_{\vec{k}}$（式(6.3.14)和式(6.3.15)）。明显地，因为 $\vec{k}$ 能取任意值，$\psi^0_{\vec{k}}(\vec{r})$不满足布洛赫定理。但可将 $\vec{k}$ 约化到第一布里渊区域内(简约波矢 $\vec{q}$)，则有 $\vec{k}=\vec{q}+\vec{G}$，波函数能写为

$$
\psi^0_{\vec{G},\vec{q}}(\vec{r})=u_{\vec{G}}\,e^{i\vec{q}\cdot\vec{r}},\qquad u_{\vec{G}}=e^{i\vec{G}\cdot\vec{r}}/\sqrt{V}
$$

这里 $u_{\vec{G}}$ 就是周期函数；$\psi^0_{\vec{G},\vec{q}}(\vec{r})$是空晶格的布洛赫函数，就是空晶格模型。图6.4.1示意了一维自由电子的空晶格模型能带的扩展布里渊区图像、周期布里

渊区图像和简约布里渊区图像。

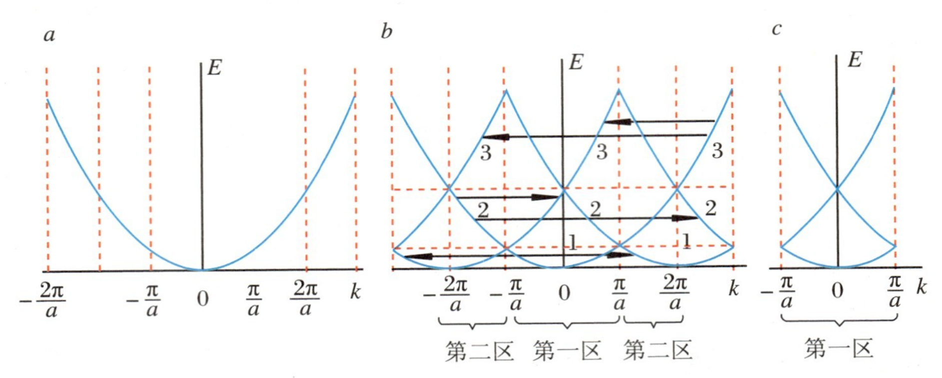

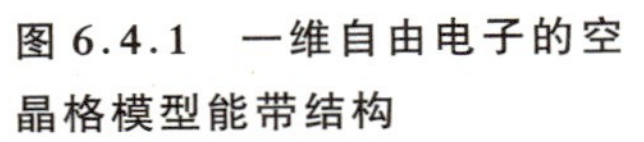

图 6.4.1 一维自由电子的空晶格模型能带结构

(a) 扩展布里渊区图像：不同的能带在 k 空间中不同的布里渊区中给出；

(b) 周期布里渊区图像：每一个布里渊区中给出所有能带；

(c) 简约布里渊区图像：所有能带都在简约区中给出

当 $\Delta\hat{U}(\vec{r})\neq 0$，且非常小，为周期函数时，可在倒格子空间展开 $\Delta\hat{U}(\vec{r})=\sum\limits_{\vec{G}}\Delta\hat{U}(\vec{G})\mathrm{e}^{\mathrm{i}\vec{G}\cdot\vec{r}}$。运用量子力学中微扰方法处理，计算矩阵元

$$
\begin{aligned}
H'_{\vec{k}'\vec{k}} &= \left\langle \psi^0_{\vec{k}'} \mid \hat{H}' \mid \psi^0_{\vec{k}} \right\rangle \\
&= \left\langle \psi^0_{\vec{G}',\vec{q}'} \mid \sum_{\vec{G}''}\Delta\hat{U}(\vec{G}'')\mathrm{e}^{\mathrm{i}\vec{G}''\cdot\vec{r}} \mid \psi^0_{\vec{G},\vec{q}} \right\rangle \\
&= \Delta\hat{U}(\vec{G}'-\vec{G})\delta_{\vec{q}'\vec{q}}
\end{aligned}
$$

因此有 $H'_{\vec{k}\vec{k}}=\Delta\hat{U}(\vec{G}=0)=0$，一级微扰能量 $E^{(1)}(\vec{k})=0$，所以还需用二级微扰方程来求出二级微扰能量，则对于被 $\vec{G}$ 标志的能带能量为

$$
E(\vec{k})=E_0(\vec{q}+\vec{G})+\sum_{\vec{G}\neq\vec{G}'}\frac{|\Delta U(\vec{G}'-\vec{G})|^2}{E_0(\vec{q}+\vec{G})-E_0(\vec{q}+\vec{G}')} \tag{6.4.12}
$$

和电子波函数为

$$
\psi_{\vec{k}}(\vec{r})=\psi^0_{\vec{q}+\vec{G}}(\vec{r})+\sum_{\vec{G}\neq\vec{G}'}\frac{\Delta U(\vec{G}'-\vec{G})}{E_0(\vec{q}+\vec{G})-E_0(\vec{q}+\vec{G}')}\psi^0_{\vec{q}+\vec{G}'}(\vec{r}) \tag{6.4.13}
$$

容易证明 $\psi_{\vec{k}}(\vec{r})$ 满足布洛赫定理。注意到当 $E_0(\vec{q}+\vec{G})=E_0(\vec{q}+\vec{G}')$ 时，简并能级发生，$E(\vec{k})$ 能量发散，需要运用简并微扰来处理。也就是说，这种情形发生在 $|\vec{q}+\vec{G}|=|\vec{q}+\vec{G}'|$，回到扩展布里渊区图像，$|\vec{k}|=|\vec{k}'|$，则有 $\vec{k}'-\vec{k}=\vec{G}'-\vec{G}$，这正是布里渊区边界方程(6.2.11)。在这种情形下，求解如下矩阵的本征值和本征态：

$$
\begin{pmatrix} E_0(\vec{k}) & \Delta U(\vec{G}) \\ \Delta U^*(\vec{G}) & E_0(\vec{k}+\vec{G}) \end{pmatrix}
$$

这里用 $\vec{G}$ 代替了 $\vec{G}-\vec{G}'$，因为它们都是倒格矢。其能量本征值给出两个带：

$$E_{\pm}(\vec{k}) = \frac{1}{2}\left\{E_0(\vec{k}) + E_0(\vec{k}+\vec{G}) \pm \sqrt{[E_0(\vec{k}) - E_0(\vec{k}+\vec{G})]^2 + [2\Delta U(\vec{G})]^2}\right\} \tag{6.4.14}$$

在布里渊区边界 $|\vec{k}| = |\vec{k}+\vec{G}|$ 处,

$$E_{\pm}(\vec{k}) = E_0(\vec{k}) \pm |\Delta U(\vec{G})| \tag{6.4.15}$$

能量的突变量为

$$E_g(\vec{k}) = E_+(\vec{k}) - E_-(\vec{k}) = 2|\Delta U(\vec{G})| \tag{6.4.16}$$

这个能量突变称为能隙,即禁带宽度,与晶格势的强弱有关,这是周期场作用的结果。图6.4.2是一维周期场中电子能带示意图。

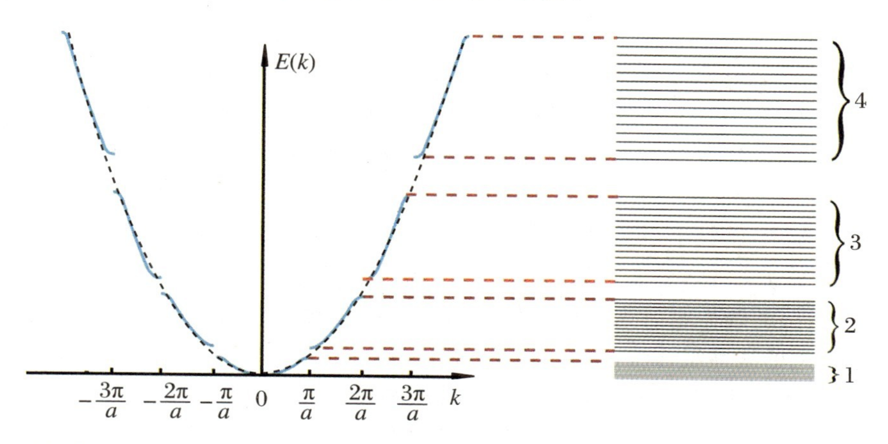

图 6.4.2 一维周期场中 $E(k)$和能带

从式(6.4.14)还可分析得到在近布里渊区边界附近(即 $|E_0(\vec{k}) - E_0(\vec{k}+\vec{G})| \ll |\Delta U(\vec{G})|$),两个相互影响的态$\vec{k}$和$\vec{k}+\vec{G}$,微扰后的能量分别为 E_+ 和 E_-,结果使$\vec{q}$和$\vec{q}+\vec{G}$态的能量差进一步加大,并以抛物线的方式趋于布里渊区边界的能量值。在布里渊区边界上正好满足布拉格反射条件,反射波与入射波相互干涉,形成两种具有不同能量的驻波,使原来简并的能级分裂形成能隙,能隙宽度为这两种驻波的能量差,这就是形成禁带的物理原因。而在离布里渊区边界较远处(即 $|E_0(\vec{k}) - E_0(\vec{k}+\vec{G})| \gg |\Delta U(\vec{G})|$),式(6.4.14)的结果与前面所讨论的非简并微扰计算的结果相似,差别是只考虑$\vec{k}$和$\vec{k}+\vec{G}$在微扰中的相互影响,而将影响小的其他散射波忽略不计,此时电子的能量近似等于自由电子的能量,且是$\vec{k}$的连续函数,此时不满足布拉格条件,晶格的影响很弱,电子几乎不受阻碍地通过晶体。

6.4.4 紧束缚近似

与近自由电子情形相反,在紧束缚模型中,离子实对电子有相当强的束缚作用，电子的运动主要受该原子势场的影响，电子的行为同孤立原子中电子的行为相似。这时，可将孤立原子看成零级近似，而将其他原子势场的影响看成小的微扰。紧束缚近似对原子的内层电子是相当好的近似，还可用来近似地描述过渡金属的 d 带、类金刚石晶体以及惰性元素晶体的价带。紧束缚近似是定量计算绝缘体、化合物及半导体特性的有效工具。

考虑一简单晶格，在某个格点$\vec{R}_l$附近的电子受到晶格中所有格点的原子势的作用，系统哈密顿量可写为

$$H = H_0 + H', \quad H_0 = -\frac{\hbar^2}{2m}\hat{\nabla} + \hat{V}_a(\vec{r} - \vec{R}_l), \quad H' = \sum_{j \neq l} \hat{V}_a(\vec{r} - \vec{R}_j) \tag{6.4.17}$$

其中 H_0 是孤立原子中电子的哈密顿量，有本征方程 $H_0\varphi_j(\vec{r} - \vec{R}_l) = \varepsilon_j\varphi_j(\vec{r} - \vec{R}_l)$，其中$\varepsilon_j$为分立的原子能级，$\varphi_j(\vec{r} - \vec{R}_l)$为对应的原子束缚态。如果晶体是由 N 个相同的原子构成的布拉菲格子，则有 N 个具有相同的能量ε_j的类似于$\varphi_j(\vec{r} - \vec{R}_l)$的波函数，即有 N 个简并态。在紧束缚模型中其他格点对它的贡献H'比较小，可当作微扰项处理，则晶体中电子的波函数可用 N 个孤立原子轨道波函数$\varphi_j(\vec{r} - \vec{R}_l)$的线性组合来构成。通常将这种用原子轨道$\varphi_j(\vec{r} - \vec{R}_l)$的线性组合来构成晶体中电子共有化运动的轨道$\psi_{\vec{k}}(\vec{r})$的方法称为原子轨道的线性组合法，简称 LCAO(Linear Combination of Atomic Orbitals)。由于布洛赫定理，选择如下形式的布洛赫波函数：

$$\psi_{\vec{k}}(\vec{r}) = \frac{1}{\sqrt{N}}\sum_l e^{i\vec{k}\cdot\vec{R}_l}\varphi_j(\vec{r} - \vec{R}_l) \tag{6.4.18}$$

这里求和遍及晶格中所有格点。容易验证$\psi_{\vec{k}}(\vec{r})$为布洛赫函数。式(6.4.18)也可由待定系数的方法确定。$\psi_{\vec{k}}(\vec{r})$应满足薛定谔方程(6.4.2)。利用孤立原子H_0的解，可求得 $\psi_{\vec{k}}(\vec{r})$对应的电子能量为

$$\begin{aligned} E(\vec{k}) &= \langle \psi_{\vec{k}} \mid \hat{H} \mid \psi_{\vec{k}} \rangle = \varepsilon_j - \sum_{l,l'} e^{i\vec{k}\cdot(\vec{R}_l - \vec{R}_{l'})} J(\vec{R}_l - \vec{R}_{l'}) \\ &= \varepsilon_j - \sum_s e^{i\vec{k}\cdot\vec{R}_s} J(\vec{R}_s) \end{aligned} \tag{6.4.19}$$

在式(6.4.19)推导中用到了原子束缚态 $\varphi_j(\vec{r} - \vec{R}_l)$的正交归一条件$\langle\varphi_j(\vec{r} - \vec{R}_{l'})|\varphi_j(\vec{r} - \vec{R}_l)\rangle = \delta_{l'l}$，原子间距较大时不同格点的$\varphi_j(\vec{r} - \vec{R}_l)$重叠很少，更容易满足式(6.4.19)。式中的交叠积分：

$$J(\vec{R}_s) = -\langle\varphi_j(\vec{r} - \vec{R}_s)|\hat{U}(\vec{r}) - \hat{V}_a(\vec{r} - \vec{R}_l)|\varphi_j(\vec{r})\rangle \tag{6.4.20}$$

其中$\varphi_j(\vec{r} - \vec{R}_s)$和 $\varphi_j(\vec{r})$表示相距为$\vec{R}_s$的格点上的原子轨道波函数，显然只有当它们有一定相互重叠时 $J(\vec{R}_s)$才不为零。当$\vec{R}_s = 0$时，两波函数完全重叠，令

$$J_0 = -\langle \varphi_j(\vec{r}) | \hat{U}(\vec{r}) - \hat{V}_a(\vec{r}) | \varphi_j(\vec{r}) \rangle \tag{6.4.21}$$

其次，只保留到近邻项，而略去其他影响小的项，能量本征值可简化为

$$E(\vec{k}) = \varepsilon_j - J_0 - \sum_{s=\text{近邻}} \mathrm{e}^{\mathrm{i}\vec{k}\cdot\vec{R}_s} J(\vec{R}_s) \tag{6.4.22}$$

利用周期性边界条件，在简约区中，波矢$\vec{k}$共有 N 个准连续的取值，即可得 N 个电子的本征态 $\psi_{\vec{k}}(\vec{r})$对应于 N 个准连续的$\vec{k}$值。这样，$E(\vec{k})$将形成一个准连续的能带。因此，当原子结合形成固体时，一个原子能级将展宽为一个相应的能带，其布洛赫波函数是各格点上原子波函数$\varphi_j(\vec{r}-\vec{R}_l)$的线性组合。

【例 6.4.1】 求简单立方晶体中自由电子的 s 态所形成的能带。

【解】 对于简单立方，每个格点都有 6 个近邻格点（配位数为 6），近邻格矢 $\vec{R}_s=(\pm a,0,0),(0,\pm a,0),(0,0,\pm a)$，由于 s 态的原子波函数是球对称的，沿各个方向的重叠积分相同。因此对于不同方向的近邻都有 $J(\vec{R}_s)=J_1$，由于 s 态波函数是偶宇称$\varphi(\vec{r})=\varphi(-\vec{r})$，所以，在近邻重叠积分中波函数的贡献为正，即$J_1>0$ 。代入式(6.4.22)，得

$$E(\vec{k}) = \varepsilon_s - J_0 - 2J_1(\cos k_x a + \cos k_y a + \cos k_z a)$$

从上式可知，Γ 点：$\vec{k}=(0,0,0)$，$E(\Gamma)=\varepsilon_s-J_0-6J_1$，对应能量最低点（能带底）；$R$ 点：$\vec{k}=(\pi/a,\pi/a,\pi/a)$，$E(R)=\varepsilon_s-J_0+6J_1$，对应能量最高点（能带顶）；$X$ 点：$\vec{k}=(\pi/a,0,0)$，$E(X)=\varepsilon_s-J_0-2J_1$，对应能带中某点；能带宽度为 $\Delta E=E(R)-E(\Gamma)=12J_1$。图 6.4.3 是简单立方的第一布里渊区等能面及能带结构示意图。

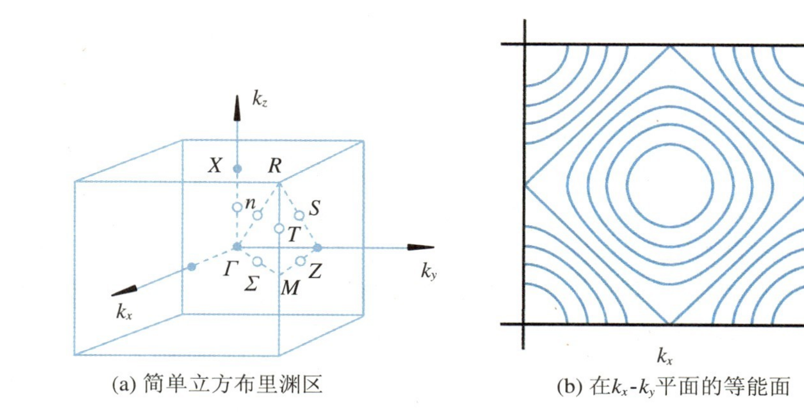

(a) 简单立方布里渊区

(b) 在k_x-k_y平面的等能面

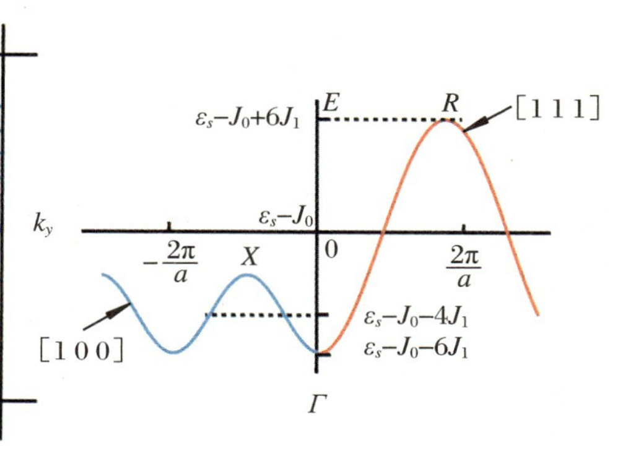

(c) 沿［100］和［111］方向的色散关系

图 6.4.3　紧束缚近似下简单立方的能带结构

由此可见，能带宽度取决于 J_1，而 J_1 的大小取决于近邻原子波函数间的重叠，重叠越多，形成的能带就越宽。由于能量最低的带对应于最内层的电子，其电子轨道很小，不同原子间波函数的重叠很少，因而能带较窄；而能量较高的能带对应于外层电子，不同原子间波函数有较多的重叠，因而能带就较宽。这里只讨论了原子的 s 态电子，原子的能级是非简并的。对于简并能级情形，布洛赫波函数需要考虑所有简并态的和，如 p 态电子和 sp 杂化情形（见习题 6.27）。

6.4.5 能态密度和费米面

能态密度 $N(E)$ 的概念已经在 6.3.2 小节中提到，定义为能带中单位能量间隔内的电子态数。这是一个非常重要的函数，与能带结构密切相关。对于三维的自由电子气，色散关系 $E(\vec{k})$ 为一抛物线型，具有球形等能面，因而能态密度与 $\sqrt{E}$ 成正比（式（6.3.19））。然而在周期场的影响下，色散关系 $E(\vec{k})$ 偏离抛物线型，能带结构一般比较复杂，因而等能面形状一般也很复杂。图 6.4.3 是紧束缚近似下的一个简单例子，即能带底（Γ 点）附近，等能面近似为球面，但随着 E 的增大，等能面明显偏离球面。根据定义 $\mathrm{d}Z = N(E)\mathrm{d}E$，即能量在 $E \sim E+\mathrm{d}E$ 两等能面间的能态数且考虑电子自旋，得到能态密度更一般的表达式

$$N(E) = \frac{\mathrm{d}Z}{\mathrm{d}E} = \frac{V}{4\pi^3}\oiint_{E=\mathrm{const}} \frac{\mathrm{d}S}{|\nabla_{\vec{k}} E(\vec{k})|} \tag{6.4.23}$$

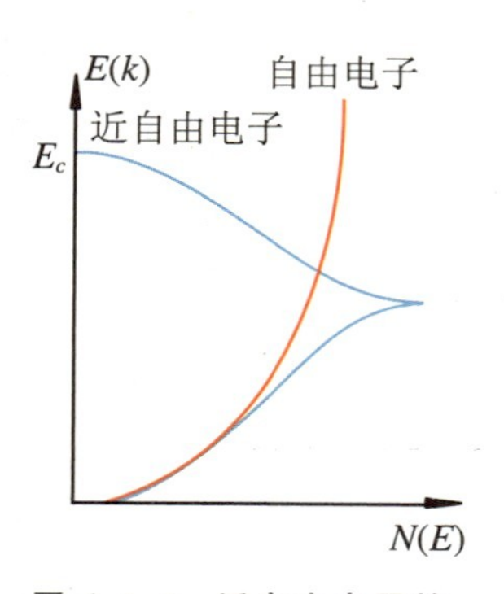

图 6.4.4 近自由电子的等能面和态密度

因此能态密度 $N(E)$ 取决于色散关系 $E(\vec{k})$。对于近自由电子，周期场的影响主要表现在布里渊区边界附近，形成能隙，偏离自由电子情形，能态密度 $N(E)$ 也偏离了 $\sqrt{E}$ 关系（图 6.4.4），在能量较低时，在布里渊区中心，离边界较远处，色散关系与自由电子情形类似，因而 $N(E)$ 也近似为 $\sqrt{E}$ 关系。注意到在近自由电子模型中 $N(E)$ 会达到最大值，此时等能面正好与布里渊边界相交；如果能带没有重叠，$N(E)$ 遇到带隙而消失，直到下个新的能带开始。

从 6.3 节中我们知道费米面的重要性，固体的输运性质仅仅与费米面附近的电子相关。与自由电子相同，由于泡利不相容原理，晶体中的价电子从最低能量的能级向更高的能级填充，直到填充完所有的价电子，此时形成的填充面即为费米面。因此费米面的形状与等能面的几何形状相关。如果价电子填充完后，填充面靠近布里渊区边界，此时由于等能面偏离球形，因此费米面也将偏离球面，这解决了自由电子论的困难之一。严格意义上讲，这个定义只在绝对零度时成立，但是从前面我们也能看到温度（室温或更高）对费米面的影响非常小。图 6.4.5 是金属 Na、Cu 、Al 的费米面。金属 Na 是体心立方晶格，价电子只填充了第一布里渊区的一半能级，费米面远离布里渊区边界，因此近似为球

形。金属 Cu 为面心立方晶格，价电子也只填充了第一布里渊区的一半能级，然而由于第一布里渊区为截角十二面体，在[111]方向上费米面靠近布里渊区，因此形成向外凸的形状。金属 Al 也是面心立方晶格，然而一个原胞提供三个价电子，费米球完全填充第一布里渊区，并延伸到第二、第三和第四布里渊区，因此有更复杂的费米面。

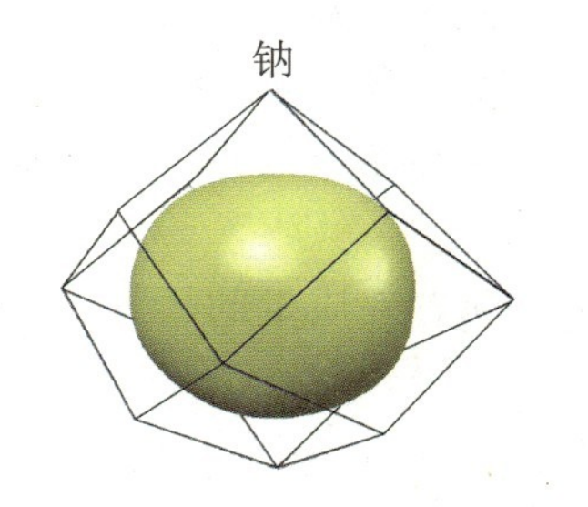

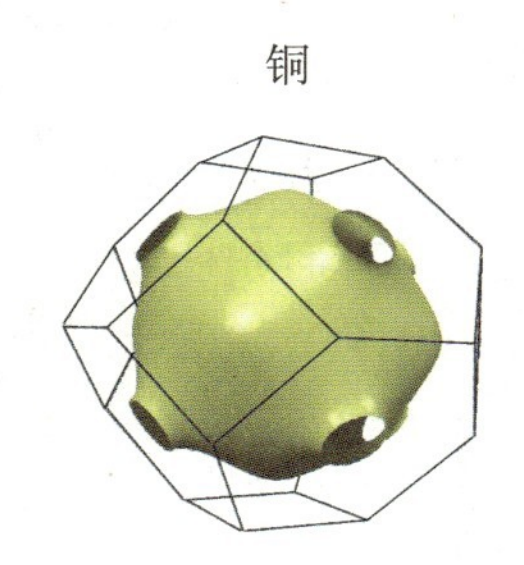

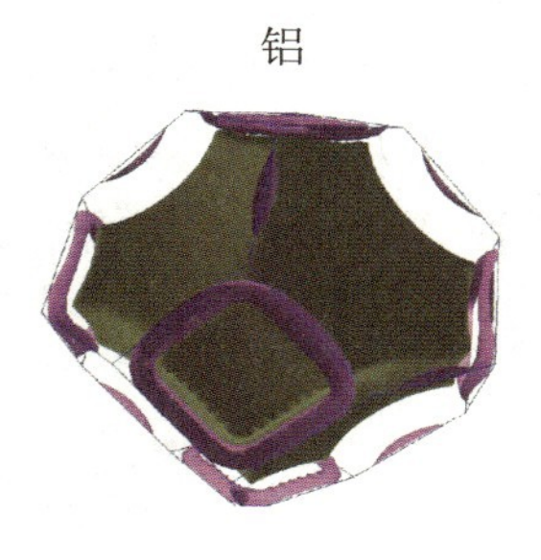

图 6.4.5 金属 Na、Cu、Al 的费米面

6.4.6 布洛赫电子的准经典运动(速度、准动量与有效质量)

晶体中电子不仅受到外加场的影响，还受到晶格周期场的作用。这里晶体中电子准经典运动与 6.3.2 小节中提到半经典模型相同，即外场用经典方式处理，晶格周期场按照量子力学(能带论)的处理，电子位置$\vec{r}$可用布洛赫函数组成波包的中心位置代替(在量子力学里无法同时确定电子的位置和动量值，但可以同时确定一个波包的中心位置和平均动量)。这个准经典模型成立的条件为：一方面，外场需要是时间和空间的缓变函数，即外场变化的波长远远大于晶格常数 $\lambda \gg a$；另一方面，不考虑电子在能带之间的跃迁情况，即外场频率远远小于能带宽度 $\hbar\omega \ll E_g$。因此布洛赫电子运动满足以下两个基本关系式：

$$\dot{\vec{r}} = \vec{v}_n(\vec{k}) = \frac{1}{\hbar}\nabla_{\vec{k}} E_n(\vec{k}) \tag{6.4.24a}$$

$$\hbar\dot{\vec{k}} = \vec{F} = -e[\vec{E}(\vec{r},t) + \vec{v}_n(\vec{k}) \times \vec{B}(\vec{r},t)] \tag{6.4.24b}$$

其中利用 $\omega(\vec{k}) = E_n(\vec{k})/\hbar$ 和功能原理$\vec{F}\cdot\vec{v}_n\mathrm{d}t = \mathrm{d}E_n(\vec{k}) = \nabla_{\vec{k}}E_n(\vec{k})\cdot\mathrm{d}\vec{k} = \nabla_{\vec{k}}E_n(\vec{k})\cdot\dot{\vec{k}}\mathrm{d}t$。第二式虽具有与经典力学中牛顿定律相似的形式，但并没出现晶格周期场作用力，因此 $\hbar\vec{k}$ 并不是布洛赫电子的真实动量，只是动量概念的扩展，称为准动量或电子晶格动量。电子速度$\vec{v}_n(\vec{k})$即是波包运动的群速度$\nabla_{\vec{k}}\omega(\vec{k})$，实际上，它严格等于电子在$\psi_{n\vec{k}}(\vec{r})$态中的平均速度$\overline{\hat{v}} = \dfrac{\overline{\hat{p}}}{m}$

$= \int \psi^*_{n\vec{k}}(\vec{r})\frac{\hbar}{\mathrm{i}}\hat{\nabla}\psi_{n\vec{k}}(\vec{r})\mathrm{d}\vec{r}$（见习题6.21）。这个公式表达了一个非常重要的事实，平均速度仅与能量$E_n(\vec{k})$和波矢$\vec{k}$有关，取决于能带结构在k空间的变化率，与时间无关，即为常数，也就是说平均速度将永远保持不变而不会衰减，因此严格周期性晶体的电阻率为零，正如布洛赫定理告诉我们的。由于能带的对称性（式(6.4.10)），晶体电子速度是$\vec{k}$的奇函数：$\vec{v}_n(\vec{k}) = -\vec{v}_n(-\vec{k})$（见习题6.22）。在能带顶和能带底$E_n(\vec{k})$具有最大值与最小值，因此其电子速度为零。布洛赫电子速度的方向为k空间中能量梯度的方向，即垂直于等能面，因此，$\vec{v}_n$的方向一般不与$\vec{k}$的方向相同。

从式(6.4.24)还能直接导出布洛赫电子的加速度和有效质量的概念：

$$\begin{aligned}\frac{\mathrm{d}\,\vec{v}_n(\vec{k})}{\mathrm{d}t} &= \frac{\mathrm{d}}{\mathrm{d}t}\left(\frac{1}{\hbar}\nabla_{\vec{k}}E_n(\vec{k})\right) = \frac{1}{\hbar}\frac{\mathrm{d}\vec{k}}{\mathrm{d}t}\nabla_{\vec{k}}\nabla_{\vec{k}}E_n(\vec{k}) \\ &= \vec{F}\hbar^2\nabla_{\vec{k}}\nabla_{\vec{k}}E_n(\vec{k})\end{aligned} \tag{6.4.25}$$

定义倒有效质量张量$\frac{1}{m^*}$，其分量形式：

$$\left[\frac{1}{m^*}\right]_{ij} = \frac{1}{\hbar^2}\frac{\partial^2 E_n(\vec{k})}{\partial k_i \partial k_j} \quad (i,j = 1,2,3) \tag{6.4.26}$$

则有如牛顿力学的$\vec{F} = m\vec{a}$。由于微商可以交换顺序，倒有效质量张量是一个对称张量。同时，晶体的点群对称性也会使张量的独立分量减少，对于各向同性晶体，它退化为一个标量。由于倒有效质量张量是对称张量，如将k_x、k_y、k_z（即对应k_1、k_2、k_3）取为张量的主轴方向，就可将其对角化：

$$m_i^* = \hbar^2 / \frac{\partial^2 E_n(\vec{k})}{\partial k_i^2} \quad (i = 1,2,3) \tag{6.4.27}$$

有效质量的作用在于它概括了晶体内部周期场的作用，使我们能够简单地由外场力确定电子的运动。图6.4.6是一维布洛赫电子的典型能带、速度和有效质量的示意图。

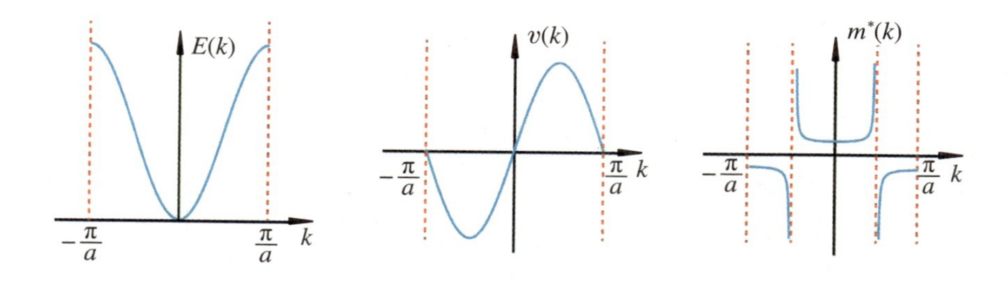

图6.4.6 一维布洛赫电子的典型能带、速度和有效质量

需要注意电子的加速度方向并不一定与外场力的方向一致，而由倒有效质

量张量的性质所决定。因此，布洛赫电子在外场中的运动可视为质量为 m^*、速度为 $v_n(\vec{k})$的粒子在电磁场中的运动，且遵从经典力学规律。注意有效质量不是常数，而是与 $E_n(\vec{k})$有关，是$\vec{k}$的函数，能取正、取负，通常在能带顶附近由于负的能带曲率，导致负的有效质量，而在能带底附近，有正的有效质量。负有效质量表示电子状态由$\vec{k}$变化到$\vec{k}+\mathrm{d}\vec{k}$时，由电子转移给晶格的动量大于外场转移给电子的动量，而正的有效质量则相反。

6.4.7　布洛赫电子在恒定电场下的运动(布洛赫振荡)

若沿 $-x$ 方向加一恒定电场E，则电子所受沿 x 方向的电场力 $F=eE$。由准经典运动方程(6.4.24b)，得$\dot{\vec{k}}$为常数，表明电子在 k 空间中做匀速运动，这意味着电子的能量本征值沿 $E_n(\vec{k})$函数曲线变化。如果没有周期势作用(自由电子)，电场将不断加速电子，k 的匀速变化导致能量 $E_n(\vec{k})$不断地增加。考虑晶格周期势下的布洛赫电子，在布里渊区边界出现能隙，在准经典运动中，电子被限制在同一能带中运动，不能越过能隙运动到下一个能带，而出现在简约区图像的另一边(布里渊边界 $k=-\pi/a$ 和$k=\pi/a$ 表示等价的点)，速度变为负，如图 6.4.6 所示，因此，电子将在 k 空间中做循环运动，导致电子的速度 $v_n(\vec{k})$随时间做周期性振荡(布洛赫振荡)。电子完成一次振荡所需的时间为

$$T=\frac{\text{简约区的宽度}}{\text{电子在 } k \text{ 空间的速度}}=\frac{2\pi/a}{eE/\hbar}=\frac{2\pi\hbar}{eEa} \tag{6.4.28}$$

然而，上述的振荡现象实际上很难观察到。由于电子在运动过程中不断受到声子、杂质或缺陷的散射，若相邻两次散射(碰撞)间的平均时间间隔为 τ(弛豫时间)，一般 τ 很小，电子还来不及完成一次振荡过程就已被散射。为了观察到电子的振荡过程，要求 $\tau\approx T$。晶体中，$\tau\sim10^{-13}$ s，$a\approx3\times10^{-10}$ m，由此可估算出若要观察到振荡现象，需加的电场 $E\approx10^4\sim10^5$ V/cm。对金属，无法实现如此高的电场；对绝缘体，将被击穿。因此若要观测到布洛赫振荡，需延长材料的弛豫时间 τ(低温、高纯度样品)或减小布洛赫振荡的周期时间 T(增大晶格周期 a)。1970 年，日本科学家江崎和华裔科学家朱兆祥共同提出超晶格的概念，是由两种不同半导体材料以几个纳米到几十个纳米的薄层交替生长并保持严格周期性的一种合成层状结构(图 6.4.7)，其晶格周期大。在极低温和高纯度(散射可忽略)的这种人工材料中观察到与这一振荡有关的负阻现象。

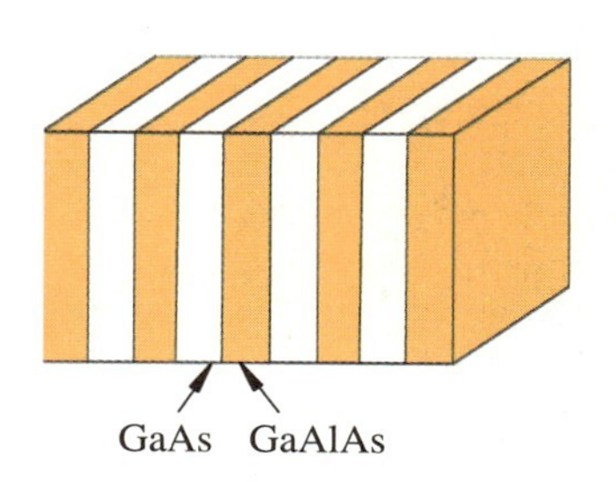

图 6.4.7　超晶格结构示意图

当没有外加电场时，由于$E_n(\vec{k})=E_n(-\vec{k})$和$\vec{v}_n(\vec{k})=-\vec{v}_n(-\vec{k})$，电子在能带中对称分布，则能带中所有电子对电流的贡献相互抵消，电流密度对整条能带积分后也没有宏观电流。当存在外加电场时，由于满带中所有能态均

已被电子填满，在外场作用下电子发生周期性的布洛赫振荡，从布里渊边界 $k=\pi/a$ 的点移出的电子实际上同时就从 $k=-\pi/a$ 的等价点移进来，保持整个能带处于同样填满的状态，因此外电场并不改变电子在满带中的对称分布，所以不产生宏观电流。而不满带中由于还有部分没有电子填充的空态，因而不满带中的电子在外场的作用下发生布洛赫振荡，从而使导带中电子的对称分布被破坏，产生宏观电流，因此不满带也称为导带。如果没有散射，产生的电流是以布洛赫振荡相同周期的交变电流，只有在一定散射机制(在实际晶体中总是存在的)下，导带中电子的不对称分布达到稳态，这样产生一恒定电流。因此材料的导电能力取决于晶体中电子的不同填充情况(满带不导电，不满带导电)。

6.4.8 金属、半导体和绝缘体

不同材料的导电性能差别非常大，可分为金属(电阻率$<10^{-4}\,\Omega\cdot\text{cm}$)、半导体($10^{-4}\,\Omega\cdot\text{cm}<$电阻率$<10^{9}\,\Omega\cdot\text{cm}$)和绝缘体(电阻率$>10^{9}\,\Omega\cdot\text{cm}$)三大类。根据上面分析，图 6.4.8 定性地解释了不同材料导电性的能带特征。

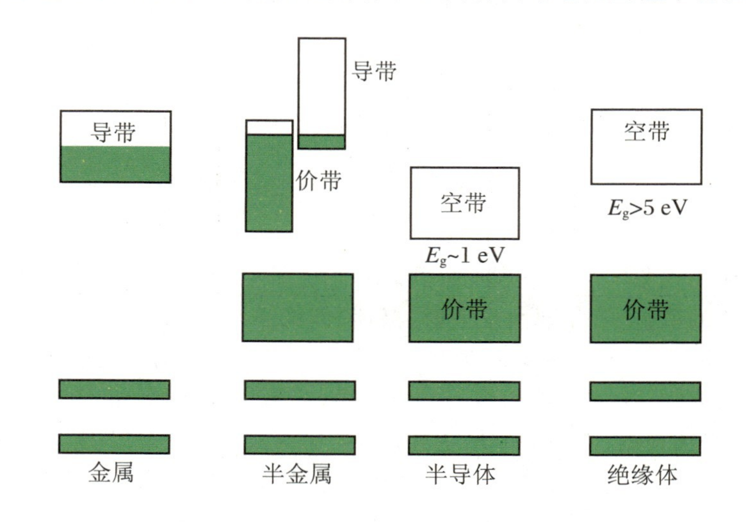

图 6.4.8 金属、半金属、半导体和绝缘体的能带解释

金属

金属中的电子除填满能量低的一系列能带外，在满带和空带之间还有部分填充的导带。例如碱金属元素，如 Li：$1s^2 2s^1$、Na：[Ne]$3s^1$、K：[Ar]$4s^1$、Rb：[Kr]$5s^1$、Cs：[Xe]$6s^1$ 等，内壳层饱和，最外层的 ns 态有一个价电子，可用自由电子模型很好地描述，费米面偏离球形只有 0.1%。晶体结构都为体心立方结构(bcc)，每个原胞只包含一个价电子，原子的内层电子刚好填满相应的能带，而与外层价电子 ns 态相应的导带却只填充了一半，因此具有良好的导电性。

第三族元素，如 Al：[Ne]$3s^2 3p^1$、Ga：[Ar] $3d^{10} 4s^2 4p^1$、In：[Kr]$4d^{10} 5s^2 5p^1$、Tl：[Xe]$4f^{14} 5d^{10} 6s^2 6p^1$等，也有类似的情况，只不过这时形成导带的是 np 电子，而不是 ns 电子，所以，第三族元素的晶体绝大多数为金属。对于二价的碱土金属元素，如 Be：$1s^2 2s^2$、Mg：[Ne]$3s^2$、Ca：[Ar]$4s^2$、Sr：[Kr]$5s^2$、Ba：[Xe]$6s^2$ 等，其外层有两个 ns 电子，具有面心立方(Ca、Sr、Ba)或六角密排结构(Be、Mg)。若按对碱金属的讨论，与外层价电子 ns 态相应的能带应刚好被填满而形成非导体。但实际上它们是金属导体，而不是非导体。这是由于在这些晶体中，与 ns 态相应的能带与上面的能带发生重叠，因此，ns 带尚未填满就已开始填入更高的能带，结果使得这两个能带都是部分填充的，这种材料通常称为半金属。贵金属，如 Cu：[Ar]$3d^{10} 4s^1$、Ag：[Kr]$4d^{10} 5s^1$、Au：[Xe]$4f^{14} 5d^{10} 6s^1$ 等，与碱金属一样，也只有一个价电子，但与碱金属的主要区别是最外层的 s 带和 d 带发生交叠，在半满的 s 带中存在靠近费米面、全满的窄的 d 带。s 带可由自由电子模型近似，而 d 带不能。贵金属为面心立方结构，费米面尽管仍为球形，但偏离球形程度比碱金属更大(图 6.4.5)。而那些 d 带被部分填充的过渡金属更为复杂，如 Ti：[Ar]$3d^2 4s^2$、V：[Ar]$3d^3 4s^2$、Cr：[Ar]$3d^5 4s^1$、Fe：[Ar]$3d^6 4s^2$、Co：[Ar]$3d^7 4s^2$、Ni：[Ar]$3d^8 4s^2$ 等。图 6.4.9～6.4.11 是用 Nanodcal 软件得到的一些材料的能带图。图 6.4.9 示意了一些金属的能带图。

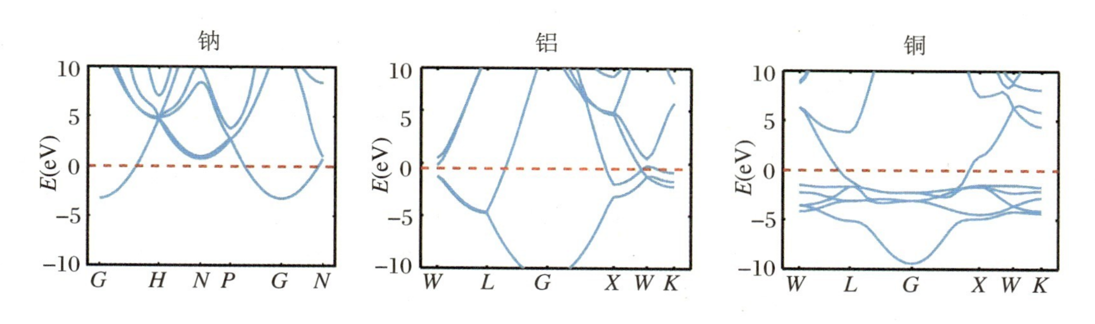

图 6.4.9 一些金属的能带(红色虚线表示费米能)

绝缘体

在绝对零度下，绝缘体中的电子刚好填满能量低的一系列能带，而能量再高的各能带都是没有电子填充的空带，将被电子填满的最高能带称为价带，而将最低的空带称为导带。绝缘体中价带和导带之间的禁带宽度 E_g 一般都较宽(大于几个 eV)，此时电子很难从满的价带跃迁到空的导带，因此不导电。只有当晶体中原胞内的价电子数目为偶数时，这个晶体有可能是绝缘体。分子晶体是由具有饱和电子结构的分子组成的，一般而言，它们是绝缘体，如稀有气体元素组成的单原子晶体 He、Ne、Ar、Kr、Xe 等和双原子分子晶体 N_2、O_2、F_2、Cl_2、H_2、CO、HCl 等。在高压下一些晶体会发生绝缘体-金属转变：单原子晶体中只有 Xe 在 50 GPa 发生金属化转变；双原子分子晶体 I_2 在 16～18 GPa、Br_2 在 80 GPa、O_2 在 95 GPa 出现绝缘体-金属转变。由于离子晶体是由闭合壳层的离子组成的，因此一般也为绝缘体，例如当 Na 原子（$1s^2 2s^2 2p^6 3s^1$）与 Cl 原子（[Ne]$3s^2 3p^5$）结合成 NaCl 晶体时，Na 的 3s 带比 Cl 的 3p 带高约 6 eV，在 Cl 的 3p 带中可以填充 $6N$ 个电子，但 N 个 Cl 原子中只有 $5N$ 个 3p 电子，于是能量较高的 Na 的 3s 带中的 N 个电子就转移到能量较低的 Cl 的 3p 带中，刚好填满 Cl 的 3p 带，而 Na 的 3s 带成为空带，其能隙 E_g 约为 6 eV，所以，NaCl 晶体为绝缘体。导带与价带之间的能隙可通过光学跃迁方法测量。图 6.4.10 是一些绝缘体的能带图。

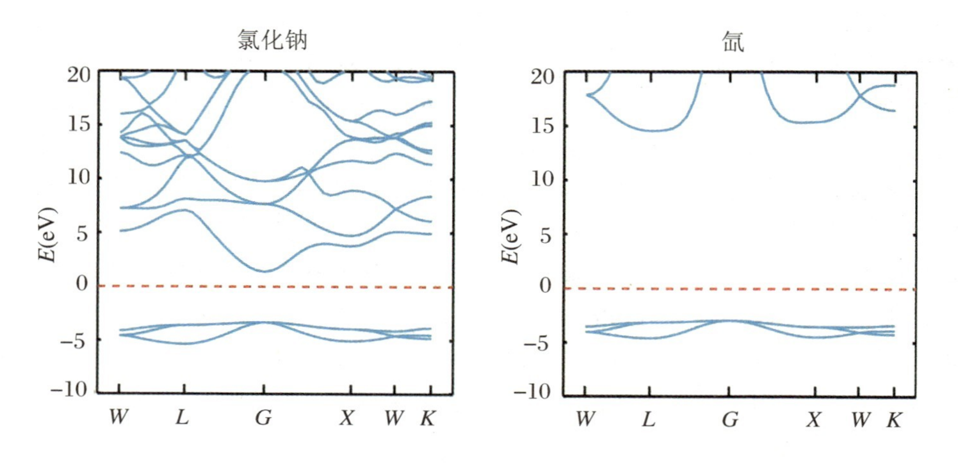

图 6.4.10　一些绝缘体的能带（红色虚线表示费米能）

半导体

半导体中电子的能带结构和绝缘体相似，但价带和导带之间的禁带宽度 E_g 一般较窄（在 1 eV 的量级）。在绝对零度下，半导体中的电子填满价带，导带为空带，因此不导电。如常规半导体是具有金刚石结构的 Si（$E_g \approx 1.1$ eV）、Ge（$E_g \approx 0.7$ eV）、GaAs（$E_g \approx 1.5$ eV），它们的最外层都有 2 个 s 电子和 2 个 p 电子，原胞中两个原子的 s 与 p_x，p_y，p_z 轨道进行 sp^3 杂化，形成成键态和反键态。成键态对应的四个能带交叠在一起形成价带，反键态对应的四个能带交叠在一起形成导带。在 $T=0$ 时，每个原胞中的 8 个价电子正好填满成键态对应的价带，反键态对应的导带为空带，因此不导电。然而，由于半导体材料的能隙较窄，因而在一定温度下，有少量电子从价带顶跃迁到导带底，使得导带和价带都为不满带，因此可以导电。在一定温度下，半导体具有一定的导电性，称为本征导电性。电子的跃迁概率$\sim \exp(-E_g/k_B T)$，在一般情况下，由于 $E_g \gg k_B T$，所以，电子的跃迁概率很小，半导体的本征导电率较低。随着温度 T 升高，电子跃迁概率指数上升，半导体的本征电导率也随之迅速增大。而在金属中，其导带部分填充，导带中有足够多的载流子，温度升高，载流子的数目基本上不增加，但温度升高，原子的热振动加剧，电子受声子散射的概率增大，电子的平均自由程减小。因此，金属的电导率随温度的升高而下降。图 6.4.11 是一些半

导体的能带图。另外，由C元素组成的石墨烯也是一带隙为零的半导体(见习题6.32)，而由C元素组成的金刚石($E_g \approx 5.4$ eV)是绝缘体。

需要指出的是，当 $T > 0$ 时半导体中价带和导带都是不满带，因而同时有正负电荷的载流子(电子和空穴)参与导电。当价带上一个 $\vec{k}$ 态电子被激发到导带后，价带上留下了一个空的 $\vec{k}$ 态。在外电场作用下，价带中附近的电子能够填充这个空的能态，而在电子原来的位置留下一个新的空态，因此整个价带中的电流以及电流在外电磁场作用下的变化，完全如同一个带正电荷 e，具有正有效质量 m_h^* 和速度 $\vec{v}_n(\vec{k})$ 的粒子的情况一样。这种假想的粒子称为空穴，是在整个能带的基础上提出来的，代表近满带中所有电子的集体行为，因此，空穴不能脱离晶体而单独存在，只是一种准粒子。引入空穴概念后，近满带的导电问题就与导带中少量电子的问题十分相似。由于带正电荷的空穴及带负电荷的电子都能导电，因而将它们称为载流子。在包含仅仅一个元素和化合物的纯晶体中，导带中电子数目和价带中空穴数目相等，通常称为电子-空穴对。仅包含电子-空穴对的半导体为本征半导体。如果半导体中存在一定的杂质，其能带的填充情况将有所改变，从而使半导体有一定的导电性，称为非本征导电性。我们将在下一节具体介绍半导体的性质。

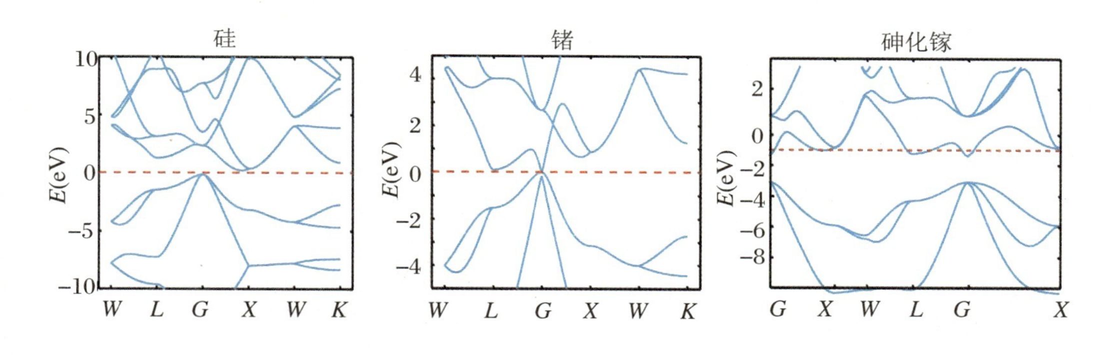

图 6.4.11　一些半导体的能带(红色虚线表示费米能)

6.4.9　布洛赫电子在恒定磁场下的运动(回旋运动)

根据准经典运动方程(6.4.24)，恒定磁场下的载流子在 k 空间中运动轨迹为垂直于磁场平面与等能面的交线(正如带电粒子在磁场中运动一样)，即 $\mathrm{d}\vec{k} \perp \vec{B}$，且有 $\mathrm{d}E(\vec{k})/\mathrm{d}t = 0$，其物理原因是洛伦兹力 $\vec{F} \perp \vec{v}$ 不做功。图6.4.12示意了布洛赫电子和自由电子在恒定磁场 $\vec{B}$(设沿 z 方向)下运动的轨迹。和布洛赫振荡一样，恒定磁场下的载流子在 k 空间做回旋运动，运动周期为

$$T = \oint \mathrm{d}t = \frac{\hbar}{|qB|}\oint \frac{\mathrm{d}k}{|v_{\perp}(\vec{k})|} \tag{6.4.29}$$

式中积分是沿着 k 空间运动的闭合路径，$v_{\perp}(\vec{k}) = (\nabla_{\vec{k}} E(\vec{k}))_{\perp}$ 是垂直于磁场$\vec{B}$和运动轨迹的速度分量。因此，运动的角频率为

$$\omega_c = \frac{2\pi}{T} = \frac{2\pi|qB|}{\hbar}\Big/\oint \frac{\mathrm{d}k}{|v_{\perp}(\vec{k})|} \tag{6.4.30}$$

这就是载流子的回旋频率。对于自由电子，等能面为球形，则运动轨迹为垂直于磁场$\vec{B}$与等能面 $E(\vec{k})$相交的圆，则有

$$\omega_c = \frac{qB}{m_e} \tag{6.4.31}$$

其中考虑了载流子的正负电荷 q 的影响（对于电子，$q = -e$，对于空穴，$q = e$）。根据量子理论（具体见量子力学教材），以上分析的载流子恒定磁场下在 $x-y$ 平面内的圆周运动对应一种简谐振动，能量是量子化的，被称为郎道能级，郎道能级具有很高的简并度。我们也可以分析载流子在实空间的运动是：在垂直于磁场$\vec{B}$的平面内做圆周运动，具体运动方向与载流子的电荷有关，同时以速度 $v_{\parallel}(\vec{k})$沿磁场$\vec{B}$方向做匀速运动，因此总的运动轨迹为一螺旋线。若晶体中电子的能带结构有

$$E(\vec{k}) = \frac{\hbar^2 k^2}{2m^*} \tag{6.4.32}$$

的抛物线形式，只需将自由电子质量 m_e 用有效质量 m^* 代替。一般情况下 $E(\vec{k})$是非常复杂的，因此式(6.4.30)中的积分一般也非常复杂。

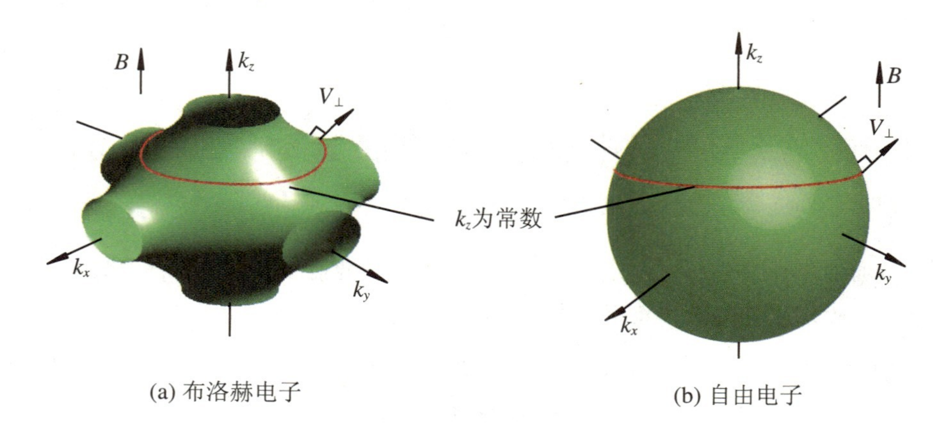

图 6.4.12　磁场作用下电子在 k 空间中的运动轨道示意图

回旋共振

若在置于恒定磁场下的导体或半导体外加一频率为 ω 的交变电场(频率为微波～红外光),电场的方向垂直于磁场方向,当 $\omega=\omega_c$ 时,载流子运动与电场同步,载流子吸收电场能量达到极大,这种现象称为回旋共振吸收。产生回旋共振的物理原因就是载流子在均匀恒定磁场中沿磁场方向做频率为 ω_c 的回旋运动。由于回旋的方向与载流子 q 有关,回旋共振不仅可以测量载流子的有效质量 m^*,还可以根据出射波的偏振方向来判断电场的能量是被电子还是被空穴吸收的。从量子理论的观点看,电子吸收了电场的能量,相当于实现了电子在朗道能级间的跃迁。

回旋共振首先在半导体中观测到。与布洛赫振荡类似,为了能观察到回旋共振现象,必须满足 $\omega_c\tau\gg1$,因此通常实验都必须在高纯、低温(τ 大)和强磁场(ω_c 高)、高频率的条件下进行观测。然而在这些条件下,半导体中导带上电子的密度是非常小的,因此在实验中需要利用光激发电子到导带。近年来,利用红外激光为交变信号源,可以观测到非常清晰的共振线。这种回旋共振现象也可以在金属中观测到,然而金属电阻率低,射频信号不能透入样品太深,致使普通回旋共振现象难以观察。一种可以用于测量金属回旋共振的方法称作 Azbel-Kaner 共振,沿着金属表面加上磁场和交变电场,电子以角频率 ω_c 做回旋运动,频率为 ω 的反时针方向圆偏振交变电磁场沿金属表面传播,只能穿透很小的范围,其值等于趋肤深度,但电子的回旋运动是超过这个深度的,因此共振条件变为:$\omega = n\omega_c(n = 1,2,3,\cdots)$。图 6.4.13 示意了 Azbel-Kaner 共振实验的几何设置,实际测量中是维持 ω 不变,而改变磁场强度以满足上式。这种方法不仅可以用来测出 ω_c,从而算出有效质量 m^*,还可以通过改变磁场取向测得各个方向的极值截面来确定费米面的形状。

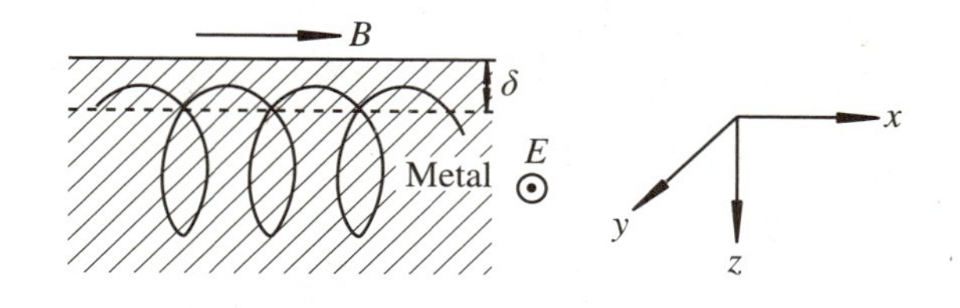

图 6.4.13 Azbel-Kaner 共振的几何结构

霍尔效应

将导体放在恒定磁场中并通以一恒定电流,若磁场方向与电流方向垂直,则在垂直于电流和磁场的第三方向上导体两端产生电位差,这个电磁输运现象就是著名的霍尔效应,如图 6.4.14 所示。霍尔效应是磁电效应的一种,由美国物理学家霍尔在 1879 年研究金属的导电机制时发现。在普通物理中也已经知道产生霍尔效应的原因是形成电流做定向运动的带电粒子即载流子,在磁场中所受到的洛伦兹力作用而产生的。下面按照德鲁德模型进行简单分析。

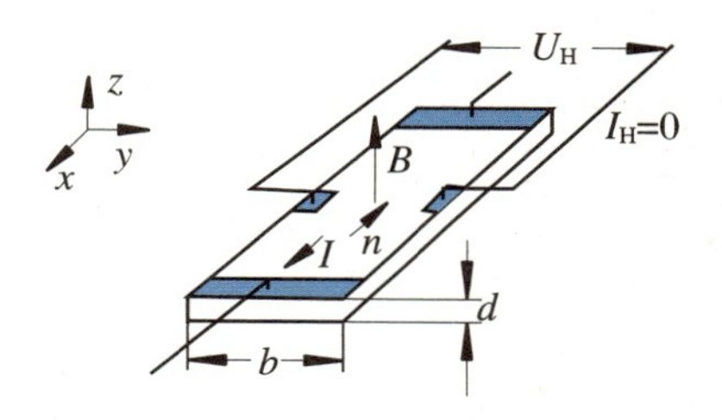

图 6.4.14 霍尔效应

在电场和磁场共同作用下,考虑弛豫近似,导体或半导体中带电荷 q 的单个载流子满足如下准经典运动方程(6.3.5):

$$m^* \frac{\mathrm{d} \vec{v}_d}{\mathrm{d}t} + m^* \frac{\vec{v}_d}{\tau} = q(\vec{E} + \vec{v}_d \times \vec{B}) \tag{6.4.33}$$

设磁场 B 沿 z 方向,电流沿 x 方向,此时 $v_y = v_z = 0$,考虑稳态情形,即 $\mathrm{d}\vec{v}_d/\mathrm{d}t = 0$,由式(6.4.33)可得

$$v_x = \frac{q\tau}{m^*}(E_x + v_y B) = \frac{q\tau}{m^*} E_x$$

$$v_y = \frac{q\tau}{m^*}(E_y - v_x B) = 0$$

由电流密度 $\vec{j} = nq\vec{v}_d$,可得

$$E_x = \frac{m^*}{nq^2\tau} j_x, \quad E_y = \frac{B}{nq} j_x \tag{6.4.34}$$

可见,加入磁场后 x 方向上的样品电阻率没有变化,而 y 方向上获得与j_x和 B 成正比的电场 E_y,称为霍尔电场,其电阻率 B/nq 称为霍尔电阻率。定义霍尔系数

$$R_{\mathrm{H}} = \frac{E_y}{j_x B} = \frac{1}{nq} \tag{6.4.35}$$

是反映材料霍尔效应强弱的重要参数,由材料的性质所决定。当载流子为电子,$q = -e$,霍尔系数为负;当载流子为空穴,$q = e$,霍尔系数为正。在一种载流子的简单情况下,霍尔系数与载流子浓度成反比。因此霍尔效应常被用来实验测量载流子浓度和判断载流子类型。半导体中载流子的浓度远远小于金属中载流子的浓度,所以半导体材料的霍尔效应比较明显(产生的霍尔电压 $V_{\mathrm{H}} \propto R_{\mathrm{H}}$),是制造霍尔元件较理想的材料。

*6.4.10 能带论的局限性

经过一些近似后,能带论将复杂的多体问题转化为单电子问题,以单电子在周期场中运动的特征来表述晶体中电子的行为。尽管依然非常简单,但可以解释自由电子论所无法解释的许多实验现象,特别是在说明简单金属及半导体特性上是非常成功的。能带论是研究固体电子运动的一个主要理论,被广泛地应用于研究导体、绝缘体及半导体的物理性质,对不同材料的电子状态给出了

较为正确的物理描述，是固体物理学中极其重要的部分。然而毕竟它还是一种在理想晶体下的近似理论，从上面的分析中可以看出，能带论是用于处理无限大的、均匀的周期体系，即体积相对大的均匀晶体的体性质。在涉及表面/界面、结点或者其他非均匀结构附近的电子行为时，关于体性质的能带论对它们进行描述是失效的。或者对于一个非常小的系统（如小分子、量子点等），能带结构不再是连续的。小尺寸和大尺寸之间的交叉学科属于介观物理。非晶体中没有长程序但有能带，这些电子能带结构也绝非由周期性引起的。

另外，能带论依然是单电子理论，是将一个原本复杂的、相互关联运动的多粒子体系看成是在一定的平均势场中彼此独立运动的粒子，因此不是精确的理论，在实际应用时就必然会存在局限性。如能带论在解释过渡金属化合物的导电性方面往往是失败的。一个例子是氧化锰晶体，按能带论应该是导体，实际上是绝缘体，在室温下的电阻率为$10^{15}\,\Omega\cdot\mathrm{cm}$。又如能带论预言三氧化五铼是绝缘体，实际上却是良导体，室温下的电阻率为$10^{-5}\,\Omega\cdot\mathrm{cm}$，与铜的电阻率相近。其次，能带论不能解释金属-绝缘体转变。根据能带论，原胞中含奇数个电子的晶体必然是金属。当晶格常数足够大时，导体就会成为绝缘体。当a达到某一临界值a_c时，电导率突然下降为零，成为绝缘体；当$a > a_c$时，电导率仍然为零。这种转变的原因在于a愈大时，所形成的能带愈窄，致使电子的动能愈小而局域于原子的周围，并不参与导电。同样能带论也不能解释绝缘体-金属的转变，如上面提到的双原子分子晶体在高压下绝缘体-金属的转变。在超导体中，电子与晶格的相互作用导致超导态的产生，以及描述晶体中电子的集体运动等等，都需要考虑电子-声子之间以及电子-电子之间的关联作用，无法用单电子的能带论去解释，但可在能带论的基础上加以改进而成为更精确的理论。

6.5 半　导　体

基本能带理论解释了为什么有些材料为金属、有些材料为绝缘体，而有些材料为半导体。半导体的导电性介于金属与绝缘体之间，并可受材料性质和外场调节加以控制，是一种非常有趣的材料，可制作成不同的半导体器件，已被广泛应用在不同领域，如计算机、电视机、照相机等方面。半导体技术是信息科学技术发展的基础，是20世纪最伟大的科技成就之一。无论从科技或是经济发展的角度来看，半导体的重要性都是非常巨大的，对人类社会的发展产生了深刻影响。然而在半导体技术飞速发展的今天它却面临着不可忽视的技术发展瓶颈问题，对信息技术的进一步发展提出了新的挑战。

6.5.1 典型半导体的能带结构

典型的半导体有具有金刚石结构的Ⅳ族元素半导体(如硅和锗),具有闪锌矿结构的Ⅲ－Ⅴ族(如硫化镉 CdS 和硫化锌 ZnS)以及Ⅱ－Ⅶ族化合物半导体(如砷化镓 GaAs 和锑化铟 lnSb),它们大多都是以共价键结合,化合物半导体兼有一定的离子性结合。半导体能带结构的共同点是在绝对零温下,电子填满整个价带而导带全空,价带与导带之间的禁带宽度较窄(<2 eV)。纯净的半导体的导电性是源于热激发而引起的本征导电机制,少量电子主要位于导带底附近,而少量空穴主要位于价带顶附近。因此,导带底和价带顶附近的能带结构部分决定半导体的性质。

设能带的极值点(导带底或价带顶)能量为 E_0,发生在波矢量 $\vec{k}_0$ 处,则 $\left.\dfrac{\partial E(\vec{k})}{\partial \vec{k}}\right|_{\vec{k}=\vec{k}_0}=0$,将能量 $E(\vec{k})$ 在 $\vec{k}_0$ 附近做泰勒展开并只保留到二次项:

$$E(\vec{k})=E_0+\frac{1}{2}\sum_{i,j}\left.\frac{\partial^2 E(\vec{k})}{\partial k_i\partial k_j}\right|_{\vec{k}=\vec{k}_0}(k_i-k_{0i})(k_j-k_{0j}) \tag{6.5.1}$$

其中 $i,j=x,y,z$,在主轴坐标系下可写为

$$\begin{aligned}E(\vec{k})&=E_0+\frac{1}{2}\sum_{i}\left.\frac{\partial^2 E(\vec{k})}{\partial^2 k_i}\right|_{\vec{k}=\vec{k}_0}(k_i-k_{0i})^2\\&=E_0+\frac{\hbar^2}{2}\sum_i\frac{(k_i-k_{0i})^2}{m_i^*}\end{aligned} \tag{6.5.2}$$

其中利用了有效质量公式(6.4.27),m_i^* 为沿主轴坐标系三个轴向的有效质量。式(6.5.2)说明在能带极值点附近的等能面为椭球面。通常导带底 $m_i^*>0$,价带顶 $m_i^*<0$(一般定义空穴有效质量 $m_v^*=m_h^*=|m^*|$)。如果 $\vec{k}_0=0$ 且极值点的有效质量各向同性($m_x^*=m_y^*=m_z^*=m_n^*$),则有

$$E(\vec{k})=E_0\pm\frac{\hbar^2k^2}{2m_n^*} \tag{6.5.3}$$

此时等能面为一球面,导带底时取“+”,$m_n^*=m_c^*=m_e^*$,价带顶时取“－”,$m_n^*=m_v^*$。

图 6.5.1 给出硅和砷化镓的部分能带结构。硅的导带极小值在沿〈100〉方向的某点,由于硅具有立方对称性(面心布拉菲格子),因此沿〈100〉方向有六个等价的极小值,其附近的等能面为旋转椭球面,旋转轴为〈100〉轴,回旋共振实验验证了这一点,并测得沿〈100〉方向的纵向有效质量 $m_l=0.19m_e$,垂直于

〈100〉方向的横向有效质量$m_t=0.98m_e$。砷化镓的导带极小值在$\vec{k}_0=0$(布里渊区中心Γ点)处,其附近的等能面为球形,电子有效质量各向同性。另外在〈100〉方向还有极小值存在,其能量比$\vec{k}=0$点能量高0.29 eV。在强电场作用下,电子可以从$\vec{k}=0$处导带底转移到〈100〉方向的导带底,产生所谓转移电子效应。硅和砷化镓的价带都有三个能带,价带顶在$\vec{k}=0$处是两重简并的。上面能带$E(\vec{k})$随$\vec{k}$的变化曲率小,空穴的有效质量大,称为重空穴带,相应的空穴称为重空穴;下面能带$E(\vec{k})$随$\vec{k}$的变化曲率大,空穴的有效质量小,称为轻空穴带,相应的空穴称为轻空穴。轻、重空穴带带顶附近的等能面都不是球面,而是所谓"扭曲的球面"。由于自旋-轨道耦合而分离出来的第三支能带也在$\vec{k}=0$处有极大值,但比上述两个带的极大值低,且其附近的等能面为球面。

硅和砷化镓的能带结构有一个很大的不同点:硅能带中导带底和价带顶发生在$\vec{k}$空间的不同点,而砷化镓能带中导带底和价带顶发生在$\vec{k}$空间的相同点。当光照激发价带的电子到导带发生光吸收过程时,除了必须满足能量守恒外,还必须满足晶格的准动量守恒,即$h\vec{k}'-h\vec{k}=$光子动量。因此,在砷化镓中,吸收一个频率等于或大于$E_g/\hbar$的光子能使电子从价带顶跃迁到导带底,这种跃迁称为"直接跃迁",对应的半导体称为直接带隙半导体。而在硅中,单纯吸收光子不能使电子从价带顶跃迁到导带底,必须在吸收光子的同时伴随有吸收和发射一个声子,这种跃迁称为"非直接跃迁",对应的半导体称为间接带隙半导体。例如在硅中,对应的光子频率为$E_g/\hbar-\omega(\vec{q})$,这里吸收波矢为$\vec{q}$的声子提供丢失的晶格准动量$\hbar\vec{q}$与能量$\hbar\omega(\vec{q})$。相比光子能量,声子能量较小,一般可以忽略,因此声子主要提供跃迁所需的准动量。

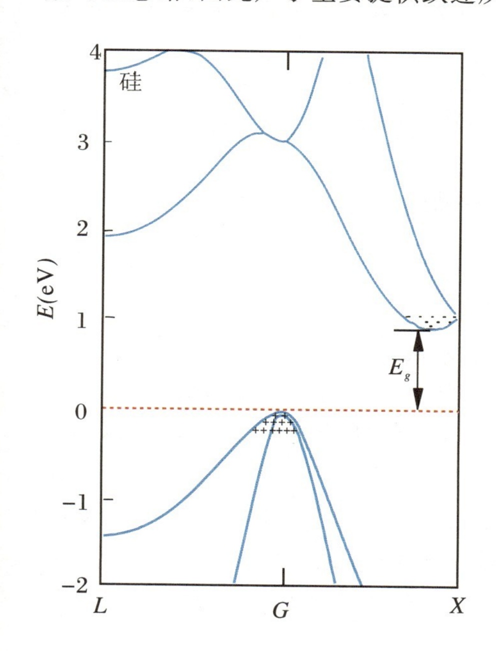

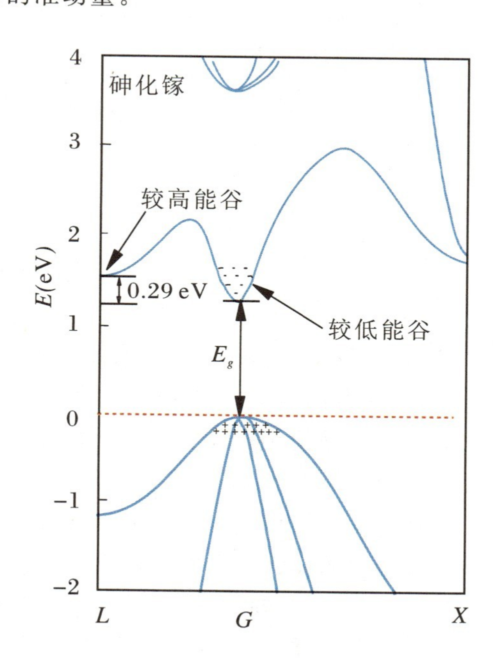

图6.5.1 硅和砷化镓的能带结构特点

6.5.2 掺杂半导体

如果在上述纯净半导体中掺入少量杂质原子或引入某些缺陷，这些杂质或缺陷会在半导体中引起附加的势场，在禁带中引入相应的杂质能级或缺陷能级，其导电性能与掺杂原子类型及浓度等密切相关，导电机制与本征导电机制相差很大，这种类型的半导体称为非本征半导体或“掺杂半导体”。正是由于这种特性，通过控制杂质的情况可以用来制作各种符合不同要求的半导体器件。

如果在Ⅳ族元素半导体硅、锗中掺入Ⅴ族元素（如 P、As、Sb 等），通常杂质原子取代硅或锗原子的位置（图 6.5.2(a)），Ⅴ族元素贡献五个价电子，其中四个价电子与近邻的硅或锗原子形成共价键，而额外的一个价电子只被Ⅴ族元素原子束缚，且束缚能较低，容易电离形成自由电子在晶体中移动。这样Ⅴ族的五价原子的电子有效地提供导带电子而形成正离子，因此将其称为施主杂质。施主杂质在能隙中引入新的局部能级，形成施主能级，可以用“类氢”原子理论进行简单分析。将Ⅴ族元素原子看成一个“类氢”原子，而半导体看成相对介电常数为 ε 的介质，施主杂质所引起的势能可近似为

$$V(r)=-\frac{e^2}{4\pi\varepsilon\varepsilon_0 r} \tag{6.5.4}$$

式中ε_0是真空介质常数，r 为额外电子与杂质离子之间的距离。根据玻尔模型，额外电子的电离能为

$$E_d=-\frac{m_e^* e^4}{2(4\pi\varepsilon\varepsilon_0\hbar)^2}=-\frac{1}{\varepsilon^2}\frac{m_e^*}{m_e}E_H \tag{6.5.5}$$

式中$E_H=-13.6\ \text{eV}$，为氢原子电离能，第一轨道半径为

$$r_d=\frac{m_e}{m_e^*}\varepsilon a_B \tag{6.5.6}$$

玻尔半径$a_B=0.53$ Å。一般半导体的介电常数 ε 比较大，有效质量m_e^*比较小，因此电离能E_d比较小，大约 0.01 eV 的量级，远远小于禁带宽度E_g（1～2 eV），而轨道半径r_d比较大。例如，对于硅，禁带宽度$E_g=1.14$ eV，$\varepsilon=11.7$，$m_e^*\approx0.2m_e$，$E_d\approx20m_e$ eV，$r_d\approx60\ a_B$。如图 6.5.2 (b)所示，施主能级应位于导带底以下E_d处，这样施主杂质原子的电子极易由于热激发（～0.025 eV）而摆脱杂质原子的束缚进入导带成为导带载流子。此时导带上的电子是多数载流子（多子），而价带上的空穴为少数载流子（少子），在这种掺杂半导体中主要依靠电子导电，因此称为 N 型半导体。

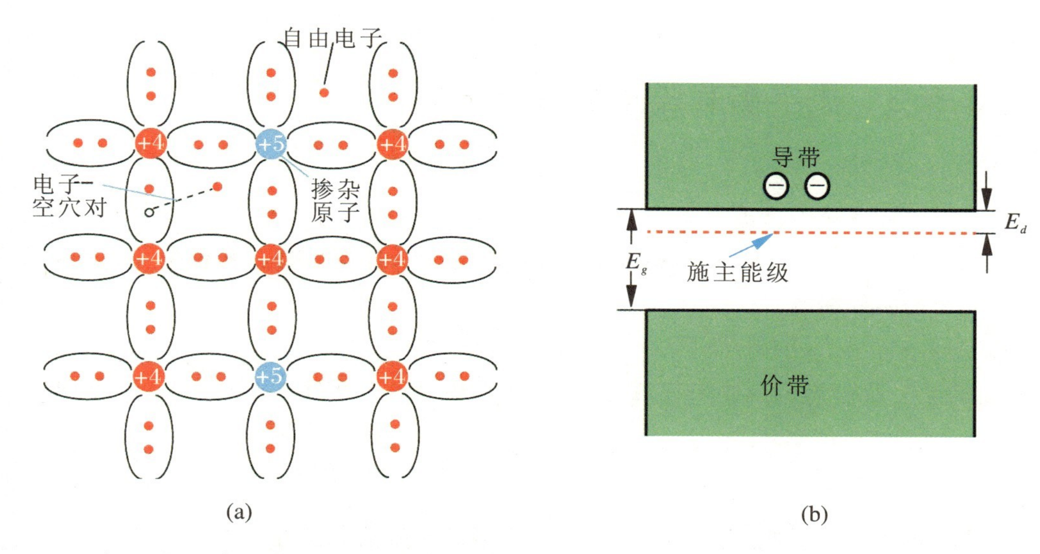

图 6.5.2 N型半导体

如果在Ⅳ族元素半导体硅、锗中掺入Ⅲ族元素(如 B、Al、In 等),Ⅲ族元素原子只有三个价电子,因此与近邻的硅或锗原子形成共价键时,一个共价键中缺少一个电子,留下一个空穴,邻近共价键的电子很易填充此空穴,使那里又产生新的空穴(图 6.5.3(a)),这好像空穴在晶体中自由运动。这样Ⅲ族的三价原子有效地接收价带电子而形成负离子,因此将其称为受主杂质。同样受主杂质在能隙中引入新的局部能级,形成受主能级,用"类氢"原子理论得到受主能级位于价带顶以上E_d处(图 6.5.3(b)),这样价带上的电子极易由于热激发而进入受主能级,在价带上形成空穴成为价带载流子。此时价带上的空穴是多子,而导带上的电子为少子,在这种掺杂半导体中主要依靠空穴导电,因此称为 P 型半导体。

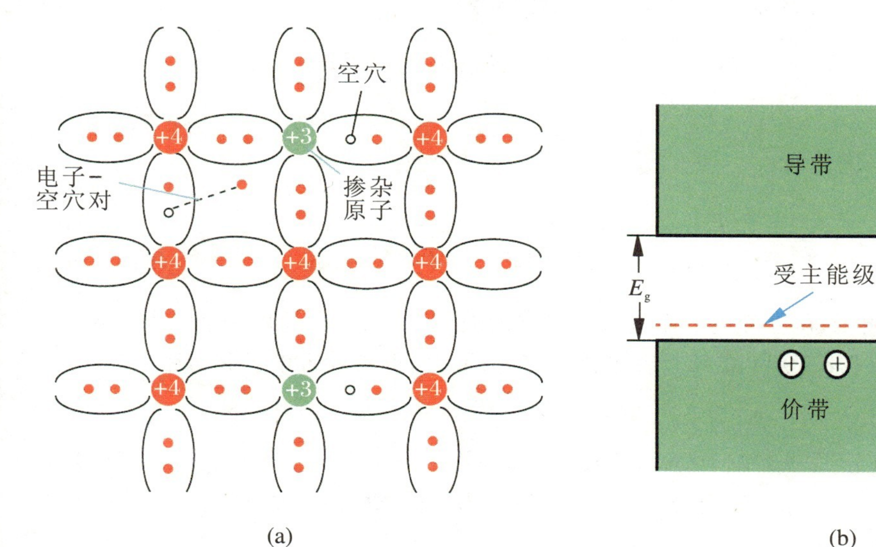

图 6.5.3 P型半导体

6.5.3 热平衡载流子的统计分布

设导带和价带电子单位体积的能态密度分别为$n_c(E)=N_c(E)/V$和$n_v(E)=N_v(E)/V$，利用等能面方程式(6.5.3)，计算导带底和价带顶附近的能态密度分别为

$$n_c(E)=\frac{4\pi\left(2m_c^*\right)^{\frac{3}{2}}}{h^3}(E-E_c)^{1/2}\quad（电子）\tag{6.5.7a}$$

$$n_v(E)=\frac{4\pi\left(2m_v^*\right)^{\frac{3}{2}}}{h^3}(E_v-E)^{1/2}\quad（空穴）\tag{6.5.7b}$$

式中m_c^*，m_v^*分别为导带电子、价带空穴能态密度有效质量。当$0<E<E_g=E_c-E_v$时，带隙中态密度为零。这样温度T下热平衡态中导带电子和价带空穴浓度分别为

$$n(T)=\int_{E_c}^{\infty}f(E)n_c(E)\mathrm{d}E\quad（电子）\tag{6.5.8a}$$

$$p(T)=\int_{-\infty}^{E_v}[1-f(E)]n_v(E)\mathrm{d}E\quad（空穴）\tag{6.5.8b}$$

式中$f(E)$是电子的费米-狄拉克概率分布函数(式(6.3.20))，$1-f(E)$为空穴(即不被电子占据)的概率分布函数。在一般半导体(掺杂浓度不太高)中，非简并条件(这里用μ来表示费米能级或化学势)：

$$E_v<\mu(T)<E_c,\quad E_c-\mu(T)\gg k_BT,\quad \mu(T)-E_v\gg k_BT\tag{6.5.9}$$

一般成立，因此有

$$f(E)\approx \mathrm{e}^{-(E-\mu)/k_BT}\quad（电子）\tag{6.5.10a}$$

$$1-f(E)\approx \mathrm{e}^{(E-\mu)/k_BT}\quad（空穴）\tag{6.5.10b}$$

这样导带电子和价带空穴能近似为经典的玻尔兹曼分布，这就是非简并含义。

将式(6.5.7)和 式(6.5.10)代入式(6.5.8)，得到导带电子和价带空穴浓度可写为

$$n(T)=N_c(T)\mathrm{e}^{-(E_c-\mu)/k_BT}\quad（电子）\tag{6.5.11a}$$

$$p(T)=N_v(T)\mathrm{e}^{-(\mu-E_v)/k_BT}\quad（空穴）\tag{6.5.11b}$$

式中有效能态密度

$$N_c(T) = \int_{E_c}^{\infty} n_c(E) e^{-(E-E_c)/k_B T} dE = \frac{2(2\pi m_c^* k_B T)^{\frac{3}{2}}}{h^3} \tag{6.5.12a}$$

$$N_v(T) = \int_{-\infty}^{E_v} n_v(E) e^{-(E_v-E)/k_B T} dE = \frac{2(2\pi m_v^* k_B T)^{\frac{3}{2}}}{h^3} \tag{6.5.12b}$$

其中利用了公式(6.5.7)和 $\int_0^{\infty} \sqrt{t}\, e^{-t} dt = \sqrt{\pi}/2$。将式(6.5.11a)和式(6.5.11b)相乘,得

$$n(T)p(T) = N_c(T)N_v(T)e^{-\frac{E_g}{k_B T}} = n_i^2(T) \tag{6.5.13}$$

式(6.5.13)称质量作用定律,说明尽管半导体中热平衡两种载流子浓度各自都依赖于化学势,但是它们的乘积与化学势无关,只与有效能态密度(或有效质量)和禁带宽度有关。这里我们并没有假设半导体掺杂情况,因此也与杂质浓度无关。

本征半导体

对于本征半导体,导带上的电子浓度与价带上的空穴浓度必然相等,有 $n(T) = p(T)$,由式(6.5.13)可得

$$n(T) = p(T) = n_i(T) = \sqrt{N_c(T)N_v(T)}\, e^{-\frac{E_g}{2k_B T}} \tag{6.5.14}$$

说明本征载流子浓度只与能带结构和温度有关。对于一定的半导体,本征载流子浓度随温度上升而指数增加;而在温度一定时,随E_g增大而指数下降。取 $T = 300$ K,$E_g = 1$ eV,$m_c^* = m_v^* = m_e$,计算得 $n(T) = p(T) \approx 10^{11}$ cm^{-3},这就是半导体本征载流子典型浓度。再由式(6.5.11)整理可得化学势为

$$\mu(T) = \frac{1}{2}(E_c + E_v) + \frac{3k_B T}{4}\ln\frac{m_v^*}{m_c^*} \tag{6.5.15}$$

当 $T = 0$ 时,$\mu = \frac{1}{2}(E_c + E_v)$,即本征半导体的化学势处在带隙中心。当$m_v^* = m_c^*$时,$\mu(T) = \frac{1}{2}(E_c + E_v)$与温度无关,否则化学势随温度增加向有效质量较小(即更低的能态密度)的能带方向移动$k_B T$ 量级。在大多数半导体中有 $k_B T \ll E_g/2$,因此总是能满足非简并条件式(6.5.9)。

掺杂半导体

由于杂质能级的存在使得掺杂半导体的化学势 μ 有所变化,下面我们通过电子数守恒的约束来计算掺杂半导体的化学势。以 N 型半导体为例,设施主原子浓度为N_d,则热平衡时在导带中电子浓度

$$n(T)=N_d[1-P(E_d)]+p(T) \tag{6.5.16}$$

其中 $n(T)$和$p(T)$是热平衡时载流子浓度(见式(6.5.11)),$P(E_d)$为施主能级E_d被电子占有的概率。由于一个五价的原子在提供第二个电子到导带时需要克服静电吸引作用,因而需要更高的能量,这样在受主能级上电子可能状态只有三种:没有电子占据、一个自旋向上或向下的电子。通过在热力学统计中费米-狄拉克分布的类似推导,得到

$$P(E_d)=\frac{2}{e^{\frac{E_d-\mu}{k_BT}}+2} \tag{6.5.17}$$

如果满足非简并条件(6.5.9),将式(6.5.11)、(6.5.12)和(6.5.17)代入式(6.5.16),通过求解$x=e^{\mu/k_BT}$的一元三次方程可以得到化学势μ。这里简单考虑三个物理上感兴趣的区域,定义施主能级的电离温度 $T_d=E_d/k_B$。

(1)“冻结”区:当温度非常低($T\ll T_d$)时,价带上的电子基本没有激发,而施主能级的电子有部分激发,当 $T=0$ 时,半导体中的价带和施主能级全满而导带全空。因此有$E_d<\mu(T)<E_c$,且$E_c-\mu(T)\gg k_BT$,$\mu(T)-E_d\gg k_BT$,则$1-P(E_d)\approx\frac{1}{2}e^{(E_d-\mu)/k_BT}$,$p(T)\approx0$,代入式(6.5.16),得

$$n(T)=N_c(T)e^{-(E_c-\mu)/k_BT}=\frac{1}{2}N_d\,e^{(E_d-\mu)/k_BT} \tag{6.5.18}$$

取对数整理得

$$\mu(T)=\frac{1}{2}(E_c+E_d)+\frac{k_BT}{2}\ln\frac{N_d}{2N_c(T)} \tag{6.5.19}$$

代回式(6.5.18),得导带上电子浓度

$$n(T)=\sqrt{N_c(T)\frac{N_d}{2}}\,e^{-E_d/2k_BT} \tag{6.5.20}$$

因此在 $T\ll T_d$温度范围内,由式(6.5.20)可知,载流子浓度 $n(T)$非常小,因此称为“冻结”区。式(6.5.19)也表明:$\mu(T=0)=\frac{1}{2}(E_c+E_d)$在施主能级和导带底中心;随着施主杂质浓度$N_d$增加,化学势 $\mu(T)$有向导带底移动的趋势,因此掺杂浓度过高,有可能使得化学势 $\mu(T)$达到或进入导带,从而破坏非简并条件,此时需要直接从式(6.5.16)推导化学势。

(2) 非本征区:当$T_d<T\ll E_g/k_B$时,可认为所有的施主杂质被电离,而价带上的电子不受影响,此时

$$n(T)=N_c(T)_e-(E_c-\mu)/k_BT\approx N_d \tag{6.5.21}$$

多数载流子浓度 $n(T)$为一常数,因此称为饱和区,从而可得

$$\mu(T) = E_c + k_B T \ln \frac{N_d}{N_c(T)} \tag{6.5.22}$$

从质量作用定律(6.5.13),得到少数载流子浓度为

$$p(T) \approx \frac{n_i^2(T)}{N_d} \tag{6.5.23}$$

在这个区域$n_i(T) \ll N_d$,因此有 $p(T) \ll N_d = n(T)$,电子浓度远远大于空穴浓度。如在室温下纯净硅的本征载流子浓度$n_i(T) \approx 10^{10}\ \mathrm{cm}^{-3}$,若N型硅中掺杂浓度$N_d \approx 10^{14}\ \mathrm{cm}^{-3}$,则 $n(T) \approx 10^{14}\ \mathrm{cm}^{-3}$和 $p(T) \approx 10^6\ \mathrm{cm}^{-3}$,注意硅中$N_c(T) \approx 10^{19}\ \mathrm{cm}^{-3}$,有$E_c - \mu(T) \sim 5k_B T$,满足非简并条件。N型砷化镓中$n_i(T) \approx 10^7\ \mathrm{cm}^{-3}$,$n(T) \approx N_d \approx 10^{14}\ \mathrm{cm}^{-3}$和 $p(T) \approx 1\ \mathrm{cm}^{-3}$。

(3) 本征区:当继续增加温度($T \gtrsim E_g/k_B \gg T_d$)时,价带上的热激发增长,本征激发的导带电子数远远超过施主杂质激发的电子数($n_i(T) \gg N_d$),杂质激发的影响可以忽略。因此,随着温度升高,所有半导体将到达本征区。图6.5.4示意了N型半导体中导带中电子浓度随温度的变化趋势。

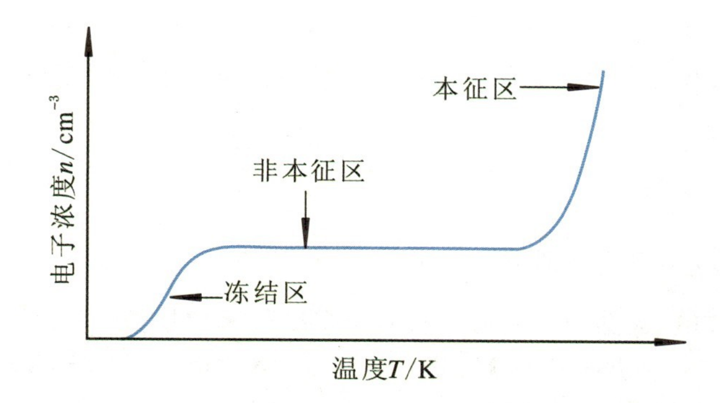

图 6.5.4 N型半导体中电子浓度与温度的关系

同样地可考虑P型半导体的化学势和载流子浓度。设受主原子浓度为N_a,受主能级E_a被电子占有的概率$P(E_a)$应相应修改为

$$P(E_a) = \frac{2}{e^{\frac{\mu - E_a}{k_B T}} + 2} \tag{6.5.24}$$

这是由于静电排斥作用,受主能级上电子可能状态也只有三种:自旋向上、向下电子同时占据、自旋向上或向下的一个电子。定义受主能级的电离温度 $T_a = E_a/k_B$,在三个区域内将得到与N型半导体类似的结果。

通常情况下,掺杂半导体既可能包含施主杂质也同时包含受主杂质,设$N_d \geqslant N_a$,则施主杂质中的N_a个电子将从施主能级跃迁到受主能级,因此 $T=0$ 时价带和受主能级都被填满,$N_d - N_a$施主能级被填充,而导带全空,因此有效的施主杂质浓度为$N_d - N_a$,然后可以按照以上方法同样处理。

6.5.4 磁场效应:回旋共振和霍尔效应

在6.4.9小节中我们讨论了在磁场下固体中电子的磁场效应,如回旋共振和霍尔效应。由于这些效应对于研究固体材料的性质非常有用,这里我们将先前的结果应用到半导体中。

回旋共振与有效质量测定

由于半导体中能带结构的特征(见式(6.5.2)),回旋共振被广泛地用来测定半导体导带底电子或价带顶空穴的有效质量,研究其能带结构。在半导体的导带底或价带顶附近,其等能面一般为椭球面,有效质量是各向异性的,在主轴坐标系中,有

$$E(\vec{k}) = \frac{\hbar^2}{2}\left(\frac{k_x{}^2}{m_x^*} + \frac{k_y{}^2}{m_y^*} + \frac{k_z{}^2}{m_z^*}\right) \tag{6.5.25}$$

其原点设在导带底或价带顶位置。当发生电子回旋共振时,交变电场的频率为$\omega_c = qB/m_n^*$,其中有效质量m^*与外加磁场的方向有关(见习题6.35),可写为

$$\frac{1}{m_n^*} = \sqrt{\frac{\alpha^2 m_x^* + \beta^2 m_y^* + \gamma^2 m_z^*}{m_x^* m_y^* m_z^*}} \tag{6.5.26}$$

其中,α、β、γ为磁场在主轴坐标系中的方向余弦。

【例6.5.1】 根据回旋共振测量硅导带底的有效质量,并证明$\vec{B}$沿任意方向时可观察到三个共振吸收峰,当$\vec{B}$沿[110]方向时可观察到两个共振吸收峰,当$\vec{B}$沿[111]方向时可观察到一个共振吸收峰。

【解】 由6.5.1节可知,硅导带底位于⟨100⟩方向,共有六个等价的极值点,极值点附近的等能面为长轴沿⟨100⟩方向的旋转椭球面(图6.5.5(a))。若主轴的k_z轴沿⟨100⟩方向,取极值点$E_c = 0$,则等能面方程形如式(6.5.25),且有电子的横向有效质量$m_x^* = m_y^* = m_t$,纵向有效质量$m_z^* = m_l$。由于在k_x,k_y方向上是各向同性的,因此可以选择主轴方向使得实验中磁感应强度$\vec{B}$位于k_x-k_z平面内。设$\vec{B}$与k_z轴的交角为θ,则磁场$\vec{B}$的方向余弦为$\alpha = \sin\theta$,$\beta = 0$,$\gamma = \cos\theta$,代入式(6.5.26)得

$$m_h^* = m_t\sqrt{\frac{m_l}{m_t\sin^2\theta + m_l\cos^2\theta}}$$

如果磁感应强度$\vec{B}$沿任意方向(n_1, n_2, n_3)，$\vec{B}$与[100]和[$\bar{1}$00]的夹角给出$\cos^2\theta = n_1^2/|B|^2$，与[010]和[0$\bar{1}$0]的夹角给出$\cos^2\theta = n_2^2/|B|^2$，与[001]和[00$\bar{1}$]的夹角给出$\cos^2\theta = n_3^2/|B|^2$，于是$m_n^*$有三个取值，对应三个回旋共振频率，因此一般可以观察到三个吸收峰。测出回旋共振频率就能确定有效质量m_l, m_t。当$\vec{B}$沿[110]方向时，$\vec{B}$与[100]、[$\bar{1}$00]、[010]和[0$\bar{1}$0]的夹角给出$\cos^2\theta = 1/2$，而与[001]和[00$\bar{1}$]的夹角给出$\cos^2\theta = 0$，于是m_n^*有两个取值，对应的两个回旋共振频率，因此可以观察到两个共振吸收峰。当$\vec{B}$沿[111]方向时，$\vec{B}$与六个〈100〉方向的夹角都给出$\cos^2\theta = 1/3$，因此只能在此方向上观察到一个共振吸收峰。

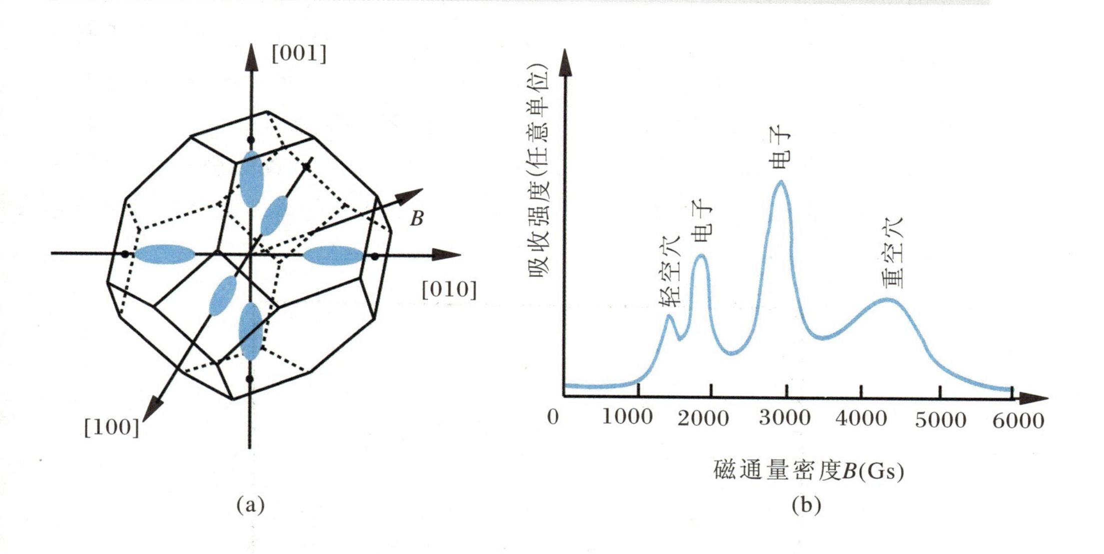

图 6.5.5 硅的回旋共振吸收谱
[引自 Phys. Rev. 98, 368 (1955)]

图6.5.5(b)给出了$T = 4$ K下硅的回旋共振吸收谱，磁场$\vec{B}$的方向在(110)平面内，与[100]方向的夹角为30°，可以观测到两个共振吸收峰。对于价带顶的空穴，空穴运动的回旋轨道方向与电子相反，因此能够用沿磁场$\vec{B}$方向的圆偏极化高频场加以区分。在图6.5.5(b)中可以看到对应于空穴的两个共振峰，这来自于价带顶$\vec{k} = 0$处的轻、重空穴，它们有各自不同的有效质量。

霍尔效应

霍尔效应是测量半导体特性(如载流子类型与浓度等)的主要手段。在半导体中一般可能存在电子和空穴两种载流子。根据5.4.9节中的分析，对于只有一种载流子的情形，即导带上的电子或价带上的空穴，可得霍尔系数：

$$R_H = -\frac{1}{ne}(\text{电子}) \text{ 或 } R_H = \frac{1}{pe}(\text{空穴}) \tag{6.5.27}$$

如果同时存在电子和空穴,此时霍尔系数能用以下公式描述(见习题6.33):

$$R_H = \frac{p\mu_h^2 - n\mu_e^2}{e(n\mu_e + p\mu_h)^2} \tag{6.5.28}$$

其中 n、p 分别为电子和空穴浓度,μ_e、μ_h分别为电子和空穴迁移率(定义为单位电场强度所产生的漂移速度 $\mu = \sigma/(ne)$)。对于大多数半导体,电子的迁移率μ_e大于空穴的迁移率μ_h。对于本征半导体,总是有 $n = p$,从式(6.5.28)可知,其霍尔系数R_H为负。随着温度增加,载流子浓度增大,R_H的绝对值减小。对于N型半导体,由于 $n>p$,因此总是有$R_H<0$。对于P型半导体,情况变得复杂,在杂质激发区域,只有杂质激发而本征激发几乎可忽略,$p\gg n$,则有 $p\mu_h^2>n\mu_e^2$,此时$R_H>0$,随着温度增加,经过饱和区后,本征激发的电子和空穴的浓度都不断增加,而杂质激发的空穴浓度保持不变,当达到 $p\mu_h^2 = n\mu_e^2$时,$R_H=0$,当温度继续增加使得 $p\mu_h^2<n\mu_e^2$,则有$R_H<0$,因此随着温度从杂质激发增加至本征激发范围,P型半导体的霍尔系数R_H由正变为负。图6.5.6给出了N型及P型锑化铟(InSb)的霍尔系数随温度变化的曲线。从图中可以看出P型样品的霍尔系数在某一温度时出现突变点(此时霍尔系数的符号改变,图中只按照绝对值画出),在高温(≈300 K)时,N型和P型的数据融合到相同的本征曲线(曲线左侧)。

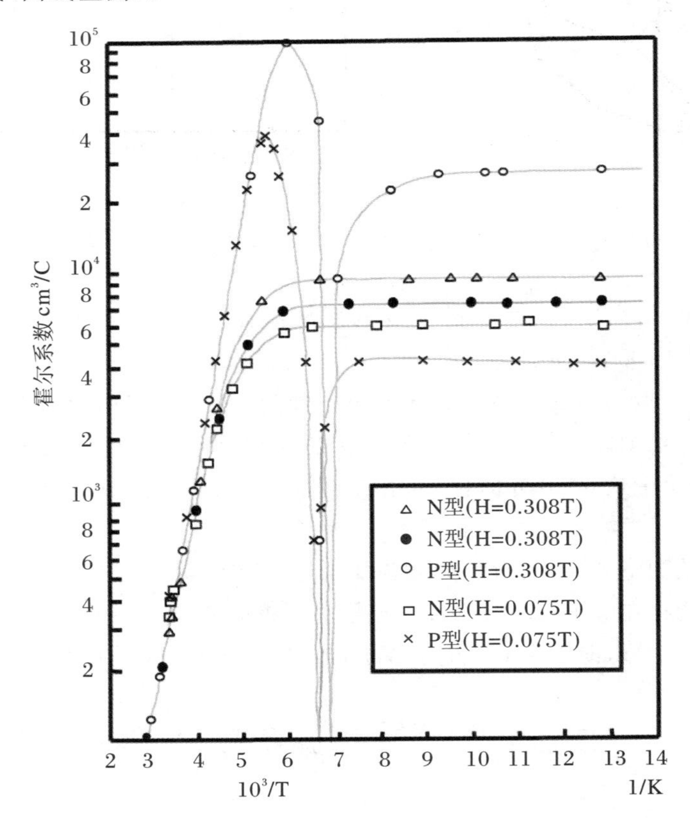

图6.5.6 N型及P型锑化铟(InSb)的霍尔系数随温度1/T的变化

[引自 Phys. Rev. 100, 1672 (1955)]

霍尔效应的应用非常广泛，除了测量半导体特性外，利用该效应制成的霍尔器件还广泛应用于电磁测量、非电量测量、自动控制、计算与通信装置、信息处理等方面。例如以霍尔效应原理构成的霍尔传感器在日常生活家用电器中到处可见，如录音机的换向机构就是使用霍尔传感器检测磁带终点并完成自动换向功能的；录像机中的磁鼓电机常采用锑化铟霍尔元件；洗衣机中的电动机都必须具有正、反转和高、低速旋转功能，主要依靠霍尔传感器检测与控制电动机的转速、转向来实现。霍尔开关类传感器还用于电饭煲、气炉的温度控制和电冰箱的除霜等方面。此外，霍尔传感器在飞机、军舰、航天器、新军事装备及通信中应用也相当广泛。如我国的远程导弹、“风云”号卫星、“神舟”号飞船等均使用特别研制的霍尔传感器。

量子霍尔效应

按5.4.9节中经典霍尔效应理论，霍尔电阻率ρ_{yx}与磁感应强度B成线性的连续变化，并随着载流子浓度n成反比。1980年，德国物理学家冯·克利青(Von Klitzing)等在极低温度(1.5 K)和强磁场(18.9 T)下，在金属-氧化物-半导体场效应晶体管(MOSFET)的二维电子气中发现了与经典霍尔效应非常不同的行为：霍尔电阻率ρ_{yx}随B的变化出现了一系列量子化平台(图6.5.7红线所示)，即$\rho_{yx}=h/(ie^2)$($i=1,2,\cdots$整数)，对应的纵向电阻率ρ_{xx}消失(图6.5.8蓝线所示)，这种现象称为整数量子霍尔效应。冯·克利青以“发现量子霍尔效应并开发了测定物理常数的技术”获得了1985年的诺贝尔物理学奖。整数量子霍尔效应能用载流子在外场中运动的量子理论来解释。

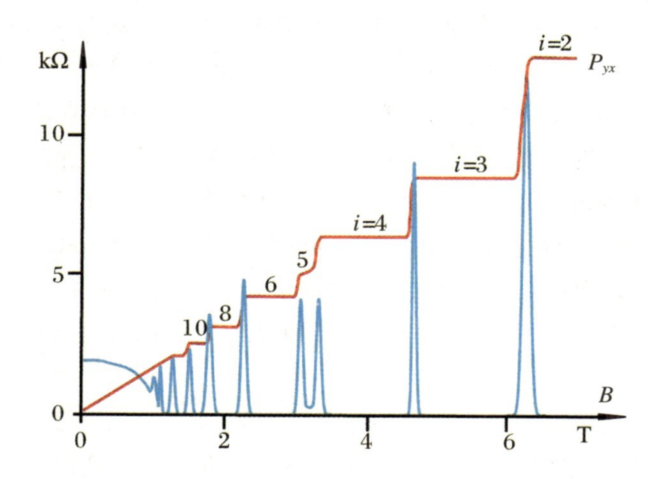

图6.5.7 整数量子霍尔效应

在整数量子霍尔效应中每一个量子平台与量子电阻(h/e^2)有严格的整数关系，与样品的材料、形状等因素无关，只与材料的一个整体性质有关，这就是“倒空间”中电子能带的拓扑性质，因而极其稳定，实验上测得这些电阻平台的精确度可以达到10^{-8}甚至更高。因此，从1990年1月1日起，国际计量委员会在世界范围内启用量子霍尔电阻标准代替原来的实物标准，并给出了国际推荐值$R_K = h/e^2 = 25812.807\ \Omega$，将其作为电阻单位欧姆的自然基准。量子霍尔效应的一个重要应用是高精度地测定了精细结构常数 α，由量子霍尔效应测定的 α 的倒数不确定度为 6.2×10^{-8}，这种测量方法比氢原子的精细结构和超精细结构分裂法的精度还要高。

1982 年，美籍华人物理学家崔琦(D. Tsui)和德国物理学家施特默(H. Stömer)等人在更低的温度(0.1 K)和更强的磁场(20 T)条件下研究更高质量(具有高迁移率和更纯净)的二维砷化镓异质结时发现了分数量子霍尔效应，即观测到的横向霍尔电阻平台 $h/(ie^2)$不是原来量子霍尔效应的整数值而是分数值，如 $i=\frac{1}{3},\frac{1}{5},\frac{2}{7},\frac{4}{9},\cdots$。这个效应不久由另一位美国物理学家劳克林(R. Laughlin)给出理论解释，不像整数量子霍尔效应能用单电子近似图像完全解释，对分数量子霍尔效应则必须考虑粒子间的相互作用的多体问题。崔琦、施特默和劳克林三人因此也以“他们发现了一种新形态的量子流体，其中有带分数电荷的激发态”分享了 1998 年的诺贝尔物理学奖。分数量子霍尔效应开创了一个研究多体现象的新时代，新的物理效应有可能开拓出新的学科领域。

*** 霍尔效应家族**

除了以上介绍的经典霍尔效应和量子霍尔效应，还发现了反常霍尔效应和量子反常霍尔效应，自旋霍尔效应和量子自旋霍尔效应，这些成员组成了霍尔效应的整个家族，如图 6.5.8 所示。反常霍尔效应是指零磁场(不加外磁场)中的霍尔效应，1881 年霍尔在研究磁性金属的霍尔效应时发现。而量子反常霍尔效应于 1988 年由美国物理学家霍尔丹(M. Haldane)从理论上提出，其霍尔电阻恰好为 h/e^2，2013 年由清华大学薛其坤院士领衔的团队在高质量的磁性掺杂拓扑绝缘体薄膜中实验上首次观测到。1971 年俄罗斯物理学家 M. I. Dyakonov 和 V. I. Perel 理论上预期了一种在没有外磁场情况下自旋极化在样品两侧的积累引起的自旋霍尔效应，于 2005 年在半导体中也被实验观测到。在特殊的二维体系和极端物理条件下，将形成量子化的自旋霍尔电导$2e/(4\pi)$，这就是量子自旋霍尔效应，2007 年德国伍尔兹堡大学的研究组首次成功观测到这一现象。

自从霍尔效应发现以来，已经被广泛应用于各行各业，同时也引出了很多新的物理现象，开拓出了新的学科领域。在后面我们将看到微电子技术的高速发展遇到了经典上不可逾越的物理极限，人们正在探索新的信息处理方式，其中一条路径是利用电子的自旋代替传统电子学中所使用的电子电荷作为信息载体，对电子自旋进行操控，从而产生了自旋电子学。在量子霍尔效应中，电子的传输是一个没有能耗的过程，如果能够利用无耗损的边缘态发展新的电子学

器件，将能克服经典物理极限，特别是零磁场中的量子霍尔效应摆脱了量子霍尔效应中强磁场的限制，在未来电子器件中发挥特殊的作用。

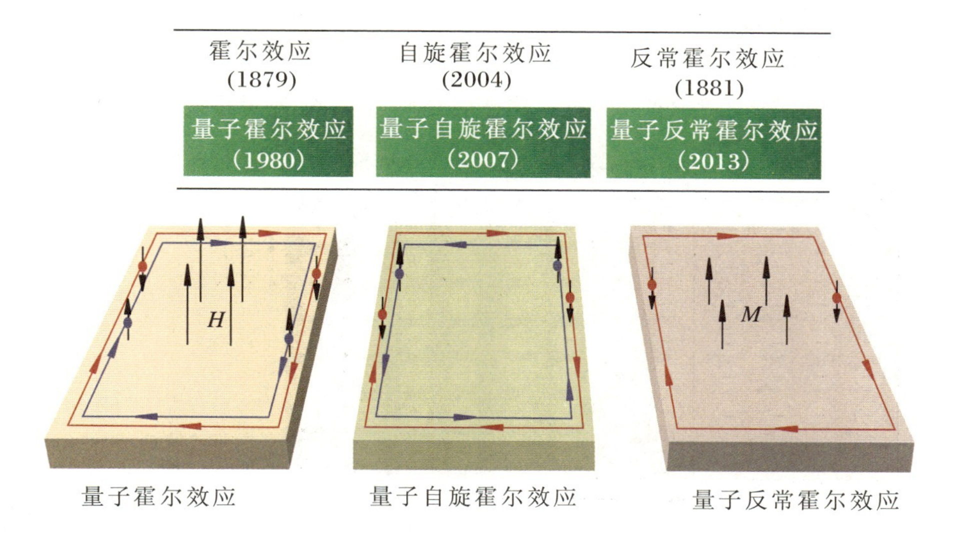

图 6.5.8 量子霍尔家族。括号中的数字表示每个效应发现的年代，*H* 表示外加磁场强度，*M* 表示磁化强度。对于所有的这三种量子霍尔效应，电子都是沿着无耗散的边缘运动，材料内部是绝缘的。霍尔测量是测量一个方向的"净"电荷，量子霍尔效应中，边缘不同自旋的电子都是朝着一个方向运动；量子自旋霍尔效应中，不同自旋电子的运动方向不同；量子反常霍尔效应中，沿边缘运动的只有自旋向下的电子。自旋和电荷运动方向的"锁定"机制和边缘通道的数量取决于材料本身，这里只说明了最简单的情况

［引自 Science 340，153（2013）］

6.5.5 重要的半导体器件简介：PN 结、晶体管与集成电路

从前面已经知道，在本征半导体中通过控制杂质的情况，其导电能力会有很大的改变，利用这种特性可以制成掺杂半导体，由此制成了二极管、三极管等重要的半导体器件。此外，还可以利用半导体材料的其他特性（如热敏性、光敏性以及以上介绍的磁效应等）制成热敏电阻、光敏电阻、光电二极管、光电池等器件。这里将介绍在微电子技术中起着非常重要作用的几个半导体器件：PN 结、晶体管与集成电路。

PN 结

考虑通过不同的掺杂工艺，将 P 型半导体和 N 型半导体同时制作在一块单晶半导体基片的两边，在它们的交界面处形成很薄的空间电荷区域，称为 PN 结，如图 6.5.9 所示。在杂质激发的范围内，界面两边存在着载流子的浓度差，N 区电子的浓度远远大于 P 区，而 P 区空穴的浓度远远大于 N 区，因此在交界区域载流子会发生扩散现象，N 区的电子向 P 区扩散，P 区的空穴向 N 区扩散，电子和空穴在中间的交界区复合而消失，使 P 区留下带负电荷的受主离子，N 区留下带正电荷的施主离子，这样使交界区域出现了空间电荷区，即形成了一

个由 N 区指向 P 区的内建电场（一般为$10^3 \sim 10^5$ V/cm 量级）。在内建电场的作用下，多子的扩散运动受到阻碍，但却使 P 区少子（电子）向 N 区漂移，N 区的少子（空穴）向 P 区漂移。当扩散与漂移达到动态平衡时，便在交界面处形成了一定厚度（约几个微米范围）的空间电荷区域，即为 PN 结。由于在这区域内没有移动的载流子，故又称 PN 结为耗尽层或阻挡层，整体对外还是显电中性。

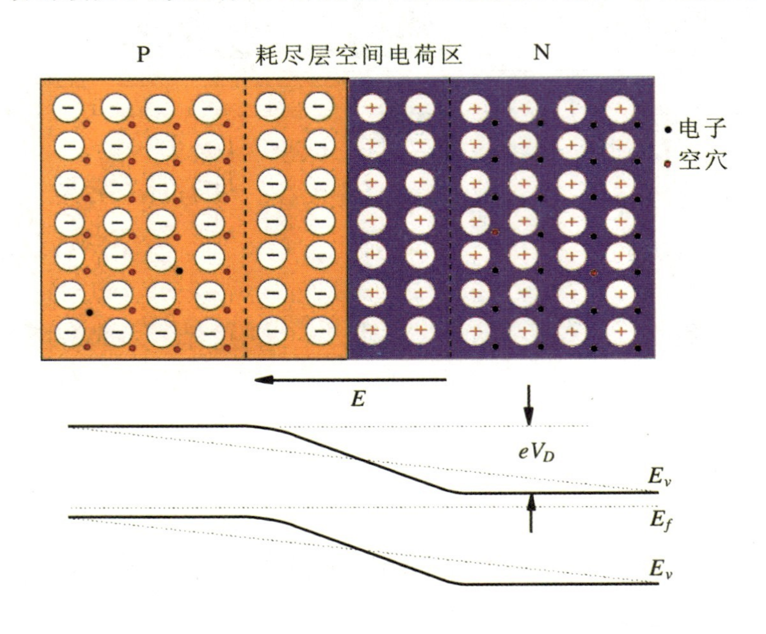

图 6.5.9 PN 结

PN 结最显著的特性是它的伏安特性，即 PN 结正向导通和反向截止的特性。如图 6.5.9 所示，形成 PN 结时，内建电场的存在导致 PN 结两侧存在电势差 V_D（可由质量作用定律(6.5.13)和平衡时服从玻耳兹曼分布的 P 区和 N 区电子浓度的关系 $n_{P0}/n_{N0} = e^{-\frac{eV_D}{k_B T}}$ 得到，也可以通过求解势垒中的泊松方程得到）。当 PN 结处于正向偏压 V_0 时，即 PN 结的 P 区接电源正极，N 区接负极，此时 V_0 在势垒区产生的电场方向与内建电场方向相反，PN 结的势垒高度下降，对多子扩散运动的阻碍减弱，形成较大的正向扩散电流，由 P 区流向 N 区。这时 PN 结对外呈现低阻性，处于正向导通状态。同样地，当 PN 结处于反向偏压时，即 PN 结的 P 区接电源负极，N 区接正极，此时 $-V_0$ 在势垒区产生的电场方向与内建电场方向一致，PN 结的势垒高度增加，对多子扩散运动的阻碍增强，扩散电流大大减小，可以忽略，而少子的漂移运动增强，形成很小的反向漂移电流，由 N 区流向 P 区。这时 PN 结对外呈高阻性，处于反向截止状态。少子浓度由本征激发决定，在一定的温度条件下是一定的，故少子形成的漂移电流是恒定的，基本上与所加反向电压的大小无关，这个电流也称为反向饱和电流。

外加偏压V_0时，耗尽区边界的载流子浓度可近似用玻尔兹曼规律描述，因此可得流过PN结的总电流

$$I = I_0\left(e^{\frac{eV_0}{k_B T}} - 1\right) \tag{6.5.29}$$

式(6.5.29)常称为肖克利(Shockely)方程。从方程中可以看出，当$V_0>0$(正向偏压)，$e^{\frac{eV_0}{k_B T}}\gg 1$时，$I\approx I_0 e^{\frac{eV_0}{k_B T}}$，正向电流随外加电压增加而指数上升。当$V_0<0$(反向偏压)，$e^{\frac{eV_0}{k_B T}}\ll 1$时，$I\approx I_0$，即为PN结的反向饱和电流。图6.5.10给出了PN结的$I-V$特性曲线，利用这种单向导电性可以制成检波二极管和整流二极管。当外加反向电压大于一定数值(反向击穿电压)时，反向电流突然急剧增加，这种现象称为PN结的反向击穿。反向击穿电压一般在几十伏以上。反向击穿后，电流很大变化只引起很小的电压变化，利用此特性能制成稳压二极管。

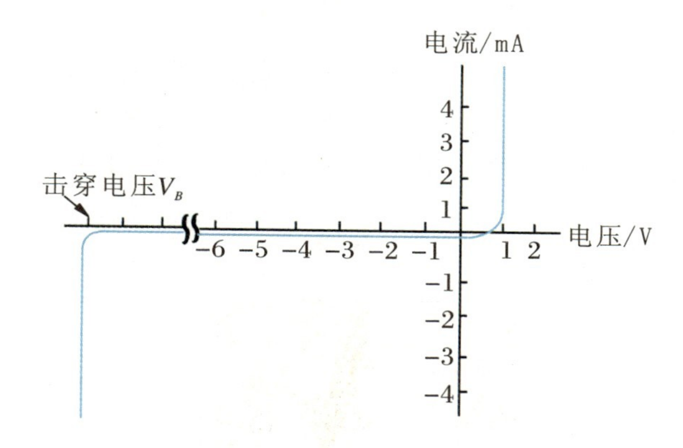

图6.5.10 PN结伏安特性曲线

晶体管

1947年美国贝尔实验室的肖克利(W. Shockley)、巴丁(J. Bardeen)和布拉顿(W. Brattain)研制出第一个锗晶体管，是20世纪的一项重大发明，开创了微电子技术的新时代，因此三人分享了1956年的诺贝尔物理学奖。晶体管可以用于检波、整流、放大、开关、稳压、信号调制和许多其他功能，是所有现代电子设备(如电脑、手机、收音机、CD和DVD等)必不可少的基本构建块。

半导体晶体管有两大类型：双极型晶体管和场效应晶体管。双极型晶体管是由两个靠得很近的PN结构成，有NPN和PNP型两种结构，如图6.5.11所示的PNP型结构。薄的中间部分称为基区，连上电极称为基极B；两侧分别为发射区和集电区，相应的电极为发射极E和集电极C。C－B间的PN结称为集电结；E－B间的PN结称为发射结。发射区的掺杂浓度最高，集电区掺杂浓度最低，且集电结面积大，基区要制造得很薄，其厚度一般在几个微米至几十个微米。在发射结和集电结加上适当的偏压可使双极型晶体管处在不同的工作模式。当发射结和集电结都加反向偏压时，两个PN结都处在反向截止状态，因此只有非常小的反向饱和电流，晶体管处在截止模式。当发射结加正向电压，集电结加反向电压时，晶体管处在正向有源工作模式，具有放大作用。如图6.5.11所示，发射结加正偏V_{eb}，势垒高度降低，与PN结中的正向导通状态相同，大量的空穴将从发射区向基区扩散，形成的电流为I_E，电子也将从基区向发射区扩散，但其数量小。因发射区掺杂浓度高，基区很薄且掺杂浓度低，进入基区的空穴流除少部分被复合外，大部分能到达集电结的耗尽区边界。在发射极和集电极间加正向偏压V_{ec}使得集电结处于反向偏压，集电结势垒高度增加，到达集电结边缘的空穴被集电结电场扫入集电区，形成集电极电流I_C，远远大于集电结区的少子形成漂移电流I_{CB0}。另外，非常少的一部分空穴从发射极流向基极，形成基极电流I_B。这里$I_E \approx I_B + I_C$，$I_B \ll I_C$，且有

$$I_C = \beta I_B + I_{CE0} \tag{6.5.30}$$

式中β是共发射极直流电流放大系数，I_{CE0}是基极开路时发射结的电流，称为漏电流或穿透电流，通常很小。β的典型值为10～100，因此基极电流I_B的微小变化能够引起集电极电流I_C较大变化，晶体管具有电流放大作用。

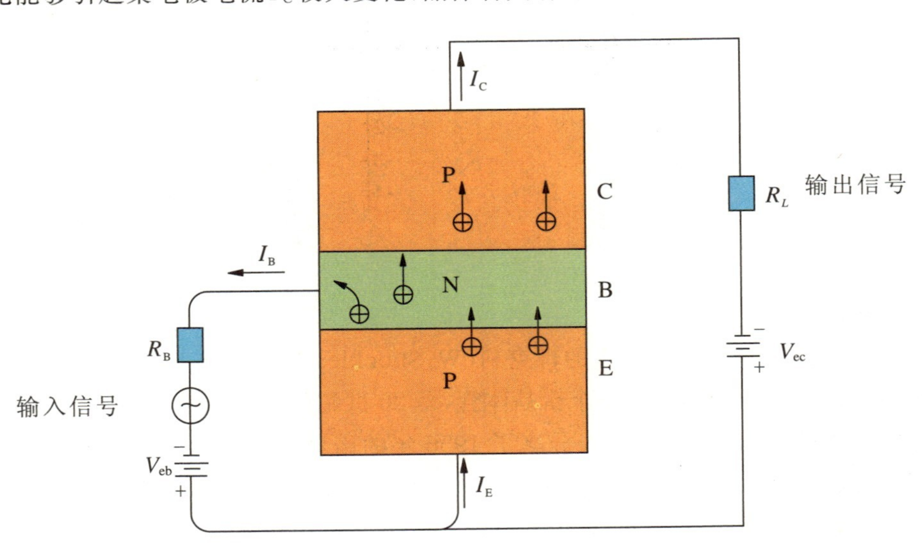

图6.5.11　共发射极电路（电流放大）

场效应晶体管（简称场效应管）是仅由一种载流子参与导电的半导体器件，也称为单极型晶体管。从参与导电的载流子来划分，它有以电子为载流子的N沟道器件和空穴为载流子的P沟道器件。图6.5.12(a)示意了绝缘栅型场效应管IGFET(Insulated Gate Field Effect Transistor)，也称金属氧化物半导体晶体管MOSFET(Metal Oxide Semiconductor FET)的基本结构：在P型半导体衬底上生成一层SiO_2薄膜绝缘层，然后用光刻工艺扩散两个高掺杂的N型区，

引出电极即为源极 S 和漏极 D，在源极和漏极之间的绝缘层上镀一层金属铝作为栅极 G。P 型半导体称为衬底 B。

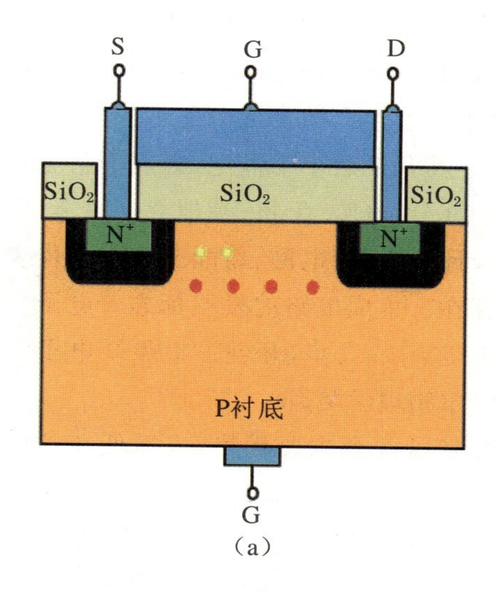

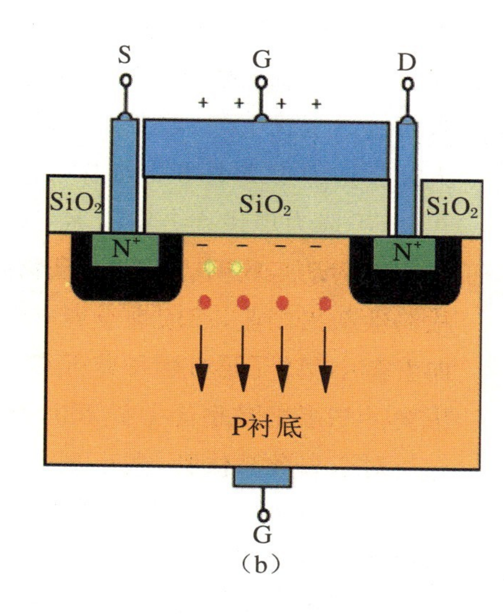

图 6.5.12 MOSFET 结构和原理示意图

当栅极 G 上不加电压时，源极 S、衬底和漏极 D 构成两个背靠背的 PN 结，不论源极 S 和漏极 D 之间的偏压如何，总有一个 PN 结处在反偏截止状态，因此只有很小的反向饱和电流通过。若栅极 G 加上正电压 V_{GS}（图 6.5.12(b)），这样产生的电场将靠近栅极下方 P 区的空穴（多子）向下方排斥，而电子（少子）将向表层运动，栅极下方出现了一薄层负离子的耗尽层。当 V_{GS} 小于一阈值 V_{TH}，由于聚集在栅极下方的 P 型半导体表层的电子数量有限，不足以形成沟道将漏极和源极沟通形成电流。当 $V_{GS}>V_{TH}$ 时（ V_{TH} 称为开启电压），此时的栅极电压已经比较强，聚集的电子增多，足以形成沟道将漏极和源极沟通。如果此时加正的漏源电压 V_{DS}，就会有较大的电流从漏极 D 流入源极 S，形成漏极电流 I_D。在栅极下方形成的导电沟道中的电子，因与 P 型半导体的载流子空穴极性相反，故称为反型层。改变栅极 V_{GS} 将改变所产生的电场，也将改变漏极电流 I_D，这就是“场效应”的含义。栅极电压 V_{GS} 的微小变化能够引起电阻上电流较大变化，因而导致相应较大电压输出。因此，MOSFET 可作为电压放大器。不断级联的 MOSFET 电路可能将麦克风中输入的一个很小信号放大来驱动强大的扬声器。

与双极型晶体管相比，尽管场效应管操作稍慢，但它具有输入电阻高、噪声小、功耗低、动态范围大、易于集成、没有二次击穿现象、安全工作区域宽等优点，在集成电路中占了非常重要的位置。

集成电路

集成电路（Integrated Circuit，简称 IC）是 20 世纪 60 年代初期发展起来的一种新型半导体器件，是采用一定的工艺，将晶体管、二极管、电阻、电容和电感等元件按照一定的电路互连，“集成”在一块半导体晶片上，然后封装在一个管壳内，执行特定电路或系统功能。第一个集成电路由杰克·基尔比(Jack Kilby)于1958年完成，数月后罗伯特·诺伊思(Robert Noyce)采用先进的平面处理技术研制出集成电路，被誉为“提出了适合于工业生产的集成电路理论”的人。两人被公认为集成电路共同发明者。仅仅在其开发后半个世纪，集成电路无处不在，已经成为现代社会结构不可缺少的一部分，电脑、手机、其他数字电器，以及当前以移动互联网、三网融合、物联网、云计算、智能电网、新能源汽车为代表的战略性新兴产业，都依赖于集成电路的存在。集成电路的发明标志着电子元件向着微小型化、低功耗和高可靠性方面迈进了一大步，开创了世界微电子学的历史。基尔比因此获得了2000年的诺贝尔物理学奖。

对于离散晶体管，微小型化的IC带来了两个主要优势：成本低和性能高(低消耗，快速开关等)。实际上，集成电路的发明是人们在实现电路的小型化和解决元件之间连接的研究产物。自从1958年集成电路诞生以来，集成电路持续向更小型化和高速化的趋势发展，其集成度经历了小规模(100个晶体管以下)、中规模(0.1～1 K个晶体管)、大规模(1～10 K个晶体管)、超大规模(10～100 K个晶体管)到特大规模(100 K～10 M个晶体管)、超特大规模(1 M个晶体管以上)的迅速发展。早在1965年，英特尔创始人之一戈登·摩尔(Gordon Moore)就注意到了微电子小型化的这个发展趋势，并指出集成电路上可容纳的晶体管数目约每隔18个月便会增加一倍，而其特征尺寸相应地以相似的速度减小。这就是著名的摩尔定律，揭示了信息技术进步的速度。这个趋势已经延续了40多年之久，特别是微处理器方面，从1971年推出的第一款4004的2300个增加到奔腾Ⅱ处理器的750万个，而现在Intel最新的Itanium芯片上有17亿个硅晶体管。每一次更新换代都是摩尔定律的直接结果，见图6.5.13。

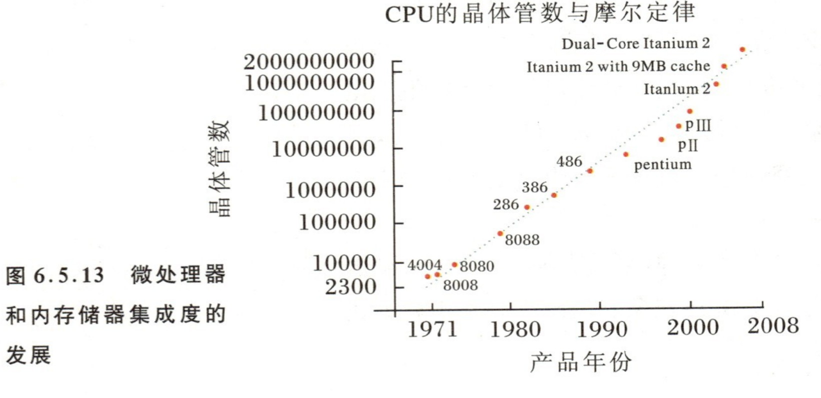

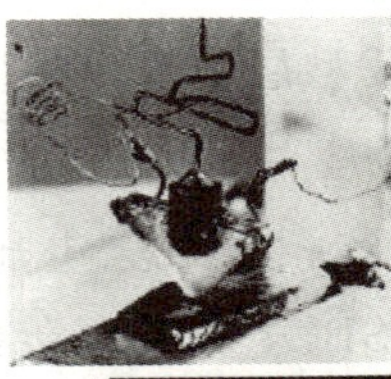

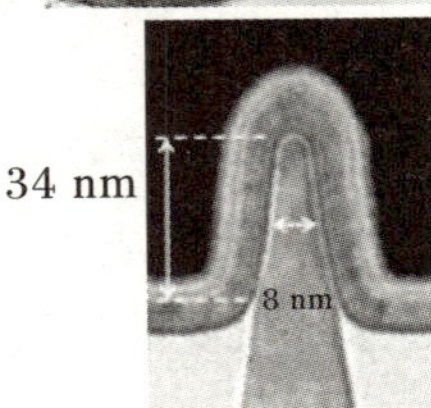

图6.5.13 微处理器和内存储器集成度的发展

*6.5.6 物理极限与量子计算

器件特征尺寸的进一步微型化依然是微电子技术发展的关键。然而持续了 40 多年之久的摩尔定律是否一直有效？半导体器件的物理极限是什么？当它达到最终的极限时，信息技术将如何发展？实际上，传统集成电路的发展已经受到器件工艺和器件物理本身的限制。一些限制本质上是技术的，因此许多天才工程师正不断努力寻找克服这些限制的方法，例如改善工艺过程，采用新的硅-锗半导体或者新的绝缘体材料代替硅。然而有些限制是更基本的问题，不能用简单的材料替换来克服，例如电子元件尺寸的小型化和不可逆电路的热耗散等问题。

1988 年，Keyes 发表了一篇关于“电子器件的小型化及其限制”的综述性评述文章，图 6.5.14 是这篇文章中的部分数据。图 6.5.14(a)展示了晶体二极管中包含掺杂物数目随年份的调查报告，可以看出，如果这种趋势继续下去，电子器件尺寸将达到原子的量级，其工作原理将只涉及少数几个电子的行为，因而计算必将在原子尺度下进行，不可避免地出现量子效应，因而它所遵循的经典物理规律不再适用，必须用量子力学的规律来描述。因此另辟蹊径发展利用量子效应原理的新型纳米电子器件，如单电子晶体管、共振隧穿器件、分子电子器件、自旋电子器件等，是克服这一极限的途径之一。另一方面，图 6.5.14(b)展示了执行一个逻辑操作所需能耗随年代指数减少的情况，最终也将达到不可逆操作所需的 $k_B T$ 量级极限。1961 年，Landauer 指出了经典计算的这个限制，并强调可逆操作原则上没有热耗散。现在我们已经看到的摩尔定律的减速，基本原因也正是微处理器的热耗散问题。尽管当前微处理器的热耗散依然处在最终物理极限之上很远，然而进一步减少热耗散变得越来越困难。在量子力学中，量子系统的演化本身就是可逆的，因而很自然地实现原则上没有热耗散的可逆操作。因此，另一种更广泛的克服经典计算中根本物理极限的途径是使用量子态(如电子自旋)来编码现在电子计算机(称经典计算机)中的二进制信息，利用量子力学原理处理和操控信息的方式，建造新型的量子计算机。摩尔定律与可逆计算的研究为量子计算机的发展奠定了基础。器件微型化将微电子技术带入了纳米领域，这一方面对半导体器件的发展提出了多方面的挑战，同时也为开发新型的器件提供了机遇。

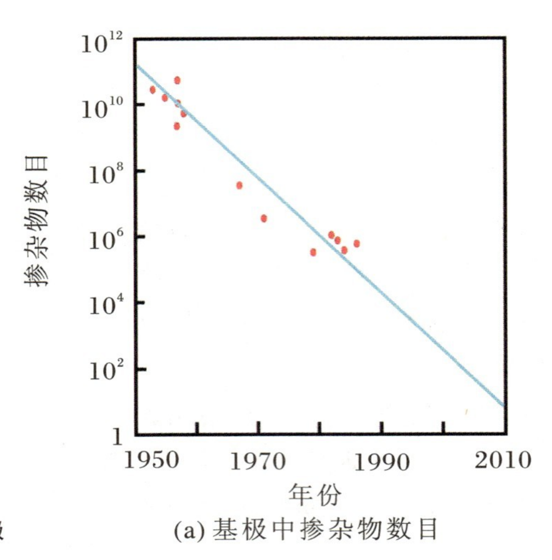

(a) 基极中掺杂物数目

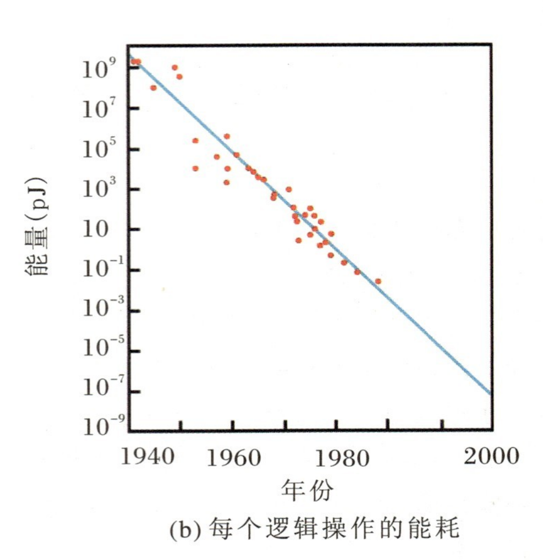

(b) 每个逻辑操作的能耗

图 6.5.14 晶体二极管特性随年份的变化

经典计算机将信息编码在经典载体上，以比特(bit)作为信息单元，一个比特可以表示为具有两个可识别状态的抽象实体，如是或非、真或假、0 或 1，一般采用二进制数据位，每一个二进制数据位 0 或 1 表示一比特信息(物理上可用高低电压或有无电荷实现)。而量子计算机将信息编码在量子载体上，采用量子比特(qubit)或量子位作为信息单元，是比特的量子推广，可用一个两态量子系统来编码，如两种偏振态的光子(水平和垂直偏振)、磁场中自旋 1/2 的粒子(自旋向上和向下)、两能级的原子或离子(基态和激发态)以及任何量子系统的空间模式等等。量子计算中信息的处理都遵循量子力学规律，形成了量子信息区别于经典信息的基本特性，如量子叠加性(量子并行计算的重要物理基础)、量子相干性、量子纠缠和非局域性等。量子信息处理在提高运算速度、确保信息安全、增大信息容量和提高检测精度等方面具有突破现有经典信息系统极限的能力。

建造一台实用的量子计算机关键在于怎样精确地控制可实现量子计算的物理体系的量子行为。法国物理学家 Serge Haroche 和美国物理学家 David J. Wineland正是由于他们发展了控制和测量单量子体系开创性的实验方法而获得了 2012 年诺贝尔物理学奖。目前已提出的可实现量子计算的物理体系，包括核磁共振、囚禁离子、腔电动力学、量子点、硅基中磷核的 Kane 方案、金刚石氮-空位缺陷、掺杂富勒烯和超导 Josephson 结等。各种固态实现方案具有易于集成和规模化，特别是能够借鉴现在十分成熟的微电子技术等优势，因此被视为很有潜力的实现量子计算的物理体系。许多人相信，造就现代数字电子计算机的固体物理学，可能最终给出量子计算机硬件。

第 7 章　原子核物理概论

原子由原子核和核外电子构成，在前4章中我们论述了原子核和核外电子是如何构成原子的，原子的能级结构、光谱规律和元素的物理化学性质是怎么样的。在那里，原子核和原子是两个泾渭分明的层次。除了极个别情况（例如原子的超精细能级结构），在原子分子物理和固体物理中，我们都把原子核当成一个只提供质量和正电荷的点粒子来处理。由于原子核大小只有10^{-14} m，因此以原子、分子和晶格的尺度来看，把原子核当成点粒子是个很好的近似。但是，随着人类认识水平的提高，在更深的层次来看，把原子核当成一个点粒子处理就不合适了。本章就讨论原子核的基本结构和性质，并给出原子核衰变和放射性的一般规律及核能利用的基本原理。

7.1 原子核的基本性质

原子核在人类面前初现端倪，可追溯至1896年贝克勒尔发现的铀盐放射性。但是确认原子核的存在，要归功于1911年卢瑟福的α粒子散射实验及他随后提出的行星模型。认识到原子核有结构，也即原子核由更基本的粒子（质子和中子）组成，则是缘于卢瑟福的构想。该构想的实验认定，则归功于查德威克，他于1932年发现了中子，从而也宣告了原子核物理学这一新学科的诞生。

7.1.1 原子核的组成和分类

原子核由质子和中子组成，其中质子带一个单位正电荷，中子不带电荷。质子和中子统称为核子，二者的质量几乎相同，分别为：$m_p = 938.2720813(58)$ MeV/c^2和$m_n = 939.5654133(58)$ MeV/c^2。由1.1节的知识可知，原子量的单位1 u = 931.4940947(57) MeV/c^2。可见，质子和中子的质量都与一个单位的原子量十分接近。因此，在以原子量为单位量度原子核的质量时，其数值都接近于整数。引入原子核的质量数A，它是一个整数，其数值等于质子数Z和中子数N的和，即$A = Z + N$。原子核的质量与其质量数十分接近。

小知识：原子核质量的测量

原子核质量的测量是原子核物理的重要研究内容之一。早期人们利用带电粒子在磁场中的偏转来测定原子核（或离子）的质量（离子质量减去它所包含电子的质量即为原子核的质量），进而证实自然界存在的几乎所有元素都有同位素。阿斯顿因此而荣获了1922年的诺贝尔化学奖。随着实验技术的进步，

人们更多地利用飞行时间方法和离子阱方法来测量原子核的质量[①]，且实验测量的精度越来越高，可达 10^{-7}。但是前面提及的实验技术都只是测量稳定原子核的质量。大量短寿命的非稳定原子核质量的测量始终是原子核物理的一个难以克服的难题，这一难题在重离子冷却储存环出现之后出现了转机。目前利用重离子冷却储存环测量放射性核素的质量，已经是这一领域的研究重点，而随着我国兰州重离子冷却储存环的建成并投入使用，我国在这一领域已经取得了一些突破[②]。

人们通常把具有给定质子数 Z 和中子数 N 的一类原子核所组成的元素叫作核素。显然，同一种核素具有相同的质子数和质量数。目前，人类发现的核素已达2000多个，其中天然存在的核素有300多个（包含280多个稳定核素和60多个长寿命的放射性核素），而人工合成的核素占了绝大多数，有1600多个。这么多的核素显然我们要给它们取不同的名字，这就是核素的标记，记为 ${}^{A}_{Z}\mathrm{X}_{N}$。这里，X是元素符号，Z、N 和 A 分别表示核素中的质子数、中子数和质量数。

按照核素中质子数、中子数及质量数的不同，可以把核素分为以下几类：

（1）同位素：质子数 Z 相同而中子数 N 不同的核素。例如 ${}^{1}\mathrm{H}$（氢）、${}^{2}\mathrm{D}$（氘）和 ${}^{3}\mathrm{T}$（氚）就是同位素，${}^{235}\mathrm{U}$ 和 ${}^{238}\mathrm{U}$ 也是同位素。

（2）同中子素：中子数 N 相同而质子数 Z 不同的核素。例如 ${}^{37}\mathrm{Cl}$、${}^{38}\mathrm{Ar}$、${}^{39}\mathrm{K}$ 和 ${}^{40}\mathrm{Ca}$。

（3）同量异质素：质量数相同而中子数和质子数都不相同的核素。例如 ${}^{40}\mathrm{Ar}$、${}^{40}\mathrm{K}$ 和 ${}^{40}\mathrm{Ca}$。

（4）同质异能素：质量数 A 和质子数 Z 都相同而能量状态不同的核素。例如 ${}^{60}\mathrm{Co}$ 和 ${}^{60m}\mathrm{Co}$。显然，同质异能素是指处于不同核能态的同一种核素。例如 ${}^{60}\mathrm{Co}$ 处于核基态而 ${}^{60m}\mathrm{Co}$ 处于核激发态，只不过该核激发态的寿命很长而已。

由元素符号可知原子核的质子数，而由质量数 A 和质子数 Z 可知 $N=A-Z$，所以在这里核素并没有严格按照 ${}^{A}_{Z}\mathrm{X}_{N}$ 的形式标记。

7.1.2　原子核的大小、密度

由第1章的卢瑟福散射实验可知，原子核的尺寸在 $10^{-15}\sim10^{-14}$ m。实际上，描述原子核的半径有一个经验公式：

---

① 周小红，严鑫亮，涂小林，等. 原子核质量的高精度测量[J]. 物理，2010，39(10)：659－665.

② Tu X L，Xu H S，Wang M，et al. Direct mass measurements of short－lived A＝2Z－1 nuclides Ge－63，As－65，Se－67，and Kr－71 and their impact on nucleosynthesis in the rp process[J]. Phys. Rev. Lett.，2011，106(11)：112501.

$$R = r_0 A^{1/3} \tag{7.1.1}$$

这里 $r_0 = 1.2$ fm。

与原子中电子云有一个空间分布不同,绝大多数原子核有一个相对清晰的边界。因此,可以很容易求出原子核的密度:

$$\rho = \frac{M}{V} = \frac{A/N_A}{\frac{4}{3}\pi R^3} = \frac{3A}{4\pi r_0^3 A N_A} \approx 2 \times 10^{17}(\mathrm{kg/m^3}) \tag{7.1.2}$$

由公式(7.1.2)可以很容易看出,原子核的密度是一个与质量数 A 无关的常数,也即不同原子核的密度近似为一个常数。

原子核的密度极高。我们知道,一粒米的体积约为 10 $\mathrm{mm^3}$,如果有一粒米大小的一个原子核,其质量可达 200 万吨!这也说明原子核是质量高度集中的地方,这也是我们在第 1 章中为什么说原子的绝大多数质量都集中在原子核的原因。

小知识:中子星

当恒星演化到末期,经由引力坍塌发生超新星爆炸后,就有可能形成中子星。中子星形成的原因就在于恒星遭受剧烈的压缩,使其组成物质中的电子并入质子,进而使质子转化成中子。这样,整个星球基本上都是由中子组成的。中子星的密度在 8×10^{16} $\mathrm{kg/cm^3}$ 至 2×10^{18} $\mathrm{kg/cm^3}$ 之间,与原子核的密度相当。

小知识:晕核

如前所述,绝大多数原子核都具有比较清晰的边界,其大小可由公式(7.1.1)描述。但是,从上世纪 80 年代以来,人们发现存在一些例外,例如在丰中子区或丰质子区的一些原子核,像 ^{11}Be 和 ^{8}B,具有晕结构。这里以 ^{11}Be 为例说明,它可以看成是一个中子和一个常规意义上的 ^{10}Be 核组成的系统,该中子在 ^{10}Be 核的势场中运动。这一图像与原子中电子在原子核的势场中运动类似,可以很容易想到该中子肯定处于定态,且它的波函数像原子中电子波函数一样是弥散的。由于中子在空间的分布密度就是其空间波函数的模方,因此它是稀薄地分布在 ^{10}Be 核的周围,像一层晕一样笼罩着 ^{10}Be 核,这也是晕核这一名称的由来。晕核的半径远大于公式(7.1.1)预言的原子核半径,例如 ^{11}Be 的均方根半径为 6 fm,远大于公式(7.1.1)预言的 2.7 fm。由于 ^{11}Be 核最外面的核子是一个中子,因此它是单中子晕核。类似地,^{8}B 是单质子晕核。其他情况还有双中子晕核 ^{11}Li 和双质子晕核 ^{17}Ne 等。作为一个微观系统,晕核还有激发态结构,例如 ^{11}Be 的第一激发态的激发能为 320 keV。随着实验技术的进步,国际上许多加速器都建有放射性束流线,这为非稳定的晕核研究提供了极好的实验平台,使得晕核的研究成为了原子核物理的一个重要方向和热点。我国兰州重离子加速器也建有放射性束流线。

7.1.3 原子核的磁矩和电四极矩

在 3.5 节阐述原子的超精细结构中我们已经提及，原子核有自旋磁矩和电四极矩。但是与电子自旋只是电子的内禀属性不同，原子核是有结构的。原子核的自旋指的是原子核中核子的自旋及核子之间各种复杂的相对运动的角动量之和。当然，原子核的自旋也是原子核固有的，与原子核的外部运动无关。

与电子一样，组成原子核的质子和中子都具有自旋，且质子和中子的自旋都是 $\hbar/2$，为费米子。质子带有正电荷，考虑到它具有自旋，因此很容易理解质子具有磁矩：

$$\vec{\mu}_{\mathrm{p}} = g_{\mathrm{p}} \frac{\mu_N}{\hbar} \vec{s}_{\mathrm{p}} \tag{7.1.3}$$

这里 $\mu_{\mathrm{N}} = \dfrac{e\hbar}{2m_{\mathrm{p}}} = 3.152 \times 10^{-8}\ \mathrm{eV/T}$ 是核的玻尔磁子，简称核磁子。由于质子的质量是电子质量的 1836 倍，所以核磁子约为电子玻尔磁子的 1/1836。$g_{\mathrm{p}} = 5.5857$ 是质子自旋的 g 因子，而 $\vec{s}_{\mathrm{p}}$ 是质子的自旋角动量。

中子也具有磁矩：

$$\vec{\mu}_n = g_n \frac{\mu_N}{\hbar} \vec{s}_n \tag{7.1.4}$$

这里 $g_n = -3.8260$ 是中子的自旋 g 因子，而 $\vec{s}_n$ 是中子的自旋角动量。中子具有磁矩非常出乎人们的意料，这是因为中子不带电，它理应不具有磁矩。中子具有磁矩这一事实说明，中子内部具有电荷分布的结构，而这部分内容我们将放在第 8 章中讨论。

类似于原子中电子的轨道角动量和自旋角动量耦合出原子的总角动量，原子核中所有核子的自旋角动量和轨道角动量耦合出原子核的总角动量 $\vec{I}$，而原子核的总角动量 $\vec{I}$ 称为原子核的自旋。与原子核自旋角动量对应，原子核具有磁矩为

$$\vec{\mu}_I = g_I \frac{\mu_{\mathrm{N}}}{\hbar} \vec{I} \tag{7.1.5}$$

这里 g_I 是原子核的 g 因子。$\vec{I}$ 为原子核的自旋角动量：

$$\vec{I}^2 = I(I+1)\hbar^2 \tag{7.1.6}$$

其 z 分量为

$$I_z = m_I \hbar, \quad m_I = I, I-1, \cdots, -I \tag{7.1.7}$$

定义核磁矩的大小：

$$\mu_I = g_I \mu_N I \tag{7.1.8}$$

这里 I 是源自原子核的自旋量子数。我们在 3.5 节中已经指出，原子核磁矩与原子磁矩的耦合导致了原子超精细结构的出现。在 3.5 中提及的原子核磁矩，就如式(7.1.5)所示。

原子核的自旋量子数 I 只能取整数和半整数，其取值具有一定的规律性：① 偶偶核（质子数和中子数皆为偶数）的自旋量子数 I 为 0，例如 ${}^4_2\mathrm{He}_2$、${}^{16}_8\mathrm{O}_8$ 和 ${}^{238}_{92}\mathrm{U}_{146}$ 的核自旋为 0；② 奇偶核（质子数和中子数一个为奇数，一个为偶数）的自旋量子数都是半整数，例如 ${}^7_3\mathrm{Li}_4$ 的核自旋为 3/2，${}^{13}_6\mathrm{C}_7$ 的核自旋为 1/2；③ 奇奇核（质子数和中子数皆为奇数）的自旋量子数都是整数，例如 ${}^{14}_7\mathrm{N}_7$ 的核自旋为 1，${}^{60}_{27}\mathrm{Co}_{33}$ 的核自旋为 5。

在原子物理中，绝大多数情况下我们都把原子核当作一个点粒子处理。但是，如果放在较小的尺度例如 10^{-15} m 来看，原子核是有大小和形状的。如果原子核的形状是球形，由电磁学的理论可知，从原子核外面看它相当于一个点电荷。相应的距球心 r 处的电势为 $k\dfrac{q}{r} = \dfrac{k}{r}\int \rho \mathrm{d}V$。这里 ρ 为原子核的电荷密度分布，$\mathrm{d}V$ 代表对原子核体积的积分。这种情形相当于点电荷的电势，与我们在前面原子物理中把原子核当成一个带电荷的点粒子的假设一致。

但是，实验事实表明，相当一部分原子核的形状略偏离球形，为具有轴对称性的旋转椭球。可以证明，这种形状的原子核没有电偶极矩，但具有电四极矩 Q：

$$Q = \frac{1}{e}\int \rho (3z^2 - r^2) \mathrm{d}V = \frac{2}{5} Z [c^2 - a^2] \tag{7.1.9}$$

这里 Z 为原子核所携带的电荷数。c 为对称轴（即旋转轴 z）方向的半轴长，a 为垂直于对称轴的最大截面的半径。Q 的单位为靶(b)，$1\ \mathrm{b} = 10^{-24}\ \mathrm{cm}^2$。

原子核的电四极矩 Q 一般很小，且对于 $I = 0$ 或 1/2 的原子核其电四极矩为 0。只有一些稀土原子核和超铀原子核才有显著大的 Q。

7.1.4 原子核的宇称

在 2.10 节我们已经指出，原子的宇称指的是原子波函数关于原点的反演对称性，原子态具有确定的宇称。原子核的情况也类似，它也具有确定的宇称，

只不过判断原子核宇称奇偶性的波函数是原子核的波函数。由于质子和中子的内禀宇称为偶宇称，原子核的宇称由轨道波函数的宇称决定。在不涉及原子核的集体运动时，可近似认为原子核的波函数 Ψ 表述为 $\Psi = \Psi_1 \Psi_2 \Psi_3 \cdots$，这里 Ψ_1、Ψ_2、Ψ_3、…分别是各核子的轨道波函数。因此，原子核的宇称 P 由各核子轨道波函数的宇称决定：

$$P = (-1)^{\sum_i l_i} \tag{7.1.10}$$

这里 l_i 是各核子的轨道角动量。通常以符号 I^P 表示原子核的自旋和宇称。例如，${}^{17}_{8}O_9$ 基态的自旋和宇称为$5/2^+$，而${}^{209}_{83}Bi_{126}$ 基态的自旋和宇称为$9/2^-$。需要说明的是，偶偶核的宇称为正。

7.2 核力和壳层模型

既然原子核由质子和中子组成，考虑到质子-质子之间极强的库仑排斥力，那么是什么样的力把核子结合成原子核呢？核子组成原子核又遵循什么样的规律呢？这正是本节要讨论的内容。

7.2.1 核力

我们可以粗略估算一下，如果把两个质子约束在10^{-15} m 的尺度内（例如 ${}^4He$），那么质子-质子之间的排斥能将达到 1.44 MeV，远大于我们原子物理中接触到的 eV 量级的能量。显然，有一种比库仑力大得多的作用力存在于核内，它除了可以抵消质子-质子之间的库仑排斥力之外，还可以把质子紧紧地束缚在一起。这种把核子结合成原子核的力就是核力。虽然人类已经积累了大量关于核力的知识，但是到今天为止，我们还不能给出一个核力的基本公式，只能勾画出核力的概貌。

1. 强相互作用力

核力是一种强相互作用力，其作用强度大约比电磁力的强度大两个数量级，因此它能够抵消原子核中质子-质子之间的库仑排斥力，并把核子束缚在一起。强相互作用力是已知四种基本相互作用力中的一种。

2. 短程性和饱和性

核力的力程是 fm 量级，具有短程性。核力在核子间距 1～2 fm 时表现为强吸引力，在核子间距大于 2 fm 后急剧下降而消失。因此可大致认为核力在 0.5～2 fm 范围内是吸引力。在核子间距小于 0.5 fm 时，核力表现为强排斥力，称为排斥芯。

正因为核力具有短程性，它的力程甚至比中、重原子核的尺度还小，所以核子只与它周围的一些核子发生相互作用。与核力作用类似的是液体分子之间的相互作用，一个液体分子只与周围少数分子发生相互作用。因此，与液体分子间的作用力具有饱和性一样，核力也具有饱和性。核力的饱和性对原子核的结合能有重要的影响。

3. 核力的电荷无关性

海森伯于 1932 年提出，质子与质子、中子与中子以及质子与中子之间的核力都相等，也即核力的大小与核子带不带电荷无关，这被称为核力的电荷无关性。海森伯的假设为后来的实验所证实。考虑到核力的电荷无关性及质子和中子的质量十分接近，再联系到质子和中子的自旋都是 1/2，海森伯建议把中子和质子看成是同一种粒子的两种不同电荷态，并引入了同位旋来描述核子的这两种状态。质子和中子的同位旋 I（请别把它和自旋弄混！）都是 1/2，只不过它们对应的同位旋第三分量 I_3（类似于自旋的 z 方向的分量）不同，质子和中子的 I_3 分别为 1/2 和 −1/2。

4. 核力存在非中心力成分

核力以中心力作用为主，但也存在少量的非中心力。核力的这一性质是在分析实验数据的基础上发现的。

核力具有以上这些性质，但这些性质是由实验总结出来的，是一种唯象理论，并不能解释产生这些性质的根本原因。1935 年，汤川秀树类比于电磁力，提出了核力的介子场论：核子间的相互作用是由于核子之间交换虚介子而产生的。虽然汤川的理论能够解释产生核力的某些性质的更根本原因，但用它解决核力问题仍存在很多困难。限于本教材的篇幅，在此不做过多介绍。

7.2.2 壳层模型

在原子物理中我们了解到，人们在认识到原子可分以后，就迫切地想知道电子与原子核是如何构成原子的。原子核物理的情形也类似，既然原子核是由质子和中子组成的，那么质子和中子是如何构成原子核的呢？在原子核内核子

是如何运动的呢？这是原子核物理发展早期人们迫切想要知道的内容。

随着实验知识的积累，人们认识到，自然界存在一系列的幻数核，也即质子数或中子数为2、8、20、28、50、82及中子数为126的原子核特别稳定。这些神奇的数字使人们感到迷惑（这也是为什么这些数字被称为幻数的原因），但是人们也认识到这些数字背后潜藏着深刻的物理规律，尤其是当联想到原子的壳层模型的时候。为此，人们做了不懈的努力。

考虑到原子核中不存在对称中心，人们假设核内的每一个核子都在其他核子的平均中心势场中做相对独立的运动，这类似于原子中的中心势近似。同时假设该中心势场的形式为

$$V(r)=\begin{cases}-V_0, & r<R\\ 0, & r\geqslant R\end{cases}$$

进而求解核子运动的薛定谔方程。在要求核子的波函数在 $r>R$ 处为0的条件下，得到了以径向量子数 ν 和角向量子数 l 刻画的一系列能级和径向波函数，且与 l 对应有 $2l+1$ 个简并态。对于角量子数 $l=0$、1、2、3、…的能态我们仍以s、p、d、f、…符号表示。这样核子能级从低到高的排列次序为1s、1p、1d、2s、1f、2p、1g、…，这里左边的数字表示 ν。再考虑到核子的自旋是1/2，因此在中心场近似下给出的1s、1p、1d、2s、1f、…轨道上分别可以填充2、6、10、2、14、…个核子，相应给出的幻数为2、8、18、20、34、…。可见，中心势近似下能够解释部分幻数2、8和20，但不能导出幻数28、50、82和126。进一步的理论研究发现，调节势函数的具体形式对核子能态的排列次序影响不大，也无法解释幻数28、50、82和126存在的实验事实。

1949年，梅耶夫人和简森在原子核的壳层模型上迈出了关键性的一步。他们在势阱中加入了核子的自旋-轨道耦合项，并引入了总角动量量子数 $j=l\pm1/2$（$l=0$ 时只有 $j=1/2$ 项）来描述分裂的两个能级。由于原子核的自旋-轨道作用比原子的强得多，导致分裂的两个能级之间能级差很大，而这个差值还会随 l 的增加而增大，进而改变由中心场近似得到的能级次序。图7.2.1给出了考虑自旋-轨道耦合后的核能级分裂情况。

根据泡利不相容原理，给定（ν,l,j）的支壳层最多可以填充 $2j+1$ 个核子，且填充过程中遵循能量由低到高的原理，进而形成了原子核的壳层结构。这也是幻数20、28、50、82和126出现的原因，如图7.2.1所示。梅耶夫人和简森因原子核的壳层模型而荣获1965年的诺贝尔物理学奖。

需要说明的是，原子核内的质子和中子各有一套如图7.2.1所示的能级，且在核子数大于50时二者给出的能级次序有所不同。这是因为质子-质子之间存在库仑排斥力，导致质子的能级比相应的中子能级要高。

原子核的壳层模型在解释幻数和原子核的基态性质例如自旋、磁矩、宇称等方面比较成功。例如对于偶偶核，其宇称为偶，且同一能级中的两个成对核子的角动量大小相同、方向相反，因此总角动量和总磁矩也为零。这一理论预言与实验观测相符。对于奇 A 核，与原子中基态由最外层电子的电子组态决定一样，原子核的基态性质也由最后填充的那个奇核子所处能级的 l 和 j 决定。例如${}^{7}_{3}\mathrm{Li}_{4}$ 核由 3 个质子和 4 个中子组成，而最后一个质子处于 $1\mathrm{p}_{3/2}$ 能级。所以其基态自旋为 3/2，宇称为负。

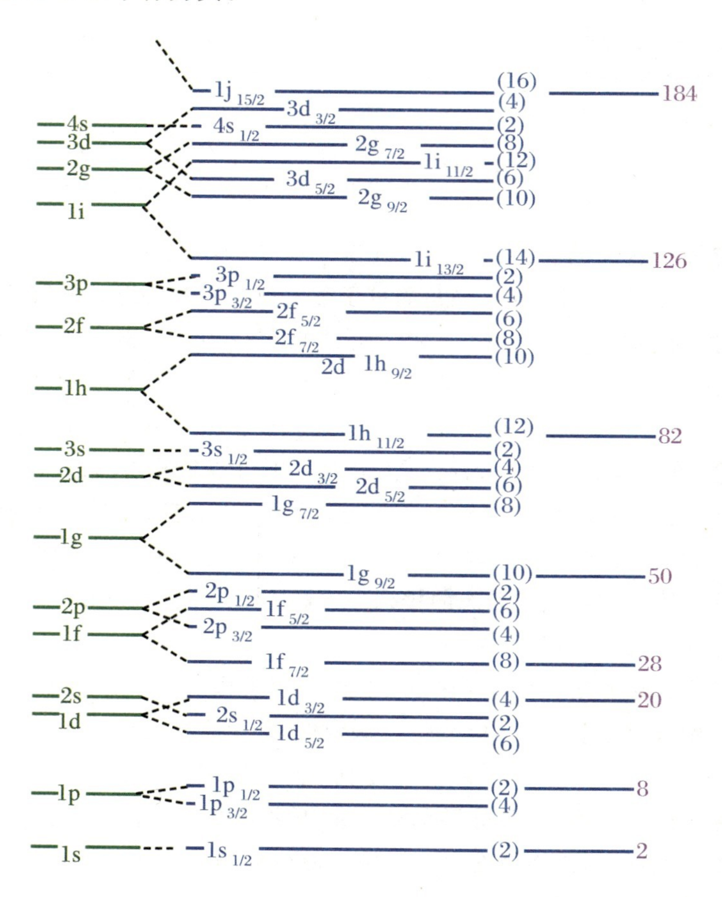

图 7.2.1　自旋-轨道耦合引起的能级分裂及幻数

壳层模型在处理原子核基态性质上是比较成功的，但它也有其自身的不足。这是因为该模型把核子当成一个在平均场中运动的独立粒子，这显然极大地简化了真实情况。除了壳层模型之外，还有几种原子核的结构模型。例如液滴模型、费米气体模型、集体模型等，各种核结构模型都有其自身的成功之处，但也有其局限性，在此不一一论述。

7.3 原子核衰变

迄今为止发现的2000多种核素中，绝大多数都是不稳定的，它们能够自发地放出射线，衰变为另一种核素，这种现象称为放射性衰变。衰变时放出的能量称为衰变能。

7.3.1 放射性衰变的类型

放射性衰变是由贝克勒尔于1896年发现的，随后人们认识到放射性衰变可分为α、β和γ衰变。其中α衰变放出的粒子是氦的原子核，β衰变放出的是带负电的电子和反中微子或带正电的正电子和中微子，γ衰变放出的是中性的高能γ光子。当然还有其他的放射性衰变，例如质子衰变、^{14}C衰变等，但这一类的衰变比较少见。

α、β和γ三种射线的性质不同。其中α射线能使气体电离，但其穿透本领很弱，一张纸就足以把它挡住。β射线的电离本领较弱，但其穿透本领较强，挡住它可能需要一定厚度的铝板。γ射线的电离本领最弱，但其穿透本领最强，挡住它往往需要较厚的铅砖。

1. α衰变

原子核的α衰变，可以表示为

$$ {}_{Z}^{A}\mathrm{X} \to {}_{Z-2}^{A-4}\mathrm{Y} + \alpha \tag{7.3.1}$$

这里X为母核，Y为子核。由于α粒子是氦的原子核，带两个质子和两个中子，因此子核与母核相比，质子数减少了2，质量数减少了4。α衰变是一种常见的衰变方式，例如：

$$ {}_{92}^{238}\mathrm{U} \to {}_{90}^{234}\mathrm{Th} + \alpha $$

$$ {}_{88}^{226}\mathrm{Ra} \to {}_{86}^{222}\mathrm{Rn} + \alpha $$

根据能量守恒定律，发生自发α衰变的条件是公式(7.3.1)所示的过程为放能反应，也即衰变能大于0。如果母核、子核和α粒子的质量分别为m_X、m_Y和m_α，则α衰变放出的能量为

$$E_0 = [m_X - (m_Y + m_\alpha)]c^2 \tag{7.3.2}$$

因此，α 衰变的条件就是 $\Delta E>0$。由于许多核素表中给出的是原子质量，考虑到母核原子所带的电子数等于子核原子和氦原子所带电子数之和，且忽略掉原子中电子束缚能的微小差异，公式(7.3.2)中的原子核质量 m 可用原子质量 M 取代。

考虑到原子核是一个微观系统，其能量是量子化的，因此 α 衰变过程中放出的 α 粒子的能量也是量子化的。如果 α 衰变过程中的子核处于基态，则 α 粒子的能量可由公式(7.3.2)及能动量守恒计算出来：

$$E_\alpha \approx \frac{A-4}{A}E_0 \tag{7.3.3}$$

这里 A 是母核的质量数。如果子核处于激发态，显然公式(7.3.2)中的能量要减去子核内部的激发能，因而 α 粒子的动能要小于(7.3.3)式给出的结果，但是也是量子化的。因此，α 衰变放出的 α 粒子具有分立的能量。

2. β 衰变

β 衰变可分为 β^- 衰变和 β^+ 衰变，它们分别发射电子和正电子，相应的过程可表示为

$$^A_Z X \to {}^{A}_{Z+1}Y + e^- + \bar{\nu}_e \tag{7.3.4}$$

$$^A_Z X \to {}^{A}_{Z-1}Y + e^+ + \nu_e \tag{7.3.5}$$

这里 $\bar{\nu}_e$ 和 ν_e 分别为反电子中微子和电子中微子。由于反电子中微子和电子中微子的静止质量非常小，与 α 粒子衰变类似，可以给出 β^- 和 β^+ 衰变的条件为

$$\beta^- \text{ 衰变}: E_0 = (M_X - M_Y)c^2 > 0 \tag{7.3.6}$$

$$\beta^+ \text{ 衰变}: E_0 = (M_X - M_Y - 2m_e)c^2 > 0 \tag{7.3.7}$$

这里 M 分别代表对应原子的质量。在推导公式(7.3.6)和(7.3.7)的过程中，已经考虑了母核和子核所对应原子携带电子数目的差异。β^- 衰变和 β^+ 衰变的实例如下：

$$^{210}_{83}Bi \to {}^{210}_{84}Po + e^- + \bar{\nu}_e$$

$$^{22}_{11}Na \to {}^{22}_{10}Ne + e^+ + \nu_e$$

需要说明的是，虽然 β 衰变过程中放出的能量也是量子化的，但是由于 β 衰变过程中衰变能在两个出射粒子之间分配，导致单独任何一个粒子的能谱都是连续谱，这与 α 衰变的分立能谱很不一样。由于中微子和反中微子与物质发生相互作用的截面极低，人们在早期研究 β 衰变时并没有意识到中微子的存在，实验只能探测到电子及其能谱。β 衰变中电子能谱的连续特性曾经困扰了人们

很多年,直到泡利于 1930 年提出中微子假设才得以解决。

3. γ 衰变

γ 衰变的实质就是处于激发态的原子核放出光子而退激发的过程:

$$ {}_Z^A X^* \rightarrow {}_Z^A X + \gamma \tag{7.3.8} $$

考虑到能量守恒,γ 衰变的辐射能 E_0 为

$$ E_0 = E_\gamma + E_R = h\nu + E_R \tag{7.3.9} $$

这里 E_γ 为 γ 光子的能量,E_R 为核素的反冲动能。考虑到光子的动量为 $h\nu/c$ 及动量守恒,则核素的反冲动能为

$$ E_R = \frac{1}{2}mv^2 = \frac{(h\nu)^2}{2mc^2} \tag{7.3.10} $$

如果反过来,我们用 γ 光子把核素从基态激发到激发态,则核素在吸收光子的时候,考虑到能量和动量守恒,核素也要带走一部分动能,这一部分能量也为$\frac{(h\nu)^2}{2mc^2}$。因此 γ 衰变时放出 γ 光子的能量为

$$ E_{\gamma 1} = E_0 - E_R \tag{7.3.11} $$

而核素共振吸收时需要入射 γ 光子的能量为

$$ E_{\gamma 2} = E_0 + E_R \tag{7.3.12} $$

显然二者的能量差为 $2E_R$。考虑到核能级的自然线宽极窄,γ 衰变放出的 γ 光子一般不可能被同类核素共振吸收。

1958 年,德国物理学家穆斯堡尔把放射性核素固定在晶体中,发现在 γ 射线的发射和吸收过程中,遭反冲的将不再是单个原子核,而是整块晶体。由于此时晶体的 m 非常大,所以 $E_R \rightarrow 0$。通过这种方法,人们就可以测量核素的共振吸收,这称为穆斯堡尔效应。穆斯堡尔效应的测量精度极高,它在精密测量方面有非常重要的应用,例如引力红移的实验证实。除此之外,穆斯堡尔效应还在物理、化学、生物、地质、冶金等方面有着重要应用。

7.3.2 放射性衰变的基本规律

放射性衰变是量子系统的跃迁过程,它必然遵循统计规律。具体到一个原子核,它在哪一个时刻衰变,完全是偶然的,我们无法准确预测。但是对于大量

的放射性原子核，其数目随时间的减少遵循指数衰减规律：

$$N(t) = N_0 e^{-\lambda t} = N_0 e^{-t/\tau} \tag{7.3.13}$$

这里λ是衰变常数，它代表一个原子核在单位时间内发生衰变的概率。而

$$\tau = \frac{1}{\lambda} \tag{7.3.14}$$

代表放射性核素的平均寿命。在放射性中常用半衰期 T 这一物理量，它是指放射性核素衰变为原有原子核数目一半时所需要的时间：

$$\frac{N_0}{2} = N_0 e^{-\lambda T}$$

$$T = \frac{\ln 2}{\lambda} = \frac{0.693}{\lambda} \tag{7.3.15}$$

放射性核素的半衰期长短不一，有的放射性核素半衰期非常长，例如^{238}U，其半衰期长达 4.468×10^9 年，以至于在自然界中就存在这种长寿命的放射性核素。有的放射性核素的半衰期很短，例如^{8}Be，只有 7×10^{-17} s。这种短寿命的核素在自然界中是不存在的，只能通过人工的方式合成它。

为了表示放射源放射性的强弱，人们引进了放射性活度这一物理量，它定义为单位时间内发生衰变的原子核数目 $-\mathrm{d}N/\mathrm{d}t$，以 A 表示。由公式(7.3.13)，有

$$A = -\frac{\mathrm{d}N}{\mathrm{d}t} = \lambda N = \lambda N_0 e^{-\lambda t} = A_0 e^{-\lambda t} \tag{7.3.16}$$

显然，放射性活度也遵循指数衰减规律。由式(7.3.16)可知，放射源放射性的强弱除了与衰变常数 λ 有关外，还与 t 时刻放射性物质的量 $N(t)$有关。自然界中几乎不存在短寿命(λ 大)的核素，而长寿命核素的 λ 又十分小，所以只要不是人为富集放射性核素，我们所处环境中的放射性活度还是十分低的，对我们的健康也没有什么影响，这也是大自然的神奇之处。

放射性活度的国际单位是贝克勒尔 Bq：

$$1\text{Bq} = 1\ \text{次衰变} / \text{秒} \tag{7.3.17}$$

但 Bq 这一单位太小了，所以常用的放射性活度单位还有居里(Ci)、毫居里(mCi)和微居里(μCi)：

$$1\ \text{Ci} = 10^3\ \text{mCi} = 10^6 \mu\text{Ci} = 3.7 \times 10^{10}\ \text{次核衰变} / \text{秒} \tag{7.3.18}$$

需要说明的是，放射性活度是单位时间内发生的核衰变次数，它与单位时间内放出的粒子数并不一一对应。例如^{60m}Co一次衰变放出1个β粒子和约两个γ光子，所以1 Ci的^{60m}Co源每秒钟放出3.7×10^{10}个β粒子和7.4×10^{10}个γ光子。

思考题：短寿命放射性核素半衰期的实验测量相对简单，利用其指数衰减规律即可。而长寿命放射性核素例如^{238}U的半衰期应该怎么测量？

7.3.3 放射性的应用

放射性可损伤人体，存在着有害性的一面，这个我们放在7.5节讨论。放射性也可以为人类所利用，存在有利的一面，例如它可用于癌症的治疗。本节我们将讨论放射性应用的几个方面。

1. 放射性^{14}C鉴年法

我们的地球时刻都处在外太空宇宙射线的照射中，质子占了宇宙射线的绝大部分(89%)，且其流强相对恒定。这些质子会与大气中的原子核发生反应，产生次级中子，而这些次级中子会进一步与大气中的^{14}N反应生成^{14}C：

$$n + {}^{14}N \rightarrow {}^{14}C + p$$

^{14}C是不稳定的，它可通过β^-衰变成^{14}N：

$${}^{14}C \rightarrow {}^{14}N + e^- + \bar{\nu}_e$$

^{14}C的半衰期为5730年。由于大气中^{14}N的含量比较稳定，所以^{14}C的产生率恒定。^{14}C一方面在不断产生，另一方面也在不断衰变，在地球的漫长历史中很早就达到了动态平衡，进而导致地球大气中^{14}C和^{12}C的比一直维持在1.3×10^{-12}。对于活着的生命体而言，它们通过新陈代谢不断与大气中的碳元素进行交换，因此活体中的^{14}C和^{12}C的比值也为1.3×10^{-12}。生命体死亡后，它就终止与外界的碳交换，此后其机体中^{14}C则会随着时间的延长而不断衰变，导致^{14}C和^{12}C的比值不断下降。因此，通过测量古代生物遗骸中^{14}C的含量，就可以测量出生物的死亡时间，这就是^{14}C鉴年法。美国科学家利比(W. F. Libby)因提出^{14}C鉴年法而荣获1960年诺贝尔化学奖。

【例 7.3.1】今测得古墓棺椁中 100 g 碳的活度为 20 Bq，求此墓的年代。

【解】由公式(7.3.16)可知，^{14}C 的原子数为

$$N = \frac{A}{\lambda} = \frac{20}{\ln 2/T_{1/2}} = \frac{20}{\ln 2} \times 5730 \times 365 \times 24 \times 3600 = 5.2 \times 10^{12} \text{ 个}$$

而在树木死亡时^{14}C 的原子数目为

$$N_0 = \frac{100}{12} \times 6.022 \times 10^{23} \times 1.3 \times 10^{-12} = 6.5 \times 10^{12} \text{ 个}$$

由 $N = N_0 e^{-\lambda t}$ 可得

$$t = \frac{\ln N_0/N}{\lambda} = \frac{\ln 2}{\lambda} \cdot \frac{\ln N_0/N}{\ln 2} = 5730 \times 0.322 = 1845 \text{ 年}$$

也即此古墓距今 1845 年。

2. 级联衰变及其应用

放射性核素常常可发生级联衰变，也即放射性核素衰变产生的子核仍旧不稳定，还要再次衰变。例如两代衰变 A →B →C。设 A 核、B 核和 C 核的衰变常数和半衰期分别为 λ_1、λ_2、λ_3 和 T_1、T_2、T_3，且 $t=0$ 时刻只有 A 核素，则 t 时刻核素 B 的数目及放射性活度分别为

$$N_2(t) = \frac{\lambda_1}{\lambda_2 - \lambda_1} N_{10}(e^{-\lambda_1 t} - e^{-\lambda_2 t}) \tag{7.3.19}$$

$$A_2(t) = \lambda_2 N_2 = \frac{\lambda_1 \lambda_2}{\lambda_2 - \lambda_1} N_{10}(e^{-\lambda_1 t} - e^{-\lambda_2 t}) \tag{7.3.20}$$

由 $\frac{dA_2(t)}{dt} = 0$ 可给出 B 核素放射性活度最大的时刻：

$$t = t_m = \frac{1}{\lambda_2 - \lambda_1} \ln \frac{\lambda_2}{\lambda_1} \tag{7.3.21}$$

超过 t_m 时刻后 B 核素的活度又开始下降。

我们考虑一种特殊情况，也即母核素的寿命远大于子核素的寿命，也即 $T_1 \gg T_2$ 或 $\lambda_1 \ll \lambda_2$ 时，经过 $t > 5T_2$ 后，近似有

$$N_2(t) = \frac{\lambda_1}{\lambda_2} N_{10} e^{-\lambda_1 t} \tag{7.3.22}$$

$$A_2(t) = A_1(t) \tag{7.3.23}$$

也即在 $t > 5T_2$ 后，子核素 B 与母核素 A 的活度相等，且按照相同的指数规律下降。这一特性在医疗上有重要应用。

有的放射性治疗例如癌症治疗往往需要往人体内注射放射性核素。为了杀死病灶，往往需要注射一定剂量的放射性核素。但是，为了减少病人的辐射损伤，希望放射性核素的寿命越短越好。实际上，放射性核素是由专门机构生产的，而核素从生产部门运输到医院需要一定的时间，这将衰变掉大多数有用的核素。为此，人们利用放射性核素的级联衰变特性，来生产短寿命的放射性核素。例如 Mo-Tc 发生器，有用的放射性核素是^{99m}Tc，其半衰期是 6.02 小时。但^{99}Mo 的半衰期是 66 小时。平时存放的是^{99}Mo，需要的时候就从^{99}Mo 中用化学方法把 Tc 洗出来使用，过一天后又能生成足够量的 Tc。这样^{99}Mo 就像饲养的奶牛一样，需要的时候就挤出牛奶(Tc)来使用。

3. 放射性核素的治疗

肿瘤是严重危害人类健康的疾病之一，目前人们对肿瘤的治疗主要是手术、化疗和放疗三种手段。放射性核素治疗是放疗中的一种，它是有系统特异性的靶向治疗。这种治疗把放射性药物定向地送到病变组织，使放射性核素的照射剂量主要集中于肿瘤组织中，进而杀死病变组织，达到治疗的目的。由于放射性核素集中于病变组织，它对周围组织的损伤很小，起到了靶向治疗的目的。当然，放射性核素治疗所选择的核素寿命要短，避免长时间伤害人体组织。

最典型与最成功的放疗应该是^{131}I 治疗甲状腺癌，它已经广泛应用于临床。甲状腺的主要功能是合成甲状腺素，调节机体代谢。而人体约 20%的碘贮存在甲状腺中，所以注射进人体的^{131}I 会很快集中于甲状腺，进而杀死癌细胞。但^{131}I的半衰期只有 8 天，又不会对人体产生长时间的影响。目前，利用^{131}I 治疗分化型甲状腺癌，已成为此类患者术后后续治疗的首选或经典治疗方法。

7.4 原子核的结合能、核反应和核能

在核力的作用下，质子和中子结合成原子核，并同时释放出能量，这一能量就是原子核的结合能。显然，在这一过程中，平均每个核子放出的能量越大，相应的原子核就越稳定。实验发现，并不是最重的原子核或者最轻的原子核最稳定，而是具有中等质量的原子核最稳定。这就提示我们，如果把重原子核分裂成两个中等质量的原子核，或者把轻的原子核聚成较重的原子核，都会放出能量，这就是核能的利用。为了实现核能的利用，还必须了解原子核之间碰撞引起的核反应的知识，这正是本节所要讨论的内容。

7.4.1 原子核的结合能

原子核的结合能 $B(Z,A)$可由质子、中子和原子核的质量计算出来：

$$B(Z,A) = [Zm_p + (A - Z)m_n - m(Z,A)]c^2 \tag{7.4.1}$$

这里 $m(Z,A)$是相应原子核的质量。如7.3节所提及的，我们经常用的表格给出的是原子质量。因此，可以把公式(7.4.1)用原子质量的形式表示出来：

$$B(Z,A) = [ZM_H + (A - Z)m_n - M(Z,A)]c^2 \tag{7.4.2}$$

这里 Z 个氢原子中的电子数与原子核^A_ZX 对应原子中的电子数互相抵消，不用专门考虑。另外，公式(7.4.2)中忽略了氢原子的电子结合能和原子核^A_ZX 对应原子的电子结合能的差异。这一近似是合理的，因为原子中的电子结合能在 eV 至几百 keV 之间，与原子核几 MeV 至几百 MeV 的结合能相比(这将在下面给出)，完全可以忽略。

原子核的结合能与原子核中的核子数目有关。考虑到核力的饱和性，原子核的结合能近似正比于 A。因此引入比结合能 ε 来描述原子核的稳定性：

$$\varepsilon(Z,A) = \frac{B(Z,A)}{A} \tag{7.4.3}$$

比结合能就表示在核子结合成原子核时，平均每个核子释放出的能量。图7.4.1给出了比结合能随原子核质量数 A 的变化关系。可以很清楚地看出，除了非常轻的原子核之外，所有原子核的比结合能都近似为常数，约8 MeV/核子。显然这比原子中电子的平均结合能(10 eV～2 keV)大多了，意味着原子核非常稳定。原子核非常大的比结合能是核力强相互作用的结果，同时也意味着要把原子核分开需要输入非常大的能量，这也是原子核物理经常要用到加速器的原因。

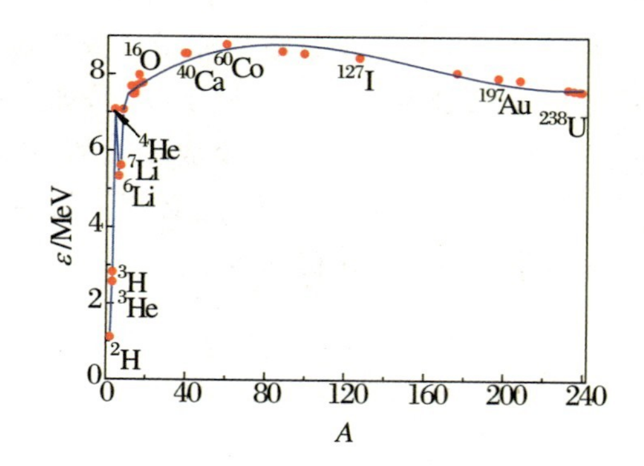

图7.4.1 核素的比结合能曲线

从图 7.4.1 我们还可以看出，中等质量原子核（$A = 40 \sim 120$）的比结合能最大，约 8.6 MeV。而质量数更大或更小原子核的比结合能较小，其中质量数很大的^{235}U 的比结合能为 7.59 MeV，而质量数很小的^{2}H 的比结合能为 1.11 MeV。因此，如果把重原子核分裂成两个中等质量的原子核，或者把轻原子核聚合成较重的原子核，都能放出大量的能量。其中前者叫作裂变反应，后者叫作聚变反应。

【例 7.4.1】 已知^{238}U 裂变为两个中等质量的原子核时，平均每个核子放出约 1 MeV 的能量。试估算 1 kg^{238}U 裂变放出的能量相当于多少吨煤。已知煤的燃烧热值约为 2.5×10^{7} J/kg。

【解】 一个^{238}U 裂变放出的能量约为

$$E_1 = 238 \times 1 \text{ MeV} = 238 \text{ MeV}$$

而 1 kg^{238}U 含有的原子核数目约为

$$N = \frac{10^3}{238} \times 6.02 \times 10^{23} = 2.53 \times 10^{24} \text{ 个}$$

因此，1 kg^{238}U 裂变放出的能量为

$$E = NE_1 = 6.02 \times 10^{32} \text{eV} = 9.6 \times 10^{13} \text{ J}$$

相当于

$$M = \frac{9.6 \times 10^{13} \text{J}}{2.5 \times 10^{7} \text{ J/kg}} = 3.84 \times 10^{6} \text{ kg} = 3.84 \times 10^{3} \text{ 吨煤}$$

如果用 5 吨的大卡车拉这些煤，要用 768 辆车，而运送 1 kg^{238}U 就太容易了。由此可以看出核裂变放出的能量是多么的巨大！

7.4.2 核反应

前面提及的核聚变和核裂变，是不会自发发生的。例如^{238}U，它不可能自动分裂为两个中等质量的原子核。要产生裂变现象，需要有入射粒子（例如中子）与它发生碰撞，进而导致^{238}U 的分裂，这就是核反应。人类历史上第一个观察到核反应的人是卢瑟福，他于 1919 年观察到 α 粒子与 N 原子核发生的核反应：

$$\alpha + {}^{14}_{7}\mathrm{N} \rightarrow {}^{17}_{8}\mathrm{O} + \mathrm{p} \tag{7.4.4}$$

卢瑟福当时用的 α 粒子是由 $^{214}\mathrm{Po}$ 衰变产生的。由于 α 衰变产生的 α 粒子能量较小，由它引发的核反应并不常见。加速器技术发展起来之后，人们用加速后的高能粒子与原子核碰撞，实现了人工核反应。随后发现的中子，更容易诱发核反应。因此，从 1934 年开始，关于核反应的研究迅速兴起。

核反应一般表示为

$$\alpha + \mathrm{A} \rightarrow \mathrm{B} + b + Q \tag{7.4.5}$$

这里 a 表示入射粒子，A 为靶核，b 为出射粒子，B 为反应后的剩余核。如公式(7.4.4)所示的核反应中，入射粒子为 α 粒子，靶核为 ${}^{14}_{7}\mathrm{N}$，出射粒子为 p，剩余核为 ${}^{17}_{8}\mathrm{O}$。式(7.4.5)中**Q 表示反应能，它定义为核反应中释放出来的动能：**

$$Q = (T_b + T_\mathrm{B}) - (T_a + T_\mathrm{A})$$

也即反应后所有粒子的动能与反应前所有粒子的动能之差。$Q>0$ 的反应称为放能反应，$Q<0$ 的反应称为吸能反应。

核反应过程中遵循以下守恒定律：

(1) 电荷守恒：$Z_a + Z_\mathrm{A} = Z_b + Z_\mathrm{B}$；

(2) 质量数(核子数)守恒：$A_a + A_\mathrm{A} = A_b + A_\mathrm{B}$；

(3) 能量守恒，这些能量包括静止能量、动能和激发能：$E_a + E_\mathrm{A} = E_b + E_\mathrm{B}$；

(4) 动量守恒：$\vec{P}_a + \vec{P}_\mathrm{A} = \vec{P}_b + \vec{P}_\mathrm{B}$；

(5) 角动量守恒：$\vec{L}_a + \vec{L}_\mathrm{A} = \vec{L}_b + \vec{L}_\mathrm{B}$；

(6) 宇称守恒：$P_a \cdot P_\mathrm{A} = P_b \cdot P_\mathrm{B}$。

考虑到核反应中能量守恒，有

$$\begin{aligned} Q &= [(m_a + m_\mathrm{A}) - (m_b + m_\mathrm{B})]c^2 \\ &= [(M_a + M_\mathrm{A}) - (M_b + M_\mathrm{B})]c^2 \end{aligned} \tag{7.4.6}$$

这里 m 和 M 分别指原子核和原子的质量。如果反应的过程中原子核并不是处于基态，而是处于激发态，那么公式(7.4.6)中还应计入原子核激发能的贡献。

在第 1 章中我们给出了截面的概念，并指出了卢瑟福散射的截面约为 $10^{-24}\ \mathrm{cm}^2$，也即 b 的数量级。而在习题 1.6 中我们估算出电子与原子的散射截面在 $10^{-16}\ \mathrm{cm}^2$ 的量级，在那里散射截面的估算是由原子尺度的平方决定的。核反应截面的估算也是类似的，考虑到原子核的大小为 $R = r_0 A^{1/3}$ ($r_0 = 1.2$ fm)，可知核反应的截面大约为

$$\sigma \approx \pi R^2 = \pi r_0{}^2 A^{2/3} \tag{7.4.7}$$

取 $A=100$，则 $\sigma \approx 1\times 10^{-28}\ \mathrm{m}^2 = 1\ \mathrm{b}$。可见核反应的截面是很小的。需要说明的是，核反应截面的具体计算是极其复杂的，公式(7.4.7)只是一种简单的估算。

【例 7.4.2】 已知核反应 $\mathrm{p} + {}^{63}\mathrm{Cu} \to {}^{63}\mathrm{Zn} + \mathrm{n}$ 的截面为 0.5 b，如果铜箔的厚度为 0.5 mm，求中子的产生率，也即产生的中子数与入射的质子数之比。已知 Cu 的密度为 $8.9\times 10^3\ \mathrm{kg/m^3}$。

【解】 设入射的质子数为 n_0，出射的中子数为 n，则有

$$\begin{aligned}\frac{n}{n_0} = \frac{Nt\sigma}{A} &= \frac{8.9\times 10^3\ \mathrm{kg\cdot m^{-3}} \times 0.5\times 10^{-3}\,\mathrm{m} \times 0.5\times 10^{-28}\ \mathrm{m^2}}{0.063\ \mathrm{kg}} \\ &\quad \times 6.02\times 10^{23} \\ &= 2.1\times 10^{-3}\end{aligned}$$

也即大约入射 500 个质子才能出射 1 个中子，可见反应概率极小。

7.4.3 核能利用

由例 7.4.1 可知，核裂变释放出来的能量是巨大的，如果能够实现在受控制的条件下从核裂变或核聚变中提取能量，则无疑会对人类的生活产生巨大的影响。但是例 7.4.2 又告诉我们，核反应的截面极小，要想从裂变或聚变中提取能量，又十分不容易，以至于伟大的物理学家卢瑟福说过这么一句话："任何相信能从原子中获取能量的人，都是在说梦话。"但是在这一点上，卢瑟福错了，核能现在已经是我们人类的一种重要能源。

1. 核裂变

核裂变是指中子与重原子核例如 ${}^{235}\mathrm{U}$（${}^{239}\mathrm{Pu}$ 是另一种常用的核裂变材料）发生的核反应：

$$\mathrm{n} + {}^{235}\mathrm{U} \to {}^{144}\mathrm{Ba} + {}^{89}\mathrm{Kr} + 3\mathrm{n} + Q \tag{7.4.8}$$

或

$$\mathrm{n} + {}^{235}\mathrm{U} \to {}^{140}\mathrm{Xe} + {}^{94}\mathrm{Sr} + 2\mathrm{n} + Q \tag{7.4.9}$$

在这一过程中重原子核分裂为两个中等质量的原子核，并释放出大量的能量。需要说明的是，中子与 ${}^{235}\mathrm{U}$ 的反应并不只有上述两种通道，而是有许多种，碎片

的质量数范围在75～160之间，公式(7.4.8)和(7.4.9)给出的是两种概率较大的反应通道。

特别重要的是，在中子与^{235}U发生反应时，可放出2～3个中子，而这2～3个中子可以接着与其他^{235}U发生新的裂变反应，进而产生更多的下一代中子。由于生成的中子数始终比消耗的中子数多，就可以使核反应自发地持续下去且逐步增强，这称为链式反应。链式反应为核能的利用奠定了基础。如果链式反应不加控制地进行下去，就会在极短的时间内释放出大量的能量，引起剧烈的核爆炸，这就是原子弹。如果人为地控制核反应的进行程度，使核反应缓慢而持续地进行下去，这样就可以从核裂变中源源不断地提取能量，进而推动涡轮机发电，这就是原子能发电站，简称核电站。

实际上，要使得链式反应持续下去，并不如想象中的那般容易。实验研究发现，低能的热中子与^{235}U发生裂变反应的截面大，而高能的快中子与^{235}U碰撞发生反应的截面很小。所以要想使链式反应持续下去，则需要源源不断的热中子，而这些热中子只能来源于^{235}U分裂产生的中子。但现实情况是^{235}U分裂放出中子的能谱是连续谱，热中子所占份额很少，绝大多数是能量在1 MeV左右的快中子，而快中子很难诱发进一步的裂变反应。所以要想使链式反应持续下去，就要在其消耗之前把快中子的能量降下来，但这又遇到了另一个难题。天然铀中^{235}U的含量极低，只有0.714%，绝大多数是^{238}U，占了99.238%。快中子与^{238}U的反应截面较大，但这一反应不是裂变反应，而是^{238}U吸收中子生成^{239}U的反应。所以^{235}U裂变反应产生的快中子在它慢化之前就被^{238}U吸收掉了，从而使得链式反应无法持续下去。因此使用天然铀作为燃料是不能形成链式反应的。为了使得链式反应能够持续下去，就必须使用提纯后的^{235}U(一般纯度大于93%)。这样快中子在与^{235}U的碰撞过程中不断慢化，慢化后的热中子又与^{235}U碰撞引起核裂变，进而形成链式反应。但即使使用提纯后的^{235}U，还要求^{235}U达到一定的体积(临界体积)才能形成链式反应。这是因为如果^{235}U的体积不够大，快中子会从铀块的表面散逸出去，无法维持链式反应。但一旦^{235}U超过临界体积，则链式反应就会快速地持续下去且不可控制，在极短的时间内释放出巨大的能量而形成剧烈的核爆炸，这就是原子弹。原子弹就是把分离的两三块处于次临界体积的裂变材料装在一起，在需要的时候把它们合在一起，达到临界状态，并及时用中子源提供大量中子，触发链式反应而爆炸(这称为“枪法”)。另一种做法是把处于次临界状态的裂变材料放在原子弹的中间，在需要的时候通过化学炸药爆炸产生的内聚冲击波和高压力压缩裂变材料，使其密度急剧升高。考虑到临界质量与密度平方成反比，上述经压缩后的裂变材料达到临界体积，实现链式反应并引爆原子弹(这称为“内爆法”)。1946年8月6日和8月9日，美国在日本的广岛和长崎各投下了一颗原子弹，分别为“小男孩”和“胖子”。其中“小男孩”用的核燃料是^{235}U，是枪法铀弹，其TNT当

量是 1.5 万吨；而“胖子”用的核燃料是^{239}Pu，是内爆钚弹，其 TNT 当量是 2.2 万吨。我国于 1964 年 10 月 16 日试爆了第一颗原子弹，是内爆式铀弹。

核能的和平利用主要是原子能发电站，其物理基础仍旧是核裂变的链式反应，是人为控制下的链式反应。核电站的核心是维持链式反应的反应堆，它主要由堆芯、慢化系统、控制与保护系统、屏蔽系统、冷却系统等组成，如图 7.4.2 所示。堆芯中的燃料用的是浓缩后的铀，其中^{235}U 的含量约为 3%。如前所述，能引起^{235}U 裂变的是慢中子，所以为了维持链式反应的进行必须使用慢化剂来减速裂变产生的快中子，常用的慢化剂有水、重水、石墨等。为了控制链式反应的速率，需要用吸收中子的材料做成吸收棒，称之为控制棒或安全棒。当反应速率过大时，把控制棒适当深入反应区吸收中子，减弱反应进行的程度。而当反应过缓时，则把控制棒适当抽出一些，减少中子的吸收程度，增加链式反应的速率。安全棒的作用是快速停止链式反应。控制棒和安全棒由吸收中子的材料硼、碳化硼、镉、银铟镉等制成。屏蔽系统是反应堆的屏蔽层，是为了减弱裂变中产生的中子和 γ 射线的剂量。冷却系统是为了将裂变过程中产生的热量导出来，进而经过热交换产生蒸汽推动涡轮发动机发电。常用的冷却剂有轻水、重水、氦和液态金属钠等。除了反应堆以外，核电站的构成还有主泵、稳压器、蒸汽发生器、安全壳、汽轮发电机和危急冷却系统等，如图 7.4.2 所示，在此不做一一说明。

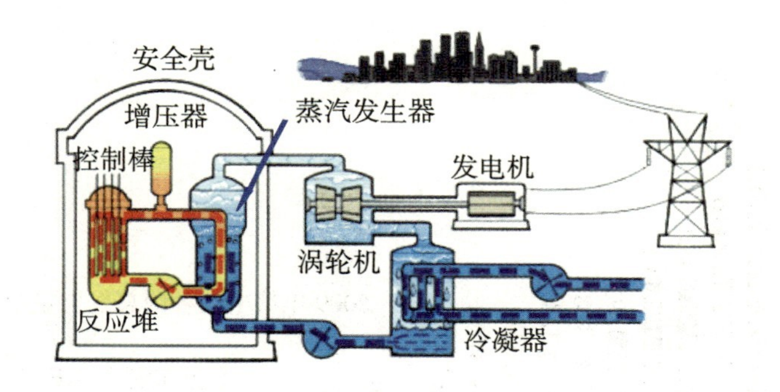

图 7.4.2　核电站组成示意图

目前国际上已商业运行的核电站堆型有压水堆、沸水堆、重水堆、石墨气冷堆等。它们各有自己的特点。例如压水堆采用低浓度的二氧化铀（^{235}U 浓度约 3%）做燃料，高压水做慢化剂和冷却剂，是目前世界上最为成熟的堆型。沸水堆的燃料与压水堆相同，但用沸腾水做慢化剂和冷却剂。重水堆利用重水做冷却剂，用天然铀做燃料。石墨气冷堆以石墨做慢化剂，二氧化碳做冷却剂，用天然铀做燃料，这种堆已有丰富的运行经验。

核电作为一种清洁、安全、低碳的能源，受到了世界各国的重视。图 7.4.3 给出了截至 2010 年 10 月全球的核电站运行机组数量，图 7.4.4 给出了截至 2009 年世界各国核电发电量占总发电量的比例图。由这两张图可见，核电已经构成我们人类能源的重要组成部分。我国核电起步于20世纪70年代初，自主设计和建造的第一座核电站秦山核电站于1994年4月1日建成并投入商业运行。截至2010年10月，我国投入商业运行的核电站包括秦山（1～3期）、大亚湾、岭澳（1～2期）、田湾等核电站，总装机容量已达1080万千瓦，所发电量占我国总发电量的约2%。

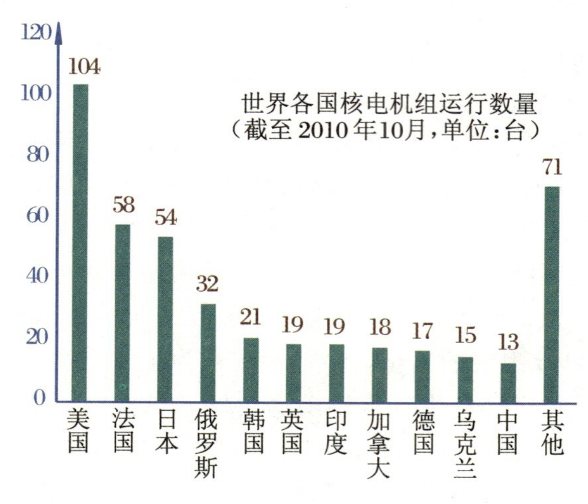

图7.4.3　截至2010年10月全球的核电站运行机组数量

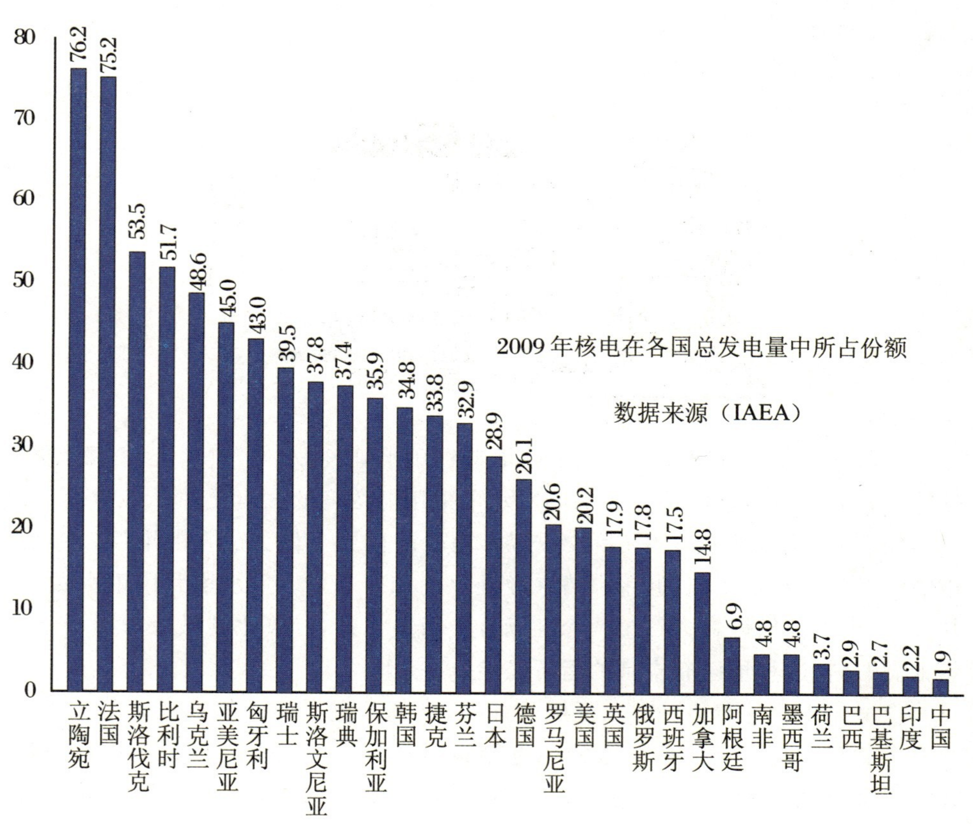

图7.4.4　截至2009年世界各国核电在各国总发电量中所占份额

2. 核聚变

我们除了可以从重核裂变获取能量之外,还可以通过轻核聚变获得能量:

$$\begin{cases} d + d \to {}^3He + n + 3.25\ MeV \\ d + d \to {}^3H + p + 4.0\ MeV \\ d + {}^3H \to {}^4He + n + 17.6\ MeV \\ d + {}^3He \to {}^4He + p + 18.3\ MeV \end{cases} \tag{7.4.10}$$

以上四个反应构成一个循环,其总效果是

$$6d \to 2\,{}^4He + 2p + 2n + 43.15\ MeV \tag{7.4.11}$$

这里 d 指的氘核,也即${}^2H$。跟裂变一次反应放出约 200 MeV 的能量相比,单次核聚变反应放出的能量要少很多。但是,聚变反应平均每个核子产生的能量 3.6 MeV 却比裂变单个核子产生的能量 0.8 MeV 要大得多。更重要的是,地球上可利用的核裂变材料${}^{235}U$十分有限,最多可供人类使用上百年。即使利用快中子堆技术把${}^{238}U$也利用起来,也只够人类使用两千多年。但是地球上氘的含量十分丰富,天然氢中氘占 0.0148%,考虑到氘的提取费用也不太高,因此可以说聚变材料是取之不尽、用之不竭的。因此最终解决人类的能源问题,要靠聚变反应。

核聚变要比核裂变难实现得多,这是因为核力是短程力,只有把两个氘核接近到小于 10 fm 时,才会有核力的作用,才有可能实现核聚变。但是氘核带有正电,在两个氘核间距为 10 fm 时,可估算此时的库仑势垒高度为

$$U = \frac{1}{4\pi\varepsilon_0}\frac{e^2}{r} = 144\ keV \tag{7.4.12}$$

因此,为了实现核聚变,首先就要克服这一库仑势垒,这就要求每个氘核至少带有 72 keV 的动能。当然,核聚变的实现不可能是基于加速器产生的单一能量的氘离子束,而是处于热平衡状态,72 keV 相当于该平衡态的温度。在如此高的温度下,所有原子分子都电离成等离子体状态,因此核聚变是由等离子体中的氘离子与氘离子碰撞产生的。考虑到平衡状态下粒子的动能有一个分布,也即有相当一部分氘离子的动能会大于平衡状态的温度,所以实现核聚变的温度要小于 72 keV。再考虑到微观过程存在一定的势垒贯穿概率,这会进一步降低实现核聚变的温度。以上两个因素使得核聚变所要求的温度降低到约 10 keV。

除了对等离子体的温度有要求以外,实现核聚变还要求等离子体的密度足够大及约束时间足够长,二者合起来就是著名的劳逊判据:

$$\begin{cases} n\tau = 10^{14}\ s/cm^3 \\ T = 10\ keV \end{cases} \tag{7.4.13}$$

劳逊判据是实现自持聚变反应并获得能量增益的必要条件。

劳逊判据的实现极其困难。我们知道，1 eV 约相当于10^4 K，而 10 keV 就相当于10^8 K 的高温，没有任何材料能耐受如此高的温度。但是神奇的自然界终归有满足这些苛刻条件的地方，这就是恒星内部，例如太阳内部。恒星由于自身巨大的质量产生强大的引力，把它的内部压成高温高压的等离子体环境，且如此高的温度和压力使得核聚变得以进行。在恒星例如太阳内部的核聚变主要有两个循环反应：

（1）碳-氮循环，又称贝蒂循环：

$$\begin{cases} p + {}^{12}C \to {}^{13}N \xrightarrow{\beta^+} {}^{13}C + e^+ + \nu_e \\ p + {}^{13}C \to {}^{14}N + \gamma \\ p + {}^{14}N \to {}^{15}O + \gamma \xrightarrow{\beta^+} {}^{15}N + e^+ + \nu_e \\ p + {}^{15}N \to {}^{12}C + \alpha + \gamma \end{cases} \tag{7.4.14}$$

在循环过程中，总的结果是

$$4p \to \alpha + 2e^+ + 2\nu_e + 26.7\ \text{MeV} \tag{7.4.15}$$

（2）质子-质子循环，又叫克里奇菲尔德循环：

$$\begin{cases} p + p \to d + e^+ + \nu_e \\ p + d \to {}^3He + \gamma \\ {}^3He + {}^3He \to \alpha + 2p \end{cases} \tag{7.4.16}$$

把这一循环的前两个反应重复两次，加上第三个反应的总结果也是

$$4p \to \alpha + 2e^+ + 2\nu_e + 26.7\ \text{MeV}$$

这两个循环的结果相同，但具体以哪个为主取决于反应的温度（1.8×10^7 K），高温反应以碳-氮循环为主，相对较低的温度以质子-质子循环为主。太阳的中心温度只有 1.5×10^7 K，所以太阳上发生的聚变反应以质子-质子循环为主。太阳每天要燃烧掉 5×10^{16} kg 的氢，释放的能量相当于每秒爆炸 900 亿颗百万吨级的氢弹。但是它相对于太阳本身的巨大质量 2×10^{30} kg 来说，还是微不足道的。

虽然在太阳上核聚变每时每刻都在发生，但在地球上实现核聚变仍旧不容易。如果只是让核聚变不受控制地发生并进行下去，现在人类已经实现了它，这就是氢弹。氢弹所用原料为氘化锂（$^6Li^2H$），其利用的核反应为两个：

$$\begin{cases} n + {}^6Li \to \alpha + T + 4.9\ \text{MeV} \\ d + T \to \alpha + n + 17.58\ \text{MeV} \end{cases} \tag{7.4.17}$$

总起来为

$$d + {}^{6}Li \rightarrow 2\,{}^{4}He + 22.48\ MeV \tag{7.4.18}$$

这里 T 为氚核也即^{3}H。为了实现聚变反应所需的高温高压条件，氢弹首先是颗原子弹。原子弹爆炸一方面提供了大量中子，使之与氢弹原料中的^{6}Li生成氚，另一方面原子弹爆炸形成的高温高压又提供了氘与氚发生核聚变反应的条件。因此，氢弹的裂变-聚变反应在爆炸过程中瞬间完成，释放出巨大的能量，其 TNT 当量可达百万吨，甚至千万吨级。

人类更希望实现的是可控制的聚变反应，从而最终解决人类的能源问题。为此，人类进行了不懈的努力。目前来看，最有希望实现受控核聚变的方案有两个，一个是惯性约束，一个是磁约束。惯性约束核聚变的实现原理与氢弹有一定类似的地方，只不过它用非常小(直径约 2 mm)的固态靶丸(内部封有 D 和 T 燃料)代替氢弹中的氘化锂，用多路强激光照射代替氢弹中的核裂变。在激光照射靶丸时，靶丸快速压缩产生的高温高压条件使得氘和氚发生聚变，释放大量的能量(远大于激光的驱动能)，实现能量增益。国际上最大的惯性约束核聚变装置是美国的国家点火装置，它同时(230 亿分之一秒之内)用 192 束高功率的激光(500 万亿瓦，比同瞬间美国全国电能消耗总和的 1000 倍还多)照射靶丸，以期实现受控核聚变。该装置从 1994 年开工，计划建造和运行费用超过 35 亿美元。2012 年该装置开始投入实验运行，虽然没有实现输出能量大于激光的输入能量，但与照射到靶丸上的辐射能量相比，已经实现了输出能量的反超。

磁约束核聚变一般是利用环形的强磁场约束等离子体，并通过电磁波驱动，创造氘氚实现聚变的超高温和长约束时间。在磁约束核聚变中，等离子体围绕环形的磁力线运动，并不会与真空腔壁接触。这种环流器又叫作托卡马克(Tokamak)。目前国际上在建的最大磁约束核聚变装置是国际热核聚变实验堆(ITER)，其倡议始于 1985 年，工程设计完成于 2001 年。经过五年谈判，中国、欧盟、印度、日本、韩国、俄罗斯和美国共同签署了 ITER 计划协定，进入了启动实施阶段。ITER 预算计划 50 亿美元(1998 年值)，设计总聚变功率 50 万 kW，是一个电站规模的实验反应堆。

7.5 辐射剂量防护简述①

辐射指能量以波或亚原子粒子移动形式的传播。在辐射防护中所指的辐射特指电离辐射，也即能够将原子分子电离的辐射。电离辐射主要有三种：α、β、γ 或 X 射线，它们分别是高能的氦原子核、电子和光子。电离辐射一般是和放射性（大家联想一下 α、β、γ 衰变的名字就可以理解了）、核武器及核电站联系在一起。由于不了解，人们往往对辐射及放射性有一种本能的恐惧。这种恐惧可能源于人们对核武器巨大杀伤力的认识及有关切尔诺贝利核事故与福岛核泄漏的报道，再加上人们口口相传过程中的放大，更加剧了这种恐惧。但是只要我们正确认识辐射的本质及其作用，并在主客观上都做好充分准备的情况下进行操作，那就完全不用担心。

电离辐射是有害的，其危害性主要体现在损伤人体的正常细胞。当辐射照射到细胞时，在 10^{-16} s 以内，细胞内的物质或水被电离。随后这些被电离的成分及其他成分发生复杂的物理化学变化，有可能破坏细胞内的大分子例如蛋白质及 DNA，进而引起细胞的损伤或死亡。另一方面，人体也在不断地修复被损伤的细胞。因此，如果辐射剂量很小，对人体的影响是微乎其微的。但是，如果全身短时间受到大剂量的照射或者长期受到超过容许水平的低剂量辐射，则可能会使人受到永久性的损伤甚至死亡。其中前者称为急性损伤，后者称为慢性损伤。急性损伤主要造成中枢神经系统、造血系统、消化系统、性腺及皮肤等的损伤，症状表现为三个阶段：前驱期 1～2 天，出现恶心、呕吐等症状；潜伏期持续数日或数周，一切症状消失；发症期，表现出辐射损伤的各种症状，例如呕吐、腹泻、出血、嗜睡及毛发脱落，严重者死亡。慢性损伤往往在受照数年甚至数十年后出现辐射生物效应，主要表现为白血病、癌症、再生障碍性贫血和白内障。以上的急性损伤和慢性损伤危及的都是被照射者个体，但有时辐射损伤还体现在受照者后裔身上，也即所谓的遗传损伤。

辐射既然是有害的，那么我们能否尽量清除导致辐射的辐射源呢？答案是否定的。这是因为能够导致电离辐射的技术已经渗透到了我们生活的方方面面，人类已经离不开它了。换句话说，与辐射有关的技术带给人类的收益，远远大于它带给人类的危害。例如，X 光能够导致电离辐射，而医疗用的透视及 XCT，几乎已经是所有医院必备的诊疗手段。还有，无论是核裂变还是核聚变，

① 姜藤秀雄等著《辐射防护》，原子能出版社，1986

都存在放射性，但现如今裂变能源已经是人类能源的重要组成部分，而能源问题的最终解决，尚需依赖核聚变的实现。因此，我们需要做的是认识清楚辐射损伤的机理及规律，在此基础上尽量做好防护工作或限定受照的剂量，以使其危害程度降到可以忽略不计或最小。这就像电一样，触电可以引起死亡，但我们不会为了防止触电而不建电站，需要做的仅是防止触电而已。

另外需要说明的是，我们人类其实时刻都处于辐射当中，这些自然辐射包括天空来的宇宙射线和环境中放射性元素发出的射线等。尽管任何辐射都有引发躯体效应（包括白血病及其他恶性病）和遗传效应的可能性，但是这些自然辐射产生躯体效应的可能性太低，以至于我们处身其中而不自知。

为了定量衡量辐射损伤的大小，我们引入了辐射测量的系统：照射量的单位伦琴(R)、吸收剂量的单位戈瑞(Gy)和拉德(rad)、RBE（相对生物有效性）剂量霍姆(rem)和剂量当量希沃特(Sv)。照射量 $x=\mathrm{d}Q/\mathrm{d}m$ 是用来度量X射线或 γ 射线在空气中电离能力的物理量，其中 $\mathrm{d}Q$ 是在质量为 $\mathrm{d}m$ 的空气体积元内产生的电子或正离子的电荷量之和。照射量的单位伦琴的大小为

$$1\ \mathrm{R} = 2.58 \times 10^{-4}\ \mathrm{C/kg} \tag{7.5.1}$$

伦琴这一单位在早期辐射剂量的测量中用得比较多。

吸收剂量 $D=\mathrm{d}\varepsilon/\mathrm{d}m$ 是指单位质量($\mathrm{d}m$)的物质从辐射中吸收的平均能量($\mathrm{d}\varepsilon$)，其单位戈瑞定义为

$$1\ \mathrm{Gy} = 1\ \mathrm{J/kg} \tag{7.5.2}$$

以前定义的吸收剂量的单位拉德为

$$1\ \mathrm{rad} = 100\ \mathrm{erg/g} = 10^{-2}\ \mathrm{Gy} \tag{7.5.3}$$

RBE剂量是指吸收剂量与RBE的乘积。由于不同能量和种类的辐射，吸收相同的辐射能量对人的危害程度并不一定相同，为此定义了相对生物有效性常数RBE。它是指给定生物在给定的条件下的照射，产生与标准辐射照射相等的特定效应时，其吸收剂量与标准辐射的吸收剂量之比。RBE剂量的单位是霍姆(rem)。

剂量当量 H 是描述对生物危害的程度的量，其定义为

$$H = DQN \tag{7.5.4}$$

这里 D 是吸收剂量，Q 是品质因数，而 N 是其他一切修正因子的乘积。Q 与辐射种类及其能量有关。剂量当量的单位定义为希沃特(Sv)：

$$1\ \mathrm{Sv} = 100\ \mathrm{rem} \tag{7.5.5}$$

为了保障辐射从业人员和公众的安全和健康，国际放射性防护委员会(ICRP)给出了人体所受照射辐射剂量当量值的上限。除了上述的个人剂量限

值规定以外，我国在国家环保局发布的《辐射防护规定》中，还对辐射照射的管理与技术、放射性废物的排放与处理及运输、辐射设施的选择、辐射监测、辐射事故、辐射防护评价及辐射工作人员的健康管理有明确规定，在此不一一说明了。可以认为，辐射在给定的辐射剂量当量值的上限之内是安全的。上述规定对不同的人群给定了不同的上限，分别阐述如下。

对于辐射工作人员，年有效剂量当量限值为 50 mSv，眼晶体的年剂量当量限值为 150 mSv，其他单个器官或组织的年剂量当量限值为 500 mSv。辐射工作人员一次事件中所受的有效剂量当量值不得超过 100 mSv，在一生中不得超过 250 mSv。

公众人员的年有效剂量当量值不得超过 1 mSv，终生剂量平均的年有效剂量当量值不超过 1 mSv。某些年份允许以每年 5 mSv 作为剂量限制。公众的皮肤及眼晶体的年剂量当量限值为 50 mSv。

其他有关高龄妇女、青少年及孕妇还有相关规定，在此不一一说明。为了说明问题，特列出地球上普通人在自然环境下受到的累积辐射平均值为每年 2.4 mSv，可见辐射防护规定之严格。

【例 7.5.1】 2011 年 3 月 11 日 14 时 46 分，日本东北发生 9.0 级地震，随即引发海啸，导致福岛核电站发生泄漏。经过不断调整，4 月 13 日认定福岛核电站泄漏为 7 级，与 1986 年苏联的切尔诺贝利的核事故等级相同。已知 3 月 30 日监测到福岛第一核电站距排水口 330 m 处海域的放射性 ^{131}I 浓度为法定值的 3355 倍，试分析我国沿海是否要采取防范放射性 ^{131}I 污染的措施？

【解】 由地图可知，仙台距中国沿海的最近距离约 2000 km。考虑 ^{131}I 在海水中扩散，浓度与辐射源的距离平方成反比，可知传播到中国沿海 ^{131}I 的浓度值与法定值相比为

$$\frac{3355}{(2000/0.33)^2} = 9.1 \times 10^{-5}$$

这是还没有考虑 ^{131}I 从仙台传到上海所需的时间。考虑到 ^{131}I 的半衰期为 8 天，则上述比例要更低，完全可以忽略不计。因此，由于恐惧福岛核泄漏而哄抢碘盐，纯粹是由于谣言及缺乏相关知识而闹的笑话。所谓“谣言止于智者”，就是要结合自己学过的知识进行判断，努力做一个有判断能力的“智者”。

总之，对于辐射，我们的态度应该是“无需害怕辐射，然而必须小心”。

第 8 章　粒子物理简介

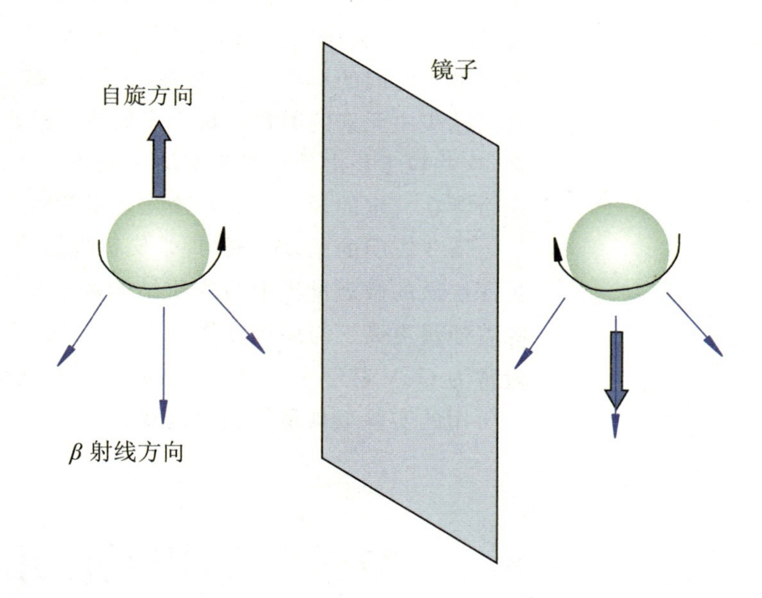

第 7 章的知识告诉我们，原子核由质子和中子组成。下面紧接着的问题是，质子和中子是否是物质组成的最基本单元呢？在原子核物理的发展过程中，种种实验迹象告诉我们，质子和中子只是物质结构的一个层次，并不是物质结构的最基本单元。例如，中子呈电中性，但中子有磁矩，这一实验事实说明它内部还有带电荷的结构。另外，β 衰变的存在说明原子核内部的中子和质子可以转化为其他的粒子，也即 β 衰变的本质就是

$$n \to p + e^- + \bar{\nu}_e$$
$$p \to n + e^+ + \nu_e$$

这也表明质子或中子有内部结构（请思考自由质子能否衰变呢?）。与此同时，在观测宇宙射线的过程中人们又发现了 π 介子、K 介子、Λ 超子等粒子。这些粒子并不由我们前面认识的任何粒子（例如中子、质子、电子等）组成，似乎都是全新的“基本”粒子。在高能加速器出现后，人们又发现了反质子 $\bar{p}$、反中子 $\bar{n}$、Ω^- 等“基本”粒子及很多短寿命的共振态“基本”粒子，例如 Δ^{++}、Δ^+、Δ^0、Δ^- 等。随着时间的推移，人们发现的这些“基本”粒子多达数百种，远远超过了元素周期表中元素的数目。这么多的粒子很难使人们相信它们都是最基本的，那么，这些粒子是由什么最基本的单元按照什么样的规律组成的呢？它们的性质是否存在一定的规律性呢？这正是本章粒子物理所要回答的问题。

需要说明的是，粒子物理学又称高能物理学。这是因为它是研究比原子核更深层次的微观世界中的物质结构和性质，而由不确定关系可知，尺度更小意味着能量更高。与原子核物理中常需 MeV 的能量不同，粒子物理中涉及的能量常为 GeV 甚至是 TeV，这也是粒子物理被称为高能物理的原因。粒子物理学所用的实验工具是高能加速器。

8.1 粒子间的相互作用

我们知道，自然界存在四种基本的相互作用：引力相互作用、电磁相互作用、强相互作用和弱相互作用。在这四种相互作用中，引力相互作用和电磁相互作用是长程相互作用，无论两个客体相距多远，这种相互作用都存在。强相互作用和弱相互作用是短程相互作用，只有当两个客体的距离足够近时，这两种相互作用才存在。在粒子物理中，由于引力相互作用极弱，其影响可以忽略不计，因此不用考虑。而强相互作用、电磁相互作用和弱相互作用在粒子物理中都起着十分重要的作用。

1. 强相互作用

在第7章中我们已经介绍了强相互作用，其力程约为 10^{-15} m。如果以电磁相互作用强度的量

$$\frac{e^2}{4\pi\varepsilon_0} \cdot \frac{1}{\hbar c} \approx \frac{1}{137} \tag{8.1.1}$$

作为量度，那么强相互作用的强度为1～15。在粒子物理中，参与强相互作用的粒子统称为强子，它们包括介子和重子，例如介子 π^+、π^-、π^0、K^+ 等和重子 p、n、Λ^0、Σ^+ 等，其具体分类原则我们将在8.2节讨论。描述强相互作用的理论是量子色动力学(QCD)。

2. 电磁相互作用

电磁相互作用是人类了解得最为透彻的相互作用，它是一切带电粒子、光子和具有磁矩的粒子间的相互作用。描述电磁相互作用的理论是量子电动力学(QED)。需要说明的是，γ 光子只参与电磁相互作用，因此所有含有 γ 光子的过程都是电磁相互作用，例如：

$$\pi^0 \rightarrow \gamma + \gamma \tag{8.1.2}$$

3. 弱相互作用

弱相互作用的强度大约只有 10^{-5}，其力程小于 10^{-18} m。弱相互作用会影响所有费米子。

弱相互作用在粒子的 β 衰变中最为明显，例如：

$$n \rightarrow p + e^+ + \bar{\nu}_e \tag{8.1.3}$$

$$\pi^- \rightarrow \mu^- + \bar{\nu}_\mu \tag{8.1.4}$$

由式(8.1.3)和(8.1.4)我们可以看出，n 和 π^- 的衰变都产生了中微子，分别为反电子中微子 $\bar{\nu}_e$ 和反 μ 子中微子 $\bar{\nu}_\mu$。实际上，中微子只参与弱相互作用，因此公式(8.1.3)和(8.1.4)所示的衰变都是通过弱相互作用衰变的。粒子间的弱相互作用过程截面都非常小，因此只通过弱相互作用衰变的粒子，其寿命都非常长。由于中微子只参与弱相互作用，因此中微子与物质发生相互作用的截面非常小，约为 10^{-41} cm^2，比核反应截面小了约17个数量级。

在粒子物理中，经常要判断衰变或反应中是什么相互作用在起作用，这也比较容易：

(1) 由于 γ 光子只参与电磁相互作用，因此所有含有 γ 光子的过程都是电磁相互作用；

(2) 同样的道理，所有含有中微子(ν_e、ν_μ、ν_τ、$\bar{\nu}_e$、$\bar{\nu}_\mu$、$\bar{\nu}_\tau$)的过程都是弱相互作用过程；

(3) 所有含有 $e^\pm$、$\mu^\pm$、$\tau^\pm$ 的过程，要么是电磁相互作用，要么是弱相互作用；

（4）根据三种相互作用的时间不同而进行区分。强相互作用的时间一般为 $10^{-24} \sim 10^{-22}$ s，电磁相互作用的时间一般在 $10^{-20} \sim 10^{-16}$ s，弱相互作用的时间一般在 10^{-8} s。因此通过测量某过程的反应时间或粒子的寿命，就可以判定是什么相互作用过程，例如 Δ^{++} 衰变为 $\pi^{+} + p$ 的寿命为 5.7×10^{-24} s，显然这一衰变为强相互作用衰变。

表 8.1.1 给出了各种相互作用的特性。

表 8.1.1 各种相互作用特性

作用类别	强相互作用	电磁相互作用	弱相互作用	引力作用
作用对象	强子	带电粒子、光子、有磁矩粒子	轻子、强子	所有粒子
相对强度	1～15	10^{-2}	10^{-5}	10^{-38}
力程	$\sim 10^{-15}$ m	长	$< 10^{-18}$ m	长
典型寿命	$\sim 10^{-23}$ s	$\sim 10^{-18}$ s	$\sim 10^{-8}$ s	/
作用传递者	胶子 g_i（$i = 1, 2, \cdots, 8$）	光子 γ	$W^{\pm}$、Z^0	引力子（?）
理论	QCD	QED	弱电统一理论	广义相对论

8.2 粒子的基本性质和分类

8.2.1 粒子的基本性质

每一种粒子都有其独特的物理性质，通过这些独特的物理性质可以把它与其他种类的粒子区分开来，例如质子、光子、电子、中子等粒子可以通过其质量、电荷、自旋等性质来区分。下面我们就来讨论描述粒子基本性质的物理量。

1. 质量

这里所说的质量是指粒子的静止质量。对于稳定的粒子如电子、质子、中子等，我们可以用质谱计直接测量它们的质量。但是对于绝大多数粒子，它们不稳定且有的寿命还很短，无法用常规的质谱法来测定它们的质量。为此，可以通过测量它们衰变产物的能量和动量来获得它们的质量。

2. 寿命和质量宽度

由于绝大多数粒子不稳定，因此粒子在衰变前的平均存在时间称为粒子的

平均寿命 τ。如上节所述,通过强相互作用衰变的粒子寿命很短($10^{-24}\sim10^{-22}$ s),而通过弱相互作用衰变的粒子的寿命就长($\sim10^{-8}$ s),因此不同粒子的寿命很不一样。到目前为止,实验室观测到的稳定粒子只有 e^-、p、γ、ν 及它们的反粒子。

由不确定关系可知,粒子既然有一定的寿命,它的质量也肯定不单一,而是有一定的宽度 Γ,这称为**粒子的质量宽度** Γ:

$$\Gamma = \frac{\hbar}{\tau} \tag{8.2.1}$$

因此,粒子的质量宽度和寿命存在一一对应的关系。对于寿命很短的粒子,其质量宽度就非常宽,例如 Δ^{++} 的寿命约为 5×10^{-24} s,其质量宽度约为 120 MeV。

3. 电荷

粒子所带电荷都是电子电荷绝对值的整数倍。迄今发现粒子携带的最大电荷量为 $2e$。

4. 自旋

自旋是粒子的内禀属性之一,它是指粒子的固有角动量,以 $\hbar$ 为单位。例如电子的自旋为 1/2,光子的自旋为 1。

5. 同位旋

我们在第 7.2 节引入了同位旋的概念,指出核子的同位旋为 1/2。在讨论强相互作用过程时,可以认为质子和中子是同一种粒子,只不过它们的同位旋第三分量 I_3 不同,分别为 +1/2 和 −1/2。其他参与强相互作用的粒子也有同位旋,例如 π^+、π^0 和 π^- 的同位旋为 1,其 I_3 分别为 +1、0 和 −1。

6. 内禀宇称

宇称是指粒子空间波函数在空间反演下的对称性,而内禀宇称指的是粒子内部波函数在空间反演下的对称性。内禀宇称是粒子的固有属性。需要说明的是,正反费米子的宇称相反,正反玻色子的宇称相同。

8.2.2 粒子的分类

在粒子物理发展的早期,人们按照粒子的质量把粒子分为重子、轻子和介子。其中重子当时指的是质量大的粒子,例如质子、中子等,且把重子中质量大于质子、中子的粒子称为超子。质量小的粒子称为轻子,例如电子、中微子等。粒子质量介于重子和轻子之间的粒子称为介子,例如 π 介子等。随着实验数据的积累及理论的发展,人们发现上述分类并不科学。现在人们按照粒子参与相互作用的类型来进行分类，原有的重子、介子、轻子等名词仍然留用，但其含义已有不同。

1. 规范玻色子

电磁学的知识告诉我们，两个带电粒子同性相斥，异性相吸，但在电磁学中并没有告诉我们相斥和相吸的原因是什么。量子电动力学告诉我们，带电粒子间通过不断交换虚光子发生相互作用，因此我们称光子是传递电磁相互作用的规范粒子。与电磁力类似，传递强相互作用的规范粒子是胶子，而传递弱相互作用的规范粒子是 $W^{\pm}$ 和 Z^0 粒子。当然，人们也认为传递引力相互作用的规范粒子是引力子，只不过至今人们也没有发现它。所有规范粒子都是玻色子，见表 8.2.1。

表 8.2.1 规范玻色子

相互作用	引力相互作用	电磁相互作用	弱相互作用	强相互作用
粒子	引力子	光子	$W^{\pm}$、Z^0	胶子
自旋	2	1	1	1
个数	1	1	3	8

2. 轻子

轻子不参与强相互作用，只参与电磁相互作用和弱相互作用。轻子中的中微子只参与弱相互作用。表 8.2.2 给出了目前已经发现的所有轻子。

表 8.2.2 轻子

粒子	质量/MeV	自旋宇称 J^P	平均寿命/s	衰变方式举例	反粒子
电子 e^-	0.5109989461(3)	1/2	$>6\times10^{29}$		e^+
ν_e	$<2.2\times10^{-6}$	1/2	稳定		$\bar{\nu}_e$
μ^- 子	105.6583745(24)	1/2	2.19703×10^{-6}	$e^- + \bar{\nu}_e + \nu_\mu$	μ^+
ν_μ	<0.17	1/2	稳定		$\bar{\nu}_\mu$
τ^- 子	1777	1/2	3.0×10^{-13}	$\mu^- + \bar{\nu}_\mu + \nu_\tau$	τ^+
ν_τ	<15.5	1/2	稳定		$\bar{\nu}_\tau$

由表 8.2.2 可知，所有轻子的自旋都为 1/2，是费米子。还有，所有中微子都不带电，且其质量都非常小。实际上，泡利最早提出中微子假说的时候认为中微子的质量为 0。但是，1998 年日本的超级神冈实验发现中微子具有微小的质量，虽然到目前为止还没有测出它的绝对质量。

3. 强子

强子是指直接参与强相互作用的粒子，可以分为两类：介子和重子。其中介子的自旋量子数为零或正整数、重子数为零。而重子的自旋量子数为半奇数，重子数为 +1 或 -1。

到目前发现的介子共有 160 种，表 8.2.3 给出了部分介子及其反粒子。发现的重子共 276 种，包含重子数为 +1 的重子 138 种和重子数为 −1 的反重子 138 种，表 8.2.4 给出了部分重子及其反粒子。

表 8.2.4 中重子数的定义显而易见，而粲数和底数与夸克模型有关，将在夸克模型中讨论。奇异数是为了描述 1947 年之后相继发现的奇异粒子的特性而引入的量子数。所谓奇异粒子，是指这些粒子的特性十分奇特，具体而言其特征有两个：

表 8.2.3　部分介子及其反粒子

粒子	质量/MeV	电荷 Q	自旋宇称 J^P	同位旋 I	I_3	重子数 b	奇异数 S	粲数 c	底数 B	寿命 τ/s	主要衰变方式	反粒子
π^+ π^-	139.6	1 −1	0^-	1	1 −1	0	0	0	0	2.6×10^{-8}	$\pi^+\rightarrow\mu^++\nu_\mu$ $\pi^-\rightarrow\mu^-+\bar{\nu}_\mu$	π^- π^+
π^0	135.0	0	0^-	1	0	0	0	0	0	0.83×10^{-16}	$\pi^0\rightarrow\gamma+\gamma$	π^0
K^+	493.7	1	0^-	1/2	−1/2	0	1	0	0	1.24×10^{-8}	$K^+\rightarrow\pi^++\pi^0$ $K^+\rightarrow\mu^++\nu_\mu$	K^-
K^0	497.6	0	0^-	1/2	−1/2	0	1	0	0	0.89×10^{-10} 5.18×10^{-8}	$K_S^0\rightarrow\pi^++\pi^-$ $K_L^0\rightarrow\pi^0+\pi^0+\pi^0$	$\overline{K}^0$
ϕ	1019.4	0	1^-	0	0	0	0	0	0	1.6×10^{-22}	$\phi\rightarrow K^++K^-$	ϕ
ψ'	3686	0	1^-	0	0	0	0	0	0	7.1×10^{-21}	$\psi'\rightarrow J/\psi+\pi^++\pi^-$	ψ'
D^+	1869.6	1	0^-	1/2	1/2	0	0	1	0	1.04×10^{-13}	$D^+\rightarrow K^-+\pi^++\pi^+$	D^-
D^0	1864.8	0	0^-	1/2	−1/2	0	0	1	0	4.1×10^{-13}	$D^0\rightarrow K^-+\pi^++\pi^+$	$\overline{D}^0$
B^+	5279	1	0^-	1/2	1/2	0	−1	0	1	1.64×10^{-12}	$B^+\rightarrow J/\psi+K^+$ $B^+\rightarrow D^0+e^++\nu_e$	B^-
B^0	5279	0	0^-	1/2	−1/2	0	−1	0	1	1.53×10^{-12}	$B^0\rightarrow D^-+e^++\nu_e$	$\overline{B}^0$
Υ	9460	0	1^-	0	0	0	0	0	0	1.22×10^{-20}	$\Upsilon\rightarrow e^++e^-$ $\Upsilon\rightarrow\mu^++\mu^-$	$\overline{\Upsilon}$

（1）奇异粒子是协同产生，非协同衰变。也即它们在产生时都是成对地出现，而衰变时却可以单独地衰变为非奇异粒子。例如 $p+p\rightarrow p+\Lambda+K^+$，这里 Λ 和 K^+ 成对产生，但它们的衰变行为则不同，$K^+\rightarrow\pi^++\pi^0$，$\Lambda\rightarrow p+\pi^-$。

（2）奇异粒子是快产生慢衰变。实验上测得奇异粒子的产生过程属于强作用过程，而它们的衰变属于弱作用过程（寿命 $10^{-8}\sim10^{-10}$ s）。

需要说明的是，强子还存在共振态，它是由费米及其合作者于 1951 年在做 π 介子和质子散射实验时发现的。强子共振态的本质是两三个粒子在短时间内结合成为一个粒子的状态，是极不稳定的。由于强子共振态在粒子物理中具有与粒子完全相同的性质，因此把它当作独立的粒子来描述。强子共振态的寿命很短，只有 $10^{-24} \sim 10^{-22}$ s，通过强相互作用过程衰变。

表 8.2.4 部分重子及其反粒子

粒子	质量 /MeV	电荷 Q	自旋宇称 J^P	同位旋 I	I_3	重子数 b	奇异数 S	粲数 c	底数 B	寿命 τ/s	主要衰变方式	反粒子
p	938.3	+1	$1/2^+$	1/2	1/2	+1	0	0	0	$>10^{30}$ y		$\bar{p}$
n	938.6	0	$1/2^+$	1/2	−1/2	+1	0	0	0	888.6	$n \to p + e^- + \nu_e$	$\bar{n}$
Λ^0	1115.6	0	$1/2^+$	0	0	+1	−1	0	0	2.6×10^{-10}	$\Lambda^0 \to p + \pi^-$ $\Lambda^0 \to n + \pi^0$	$\overline{\Lambda}^0$
Σ^+	1189.4	+1	$1/2^+$	1	+1	+1	−1	0	0	0.8×10^{-10}	$\Sigma^+ \to p + \pi^0$ $\Sigma^+ \to n + \pi^+$	$\overline{\Sigma}^+$
Σ^0	1192.5	0	$1/2^+$	1	0	+1	−1	0	0	2.8×10^{-20}	$\Sigma^0 \to \Lambda^0 + \gamma$	$\overline{\Sigma}^0$
Σ^-	1197.3	−1	$1/2^+$	1	−1	+1	−1	0	0	1.48×10^{-10}	$\Sigma^- \to n + \pi^-$	$\overline{\Sigma}^-$
Ξ^0	1314.9	0	$1/2^+$	1/2	+1/2	+1	−2	0	0	2.9×10^{-10}	$\Xi^0 \to \Lambda^0 + \pi^0$	$\overline{\Xi}^0$
Ξ^-	1321.3	−1	$1/2^+$	1/2	−1/2	+1	−2	0	0	1.64×10^{-10}	$\Xi^0 \to \Lambda^0 + \pi^-$	Ξ^+
Ω^-	1672.5	−1	$3/2^-$	0	0	+1	−3	0	0	0.82×10^{-10}	$\Omega^- \to \Lambda^0 + K^-$ $\Omega^- \to \Xi^0 + \pi^-$	$\overline{\Omega}^+$
Λ_c^+	2282.2	+1	$1/2^+$	0	0	+1	0	1	0	1.1×10^{-13}	$\Lambda_c^+ \to \Lambda^0 + 2\pi^+ + \pi^-$ $\Lambda_c^+ \to p + K^- + \pi^+$	$\overline{\Lambda}_c^-$
Λ_b^0	5500	0	$1/2^+$	0	0	+1	0	0	−1	2.6×10^{-10}	$\Lambda_b^0 \to \Lambda_c^+ + e^- + \bar{\nu}_e$	$\overline{\Lambda}_b^0$

8.3 强子的夸克模型

20 世纪 50 年代后发现了大量的强子，这很难使当时的物理学家相信，这四百多种强子都是“基本粒子”。那么，强子是否像原子一样是由更基本的粒子组成呢？这正是本节将要讨论的内容。

8.3.1 强子分类

1955 年，物理学家终于找到了强子间的内在联系，这就是著名的盖尔曼-西

岛关系式：

$$Q = I_3 + (b + S)/2 = I_3 + Y/2 \tag{8.3.1}$$

这里 Q 为强子的电荷数，以电子电荷的绝对值为单位。I_3 为同位旋的第三分量，b 为重子数，S 为奇异数。新出现的 $Y = b + S$ 称为超荷，我们以重子 Σ^+ 为例(表 8.2.4)，可验算盖尔曼－西岛关系式

$$Q(=1) = I_3(=1) + \frac{[b(=1) + S(=-1)]}{2}$$

盖尔曼-西岛公式揭示出同位旋的第三分量 I_3 和超核数 Y 之间的内在联系。在此基础上，我们可以对重子和介子分别按照其自旋 J 和宇称 P 进行分类，把具有相同 J 和 P 的介子或重子画在一张图上，其横坐标对应于 I_3，纵坐标对应于 Y，图 8.3.1 和图 8.3.2 分别给出了 $1/2^+$ 和 $3/2^+$ 的重子。

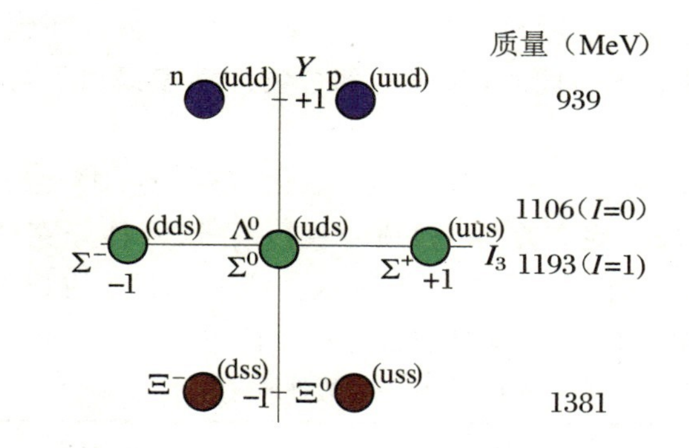

图 8.3.1 $J^P = 1/2^+$ 重子的 $Y - I_3$ 图

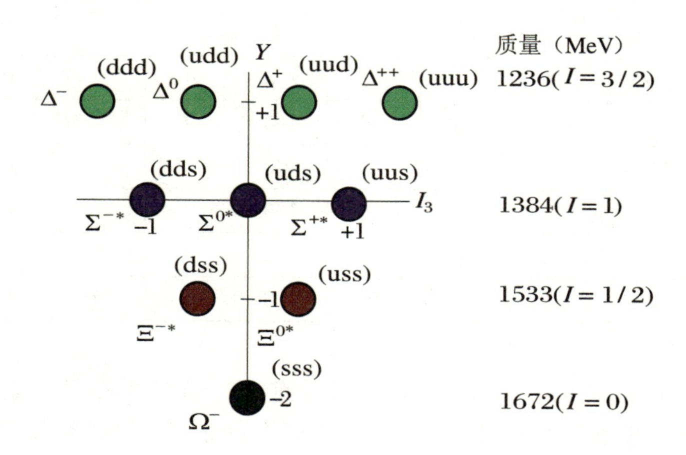

图 8.3.2 $J^P = 3/2^+$ 重子的 $Y - I_3$ 图

从图 8.3.1 和图 8.3.2 可以很容易看出，Y 相同的重子对应于同位旋的多重态，相应重子的质量近似相等。另外，当 $I = 1$ 时 I_3 可取 1、0 和 －1，而 $I = 0$ 时 $I_3 = 0$，所以对应于 $Y = 0$ 的粒子有 4 个，其中有两个 $I_3 = 0$ 的粒子，见图 8.3.1中的 Σ^-、Σ^0、Σ^+ 和 Λ^0。而从图 8.3.1 和图 8.3.2 可以看出，随着 Y 的逐

渐减小，粒子的质量逐渐增加，且每一步增加的质量近似为恒定值。类似于图 8.3.1 和图 8.3.2 的强子分类中蕴含有非常强的对称性。根据这种对称性，盖尔曼和奈曼于 1961 年预言了图 8.3.2 中的 Ω^- 粒子的存在，随后 1964 年实验上发现了 Ω^- 粒子，且实验测得的 Ω^- 粒子的特性与理论预言完全一致。

8.3.2 夸克模型

到 20 世纪 60 年代，种种实验迹象和理论研究都显示强子有内部结构。为此，盖尔曼等人于 1963 年提出了强子的夸克模型：所有重子都是由三种夸克组成，所有反重子都是由三种反夸克组成，所有介子都是由一种夸克与一种反夸克组成。显然，夸克是构成物质结构的基本单元之一(另外还包括轻子和规范玻色子)。与盖尔曼差不多同时，我国的部分物理学家提出了与夸克模型类似的层子模型。

盖尔曼最早提出的夸克有三种：上夸克(u)、下夸克(d)和奇异夸克(s)，后来又提出了粲夸克(c)、底夸克(b)和顶夸克(t)。这六种夸克被称为带有"味道"的夸克，并被分为三代，如表 8.3.1 所示。从表 8.3.1 可以看出，夸克带有分数电荷，具有分数的重子数，这是非常奇特的性质。

表 8.3.1 三代夸克的性质

代	味	电荷 Q	质量	自旋 J	同位旋		重子数	奇异数	粲数	底数	顶数
					I	I_3	B	S	C	B	T
第一代	上 u	2/3	5.6 MeV	1/2	1/2	1/2	1/3	0	0	0	0
	下 d	−1/3	10 MeV	1/2	1/2	−1/2	1/3	0	0	0	0
第二代	奇异 s	−1/3	200 MeV	1/2	0	0	1/3	−1	0	0	0
	粲 c	2/3	1.35 GeV	1/2	0	0	1/3	0	1	0	0
第三代	底 b	−1/3	5.0 GeV	1/2	0	0	1/3	0	0	−1	0
	顶 t	2/3	174 GeV	1/2	0	0	1/3	0	0	0	1

图 8.3.1 和图 8.3.2 已经给出了部分重子的夸克组成，不难验证，这些重子的夸克模型能够解释它们的电荷数、自旋角动量、奇异数、粲数等量子性质。但是由表 8.3.1 可知，夸克是费米子，类似 Ω^- 和 Δ^{++} 这样有三个同类夸克组成的粒子，是不满足泡利不相容原理的。为此，格林伯格于 1964 年提出，每种夸克还有三种"颜色"：红、黄、蓝。只不过这里的"颜色"与客观的颜色不是一个概念，是三种不同的量子数而已。在此基础上解决了 Ω^- 和 Δ^{++} 这样的粒子的构成问题。

至此，夸克有六种“味”，三种“色”，加上反夸克，共有36种夸克，它们是构成强子的基本单元。1968年在电子对质子的深度非弹性散射实验中，显示质子中有点状结构，给出了夸克存在的证据。强子是由夸克组成，那么，夸克之间通过什么作用构成强子呢？在量子色动力学(QCD)中，人们认为夸克之间的强相互作用是通过交换胶子而实现的。胶子有8种，其静止质量为0，自旋为1，具有色核。1979年，在丁肇中领导的高能正负电子对撞实验中发现了三喷注现象，首次找到了胶子存在的证据。

图8.3.3给出了部分介子的夸克构成，可以看出介子都是由一种夸克和一种反夸克构成。其中 J/ψ 粒子是由丁肇中和里希特于1974年各自独立发现，它是由粲夸克和反粲夸克组成的粲夸克偶素 $c\bar{c}$。丁肇中和里希特也因此荣获1976年的诺贝尔物理学奖。

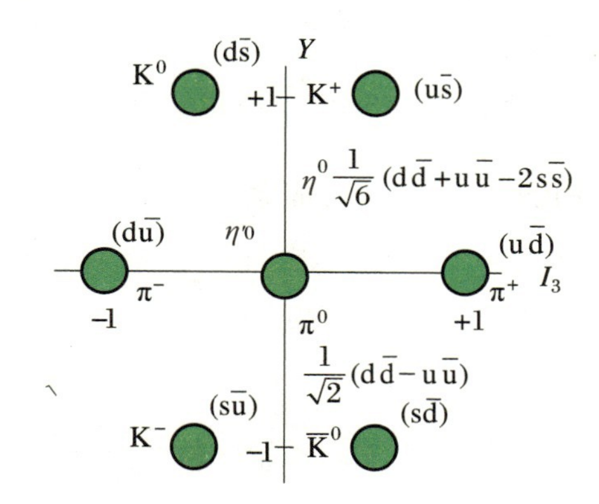

图8.3.3　$J^P=0^-$ 介子的 $Y-I_3$ 图

8.4　守　恒　律

所谓守恒律，是指孤立物理系统的某种可观测性质不随系统的演进而改变。守恒律与对称性联系在一起，著名的诺特定理表明，每一种守恒律，必定有与之伴随的物理对称性。例如，我们熟知的能量守恒与时间的均匀性或者说时间的平移不变性相联系，动量守恒与空间的均匀性或者说空间的平移不变性相联系，角动量守恒和空间的各向同性或者说空间的旋转不变性相联系。另一个大家熟知的是电荷守恒定律。

在粒子物理中，上述的能量守恒、动量守恒、角动量守恒和电荷守恒在各种相互作用中都仍旧严格遵守。但是除此之外，还有一些新的守恒定律，下面我们分别予以说明。

1. 轻子数守恒

根据轻子的分类,轻子数也分为三类,它们分别为电子轻子数 L_e、μ 子轻子数 L_μ 和 τ 子轻子数 L_τ。对轻子数的定义如下:

$$\begin{cases} e^-, \nu_e: L_e = 1; \quad e^+, \bar{\nu}_e: L_e = -1 \\ \mu^-, \nu_\mu: L_\mu = 1; \quad \mu^+, \bar{\nu}_\mu: L_\mu = -1 \\ \tau^-, \nu_\tau: L_\tau = 1; \quad \tau^+, \bar{\nu}_\tau: L_\tau = -1 \end{cases} \tag{8.4.1}$$

轻子数守恒意味着有轻子参加的一切过程,各类轻子数分别守恒,也即

$$\begin{cases} \sum\limits_{\text{反应前}} L_e = \sum\limits_{\text{反应后}} L_e \\ \sum\limits_{\text{反应前}} L_\mu = \sum\limits_{\text{反应后}} L_\mu \\ \sum\limits_{\text{反应前}} L_\tau = \sum\limits_{\text{反应后}} L_\tau \end{cases} \tag{8.4.2}$$

轻子数守恒在各种相互作用过程中都严格成立。

根据轻子数守恒,可知反应

$$n \to p + e^- + \bar{\nu}_e$$

可以发生。而反应

$$n \to p + e^- + \nu_e$$

不可能发生。实验观测也证实了上述结论。

2. 重子数守恒

重子数守恒也在各种相互作用过程中都严格成立,也即

$$\sum_{\text{反应前}} b = \sum_{\text{反应后}} b \tag{8.4.3}$$

由重子数守恒,可知反应

$$p \to e^+ + \gamma$$

不能发生,而反应

$$\nu_e + n \to p + e^-$$

既满足轻子数守恒,也满足重子数守恒,是可以发生的。

3. 同位旋守恒

在强相互作用过程中,同位旋 I 及其第三分量 I_3 守恒,也即

$$\begin{cases}\sum\limits_{\text{反应前}} I = \sum\limits_{\text{反应后}} I \\ \sum\limits_{\text{反应前}} I_3 = \sum\limits_{\text{反应后}} I_3\end{cases} \tag{8.4.4}$$

而在电磁相互作用过程中同位旋不守恒，但同位旋第三分量守恒。至于弱相互作用，I 和 I_3 都不守恒。

4. 奇异数守恒

在强相互作用和电磁相互作用过程中，反应前后奇异数的代数和相等，也即奇异数守恒。但是在弱相互作用过程中，奇异数不守恒。

5. 电荷共轭 C

电荷共轭是把一个体系的每个粒子都转化为其反粒子的过程。强相互作用和电磁相互作用过程中，C 在反应前后是不变的，也即 C 是守恒的，但弱相互作用过程中 C 不守恒。

6. 宇称 P

由 2.10 节可知，宇称是指波函数在空间反演下的变换性质。宇称守恒意味着空间反演下体系的宇称不变。我们知道，空间反演等价于镜面反射加上绕镜面法线旋转 180°，如图 8.4.1 所示。由于体系的转动不变性成立，所以宇称的检验就等价于镜面反射对称性的检验。

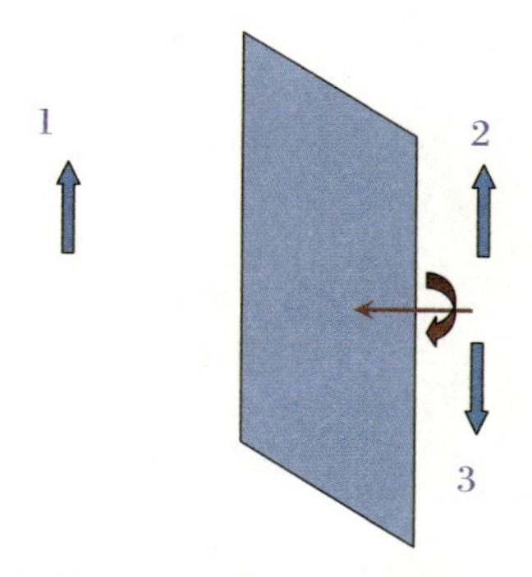

图 8.4.1　空间反演等于镜面反射 (1 →2) 加上旋转 (2 →3)

在 1956 年之前，人们认为在各种相互作用过程中宇称都守恒，这是由于当时关于经典物理和原子物理的知识都显示宇称守恒，人们想当然地认为宇称在粒子物理中也守恒。但是，在 1956 年，李政道和杨振宁在研究 $\tau - \theta$ 之谜时提出，虽然在强相互作用和电磁相互作用中宇称守恒，但是在弱相互作用过程中不服从宇称守恒定律。为此，他们提出了一些检验弱相互作用宇称不守恒的实验建议，其中一个实验就是测量极化 ^{60}Co 原子核 β 衰变的角分布，如图 8.4.2 所示。如果 ^{60}Co 原子核自旋向上，则在镜像中它的自旋是向下的。而本来沿着自旋反方向发射的 β 粒子，在镜像中就变为沿原子核自旋方向发射。由于 β 衰变属于弱作用衰变，如果弱作用中宇称守恒，则必定会有镜像中 β 粒子的发射概率与原来的 β 粒子的发射概率相同，也即 ^{60}Co 原子核沿自旋方向和背向自旋方向发射 β 粒子的概率相同。如果弱相互作用过程宇称不守恒，则二者概率不相等。

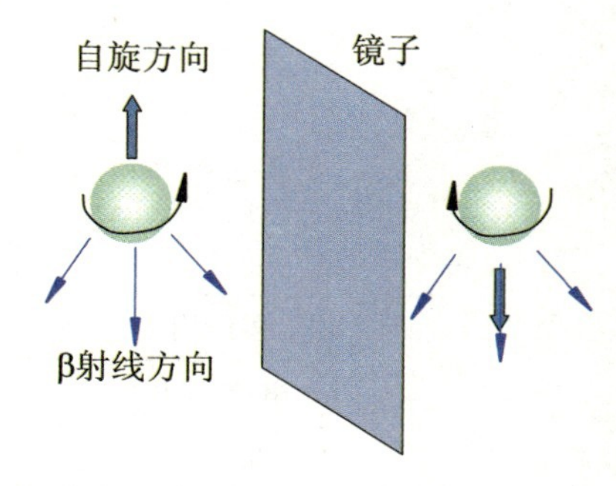

图 8.4.2　极化 ^{60}Co 原子核的 β 衰变过程及其镜像

吴健雄及其合作者于 1957 年完成了该实验，发现背向原子核极化方向发射 β 粒子的概率比沿着极化方向发射 β 粒子的概率大了约 20%，令人信服地证实了弱相互作用过程宇称不守恒。李政道和杨振宁也因此荣获 1957 年的诺贝尔物理学奖。需要说明的是，吴健雄完成上述实验是极其困难的，这是因为制备极化度极高的 ^{60}Co 非常不容易。

7. 时间反演 T

时间反演是把描述物理过程的时间变量换成它的负量，也即把时间的进程都倒过来。同样，时间反演对强作用和电磁相互作用都守恒，但对于弱相互作用不守恒。

8. 联合变换

联合变换包括 CP 和 CPT 联合变换，其中对所有作用过程 CPT 联合变换都守恒，但在有的弱相互作用过程中会产生 CP 破坏现象。

实际上，由于 CPT 联合变换守恒，CP 破坏就意味着 T 破坏。电子在自然定律违反时间反演对称 T 时才能存在不为零的电偶极矩，而标准模型(见 8.5 节)预言的电子电偶极矩大约为 10^{-38} e · cm。不少超越标准模型的新理论，特别是那些希望解释宇宙中物质和反物质不对称的理论，预言的电子电偶极矩比标准模型预言的大很多。因此，测量电子的电偶极矩就成为了研究超越标准模型新物理的重要手段，也是目前物理学的前沿领域之一。但是电子的电偶极矩太小，测量极其困难。目前测量它的一个重要方法就是基于原子物理的激光光谱学，测量重原子例如镭或重分子例如 ThO 的电偶极矩，利用它们的放大作用来推出电子的电偶极矩，时至今天在 10^{-29} e · cm 的量级还没有测出电子的电偶极矩，标准模型仍旧成立。

表 8.4.1 总结了守恒定律与相互作用的关系，其中"√"号表示守恒定律成立，"×"号表示守恒定律不成立。

表 8.4.1　守恒定律与相互作用的关系

守恒量 相互作用	能量 E	动量 P	自旋 J	电荷 Q	e 轻子数 L_e	μ 轻子数 L_μ	重子数 B	同位旋 I	同位旋分量 I_3	奇异数 S	宇称 P	电荷共轭 C	时间反演 T	CPT 联合变换
强作用	√	√	√	√	√	√	√	√	√	√	√	√	√	√
电磁作用	√	√	√	√	√	√	√	×	√	√	√	√	√	√
弱作用	√	√	√	√	√	√	√	×	×	×	×	×	×	√

8.5　标准模型简介

从20世纪60年代逐步发展起来的标准模型，是一套描述强力、弱力和电磁力这三种基本力及组成所有物质基本粒子的理论。迄今为止，几乎所有的实验结果都与理论预期相符。标准模型的不足在于它不包括引力。

标准模型认为物质的基本组成单元是三代轻子（12种）和三代夸克（36种），见图8.5.1。它们间存在四种基本相互作用：引力（引力子传递，目前尚未发现）、电磁相互作用（光子γ传递）、弱相互作用（由中间玻色子传递）和强相互作用（由胶子传递）。描述强相互作用的理论是量子色动力学，电磁和弱相互作用可以统一用电弱统一理论描述。

标准模型极其成功，到目前为止还没有发现与它相冲突的实验结果。但是物理学家总是追求更完美、更基本和更简单的统一理论。例如，物理学家希望能有一个把强作用和弱电作用相统一的大统一理论，更有甚者希望把引力也统一起来，而这需要物理学家进一步的努力！

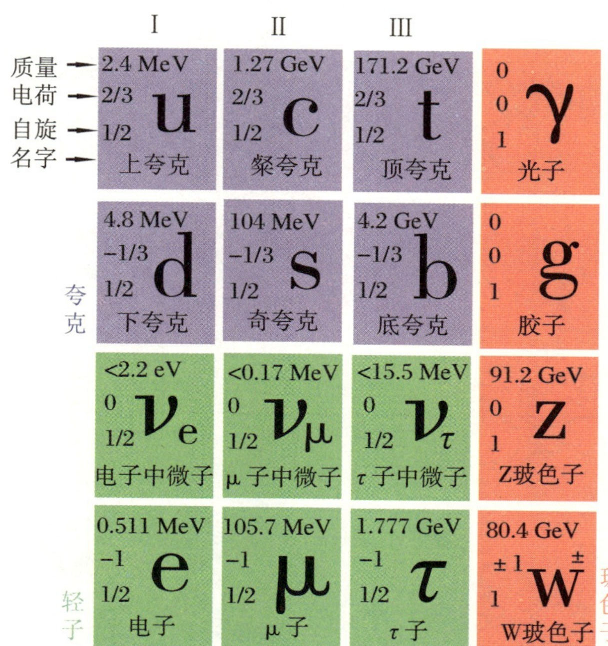

图8.5.1　标准模型里的基本粒子

在标准模型中，为了解释物质质量的来源，还需要一个粒子——希格斯粒子，它是自旋为零的玻色子。自从 1964 年希格斯预言了以他名字命名的希格斯粒子以来，为了寻找它高能物理学家们进行了不懈的努力。2012 年 7 月 4 日，欧洲核子中心宣布发现了希格斯粒子，而希格斯本人也因此荣获 2013 年诺贝尔物理学奖。

习　　题

第1章　原子模型初探

1-1　(1) 设有正电荷均匀分布在一半径为 R 的球形区域内，电荷密度为 ρ，试证明电荷为 $-e$ 的电子在它内部可以做以球心为中心的简谐运动；(2) 若正电荷大小等于电子电荷，$R=1.0\times10^{-10}$ m，求作用力常数 k 和电子的振动频率。

1-2　试推导公式(1.3.7)。

1-3　加速器产生的能量为1.5 MeV质子束垂直入射到厚为1 μm的金箔上，求：(1) 散射角大于90°的质子数占全部入射粒子数的百分比。已知金的 $A=197$，$\rho=1.932\times10^4$ $kg\cdot m^{-3}$；(2) 若质子束流为10 nA，如果要测量70°、90°、110°、130°、150°的卢瑟福微分散射截面，且统计计数的误差要小于1%，试给出每一个角度的测量时间。假设已知探测器所张立体角为0.01 sr。

1-4　(1) 如果把卢瑟福散射截面中的散射角以α粒子传递给原子核的动量转移表示，试给出以动量转移表示的卢瑟福散射截面；(2) 计算1.5 MeV质子束与金箔散射的、分别以角度和动量转移表示的微分散射截面；(3) 计算10 MeV质子束与金箔散射的、分别以角度和动量转移表示的微分散射截面；(4) 计算5.3 MeV的α粒子与金箔散射的、分别以角度和动量转移表示的微分散射截面；* (5) 把(2)、(3)和(4)的计算结果分别以角度和动量转移表示画在一张图中，并总结其中的规律。

1-5　如果卢瑟福背散射技术采用4.78 MeV的α粒子作为探针，探测角度在175°，试求样品分别为^{7}Li、^{12}C、^{28}Si、^{64}Cu、^{197}Au时散射α粒子的动能，左上角的数字为相应原子所对应的质量数。

1-6　试估算电子与原子碰撞的散射截面。

1-7　推导公式(1.3.9)。

1-8　在α粒子散射实验中，若α放射源用的是^{210}Po，它发出的α粒子能量为5.30 MeV，靶用 $Z=79$ 的金箔。求：(1) 散射角为90°所对应的瞄准距离，并计算 $S=\pi b^2$；(2) 计算散射角度大于90°的积分截面，与(1)中的 S 有什么关系，为什么？(3) 在这种情况下，α粒子与金核之间的最短距离。

1-9　结合对应原理和巴耳末–里德伯公式，推导玻尔的量子化条件。

1-10　计算氢原子基态中电子绕核转动的轨道半径、线速度、周期、频率、线动量、角速度、角动量、加速度、动能、势能和总能量。

1-11　求氢原子中：(1) 电子在 $n=1$ 轨道上运动时相应的电流值大小；(2) $n=1$ 和100时轨道中心处的磁感应强度；(3) $n=1$ 和100时电子分别感受到的原子核的电场大小。

1-12　试求氢原子的电子与核之间的库仑引力和万有引力以及它们的比值，并判断把万有引力略去不计是否合理。

1-13　分别计算氢的莱曼系、巴耳末系和帕邢系分立谱线的最短和最长的波长，这三个线系各属于哪个电磁波段。

1-14　计算锂离子 Li^{++} 的电离能、第一和第二激发能、莱曼系第一条谱线的波长、巴耳末系限波长和第一玻尔轨道半径。

1-15　从含有氢和氦的放电管内得到的光谱中，发现有一条线离氢的 H_α 线(656.279 nm)的距离为 2.674×10^{-10} m，这条线被归为一次电离的氦离子的发射谱线。(1) 找出 He^+ 这一跃迁中涉及能级的主量子数；(2) 计算 He^+ 离子的里德伯常数，已知 $R_H=1.0967758\times10^7$ m^{-1}，氦核质量为3726.358 MeV；(3) 假设核为无限重，计算 He^+ 的里德伯常数。

1-16　某一气体放电管放电时有^{1}H、^{2}H、$^{3}He^{+}$、$^{4}He^{+}$、$^{6}Li^{++}$和$^{7}Li^{++}$原子和离子，(1) 计算它们的电离能量；(2) 当放电

管所加的电压从零逐渐增大时，最先出现哪一条谱线？

1-17 用 12.9 eV 的电子去激发基态氢原子，(1) 求受激发的氢原子向低能级跃迁时发出的光谱线；(2) 如果这个氢原子最初是静止的，计算当它从 $n=3$ 直接跃迁到 $n=1$ 时的反冲能量和速度。

1-18 已知氦原子的电离能为 24.6 eV，试求氦原子的双电离能（也即把两个电子都电离掉所需要的能量）。

1-19 已知氦原子的电离能为 24.6 eV，如果用 100 eV 的光子照射氦原子，发生单电离过程。那么，发射的光电子的动能是多少？

1-20 如果 μ^- 子取代氢原子中的电子形成中性氢 μ 原子。试求它的基态结合能和从 $n=3$ 到 $n=2$ 跃迁发出的光子能量。

1-21 如果 μ^- 子取代锂原子（${}^{6}_{3}\mathrm{Li}$）中一个电子从而形成中性锂 μ 原子，它的化学性质最类似哪种化学元素？基态总能量呢？

1-22 用最简单的氢原子理论粗略估算 $Z=50$（${}^{119}_{50}\mathrm{Sn}$）的 π 原子的：(1) 最低两个能级所对应的能量和轨道半径；(2) 电离能和第一激发能量；(3) 将这些结果与氢原子的能量和轨道半径进行比较，已知 $m_\pi=273m_e$。做这种比较是有意义的，由此可以得到一些什么结论？

1-23 (1) 试求钠原子被激发到 $n=100$ 的里德伯原子态的原子半径、电离能和第一激发能；(2) 试把该结果与氢原子 $n=100$ 的里德伯原子态所对应的量做一比较。

1-24 试估算真空环境下灯丝温度为 2000 K 时发射的电子束的能量分散。

第 2 章　量子力学基础

2-1 功率为 1 W、波长为 589 nm 的钠灯，照射到距光源 3 m 的照相底板上，计算该照相底板每平方毫米在每秒钟接收到的光子数目。

2-2 某飞秒激光器，其输出激光波长是 800 nm，脉冲宽度是 130 fs，重复频率是 76 MHz，功率是 3.5 W。试计算：(1) 该激光器每秒发出的光子个数是多少？(2) 该激光器每个脉冲发出的光子个数是多少？(3) 用该激光激发某个分子，如果已知吸收池长度为 20 cm，气压为 10^{-2} Pa，试问每秒钟被吸收的光子个数。假设该激光与分子的激发能量相匹配，且激发截面为 10^{-20} m^2。(4) 试问每个脉冲被吸收光子的个数。(5) 如果要求每个脉冲被吸收的光子个数是 1 个，试问气体靶的压强要为多少？

2-3 已知某一星体最大辐射功率所对应的波长是 200 nm，估算该星体的温度。

2-4 已知宇宙的背景辐射温度是 3 K，计算宇宙背景辐射谱中最强处所对应电磁波的波长。

2-5 用 HeI 的光电子能谱仪（光子能量 21.218 eV）测量氩原子的光电子能谱，已知所测电子动能是 5.458 eV 和 5.288 eV，计算氩原子的电离能。

2-6 用 10 keV 的光子和 He 原子碰撞，计算 90° 康普顿散射峰的光子能量。

2-7 (1) 试求电子、中子和氦原子在室温下的德布罗意波长；(2) 如果光子、电子、中子和氦原子都具有 0.1 nm 波长，试求它们的能量。

2-8 试求：(1) 经过 10 kV 电势差加速的电子束和质子束的德布罗意波的波长；(2) 在磁场强度为 46 G(4.6 mT) 的均匀磁场中沿半径为 0.5 cm 做圆周运动的电子的德布罗意波长；(3) 世界上能量最高的电子加速器是曾经运行的西欧核子中心的 LEP，如果电子能量被加速到 50 GeV，求它的德布罗意波长。

2-9 试计算 ${}^{23}\mathrm{Na}$ 原子在室温和 2 μK 时的德布罗意波长。

2-10 试证明氢原子稳定轨道上正好能容纳下整数个电子的德布罗意波长，而且上述结果不但适用于圆轨道，也适用于椭圆轨道。

2-11 用一束能量为 1 keV 的电子做杨氏双缝实验，如在缝后 5 m 处的屏上观测到相距 2×10^{-4} m 的明暗区，试求两缝的距离。

2-12 一电子束在 37 V 电场中加速并通过一块有两狭缝 A 和 B 的板，缝宽 0.1 nm，两缝相距 1 nm，板后 1 m 处有一个垂直于入射电子束方向的屏，屏上装有一位置灵敏探测器，能确定电子击中屏的位置。分别画出在以下情况中屏上出射电子相对数目沿屏位置的分布图，并给以解释：(1) 缝 A 开，缝 B 关；(2) 缝 B 开，缝 A 关；(3) 缝 A、B 都开；(4) 将施特恩-格拉赫装置连到板前，使只有 $s_z=\frac{1}{2}\hbar$ 的电子能通过缝 A，$s_z=-\frac{1}{2}\hbar$ 的电子能通过缝 B（参见第 3 章）；(5) 只有 $s_z=\frac{1}{2}\hbar$ 的电子能通过缝 A，同时只有 $s_z=\frac{1}{2}\hbar$ 的电子能通过缝 B；(6) 若束流强度减弱到如此之低，以至在某一时刻仅有一个电子通过装置，问有什么影响？

2-13　证明在戴维森和革末的实验条件下不可能有与所测的一级极大值对应的二级和三级衍射峰。如果要得到二级衍射峰，并使它出现在50°处，需要用多大的加速电压。

2-14　在氯化钾晶体中，主平面间距为0.314 nm，试比较能量为10 keV的电子和光子在这些平面上的一级和二级布拉格反射方向与入射方向之间的夹角。

2-15　中子衍射方法常用来进行结构分析，设有一窄束热中子照射到晶体上，测得一级布拉格掠射角为30°，求晶体的布拉格面间距。

2-16　用不确定关系确定以下问题中所要求的物理量：(1) 设在非相对论情况下有 $H=\dfrac{p^2}{2m_e}-\dfrac{Ze^2}{4\pi\varepsilon_0 r}$，求类氢离子的基态能量；(2) 设在相对论情况下有 $H=(p^2c^2+m^2c^4)^{1/2}-m_ec^2-\dfrac{Ze^2}{4\pi\varepsilon_0 r}$，求类氢离子的基态能量，此结果是否对所有 Z 都正确？与(1)中结果有什么联系？

2-17　如果汤姆孙发现电子的实验中阴极射线的能量是2 keV，是否要考虑不确定关系的影响？

2-18　已知氦原子第一、第二激发态的寿命分别是7870 s和19.5 ms，试求这两个能级的自然线宽。

2-19　已知Na原子第一激发态的寿命是16 ns，试求该能级的自然线宽。

2-20　一台飞秒激光器输出的激光脉冲宽度为8 fs，试问其能谱宽度是多少？

2-21　证明当把 $\vec{r}$ 变换成 $-\vec{r}$ 时，原子体系的哈密顿量不变。

2-22　由公式(2.5.16)和公式(2.5.17)证明 $\hat{L}^2$ 和 $\hat{L}_z$ 对易。

2-23　由公式(2.5.16)和公式(2.5.18)证明哈密顿量 $\hat{H}$ 和 $\hat{L}^2$ 对易。

2-24　试证明 $\hat{L}_x$、$\hat{L}_y$ 和 $\hat{L}_z$ 互相不对易，且有 $[\hat{L}_x,\hat{L}_y]=\mathrm{i}\hbar\hat{L}_z$、$[\hat{L}_y,\hat{L}_z]=\mathrm{i}\hbar\hat{L}_x$ 和 $[\hat{L}_z,\hat{L}_x]=\mathrm{i}\hbar\hat{L}_y$。

2-25　以一维方势阱的波函数为例，证明属于不同量子态的波函数是正交的。

2-26　证明三维方势阱的波函数(211)和(112)正交。

2-27　一个电子被禁闭在一个一维势阱内，势阱宽为 10^{-10} m，电子处于基态，能量为38 eV，计算：(1) 电子在第一激发态的能量；(2) 当电子处在基态时盒壁所受的平均力。

2-28　设三维势阱是一立方体，边长为 2×10^{-10} m，求第一激发态相对基态的激发能量。

2-29　在发现中子以前，人们曾经认为原子核是由 A 个质子和 $(A-Z)$ 个电子组成的，试估算这种情况下的零点能，从而证明电子不可能被限定在像原子核这样小的区域内。

2-30　考虑质点在下列一维势中运动：

$$U(x)=\begin{cases}\infty, & x<0\\ 0, & 0\leqslant x\leqslant a\\ V_0, & x>a\end{cases}$$

证明束缚态能级由方程 $\tan(\sqrt{2mE}a/\hbar)=-[E/(V_0-E)]^{1/2}$ 给出。不进一步求解，大致画出基态波函数的形状。

2-31　考虑势能为 $U(x)$ 的一维系统

$$U(x)=\begin{cases}V_0, & x>0\\ 0, & x<0\end{cases}$$

其中 $V_0>0$，若一能量为 E 的粒子束从 $x=-\infty$ 处入射，其透射率和反射率各为多少？考虑 E 的所有能值。

2-32　对于轨道角动量量子数 l，各 m_l 态的概率密度之和的分布具有球对称性，也即 $\sum\limits_{m_l=-l}^{l}|Y_{l,m_l}(\theta,\varphi)|^2$ 为常数。试以 $l=1$ 和2为例验证它。

2-33　写出氢原子 $l=1$、2和3时的轨道角动量大小及其 z 分量。

2-34　试求氢原子基态的(1) 坐标位置的平均值 $\bar{r}$；(2) 电子沿径向分布的最大值处的 r 值；(3) 势能平均值 $\bar{U}$；(4) 动能平均值 $\bar{T}$。

2-35　代入氢原子的波函数，验证对于 $l=0$、1和2，波函数的奇偶性取决于 $(-1)^l$。

2-36　证明宇称算符和原子的哈密顿量是对易的。

2-37　证明公式(2.10.3)。

第3章　原子的能级结构和光谱

3-1　μ^- 粒子被氢原子俘获形成 μ 氢原子，试求其轨道运动的磁矩（已知 $m_\mu=207m_e$）？

3-2　估算质子的磁矩大小，为什么？

3-3　中子的磁矩 μ_n 为 $-1.913\mu_N$，这里 μ_N 为核磁子。中子具有磁矩说明了什么？

3-4　一束自旋为1/2，磁矩为 μ 的中性粒子束沿 x 方向通过施特恩-格拉赫实验装置，结果该中性粒子束按粒子的 μ_z 值不同而分裂。如果入射束中的粒子磁矩是下列情况之一，粒子束通过施特恩-格拉赫实验装置后的行为如何？

(1) 磁矩沿 $+z$ 方向极化(排列);(2) 沿 $-z$ 方向极化;(3) 沿 $+y$ 方向极化;(4) 不极化。

3-5 假设电子是一个半径为 2.82×10^{-15} m 的小球,其自旋是绕着它自身轴的自转,若电子具有 $\hbar/2$ 的自旋角动量,试计算出其球面上赤道一点的线速度。这个计算说明了什么?

3-6 验证例 3.2.1 中 $\psi_S^{He}(\vec{r}_1,\vec{r}_2)$ 和 $\psi_A^{He}(\vec{r}_1,\vec{r}_2)$ 仍旧是薛定谔方程的解并满足波函数的自然边界条件。

3-7 假设 He 原子中两个电子的自旋不是 1/2 而是 1,试问其电子波函数是交换对称的还是交换反对称的?

3-8 给出 Ne 原子处于基态时所有电子的量子数。

3-9 指出下面原子是费米子还是玻色子:H、D、T、^{3}He、^{4}He、^{6}Li、^{7}Li。这里原子符号左上角的数字代表原子核中质子数和中子数之和,也即原子核的质量数。

3-10 分别写出氧原子(Z=8)、硅原子(Z=14)、钴原子(Z=27)和镉原子(Z=48)基态的电子组态。

3-11 试分析钯原子的电离能为什么比相邻的铑和银都大。

3-12 试分析金原子的原子实,说明其总自旋角动量、总轨道角动量及它们的 z 分量都为零,对外不表现磁性,且其电荷的空间分布是球对称性的。

3-13 试证明公式(3.4.7)中自旋角动量 $\vec{S}$ 绕 $\vec{L}$ 旋进的角频率为 $\omega=\xi(r)L$。

3-14 试证明量子数分别为 1 和 2 的角动量耦合出的总角动量量子数为 3、2 和 1。

3-15 写分别写出单电子 2s、2p、3d、4f 的原子态符号、总角动量大小和可能的 $\vec{S}\cdot\vec{L}$ 取值。

3-16 费普在做 H 原子的施特恩-格拉赫实验时,所用的 H 原子的平均动能为 $2kT$,为什么?

3-17 已知钾原子的基态为 $4^2S_{1/2}$,其电离能为 4.3407 eV,主线系第一条谱线由波长为 $\lambda_1=770.108$ nm 和 $\lambda_2=766.701$ nm 的双线组成;第一辅线系的第一条谱线的精细结构为:$\lambda_3=1169.66$ nm,$\lambda_4=1177.61$ nm 和 $\lambda_5=1177.29$nm。(1) 试画出产生这些谱线的能级跃迁图;(2) 求 4S,4P,3D 各能态的能量及相应的有效电荷数 Z^* 和量子数亏损。

3-18 已知钠原子的共振线波长 λ_p 为 589.3 nm,漫线系第一条谱线的波长 λ_d 为 819.3 nm,基线系第一条谱线的波长 λ_f 为 1845.9 nm,主线系的系限波长 λ_m 为 241.3 nm,试求相关的 S、P、D 和 F 能级的量子数亏损值。

3-19 画出锂原子 $n\leqslant3$ 的精细结构能级图,并画出可能的允许跃迁。

3-20 从 NIST 数据库查找金原子的光谱数据,画出金原子 $n<8$ 且 $l\leqslant2$ 精细结构的能级图,并画出可能的允许跃迁。

3-21 试由附录 3-1 的公式(3-4)推导出公式(3-5)。

3-22 试证明对于任意的轨道角动量量子数 l,都有 $\frac{n}{l+1/2}>\frac{3}{4}$。

3-23 试推导附录 3-1 的公式(3-9)。

3-24 试推导附录 3-1 的公式(3-11)。

3-25 试推导附录 3-1 的公式(3-14)和(3-15)。

3-26 计算氢原子 $n=2$ 能级的精细结构修正,给出每一步修正的数值并画出能级图的变化过程。

3-27 试计算氢原子的 2p 态电子由于自旋-轨道相互作用产生的能级裂距,如果该裂距等效于电子自旋磁矩在磁感应强度 B 中引起的能级分裂,求该磁场的大小。

3-28 试分析为什么碱金属的共振线强度特别大。

3-29 今测得氢原子 $n=3$ 是由谱项自下至上依次相差 0.1082 cm^{-1} 与 0.0361 cm^{-1} 的三能级所构成。试问其莱曼系的第二条谱线实际是由波长相差多少的两谱线构成的?

3-30 光谱仪的分辨本领定义为 $R=\lambda/\delta\lambda$,试问如果不考虑兰姆位移,R 为多大时,可以分辨出氢原子巴耳末系 H_α 线的全部精细结构成分?

3-31 氢的 1420 MHz 发射线是在射电天文学中发现最早、最重要的谱线之一。利用这条谱线可探测宇宙空间中氢元素的分布情况,它来自于氢原子基态的超精细结构间的跃迁。试据此计算氢原子基态超精细作用系数 a。

3-32 考虑氢原子的基态和 $n=2$ 的各态,试(1) 标出图中四个态的原子态符号;(2) 画出考虑相对论效应后的能级图的,并指明每一个能级需要考虑哪些修正因素;(3) 画出考虑兰姆移位后的能级图;(4) 画出考虑超精细结构后的能级图;(5) 指明上述修改大小的排序;(5) 在上述所有能级图上画出相应的允许跃迁。

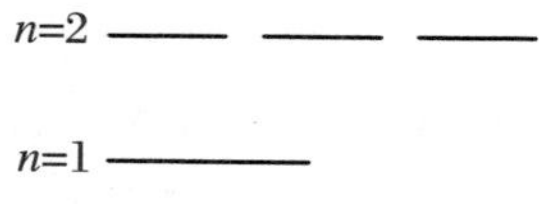

n=2 —— —— ——

n=1 ——

题 3-32 图

3-33 计算由两个 d 电子(分等效电子及非等效电子两种情况)组成的电子组态能级的简并度。

3-34 试判断下列电子组态和原子态是否可能存在并说明理由:

(1) 电子组态：1p2d，2s3f，2p3d；(2) 原子态：$^1P_2$，$^3F_3$。

3-35 按 LS 耦合写出 3 个等效 p 电子可构成的原子态并计算其全部可能的状态数目。

3-36 已知某原子的一个能级为三重结构，且随能量的增加，两个能级间隔之比为 3∶5，试由朗德间隔定则确定这些能级的 S、L 和 J 值，并写出状态符号。

3-37 分别写出 Al($Z=13$)、Mg($Z=12$)、Ti($Z=22$)基态的电子组态，LS 耦合时每个原子基态的原子态。

3-38 写出 $Z=24$、37、54、74 基态的原子态符号，并说明这样写的原因。

3-39 已知铑原子($Z=45$)的基态电子组态为 $1s^2 2s^2 2p^6 3s^2 3p^6 3d^{10} 4s^2 4p^6 4d^8 5s^1$。(1) 试按 LS 耦合确定其所有可能的原子态；(2) 由洪特定则确定其基态原子态(反常次序)。

3-40 铅原子基态的两个价电子都在 6p 轨道，若其中一个价电子被激发到 7p 轨道，则可组成哪些原子态(电子间的相互作用属 jj 耦合)？

3-41 从 NIST 数据库查找镁原子的光谱数据，画出镁原子 $n<6$ 且 $l\leqslant 3$ 的能级图，并画出可能的允许跃迁。

3-42 从 NIST 数据库查找锌原子的光谱数据，画出锌原子 $n<7$ 且 $l\leqslant 3$ 的能级图，并画出可能的允许跃迁。

3-43 试证明 4p4d 电子在 LS 耦合前后的状态数相同。

3-44 试证明图 3.6.3 中 ^4F 自旋-轨道耦合前的能级与耦合后 $^4F_{7/2}$ 的能级高度一样。

3-45 氦原子 $n=2$ 的激发态能级如图所示，定性解释 ΔE_1 和 ΔE_2 产生的物理原因并比较两者的大小。

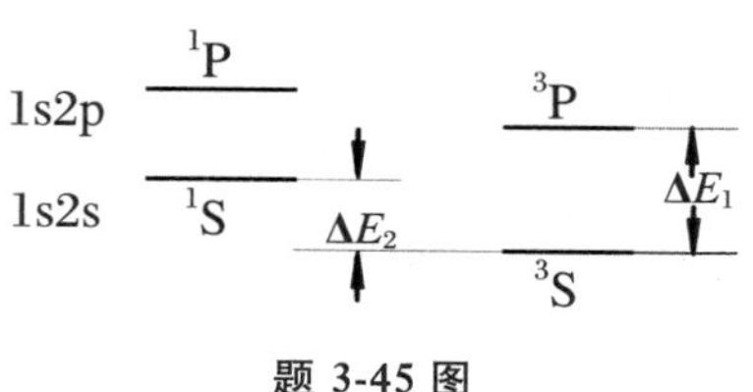

题 3-45 图

3-46 若 X 射线照射到多晶体粉末上，荧光屏上将观测到什么样的画样？

3-47 指出下列原子辐射跃迁中哪些是电偶极允许跃迁，哪些是禁戒跃迁，并说明后者所违背的选择定则：(1) 氦 1s2p $^1P_1 \to 1s^2\,{}^1S_0$；(2) 氦 1s2p $^3P_1 \to 1s^2\,{}^1S_0$；(3) 碳 3p3s $^3P_1 \to 2p^2\,{}^3P_0$；(4) 碳 2p3s $^3P_0 \to 2p^2\,{}^3P_0$；(5) 钠 $2p^6 4d\ {}^2D_{5/2} \to 2p^6 3p\ {}^2P_{1/2}$。

3-48 已知镁原子($Z=12$)是二价原子，且符合 LS 耦合。问：由价电子组态 3p4p 直接跃迁到 3s3p 有多少种辐射跃迁？画出能级图并在图上画出可能的跃迁，且用原子态符号表示这些可能跃迁。

3-49 写出电子组态 3d4f 在 jj 耦合下的原子态符号。

3-50 如果某一个原子的基态原子态符号是 $^2D_{5/2}$，而其原子核自旋是 7/2，试写出量子 F 的取值，并分析这些超精细结构之间是否遵循朗德间隔定则。

3-51 动能 $T=40$ keV 的电子所产生的最短的 X 射线波长为 0.0311 nm，试求普朗克常数。

3-52 高速电子打在铑($Z=45$)靶上，产生 X 连续光谱的短波限 $\lambda_{\min}=0.062$ nm，试问此时能否观察到 K 线系特征谱线？

3-53 装有钴靶的 X 射线管产生的 X 射线由较强的 Co 原子 K 线系和较弱的杂质 K 线系组成。Co 原子 K_α 线波长为 0.1791 nm，而杂质 K_α 线波长为 0.2291 nm 和 0.1542 nm。试利用莫塞莱定律计算两种杂质的原子序数，它们是什么元素？

第 4 章 外场中的原子

4-1 请推导公式(4.1.3)和(4.1.4)。

4-2 计算原子态 $^3S_1$、$^3P_2$、$^2S_{1/2}$、$^2P_{3/2}$、$^2D_{3/2}$、$^2D_{5/2}$、$^3D_3$ 的朗德因子。

4-3 (1) 证明所有 s 态(自旋单态除外)的朗德因子 $g=2$；(2) 证明所有自旋单态的朗德因子 $g=1$。

4-4 如果原子处于 $^3D_1$，试问这样一束原子经过施特恩-格拉赫装置后分裂为几束？

4-5 一束基态氢原子束通过施特恩-格拉赫实验中的不均匀磁场，磁场梯度 $\dfrac{\partial B_Z}{\partial z}=1.5\times 10^2\ \mathrm{T\cdot m^{-1}}$，氢原子的速度为 $v=10^4$ m/s，磁场区的长度为 $d_1=20$ cm，从磁铁到屏的漂移的距离 $d_2=10$ cm，如图所示。求氢原子束在屏上的裂距 Δz(已知氢原子的质量为 1.6×10^{-27} kg)。

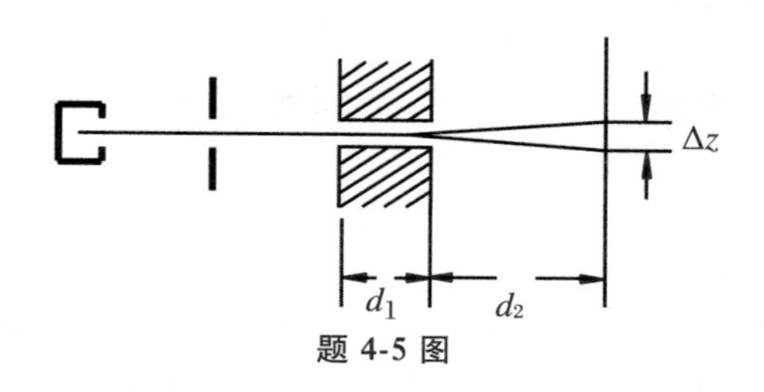

题 4-5 图

4-6 已知铯原子光谱第二辅线系的第一条谱线双线结构的波数分别为 $\tilde{\nu}_1=6805\ \mathrm{cm^{-1}}$ 和 $\tilde{\nu}_2=7359\ \mathrm{cm^{-1}}$。试问：(1) 这两

条谱线是由哪两个精细劈裂能级引起的？(2) 这两个精细结构能级的能量差是多少(eV)？(3) 若认为能量差是由电子自旋磁矩与电子轨道运动在电子处产生的磁场间的作用引起的，试估算该内部磁场 $\vec{B}$ 的大小。

4-7 处于弱磁场中的某碱金属原子，其多重态能级会发生分裂。请问：(1) $^2P_{3/2}$ 和 $^2D_{5/2}$ 态的 g 因子各为多少？(2) $^2P_{3/2}$ 和 $^2D_{5/2}$ 态各自的磁分裂能级中，哪个态的相邻磁能级间隔大？(3) $^2P_{3/2}$ 和 $^2D_{5/2}$ 态相距最远的磁能级间隔分别为多少(用 $\mu_B B$ 来表示)？

4-8 跃迁 $^2P_{1/2} \to {}^2S_{1/2}$ 在弱磁场中将分裂为几条谱线？其与原谱线的波数差为多少(用洛伦兹单位 $\mathcal{L}$ 来表示)？画出其能级跃迁图。钠的 589.59 nm 谱线刚好对应此跃迁。要使其 σ 偏振线与 π 偏振线的波长差为 0.600 nm，则外磁场的磁感应强度应为何值(取三位有效数字)？

4-9 对于 Na 原子($Z = 11$)，(1) 考虑了自旋-轨道耦合后，量子数 $n = 3$ 的能级数为多少？(2) 在强磁场下，量子数 $n = 3$ 的能级数为多少？定性画出其能级分裂图。

4-10 试问基态铯原子在 1.00 T 的磁场中塞曼劈裂的能量差是多少？若要使电子的自旋变换方向，需要外加振荡电磁场的频率为多少？

4-11 在某种碱金属原子的电子顺磁共振试验中，固定微波频率为 2.0×10^{10} Hz，当磁场强度 B 调到 1.787 T 时发生强烈的共振吸收。试计算碱金属原子该状态的朗德因子 g，并指出原子处在何种状态？

4-12 在施特恩-格拉赫实验中，原子态的氢从温度为 400 K 的炉中射出，在屏上接收到两条氢束线，其间距为 0.6 cm。若把氢原子换成氯原子，其他条件不变，那么在屏上可以接收到几条束线？其相邻两束线的间距是多少？

4-13 在磁感应强度为 2.0 T 的磁场中，钙的 $^1D_2 \to {}^1P_1$，$\lambda = 732.6$ nm 的谱线分裂成相距为 2.8×10^{10} Hz 的三个成分，试计算电子的荷质比。

第 5 章　双原子分子的能级结构和光谱

5-1 判断下列分子有几个共价键：(1) O_2；(2) C_2；(3) Na_2；(4) I_2；(5) HI。

5-2 惰性原子由于其满壳层结构，不能与其他原子形成稳定分子。但是处于激发态的惰性原子往往能够与其他原子形成准分子(也即形成具有势能曲线极小的分子激发态)，例如 Xe^*Cl，请分析原因。

5-3 KI 分子的平衡核间距为 0.305 nm，K 原子的第一电离能为 4.34 eV，I 原子的电子亲和能为 3.08 eV，试计算中性 K 原子和 I 原子形成 KI 分子时的结合能。

5-4 请推导公式(5.2.4)和(5.2.5)。

5-5 已知 $^{12}C^{16}O$ 在基态和某一激发态的转动常数分别为 1.93127 cm^{-1} 和 1.3099 cm^{-1}，试求在这两种状态下 CO 分子的键长。

5-6 已知 $^1H^{35}Cl$ 的平衡核间距 $R_e = 0.12745$ nm，试计算纯转动跃迁 $J=0 \to J=1$ 和 $J=4 \to J=5$ 的频率和波长，并判断它们落在了电磁辐射的哪个波段。如果 $^1H^{37}Cl$ 和 $^1H^{35}Cl$ 的平衡核间距相同，那么这两个分子纯转动光谱的频移是多少？

5-7 K 原子的第一电离能为 4.34 eV，Cl 原子的电子亲和能为 3.82 eV，KCl 分子解离为一个 K 原子和一个 Cl 原子需能量为 4.64 eV，求 KCl 分子的远红外第一条转动光谱线的波数。

5-8 在双原子分子光谱中观察到以下谱线：118 cm^{-1}，135 cm^{-1}，152 cm^{-1}，169 cm^{-1}，186 cm^{-1}，202 cm^{-1}。试求：(1) 转动常数；(2) $J=10$ 能级能量为多少？(3) 给出谱线 169 cm^{-1} 跃迁所涉及的量子数。

5-9 $^1H^{35}Cl$ 分子在基频时能够观察到如下谱线：2998.05 cm^{-1}，2981.05 cm^{-1}，2963.35 cm^{-1}，2944.99 cm^{-1}，2925.92 cm^{-1}，2906.25 cm^{-1}，2865.14 cm^{-1}，2843.63 cm^{-1}，2821.59 cm^{-1}，2799.00 cm^{-1}，2775.77 cm^{-1}。(1) 指出它们中的哪些属于 P 支，哪些属于 R 支，并指明其量子数 J'；(2) 计算该振动态的力常数 k；(3) 给出该电子态的零点能。

5-10 已知 H_2 和 H_2^+ 的解离能分别为 4.48 eV 和 2.65 eV，那么 H_2 的电离能是多少？

5-11 如果用同位素取代双原子分子中的一个原子，那么双原子分子的势能曲线在取代前后有没有变化？相应的振动能级和转动能级有没有变化？为什么？

5-12 已知 H_2 的 $\omega_e = 4401.21$ cm^{-1} 和 $B_e = 60.853$ cm^{-1}，试计算 D_2 的力常数和平衡核间距。D_2 分子的 ω_e 和 B_e 分别为多少？二者的纯转动光谱之间有什么联系？二者的振动光谱之间有什么联系？

5-13 试以 $H^{35}Cl$ 分子为例说明，室温下大部分分子处于振动基态。设 H 原子与 Cl 原子之间相互作用力常数为 516 N·m^{-1}。

5-14 试计算与回答下述问题：(1) 假定 $^{23}Na^{35}Cl$ 和 $^{23}Na^{37}Cl$ 两种同位素分子的核间距相等，一台光谱仪恰能分辨这两种同位素的转动光谱，求这一光谱仪的分辨率 $\Delta\lambda/\lambda$；

(2) 若这两种同位素分子的力常数相等,试问这台光谱仪是否也能分辨这两种分子的振动光谱?

5-15 已知入射光的波数为 20000 cm^{-1},试计算它在 HCl 分子中产生拉曼散射时可能出现的散射线的波数。已知 HCl 分子的振动频率为 9×10^{13} Hz,转动常数 B 为10.59 cm^{-1}。

5-16 用氦氖激光器波长为 632.8 nm 的激光照射 O_2 样品,请计算可能观察到的散射谱线的波长。已知 O_2 分子基态的 $\tilde{\nu}_0 = 1556.4\ cm^{-1}$, $B_e = 1.44563\ cm^{-1}$。

5-17 试给出下列分子最低的电子组态和第一激发电子组态,并确定其分子态符号:(1) HF;(2) Li_2;(3) F_2;(4) OH。

5-18 试写出非等价电子组态:(1) δδ;(2) σπ 的分子谱项。

5-19 N_2 分子某激发态的电子组态是 $(\sigma_g 1s)^2(\sigma_u^* 1s)^2(\sigma_g 2s)^2(\sigma_u^* 2s)^2(\pi_u 2p)^4(\sigma_g 2p)^1(\sigma_u 2p)^1$,请写出该电子组态可能的分子电子态。

第 6 章 固体物理概述

6-1 如果把同样的硬球放置在下列结构原子所在的位置上,球的体积取得尽可能大,以使最近邻的球正好接触,但彼此并不重叠。我们把一个晶胞中被硬球占据的体积和晶胞体积之比定义为结构的堆积比率(又叫最大空间利用率)。试证明以上四种结构的堆积比率是

简单立方 : 体心立方 : 面心立方 :

六角密排 : 金刚石

6-2 铁晶体的晶格常数 $a_{Fe} = 2.87\times10^{-10}$ m,密度 $\rho_{Fe} = 7.8\ g/cm^3$,问铁晶体属于简单立方晶格还是体心立方晶格?

6-3 指出下列格子是否是一个布拉菲点阵。如果是,绘出三个初基矢量。如果不是,选用最小基元将它描写为一个布拉菲点阵。

(1) 底心立方(在简单立方的立方晶胞各水平面中心附加一个点)。

(2) 侧心立方(在简单立方的立方晶胞各铅垂面中心附一个点)。

(3) 棱心立方(在简单立方各最近邻连线的中点附加一个点)。

6-4 证明晶体局限定理:具有周期性结构的晶体只能具有二次、三次、四次或六次旋转对称性。提示:设一晶格具有 n 重对称轴,$\vec{a}$ 为晶格面中最小非零平移向量。

6-5 证明两种一价离子等间距组成的一维晶格的马德隆常数为 $\alpha = 2\ln 2$。

6-6 勒纳-琼斯(Lennard - Jones)势:惰性元素晶体(分子晶体)中两原子间互作用势能可以表示为勒纳-琼斯势,即式(6.1.4)。(1) 设晶体为面心立方结构,求晶体平衡时两原子间最小距离 r_0、晶体的结合能 E_b 及体弹性模量 K_0。(2) Xe分子晶体(fcc)中,最邻近原子间的距离为 4.35 Å,画出两个离子的勒纳-琼斯势;若晶格能为 3.83 kcal/mol = 16 kJ/mol,计算势中参数 ε 和 σ。

6-7 离子晶体 LiCl (fcc, a = 5.14),NaCl (fcc, a = 5.64 Å),KCl (fcc, a = 6.3 Å) CsCl(bcc, a = 4.11 Å),面心立方(fcc)和体心立方(bcc)马德隆常数分别为 $\alpha_{fcc} = 1.7476$, $\alpha_{bcc} = 1.7627$,计算形成这些晶体中离子对的库仑势。

6-8 证明:体心立方的倒格子是面心立方;面心立方的倒格子是体心立方。

6-9 证明布拉格条件[式(3.8.1)]与劳厄的衍射加强条件式[式(6.2.11)]是等价的。

6-10 面心立方布拉菲格子:(1) 求格点密度最大的三个晶面系的面指数;(2) 画出各种格点平面上格点的排布;(3) 设晶胞参数为 a,分别求出这三个晶面系相邻晶面的面间距。

6-11 计算金刚石结构、氯化钠结构和六角密堆积结构的几何结构因子。

6-12 金刚石结构(图 6.2.8):(1) 画出布拉菲格子,给出基矢、原胞,并给出倒格矢,画出倒格矢点阵及第一布里渊区。(2) 单晶 Si 是金刚石结构,晶格常数 a = 5.43 Å,用铜靶 K_α 线 $\lambda = 0.154$ nm 的 X 射线做衍射实验,请问该结构的(100)、(200)、(400)、(110)和(111)和晶面衍射能否出现?为什么? 如果出现请给出衍射角度。

6-13 氯化钠结构(图 6.2.8):钠和氯的原子序数分别是 11 和 17,设钠和氯的原子形状因子平方比值为 17/11,决定氯化钠晶体中哪组 X 射线衍射能被观察到(对于通常的立方晶胞);在这些衍射中,哪一组强,哪一组弱?

6-14 更精确地估计费米能级 E_F 和电子热容量 C_e。提示利用 Sommerfeld 展开式

$$\int_0^\infty f(E)Q'(E)\mathrm{d}E \approx Q(E_r) + \frac{\pi^2}{6}(k_B T)^2 Q''(E_F)$$

其中函数 $Q(E)$在$(-\infty, +\infty)$上连续可微,$Q(0)=0$,并且满足条件 $\lim\limits_{E\to\infty} e^{-\alpha E}Q(E) = 0$($\alpha$ 为大于 0 的常数),并有 $k_B T \gg E_F$。

6-15 已知钠晶体是体心立方结构,晶格常数 a = 4.3 Å,若其电阻率为 $4.3\times10^{-6}\ \Omega\cdot cm$,钠晶体的电子又可看作自由电子,试计算钠晶体电子的弛豫时间以及费米面上电子的

平均自由程。

6-16 用 Sommerfeld 模型解释自由电子的自旋顺磁性，导出绝对零度时自由电子顺磁磁化率为 $\chi=\mu_B^2 N(E_F)$，式中 μ_B 是玻尔磁子，$N(E_F)$ 是费米面附近的状态密度。并证明，当 $T\neq0$ K 时，温度对 χ 的影响仅仅在 $(k_B T/E_F)^2$ 的数量级。

6-17 在铜中掺锌，一些铜原子被锌原子取代。采用自由电子模型，求锌原子与铜原子之比为多少时，费米球与第一布里渊区边界相切（铜为面心立方的一价晶体，锌为二价）。

6-18 在低温下，金属钾的摩尔电子热容为 $c_e=2.08$ T·mJ·mol^{-1}·K^{-1}，晶格常数为 $a=5.333$ Å。试在自由电子气体模型下估算钾的费米温度，钾的导带电子的有效质量，费米速度和费米面上的能态密度。

6-19 银的密度为 $\rho_m=10.5$ g·cm^{-3}，原子量为 107.87，在 295 K 的电阻率为 1.61×10^{-6} Ω·cm，在 20 K 的电阻率为 0.038×10^{-6} Ω·cm。若把银看成是具有球形费米面的单价金属，试计算费米能、费米温度、费米球半径、费米速度、费米球面的横截面积以及在室温及低温时电子的平均自由程。

6-20 周期场中的电子满足与时间无关的薛定谔方程：

$$\hat{H}\psi(\vec{r})=\left[\frac{\hat{p}}{2m}+\hat{U}(\vec{r})\right]\psi(\vec{r})=E\psi(\vec{r})$$

这里 $\hat{U}(\vec{r}+\vec{R})$。定义平移对称操作算符 $\hat{T}_{\vec{R}}$，对于任意函数 $f(\vec{r})$ 都有 $\hat{T}_{\vec{R}}f(\vec{r})=f(\vec{r}+\vec{R})$。(1) 证明 $\hat{T}_{\vec{R}}$ 与 $\hat{H}L$ 对易。(2) 证明两个不同的平移对称操作算符 $\hat{T}_{\vec{R}_1}$ 和 $\hat{T}_{\vec{R}_2}$ 对易。(3) $\hat{T}_{\vec{R}}$ 的本征值 $C(\vec{R})$ 必须满足什么条件？(4) 利用(1)～(3)的结论推导 Bloch 定理。

6-21 证明布洛赫电子的平均速度公式 $v_n(\vec{k})=\frac{1}{\hbar}\nabla_{\vec{k}}E_n(\vec{k})$。

6-22 由能带的对称性 $E_n(\vec{k})=E_n(-\vec{k})$ 证明晶体电子速度是 $\vec{k}$ 的奇函数：$\vec{v}_n(\vec{k})=-\vec{v}_n(-\vec{k})$。

6-23 Kronig-Penney 模型（1931 年）：考虑简单的一维 δ 函数的周期势垒 $V(x)=\Sigma_n\eta\delta(x-na)$；$\eta>0$（这里取 $\hbar=2m=1$）。(1) 证明色散关系（能量 E 与波矢 k 的关系）满足 $\cos(ka)=\cos(\alpha a)-\frac{\eta}{2\alpha}\sin(\alpha a)$；$\alpha=\sqrt{E}$。(2) 画出某一确定值 η 时上式右边函数与能量 E 的曲线，并讨论满足上式存在解的特性，画出 $E\sim ka$ 的能带示意图。

6-24 设有二维正方晶格，其晶格势场 $V(x,y)=-4U\cos(2\pi x/a)\cos(2\pi y/a)$，按弱周期场（近自由电子近似）处理，求出布里渊区角处 $(\pi/a,\pi/a)$ 的能隙。

6-25 根据 $k=\pm\frac{\pi}{a}$ 状态简并微扰结果，求出与 E_+，E_- 对应的本征态波函数 ψ_+、ψ_-，说明它们都代表驻波，并比较两个电子云分布（即 $|\psi_\pm|^2$），说明能隙的来源。假设（$V_n=V_n^*$）。

6-26 推导面心立方晶格中由原子 s 态形成的能带：(1) 写出描述 s 态晶体波函数的 Bloch 表达式；(2) 写出在最近邻作用近似下，由紧束缚法得到的晶体 s 态自由能表达式 $E(k)$；(3) 计算如图 Γ，X，R 点晶体电子能量；(4) 指出能带底与能带顶晶体电子能量，其能带宽度等于多少？画出原子能级分裂成能带示意图。

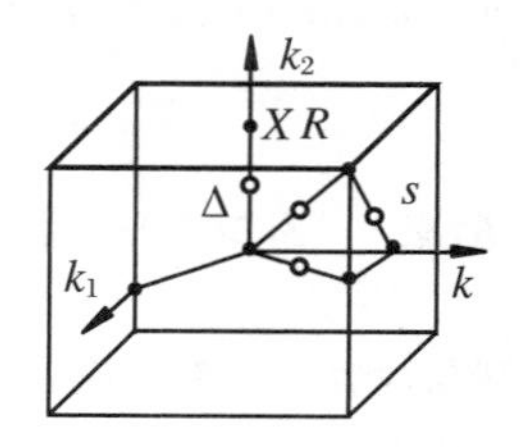

题 6-26 图

6-27 推导简单立方晶格中由原子 p 态形成的能带：(1) 写出描述 p 态晶体波函数的 Bloch 的表达式；(2) 写出在最近邻作用近似下，由紧束缚法得到的晶体 p 态自由能表达式 $E(k)$；(3) 画出沿 $\Gamma\Delta$ 轴的能带示意图。

6-28 原子排列成平面正六角形结构，六角形边长为 a，(1) 画出前三个布里渊区；(2) 如果每个原子有一个电子，在简约布里渊区画出费米圆；(3) 如果每个原子有两个电子，在简约布里渊区画出费米圆；(4) 如果费米圆恰是内接圆，求所对应的每个原子平均电子数；(5) 计算它的结构因子，用近自由电子近似，讨论对能隙的影响，讨论对费米圆在布里渊区边界处形状的影响，即如何修饰布里渊区边界处的畸变。

6-29 设一维晶体的电子能带可写成 $E(k)=\frac{\hbar^2}{ma^2}\left(\frac{7}{8}-\cos ka+\frac{1}{8}\cos2ka\right)$，其中 a 是晶格常数。试求：能带宽度、电子在波矢 k 状态的速度以及能带底部和顶部的有效质量。

6-30 均匀磁场中电子的运动(1) 证明均匀磁场小电子在波矢空间中运动的轨道是与磁场垂直的面和等能面的交线。

(2) 讨论电子在真实空间中的轨道与波矢空间中的轨道有何关系。(3) 单价四角金属中的开放轨道连通相对的布里渊区的界面,这些界面相距 $G=2\times10^{8}\,\mathrm{cm}^{-1}$。设磁场强度 $H=10^{3}\,\mathrm{Gs}$ 垂直于开放轨道的平面,取电子速度 $v\approx10^{8}\,\mathrm{cm\cdot s^{-1}}$,问电子在波矢空间中运动的周期是多少?描述磁场中电子在其实空间中的运动。

6-31 均匀磁场中沿费米面上闭合轨道运动的电子,其能量 $\varepsilon_n=(n+\phi)\hbar\omega_c$ 是量子化的,其中 n 是不为负值的整数,φ 是相常数,ω_c 是电子沿闭合轨道的回旋频率。试证明:倘若能量以 $\hbar\omega_c$ 为单位量子化,则轨道所包围的面积也是量子化的,即

$$A_n=(n+\phi)\frac{2\pi eH}{c\hbar}$$

其中 A_n 是能量为 ε_n 的轨道所包围的面积。此即是翁萨格(Onsager)有名的结论。(出此题可以说明德·哈斯-范·阿尔芬振荡的产生。)

6-32 石墨烯结构(图 6.2.2):(1) 画出布拉菲格子,给出基矢、原胞,并给出倒格矢,画出倒格矢点阵及第一、二布里渊区。(2) 原胞中碳原子的 2s 与 $2p_x$,$2p_y$ 的轨道形成 sp^2 杂化,杂化过程中,每个碳原子与最近邻的三个原子形成处于同一平面内相互夹角为 $2\pi/3$ 的 3 个 σ 共价键,剩下的 $2p_z$ 轨道电子形成垂直该平面的 π 键,计算紧束缚近似下的 π 电子能带,说明石墨烯是一带隙为零的半导体。

6-33 计算同时存在电子与空穴载流子的本征半导体的霍尔系数 R_{H}:(1) 讨论本征半导体霍尔系数 $R_{\mathrm{H}}(T)$ 随温度的变化,这里假设电子与空穴迁移率 μ_{p} 和 μ_{n} 相同。(2) 在霍尔电压的测量实验中,反转磁场将产生不同幅度的霍尔电压,解释这个效应的原因。

6-34 长 $L=2\,\mathrm{cm}$,宽 $d=1\,\mathrm{mm}$ 的半导体中沿平面通有电流 $I=5\,\mathrm{mA}$,在垂直于平面的方向施加一磁场 $B=0.15\,\mathrm{T}$,在宽度 $b=1\,\mathrm{cm}$ 的位置测得霍尔系数为 $R_{\mathrm{H}}=-2000\,\mathrm{cm^3/C}$。这里假设只有一种类型的载流子,试问:(1) 载流子类型及载流子浓度;(2) 霍尔电压 U_{H};(3) 当电流产生电压 $U_{\mathrm{A}}=1\,\mathrm{V}$ 时,迁移率 μ 和这些载流子的弛豫时间($m^*=0.2\,m_e$)。

6-35 在主轴坐标系下,半导体的导带底或价带顶附近的能带有如下形式:

$$E(\vec{k})=E_0+\frac{h^2}{2}\left(\frac{k_x{}^2}{m_x^*}+\frac{k_y{}^2}{m_y^*}+\frac{k_z{}^2}{m_z^*}\right)$$

(1) 求其状态密度。(2) 证明在磁场 B 中电子的回旋共振频率为 $\omega_c=\dfrac{qB}{m^*}$,其中

$$\frac{1}{m^*}=\sqrt{\frac{\alpha^2m_X^*+\beta^2m_y^*+\gamma^2m_y^*}{m_x^*m_y^*m_z^*}}$$

α、β、γ 为磁场 B 在主轴坐标系中的方向余弦。

6-36 半导体中的杂质和缺陷能级:锑化铟和磷化镓有以下参数:

	禁带宽度 E_{g}(eV)	相对介电常数 ε_{r}	载流子类型	有效质量 m^*
锑化铟	0.18	17	电子	$0.015\,m_e$
磷化镓	2.26	11.1	空穴	$0.86\,m_e$

试计算:施主(受主)杂质的电离能和施主(受主)所束缚电子(空穴)基态轨道半径。

6-37 某一 N 型半导体电子浓度为 $1\times10^{15}\,\mathrm{cm}^{-3}$,电子迁移率为 $1000\,\mathrm{cm^2/(V\cdot s)}$,求其电阻率。

6-38 已知 $T=300\,\mathrm{K}$ 时,硅的本征载流子浓度 $n_{\mathrm{i}}=1.5\times10^{10}\,\mathrm{cm}^{-3}$,硅 PN 结 N 区掺杂为 $N_{\mathrm{D}}=1.5\times10^{16}\,\mathrm{cm}^{-3}$,P 区掺杂为 $N_{\mathrm{F}}=1.5\times10^{18}\,\mathrm{cm}^{-3}$,求平衡时势垒高度。

6-39 $T=300\,\mathrm{K}$ 时,锗的有效状态密度 $N_{\mathrm{c}}=1.05\times10^{19}\,\mathrm{cm}^{-3}$,$N_{\mathrm{v}}=5.7\times10^{18}\,\mathrm{cm}^{-3}$,试求锗的载流子有效质量 m_{c}^* 和 m_{v}^*;计算 77 K 时的 N_{c} 和 N_{v}。已知 300 K 时 $E_{\mathrm{g}}=0.67\,\mathrm{eV}$,77 K 时 $E_{\mathrm{g}}=0.76\,\mathrm{eV}$,求锗两个温度时的本征载流子浓度。若 77 K 时锗的电子浓度为 $10^{17}\,\mathrm{cm}^{-3}$,空穴浓度为 0,而 $E_{\mathrm{C}}-E_{\mathrm{D}}=0.01\,\mathrm{eV}$,求锗中施主浓度 N_{D}。

第 7 章 原子核物理概论

7-1 试判断下列原子核是费米子还是玻色子:(1) 偶偶核;(2) 奇偶核;(3) 奇奇核。请说明理由。

7-2 写出下列原子核的质子数和中子数:$^{60}\mathrm{Co}$、$^{197}\mathrm{Au}$、$^{208}\mathrm{Pb}$、$^{235}\mathrm{U}$、$^{238}\mathrm{U}$ 和 $^{239}\mathrm{Pu}$。

7-3 判断下列原子核有没有核磁共振信号:$^{12}\mathrm{C}$、$^{16}\mathrm{O}$、$^{35}\mathrm{Cl}$、$^{40}\mathrm{Ca}$、$^{37}\mathrm{Cl}$ 和 $^{39}\mathrm{K}$。

7-4 已知地球和太阳间的距离为 1.5 亿千米,地球上能够测量太阳发射的最小中子能量是多少?已知自由中子寿命为 888.6 s。

7-5 如果要测量质子的磁矩,请选择一种实验方法,并简要说明其工作原理。

7-6 根据汤川秀树的介子场理论并联系核力的性质,试估算介

子的质量。

7-7 如果带电粒子之间的电磁相互作用是通过不断交换虚光子而产生的,那么光子能不能有静止质量?为什么?

7-8 请给出以下核素的自旋和宇称:^{13}B、^{13}C、^{13}N、^{15}O、^{16}O和^{17}O。

7-9 试判断下列核素能否发生α衰变:^{14}C、^{17}O和^{238}U。它们能否发生β^-衰变呢?请自己查找相应原子的原子量。

7-10 半衰期为30.2年的1 mg ^{137}Cs的放射性活度是多少?半衰期为7.083×10^8年的1 mg ^{235}U的放射性活度是多少?

7-11 1 s内测量到^{60}Co放射源发出的γ射线是3700个,设测量效率为10%,求它的放射性活度。已知^{60}Co的半衰期为5.27年,求它的质量。

7-12 从1.1 kg铀矿中含有0.20 kg铅(^{206}Pb)这一事实估计地球的年龄。已知天然铀中含99.28%^{238}U、0.714%^{235}U和0.006%^{234}U,^{206}Pb是^{238}U衰变系列的稳定产物,^{238}U的半衰期为4.5×10^9年,衰变系列中其他核素的半衰期均比它小很多。

7-13 在用^{14}C测量一具古尸体的工作中已知^{14}C的$T_{1/2}=5730$年,自然环境下^{14}C的浓度为10^{-12}。问:(1) 若取样50 g碳测量1 h,得到β放射性计数为2500个,不考虑本底的计数,设探测效率为90%,求它的死亡年代。(2) 若取样50 g碳,要求测量精度为±50年,需要多长的测量时间。(3) 测量1 h,精度要求同上,问取碳样多少?(4) 设N_c、N_t和N_b分别为真实计数、测量到的总计数和本底计数,有$N_c=N_t-N_b$,N_c的统计误差为$\Delta N_c=\sqrt{(\Delta N_t)^2+(\Delta N_b)^2}=\sqrt{N_t+N_b}$。如果本底计数是4000 h^{-1},测量1 h,精度要求仍同上,问要求取碳样多少?

7-14 放射性核素^{238}Pu已作为宇宙飞行用能源,它是一种半衰期为90年的α放射源,问:(1) 为什么^{238}Pu放射α射线而不是氘核?(2) α射线的能量约为5.5 MeV,如有238 g ^{238}Pu,它们释放的功率是多少?(3) 上述能量是仪器运行能量的8倍,能用多长时间?

7-15 在一个为验证大一统理论的质子衰变实验中,使用了一个含有10000 t的纯水的水池。用切伦科夫辐射探测器探测,设测量效率为100%,质子寿命为10^{32}年,束缚在核内的质子以与自由质子一样的速率衰变,试估计一年内可观测到多少衰变。

第8章 粒子物理简介

8-1 分析下列过程是否可能发生,并说明原因。如果该过程能够发生,请说明是属于哪个相互作用。(1) $n\to p+e^-$;(2) $n\to p+e^-+\nu_e$;(3) $p\to\pi^++e^++e^-$;(4) $\Lambda^0\to p+\pi^-$;(5) $n\to p+\nu$;(6) $\pi^0\to\gamma+\gamma$。

8-2 实验中观察到下述过程:

$$\Delta^{++}\to p+\pi^+$$

试分析该过程中满足的守恒律,并判断它属于哪种相互作用过程,Δ^{++}的质量宽度大约是多少?

8-3 某一个Δ重子由一个u夸克和两个d夸克组成,试分析其自旋J、电荷Q、重子数B、奇异数S和粲数C。

8-4 试问光子、中微子、中子和电子:(1) 哪些不参与电磁相互作用?(2) 哪些不参与强相互作用?(3) 哪些不参与弱相互作用?

8-5 给出下列过程中中微子的具体类型:

(1)$\Lambda^0\to p+\mu^-+\nu$;(2)$\Sigma^+\to\mu^++\nu+n$;

(3)$\tau^+\to e^++\nu+\nu$; (4)$\mu^-\to e^-+\nu+\nu$。

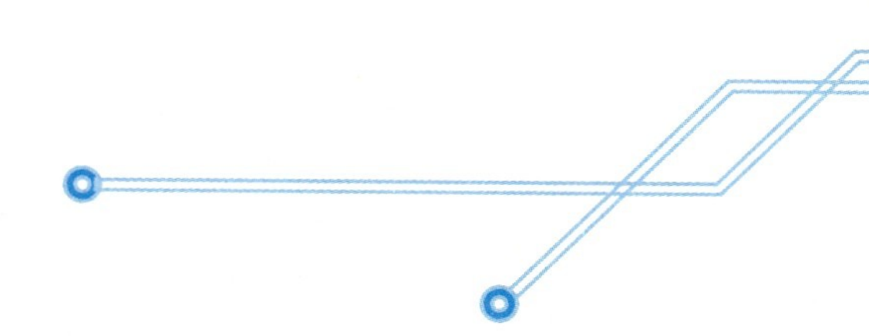

部分习题参考答案

第 1 章　原子模型初探

1-1　(1) 略；(2) 1440 eV·nm^{-2}，2.53 ×10^{15} Hz。

1-2　略。

1-3　(1) 2.66 ×10^{-4}；(2) 0.08 s、0.19 s、0.34 s、0.51 s 和 0.66 s。

1-4　(1) $\frac{d\sigma}{d\Omega}=\left(\frac{zZme^2}{2\pi\varepsilon_0}\right)^2\frac{1}{\Delta p^4}$；(2) 3.71×10^{-77}/$\Delta p^4$(b)或 3.59/sin^4(θ/2)(b)；(3) 3.71×10^{-77}/Δp^4(b)或 0.0809/sin^4(θ/2)(b)；(4) 2.33×10^{-75}/Δp^4(b)或 1.15/sin^4(θ/2)(b)；(5) 以动量转移表示的散射截面只与入射粒子和靶本身的性质例如核电荷数和质量有关，与入射粒子的能量无关，以角度表示的散射截面还与入射粒子的能量有关。

1-5　0.357 MeV、1.20 MeV、2.69 MeV、3.71 MeV 和 4.41 MeV。

1-6　10^8 b。

1-7　略。

1-8　(1) 2.14 ×10^{-14} m、14.4 b；(2) 14.4 b，相等，原因略；(3) 4.29 ×10^{-14} m。

1-9　略。

1-10　0.0527 nm、2.2 ×10^6 m/s、1.52 ×10^{-16} s、6.6 ×10^{15} Hz、2.0 ×10^{-24} kg·m·s^{-1}、4.2 ×10^{16} rad/s、1.06 ×10^{-34} kg·m^2·s^{-1}、9.11 ×10^{22} m·s^{-2}、13.6 eV、-27.2 eV、-13.6 eV。

1-11　(1) 1.05 mA；(2) 12.4 T、1.24×10^{-9} T；(3) 5.12 × 10^{11} V/m，5.12 ×10^3 V/m。

1-12　合理。

1-13　莱曼系：91.16 nm，121.5 nm，紫外光谱；
巴耳末系：364.6 nm，656.3 nm，可见光谱；
帕邢系：820.4 nm，1875.2 nm，红外光谱。

1-14　122.4 eV、91.8 eV、108.8 eV、13.505 nm、40.5 nm、0.0176 nm。

1-15　(1) $m=4$，$n=6$；(2) 1.09722 ×10^7 m^{-1}；(3) 1.097373 ×10^7 m^{-1}。

1-16　(1) 13.5984 eV，13.6020 eV，54.4133 eV，54.41658 eV，122.4411 eV，122.4427 eV；(2) 121.57 nm，^{1}H 的莱曼系第一条谱线。

1-17　(1) λ_{21} = 121.6 nm、λ_{31} = 102.6 nm、λ_{41} = 97.3 nm、λ_{32} = 656.5 nm、λ_{42} = 486.3 nm、λ_{43} = 1875.6 nm；(2) 12.09 eV、3.86 m/s、7.78×10^{-8} eV。

1-18　79 eV。

1-19　75.4 eV，34.6 eV，27.0 eV，…。

1-20　2529.60 eV，351.33 eV。

1-21　He 元素，-24.95 keV。

1-22　(1) -9.282 MeV，-2.3205 MeV，3.88 fm，15.53 fm；(2) 9.282 MeV，6.9615 MeV。

1-23　(1) 530 nm，1.36 meV，0.026798 meV；(2) 530 nm，1.36 meV，0.026798 meV。

1-24　0.48 eV。

第 2 章　量子力学基础

2-1　2.625×10^{10}个/s。

2-2　(1) 1.41×10^{19}个/s；(2) 1.86×10^{11}个/s；(3) 6.81×10^{16}个/s；(4) 8.96×10^{8}个/s；(5) 1.12×10^{-11} Pa。

2-3　14489 K。

2-4　0.966 mm。

2-5 15.76 eV。

2-6 9.81 keV。

2-7 (1) 6.23 nm,0.145 nm,0.0727 nm;(2) 12.4 keV,151 eV,0.082 eV,0.021 eV。

2-8 (1) 0.012 nm, 2.9×10^{-4} nm;(2) 0.18 nm;(3) 0.025 fm。

2-9 300 K:0.03034 nm;2μK:371.55 nm。

2-10 略。

2-11 971 nm。

2-12 (1) 以缝A投影为中心的单缝衍射图样;(2) 以缝B投影为中心的单缝衍射图样;(3) 干涉图案;(4) 以缝A投影为中心的单缝衍射图案与以缝B投影为中心的单缝衍射图案的叠加;(5) 干涉图案;(6) 没有影响。

2-13 216 V。

2-14 电子:177.76°,175.50°;光子:157.22°,133.48°。

2-15 0.178 nm。

2-16 (1) $-\frac{1}{2}\frac{Z^2me^4}{(4\pi\varepsilon_0\hbar)^2}$;(2) $mc^2\sqrt{1-Z^2\alpha^2}-mc^2$

2-17 不用。

2-18 8.38×10^{-20} eV,3.38×10^{-14} eV。

2-19 4.12×10^{-8} eV。

2-20 1.99×10^{13} Hz。

2-21 略。

2-22 略。

2-23 略。

2-24 略。

2-25 略。

2-26 略。

2-27 (1) 152eV;(2) 1.2×10^{-7} N。

2-28 $\frac{3h^2}{8ma^2}$。

2-29 略。

2-30 略。

2-31 $E<V_0:R=1,T=0;E>V_0:R=\left(\frac{k-k'}{k+k'}\right)^2,T=\frac{4kk'}{(k+k')^2},k=\sqrt{\frac{2mE}{\hbar^2}},k'=\sqrt{\frac{2m(V_0-E)}{\hbar^2}}$。

2-32 略。

2-33 $l=1$:$\sqrt{2}\hbar$,0、$\pm1\hbar$;
$l=2$:$\sqrt{6}\hbar$,0、$\pm1\hbar$、$\pm2\hbar$;
$l=3$:$2\sqrt{3}\hbar$,0、$\pm1\hbar$、$\pm2\hbar$、$\pm3\hbar$。

2-34 (1) $3a_0/2$;(2) a_0;(3) $-e^2/4\pi\varepsilon_0a_0$;(4) $e^2/8\pi\varepsilon_0a_0$。

2-35 略。

2-36 略。

2-37 略。

第3章 原子的能级结构和光谱

3-1 $\sqrt{2}\mu_{13}/186$

3-2 $\mu_B/1836$。

3-3 说明中子不是点粒子,内部具有带电结构。

3-4 ① 向上偏转;
② 向下偏转;
③ 分裂为两束;
④ 分裂为两束。

3-5 5.13×10^{10} m/s,大大超过光速,说明电子自旋不能用电子的自转运动解释,电子自旋并不与任何经典运动相对应。

3-6 略。

3-7 交换对称。

3-8 略。

3-9 费米子:D、^{3}He、^{6}Li;玻色子:H、T、^{4}He、^{7}Li。

3-10 O:$1s^2\,2s^2\,2p^4$;
Si:$1s^2\,2s^2\,2p^6\,3s^2\,3p^2$;
Co:$1s^2\,2s^2\,2p^6\,3s^2\,3p^6\,3d^7\,4s^2$;
Cd:$1s^2\,2s^2\,2p^6\,3s^2\,3p^6\,3d^{10}4s^2\,4p^6\,4d^{10}5s^2$。

3-11 钯原子电离的是4d电子,铑和银电离的是5s电子。

3-12 金原子的原子实为满壳层分布,因此它的总自旋角动量、总轨道角动量及它们的 z 分量都为零,总磁矩也为零,对外不表现磁性,并且其电荷的空间分布是球对称性的。

3-13 略。

3-14 略。

3-15 2s:$2\,^2S_{1/2}$,$\sqrt{3}/2\,\hbar$,0
2p:$2\,^2P_{1/2}$,$\sqrt{3}/2\,\hbar$,$-\,\hbar^2$

$2\,^2P_{3/2}$，$\sqrt{15}/2\ \hbar$，$\hbar^2/2$

3d：$3\,^2D_{3/2}$，$\sqrt{15}/2\ \hbar$，$-3\hbar^2/2$

$3\,^2D_{5/2}$，$\sqrt{35}/2\ \hbar$，$\hbar^2$

4f：$4\,^2F_{5/2}$，$\sqrt{35}/2\ \hbar$，$-2\hbar^2$

$4\,^2F_{7/2}$，$3\sqrt{7}/2\ \hbar$，$3\hbar^2/2$

3-16 略。

3-17 (1) 略。(2) 能量(从低到高)：−4.3407 eV，−2.7295 eV，−2.7223 eV，−1.6686 eV，−1.6684 eV；
有效电荷数：2.26，1.79，1.79，1.05，1.05；
量子数亏损：2.23，1.77，1.76，0.14，0.14。

3-18 1.373，0.883，0.010，0.001。

3-19 略。

3-20 略。

3-21 略。

3-22 略。

3-23 略。

3-24 略。

3-25 略。

3-26 略。

3-27 0.391 T。

3-28 略。

3-29 1.14×10^{-4} nm。

3-30 4.226×10^5。

3-31 5.87×10^{-6} eV。

3-32 略。

3-33 45，100。

3-34 (1) 1p2d、2s3f 不存在，2p3d 存在；(2) $^1P_2$不存在，$^3F_3$存在。

3-35 $^4S_{3/2}$，$^2P_{1/2,\,3/2}$，$^2D_{3/2,\,5/2}$，20。

3-36 $^4P_{1/2,\,3/2,\,5/2}$。

3-37 $^2P_{1/2}$，$^1S_0$，$^3F_2$。

3-38 $^7S_3$，$^2S_{1/2}$，$^1S_0$，$^5D_0$。

3-39 (1) $^2G_{9/2,\,7/2}$，$^2F_{7/2,5/2}$，$^2D_{5/2,\,3/2}$，$^2P_{3/2,\,1/2}$，$^2S_{1/2}$，$^4F_{9/2,\,7/2,\,5/2,\,3/2}$，$^4P_{5/2,\,3/2,\,1/2}$；(2) $^4F_{9/2}$。

3-40 $(1/2,1/2)_{1,0}$，$(1/2,3/2)_{2,1}$，$(3/2,1/2)_{2,1}$，$(3/2,3/2)_{3,2,1,0}$。

3-41 略。

3-42 略。

3-43 略。

3-44 略。

3-45 $\Delta E_1>\Delta E_2$。

3-46 圆环。

3-47 (1)、(3)允许，(2)、(4)、(5)禁戒。

3-48 18 种。

3-49 $(3/2,5/2)_{4,3,2,1}$，$(3/2,7/2)_{5,4,3,2}$，$(5/2,5/2)_{5,4,3,2,1,0}$，$(5/2,7/2)_{6,5,4,3,2,1}$。

3-50 1，2，3，4，5，6；遵循朗德间隔定则。

3-51 6.635×10^{-34} J·s。

3-52 不可以。

3-53 24、29，分别为铬和铜。

第 4 章　外场中的原子

4-1 略。

4-2 2，3/2，2，4/3，4/5，6/5，4/3。

4-3 略。

4-4 3 束。

4-5 0.70 mm。

4-6 (1) $6^2P_{1/2}$和 $6^2P_{3/2}$；(2) 0.0688 eV；(3) 594.1 T。

4-7 (1) 4/3，6/5；
(2) $^2P_{3/2}$；(3) $4\mu_B B$，$6\mu_B B$。

4-8 4 条，±2/3 $\mathcal{L}$，±4/3 $\mathcal{L}$，55.5 T。

4-9 (1) 5；(2) 14。

4-10 1.16×10^{-4} eV，2.8×10^{10} Hz。

4-11 4/5，$^2D_{3/2}$。

4-12 4 条，0.4 cm。

4-13 -1.76×10^{11} C/kg。

第 5 章　双原子分子的能级结构和光谱

5-1 2、2、1、1、1。

5-2 略。

5-3 3.46 eV。

5-4 略。

5-5 0.113 nm，0.137 nm。

5-6 6.401×10^{11} Hz，0.469 mm，远红外波段；3.201×10^{12} Hz，93.721 μm，远红外波段；9×10^8 J (Hz)。

5-7　0.233 cm^{-1}。

5-8　(1) 8.5 cm^{-1}；(2) 0.116 eV；(3) $J=9\to J=10$。

5-9　(1) 2998.05、2981.05、2963.35、2944.99、2925.92、2906.25 cm^{-1}属于R支，其他为P支；6、5、4、3、2、1、0、1、2、3、4；(2) 477.83 N/m；(3) 0.179 eV。

5-10　15.43 eV。

5-11　没有；有。

5-12　14.58 N/m，0.074 nm，3112.13 cm^{-1}，30.427 cm^{-1}。

5-13　略。

5-14　(1) 0.021；(2) 无法分辨。

5-15　$17000-21.18(2J+3)$，17000，$17000+21.18(2J+3)$，$20000-10.59(6+4J)$，$20000+10.59(6+4J)$，$23000-21.18(2J+3)$，23000，$23000+21.18(2J+3)$。

5-16　701.9 nm，576.1 nm，$1/[1580278\pm289.126(3+2J)]$ m，$1/[1424638\pm289.126(3+2J)]$ m，$1/[1735918\pm289.126(3+2J)]$ m，632.8 nm。

5-17　(1) $(1s\sigma)^2(2s\sigma)^2(2p\sigma)^2(2p\pi)^4$：$^1\Sigma^+$；$(1s\sigma)^2(2s\sigma)^2(2p\sigma)^2(2p\pi)^3(3s\sigma)$：$^1\Pi$，$^3\Pi$；(2) $(\sigma_g 1s)^2(\sigma_u 1s)^2(\sigma_g 2s)^2$：$^1\Sigma_g{}^+$；$(\sigma_g 1s)^2(\sigma_u 1s)^2(\sigma_g 2s)(\sigma_u 2s)$：$^1\Sigma_u{}^+$，$^3\Sigma_u{}^+$；(3) $(\sigma_g 1s)^2(\sigma_u 1s)^2(\sigma_g 2s)^2(\sigma_u 2s)^2(\sigma_g 2p)^2(\pi_u 2p)^4(\pi_g 2p)^4$：$^1\Sigma_g{}^+$；$(\sigma_g 1s)^2(\sigma_u 1s)^2(\sigma_g 2s)^2(\sigma_u 2s)^2(\sigma_g 2p)^2(\pi_u 2p)^4(\pi_g 2p)^3(\sigma_u 2p)$：$^1\Pi_u$，$^3\Pi_u$；(4) $(1s\sigma)^2(2s\sigma)^2(2p\sigma)^2(2p\pi)^3$：$^1\Pi$，$^3\Pi$；$(1s\sigma)^2(2s\sigma)^2(2p\sigma)^2(2p\pi)^2(3s\sigma)$：$^2\Sigma^+$，$^2\Sigma^-$，$^2\Delta$，$^4\Sigma^-$。

5-18　(1) $^1\Gamma$，$^3\Gamma$，$^1\Sigma^+$，$^3\Sigma^+$，$^1\Sigma^-$，$^3\Sigma^-$；(2) $^1\Pi$，$^3\Pi$。

5-19　$^1\Sigma^+$，$^3\Sigma^+$。

第6章　固体物理概述

6-1　略。

6-2　简单立方。

6-3　(1) 是；(2) 不是；(3) 不是。

6-4　略。

6-5　$\alpha=2\ln2$。

6-6　(1) $r_0=1.09\sigma$，$E_0=-8.6\varepsilon$，$K_0=\dfrac{75\varepsilon}{\sigma^3}$；

(2) $\varepsilon=3.09\times10^{-20}$ J，$\sigma=39.9$ nm。

6-7　LiCl 晶体：$E=-1.57\times10^{-18}$ J；

NaCl 晶体：$E=-1.15\times10^{-18}$ J；

KCl 晶体：$E=-1.21\times10^{-18}$ J；

CsCl 晶体：$E=-1.14\times10^{-18}$ J。

6-8　略。

6-9　略。

6-10　(1) $(m,n,k)=(1,1,1),(1,0,0),(0,1,0),(0,0,1)$对应最大面间距，$(m,n,k)=(1,1,0),(0,1,1)$等对应次大面间距；$(m,n,k)=(2,1,1)$等对应第三面间距；(2) 略；(3) $d_{(1,1,1)}=\dfrac{\sqrt3}{3}a$，$d_{(1,1,0)}=\dfrac{1}{2}a$，$d_{(2,1,1)}=\dfrac{\sqrt2}{4}a$。

6-11　略。

6-12　(3) 可以得到(111)面有 $n=1,2,3,4$ 级衍射，衍射角分别为 14.21°，29.43°，47.48°，79.27°。

6-13　衍射强度$I_{hkl}\neq0$的条件为面指数 h,k,l 都是奇数或偶数，此时可观察到两组衍射：

当 h,k,l 全部为奇数时，$I\propto16(1-\alpha)^2$，衍射较弱；

当 h,k,l 全部为偶数时，$I\propto16(1+\alpha)^2$，衍射较强。

6-14　费米能级$E_F=E_F^0\left[1-\dfrac{\pi^2}{12}\left(\dfrac{k_BT}{E_F^0}\right)^2\right]$，电子热容$C_e=\dfrac{\pi^2}{2}Nk_B\dfrac{T}{T_F}$。

6-15　略。

6-16　略。

6-17　16/9。

6-18　略。

6-19　$E_F^0=5.5$ eV，$T_F=6.4\times10^4$ K，$k_F^0=1.2\times\dfrac{10^{10}\,\mathrm{m}}{s}$，$S=\pi(3\pi^2n)^{\frac{2}{3}}\sin^2\theta$。

不同温度下的平均自由程：

$l_{T=295\,\mathrm{K}}=52.4$ nm，$l_{T=20\,\mathrm{K}}=2.22$ nm。

6-20　略。

6-21　略。

6-22　略。

6-23　略。

6-24　2U。

6-25　$E_+=E^0(k)+|V_n|$，$\psi_+=\dfrac{2A}{\sqrt L}\sin\dfrac{n\pi}{a}x$

$E_-=E^0(k)-|V_n|$，$\psi_-=\dfrac{2A}{\sqrt L}\cos\dfrac{n\pi}{a}x$

ψ_+ 及 ψ_- 均为驻波，在驻波状态下，电子的平均速度为零，产生驻波因为电子波矢 $k=\frac{n\pi}{a}$ 时，电子波的波长 $\lambda=\frac{2\pi}{k}=\frac{2a}{n}$，恰好满足布拉格发射条件，这时电子波发生全反射，并与反射波形成驻波，由于两驻波的电子分布不同，所以对应不同代入能量。

6-26 (1) 面心立方。

(2) $E^s(\vec{k})=\varepsilon_s-J_0-4J_1\left(\cos\frac{k_xa}{2}\cos\frac{k_ya}{2}+\cos\frac{k_xa}{2}\cdot\cos\frac{k_za}{2}+\cos\frac{k_za}{2}\cos\frac{k_ya}{2}\right)$。

(3) Γ 点处，$E^s=\varepsilon_s-J_0-12J_1$；$X$ 点处，$E^s=\varepsilon_s-J_0-4J_1$；$R$ 点处，$E^s=\varepsilon_s-J_0$。

(4) 能带底 $E^s=\varepsilon_s-J_0-12J_1$，能带顶 $E^s=\varepsilon_s-J_0$，能带宽度 $\Delta E=12J_1$。

6-27 (1) $\begin{cases}\varphi_k^{p_x}=C\sum\limits_n e^{ik\cdot R_n}\varphi_{p_x}\\ \varphi_k^{p_y}=C\sum\limits_n e^{ik\cdot R_n}\varphi_{p_y}\\ \varphi_k^{p_z}=C\sum\limits_n e^{ik\cdot R_n}\varphi_{p_z}\end{cases}$

(2) $E^{p_x}(\vec{k})=\varepsilon_p-J_0-2J_1\cos k_xa-2J_2(\cos k_ya+\cos k_za)$

$E^{p_y}(\vec{k})=\varepsilon_p-J_0-2J_1\cos k_ya-2J_2(\cos k_xa+\cos k_za)$

$E^{p_z}(\vec{k})=\varepsilon_p-J_0-2J_1\cos k_za-2J_2(\cos k_ya+\cos k_xa)$

6-28 略。

6-29 能带宽度 $\Delta E=\frac{2\hbar^2}{ma^2}$，速度 $v=\frac{a}{m}\left(\sin ka-\frac{1}{4}\sin 2ka\right)$，顶部有效质量 $m^*=2m$，底部有效质量 $m^*=-\frac{2}{3}m$。

6-30 略。

6-31 略。

6-32 (1) 略；

(2)

$$E^{\pm}=\pm J_1\sqrt{1+\cos^2\left(\frac{k_ya}{2}\right)+4\cos\left(\frac{\sqrt{3}k_xa}{2}\right)\cos\left(\frac{k_ya}{2}\right)}$$

6-33 $R_H=\frac{p\mu_h^2-n\mu_e^2}{e(p\mu_h+n\mu_e)^2}$

(1) 对于本征半导体，总有 $n=p$，则随着温度增加，浓度增大，霍尔系数减小；

(2) 因为霍尔电压和磁场成正比，所以改变磁场时，霍尔电压也改变了。

6-34 (1) $n=3.125\times10^{26}\ \mathrm{m^{-3}}$，(2) $U_H=7.5\times10^{-5}$ V，(3) $\mu_e=0.01\ \frac{\mathrm{m^2}}{\mathrm{Vs}}$。

6-35 略。

6-36 对于锑化铟：$r_d=1122.3\ a_B$。

对于磷化镓：$r_d=12.9\ a_B$。

6-37 $\rho=0.625\ \Omega\cdot$cm。

6-38 $V_D=2.38$ V。

6-39 $m_c^*=0.026\ m_e$，$m_v^*=0.017\ m_e$

$N_c(77\ \mathrm{K})=4.24\times10^{18}\mathrm{cm^{-3}}$，

$N_v(77\ \mathrm{K})=2.30\times10^{18}\mathrm{cm^{-3}}$，

$n_i(77\ \mathrm{K})=4.44\times10^{-7}\mathrm{cm^{-3}}$，

$n_i(300\ \mathrm{K})=1.85\times10^{13}\mathrm{cm^{-3}}$，

$N_D(77\ \mathrm{K})=5.35\times10^{15}\mathrm{cm^{-3}}$。

第7章 原子核物理概论

7-1 (1) 玻色子；(2) 费米子；(3) 玻色子。

7-2 ^{60}Co：27个质子，33个中子；

^{197}Au：79个质子，118个中子；

^{208}Pb：82个质子，126个中子；

^{235}U：92个质子，143个中子；

^{238}U：92个质子，146个中子；

^{239}Pu：94个质子，145个中子。

7-3 ^{12}C、^{16}O和^{40}Ca没有，其他有。

7-4 1078 MeV。

7-5 略。

7-6 100 MeV。

7-7 不能。

7-8 ^{13}B：自旋3/2，奇宇称；

^{13}C：自旋1/2，奇宇称；

^{13}N：自旋1/2，奇宇称；

^{15}O：自旋1/2，奇宇称；

^{16}O：自旋0，偶宇称；

^{17}O：自旋5/2，偶宇称。

7-9 α衰变：^{14}C和^{17}O不能，^{238}U可以；

β衰变：^{14}C可以，^{17}O和^{238}U不能。

7-10 3.2×10^9 Bq，79.5 Bq。

7-11 18500 Bq，4.42×10^{-10} g。

7-12　1.484×10^9 年。

7-13　(1) 20860 年;(2) 69.6 h;(3) 3.48 kg;(4) 14.6 kg。

7-14　(1) 略;(2) 129 W;(3) 270 年。

7-15　33 个。

第 8 章　粒子物理简介

8-1　(1) 禁戒,轻子数不守恒;(2) 允许,弱相互作用衰变;(3) 禁戒,重子数不守恒;(4) 允许,弱相互作用衰变;(5) 禁戒,电荷不守恒;(6) 允许,电磁作用衰变。

8-2　略。

8-3　自旋 3/2,电荷 0,重子数 1,奇异数 0,粲数 0。

8-4　(1) 中微子;(2) 光子、中微子;(3) 光子。

8-5　(1) $\Lambda^0 \to p + \mu^- + \bar{\nu}_u$;(2) $\Sigma^+ \to \mu^+ + \nu_u + n$;(3) $\tau^+ \to e^+ + \bar{\nu}_e + \bar{\nu}_\tau$;(4) $\mu^- \to e^- + \bar{\nu}_e + \nu_u$。

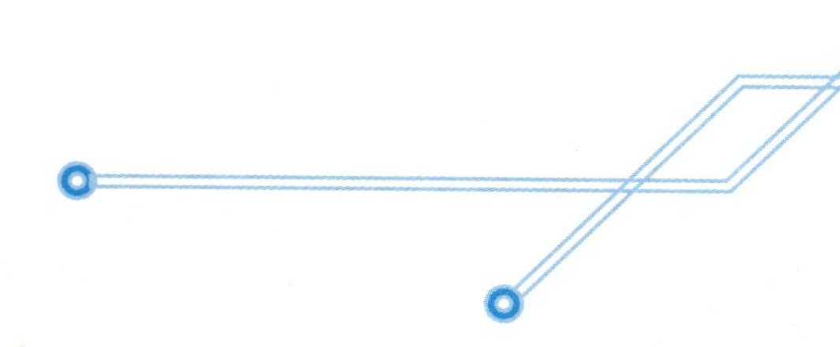

参 考 文 献

[1] 徐克尊,陈向军,陈宏芳. 近代物理学[M]. 2 版. 合肥:中国科学技术大学出版社,2008.

[2] 杨福家. 原子物理学[M]. 3 版. 北京:高等教育出版社,2000.

[3] 徐克尊,陈宏芳,周子舫. 近代物理学[M]. 北京:高等教育出版社,1993.

[4] 陈宏芳. 原子物理学[M]. 合肥:中国科学技术大学出版社,1997.

[5] 郑乐民. 原子物理[M]. 北京:北京大学出版社,2000.

[6] 陈熙谋. 近代物理[M]. 北京:北京大学出版社,2004.

[7] Demtröder W. Atoms, Molecules and Photons: An introduction to Atomic-, Molecular-and Quantum-Physics[M]. Berlin: Springer, 2006.

[8] 张延惠,林圣路,王传奎. 原子物理教程[M]. 济南:山东大学出版社,2003.

[9] Bransden B H, Joachain C J. Physics of atoms and molecules[M]. Harlow: Longman Group Limited, 1983.

[10] McHale J L. Molecular spectroscopy[M]. 北京:科学出版社,2003.

[11] 杨福家,王炎森,陆福全. 原子核物理[M]. 2 版. 上海:复旦大学出版社,2002.

[12] 崔宏滨. 原子物理学[M]. 合肥:中国科学技术大学出版社,2009.

[13] 赵凯华,罗蔚茵. 量子物理[M]. 北京:高等教育出版社,2001.

[14] 褚圣麟. 原子物理学[M]. 北京:高等教育出版社,1979.

[15] 姚启钧. 光学教程[M]. 2 版. 北京:高等教育出版社,1990.

[16] 张哲华,刘莲君. 量子力学与原子物理学[M]. 武汉:武汉大学出版社,1997.

[17] 科尼 A. 原子光谱学和激光光谱学[M]. 北京:科学出版社,1984.

[18] 曾谨言. 量子力学导论[M]. 北京:北京大学出版社,1998.

[19] 姜藤秀雄,等. 辐射防护[M]. 北京:原子能出版社,1986.

[20] 黄昆,韩汝琦. 固体物理学[M]. 北京:高等教育出版社,1998.

[21] 阎守胜. 固体物理基础[M]. 2 版. 北京:北京大学出版社,2003.

[22] 方俊鑫,陆栋. 固体物理学:上、下册 [M]. 上海:上海科学技术出版社,2005.

[23] 冯端,金国钧. 凝聚态物理学:上册[M]. 北京:高等教育出版社,2003.

[24] Ashcroft N W, Mermin N D. Solid State Physics[M]. New York: HRW International Editions, 1976.

[25] 基泰尔. 固体物理导论[M]. 项金钟,吴兴惠,译. 北京:化学工业出版社,2011.

[26] 奥默尔. 固体物理学基础[M]. 贾明,张文彬,李振亚,等,译. 北京:北京师范大学出版社,1987.

[27] Grosso G, Parravicini G P. Solid State Physics[M]. Massachusetts:Academic Press,2000.

[28] Madelung O. Introduction to solid-state theory[M]. Berlin:Springer,1981.

[29] Burns G. Solid State Physics[M]. Waltham,Massachusetts:Academic Press,1985.

[30] Ibach H,Lueth H. Solid State Physics:an introduction to principles of materials science [M]. New York:Springer,2009.

[31] Robert H Silsbee,Dräger J. Simulations for Solid State Physics: An Interactive Resource for Students and Teachers [M]. Cambridge: Cambridge University Press,1997.

[32] Richard John Turton. The Physics of Solids[M]. Oxford:Oxford University Press,2000.

[33] John J Quinn,Kyung-Soo Yi. Solid State Physics:Principles and Modern Applications [M]. Berlin:Springer,2009.

[34] Scientific American. The Solid-state Century: The Past,Present and Future of the Transistor[M]. London:Nature Publishing Group,1997.

[35] ITRS Roadmap,2013 edition. http://public.itrs.net.

[36] 陈金富. 固体物理学学习参考书[M]. 北京:高等教育出版社,1986.

附录 I　元素周期表

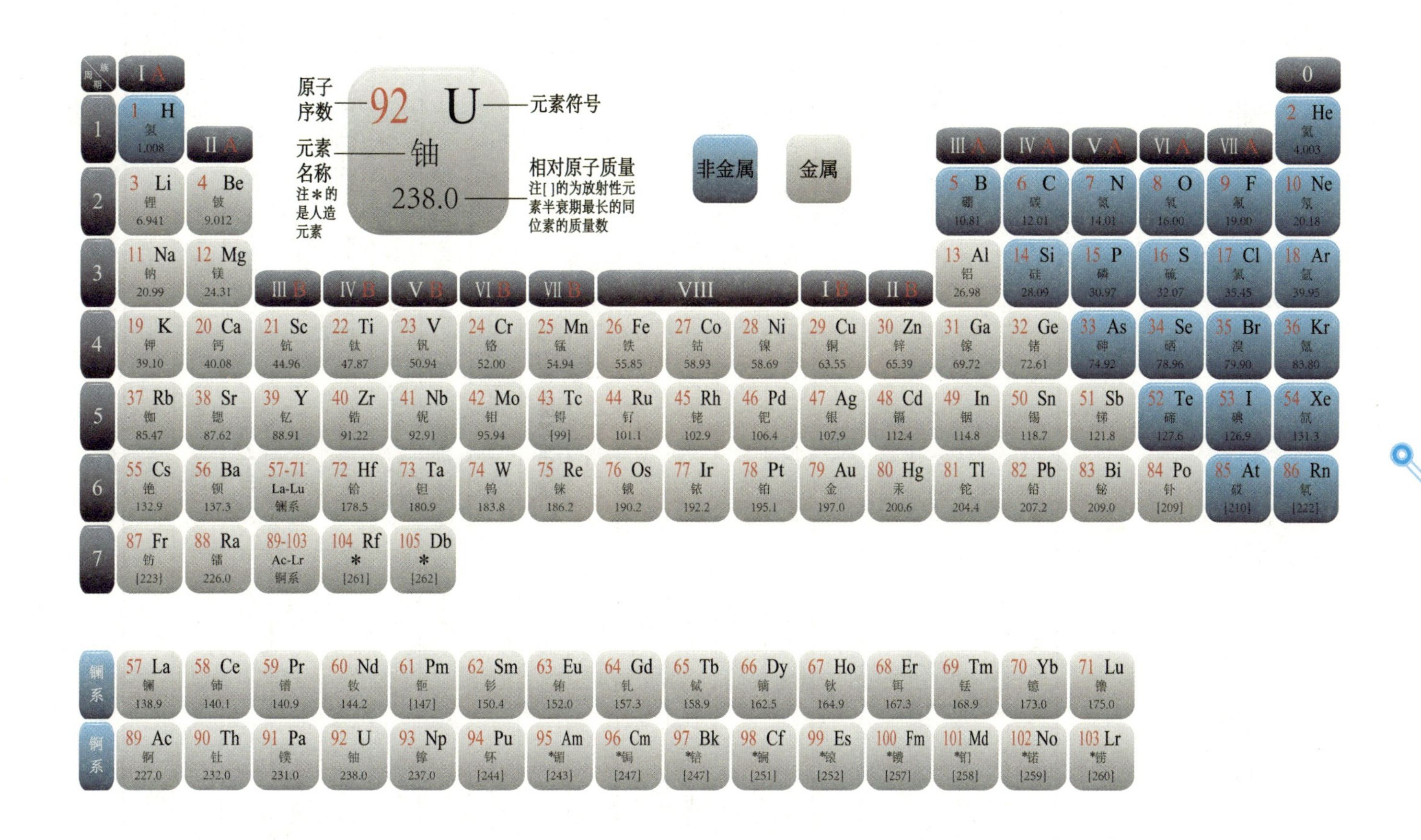

族
周期
ⅠA
ⅡA
ⅢB
ⅣB
ⅤB
ⅥB
ⅦB
Ⅷ
ⅠB
ⅡB
ⅢA
ⅣA
ⅤA
ⅥA
ⅦA
0
1
2
3
4
5
6
7
原子序数
92
U
元素符号
元素名称
注＊的是人造元素
铀
238.0
相对原子质量
注[ ]的为放射性元素半衰期最长的同位素的质量数
非金属
金属
1 H 氢 1.008
2 He 氦 4.003
3 Li 锂 6.941
4 Be 铍 9.012
5 B 硼 10.81
6 C 碳 12.01
7 N 氮 14.01
8 O 氧 16.00
9 F 氟 19.00
10 Ne 氖 20.18
11 Na 钠 20.99
12 Mg 镁 24.31
13 Al 铝 26.98
14 Si 硅 28.09
15 P 磷 30.97
16 S 硫 32.07
17 Cl 氯 35.45
18 Ar 氩 39.95
19 K 钾 39.10
20 Ca 钙 40.08
21 Sc 钪 44.96
22 Ti 钛 47.87
23 V 钒 50.94
24 Cr 铬 52.00
25 Mn 锰 54.94
26 Fe 铁 55.85
27 Co 钴 58.93
28 Ni 镍 58.69
29 Cu 铜 63.55
30 Zn 锌 65.39
31 Ga 镓 69.72
32 Ge 锗 72.61
33 As 砷 74.92
34 Se 硒 78.96
35 Br 溴 79.90
36 Kr 氪 83.80
37 Rb 铷 85.47
38 Sr 锶 87.62
39 Y 钇 88.91
40 Zr 锆 91.22
41 Nb 铌 92.91
42 Mo 钼 95.94
43 Tc 锝 [99]
44 Ru 钌 101.1
45 Rh 铑 102.9
46 Pd 钯 106.4
47 Ag 银 107.9
48 Cd 镉 112.4
49 In 铟 114.8
50 Sn 锡 118.7
51 Sb 锑 121.8
52 Te 碲 127.6
53 I 碘 126.9
54 Xe 氙 131.3
55 Cs 铯 132.9
56 Ba 钡 137.3
57-71 La-Lu 镧系
72 Hf 铪 178.5
73 Ta 钽 180.9
74 W 钨 183.8
75 Re 铼 186.2
76 Os 锇 190.2
77 Ir 铱 192.2
78 Pt 铂 195.1
79 Au 金 197.0
80 Hg 汞 200.6
81 Tl 铊 204.4
82 Pb 铅 207.2
83 Bi 铋 209.0
84 Po 钋 [209]
85 At 砹 [210]
86 Rn 氡 [222]
87 Fr 钫 [223]
88 Ra 镭 226.0
89-103 Ac-Lr 锕系
104 Rf ＊ [261]
105 Db ＊ [262]
镧系
57 La 镧 138.9
58 Ce 铈 140.1
59 Pr 镨 140.9
60 Nd 钕 144.2
61 Pm 钷 [147]
62 Sm 钐 150.4
63 Eu 铕 152.0
64 Gd 钆 157.3
65 Tb 铽 158.9
66 Dy 镝 162.5
67 Ho 钬 164.9
68 Er 铒 167.3
69 Tm 铥 168.9
70 Yb 镱 173.0
71 Lu 镥 175.0
锕系
89 Ac 锕 227.0
90 Th 钍 232.0
91 Pa 镤 231.0
92 U 铀 238.0
93 Np 镎 237.0
94 Pu 钚 [244]
95 Am ＊镅 [243]
96 Cm ＊锔 [247]
97 Bk ＊锫 [247]
98 Cf ＊锎 [251]
99 Es ＊锿 [252]
100 Fm ＊镄 [257]
101 Md ＊钔 [258]
102 No ＊锘 [259]
103 Lr ＊铹 [260]

附录Ⅱ　基本的物理和化学常数

物理量	符　号	数　值
真空中光速	c	2.99792458×10^{8} m・s^{-1}
真空导磁率	μ_0	$4\pi\times10^{-7}$ N・A^{-2} = $12.566370614\times10^{-7}$ N・A^{-2}
真空介电常数，$1/(\mu_0 c^2)$	ε_0	$8.854187817\times10^{-12}$ F・m^{-1}
普朗克常数	h	$6.626070040(81)\times10^{-34}$ J・s = $4.135667662(25)\times10^{-15}$ eV・s
	$\hbar$	$1.054571800(13)\times10^{-34}$ J・s = $6.582119514(40)\times10^{-16}$ eV・s
基本电荷	e	$1.6021766208(98)\times10^{-19}$ C
精细结构常数，$e^2/(4\pi\varepsilon_0\hbar c)$	α	$1/137.035999139(31) = 7.2973525664(17)\times10^{-3}$
复合常数	hc	1239.841856(95) eV・nm
	$\hbar c$	197.3269788(12) eV・nm
	$e^2/(4\pi\varepsilon_0)$	1.439964485(32) eV・nm
里德伯常数，$m_e c\alpha^2/(2\text{h})$	R_∞	$1.0973731568508(65)\times10^{7}$ m^{-1}
阿伏伽德罗常数	N_A	$6.022140857(74)\times10^{23}$ mol^{-1}
气体常数	R	8.3144598(48) J・mol^{-1}・K^{-1}
玻耳兹曼常数，R/N_A	k	$1.38064852(79)\times10^{-23}$ J・K^{-1} = $8.6173303(50)\times10^{-5}$ eV・K^{-1}
摩尔体积(理想体积)	V_m	$22.413962(13)\times10^{-3}$ m^3・mol^{-1}
电子质量	m_e	$9.10938356(11)\times10^{-31}$ kg = 0.5109989461(31) MeV/c^2
质子质量	m_p	$1.672621898(21)\times10^{-27}$ kg = 938.2720813(58) MeV/c^2
中子质量	m_n	$1.674927471(21)\times10^{-27}$ kg = 939.5654133(58) MeV/c^2

续表

物理量	符 号	数 值
μ 子质量	m_μ	$1.883531594(48)\times10^{-28}$ kg = 105.6583745(24) MeV/c^2
电子荷质比	$-e/m_e$	$-1.758820024(11)\times10^{11}$ C·kg^{-1}
玻尔半径，$4\pi\varepsilon_0\hbar^2/(m_e e^2)$	a_0	$0.52917721067(12)\times10^{-10}$ m
电子经典半径，$e^2/(4\pi\varepsilon_0 m_e c^2)$	r_e	$2.8179403227(19)\times10^{-15}$ m
玻尔磁子，$\hbar e/(2m_e)$	μ_B	$5.7883818012(26)\times10^{-5}$ eV·T^{-1}
电子磁矩	μ_e	$-1.00115965218091(26)\ \mu_B$
核磁子，$\hbar e/(2m_p)$	μ_N	$3.1524512550(15)\times10^{-8}$ eV·T^{-1}
质子磁矩	μ_p	$2.7928473508(85)\ \mu_N$
中子磁矩	μ_n	$-1.91304273(45)\ \mu_N$
原子质量单位，$\frac{1}{12}m(^{12}C)$	u	$1.660539040(20)\times10^{-27}$ kg = 931.4940954(57) MeV/c^2
能量转换因子	eV	$1.602176208(98)\times10^{-19}$ J

注：① 本表参考：http://www.nist.gov/prne/clata 中 Fundamental physical constants. 来源于 2014 年 CODATA recommended values of the fundamental physical constants。

② 括号内数字为误差。

名 词 索 引

A

埃 angstrom　1.1.3
α 粒子 alpha particle　1.3,7.3
α 衰变 alpha decay　7.3.1
阿伏伽德罗常量 Avogadro's constant　1.1.2
Azbel-Kaner 共振 Azbel-Kaner resonance　6.4.9

B

靶 barn　1.3.2,附录 1-1
巴耳末系 Balmer series　1.4.1,1.4.3
半衰期 half-life　7.3.2
贝克勒尔 Becquerel,Bq　7.3.2
β 衰变 beta decay　7.3.1
本征函数 eigenfunction　2.5
本征方程 eigenequation　2.5
本征值 eigenvalue　2.5
比结合能 average binding energy per nucleon　7.4.1
玻尔原子模型 Bohr model of atom　1.4.2
伯格曼系 Bergmann series　3.5.1
标准模型 standard model　8.5
波长 wave length　1.4.1
波函数 wave function　2.3
波数 wave number　1.4.1
波粒二象性 wave-particle duality　2.1,2.2
玻尔半径 Bohr radius　1.4.2
玻尔磁子 Bohr magneton　4.1
玻色子 boson　3.2.3，6.3.2
玻色-爱因斯坦统计 Bose-Einstein statistics　6.3.2
玻恩-奥本海默近似 Born-Oppenheimer approximation　5.1.1，6.3.1，6.4.1
不确定关系 uncertainty relation　2.4
布喇开系 Brackett series　1.4.3
布居 population　5.3.2
布拉格衍射 Bragg diffraction　3.8.1，6.2.9
布拉菲格子 Bravais lattice　6.2.1
布里渊区 Brillouin zone　6.2.8
简约～ Reduced ～　6.4.2
广延～ Extended ～　6.4.2
周期性～ Periodic ～ 6.4.2
布洛赫定理 Bloch Theorem　6.4.2
布洛赫电子 Bloch electron　6.4.6
～速度 ～ speed
～准动量 ～ quasi-momentum
～有效质量 ～ effective mass
布洛赫振荡 Bloch oscillations　6.4.7
半导体 Semiconductor 6.4.8，6.5
N 型～ N-type ～　6.5.2
P 型～ P-type ～　6.5.2
本征～ Intrinsic ～　6.4.8，6.5.3
非本征～(掺杂～)Extrinsic ～ (doped ～) 6.5.2
直接带隙～ Direct gap ～　6.5.1
间接带隙～ Indirect gap ～　6.5.1
～非简并条件 ～ Non-degenerate conditions　6.5.3

C

粲夸克 charm quark　8.3.2
超荷 hypercharge　8.3.1
超精细结构 hyperfine structure　3.5.4
成键轨道 bonding orbital　5.1.2
成键态 bonding state　5.1.2
初态 initial state　1.4.3
磁共振成像 magnetic resonance imaging　4.2.5
磁共振技术 magnetic resonance technique　4.2

磁量子数 magnetic quantum number 2.8
磁约束 magnetic confinement 7.4.3
长程序 Long-range order 6.1.1
弛豫时间 Relaxation time 6.3.1
弛豫时间近似 Relaxation time approximation 6.3.1

D

大统一理论 grand unity theory 8.5
单重态 singlet state 3.7
德布罗意波 de Broglie wave 2.2.1
等效电子 equivalent electron 3.6.1
电磁相互作用 electromagnetic interaction 8.1,8.2.2,8.5
电离能 ionization energy 1.4.2
电离辐射 ionization radiation 7.5
电偶极矩 electric dipole moment 2.10
电偶极跃迁 electric dipole transition 2.10
电子 electron 1.2
电子反常磁矩 electron abnormal magnetic moment 3.1.3
电子自旋 electronic spin 3.1.3
电子能量损失谱 electron energy loss spectroscopy 1.6.2
电子衍射实验 electron diffraction experiment 2.2.2
电子顺磁共振 electron paramagnetic resonance 4.2.3
电子振动转动光谱 electron-vibration-rotational spectra 5.3.4
电子自旋共振 electron spin resonance 4.2.3
电子偶素 positronium 1.5.5
电子显微镜 electron microscope 2.2.1
电子组态 electron configuration 2.9
电子亲和能 Electron affinity 6.1.2
氘 deuterium 1.5.2，7.4.3
定态 stationary state 1.4.2
多重态 multiplet state 3.4.2
对应原理 parallelism principle 1.4.3
单晶 Single-crystal 6.1.1
多晶 Polycrystal 6.1.1
短程序 Short-range order 6.1.1
对称性 Symmetry 6.1.1，6.2.4
德拜力 Debye force 6.1.2
DNA 的双螺旋结构 DNA double helix structure 6.1.2
电离度 Degree of ionization 6.1.2
倒格子 Reciprocal lattice 6.2.7
倒格点 reciprocal lattice point 6.2.7
倒格矢 Reciprocal lattice vector 6.2.7
倒易变换 Reciprocal transformation 6.2.7
德鲁德模型 Drude model 6.3.1
独立电子近似 Independent electron approximation 6.3.1
电导率 Conductivity 6.3
电子热容量 Electronic heat capacity 6.3
电子态 Electronic states 6.3.2
电子态密度 Electronic density of states 6.3.2
单电子近似（Hatree-Fock 平均场近似） Single-electron approximation（Hatree-Fock mean-field approximation） 6.4.1
多子 Majority carriers

E

俄歇电子 Auger electron 3.8.4
俄歇效应 Auger effect 3.8.4
二维有心矩形格子 two-dimensional centered rectangular Bravais lattice 6.2.2

F

发射 emission 1.4.1
发射光谱 emission spectrum 1.4.3
反键轨道 anti-bonding orbital 5.1.2
反键态 anti-bonding state 5.1.2
泛频 over-frequency 5.3.3
反氢原子 anti-hydrogen atom 1.5.5
反斯托克斯线 anti-Stokes line 5.4
反应堆 reactor 7.4.3
反应截面 reaction cross section 7.4.2
反应能 reaction energy 7.4.2
放射性 radioactive 7.3
放射性活度 radioactivity 7.3.2
放射性衰变 radioactive decay 7.3
费米 Fermi 1.3.3
费米子 Fermion 3.2.3
费米-狄拉克统计 Fermi - Dirac statistics 6.3.2
费米能量或化学势 Fermi energy or chemical potential 6.3.2
费米球 Fermi sphere 6.3.2
费米半径 Fermi radius 6.3.2
费米面 Fermi surface 6.3.2
费米速度 Fermi velocity 6.3.2
费米温度 Fermi temperature 6.3.2
费米面 Fermi surface 6.3.2
非弹性 X 射线散射 inelastic X-ray scattering 2.1.4
非极性分子 nonpolar molecule 5.1.2
分子轨道 molecular orbital 5.5.1
分子轨道相关图 molecular orbital correlation diagram 5.5.3
分离原子模型 separated atom model 5.5.1

分离振荡场 separated oscillatory field 4.2.2
分子晶体 Molecular crystal 6.1.2
范德瓦尔斯力 Van der Waals' force 6.1.2
夫兰克-赫兹实验 Franck-Hertz experiment 1.6.1
辐射剂量 radiation dose 7.5
非晶态(玻璃态) Amorphous state 6.1.1
复式格子 Composite lattice 6.2.1
傅里叶定律 Fourier's Law 6.3
Floquet 定理 Floquet Theorem 6.4.2

G

γ衰变 gamma decay 7.3.1
概率密度 probability density 2.3.4
概率幅 probability amplitude 2.3.4
戈瑞 Gray,Gy 7.5
高能物理 high-energy physics 8
共振态 resonance state 8.2.2
共价键 covalent bond 5.1.2, 6.1.2
共价晶体 Covalent crystal 6.1.2
光电效应 photoelectric effect 2.1.2
光电子 photoelectron 2.1.2
光电子谱 photoelectron spectroscopy 2.1.2
光谱 spectrum 1.4.1
光子 photon 2.1
惯性约束 inertial confinement 7.4.3
规范玻色子 canonical boson 8.2.2,8.5
轨道 orbital 1.4.2
轨道角动量 orbital angular momentum 2.8
轨道磁矩 orbital magnetic moment 3.1.1
轨道贯穿效应 orbital penetration effect 3.3.2
过渡金属 Transition metal 6.1.2
葛生力 Keesen force 6.1.2
格点 lattice point 6.2.1
格矢 Lattice vector 6.2.1

H

哈密顿算符 Hamilton operator 2.5
毫靶 millibarn 1.3.2
氦原子 helium 3.7.1
核磁子 nuclear magneton 7.1.3
核磁共振 nuclear magnetic resonance(NMR) 4.2.4
核电站 nuclear power plant 7.4.3
核反应 nuclear reaction 7.4.2
核间距 internuclear distance 5.1.2
核力 nuclear force 7.2.1
核素 nuclide 7.1.2
核子 nucleon 7.1.1
黑体辐射 blackbody radiation 2.1.1
洪特定则 Hund's rules 3.6.1
红外波段 infrared band 5.3
化学位移 chemical shift 4.2.4
幻数 magic number 7.2.2
回旋运动 Cyclotron motion 6.4.9
回旋共振 Cyclotron resonance 6.4.9, 6.5.4
霍尔效应 Hall Effect 6.4.9, 6.5.4
霍尔系数 Hall coefficient 6.4.9
霍尔电场 Hall electric field 6.4.9
霍尔电阻率 Hall resistivity 6.4.9

J

jj 耦合 *jj* coupling 3.6.2
J/Ψ 粒子 J/Ψ particle 8.3.2
积分截面 integral cross section 附录 1-1
级联 cascade 1.4.3,7.3.3
基尔霍夫定律 Kirchoff's law 2.1.1
激光聚变 laser fusion 7.4.3
基线系 fundamental series 3.5.1
基频 baseband 5.3.3
级联衰变 cascade decay 7.3.3
极性分子 polar molecule 5.1.2
急性辐射损伤 acute radiation damage 7.5
简并 degeneracy 2.8
碱金属原子 alkaline metal atom 3.5
角动量 angular momentum 1.4.2
截面 cross section 1.3.2
解离能 dissociation energy 5.2.3
解理面 Cleavage plane 6.1.1
解理性 Cleavability 6.1.1
交换对称性 exchange symmetry 3.2.2
交换效应 exchange effect 3.2.4
胶子 gluon 8.1, 8.2.2, 8.5
角动量量子数 angular momentum quantum number 2.8
截止波长 cut-off wavelength 3.8.2
结合能 binding energy 6.1.2, 7.4.1
介子 meson 8.1, 8.2.2, 8.5
介子场论 meson field theory 7.2.1
禁戒跃迁 forbidden transition 2.10
精细结构 fine structure 3.5.1

精细结构常数 fine structure constant 1.4.2,3.5.1
居里 Curie 7.3.2
聚变 fusion 7.4.1,7.4.3
晶体局限定理 Crystallographic restriction theorem 6.1.1, 6.2.4
金属键 Metallic bond 6.1.2
金属晶体 Metallic crystal 6.1.2
晶体结构 Crystal structure 6.2.1
晶体学点群 Crystallographic point group 6.2.4
晶系 Crystal system 6.2.4
　　三斜～ Triclinic ～
　　单斜～ Monoclinic ～
　　正交～ Orthorhombic ～
　　六角～ Hexagonal ～
　　三角～ Trigonal ～
　　四方～ Tetragonal ～
　　立方～ Cubic ～
晶格 Lattice 6.2.1
晶格振动 Lattice vibration 6.3.2
晶胞 Unit Cell 6.2.2
晶面 Crystal plane 6.2.6
　～指数 ～ indices 6.2.6
　～间距 ～ spacing 6.2.7
晶面族 Family of crystal planes 6.2.6
晶体管 Transistor 6.5.5
　　双极型～ Bipolar
　　场效应～ field-effect ～，简称 FET
　　绝缘栅型场效应～ Insulated Gate Field Effect Transistor 简称 IGFET，也称金属氧化物半导体场效应～ Metal Oxide Semiconductor FET，简称 MOSFET
基矢 Primitive translational vector 6.2.1
基元 Primitive elements 6.2.1
简单格子 Simple lattice 6.2.1
简单立方(Simple cubic，简称 sc) 6.2.3
简单六角(Simple hexagonal，简称 sh) 6.2.3
金刚石结构 Diamond structure 6.2.5
几何结构因子 Geometrical structure factor 6.2.9
经典能量均分定理 Classical equipartition of energy theorem 6.3.1
近自由电子近似 Nearly-free electron approximation 6.4.3
紧束缚近似 Tight-binding approximation 6.4.4
绝缘体 Insulator 6.4.8
集成电路 Integrated circuit，简称 IC 6.5.5
经典计算的物理极限 Physical limits of classical computation 6.5.6

K

K 线系 K series 3.8.2
康普顿散射 Compton scattering 2.1.3
可见波段 visible band 5.3
空间量子化 space quantization 2.8
夸克 quark 8.3
夸克模型 quark model 8.3.2
库仑能 Coulomb energy 6.1.2
库仑势 Coulomb potential 6.1.2
空间群 Space group 6.2.4
k 空间 *k* space 6.3.2
Kronig-Penney 模型 Kronig-Penney model 6.4.2
空穴 hole 6.4.8，6.5

L

LS 耦合 *LS* Coupling 3.6.1
L 线系 L series 3.8.2
拉德 rad 7.5
莱曼系 Lyman series 1.4.3
拉波特定则 Laporte's rules 2.10
拉曼散射 Raman scattering 5.4
拉莫尔角频率 Larmor frequency 4.2.1
拉比频率 Rabi frequency 4.2.2
拉姆齐条纹 Ramsey fringe 4.2.2
兰姆移位 Lamb shift 3.5.3
朗德间隔定则 Lande interval rule 3.6.1
朗德因子 Lande factor 4.1.1
类氢离子光谱 hydrogen-like ion spectrum 1.5.1
量子数亏损 quantum number defect 3.5.1
里德伯原子 Rydberg atom 1.5.3
里德伯常数 Rydberg constant 1.4.1
里德伯能量单位 Rydberg energy unit 1.4.2
联合原子模型 united atom model 5.5.1
离子键 ionic bond 5.1.3，6.1.2
离子晶体 Ionic crystal 6.1.2
量子化 quantization 1.4.2
量子数 quantum number 1.4.2
链式反应 chain reaction 7.4.3
裂变 fission 7.4.1,7.4.3
连续谱 continuous spectrum 1.4.3

临界体积 critical volume 7.4.3
零点能 zero energy 2.6,5.2.3
卢瑟福散射 Rutherford scattering 1.3.1,1.3.2,附录 1-1
卢瑟福背散射 Rutherford back-scattering 1.3.2
卢瑟福原子模型 Rutherford model of atom 1.3.4
伦琴 Roentgen 7.5
伦敦力或色散力 London/dispersion force 6.1.2
洛伦兹单位 Lorentz unit 4.1.2
劳逊判据 Lawson criterion 7.4.3
劳厄照相 Laue photograph 3.8.1
劳厄条件 Laue condition 6.2.9
勒纳-琼斯势 Lennard-Jones potential 6.1.2
立方晶格 Cubic lattice 6.2.3
氯化钠结构 NaCl structure 6.2.5
氯化铯结构 CsCl structure 6.2.5
六角密排结构 Hexagonal closed-packed structure 6.2.5
洛伦兹数 Lorentz number 6.3
郎道能级 Landau level 6.4.9
量子计算 Quantum computation 6.5.6

M

漫线系 diffuse series 3.5.1
慢性损伤 chronic damage 7.5
瞄准距离 impact parameter 1.3.1,附录 1-1
μ子 muon 1.5.4
μ原子 muon atom 1.5.4
莫塞莱公式 Moseley formula 3.8.2
末态 finial state 1.4.3
穆斯堡尔效应 Mössbauer effect 7.3.1
马德隆常数 Madelung constant 6.1.2
面心立方(Face-centered cubic,简称 fcc) 6.2.3
密勒指数 Miller indices 6.2.6
麦克斯韦-玻尔兹曼统计 Maxwell - Boltzmann statistics 6.3.1
马希森定则 Matthiessen's rule 6.3.2
摩尔定律 Moore's Law 6.5.5

N

内壳层激发态 inner-shell excited state 3.8.3
能级 energy level 1.4.2
能级图 energy level chart 1.4.2
能隙 Energy gap 6.4.3
能态密度 Density of states 6.4.5

O

O 支 O branch line 5.4
欧姆定律 Ohm's Law 6.3

P

P 支 P branch line 5.3.3,5.3.4
π 介子 pion 8.2.2
帕邢系 Paschen series 1.4.3
帕邢-巴克效应 Paschen-Back effect 4.1.3
泡利不相容原理 Pauli's exclusion principle 3.2, 6.3.2
碰撞参数 impact parameter 附录 1-1
偏振 polarization 4.1.2,4.1.3,附录 4-1
平方斯塔克效应 quadratic stark effect 4.4.2
平衡核间距 equilibrium nuclear distance 5.1.2
平均寿命 mean lifetime 7.3.2
皮克林系 Pickering series 1.5.1
普朗克常数 Plank constant 1.4.1
平移不变性 Translation symmetry 6.1.1, 6.2.1
彭罗斯拼图 Penrose puzzle 6.1.1
碰撞假设 Assuming collision 6.3.1
平均自由程 Mean free path 6.3
PN 结 PN junction 6.5.5

Q

Q 支 Q branch line 5.3.4,5.4
奇异数 strangeness 8.2.2,8.4
奇特粒子 exotic particle 8.2.2,8.4
奇特原子 exotic atom 1.5.4
壳层模型 shell model 7.2.2
强子 hadron 8.1,8.2.2,8.3,8.4,8.5
强相互作用 strong interaction 7.2.1,8.1,8.2.2,8.5
氢弹 hydrogen bomb 7.4.3
氢原子能级和光谱 energy level and spectrum of hydrogen 1.4
氢原子的精细结构 fine structure of hydrogen 3.5.3
氢原子钟 hydrogen atomic clock 3.5.4,4.3.4
氢键 Hydrogen Bonding 6.1.2
轻子 lepton 8.2.2,8.5
轻子数 lepton number 8.4
全同粒子 identical particles 3.2.1
全同性原理 identical principle 3.2.1

R

R 支 R branch line 5.3.3,5.3.4
韧致辐射 bremsstrahlung 3.8.2

热辐射 thermal radiation 2.1.1
热导率 Thermal conductivity 6.3
铷原子钟 rubidium atomic clock 4.3.3
瑞利-金斯公式 Reyleigh-Jeans formula 2.1.1
瑞利散射 Rayleigh scattering 5.4
锐线系 sharp series 3.5.1
弱相互作用 weak interaction 8.1,8.2.2,8.5

S

S 支 S branch line 5.4
散射实验 scattering experiment 1.3.1
三重态 triplet state 3.7
塞曼效应 Zeeman effect 4.1.2
铯原子钟 cesium atomic clock 4.3.2
剩余静电势 residual electrostatic potential 2.9,3.6.1
势阱 potential well 2.6
势能曲线 potential curve 5.1.1
束缚能 binding energy 1.4.3
双电子激发态 doubly excited state 3.7.1
双缝干涉实验 double-slit interference experiment 2.1.4,2.2.3
双原子分子 diatomic molecule 5
寿命 lifetime 2.4
守恒定律 conservation law 7.4.2,8.4
衰变常数 decay constant 7.3.2
衰变规律 decay rule 7.3.2
衰变能 decay energy 7.3
施特恩-格拉赫实验 Stern-Gerlach experiment 3.1.2,4.1.4
斯托克斯线 Stokes line 5.4
算符 operator 2.5
斯塔克效应 Stark effect 4.4
石墨 Graphite 6.1.2，6.2.5
石墨烯 Graphene 6.2.1，6.2.5
闪锌矿结构 Zincblende structure 6.2.5
索末菲模型 Sommerfeld model 6.3.2
声子 Phonon 6.3.2
少子 Minority carriers 6.5.2

T

τ 子 tauon 8.5
碳 14 鉴年法 carbon-14 dating 7.3.3
汤姆孙原子模型 Thomson model of atom 1.2
特征 X 射线 characteristic X-ray 3.8.2
统计解释 statistical interpretation 2.3.4
同科电子 equivalent electron 3.6.1
同位素 isotope 3.5.4,7.1.2
同位旋 isotopic spin 或 isobaric spin 或 isospin 7.2.1,8.2.1
同质异能素 isomer 7.1.2
同中子素 isotone 7.1.2
同核双原子分子 homonuclear diatomic molecule 5.1.2
退激发 deexcitation 1.4.2
体心立方(Body-centered cubic,简称 bcc) 6.2.3
C_{60} 富勒烯分子 C_{60} Fullerene molecules 6.2.5

W

微分散射截面 differential cross section 1.3.2,附录 1-1
维恩位移定律 Wien’s displacement law 2.1.1
微波 microwave 5.3
物质波 matter wave 2.2.1
维格纳-塞茨原胞 Wigner-Seitz primitive cell 6.2.2
维德曼-夫兰兹定律 Wiedemann-Franz’s Law 6.3

X

X 射线 X-ray 3.8
X 射线管 X-ray tube 3.8.2
吸收 absorption 1.4.1
吸收光谱 absorption spectrum 1.4.3
希沃特 Sievert,Sv 7.5
线系斯塔克效应 linear stark effect 4.4.1
谐振子 harmonic oscillator 5.2.3
选择定则 selection rule 2.10,3.4.2,3.6.2,5.3,5.4,5.5.4
旋磁比 gyromagnetic ratio 4.2.1
薛定谔方程 Schrödinger equation 2.3
消光现象 Extinction phenomenon 6.2.9

Y

衍射 diffraction 2.2.2，3.8.1，6.2.9
异核双原子分子 heteronuclear diatomic molecule 5.1.2
遗传损伤 genetic damage 7.5
引力子 graviton 8.1,8.5
引力相互作用 gravitation interaction 8.1,8.2.2,8.5
阴极射线 cathode ray 1.2
宇称 parity 2.10,7.1.3,8.2.1
宇宙背景辐射 cosmic microwave background radiation 2.1.1
元素周期性 periodicity of elements 3.3
原子弹 atom bomb 7.4.3
原子半径 atomic radius 1.1.1
原子磁矩 atomic magnetic moment 4.1.1
原子大小 atomic seize 1.1.2

原子量 atomic weight 1.1.2
原子态 atomic state 3.4.2
原子质量 atomic mass 1.1.2
原子的壳层结构 atomic shell structure 3.3
原子分子束 atomic and molecular beam 4.2.3
原子核 nucleus 1.3.1,7.1
原子核磁矩 nuclear magnetic moment 3.5.4,7.1.3
原子核电四极矩 nuclear electric quadrupole moment 3.5.4,7.1.3
原子核大小 nuclear size 1.3.3,7.1.2
原子核结合能 nuclear binding energy 7.4.1
原子核密度 nuclear density 7.1.2
原子核衰变 nuclear decay 7.3
原子核质量 nuclear mass 7.1.1
原子核自旋 nuclear spin 7.1.3
原子论 atomism 1.1.1
原子频标 atomic frequency standard 4.3
原子实 atomic kernel 1.5.3,3.4.1
原子钟 atomic clock 3.5.4
原子序数 atomic number 3.8.21
原子形状因子 Atomic form factor 6.2.9
原胞 Primitive cell 6.2.2
原子轨道的线性组合法（Linear Combination of Atomic Orbitals，简称 LCAO） 6.4.4
跃迁 transition 1.4.2
允许跃迁 allowed transition 2.10

Z

兆靶 megabarn，Mb 1.3.2
振动光谱 vibrational spectrum 5.3.3
振动能级 vibrational level 5.2.3
振动量子数 vibrational quantum number 5.2.3
振转光谱 vibration-rotational spectra 5.3.3
转动常数 rotational constant 5.3.2
转动光谱 rotational spectra 5.3.2
转动能级 rotational level 5.2.2
转动量子数 rotational quantum number 5.2.2
质量宽度 mass width 8.2.1
质量数 mass number 7.1.1
质子 proton 7.1.1
质子的磁矩 magnetic moment of proton 7.1.3
指纹 fingerprint 1.4.1
支壳层 subshell 3.3.1
自发辐射 spontaneous radiation 2.3.4
自然宽度 nature width 2.4
自旋波函数 spin wavefunction 3.2.4
自旋磁矩 spin magnetic moment 3.1.3
自旋-轨道相互作用 spin-orbit interaction 3.4,3.6
自旋量子数 spin angular quantum number 3.1.3
自旋角动量 spin angular momentum 3.1.3
自旋 g 因子 spin g factor 3.1.3
自由电子近似 Free electron approximation 6.3.1
紫外波段 ultraviolet band 5.3
中心势近似 central field approximation 2.9
中子 neutron 7.1.1
中微子 neutrino 8.1
重子 baryon 8.1,8.2.2
重子数 baryon number 8.4
终态 finial state 1.4.3
总角动量 total angular momentum 3.4.2
总轨道角动量 total orbital angular momentum 3.6.1
总自旋角动量 total spin angular momentum 3.6.1
主量子数 principal quantum number 2.8
主线系 principal series 3.5.1
准晶 Quasi-crystal 6.1.1
轴矢 Axis vector 6.2.1
周期边界条件 Periodic boundary conditions 6.3.2
周期场近似 Periodic field approximation 6.4.1
超晶格 Superlattice 6.4.7
杂质能级 Impurity level 6.5.2
施主～ Donor ～ 6.5.2
受主～ Acceptor ～ 6.5.2
质量作用定律 Law of mass action 6.5.3